Pro/ENGINEER 中文野火版 5.0 工程应用精解丛书

Pro/ENGINEER 中文野火版 5.0
曲面设计实例精解（增值版）

北京兆迪科技有限公司　编著

机 械 工 业 出 版 社

本书是进一步学习 Pro/ENGINEER 中文野火版 5.0 曲面设计的高级实例书籍，本书介绍了 12 个经典的实际曲面产品的设计全过程，其中 6 个实例采用目前最为流行的 TOP_DOWN（自顶向下）方法进行设计。这些实例涉及各个行业和领域，选用的实例都是生产一线实际应用中的各种曲面产品，经典而实用。

本书中的实例是根据北京兆迪科技有限公司给国内外一些著名公司（含国外独资和合资公司）编写的培训案例整理而成的，具有很强的实用性和广泛的适用性。本书附带 1 张多媒体 DVD 学习光盘，制作了教学视频并进行了详细的语音讲解，光盘中还包含本书所有的范例文件以及练习素材文件。

本书在内容上，针对每一个实例先进行概述，说明该实例的特点，使读者对它有一个整体概念的认识，学习也更有针对性，接下来的操作步骤翔实、透彻，图文并茂，引领读者一步一步地完成设计。这种讲解方法能使读者更快、更深入地理解 Pro/ENGINEER 曲面设计中的一些抽象的概念、重要的设计技巧和复杂的命令及功能，也能帮助读者尽快进入曲面产品设计实战状态。在写作方式上，本书紧贴 Pro/ENGINEER 软件的实际操作界面，使读者能够尽快地上手，提高学习效率。本书可作为广大工程技术人员学习 Pro/ENGINEER 软件的曲面自学教程和参考书，也可作为大中专院校学生和各类培训学校学员的 CAD/CAM 课程学习及上机练习的教材。

特别说明的是，本书随书光盘中增加了大量产品设计案例的讲解，使本书的附加值大大提高。

图书在版编目（CIP）数据

Pro/ENGINEER 中文野火版 5.0 曲面设计实例精解：（增值版）/ 北京兆迪科技有限公司编著. —4 版. —北京：机械工业出版社，2017.1

（Pro/ENGINEER 中文野火版 5.0 工程应用精解丛书）

ISBN 978-7-111-55601-5

Ⅰ. ①P… Ⅱ. ①北… Ⅲ. ①曲面—机械设计—计算机辅助设计—应用软件 Ⅳ. ①TH122

中国版本图书馆 CIP 数据核字（2016）第 294858 号

机械工业出版社（北京市百万庄大街 22 号 邮政编码：100037）
策划编辑：杨民强 丁 锋 责任编辑：丁 锋
责任校对：刘怡丹 封面设计：张 静
责任印制：李 飞
北京铭成印刷有限公司印刷
2017 年 2 月第 4 版第 1 次印刷
184mm×260 mm · 19.75 印张 · 356 千字
0001—3000 册
标准书号：ISBN 978-7-111-55601-5
ISBN 978-7-89386-099-7（光盘）
定价：59.90 元（含 1DVD）

凡购本书，如有缺页、倒页、脱页，由本社发行部调换

电话服务
服务咨询热线：010-88361066
读者购书热线：010-68326294
010-88379203

网络服务
机工官网：www.cmpbook.com
机工官博：weibo.com/cmp1952
金 书 网：www.golden-book.com
教育服务网：www.cmpedu.com

前　言

曲面建模与设计是产品设计的基础和关键。要熟练掌握使用 Pro/ENGINEER 对各种曲面零件的设计，只靠理论学习和少量的练习是远远不够的。编写本书的目的正是使读者通过书中的经典实例，迅速掌握各种曲面零件的建模方法、技巧和构思精髓，使读者在短时间内成为一名 Pro/ENGINEER 产品设计高手。

本次修订优化了原来各章的结构，使读者更方便、高效地学习本书。本书是进一步学习 Pro/ENGINEER 中文野火版 5.0 曲面设计的高级实例书籍，其特色如下：

- 介绍了 12 个经典的实际曲面产品的设计全过程，其中 6 个实例采用目前最为流行的 TOP_DOWN（自顶向下）方法进行设计，令人耳目一新，对读者的实际设计具有很好的指导和借鉴作用。
- 讲解详细，条理清晰，图文并茂，保证自学的读者能独立学习。
- 写法独特，采用 Pro/ENGINEER 中文野火版 5.0 软件中真实的对话框、操控板和按钮等进行讲解，使初学者能够直观、准确地操作软件，从而大大提高学习效率。
- 附加值高，本书附带 1 张多媒体 DVD 学习光盘，制作了教学视频并进行了详细的语音讲解，可以帮助读者轻松、高效地学习。

本书由北京兆迪科技有限公司编著，参加编写的人员有王焕田、刘静、雷保珍、刘海起、魏俊岭、任慧华、詹路、冯元超、刘江波、周涛、赵枫、邵为龙、侯俊飞、龙宇、施志杰、詹棋、高政、孙润、李倩倩、黄红霞、尹泉、李行、詹超、尹佩文、赵磊、王晓萍、陈淑童、周攀、吴伟、王海波、高策、冯华超、周思思、黄光辉、党辉、冯峰、詹聪、平迪、管璇、王平、李友荣。本书已经多次校对，如有疏漏之处，恳请广大读者予以指正。

电子邮箱：zhanygjames@163.com

编　者

本书导读

为了能更好地学习本书的知识，请您仔细阅读下面的内容。

读者对象

本书是进一步学习 Pro/ENGINEER 中文野火版 5.0 曲面设计的高级实例书籍，可作为工程技术人员进一步学习曲面设计的自学教程和参考书，也可作为大专院校学生和各类培训学校学员的 Pro/ENGINEER 课程学习或上机练习教材。

写作环境

本书使用的操作系统为 Windows XP，对于 Windows 7、Windows 8、Windows 10 操作系统，本书内容和实例也同样适用。

本书采用的写作蓝本是 Pro/ENGINEER 中文野火版 5.0。

软件设置

- 设置 Pro/ENGINEER 系统配置文件 config.pro：将随书光盘 proewf5_system_file 子目录下的 config.pro 文件复制至 Pro/ENGINEER Wildfire 5.0 安装目录的\text 目录下。假设 Pro/ENGINEER Wildfire 5.0 的安装目录为 C:\Program Files\proeWildfire 5.0，则应将上述文件复制到 C:\Program Files\Proe Wildfire 5.0\text 目录下。
- 设置 Pro/ENGINEER 界面配置文件 config.win：将随书光盘 proewf4_system_file 子目录下的 config.win 文件复制至 Pro/ENGINEER Wildfire 5.0 安装目录的\text 目录下。

光盘使用

为方便读者练习，特将本书所有素材文件、已完成的范例文件、配置文件和视频语音讲解文件等放入随书附带的光盘中，读者在学习过程中可以打开相应的素材文件进行操作和练习。

本书附赠多媒体 DVD 光盘，建议读者在学习本书前，先将 DVD 光盘中的所有文件复制到计算机硬盘的 D 盘中，在 D 盘上 proewf5.9 目录下共有 3 个子目录：

（1）proewf5_system_file 子目录：包含一些系统配置文件。

（2）work 子目录：包含本书讲解中所用到的文件。

（3）video 子目录：包含本书讲解中所有的视频文件（含语音讲解），学习时，直接双击某个视频文件即可播放。

光盘中带有“ok”扩展名的文件或文件夹表示已完成的实例。

本书约定

- 本书中有关鼠标操作的简略表述说明如下：
  - ☑ 单击：将鼠标指针移至某位置处，然后按一下鼠标的左键。
  - ☑ 双击：将鼠标指针移至某位置处，然后连续快速地按两次鼠标的左键。
  - ☑ 右击：将鼠标指针移至某位置处，然后按一下鼠标的右键。
  - ☑ 单击中键：将鼠标指针移至某位置处，然后按一下鼠标的中键。
  - ☑ 滚动中键：只是滚动鼠标的中键，而不能按中键。
  - ☑ 选择（选取）某对象：将鼠标指针移至某对象上，单击以选取该对象。
  - ☑ 拖移某对象：将鼠标指针移至某对象上，然后按下鼠标的左键不放，同时移动鼠标，将该对象移动到指定的位置后再松开鼠标的左键。
- 本书中的操作步骤分为 Task、Stage 和 Step 三个级别，说明如下：
  - ☑ 对于一般的软件操作，每个操作步骤以 Step 字符开始。
  - ☑ 每个 Step 操作视其复杂程度，其下面可含有多级子操作，例如 Step1 下可能包含（1）、（2）、（3）等子操作，（1）子操作下可能包含①、②、③等子操作，①子操作下可能包含 a）、b）、c）等子操作。
  - ☑ 如果操作较复杂，需要几个大的操作步骤才能完成，则每个大的操作冠以 Stage1、Stage2、Stage3 等，Stage 级别的操作下再分 Step1、Step2、Step3 等操作。
  - ☑ 对于多个任务的操作，则每个任务冠以 Task1、Task2、Task3 等，每个 Task 操作下则可包含 Stage 和 Step 级别的操作。
- 由于已建议读者将随书光盘中的所有文件复制到计算机硬盘的 D 盘中，所以书中在要求设置工作目录或打开光盘文件时，所述的路径均以“D:”开始。

技术支持

本书是根据北京兆迪科技有限公司给国内外一些著名公司（含国外独资和合资公司）编写的培训案例整理而成的，具有很强的实用性。其主编和参编人员均是来自北京兆迪科技有限公司。该公司专门从事 CAD/CAM/CAE 技术的研究、开发、咨询、产品设计与制造服务，并提供 Pro/ENGINEER、Ansys、Adams 等软件的专业培训及技术咨询。读者在学习本书的过程中如果遇到问题，可通过访问该公司的网站 http://www.zalldy.com 来获得技术支持。咨询电话：010-82176248，010-82176249。

目　录

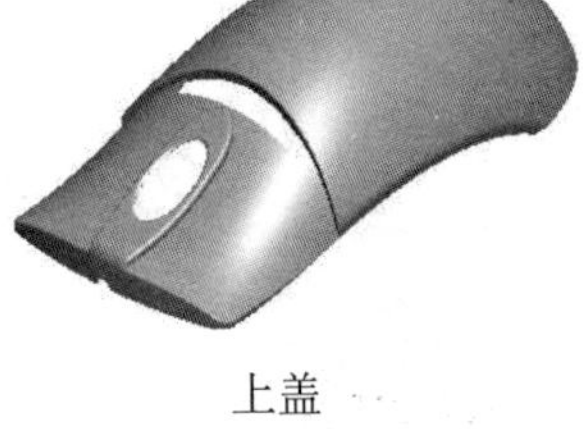
上盖

下盖

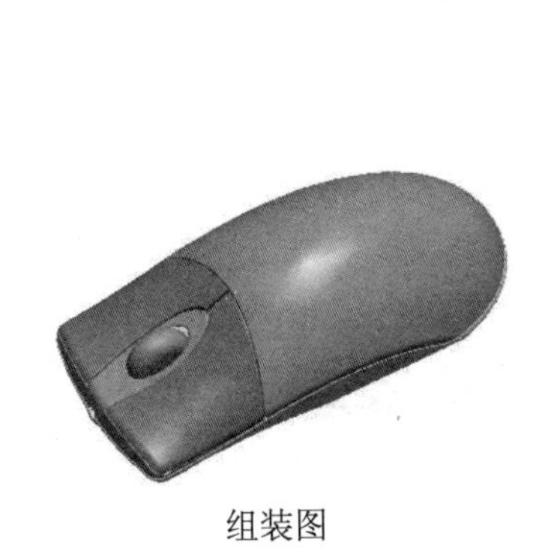
组装图

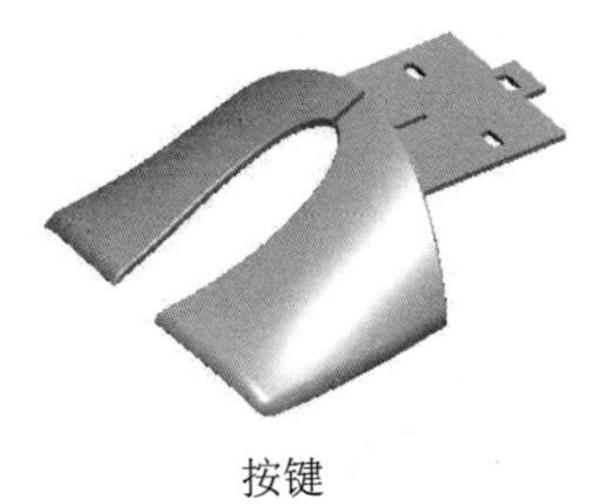
按键

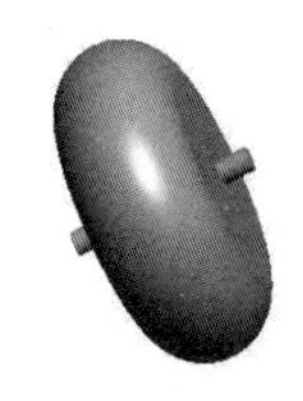
滚轮

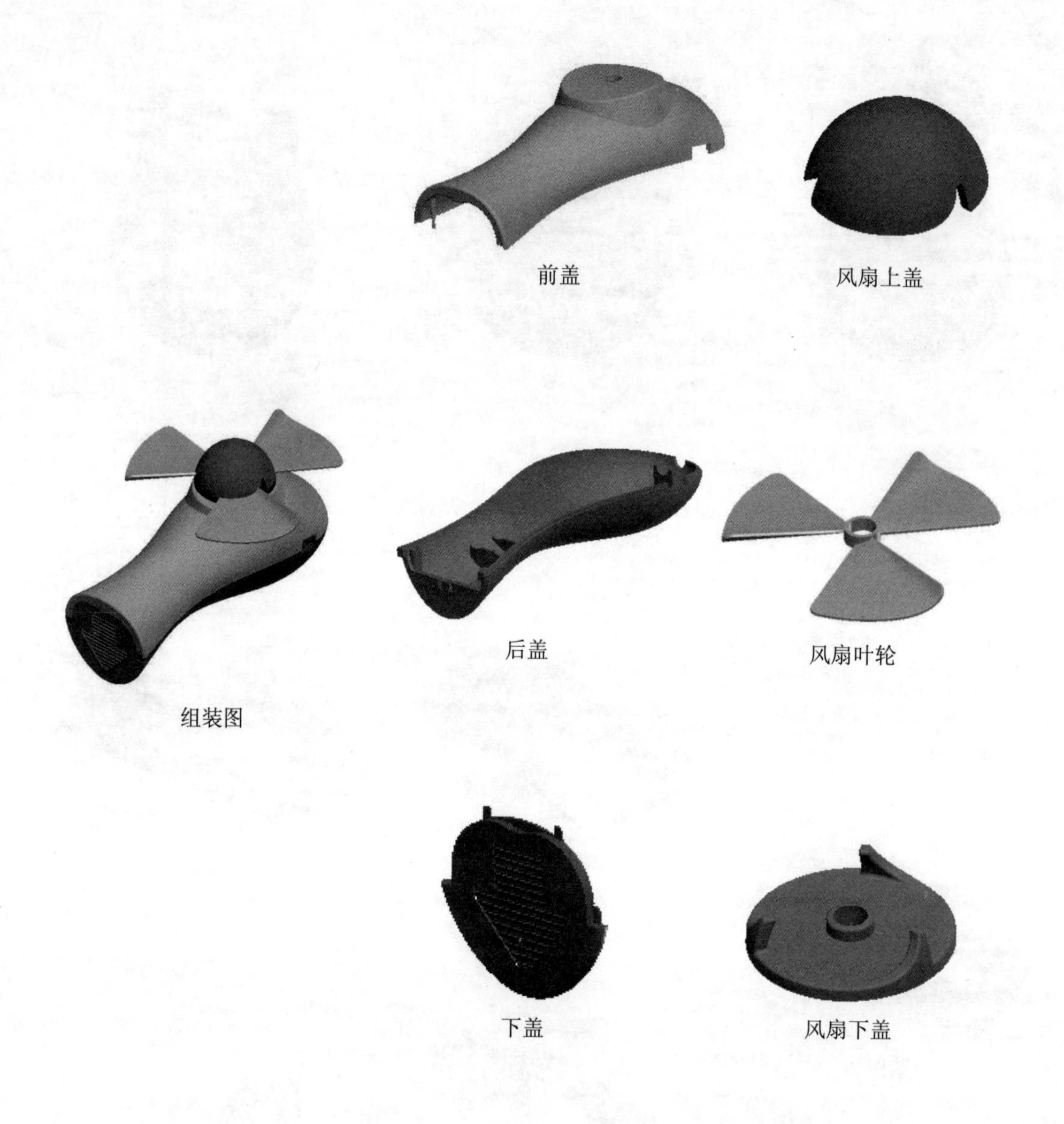

前盖　风扇上盖

组装图　后盖　风扇叶轮

下盖　风扇下盖

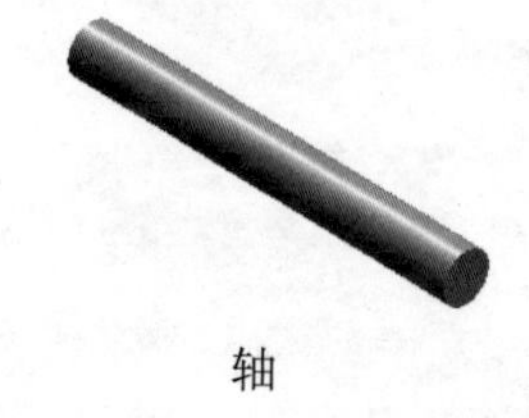

轴

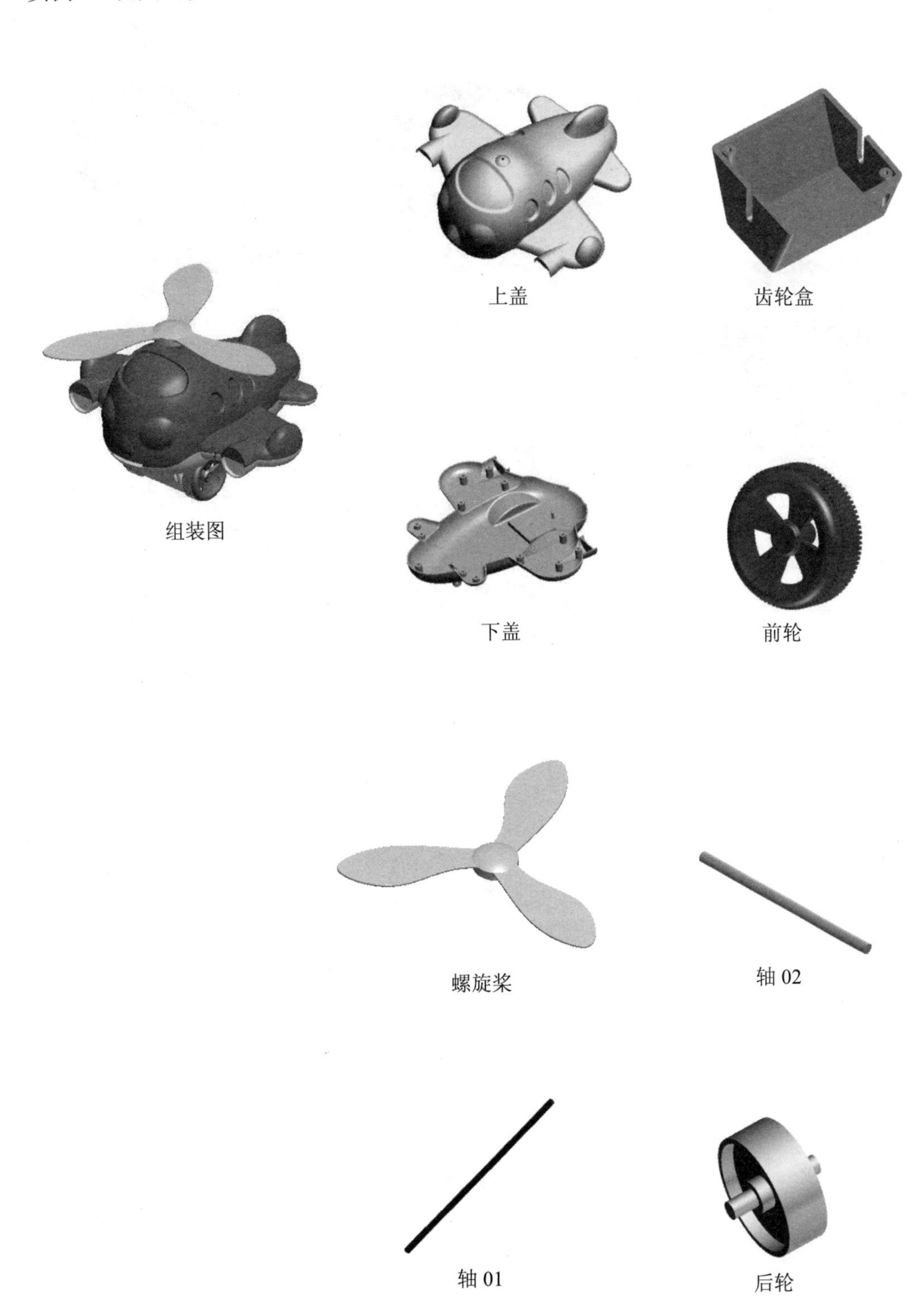

组装图

上盖

齿轮盒

下盖

前轮

螺旋桨

轴02

轴01

后轮

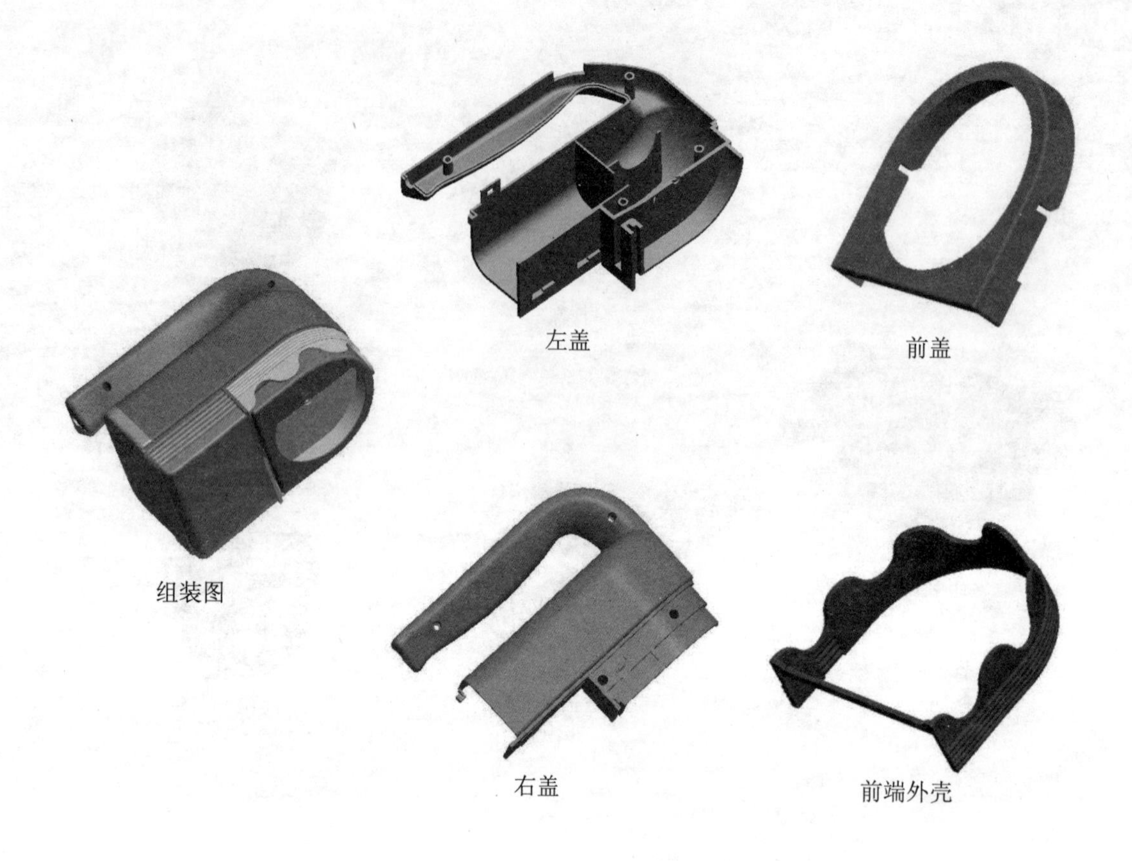
左盖　前盖
组装图
右盖　前端外壳

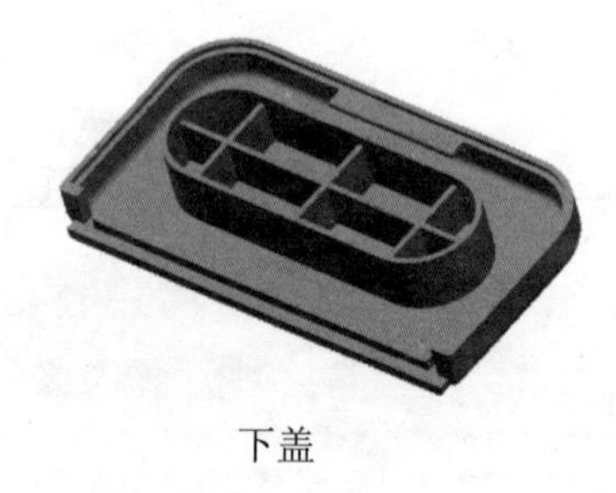
下盖

盒子

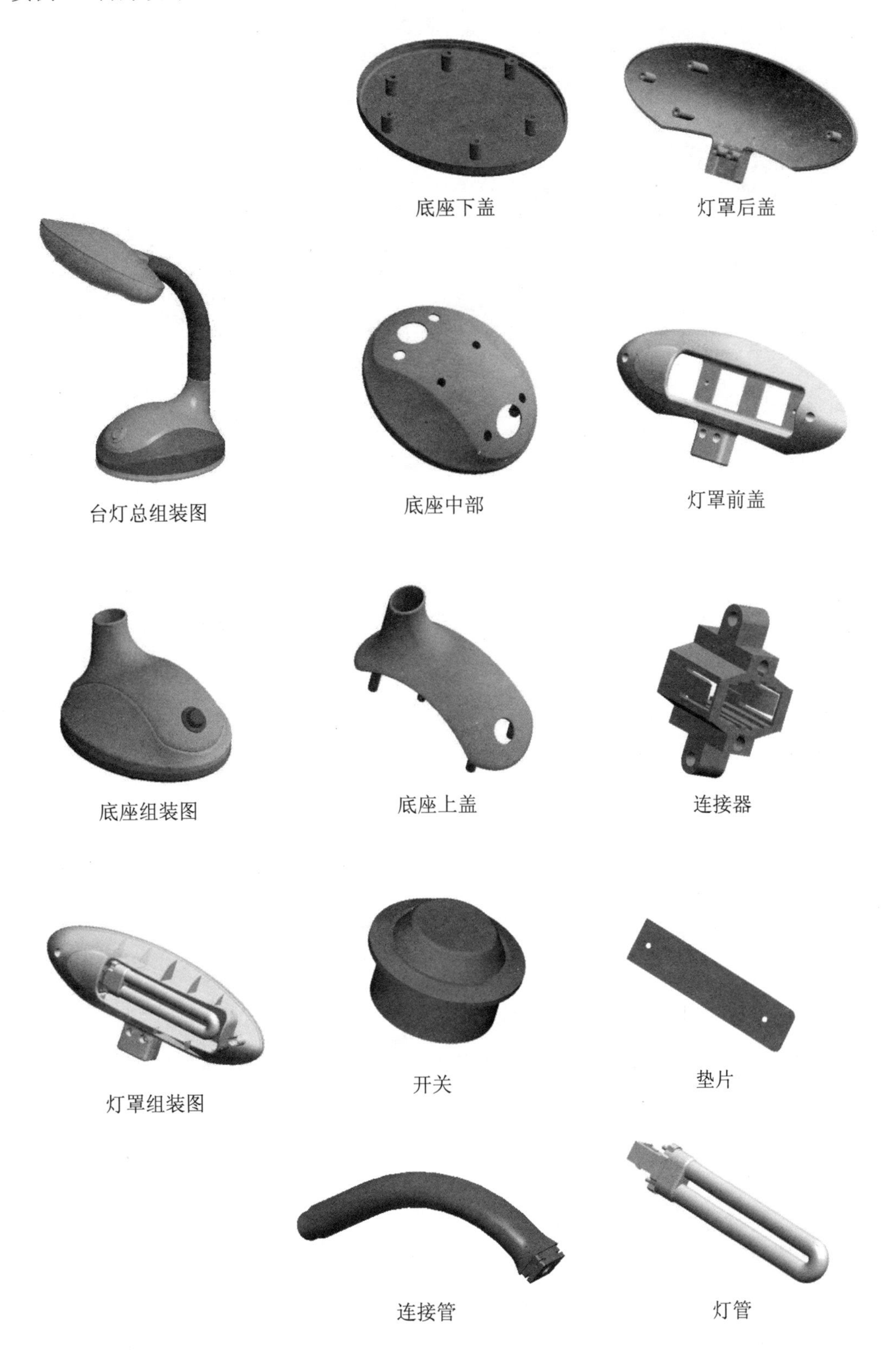
底座下盖
灯罩后盖
台灯总组装图
底座中部
灯罩前盖
底座组装图
底座上盖
连接器
灯罩组装图
开关
垫片
连接管
灯管

实例 1　遥控器上盖

实例概述

本实例主要讲述遥控器上盖的设计过程，其中主要运用了曲面拉伸、偏移、投影、边界混合、扫描、实体化等命令。该模型是一个很典型的曲面设计实例，其中曲面的偏移、投影、边界混合和合并是曲面创建的核心，在应用了实体化、抽壳、拉伸和倒圆角进行细节设计之后，即可达到图 1.1 所示的效果。这种曲面设计的方法很值得读者学习。零件模型及模型树如图 1.1 所示。

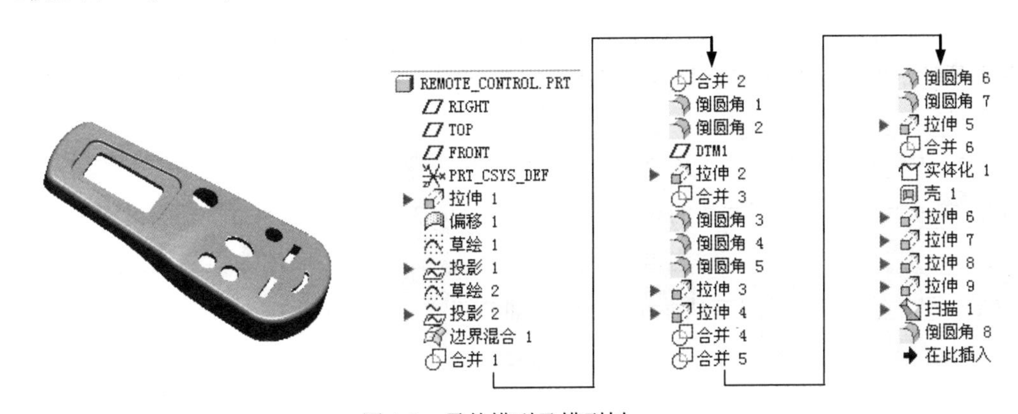

图 1.1　零件模型及模型树

Step1. 新建文件。新建一个零件模型，命名为 REMOTE_CONTROL。

Step2. 创建图 1.2 所示的拉伸特征——拉伸 1。选择下拉菜单 插入(I) → 拉伸(E)... 命令，在操控板中应确认“曲面”按钮被按下；选取 RIGHT 平面为草绘平面，选取 TOP 基准平面为参考平面，方向为 左；绘制图 1.3 所示的截面草图；在操控板中单击 选项 按钮，在 第1侧 的下拉列表中选择深度类型为 盲孔，输入深度值 50.0；在 第2侧 的下拉列表中选取 盲孔 选项，输入深度值 120。

图 1.2　拉伸 1　　　　图 1.3　截面草图

Step3. 创建偏移特征——偏移 1。选取 Step2 所创建的拉伸曲面为要偏移的曲面；选择下拉菜单 编辑(E) → 偏移(O)... 命令；在操控板的偏移类型栏中选择“标准偏移”选项，在操控板的偏移数值栏中输入偏移距离 1，单击按钮调整偏移方向，如图 1.4 所示。

Step4. 创建图 1.5 所示的草绘特征——草绘 1。单击工具栏中的“草绘”按钮；选取

FRONT 基准平面为草绘平面，选取 RIGHT 基准平面为参考平面，方向为右；绘制图 1.5 所示的草图。

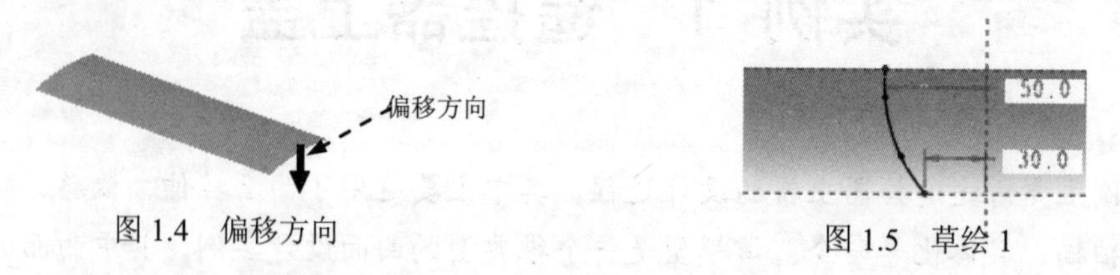

图 1.4　偏移方向　　　　图 1.5　草绘 1

Step5. 创建投影特征——投影 1。在模型树中单击 Step4 所创建的草绘 1，在绘图区选取草绘 1，选择下拉菜单 编辑(E) → 投影(J)... 命令；接受系统默认的投影方向，选取拉伸曲面 1 作为投影面。

Step6. 创建图 1.6 所示的草绘特征——草绘 2。单击工具栏中的“草绘”按钮；选取 FRONT 基准平面为草绘平面，选取 RIGHT 基准平面为参考平面，方向为右；绘制图 1.5 所示的草图。

Step7. 创建投影特征——投影 2。在模型树中单击草绘 2，选择下拉菜单 编辑(E) → 投影(J)... 命令；接受系统默认的投影方向，选取 Step3 中创建的偏移曲面作为投影面。

Step8. 创建边界曲面——边界混合 1。选择下拉菜单 插入(I) → 边界混合(B)... 命令；按住<Ctrl>键，依次选取图 1.7 所示的曲线 1、曲线 2 为第一方向的曲线。

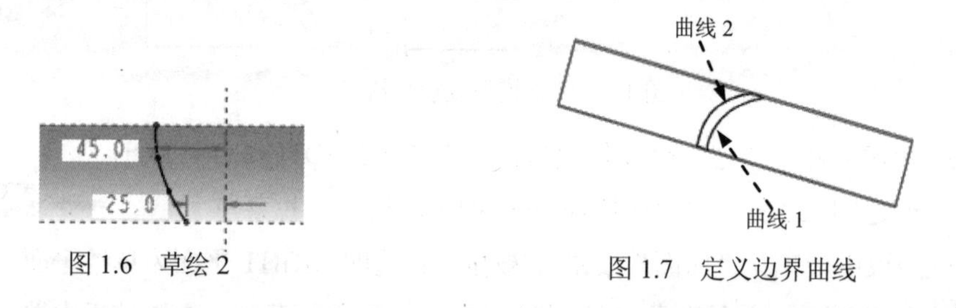

图 1.6　草绘 2　　　　图 1.7　定义边界曲线

Step9. 创建合并特征——合并 1。按住<Ctrl>键，选取图 1.8 所示的边界混合曲面和拉伸曲面为合并对象；选择下拉菜单 编辑(E) → 合并(G)... 命令；单击调整图形区中的箭头使其指向要保留的部分，如图 1. 8 所示。

Step10. 创建合并特征——合并 2。按住<Ctrl>键，选取图 1.9 所示的面组和偏移曲面为合并对象；选择下拉菜单 编辑(E) → 合并(G)... 命令；调整箭头方向，如图 1.9 所示。

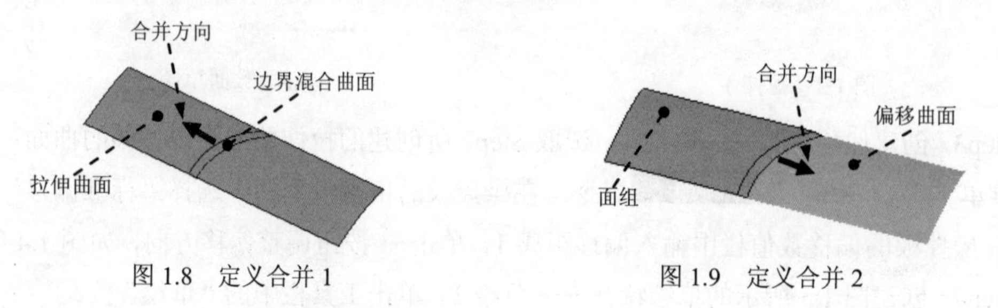

图 1.8　定义合并 1　　　　图 1.9　定义合并 2

Step11. 创建图 1.10b 所示的倒圆角特征——倒圆角 1。选择下拉菜单 插入(I) ➡ 倒圆角(O)... 命令；选取图 1.10a 所示的边线为圆角放置参照，圆角半径值为 20。

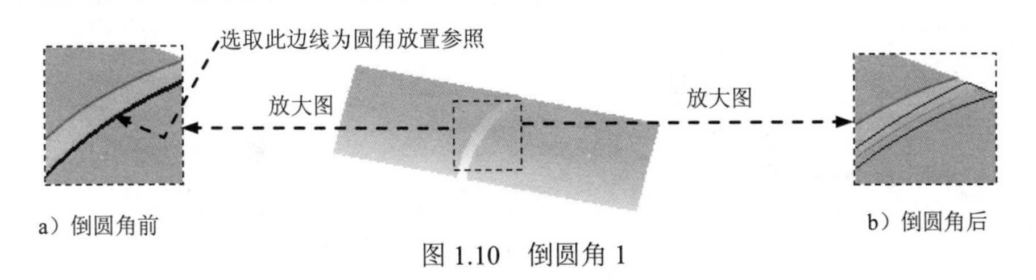

a）倒圆角前　　b）倒圆角后

图 1.10　倒圆角 1

Step12. 创建倒圆角特征——倒圆角 2。选取图 1.11 所示的边线为圆角放置参照，输入圆角半径值 10。

Step13. 创建图 1.12 所示的基准平面 1。选择下拉菜单 插入(I) ➡ 模型基准(D) ▸ ➡ 平面(L)... 命令；选取图 1.12 所示的 FRONT 基准平面为偏距参考面，在对话框中输入偏移距离值 20。

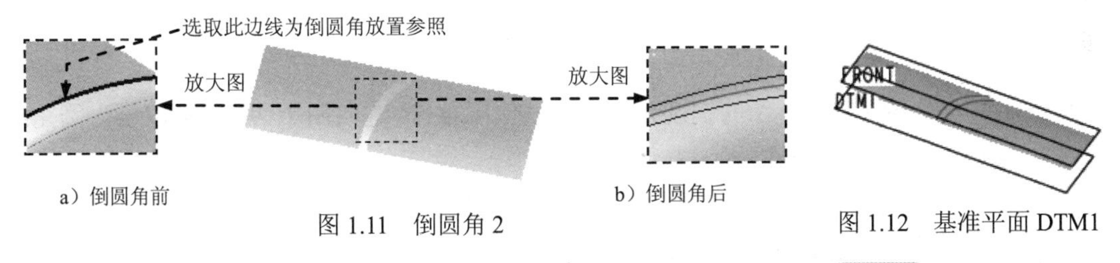

a）倒圆角前　　b）倒圆角后

图 1.11　倒圆角 2　　图 1.12　基准平面 DTM1

Step14. 创建图 1.13 所示的拉伸特征——拉伸 2。选择下拉菜单 插入(I) ➡ 拉伸(E)... 命令，在操控板中应确认“曲面”按钮被按下；选取 DTM1 基准平面为草绘平面，选取 RIGHT 基准平面为参考平面，方向为 右；绘制图 1.14 所示的截面草图，在操控板中定义拉伸类型为，输入深度值 50.0，单击按钮调整拉伸方向。

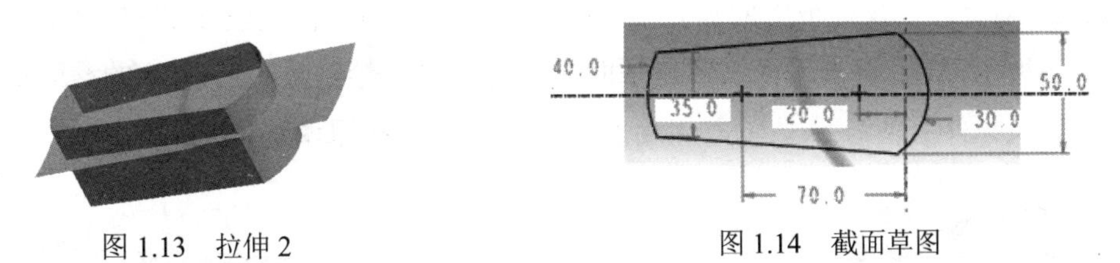

图 1.13　拉伸 2　　图 1.14　截面草图

Step15. 创建图 1.15 所示的合并特征——合并 3。按住<Ctrl>键，选取图 1.16 所示的拉伸曲面和面组 2 为合并对象；选择下拉菜单 编辑(E) ➡ 合并(G)... 命令；调整箭头方向如图 1.16 所示。

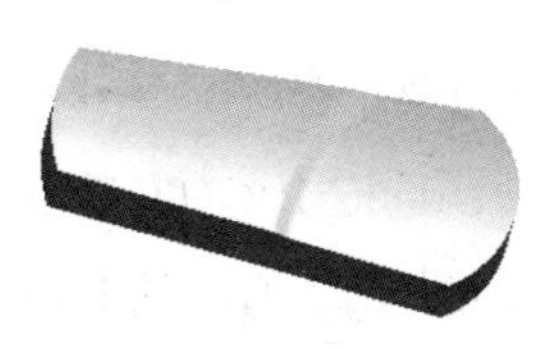

图 1.15　合并 3

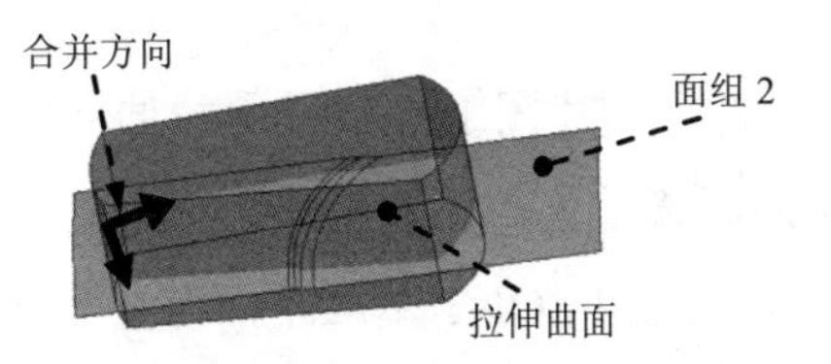

图 1.16　定义合并 3

Step16. 创建图 1.17b 所示的倒圆角特征——倒圆角 3。选取图 1.17a 所示的 2 条边线为圆角放置参照，输入圆角半径值 5.0。

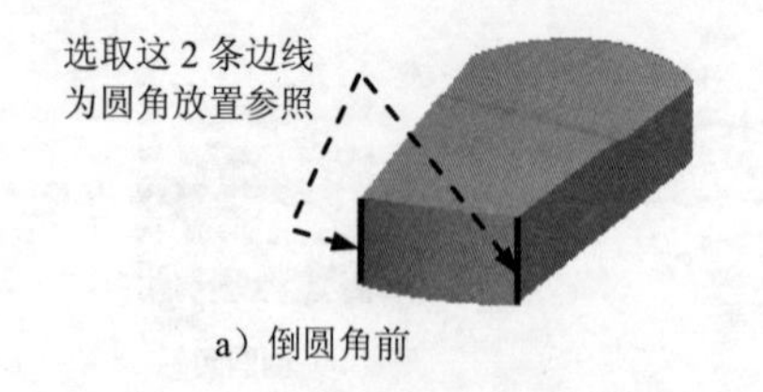

a）倒圆角前　　b）倒圆角后

图 1.17　倒圆角 3

Step17. 创建图 1.18b 所示的倒圆角特征——倒圆角 4。选取图 1.18a 所示的 2 条边线为圆角放置参照，输入圆角半径值 15.0。

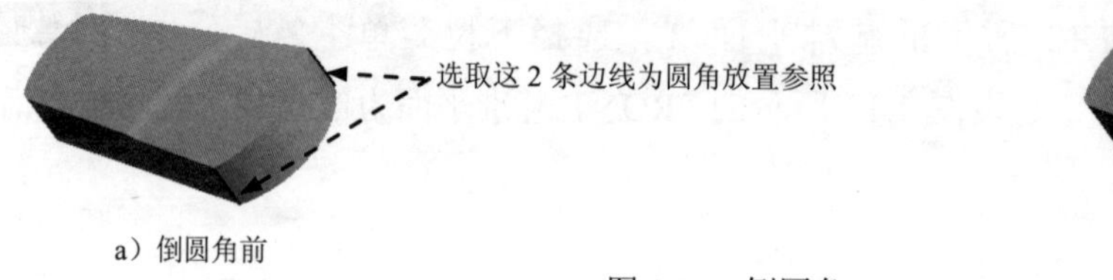

a）倒圆角前　　b）倒圆角后

图 1.18　倒圆角 4

Step18. 创建图 1.19b 所示的倒圆角特征——倒圆角 5。选取图 1.19a 所示边线为圆角放置参照，输入圆角半径值 2.0。

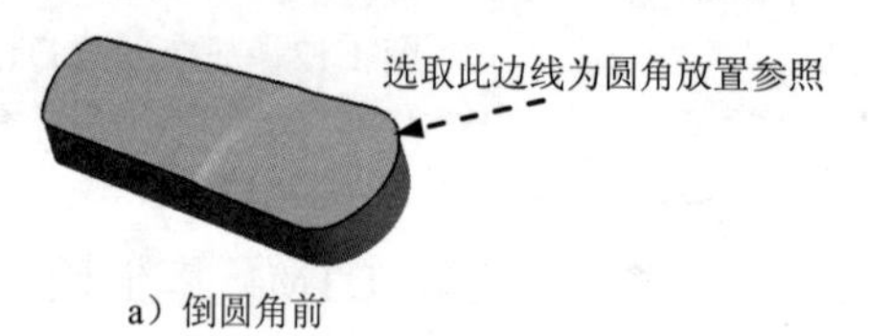

a）倒圆角前　　b）倒圆角后

图 1.19　倒圆角 5

Step19. 创建图 1.20 所示的拉伸特征——拉伸 3。选择下拉菜单 插入(I) → 拉伸(E)... 命令，在操控板中应确认“曲面”按钮被按下；选取 DTM1 基准平面为草绘平面，选取 RIGHT 基准平面为参考平面，方向为 右；绘制图 1.21 所示的截面草图，在操控板中定义拉伸类型为，输入深度值 30.0，单击按钮调整拉伸方向。

图 1.20　拉伸 3

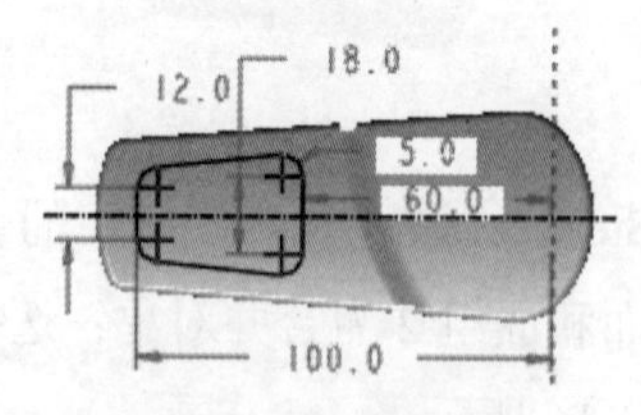

图 1.21　截面草图

Step20. 创建图 1.22 所示的拉伸特征——拉伸 4。选择下拉菜单 插入(I) → 拉伸(E)... 命令，在操控板中应确认“曲面”按钮被按下；选取 RIGHT 基准平面为草绘平面，选取 FRONT 基准平面为参考平面，方向为 左；绘制图 1.23 所示的截面草图，在操控板中定义拉伸类型为![icon]，输入深度值 110.0，单击![icon]按钮调整拉伸方向。

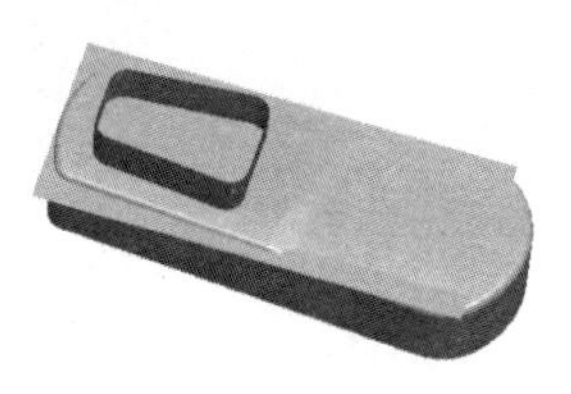

图 1.22　拉伸 4

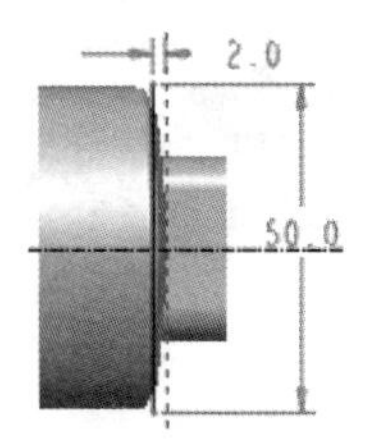

图 1.23　截面草图

Step21. 创建图 1.24 所示的合并特征——合并 4。按住<Ctrl>键，选取图 1.25 所示的拉伸 3 和拉伸 4 为合并对象；选择下拉菜单 编辑(E) → 合并(G)... 命令；调整箭头方向如图 1.25 所示。

图 1.24　合并 4

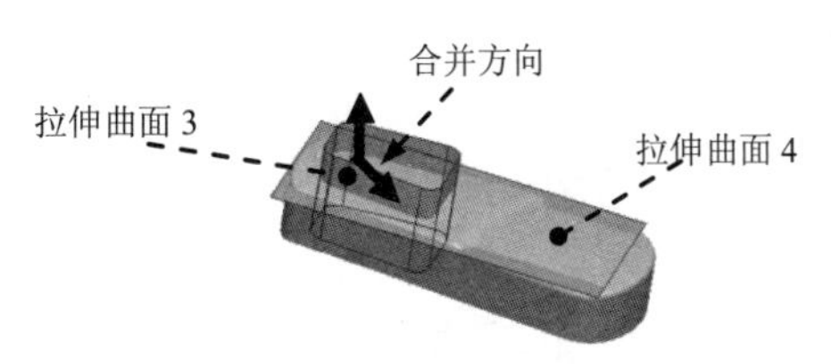

图 1.25　定义合并曲面 4

Step22. 创建图 1.26 所示的合并特征——合并 5。按住<Ctrl>键，选取图 1.27 所示的两个面组为合并对象；选择下拉菜单 编辑(E) → 合并(G)... 命令；调整箭头方向如图 1.27 所示。

图 1.26　合并 5

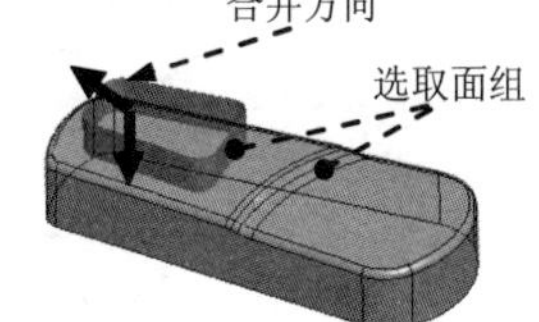

图 1.27　定义合并曲面 5

Step23. 创建图 1.28b 所示的倒圆角特征——倒圆角 6。选取图 1.28a 所示的边线为圆角放置参照，输入圆角半径值 0.5。

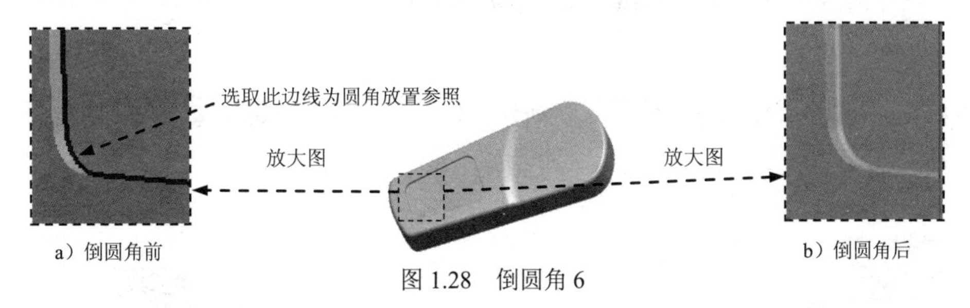

图 1.28　倒圆角 6

Step24. 创建图 1.29b 所示的倒圆角特征——倒圆角 7。选取图 1.29a 所示的边线为圆角放置参照，输入圆角半径值 0.5。

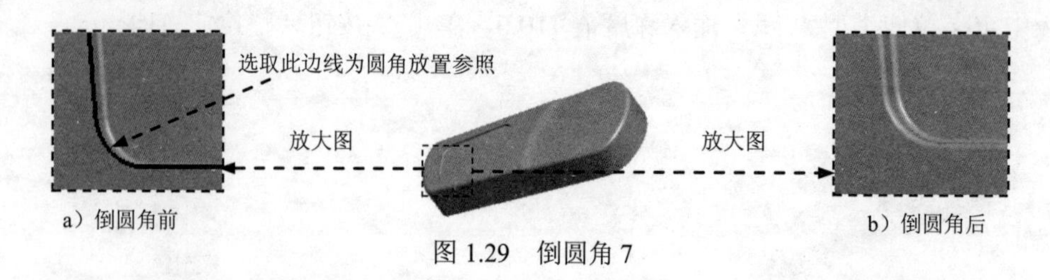

图 1.29　倒圆角 7

Step25. 创建图 1.30 所示的拉伸特征——拉伸 5。选择下拉菜单 插入(I) → 拉伸(E)... 命令，在操控板中应确认“曲面”按钮被按下；选取 TOP 基准平面为草绘平面，选取 RIGHT 基准平面为参考平面，方向为右；绘制图 1.31 所示的截面草图，在操控板中定义拉伸类型为，输入深度值 80。

图 1.30　拉伸 5　　　　图 1.31　截面草图

Step26. 创建图 1.32 所示的合并特征——合并 6。按住<Ctrl>键，选取图 1.33 所示的面组为合并对象；选择下拉菜单 编辑(E) → 合并(G)... 命令；调整箭头方向如图 1.33 所示。

图 1.32　合并 6　　　　图 1.33　定义合并曲面 6

Step27. 创建实体化特征——实体化 1。选取图 1.34 所示的面组的封闭曲面为要实体化的对象；选择下拉菜单 编辑(E) → 实体化(Y)... 命令；单击✔按钮，完成实体化 1 的创建。

Step28. 创建抽壳特征——抽壳 1。选择下拉菜单 插入(I) → 壳(L)... 命令；选取图 1.35 所示的 4 个面为移除面；输入厚度值为 2.0。

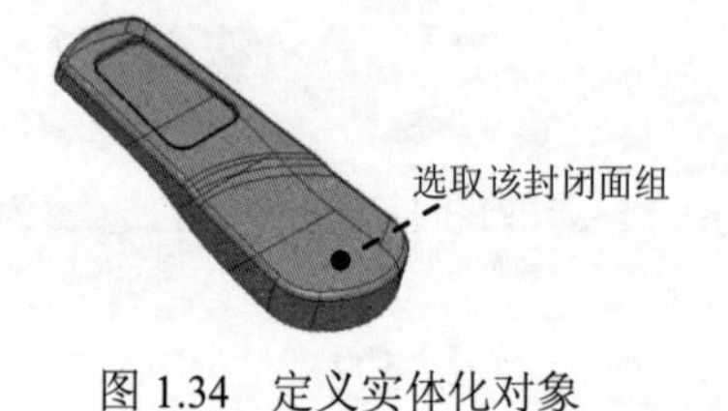

图 1.34　定义实体化对象

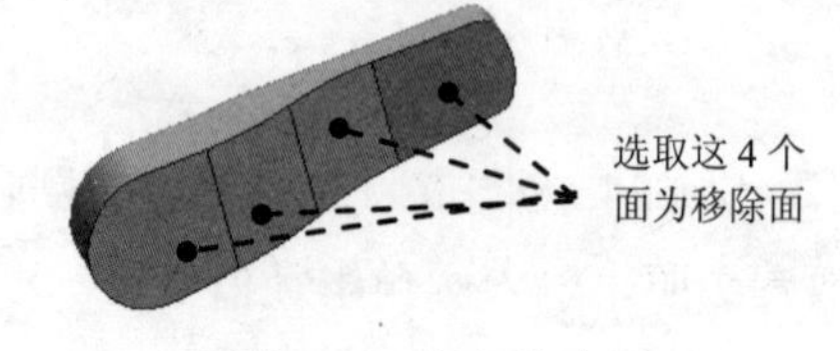

图 1.35　定义移除面

Step29. 创建图 1.36 所示的拉伸特征——拉伸 6。选择下拉菜单 插入(I) → 拉伸(E)... 命令，按下操控板中的“去除材料”按钮；选取 FRONT 基准平面为草绘平面，选取 RIGHT 基准平面为参考平面，方向为 右；绘制图 1.37 所示的截面草图，在操控板中定义拉伸类型为，单击按钮调整拉伸方向。

图 1.36　拉伸 6

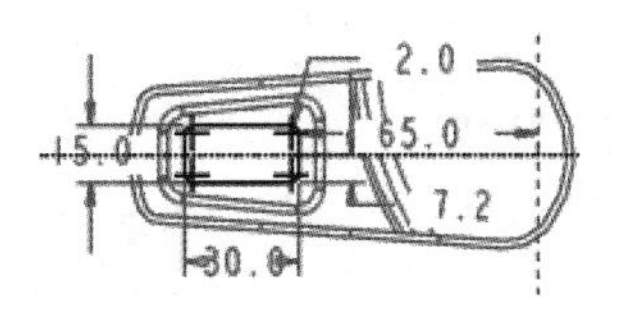

图 1.37　截面草图

Step30. 创建图 1.38 所示的拉伸特征——拉伸 7。选择下拉菜单 插入(I) → 拉伸(E)... 命令，按下操控板中的“去除材料”按钮；选取 FRONT 基准平面为草绘平面，选取 RIGHT 基准平面为参考平面，方向为 右；绘制图 1.39 所示的截面草图，在操控板中定义拉伸类型为，单击按钮调整拉伸方向。

Step31. 创建图 1.40 所示的拉伸特征——拉伸 8。选择下拉菜单 插入(I) → 拉伸(E)... 命令，按下操控板中的“去除材料”按钮；选取 FRONT 基准平面为草绘平面，选取 RIGHT 基准平面为参考平面，方向为 右；绘制图 1.41 所示的截面草图，在操控板中定义拉伸类型为，单击按钮调整拉伸方向。

图 1.38　拉伸 7

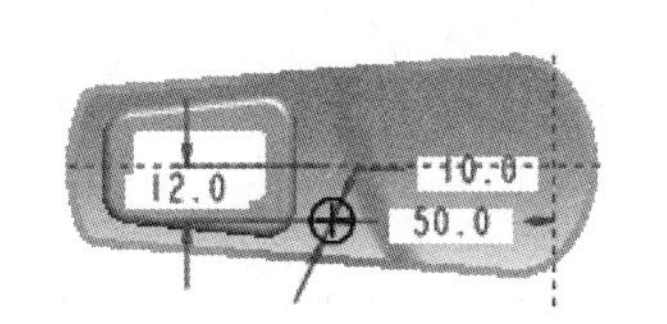

图 1.39　截面草图

图 1.40　拉伸 8

Step32. 创建图 1.42 所示的拉伸特征——拉伸 9。选择下拉菜单 插入(I) → 拉伸(E)... 命令，按下操控板中的“去除材料”按钮；选取 FRONT 基准平面为草绘平面，选取 RIGHT 基准平面为参考平面，方向为 右；绘制图 1.43 所示的截面草图，在操控板中定义拉伸类型为。

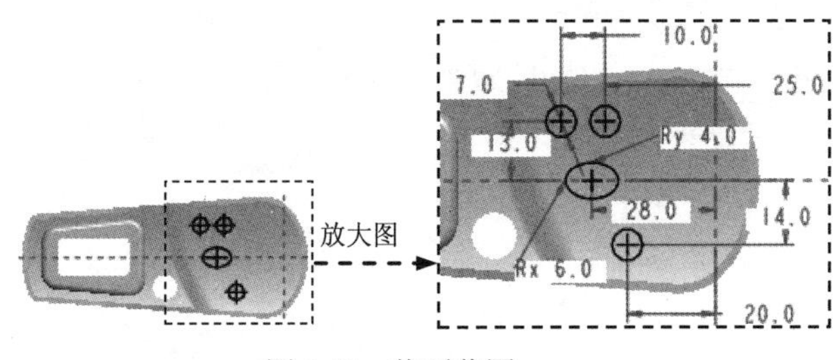

图 1.41　截面草图

图 1.42　拉伸 9

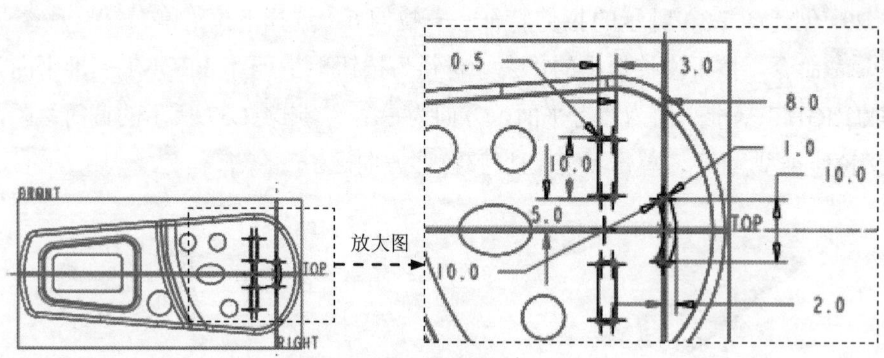

图 1.43　截面草图

Step33. 创建图 1.44 所示的扫描特征——扫描 1。

（1）选择下拉菜单 插入(I) → 扫描(S) → 伸出项(P)... 命令，系统弹出“伸出项：扫描”对话框。

（2）定义扫描轨迹。在 ▼ SWEEP TRAJ (扫描轨迹) 菜单中选择 Select Traj (选取轨迹) 命令，在绘图区选取图 1.45 所示的边线为扫描轨迹，单击“选取”对话框中的 确定 按钮，在菜单管理器中选择 Done (完成) 命令。

（3）系统进入截面草绘环境，绘制图 1.46 所示的截面草图，完成后单击 ✓ 按钮。

（4）单击“伸出项：扫描”对话框中的 确定 按钮，完成扫描 1 的创建。

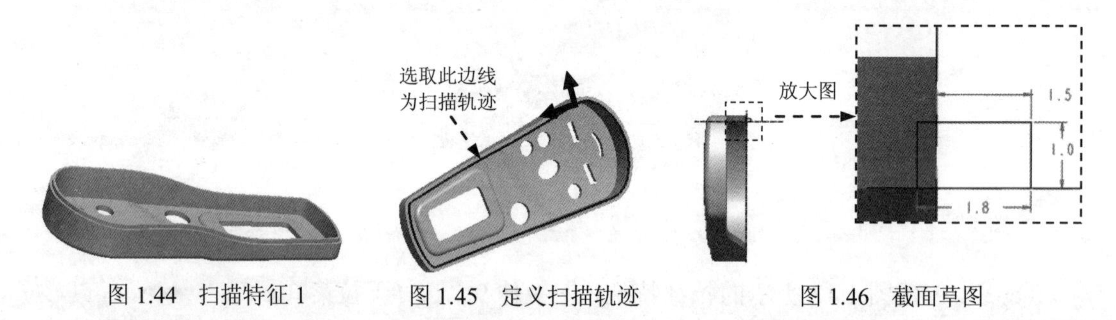

图 1.44　扫描特征 1　　图 1.45　定义扫描轨迹　　图 1.46　截面草图

Step34. 创建图 1.47b 所示的倒圆角特征——倒圆角 8。选取图 1.47a 所示的加亮边线为圆角放置参照，输入圆角半径值 0.2。

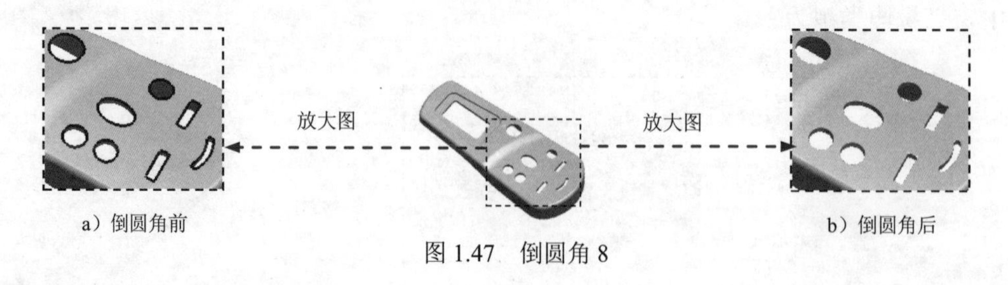

a）倒圆角前　　b）倒圆角后

图 1.47　倒圆角 8

Step35. 保存零件模型文件。

实例2　热水壶的整体设计

实例概述

本实例主要讲述了热水壶的整体设计过程，其中主要运用了拉伸、边界混合、扫描、合并、实体化等命令。该模型是一个很典型的曲面设计实例，其中曲面的投影、边界混合和合并是曲面创建的核心，在应用了修剪、实体化、拉伸和倒圆角进行细节设计之后，即可达到图 2.1 所示的效果。这种曲面设计的方法很值得读者学习。零件模型及模型树如图 2.1 所示。

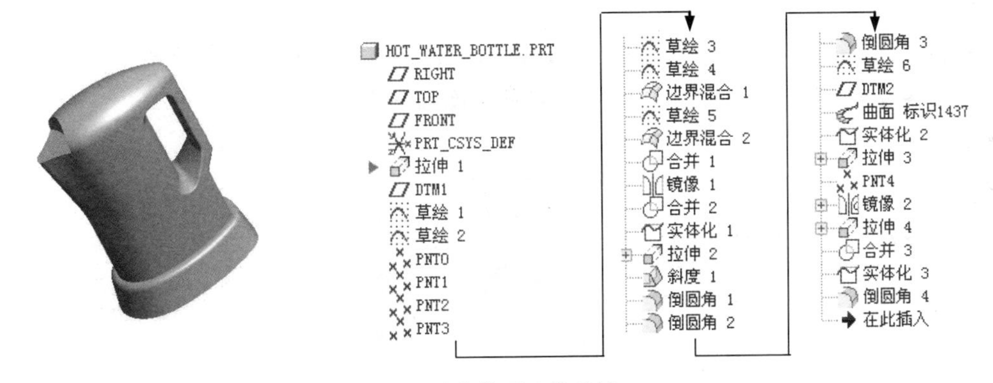

图 2.1　零件模型及模型树

Step1. 新建文件。新建一个零件模型文件，命名为 HOT_WATER_BOTTLE。

Step2. 创建图 2.2 所示的拉伸特征——拉伸 1。选择下拉菜单 插入(I) → 拉伸(E)... 命令；选取 TOP 基准平面为草绘平面，选取 RIGHT 基准平面为参考平面，方向为 左；绘制图 2.3 所示的截面草图。在操控板中定义拉伸类型为 ，输入深度值 40.0。

图 2.2　拉伸 1

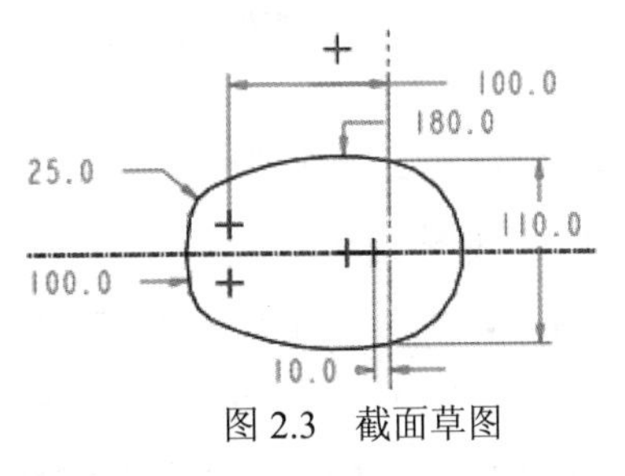

图 2.3　截面草图

Step3. 创建图 2.4 所示的基准平面——DTM1。选择下拉菜单 插入(I) → 模型基准(D) ▸ → 平面(L)... 命令；选取图 2.4 所示的模型表面为参考，在对话框中输入偏移距离值 190.0。

Step4. 创建图 2.5 所示的草绘特征——草绘 1。单击工具栏中的“草绘”按钮 ；选取图 2.4 所示的模型表面为草绘平面，选取 RIGHT 基准平面为参考平面，方向为 左；绘制

图 2.5 所示的草图。

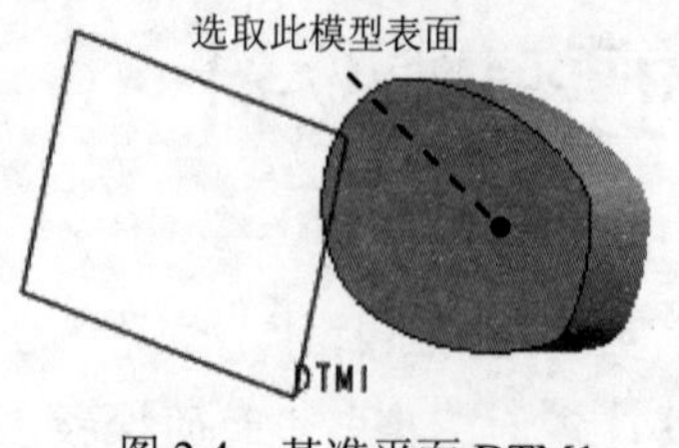

图 2.4　基准平面 DTM1

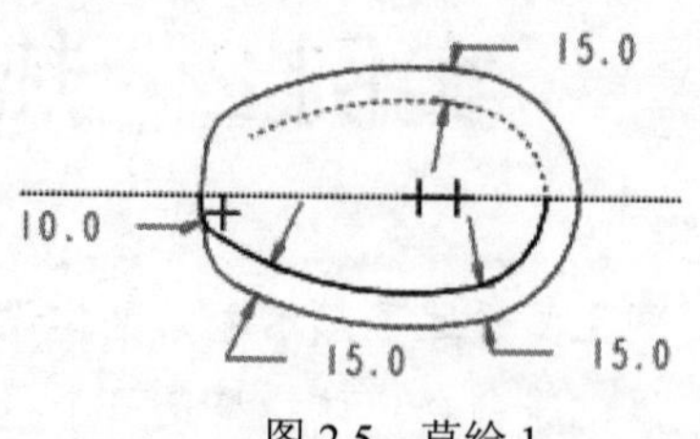

图 2.5　草绘 1

Step5. 创建图 2.6 所示的草绘特征——草绘 2。在操控板中单击“草绘”按钮；选取 DTM1 基准平面为草绘平面，选取 RIGHT 基准平面为参考平面，方向为左；绘制图 2.6 所示的草图。

Step6. 创建图 2.7 所示的基准点——PNT0。单击工具栏中的“点”按钮；按住<Ctrl>键，选取图 2.8 所示的端点 1 和 FRONT 基准平面为基准点参考。

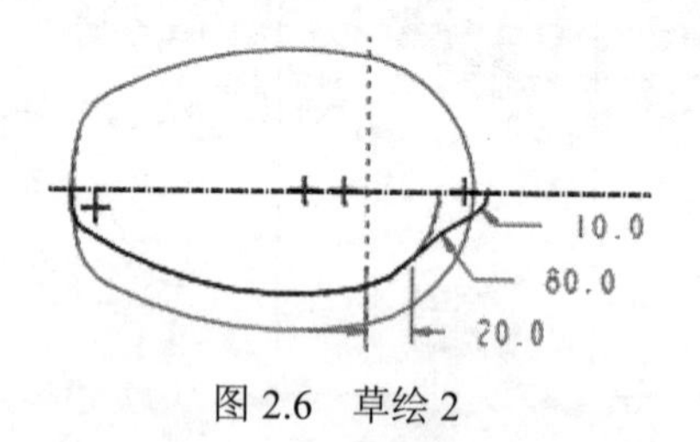

图 2.6　草绘 2

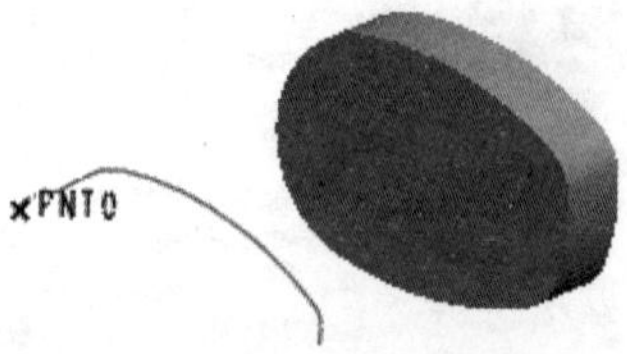

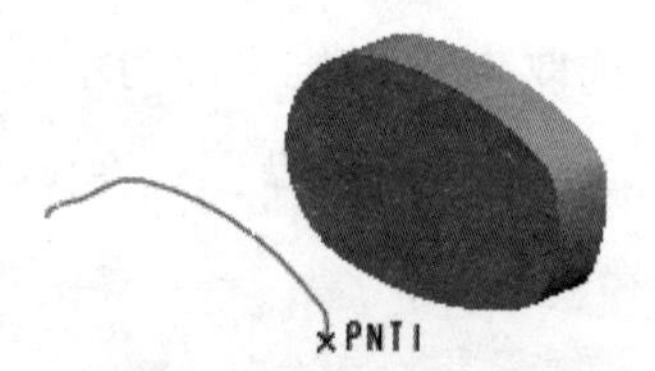

图 2.7　基准点 PNT0

Step7. 创建图 2.9 所示的基准点——PNT1。单击工具栏中的“点”按钮；按住<Ctrl>键，选取图 2.8 所示的端点 2 和 FRONT 基准平面为基准点参考。

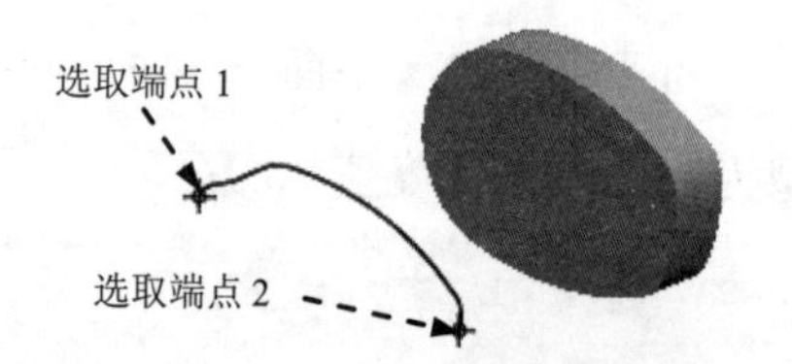

图 2.8　定义基准点参考

图 2.9　基准点 PNT1

Step8. 创建图 2.10 所示的基准点——PNT2。单击工具栏中的“点”按钮；按住<Ctrl>键，选取图 2.11 所示的端点 1 和 FRONT 基准平面为基准点参考。

Step9. 创建图 2.12 所示的基准点——PNT3。单击工具栏中的“点”按钮；按住<Ctrl>键，选取图 2.11 所示的端点 2 和 FRONT 基准平面为基准点参考。

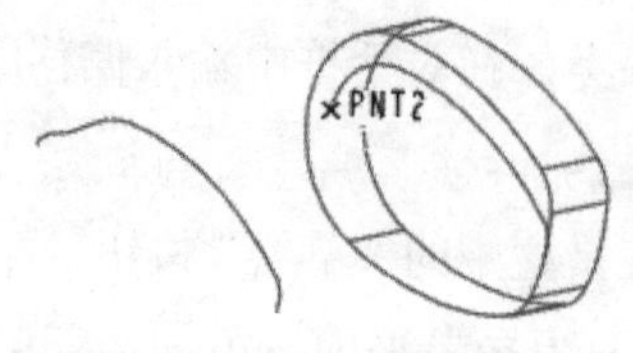

图 2.10　基准点 PNT2

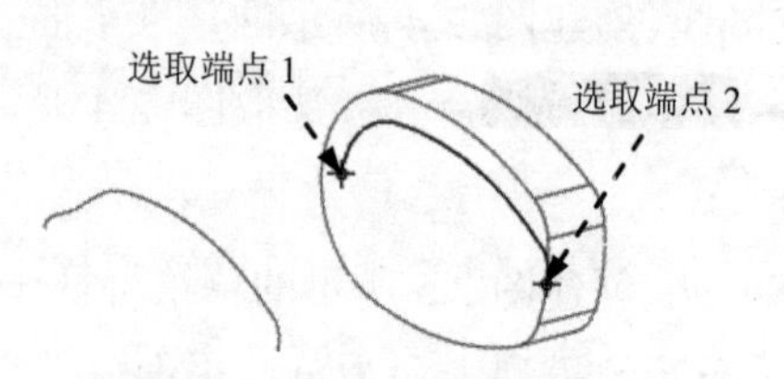

图 2.11　定义基准点参考

Step10. 创建图 2.13 所示的草绘特征——草绘 3。单击工具栏中的“草绘”按钮；选取 FRONT 基准平面为草绘平面，选取 RIGHT 基准平面为参考平面，方向为右；绘制图 2.13 所示的草图。

说明：此草绘 3 的直线的两个端点分别为 PNT1 和 PNT3。

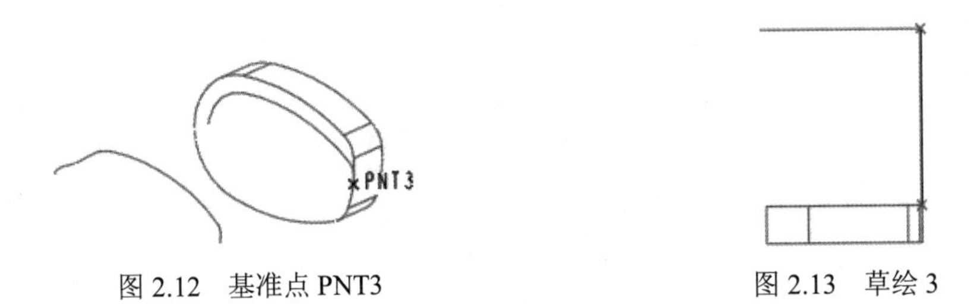

图 2.12　基准点 PNT3

图 2.13　草绘 3

Step11. 创建图 2.14 所示的草绘特征——草绘 4。单击工具栏中的“草绘”按钮；选取 FRONT 基准平面为草绘平面，选取 RIGHT 基准平面为参考平面，方向为右；绘制图 2.14 所示的草图。

Step12. 创建图 2.15 所示的边界曲面——边界混合 1。选择下拉菜单 插入(I) → 边界混合(B)... 命令；按住<Ctrl>键，依次选取草绘 1 和草绘 2 为第一方向的曲线；单击操控板中第二方向曲线操作栏，然后按住<Ctrl>键，依次选取草绘 3 和草绘 4 为第二方向的曲线；在操控板中单击 约束 按钮，在“约束”界面中将“方向 2”的“第一条链”和“最后一条链”的“条件”设置为垂直。

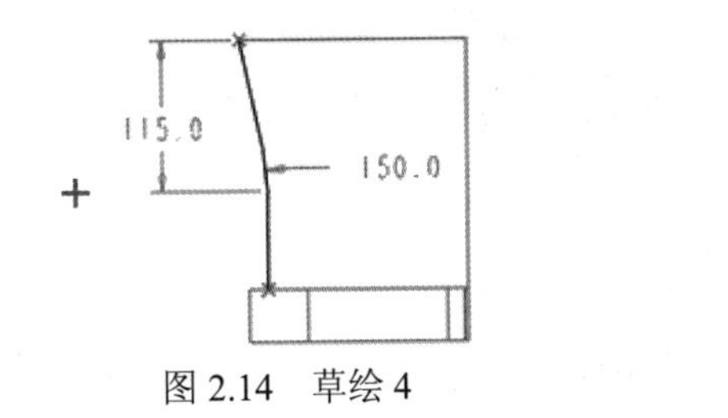

图 2.14　草绘 4

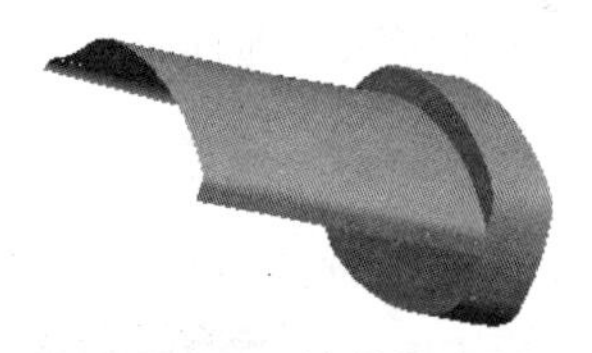

图 2.15　边界混合 1

Step13. 创建图 2.16 所示的草绘特征——草绘 5。单击工具栏中的“草绘”按钮；选取 FRONT 基准平面为草绘平面，选取 RIGHT 基准平面为参考平面，方向为顶；绘制图 2.16 所示的草图。

Step14. 创建图 2.17 所示的边界曲面——边界混合 2。选择下拉菜单 插入(I) → 边界混合(B)... 命令；按住<Ctrl>键，依次选取图 2.18 所示的边线和曲线为第一方向曲线；在操控板中单击 约束 按钮，在“约束”界面中将“方向 1”的“第一条链”和“最后一条链”的“条件”设置为垂直。

Step15. 创建合并特征——合并 1。按住<Ctrl>键，在模型树中选取边界混合 1 和边界混合 2 为合并对象；选择下拉菜单 编辑(E) → 合并(G)... 命令；在操控板中单击“完成”按钮，完成合并 1 的创建。

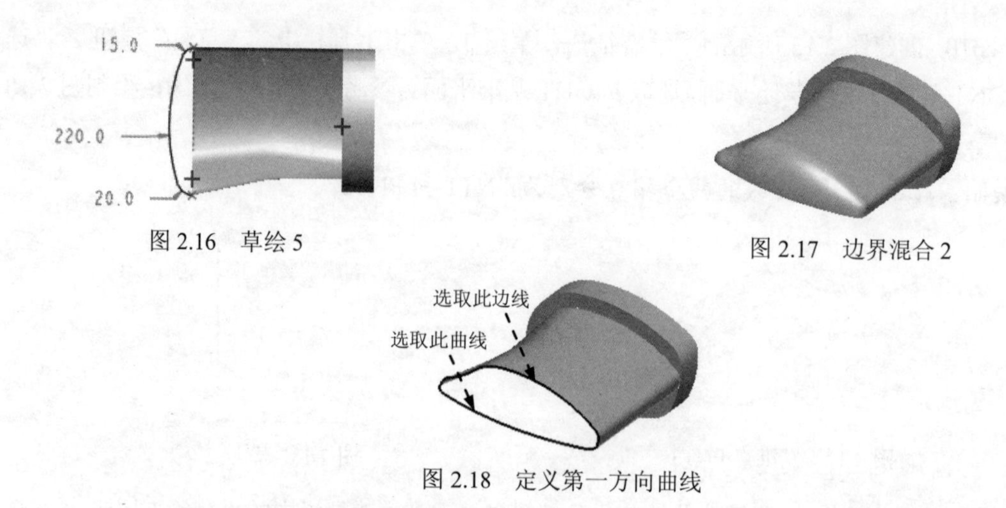

图 2.16　草绘 5

图 2.17　边界混合 2

图 2.18　定义第一方向曲线

Step16. 创建图 2.19b 所示的镜像特征——镜像 1。选取图 2.19a 所示的面组为镜像特征选择下拉菜单 编辑(E) → 镜像(I)... 命令；在图形区选取 FRONT 基准平面为镜像平面。

a）镜像前　　b）镜像后

图 2.19　镜像 1

Step17. 创建合并特征——合并 2。按住<Ctrl>键，分别选取图 2.19 所示的镜像前、后两个面组为合并对象；选择下拉菜单 编辑(E) → 合并(G)... 命令；在操控板中单击“完成”按钮 ✔，完成合并 2 的创建。

Step18. 创建实体化特征——实体化 1。选取图 2.20 所示的曲面为要实体化的对象；选择下拉菜单 编辑(E) → 实体化(Y)... 命令；单击调整图形区中的箭头使其指向要保留的实体，如图 2.20 所示。

Step19. 创建图 2.21 所示的拉伸特征——拉伸 2。选择下拉菜单 插入(I) → 拉伸(E)... 命令；选取 FRONT 基准平面为草绘平面，选取 RIGHT 基准平面为参考平面，方向为 顶；绘制图 2.22 所示的截面草图，在操控板中定义拉伸类型为 ⊟，输入深度值 85.0。

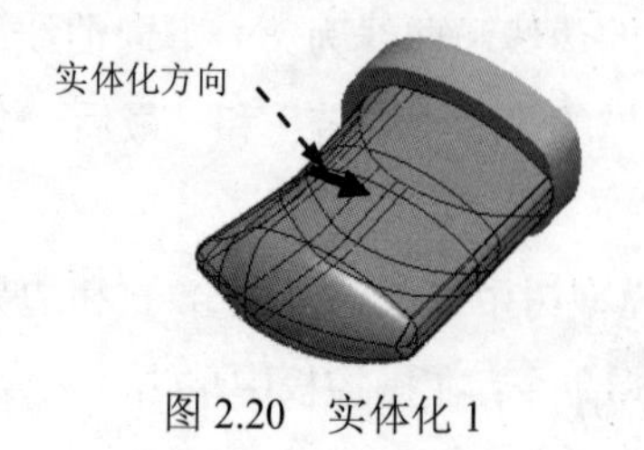

图 2.20　实体化 1

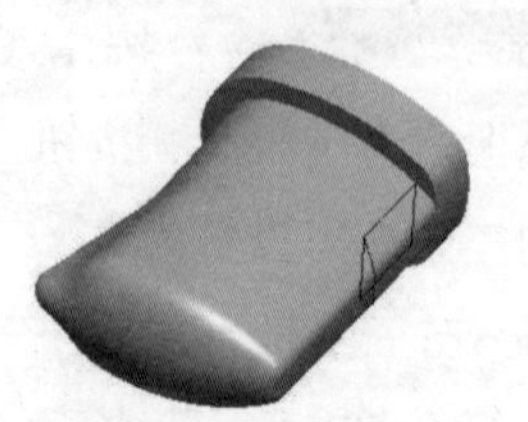

图 2.21　拉伸 2

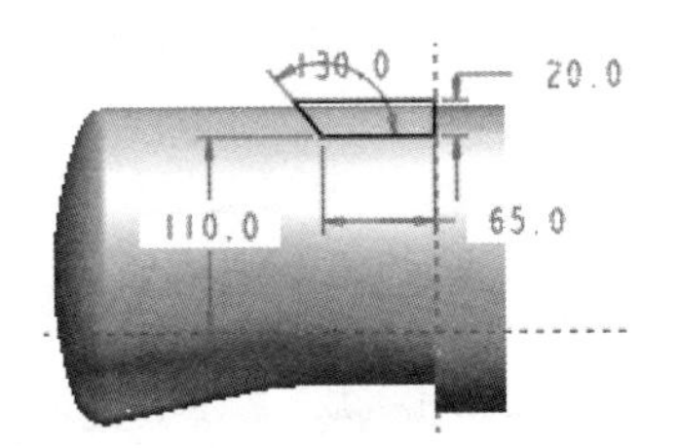

图 2.22　截面草图

Step20. 创建图 2.23b 所示的拔模特征——斜度 1。选择下拉菜单 插入(I) ➡ 斜度(F)... 命令；选取图 2.23a 所示的面为拔模曲面；选取图 2.24 所示的面为拔模枢轴平面；定义拔模方向如图 2.23 所示；在操控板中输入拔模角度值 10.0。

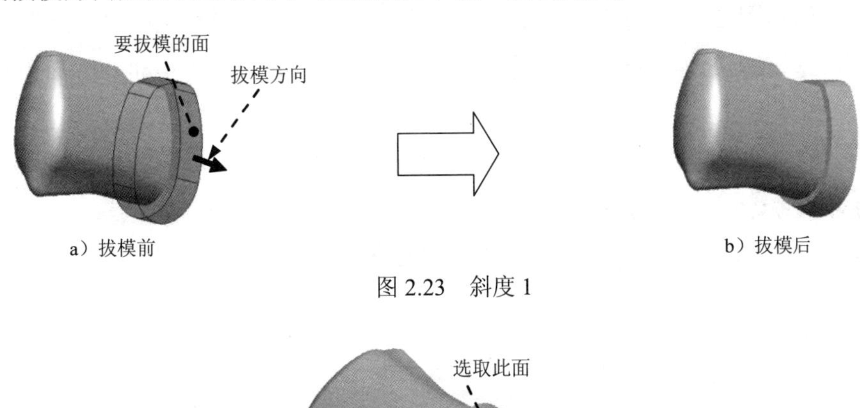

a）拔模前　　b）拔模后

图 2.23　斜度 1

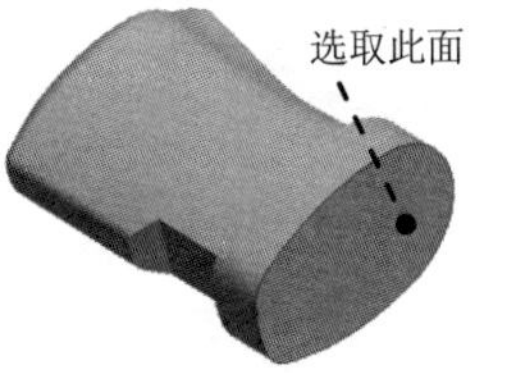

选取此面

图 2.24　定义拔模枢轴平面

Step21. 创建图 2.25b 所示的倒圆角特征——倒圆角 1。选择下拉菜单 插入(I) ➡ 倒圆角(O)... 命令；选取图 2.25a 所示的边线为圆角放置参照，圆角半径值为 12.0。

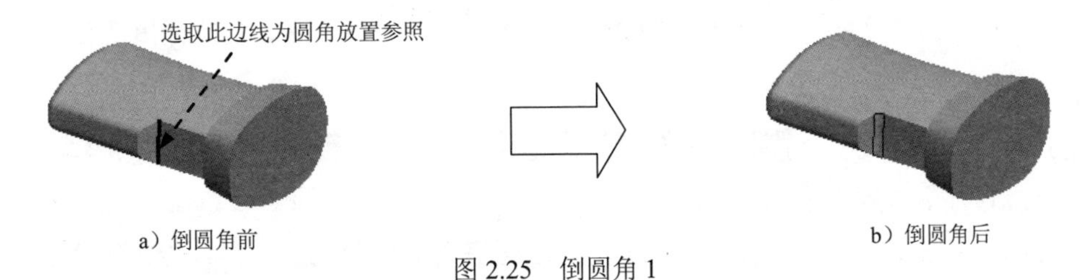

a）倒圆角前　　b）倒圆角后

图 2.25　倒圆角 1

Step22. 创建图 2.26b 所示的倒圆角特征——倒圆角 2。选取图 2.26a 所示的边线为圆角放置参照，输入圆角半径值 8.0。

Step23. 创建图 2.27b 所示的倒圆角特征——倒圆角 3。选取图 2.27a 所示的边线为圆角放置参照，输入圆角半径值 8.0。

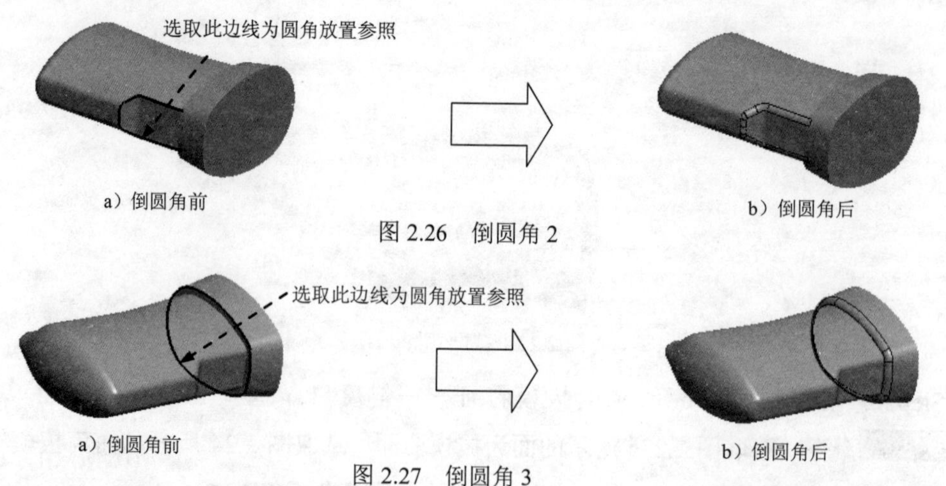

a）倒圆角前　　b）倒圆角后

图 2.26　倒圆角 2

a）倒圆角前　　b）倒圆角后

图 2.27　倒圆角 3

Step24. 创建图 2.28 所示的草绘特征——草绘 6。单击工具栏中的“草绘”按钮；选取 FRONT 基准平面为草绘平面，选取 RIGHT 基准平面为参考平面，方向为 顶；绘制图 2.28 所示的草图。

Step25. 创建图 2.29 所示的基准平面——DTM2。选择下拉菜单 插入(I) ➡ 模型基准(D) ➡ 平面(L)... 命令；选取 DTM1 基准平面，将其约束类型设置为 平行；按住<Ctrl>键，选取图 2.30 所示的端点，将其约束类型设置为 穿过。

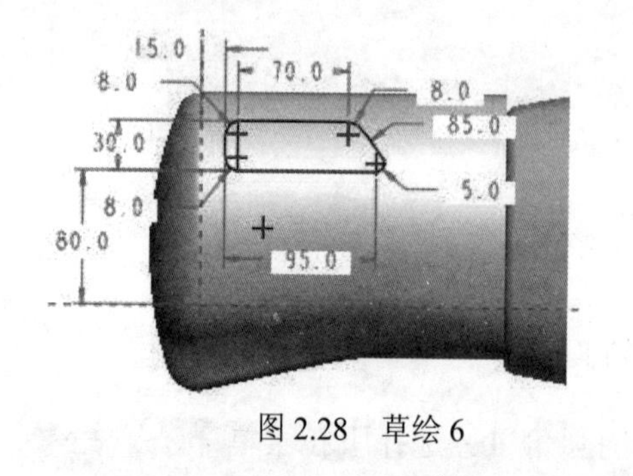

图 2.28　草绘 6

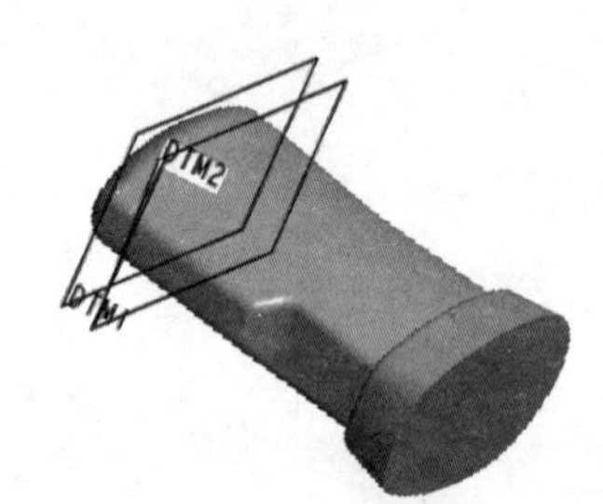

图 2.29　基准平面 DTM2

Step26. 创建图 2.31 所示的扫描特征——扫描 1。

（1）选择下拉菜单 插入(I) ➡ 扫描(S) ➡ 曲面(S)... 命令，系统弹出“曲面：扫描”对话框。

（2）定义扫描轨迹。在 ▼ SWEEP TRAJ（扫描轨迹）菜单中选择 Select Traj（选取轨迹）命令，在绘图区选取草绘 6 作为扫描轨迹曲线，单击“选取”对话框中的 确定 按钮，定义扫描轨迹的起始方向如图 2.32 所示。在菜单管理器中选择 Done（完成） ➡ Open Ends（开放端） ➡ Done（完成）命令。

（3）系统进入截面草绘环境，绘制图 2.33 所示的截面草图，完成后单击 ✔ 按钮。

（4） 单击“曲面：扫描”对话框中的 确定 按钮，完成扫描 1 的创建。

图 2.30　定义参考端点

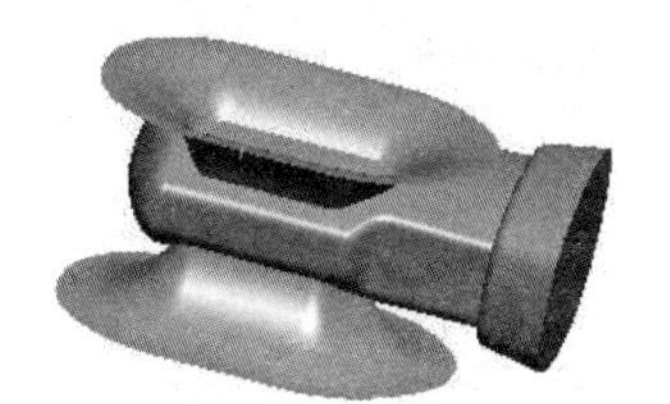

图 2.31　扫描 1

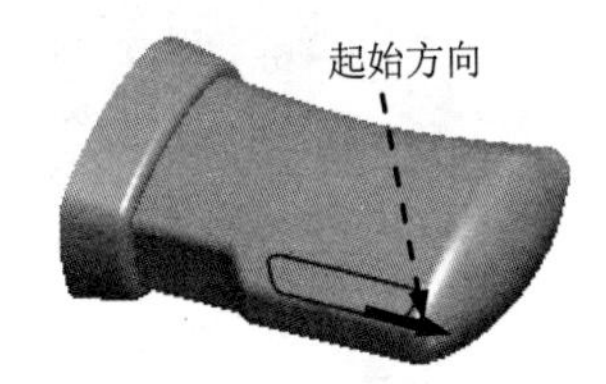

图 2.32　定义扫描轨迹曲面

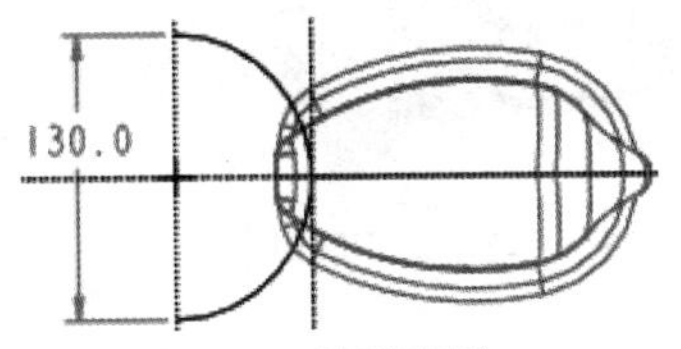

图 2.33　截面草图

Step27. 创建图 2.34b 所示的实体化特征——实体化 2。选取图 2.34a 所示的特征为实体化的对象；选择下拉菜单 编辑(E) ➡ 实体化(Y)... 命令，确定“去除材料”按钮被按下，调整图形区中的箭头使其指向要去除的实体，如图 2.34a 所示。

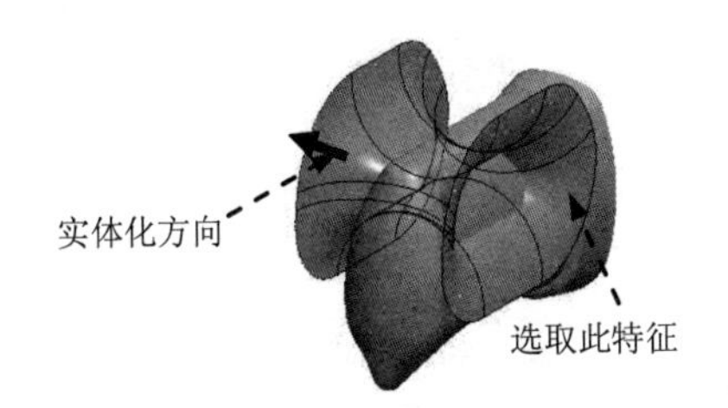

a）实体化前

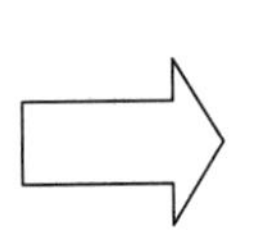

b）实体化后

图 2.34　实体化 2

Step28. 创建图 2.35 所示的拉伸特征——拉伸 3。选择下拉菜单 插入(I) ➡ 拉伸(E)... 命令，在操控板中应确认“曲面”按钮被按下；选取 FRONT 基准平面为草绘平面，选取 RIGHT 基准平面为参考平面，方向为底；绘制图 2.36 所示的截面草图；在操控板中定义拉伸类型为，输入深度值 100.0。

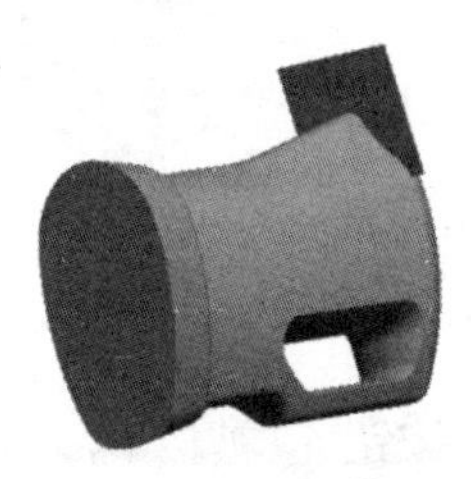

图 2.35　拉伸 3

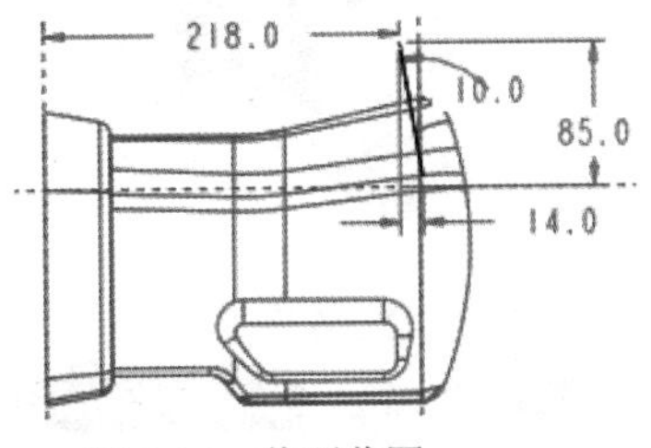

图 2.36　截面草图

Step29. 创建图 2.37 所示的基准点——PNT4。单击工具栏中的“点”按钮；按住

<Ctrl>键，选取草图 2 和拉伸曲面 3 为基准点参考。

Step30. 创建图 2.38b 所示的镜像特征——镜像 2。选取 PNT4 基准点为镜像特征；选取 FRONT 基准平面为镜像平面。

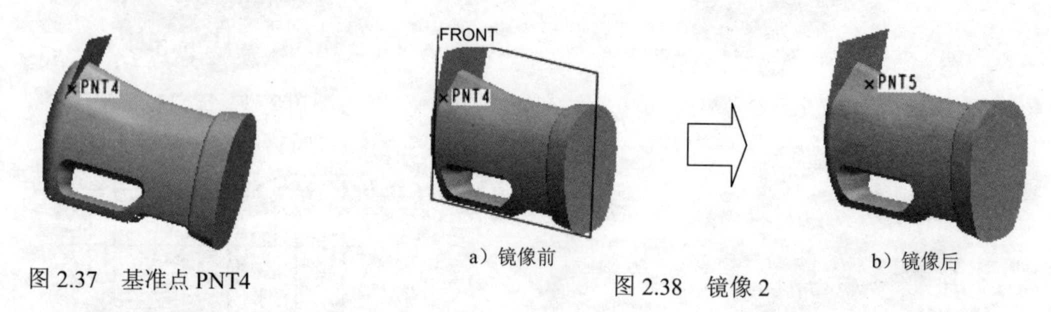

图 2.37　基准点 PNT4

a）镜像前　b）镜像后

图 2.38　镜像 2

Step31. 创建图 2.39 所示的拉伸特征——拉伸 4。选择下拉菜单 插入(I) → 拉伸(E)... 命令，在操控板中应确认“曲面”按钮被按下；选取 DTM1 基准平面为草绘平面，选取 RIGHT 基准平面为参考平面，方向为 左；绘制图 2.40 所示的截面草图，在操控板中定义拉伸类型为，输入深度值 50.0。

图 2.39　拉伸 4　　图 2.40　截面草图

Step32. 创建图 2.41b 所示的曲面合并 3。按住<Ctrl>键，选取拉伸曲面 3 和拉伸曲面 4 为合并对象；单击 合并 按钮，调整箭头方向如图 2.41a 所示；单击按钮，完成曲面合并 3 的创建。

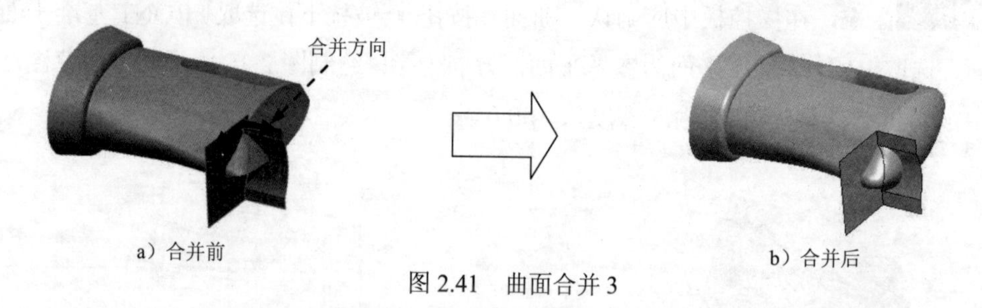

a）合并前　b）合并后

图 2.41　曲面合并 3

Step33. 创建图 2.42b 所示的实体化 3。选取图 2.42a 所示的面组为实体化的对象；选择下拉菜单 编辑(E) → 实体化(Y)... 命令，确定“去除材料”按钮被按下，调整图形区中的箭头使其指向要去除的实体，如图 2.42a 所示。

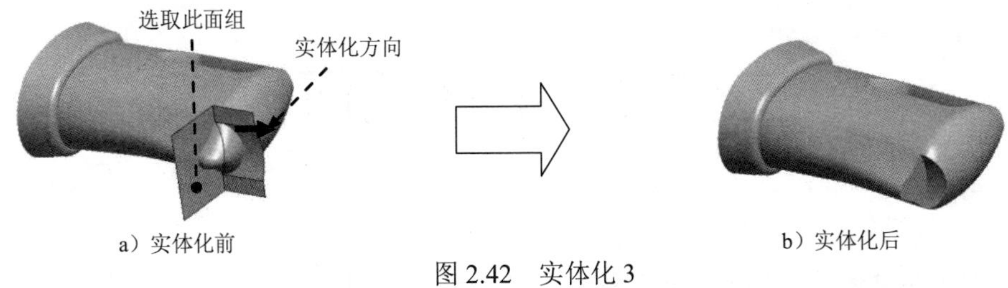

图 2.42　实体化 3

Step34. 创建图 2.43b 所示的倒圆角特征——倒圆角 4。按住<Ctrl>键，选取图 2.43a 所示的 2 条边线为圆角放置参照，输入圆角半径值 2.0。

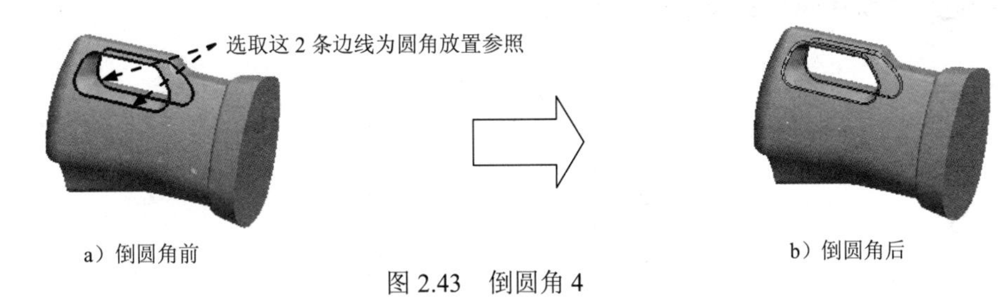

图 2.43　倒圆角 4

Step35. 保存模型文件。

实例3　电话机面板

实例概述

本实例主要讲述了一款电话机面板的设计过程。本例中没有用到复杂的命令，却创建出了相对比较复杂的曲面形状，其中的创建方法值得读者借鉴。读者在创建模型时，由于绘制的样条曲线会与本例有些差异，导致有些草图的尺寸不能保证与本例中的一致，建议读者自行定义。零件模型及模型树如图 3.1 所示。

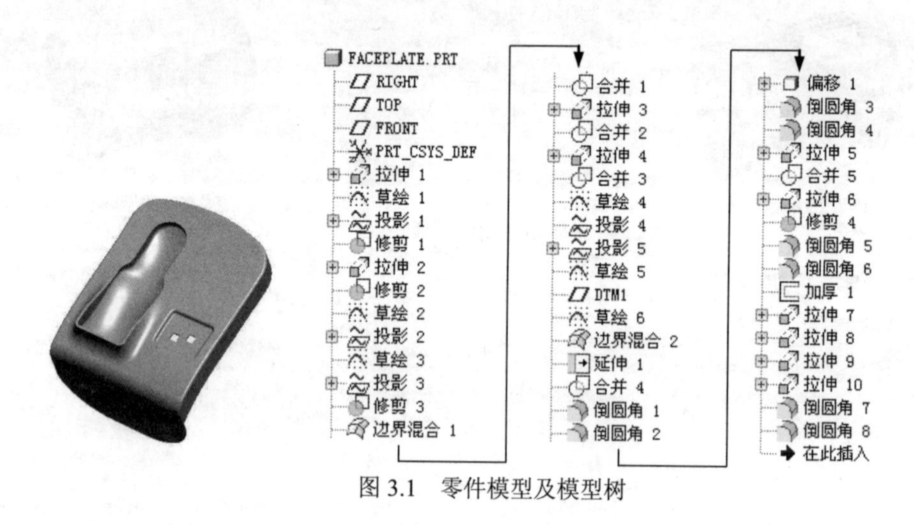

图 3.1　零件模型及模型树

说明：本例前面的详细操作过程请参见随书光盘中 video\ch03\reference\文件夹下的语音视频讲解文件 FACEPLATE-r01.exe。

Step1. 打开文件 proewf5.9\work\ch03\FACEPLATE_ex.prt。

Step2. 创建图 3.2 所示的草绘特征——草绘 1。单击工具栏中的“草绘”按钮，选取 FRONT 基准平面为草绘平面，选取 RIGHT 基准平面为参照平面，方向为顶；单击此对话框中的草绘按钮，绘制图 3.2 所示的草图。

Step3. 创建图 3.3 所示的投影特征——投影 1。在绘图区选取草绘 1，选择下拉菜单 编辑(E) → 投影(T)... 命令，选取图 3.3 所示的面为投影参照，采用系统默认的方向。

说明：创建完此特征后，草绘 1 将自动隐藏。

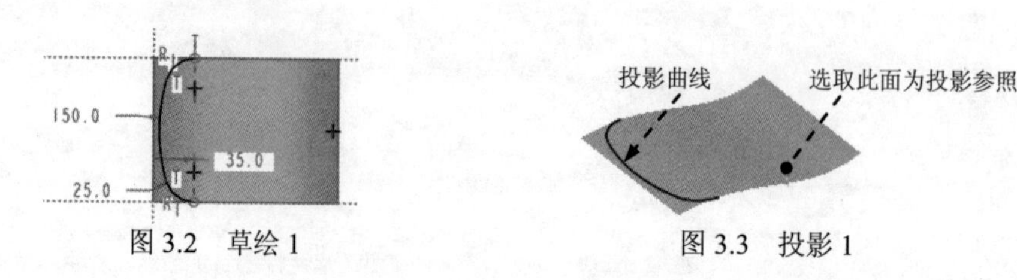

图 3.2　草绘 1　　　　图 3.3　投影 1

Step4. 创建图 3.4b 所示的修剪特征——修剪 1。在绘图区选取图 3.4a 所示的曲面，选择下拉菜单 编辑(E) → 修剪(T)... 命令；在绘图区选取 Step3 所创建的投影曲线作为修剪对象，定义修剪方向如图 3.4a 所示。

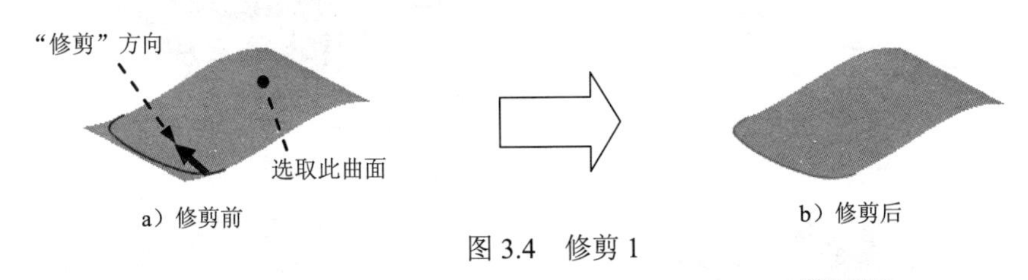

a）修剪前　　　　b）修剪后

图 3.4　修剪 1

Step5. 创建图 3.5 所示的拉伸特征——拉伸 2。选择下拉菜单 插入(I) → 拉伸(E)... 命令，在操控板中应确认“曲面”按钮被按下；选取 FRONT 基准平面为草绘平面，选取 RIGHT 基准平面为参照平面，方向为 底部；单击对话框中的 草绘 按钮，绘制图 3.6 所示的截面草图；在操控板中选取深度类型为，输入深度值 50.0。

图 3.5　拉伸 2　　　　图 3.6　截面草图

Step6. 创建图 3.7b 所示的修剪特征——修剪 2。在绘图区选取图 3.7a 所示的面，选择下拉菜单 编辑(E) → 修剪(T)... 命令，在绘图区选取拉伸 2 作为修剪对象，定义修剪方向如图 3.7a 所示。

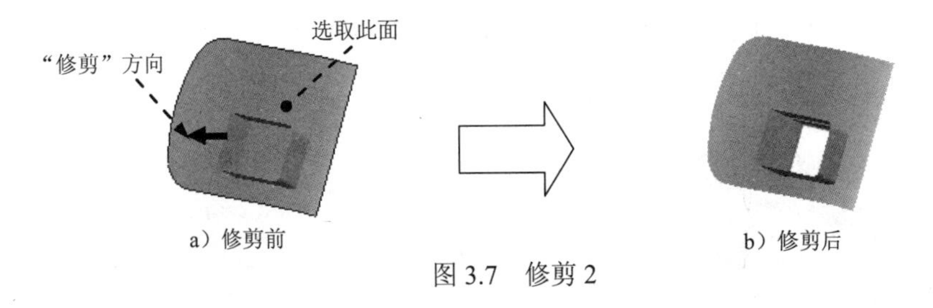

a）修剪前　　　　b）修剪后

图 3.7　修剪 2

Step7. 创建图 3.8 所示的草绘特征——草绘 2。单击工具栏中的“草绘”按钮，选取 RIGHT 基准平面为草绘平面，选取 TOP 基准平面为参照平面，方向为 左，单击此对话框中的 草绘 按钮。绘制图 3.8 所示的草图。

Step8. 创建图 3.9 所示的投影特征——投影 2。在绘图区选取草绘 2，单击下拉菜单 编辑(E) → 投影(J)... 命令；选取图 3.10 所示的五个面为投影参照，采用系统默认方向。

说明：创建完此特征后，草绘 2 将自动隐藏。

Step9. 创建图 3.11 所示的草绘特征——草绘 3。单击工具栏中的“草绘”按钮，选取 FRONT 基准平面为草绘平面，选取 RIGHT 基准平面为参照平面，方向为 顶；单击此对话框中的草绘按钮，绘制图 3.11 所示的草图（绘制草图时先使用偏移命令）。

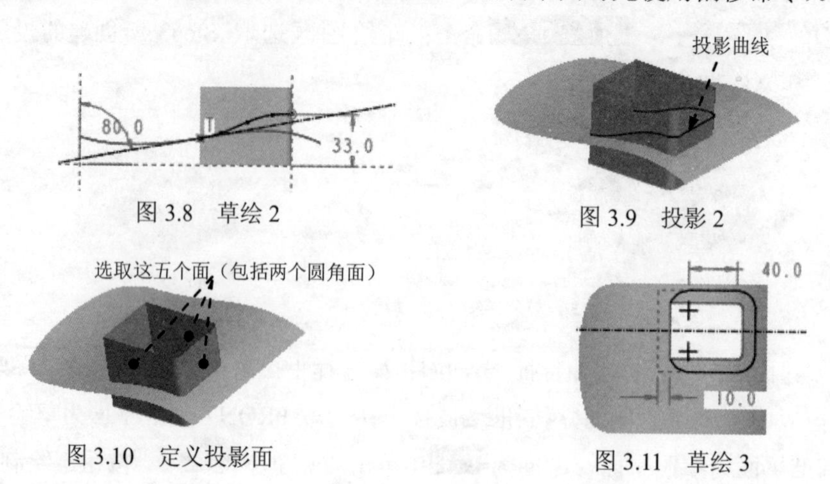

图 3.8　草绘 2

图 3.9　投影 2

图 3.10　定义投影面

图 3.11　草绘 3

Step10. 创建图 3.12 所示的投影特征——投影 3。在绘图区选取草绘 3，单击下拉菜单编辑(E) → 投影(T)... 命令，选取图 3.12 所示的面为投影参照，采用系统默认方向。

说明：创建完此特征后，草绘 3 将自动隐藏。

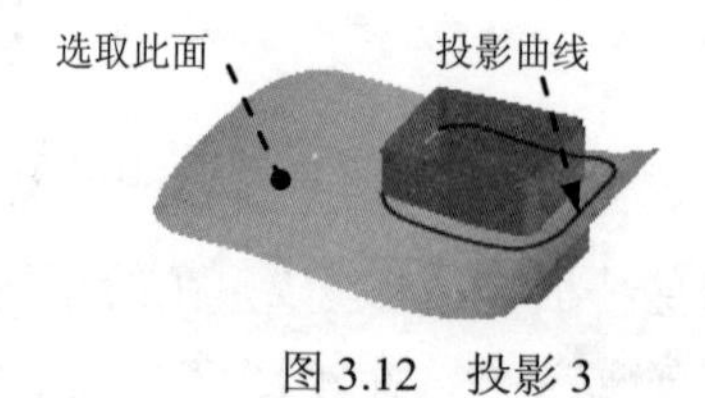

图 3.12　投影 3

Step11. 创建图 3.13b 所示的修剪特征——修剪 3（拉伸 2 已隐藏）。在绘图区选取图 3.13a 所示的面，选择下拉菜单编辑(E) → 修剪(T)... 命令，在绘图区选取图 3.13a 所示的曲线链作为修剪对象，定义修剪方向如图 3.13a 所示。

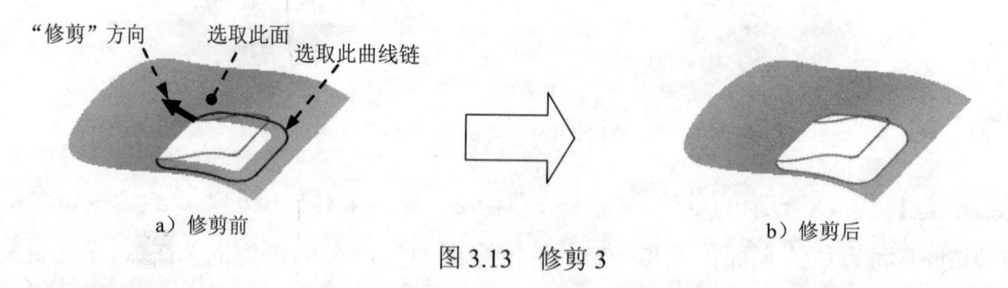

a）修剪前

b）修剪后

图 3.13　修剪 3

Step12. 添加图 3.14 所示的边界曲面——边界混合 1。选择下拉菜单插入(I) → 边界混合(B)... 命令；按住<Ctrl>键，在绘图区分别选取图 3.15 所示的曲线 1 和曲线 2 为第一方向边界曲线；在操控板中单击约束按钮，在系统弹出的界面中将第一方向上的第一条链的边界约束类型设置为相切。

图 3.14　边界混合 1

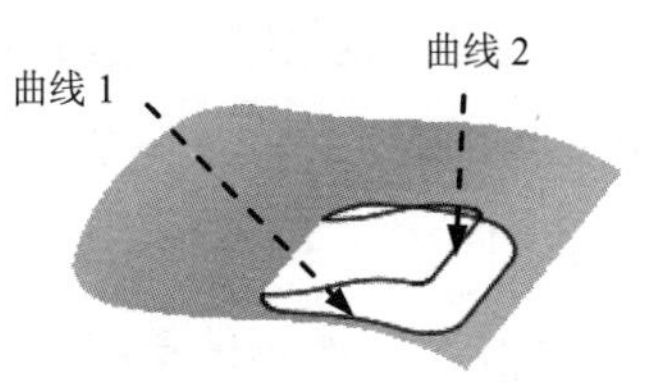

图 3.15　定义边界曲线

Step13. 创建合并特征——合并 1。按住<Ctrl>键，在绘图区选取图 3.16 所示的面为合并对象，选择下拉菜单 编辑(E) → 合并(G)... 命令。在操控板中单击“完成”按钮✔，完成合并 1 的创建。

Step14. 创建图 3.17 所示的拉伸特征——拉伸 3。在模型树中选取草绘 2，选择下拉菜单 插入(I) → 拉伸(E)... 命令，在操控板中选取深度类型为⊟，输入深度值 120.0。

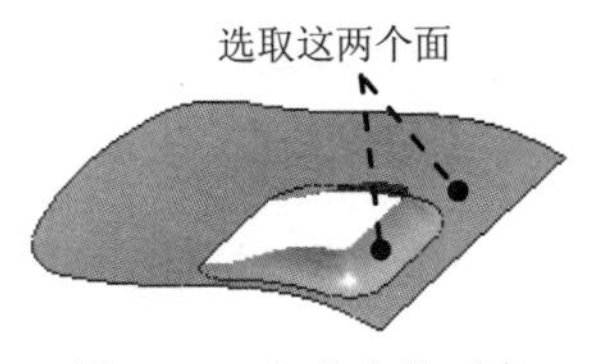

图 3.16　定义合并对象

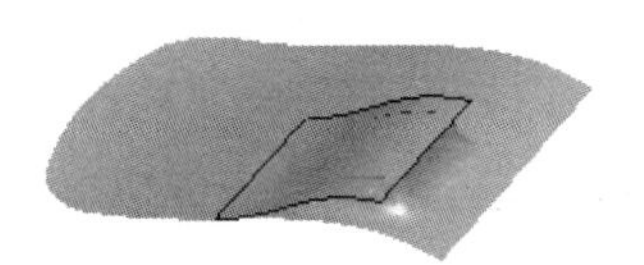

图 3.17　拉伸 3

Step15. 创建图 3.18b 所示的合并特征——合并 2。按住<Ctrl>键，在模型树中选取合并 1 和拉伸 3 为合并对象；选择下拉菜单 编辑(E) → 合并(G)... 命令，在操控板中单击⤡按钮，定义合并方向如图 3.18a 所示。

a）合并前　　b）合并后

图 3.18　合并 2

Step16. 创建图 3.19 所示的拉伸特征——拉伸 4。选择下拉菜单 插入(I) → 拉伸(E)... 命令，在操控板中应确认“曲面”按钮⌓被按下；选取 FRONT 基准平面为草绘平面，选取 RIGHT 基准平面为参照平面，方向为 顶，单击对话框中的 草绘 按钮，绘制图 3.20 所示的截面草图；在操控板中选取深度类型为⊟，输入深度值 40.0。

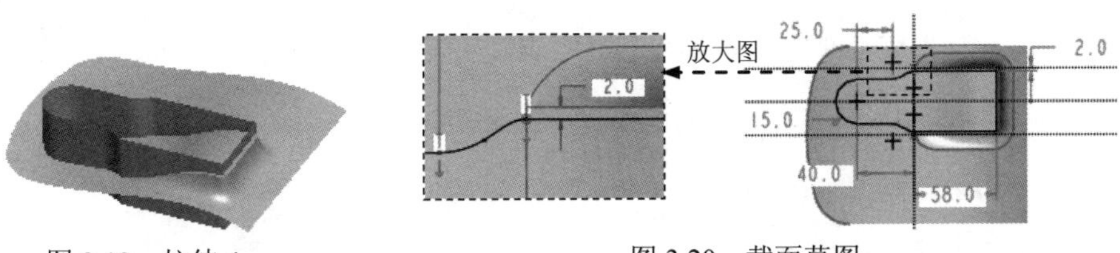

图 3.19　拉伸 4　　图 3.20　截面草图

Step17. 创建图 3.21b 所示的合并特征——合并 3。按住<Ctrl>键，选取图 3.21 所示的面和拉伸 4 为合并对象，选择下拉菜单 编辑(E) → 合并(G)... 命令，在操控板中单击 按钮，定义合并方向如图 3.21a 所示。

Step18. 创建图 3.22 所示的草绘特征——草绘 4。单击工具栏中的“草绘”按钮，选取 RIGHT 基准平面为草绘平面，选取 TOP 基准平面为参照平面，方向为 左，单击此对话框中的 草绘 按钮。绘制图 3.22 所示的草图。

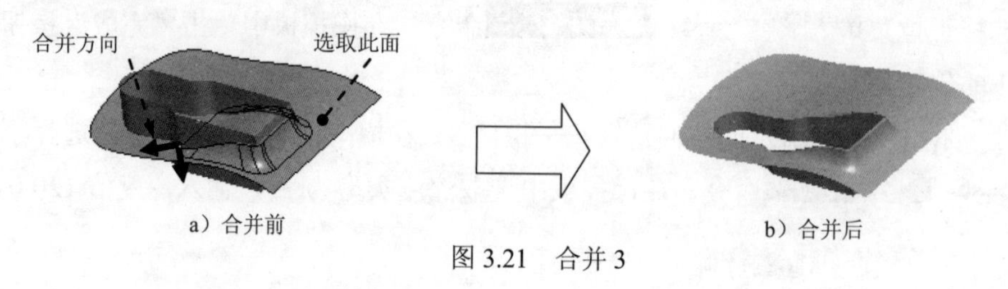

图 3.21　合并 3

Step19. 创建图 3.23 所示的投影特征——投影 4。在绘图区选取草绘 4，单击下拉菜单 编辑(E) → 投影(J)... 命令，在绘图区选取图 3.24 所示的面 1 为投影参照，采用系统默认方向。

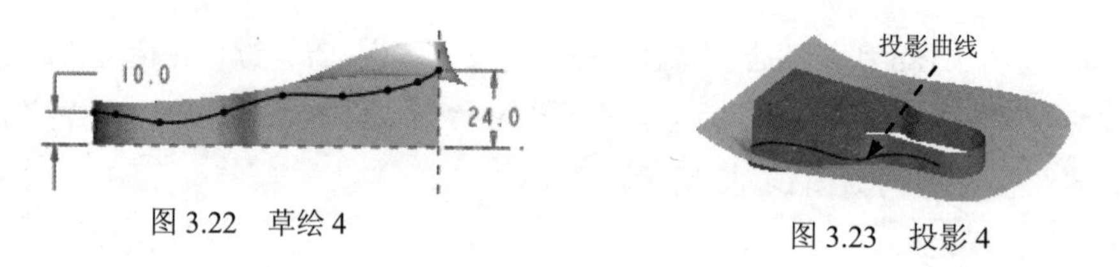

图 3.22　草绘 4

图 3.23　投影 4

Step20. 创建图 3.25 所示的投影特征——投影 5。在绘图区选取草绘 4，单击下拉菜单 编辑(E) → 投影(J)... 命令，在绘图区选取图 3.24 所示的面 2 为投影参照，采用系统默认方向。

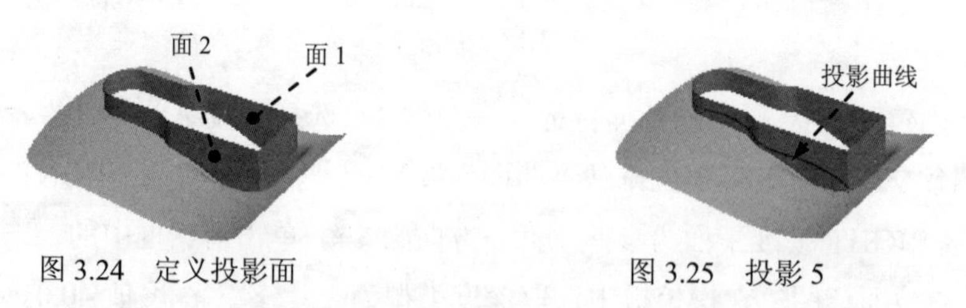

图 3.24　定义投影面

图 3.25　投影 5

Step21. 创建图 3.26 所示的草绘特征——草绘 5。单击工具栏中的“草绘”按钮，选取图 3.27 所示的面为草绘平面，选取 FRONT 基准平面为参照平面，方向为 底部，单击此对话框中的 草绘 按钮。绘制图 3.26 所示的草图。

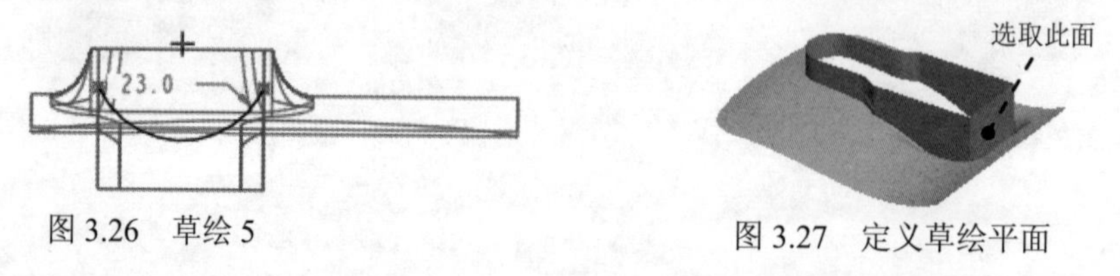

图 3.26　草绘 5

图 3.27　定义草绘平面

说明：草绘 5 所绘制的圆弧的两个端点分别与 Step19 创建的投影曲线 4 和 Step20 创建的投影曲线 5 的两个端点重合。

Step22. 创建图 3.28 所示的基准平面——DTM1。选择下拉菜单 插入(I) ➡ 模型基准(D) ▸ ➡ 平面(L)... 命令；选取 TOP 基准平面为参照平面，定义约束类型为 平行，按住<Ctrl>键，选取图 3.28 所示的顶点，定义约束类型为 穿过。

Step23. 创建图 3.29 所示的草绘特征——草绘 6。单击工具栏中的“草绘”按钮，选取 DTM1 基准平面为草绘平面，选取 RIGHT 基准平面为参照平面，方向为 右，单击此对话框中的 草绘 按钮。绘制图 3.29 所示的草图。

说明：草绘 6 所绘制的两个圆弧的两个端点分别与 Step19 创建的投影曲线 4 和 Step20 创建的投影曲线 5 的两个端点重合。

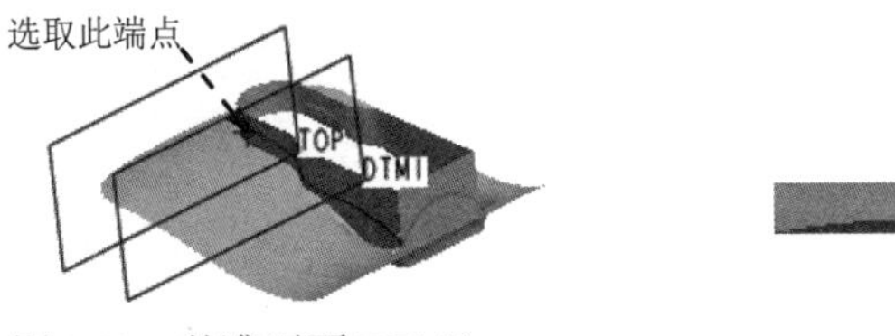

图 3.28　基准平面 DTM1

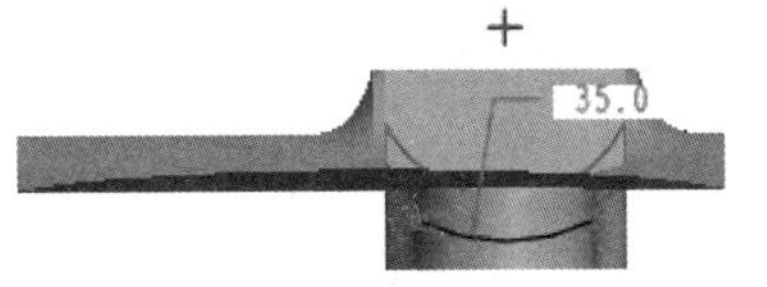

图 3.29　草绘 6

Step24. 添加图 3.30 所示的边界曲面——边界混合 2。选择下拉菜单 插入(I) ➡ 边界混合(B)... 命令；按住<Ctrl>键，在绘图区依次选取图 3.31 所示的曲线 1 和曲线 2 为第一方向边界曲线；单击操控板中第二方向曲线操作栏，按住<Ctrl>键，在绘图区依次选取图 3.31 所示的曲线 3 和曲线 4 为第二方向边界曲线。

图 3.30　边界混合 2

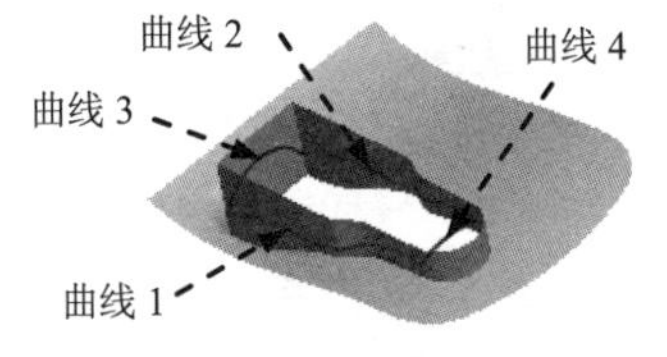

图 3.31　定义边界曲线

Step25. 创建图 3.32b 所示曲面延伸特征——延伸 1。在绘图区选取图 3.32a 所示的边线，选择下拉菜单 编辑(E) ➡ 延伸(X)... 命令；在操控板中输入距离值 18.0。

说明：在选取图 3.32a 所示的边线时，将草绘 5 隐藏，否则此特征将无法创建。

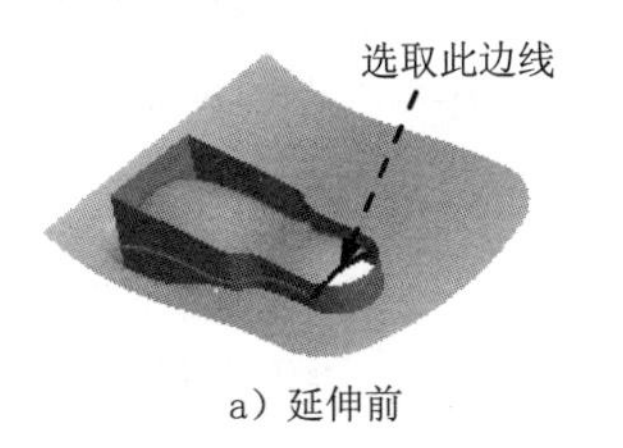

a）延伸前

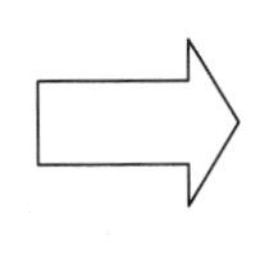

b）延伸后

图 3.32　延伸 1

Step26. 创建图 3.33b 所示的合并特征——合并 4。按住<Ctrl>键，在绘图区选取图 3.33a 所示的两个面为合并对象，选择下拉菜单 编辑(E) ➡ 合并(G)... 命令，在操控板中单击 按钮，定义合并方向如图 3.33a 所示。

Step27. 创建图 3.34b 所示的倒圆角特征——倒圆角 1。选择下拉菜单 插入(I) ➡ 倒圆角(O)... 命令；选取图 3.34a 所示的边链为圆角放置参照，圆角半径值为 2.5。

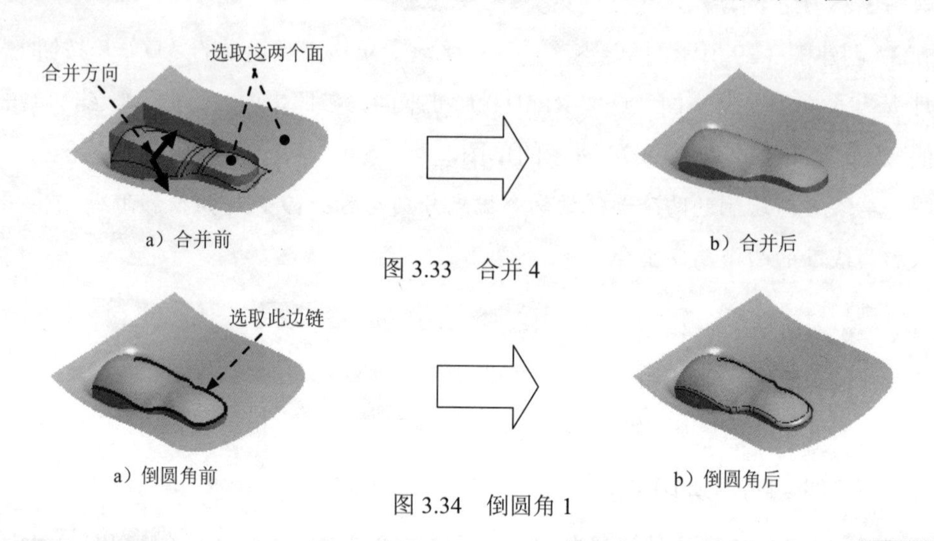

图 3.33　合并 4

图 3.34　倒圆角 1

Step28. 创建图 3.35b 所示的倒圆角特征——倒圆角 2。选择下拉菜单 插入(I) ➡ 倒圆角(O)... 命令。选取图 3.35a 所示的边链为圆角放置参照，圆角半径值为 3.0。

图 3.35　倒圆角 2

Step29. 创建图 3.36 所示的偏移特征——偏移 1。选取图 3.36 所示的曲面，然后选择下拉菜单 编辑(E) ➡ 偏移(O)... 命令；在操控板的偏移类型栏中选取 （“具有拔模特征”）；在操控板中单击 参照 按钮，在系统弹出的界面中单击 定义... 按钮；选取 FRONT 基准平面为草绘平面，选取 RIGHT 基准平面为参照平面，方向为 顶，单击 草绘 按钮；绘制图 3.37 所示的截面草图；单击操控板中的 选项 按钮，选取 垂直于曲面，然后选取 侧曲面垂直于 为 曲面，选取 侧面轮廓 为 直；在操控板中输入偏移距离值 3.0，输入拔模角度值 5.0。

Step30. 创建图 3.38b 所示的倒圆角特征——倒圆角 3。选择下拉菜单 插入(I) ➡ 倒圆角(O)... 命令；选取图 3.38a 所示的边链为圆角放置参照，圆角半径值为 2.0。

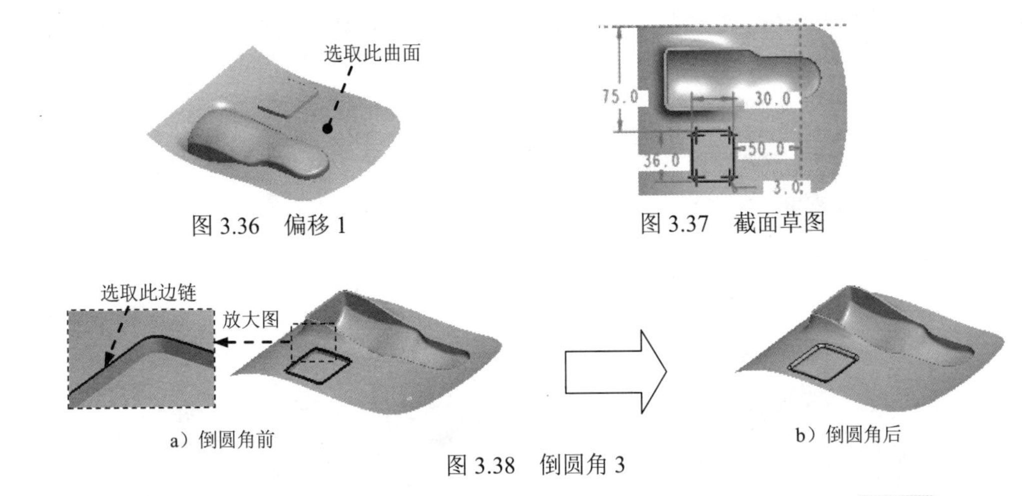

图 3.36　偏移 1　　图 3.37　截面草图

a）倒圆角前　b）倒圆角后

图 3.38　倒圆角 3

Step31. 创建图 3.39b 所示的倒圆角特征——倒圆角 4。选择下拉菜单 插入(I) → 倒圆角(O)... 命令；选取图 3.39a 所示的边链为圆角放置参照，圆角半径值为 1.5。

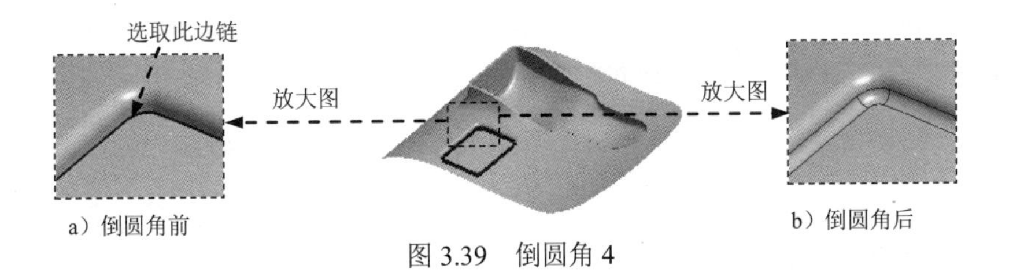

a）倒圆角前　b）倒圆角后

图 3.39　倒圆角 4

Step32. 创建图 3.40 所示的拉伸特征——拉伸 5。选择下拉菜单 插入(I) → 拉伸(E)... 命令，在操控板中应确认“曲面”按钮被按下；选取 FRONT 基准平面为草绘平面，选取 DTM1 基准平面为参照平面，方向为 顶；单击对话框中的 草绘 按钮，绘制图 3.41 所示的截面草图（用“使用边”命令）；在操控板中选取深度类型为，输入深度值 60.0。

图 3.40　拉伸 5

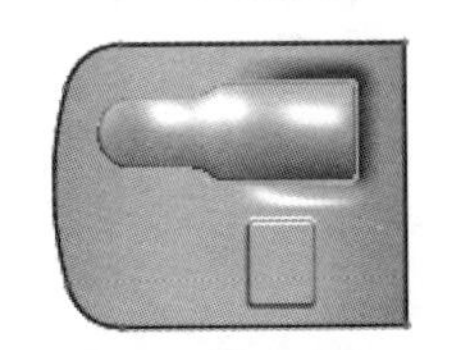

图 3.41　截面草图

Step33. 创建图 3.42b 所示的合并特征——合并 5。按住<Ctrl>键，在绘图区选取图 3.42a 所示的两个面为合并对象，选择下拉菜单 编辑(E) → 合并(G)... 命令；在操控板中单击按钮，定义合并方向如图 3.42a 所示。

Step34. 创建图 3.43 所示的拉伸特征——拉伸 6。选择下拉菜单 插入(I) → 拉伸(E)... 命令，在操控板中应确认“曲面”按钮被按下；选取 RIGHT 基准平面为草绘平面，选取 TOP 基准平面为参照平面，方向为 左；单击对话框中的 草绘 按钮，绘制图

3.44 所示的截面草图；在操控板中选取深度类型为▭，选取图 3.43 所示的面为拉伸终止面。

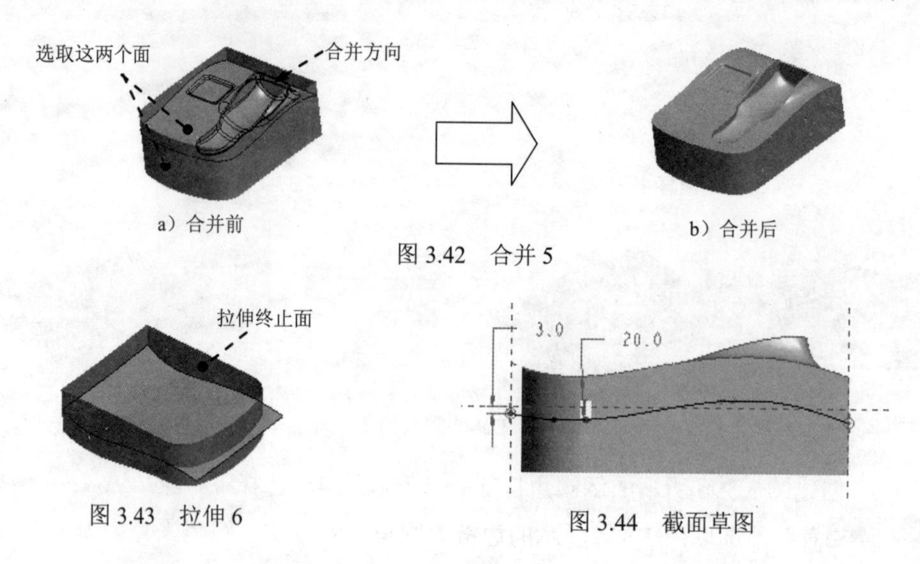

图 3.42　合并 5

图 3.43　拉伸 6

图 3.44　截面草图

Step35. 创建图 3.45b 所示的修剪特征——修剪 4。在绘图区选取图 3.45a 所示的面 2，选择下拉菜单 编辑(E) ➡ 修剪(T)... 命令；在绘图区选取图 3.45a 所示的面 1 作为修剪对象，定义修剪方向如图 3.45a 所示。

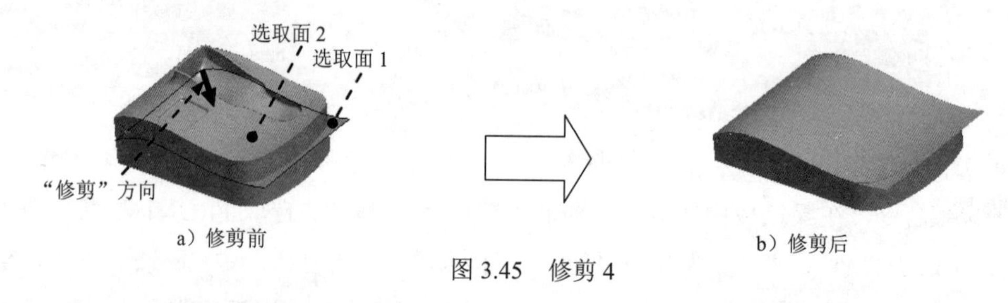

图 3.45　修剪 4

Step36. 创建图 3.46b 所示的倒圆角特征——倒圆角 5（拉伸 6 已隐藏）。选择下拉菜单 插入(I) ➡ 倒圆角(O)... 命令；选取图 3.46a 所示的边线为圆角放置参照，圆角半径值为 12.0。

图 3.46　倒圆角 5

Step37. 创建图 3.47b 所示的倒圆角特征——倒圆角 6。选择下拉菜单 插入(I) ➡ 倒圆角(O).... 命令；选取图 3.47a 所示的边链为圆角放置参照，圆角半径值为 2.0。

Step38. 添加图 3.48 所示的加厚特征——加厚 1。在绘图区选取整个模型，选择下拉菜单 编辑(E) ➡ 加厚(K)... 命令；在操控板中输入加厚偏距值 1.0，定义加厚方向为内侧加厚。

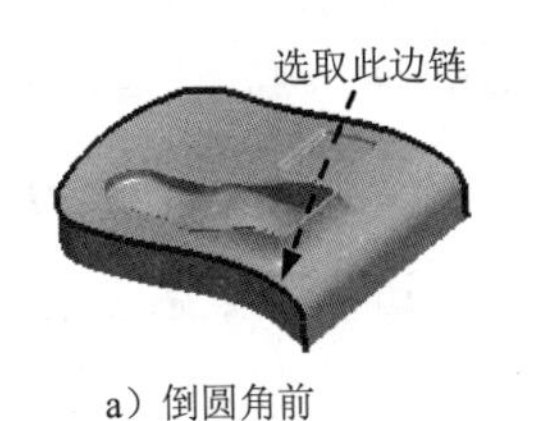

a）倒圆角前

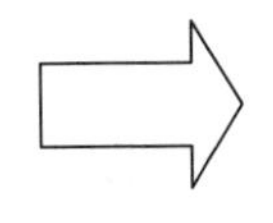

b）倒圆角后

图 3.47　倒圆角 6

Step39. 创建图 3.49 所示的拉伸特征——拉伸 7。选择下拉菜单 插入(I) → 拉伸(E)... 命令；选取 RIGHT 基准平面为草绘平面，选取 TOP 基准平面为参照平面，方向为 左，单击对话框中的 草绘 按钮，绘制图 3.50 所示的截面草图；在操控板中选取深度类型为，并单击“去除材料”按钮。

说明：此处草图尺寸由读者根据自己创建的模型定义，拉伸 1 中样条曲线的不同会影响到此处切除材料的截面草图。

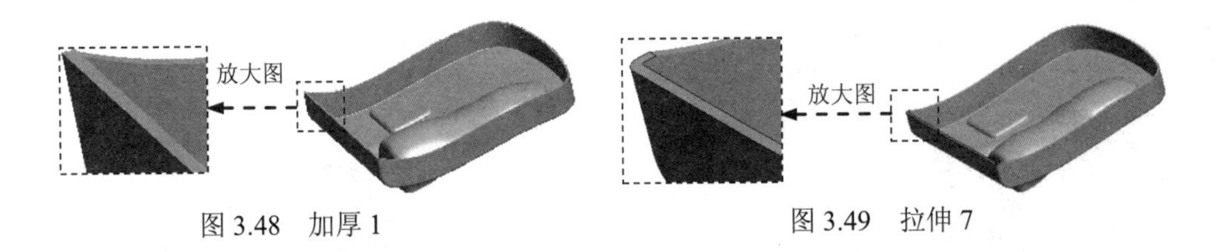

图 3.48　加厚 1　　图 3.49　拉伸 7

Step40. 创建图 3.51 所示的拉伸特征——拉伸 8。选择下拉菜单 插入(I) → 拉伸(E)... 命令；选取图 3.52 所示的面为草绘平面，选取 RIGHT 基准平面为参照平面，方向为 底部；单击对话框中的 草绘 按钮，绘制图 3.53 所示的截面草图（用“使用边”命令）；在操控板中选取深度类型为，输入深度值 50.0。

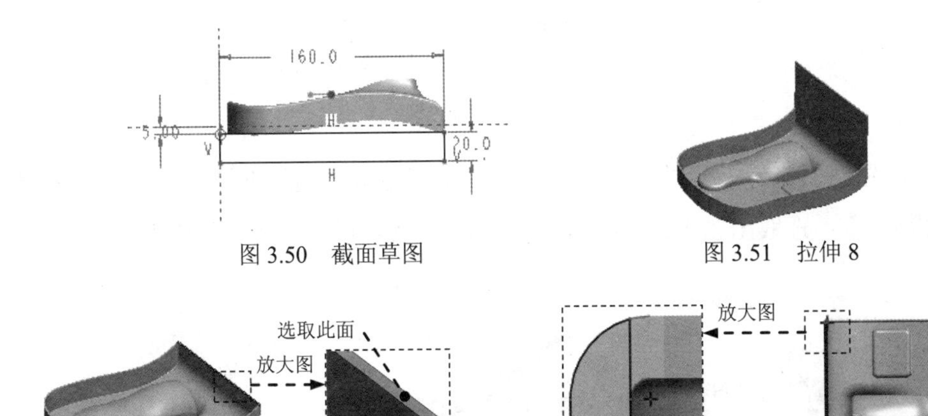

图 3.50　截面草图　　图 3.51　拉伸 8

图 3.52　定义草绘平面　　图 3.53　截面草图

Step41. 创建图 3.54 所示的拉伸特征——拉伸 9。选择下拉菜单 插入(I) ➡ 拉伸(E)... 命令；选取图 3.55 所示的面为草绘平面，选取 RIGHT 基准平面为参照平面，方向为 左；单击对话框中的 草绘 按钮，绘制图 3.56 所示的截面草图；在操控板中选取深度类型为 ⊞，并单击“去除材料”按钮 ◪。

图 3.54 拉伸 9

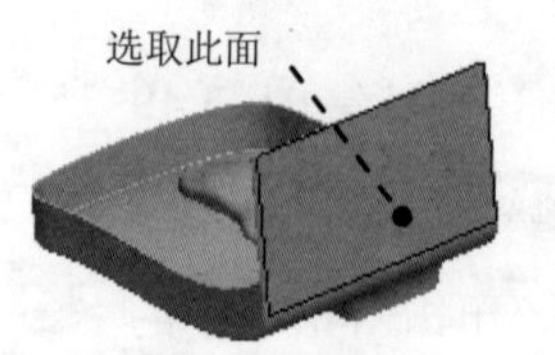

图 3.55 定义草绘平面

Step42. 创建图 3.57 所示的拉伸特征——拉伸 10。选择下拉菜单 插入(I) ➡ 拉伸(E)... 命令；选取 FRONT 基准平面为草绘平面，选取 RIGHT 基准平面为参照平面，方向为 顶，单击对话框中的 草绘 按钮，绘制图 3.58 所示的截面草图；在操控板中选取深度类型为 ⊞，并单击“去除材料”按钮 ◪。

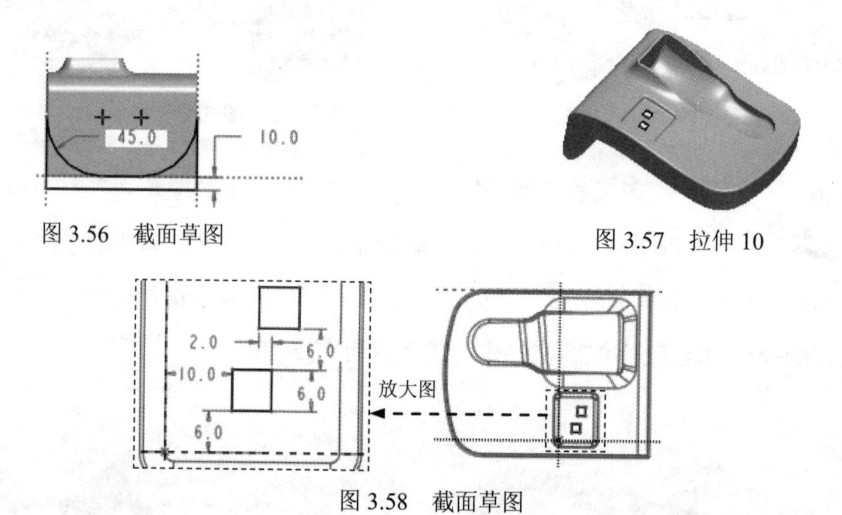

图 3.56 截面草图

图 3.57 拉伸 10

图 3.58 截面草图

Step43. 创建图 3.59b 所示的倒圆角特征——倒圆角 7。选择下拉菜单 插入(I) ➡ 倒圆角(O)... 命令；选取图 3.59a 所示的边链为圆角放置参照，圆角半径值为 0.5。

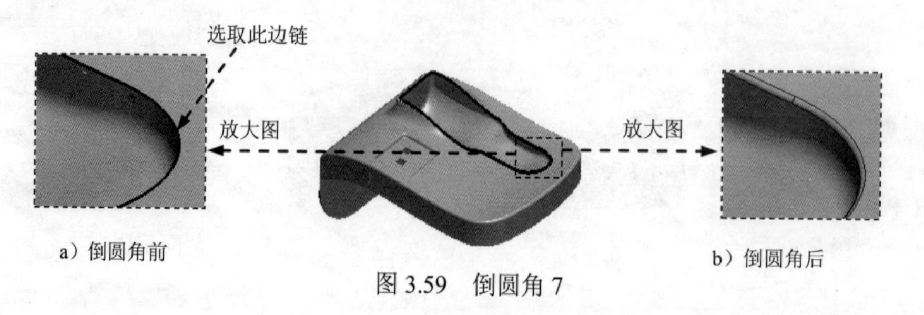

a）倒圆角前

b）倒圆角后

图 3.59 倒圆角 7

Step44. 创建图 3.60b 所示的倒圆角特征——倒圆角 8。选择下拉菜单 插入(I) → 倒圆角(O)... 命令；选取图 3.60a 所示的边链为圆角放置参照，圆角半径值为 0.5。

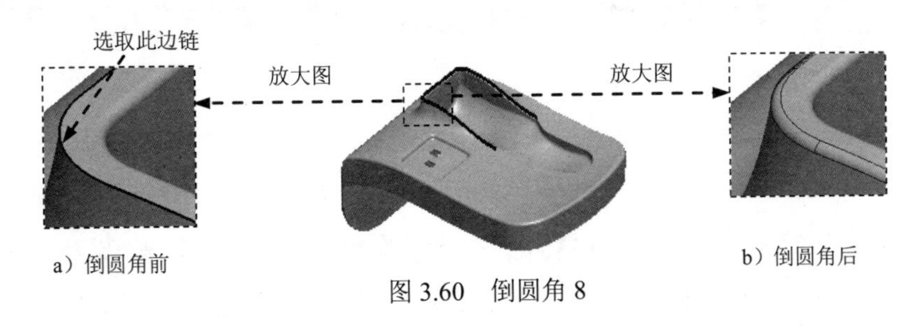

图 3.60　倒圆角 8

Step45. 保存零件模型文件。

实例4 洗 发 水 瓶

实例概述

本实例主要讲述了一款洗发水瓶的设计过程，是一个使用一般曲面和ISDX曲面综合建模的实例。通过本例的学习，读者可以认识到，ISDX曲面造型的关键是ISDX曲线，只有高质量的ISDX曲线才能获得高质量的ISDX曲面。零件模型及模型树如图4.1所示。

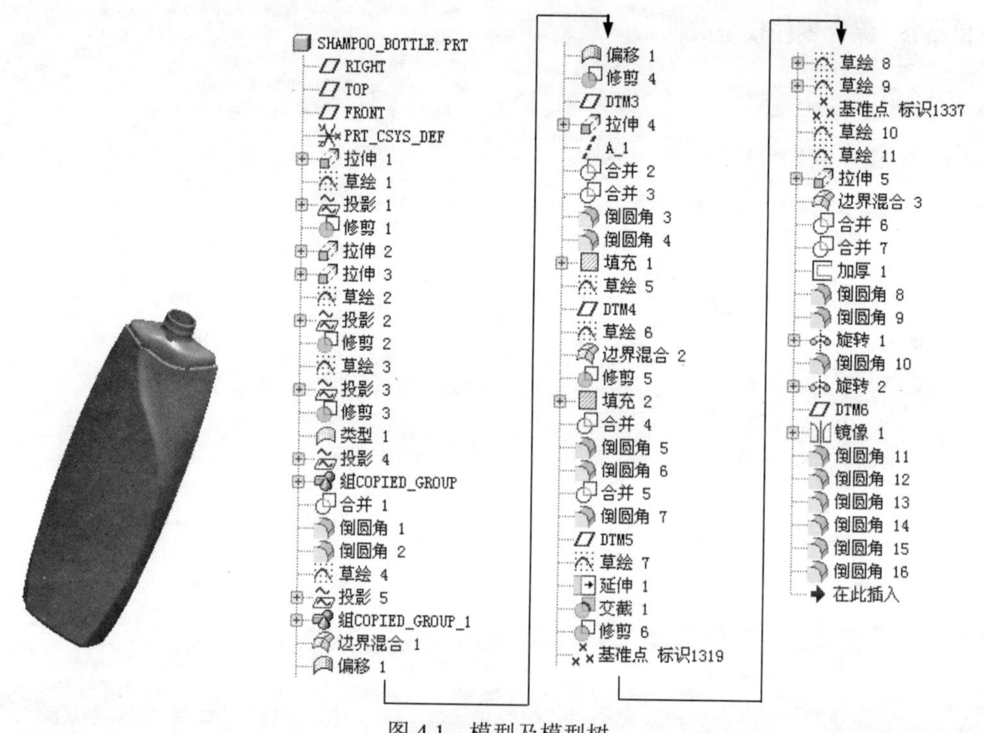

图4.1 模型及模型树

说明：本例前面的详细操作过程请参见随书光盘中 video\ch04\reference\文件夹下的语音视频讲解文件SHAMPOO_BOTTLE-r01.exe。

Step1．打开文件proewf5.9\work\ch04\SHAMPOO_BOTTLE_ex.prt。

Step2．创建图4.2所示的拉伸特征——拉伸2。选择下拉菜单 插入(I) → 拉伸(E)... 命令，在操控板中应确认“曲面”按钮被按下；选取FRONT基准平面为草绘平面，选取RIGHT基准平面为参照平面，方向为 底部；单击对话框中的 草绘 按钮，绘制图4.3所示的截面草图；在操控板中选取深度类型为，输入深度值40.0，并单击“去除材料”按钮；选取已存在的曲面为修剪面组，采用系统默认的修剪方向。

Step3．创建图4.4所示的拉伸特征——拉伸3。选择下拉菜单 插入(I) → 拉伸(E)... 命令，在操控板中应确认“曲面”按钮被按下；选取TOP基准平面为草绘平面，选取

RIGHT 基准平面为参照平面，方向为右；单击对话框中的草绘按钮，绘制图 4.5 所示的截面草图；在操控板中选取深度类型为，单击按钮，输入深度值 150.0。

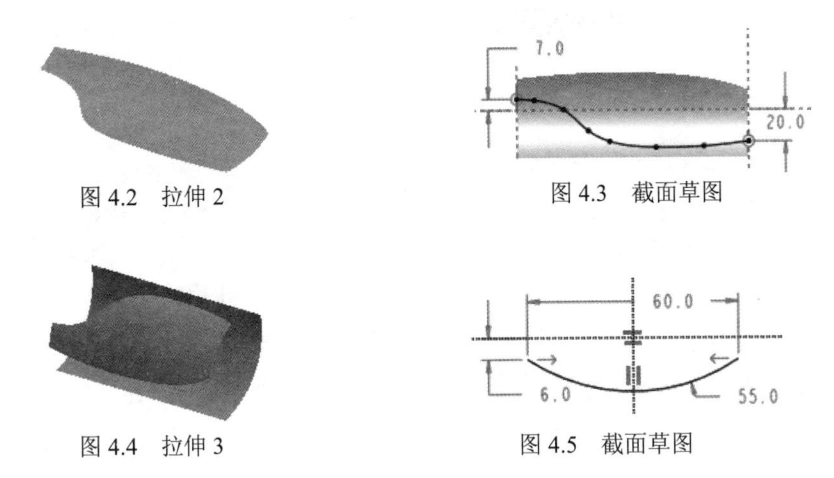

图 4.2　拉伸 2

图 4.3　截面草图

图 4.4　拉伸 3

图 4.5　截面草图

Step4. 创建图 4.6 所示的草绘特征——草绘 2。单击工具栏中的“草绘”按钮，选取 FRONT 基准平面为草绘平面，选取 RIGHT 基准平面为参照平面，方向为底部；单击此对话框中的草绘按钮，绘制图 4.6 所示的草图（用“使用边”命令，然后镜像）。

Step5. 创建图 4.7 所示的投影特征——投影 2。在绘图区选取草绘 2，单击下拉菜单编辑(E) ➡ 投影(T)...命令；在绘图区选取拉伸 2 为投影参照，采用系统默认方向。

说明：创建完此特征后，草绘 2 将自动隐藏。

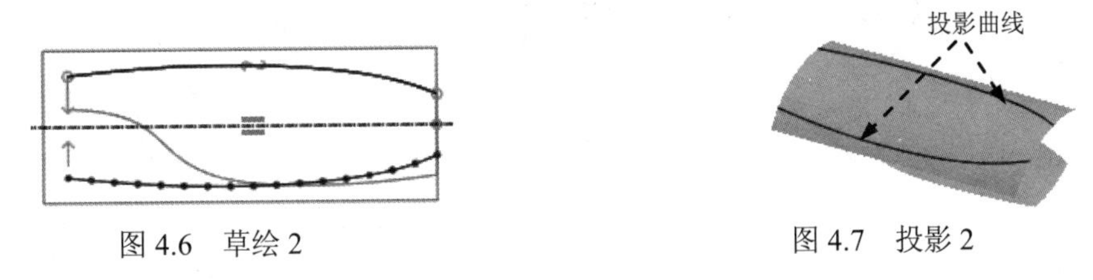

图 4.6　草绘 2

图 4.7　投影 2

Step6. 创建图 4.8b 所示的修剪特征——修剪 2。在绘图区选取图 4.8a 所示的曲面，选择下拉菜单编辑(E) ➡ 修剪(T)...命令；在绘图区选取图 4.8a 所示的曲线作为修剪对象，定义修剪方向如图 4.8a 所示。

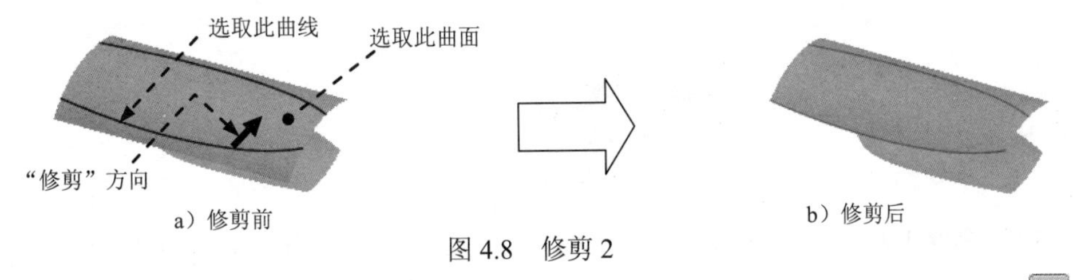

a）修剪前

b）修剪后

图 4.8　修剪 2

Step7. 创建图 4.9 所示的草绘特征——草绘 3。单击工具栏中的“草绘”按钮，选取 FRONT 基准平面为草绘平面；选取 RIGHT 基准平面为参照平面，方向为底部；单击此对话框中的草绘按钮，绘制图 4.9 所示的草图（用“使用边” 命令）。

说明：图 4.9 所示的草图是使用"使用边"命令和"镜像"命令绘制而成的。

Step8. 创建图 4.10 所示的投影特征——投影 3（投影 2 已隐藏）。在绘图区选取草绘 3，单击下拉菜单 编辑(E) ➡ 投影(T)... 命令；在绘图区选取图 4.10 所示的面为投影参照，采用系统默认方向。

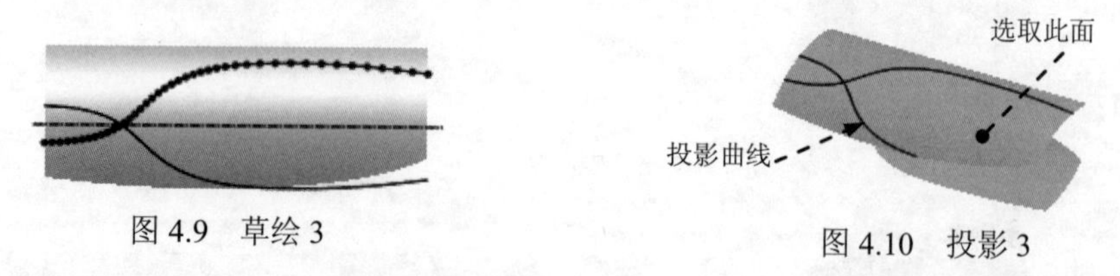

图 4.9　草绘 3　　图 4.10　投影 3

Step9. 创建图 4.11b 所示的修剪特征——修剪 3。在绘图区选取图 4.11a 所示的曲面，选择下拉菜单 编辑(E) ➡ 修剪(T)... 命令；在绘图区选取图 4.11a 所示的曲线作为修剪对象，定义修剪方向如图 4.11a 所示。

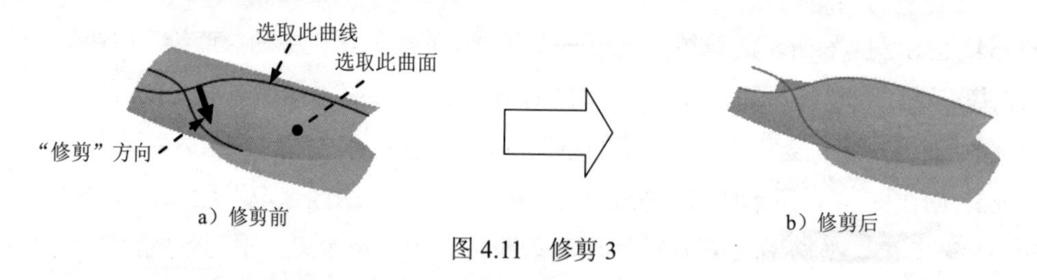

a）修剪前　　b）修剪后

图 4.11　修剪 3

Step10. 创建图 4.12 所示的造型曲面特征——类型 1。

（1）选择下拉菜单 插入(I) ➡ 造型(Y)... 命令，进入 ISDX 环境。

（2）单击"ISDX 创建"按钮，系统弹出"曲线创建"操控板。在操控板中选中单选项，采用系统默认的 TOP 基准平面为 ISDX 曲线放置面；绘制图 4.13 所示的初步 ISDX 曲线（活动平面已隐藏），然后单击操控板中的"完成"按钮。

（3）编辑 ISDX 曲线。单击"编辑曲线"按钮，选择 视图(V) ➡ 方向(O) ➡ 活动平面方向(C) 命令；按住<Shift>键，选取图 4.14 所示的初步 ISDX 曲线的端点进行拖动；使样条曲线的两个端点分别与图 4.13 所示的两条边线的两个端点重合，结果如图 4.14 所示，然后单击操控板中的"完成"按钮。

图 4.12　类型 1　　图 4.13　绘制 ISDX 曲线　　图 4.14　编辑 ISDX 曲线

（4）创建图 4.15 所示的 DTM1 基准平面。单击"内部平面"按钮，系统弹出"基准平面"对话框；选取 TOP 基准平面为参照平面，定义约束类型为 平行；按住<Ctrl>键，选取图 4.15 所示的顶点，定义约束类型为 穿过；单击对话框中的 确定 按钮。

（5）创建图 4.16 所示的 DTM2 基准平面。单击“内部平面”按钮，此时系统弹出“基准平面”对话框；选取 TOP 基准平面为参照平面，定义约束类型为偏移，输入偏移值为 80.0；单击“基准平面”对话框中的确定按钮。

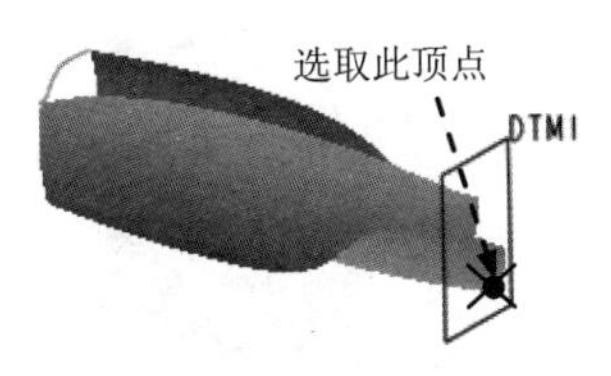

图 4.15　基准平面 DTM1

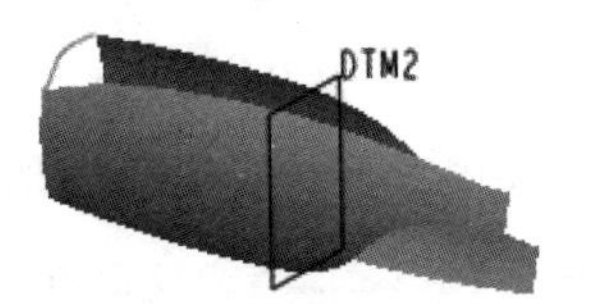

图 4.16　基准平面 DTM2

（6）绘制初步 ISDX 曲线。单击按钮，选择 DTM1 基准平面为活动平面，选择视图(V) → 方向(O) → 活动平面方向(C)命令；单击“ISDX 创建”按钮，在系统弹出的“曲线创建”操控板中选中单选项；绘制图 4.17 所示的初步 ISDX 曲线（活动平面已隐藏），然后单击操控板中的“完成”按钮。

（7）编辑 ISDX 曲线。单击“编辑曲线”按钮，选择视图(V) → 方向(O) → 活动平面方向(C)命令，参照步骤（3），编辑图 4.17 所示的 ISDX 曲线，结果如图 4.18 所示。

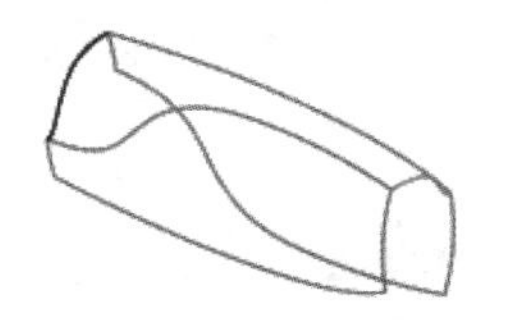
图 4.17　绘制 ISDX 曲线

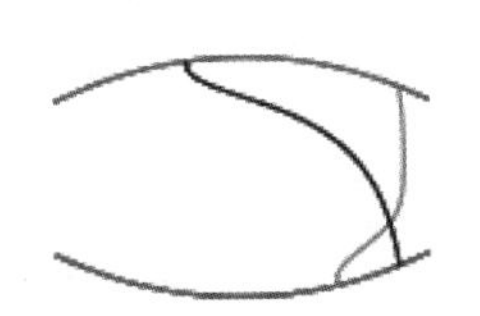
图 4.18　编辑 ISDX 曲线

（8）绘制初步 ISDX 曲线。单击按钮，选择 DTM2 基准平面为活动平面，选择视图(V) → 方向(O) → 活动平面方向(C)命令；单击“ISDX 创建”按钮，在系统弹出的“曲线创建”操控板中选中单选项，绘制图 4.19 所示的初步 ISDX 曲线（活动平面已隐藏）；单击操控板中的“完成”按钮。

（9）编辑 ISDX 曲线。单击“编辑曲线”按钮，选择视图(V) → 方向(O) → 活动平面方向(C)命令，参照步骤（3），编辑图 4.19 所示的 ISDX 曲线，结果如图 4.20 所示。

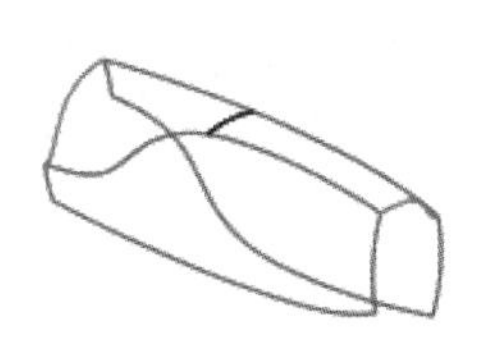
图 4.19　绘制 ISDX 曲线

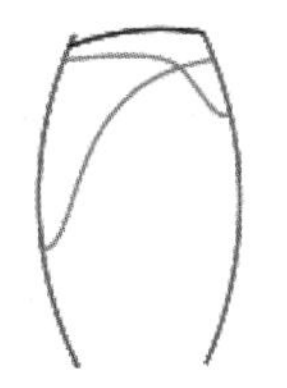
图 4.20　编辑 ISDX 曲线

（10）绘制图 4.21 所示的曲面。单击“曲面”按钮，在绘图区依次选取图 4.22 所示的曲线 1、曲线 2、曲线 3 和曲线 4 为主曲线，选取曲线 5 为内部曲线；单击操控板中的“完成”按钮，完成类型 1 的创建；单击按钮，退出 ISDX 环境。

图 4.21　绘制 ISDX 曲线

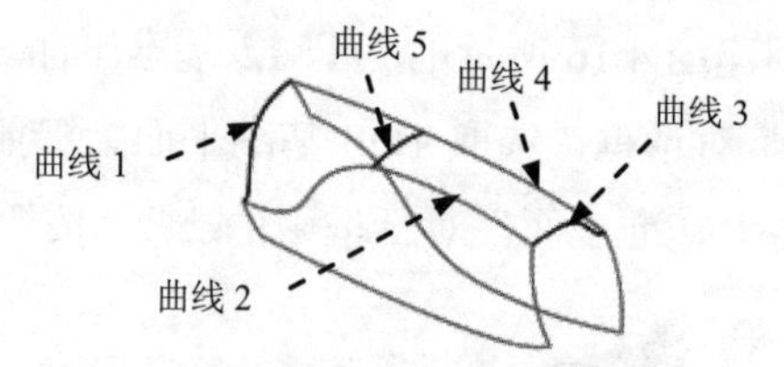

图 4.22　编辑 ISDX 曲线

Step11. 创建图 4.23 所示的投影特征——投影 4。在模型树中选取草绘 3，单击下拉菜单 编辑(E) → 投影(T)... 命令；在绘图区选取图 4.23 所示的面为投影参照，采用系统默认方向；在操控板中单击“完成”按钮，完成投影 4 的创建。

Step12. 创建图 4.24 所示的曲面特征——组 COPIED_GROUP。

（1）选择下拉菜单 编辑(E) → 特征操作(O) 命令，系统弹出“菜单管理器”菜单。选取此菜单中的 Copy（复制）命令，在系统弹出的 ▼ COPY FEATURE（复制特征）菜单中选择 New Refs（新参照）→ Select（选取）→ Independent（独立）→ Done（完成）命令。

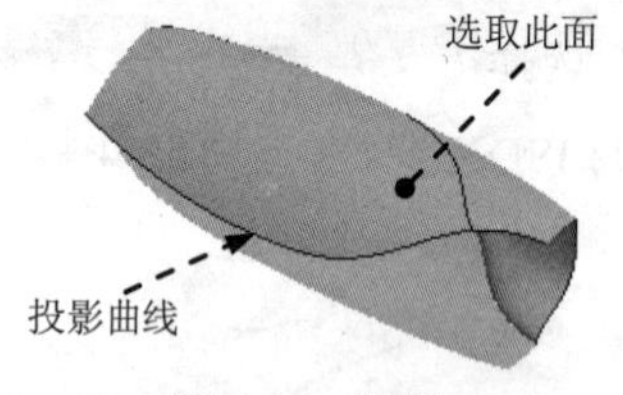

图 4.23　投影 4

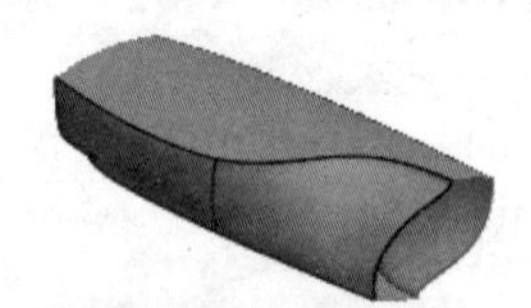

图 4.24　创建特征面组

（2）在系统弹出的 ▼ SELECT FEAT（选取特征）菜单中选择 Select（选取）命令，在绘图区选取图 4.25 所示的面，在系统弹出的菜单中依次选取 Done（完成）→ Done（完成）命令。

（3）在系统弹出的 ▼ WHICH REF（参考）菜单中选择 Alternate（替换）→ Same（相同）→ Same（相同）命令，在绘图区依次选取图 4.25 所示的曲线 1 和曲线 2；在系统弹出的 ▼ DIRECTION（方向）菜单中选取 Flip（反向）→ Okay（确定）命令，在系统弹出的 ▼ GRP PLACE（组放置）菜单中选择 Done（完成）→ Done（完成）命令，完成组 COPIED_GROUP 的创建。

说明：在选取参考时，读者要根据系统自动加亮的对象依次选取对应的参考，或者使用相同的参考。

Step13. 创建合并特征——合并 1。按住<Ctrl>键，在绘图区依次选取图 4.26 所示的曲面 1、曲面 2、曲面 3 和曲面 4 为合并对象，选择下拉菜单 编辑(E) → 合并(G)... 命令；在操控板中单击“完成”按钮，完成合并 1 的创建。

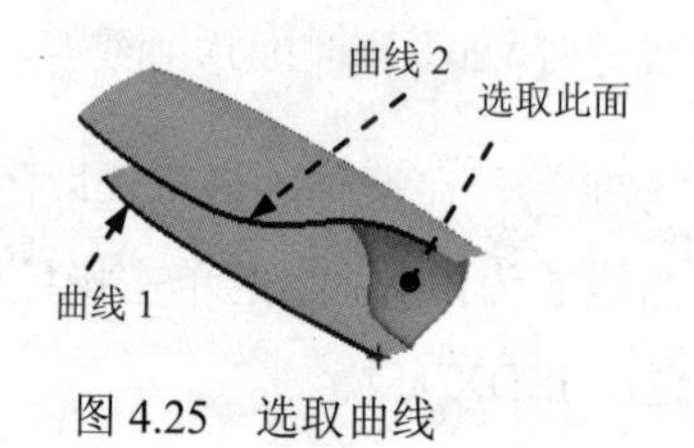

图 4.25　选取曲线

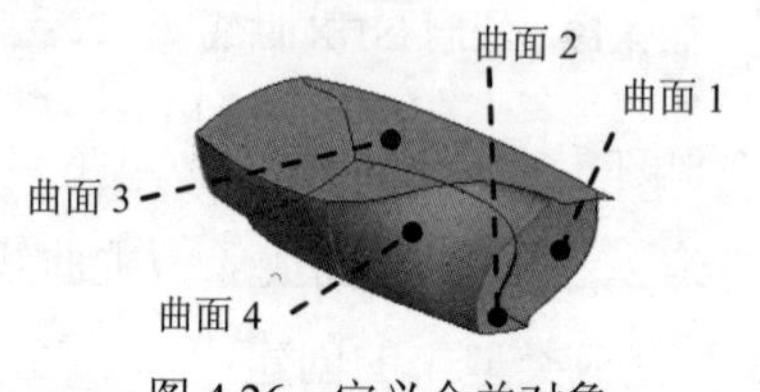

图 4.26　定义合并对象

Step14. 创建图 4.27b 所示的倒圆角特征——倒圆角 1。选择下拉菜单 插入(I) → 倒圆角(O)... 命令；选取图 4.27a 所示的边链为圆角放置参照，圆角半径值为 2.0。

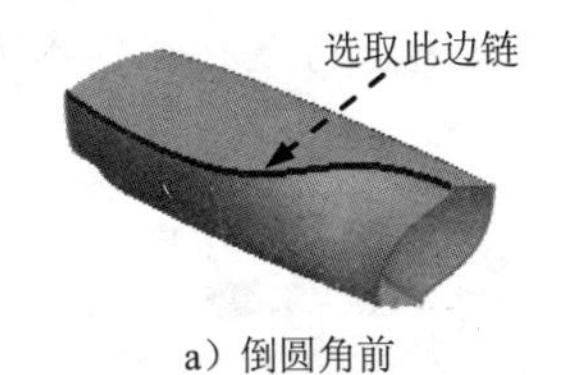

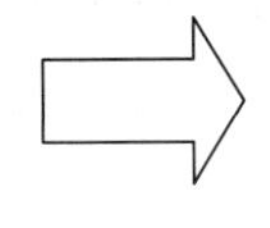

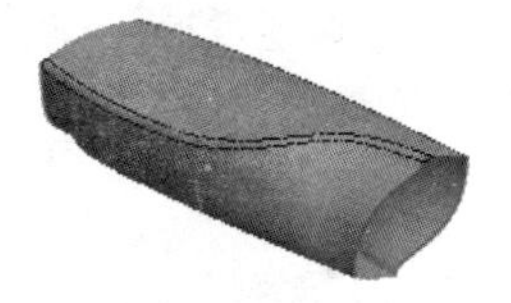

a）倒圆角前　　b）倒圆角后

图 4.27　倒圆角 1

Step15. 创建图 4.28b 所示的倒圆角特征——倒圆角 2。选择下拉菜单 插入(I) → 倒圆角(O)... 命令；选取图 4.28a 所示的边链为圆角放置参照，圆角半径值为 2.0。

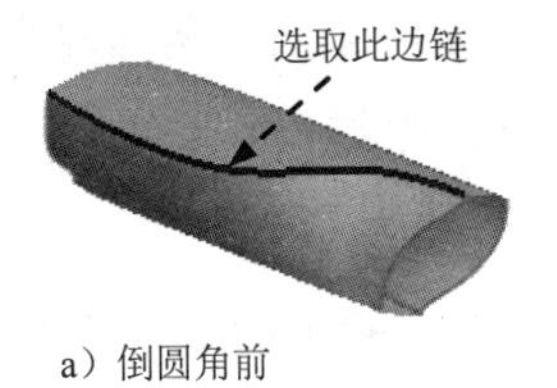

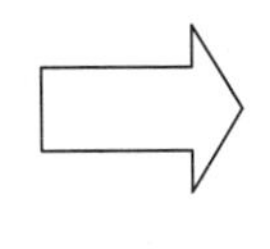

a）倒圆角前　　b）倒圆角后

图 4.28　倒圆角 2

Step16. 创建图 4.29 所示的草绘特征——草绘 4。单击工具栏中的“草绘”按钮，选取 FRONT 基准平面为草绘平面，选取 RIGHT 基准平面为参照平面；单击 反向 按钮，方向为 底部，单击此对话框中的 草绘 按钮。绘制图 4.29 所示的草图。

Step17. 创建图 4.30 所示的投影特征——投影 5（草绘 4 已隐藏）。在绘图区选取草绘 4，单击下拉菜单 编辑(E) → 投影(J)... 命令，在绘图区选取图 4.30 所示的面（包括倒圆角面）为投影参照，采用系统默认方向。

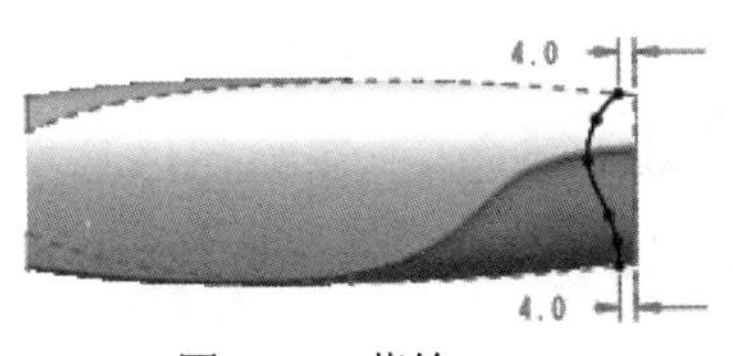

图 4.29　草绘 4

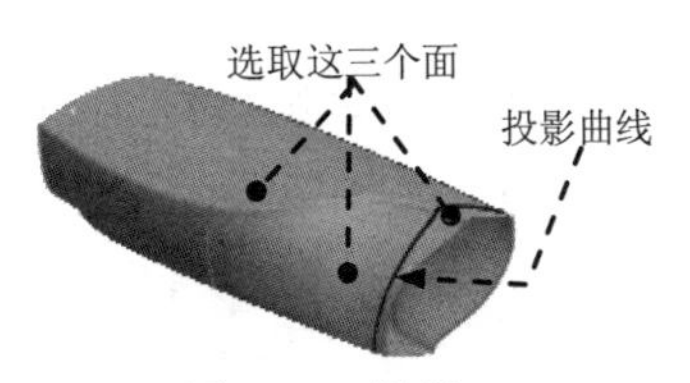

图 4.30　投影 5

Step18. 创建图 4.31 所示的曲线特征——组 COPIED_GROUP_1。

（1）选择下拉菜单 编辑(E) → 特征操作(O) 命令，系统弹出“菜单管理器”菜单。选取此菜单中的 Copy（复制）命令，在系统弹出的 ▼ COPY FEATURE（复制特征）菜单中选择 New Refs（新参照） → Select（选取） → Independent（独立） → Done（完成）命令。

（2）在系统弹出的 ▼ SELECT FEAT（选取特征）菜单中选择 Select（选取）命令，在绘图区选取图 4.32 所示的曲线，在系统弹出的菜单中依次选取 Done（完成） → Done（完成）命令。

（3）在系统弹出的 ▼ WHICH REF（参考）菜单中选择 Alternate（替换） → Same（相同）命令，在绘图区依次选取图 4.32 所示的曲面 2、倒圆角面和曲面 1，选择 Same（相同）命令。在系统弹出的 GRP PLACE（組放置）菜单中选择 Done（完成） → Done（完成）命令，完成组 COPIED_GROUP_1 的创建。

说明：在选取参考时，读者可根据系统自动加亮的对象选取与之相配的参考。

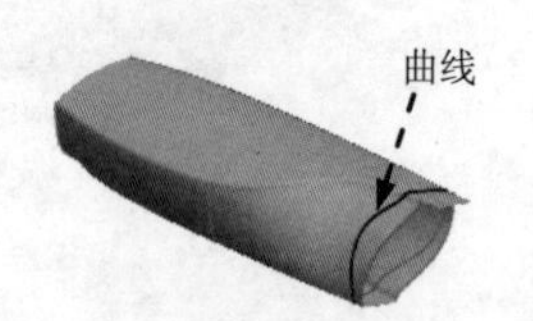

图 4.31 组 COPIED_GROUP_1

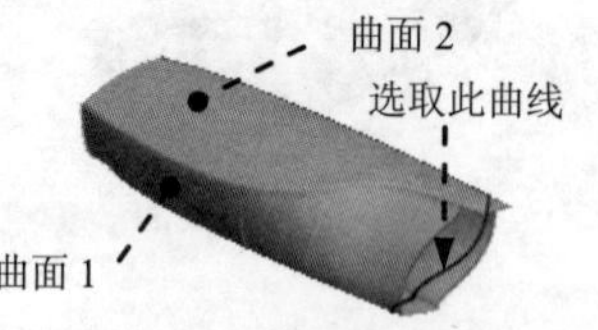

图 4.32 定义替换对象

Step19. 添加图 4.33 所示的边界曲面——边界混合 1。选择下拉菜单 插入(I) → 边界混合(B)... 命令；按住<Ctrl>键，在绘图区依次选取图 4.34 所示的两条曲线为第一方向边界曲线；在操控板中单击 控制点 按钮，在系统弹出界面中的 拟合 下拉列表中选择 弧长 选项。

Step20. 添加偏移特征——偏移 1。在绘图区选取图 4.35 所示的面，选择下拉菜单 编辑(E) → 偏移(O)... 命令；在操控板中单击 选项 按钮，在弹出的界面中选择 控制拟合 选项，采用系统默认的坐标系，并取消选中 X、Y 和 Z 复选框；在操控板中输入偏移值 2.0，定义偏移方向如图 4.35 所示。

图 4.33 边界混合 1

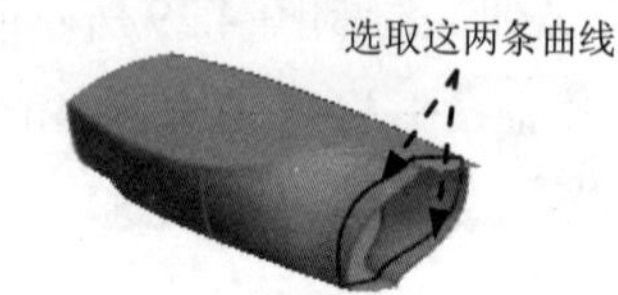

图 4.34 定义边界曲线

图 4.35 定义偏移面

Step21. 创建图 4.36b 所示的修剪特征——修剪 4（偏移 1 已隐藏）。在绘图区选取图 4.36a 所示的面 1，选择下拉菜单 编辑(E) → 修剪(T)... 命令；在绘图区选取图 4.36 所示的面 2（面 2 为边界混合 1）作为修剪对象，定义修剪方向如图 4.36 所示。

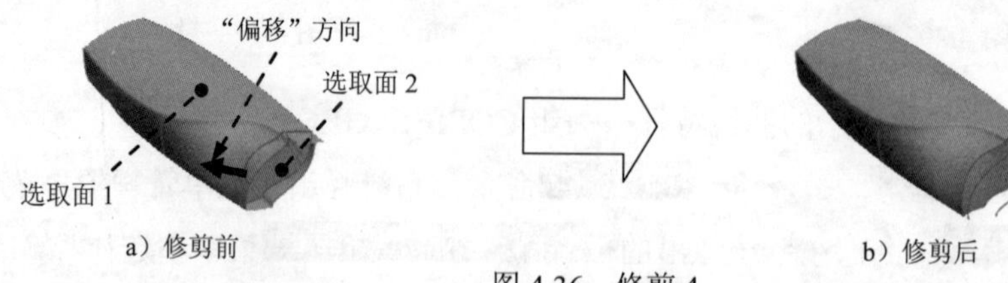

图 4.36 修剪 4

Step22. 创建图 4.37 所示的基准平面——DTM3。选择下拉菜单 插入(I) → 模型基准(D) → 平面(L)... 命令；选取 TOP 基准平面为参照，定义约束类型为 偏移，输入偏移距离值 155.0。

Step23. 创建图 4.38 所示的拉伸特征——拉伸 4。选择下拉菜单 插入(I) → 拉伸(E)... 命令，在操控板中应确认“曲面”按钮被按下；在绘图区右击，从弹出的

快捷菜单中选择 定义内部草绘... 命令，系统弹出“草绘”对话框；选取 DTM3 基准平面为草绘平面，选取 RIGHT 基准平面为参照平面，单击 反向 按钮，方向为 右；单击对话框中的 草绘 按钮，绘制图 4.39 所示的截面草图；在操控板中选取深度类型为，输入深度值 30.0。

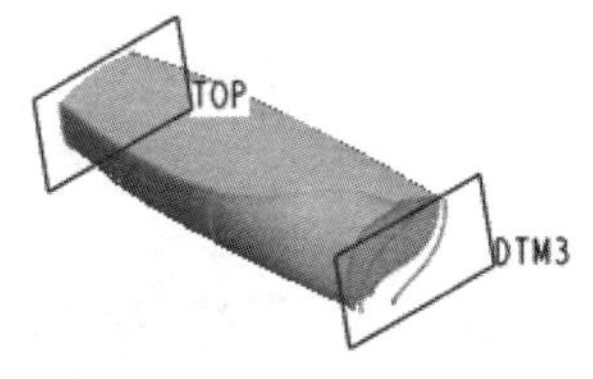

图 4.37　基准平面 DTM3

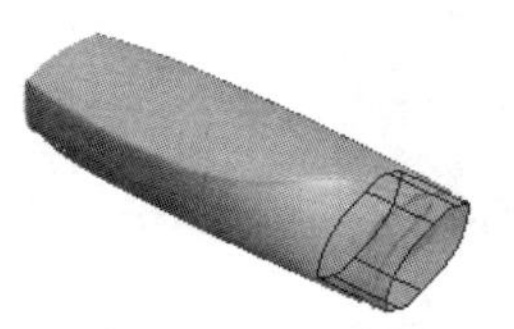
图 4.38　拉伸 4

Step24. 添加图 4.40 所示的基准轴——A_1。单击工具栏中的“基准轴”按钮，系统弹出“基准轴”对话框；按住<Ctrl>键，在绘图区选取图 4.41 所示的两个点为基准轴参照，将其约束类型均设置为 穿过 。

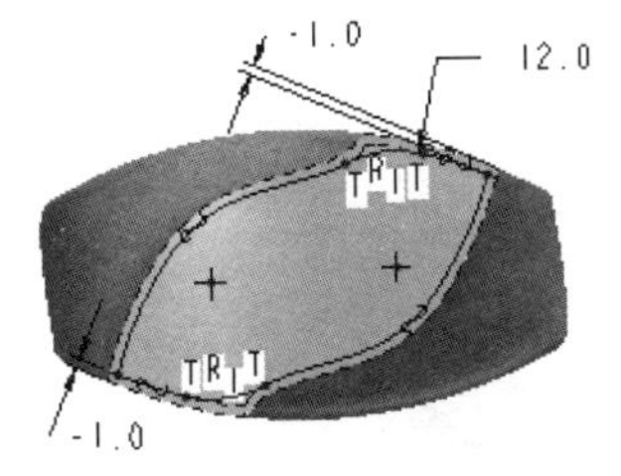

图 4.39　截面草图

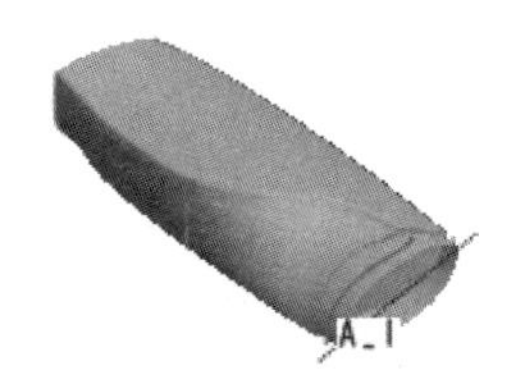

图 4.40　基准轴 A_1

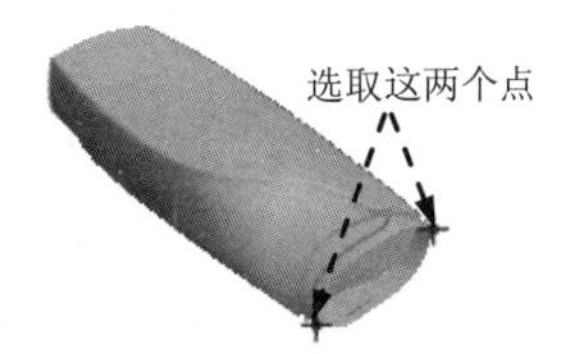

图 4.41　定义基准轴参照

Step25. 创建合并特征——合并 2。按住<Ctrl>键，在模型树中选取边界混合 1 和拉伸 4 为合并对象，选择下拉菜单 编辑(E) → 合并(G)... 命令；在操控板中单击按钮调整合并方向如图 4.42 所示。

Step26. 创建合并特征——合并 3。按住<Ctrl>键，选取图 4.43 所示面和合并 2 为合并对象，选择下拉菜单 编辑(E) → 合并(G)... 命令；在操控板中单击“完成”按钮，完成合并 3 的创建。

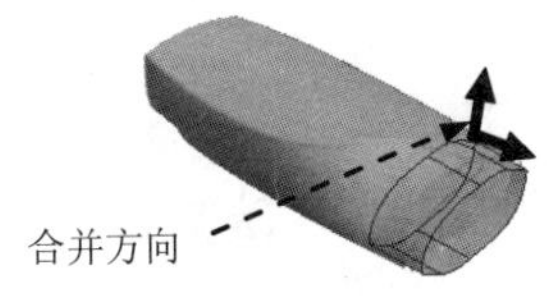

图 4.42　定义合并对象

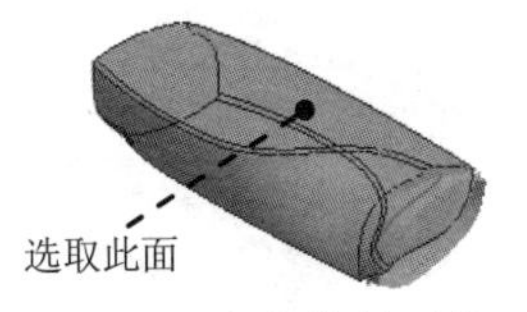

图 4.43　定义合并对象

Step27. 添加图 4.44b 所示的倒圆角特征——倒圆角 3。选择下拉菜单 插入(I) → 倒圆角(O)... 命令；选取图 4.44a 所示的边链为圆角放置参照，圆角半径值为 2.0。

Step28. 创建图 4.45b 所示的倒圆角特征——倒圆角 4。选择下拉菜单 插入(I) → 倒圆角(O)... 命令；选取图 4.45a 所示的边线为圆角放置参照，圆角半径值为 3.0。

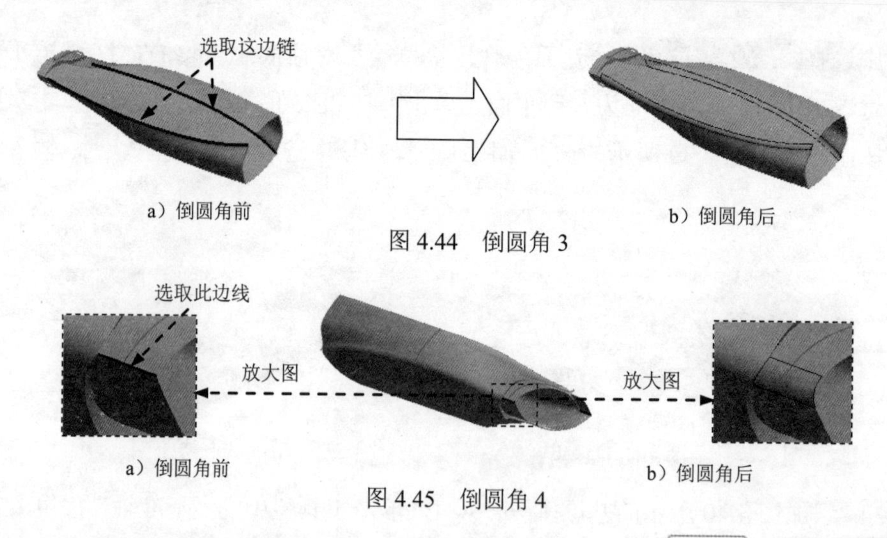

a）倒圆角前　　b）倒圆角后

图 4.44　倒圆角 3

a）倒圆角前　　b）倒圆角后

图 4.45　倒圆角 4

Step29. 创建图 4.46 所示的填充曲面——填充 1。选择下拉菜单 编辑(E) → 填充(L)... 命令；选取 TOP 基准平面为草绘平面，选取 RIGHT 基准平面为参照平面，方向为 右；绘制图 4.47 所示的截面草图（用“使用边”命令）；完成草图后，单击工具栏中的“完成”按钮；在操控板中单击“完成”按钮，完成填充 1 的创建。

图 4.46　填充 1　　图 4.47　截面草图

Step30. 创建图 4.48 所示的草绘特征——草绘 5。单击工具栏中的“草绘”按钮，选取 TOP 基准平面为草绘平面；选取 RIGHT 基准平面为参照平面，方向为 右；绘制图 4.48 所示的草图。

Step31. 创建图 4.49 所示的基准平面——DTM4。选择下拉菜单 插入(I) → 模型基准(D) → 平面(L)... 命令；选取 TOP 基准平面为参照，定义约束类型为 偏移，输入偏移距离值 2.0。

图 4.48　草绘 5　　图 4.49　基准平面 DTM4

Step32. 创建图 4.50 所示的草绘特征——草绘 6。单击工具栏中的“草绘”按钮，选取 DTM4 基准平面为草绘平面，选取 RIGHT 基准平面为参照平面，方向为 右；绘制图 4.50 所示的草图。

Step33. 添加图 4.51 所示的边界曲面——边界混合 2。选择下拉菜单 插入(I) →

边界混合(B)...命令，系统弹出“边界混合”操控板；按住<Ctrl>键，在绘图区依次选取草绘 5 和草绘 6 为边界曲线；单击操控板中的“完成”按钮✓，完成边界混合 2 的创建。

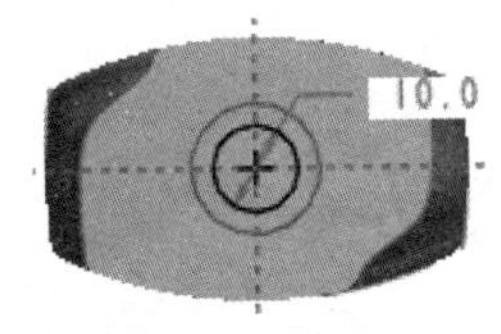

图 4.50　草绘 6

图 4.51　边界混合 2

Step34. 创建图 4.52b 所示的修剪特征——修剪 5。在绘图区选取图 4.52a 所示的面，选择下拉菜单 编辑(E) → 修剪(T)...命令，在绘图区选草图 5 作为修剪对象，定义修剪方向如图 4.52a 所示；单击操控板中的“完成”按钮✓，完成修剪 5 的创建。

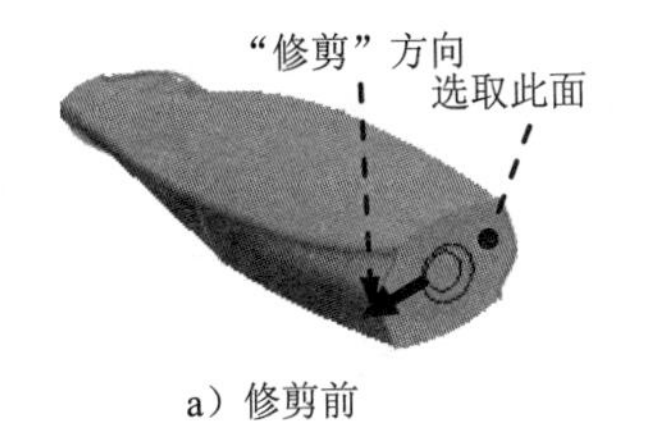

a）修剪前

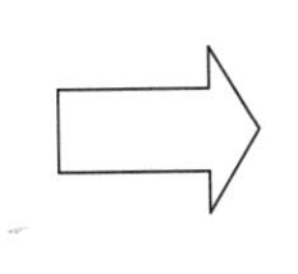

b）修剪后

图 4.52　修剪 5

Step35. 创建图 4.53 所示的填充曲面——填充 2。选择下拉菜单 编辑(E) → 填充(L)...命令，选取 DTM4 基准平面为草绘平面，选取 RIGHT 基准平面为参照平面，方向为 右；绘制图 4.54 所示的截面草图（用“使用边”命令□）。

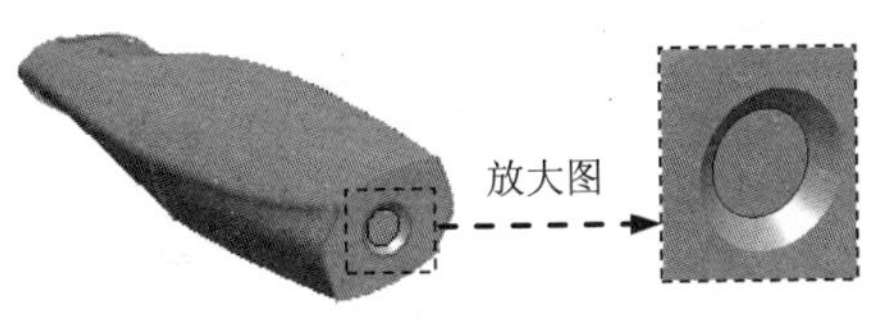

图 4.53　填充 2

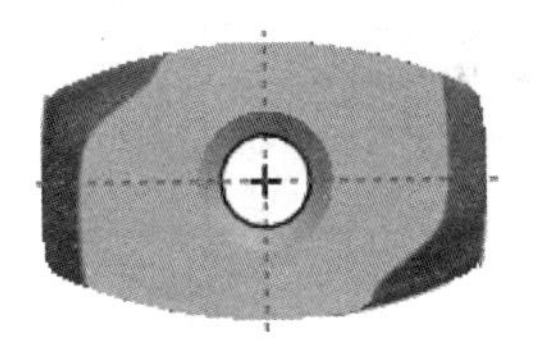

图 4.54　截面草图

Step36. 创建合并特征——合并 4。按住<Ctrl>键，在模型树中选取填充 1、边界混合 2 和填充 2 为合并对象，选择下拉菜单 编辑(E) → 合并(G)...命令；在操控板中单击“完成”按钮✓，完成合并 4 的创建。

Step37. 创建图 4.55b 所示的倒圆角特征——倒圆角 5。选择下拉菜单 插入(I) → 倒圆角(O)...命令；选取图 4.55a 所示的边线为圆角放置参照，圆角半径值为 4.0。

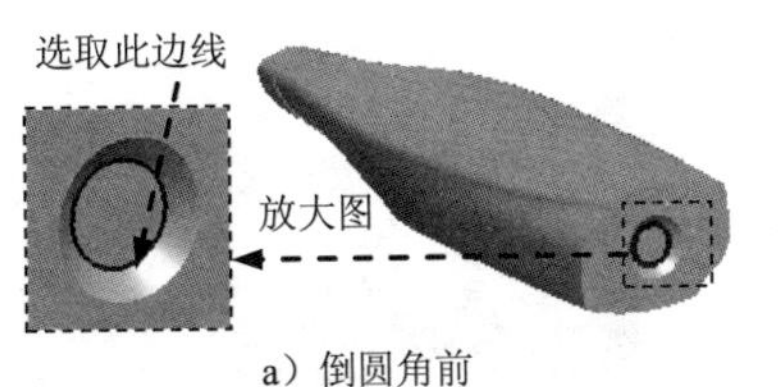

a）倒圆角前

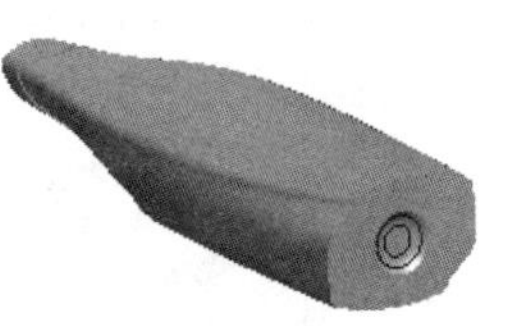

b）倒圆角后

图 4.55　倒圆角 5

Step38. 创建图 4.56b 所示的倒圆角特征——倒圆角 6。选择下拉菜单 插入(I) → 倒圆角(O)... 命令；选取图 4.56a 所示的边线为圆角放置参照，圆角半径值为 3.0。

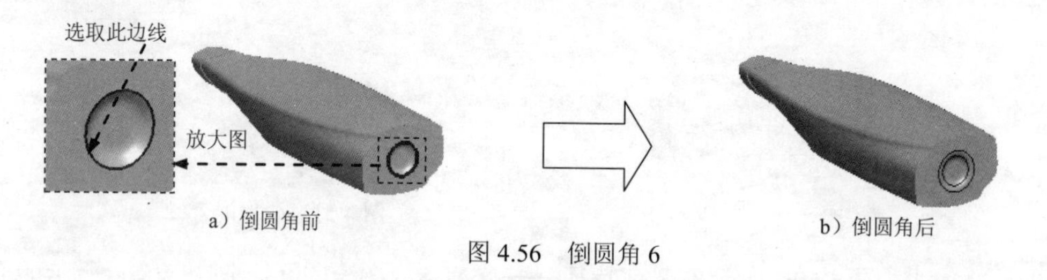

a）倒圆角前　　b）倒圆角后

图 4.56　倒圆角 6

Step39. 创建合并特征——合并 5。按住<Ctrl>键，在绘图区选取图 4.57 所示的面为合并对象，选择下拉菜单 编辑(E) → 合并(G)... 命令；在操控板中单击“完成”按钮 ✓，完成合并 5 的创建。

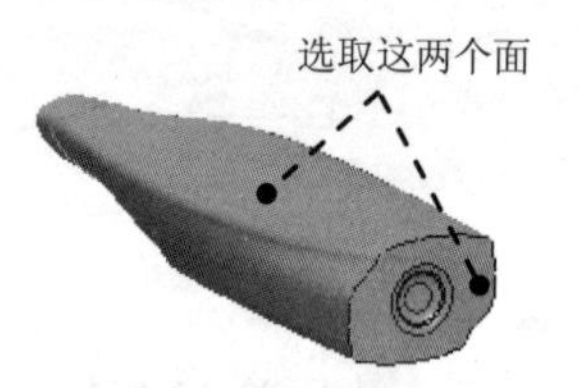

图 4.57　定义合并对象

Step40. 创建图 4.58b 所示的倒圆角特征——倒圆角 7。选择下拉菜单 插入(I) → 倒圆角(O)... 命令；选取图 4.58a 所示的边链为圆角放置参照，圆角半径值为 2.0。

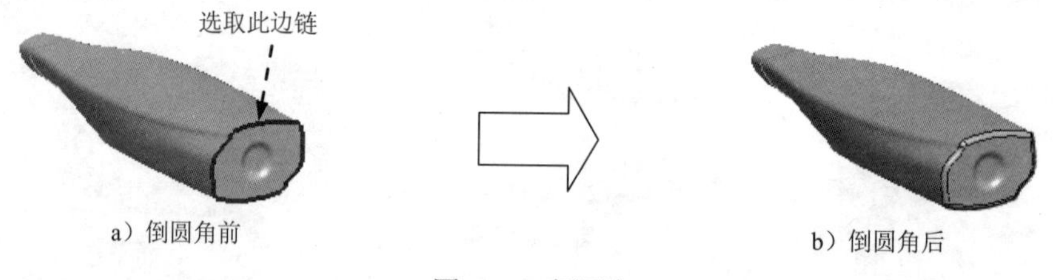

a）倒圆角前　　b）倒圆角后

图 4.58　倒圆角 7

Step41. 创建图 4.59 所示的基准平面——DTM5。选择下拉菜单 插入(I) → 模型基准(D) → 平面(L)... 命令；选取 A_1 基准轴，定义约束类型为 穿过；按住<Ctrl>键，选取 DTM3 基准平面，定义约束类型为 法向。

Step42. 创建图 4.60 所示的草绘特征——草绘 7。单击工具栏中的“草绘”按钮，选取 DTM3 基准平面为草绘平面，选取 RIGHT 基准平面为参照平面，方向为 右；单击此对话框中的 草绘 按钮，绘制图 4.60 所示的草图。

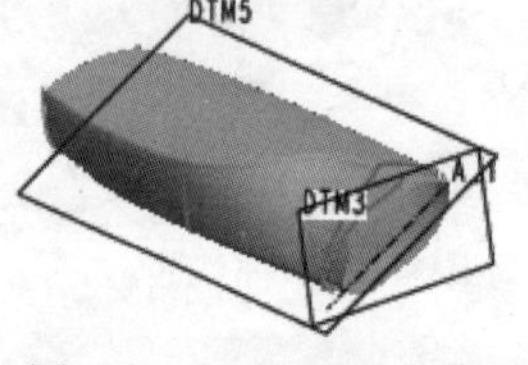

图 4.59　基准平面 DTM5

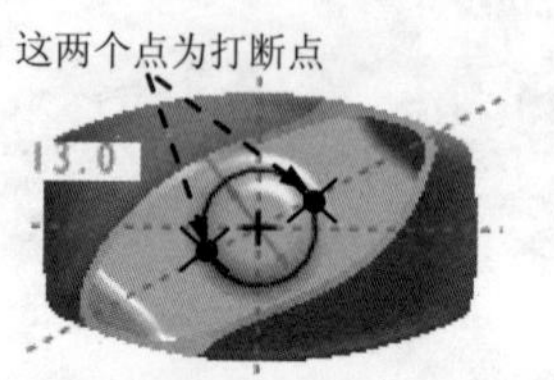

图 4.60　草绘 7

Step43. 创建图 4.61b 所示曲面延伸特征——延伸 1（将偏距 1 显示）。在绘图区选取图 4.61a 所示边链，选择下拉菜单 编辑(E) ➡ 延伸(X)... 命令；在操控板中输入距离值 2.0。

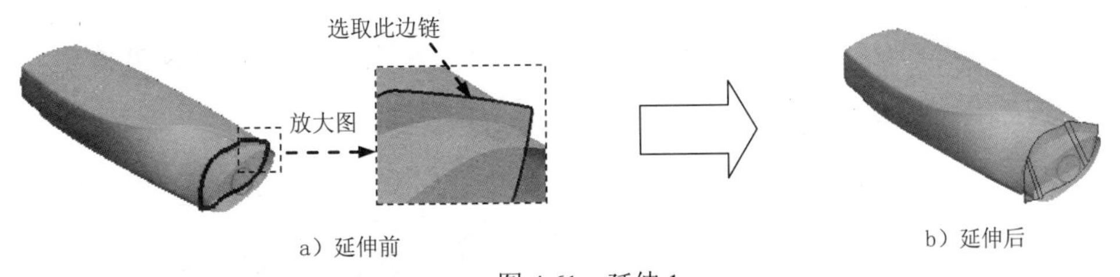

图 4.61　延伸 1

Step44. 添加图 4.62 所示的交截特征——交截 1。按住<Ctrl>键，在绘图区选取图 4.63 所示的面为交截对象；选择下拉菜单 编辑(E) ➡ 相交(I)... 命令，完成交截特征的创建。

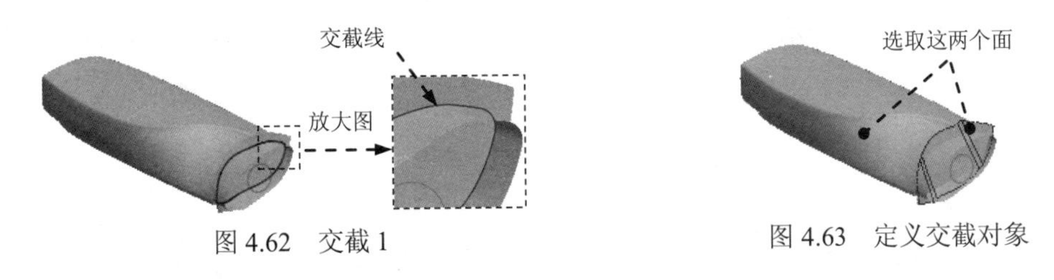

图 4.62　交截 1　　图 4.63　定义交截对象

Step45. 创建图 4.64b 所示的修剪特征——修剪 6。在绘图区选取图 4.64a 所示的面 1，选择下拉菜单 编辑(E) ➡ 修剪(T)... 命令；在绘图区选取图 4.64a 所示的面 2 作为修剪对象，定义修剪方向如图 4.64a 所示。

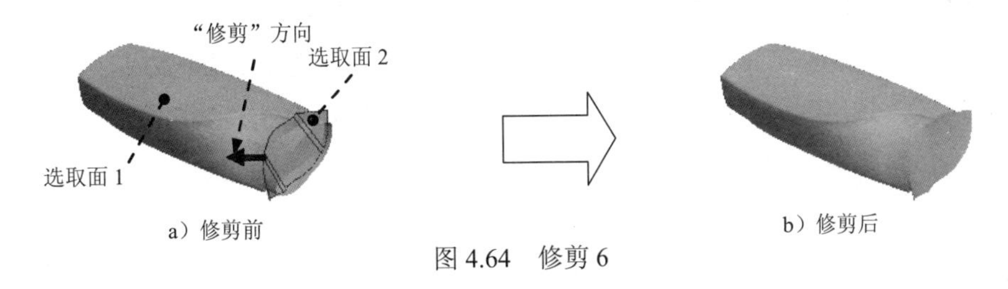

图 4.64　修剪 6

Step46. 创建图 4.65 所示的基准点——基准点（标识 1700）。单击工具栏中的“点”按钮；按住<Ctrl>键，选取 DTM5 基准平面和图 4.66 所示的边线 1 为点参照；选取对话框中的 新点 选项，按住<Ctrl>键，选取 DTM5 基准平面和图 4.66 所示的边线 2 为点参照；单击“基准点”对话框中的 确定 按钮，完成基准点（标识 1700）的创建。

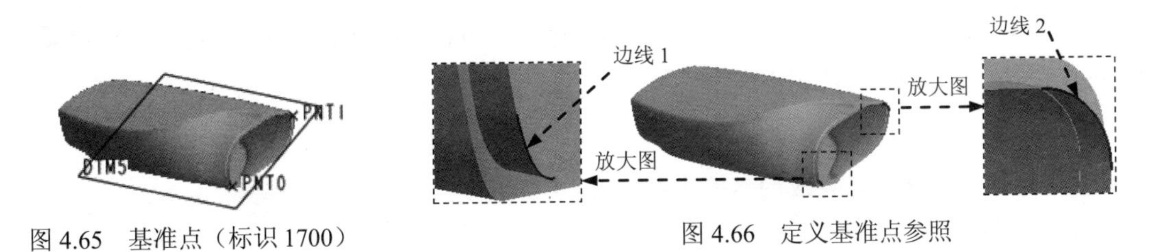

图 4.65　基准点（标识 1700）　　图 4.66　定义基准点参照

Step47. 创建图 4.67 所示的草绘特征——草绘 8（将草绘 7 显示）。单击工具栏中的“草绘”按钮；选取 DTM5 基准平面为草绘平面，选取 DTM3 基准平面为参照平面，方向为 右；单击此对话框中的 草绘 按钮，绘制图 4.67 所示的草图。

说明：草绘 8 所绘制的样条曲线的两个端点分别与草绘 7 和基准点 PNT0 重合，并且样条曲线的两端点分别与对应的水平中心线相切。

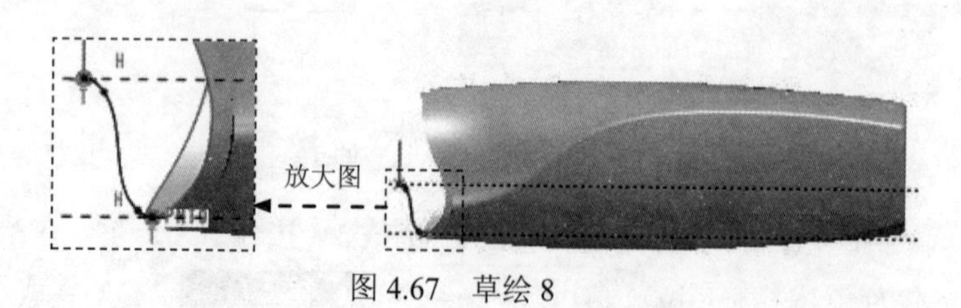

图 4.67　草绘 8

Step48. 创建图 4.68 所示的草绘特征——草绘 9。单击工具栏中的“草绘”按钮，选取 DTM5 基准平面为草绘平面，选取 DTM3 基准平面为参照平面，方向为 右；单击此对话框中的 草绘 按钮，绘制图 4.68 所示的草图。

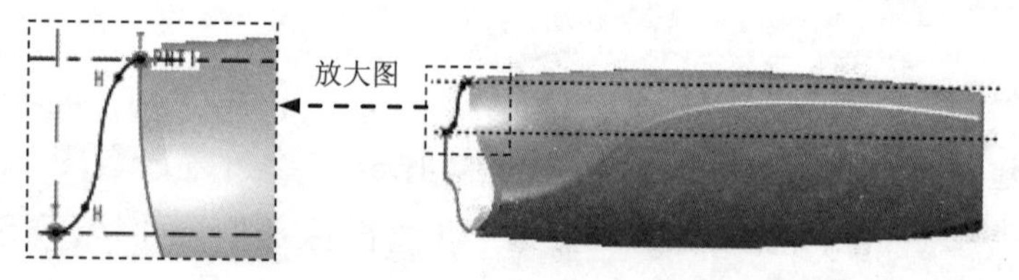

图 4.68　草绘 9

Step49. 创建图 4.69 所示的基准点——基准点（标识 5094）。单击工具栏中的“点”按钮；按住<Ctrl>键，选取 RIGHT 基准平面和图 4.70 所示的边线 1 为点参照；选取对话框中的 新点 选项，采用同样的方法，按住<Ctrl>键，分别选取 RIGHT 基准平面和图 4.70 所示的其余三条边线为点参照，创建图 4.69 所示的点。

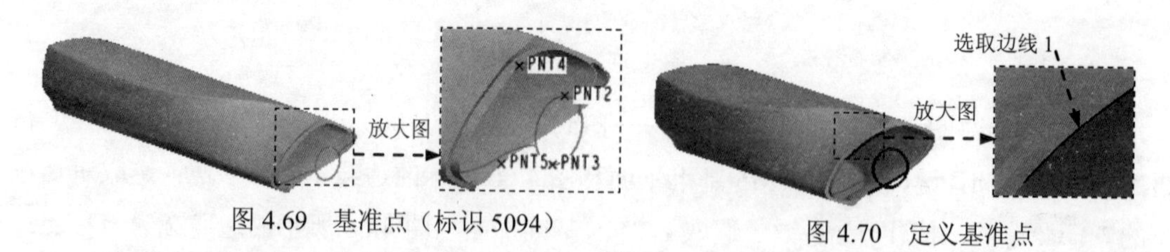

图 4.69　基准点（标识 5094）　　图 4.70　定义基准点

Step50. 创建图 4.71 所示的草绘特征——草绘 10（草绘 8 已隐藏）。单击工具栏中的“草绘”按钮，选取 RIGHT 基准平面为草绘平面，选取 TOP 基准平面为参照平面，方向为 右；单击此对话框中的 草绘 按钮，绘制图 4.71 所示的草图。

说明：草绘 10 所绘制的样条曲线的两个端点分别与草绘 7 和基准点 PNT4 重合，并且样条曲线的两端点分别与对应的水平中心线相切。

图 4.71　草绘 10

Step51. 创建图 4.72 所示的草绘特征——草绘 11（草绘 9 已隐藏）。单击工具栏中的“草绘”按钮，选取 RIGHT 基准平面为草绘平面，选取 TOP 基准平面为参照平面，方向为右；单击此对话框中的草绘按钮，绘制图 4.72 所示的草图。

说明：草绘 11 所绘制的样条曲线的两个端点分别与草绘 7 和基准点 PNT5 重合，并且样条曲线的两端点分别与对应的水平中心线相切。

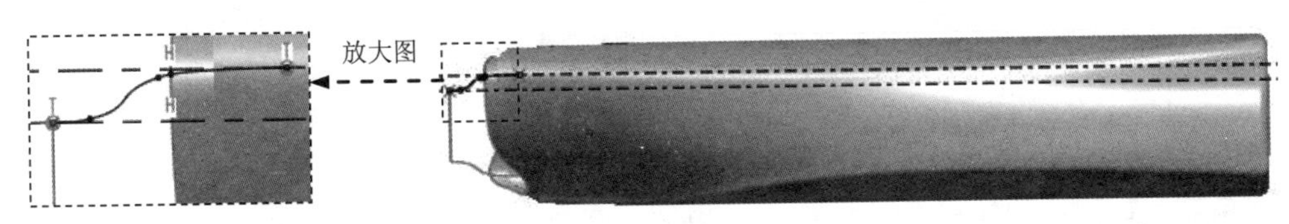

图 4.72　草绘 11

Step52. 创建图 4.73 所示的拉伸特征——拉伸 5。选择下拉菜单插入(I) → 拉伸(E)... 命令，在操控板中应确认“曲面”按钮被按下；选取 DTM3 基准平面为草绘平面，选取 RIGHT 基准平面为参照平面，方向为左；单击对话框中的草绘按钮，绘制图 4.74 所示的截面草图；在操控板中选取深度类型为，输入深度值 6.0。

图 4.73　拉伸 5

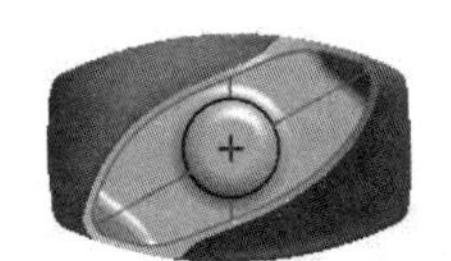

图 4.74　截面草图

Step53. 添加图 4.75 所示的边界曲面——边界混合 3。选择下拉菜单插入(I) → 边界混合(B)... 命令；按住<Ctrl>键，在绘图区依次选取图 4.76 所示的两条边线为第一方向边界曲线；单击操控板中第二方向曲线操作栏，按住<Ctrl>键，在绘图区依次选取草绘 8、草绘 11、草绘 9 和草绘 10 为第二方向边界曲线；在操控板中单击约束按钮，定义第 1 方向的约束均为相切，定义第 2 方向的约束均为自由；在操控板中单击控制点按钮，在系统弹出的界面中拟合的下拉列表中选择弧长选项。

说明：此处的边界曲面可能生成有问题。如果出现问题，要试着调整一下草绘 8、草绘 9、草绘 10 或草绘 11。

Step54. 创建合并特征——合并 6。按住<Ctrl>键，在绘图区选取图 4.77 所示的面为合并对象，选择下拉菜单编辑(E) → 合并(G)... 命令；在操控板中单击“完成”按钮，完成合并 6 的创建。

Step55. 创建合并特征——合并 7。按住<Ctrl>键，在模型树中选取合并 6 和拉伸 5 为合并对象，选择下拉菜单 编辑(E) ➡ 合并(G)... 命令；在操控板中单击“完成”按钮✔，完成合并 7 的创建。

Step56. 添加图 4.78 所示的加厚特征——加厚 1。在模型树中选取合并 7，选择下拉菜单 编辑(E) ➡ 加厚(K)... 命令；在操控板中输入加厚偏距值 1.0，并单击按钮，定义加厚方向为两侧加厚。

图 4.75　边界混合 3　　　图 4.76　定义边界曲线

Step57. 创建图 4.79b 所示的倒圆角特征——倒圆角 8。选择下拉菜单 插入(I) ➡ 倒圆角(O)... 命令；选取图 4.79a 所示的边链为圆角放置参照，圆角半径值为 0.5。

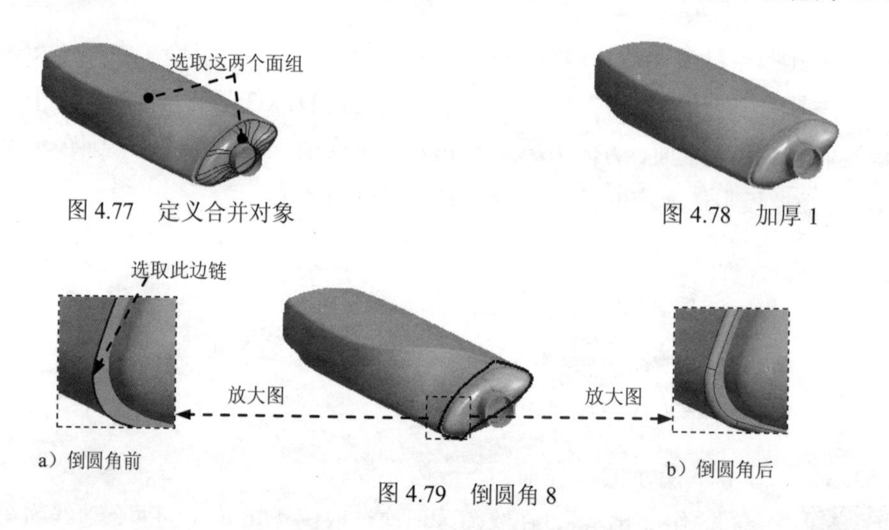

图 4.77　定义合并对象　　　图 4.78　加厚 1

图 4.79　倒圆角 8

Step58. 创建图 4.80b 所示的倒圆角特征——倒圆角 9。选择下拉菜单 插入(I) ➡ 倒圆角(O)... 命令，选取图 4.80a 所示的边链为圆角放置参照，圆角半径值为 0.5。

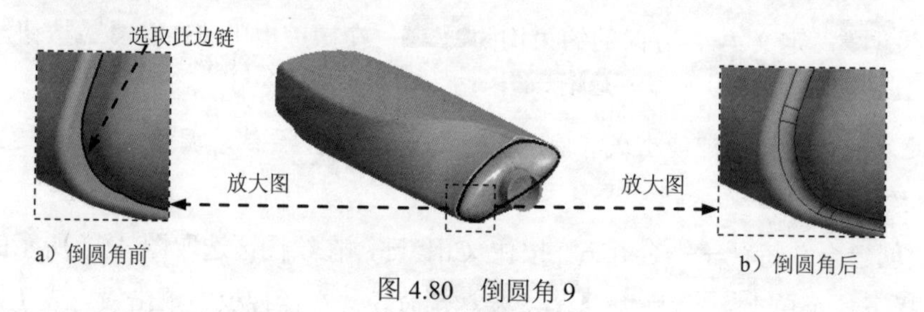

图 4.80　倒圆角 9

Step59. 添加图 4.81 所示的实体旋转特征——旋转 1。选择下拉菜单 插入(I) ➡

旋转(R)...命令；选取 RIGHT 基准平面为草绘平面，选取 TOP 基准平面为草绘参照，方向为左；绘制图 4.82 所示的旋转中心线和截面草图；选取旋转类型，输入旋转角度值 360.0。

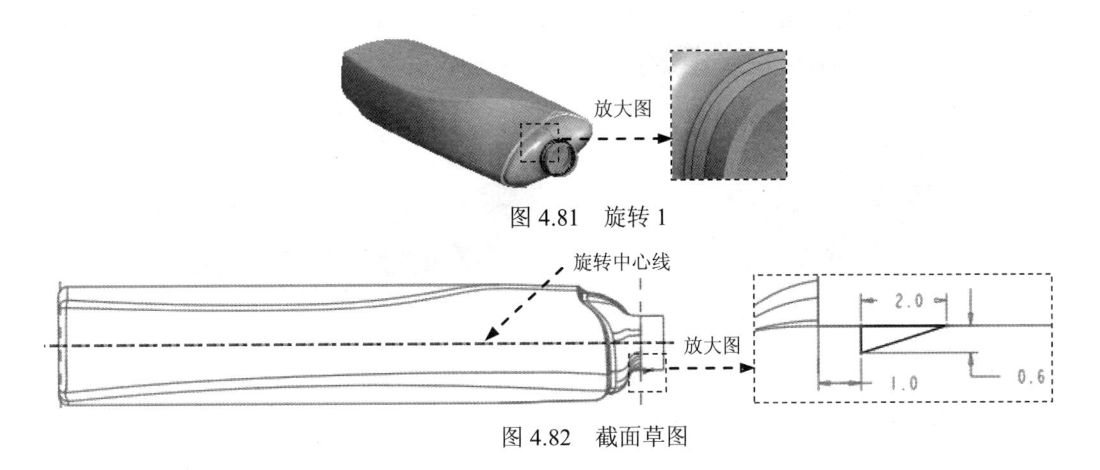

图 4.81　旋转 1

图 4.82　截面草图

Step60. 创建图 4.83b 所示的倒圆角特征——倒圆角 10。选择下拉菜单 插入(I) ➡ 倒圆角(O)...命令，选取图 4.83a 所示的边链为圆角放置参照，圆角半径值为 0.2。

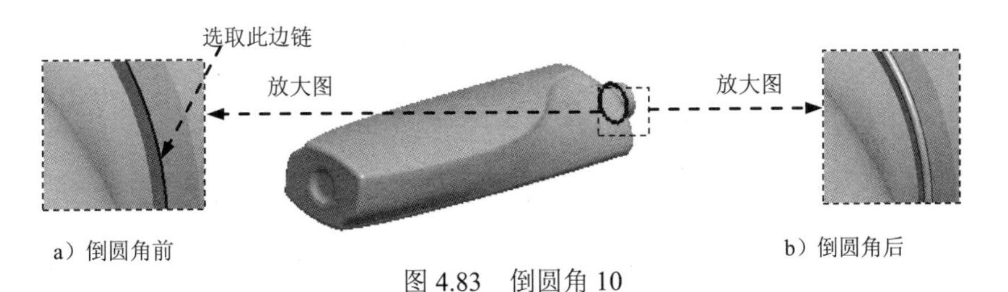

图 4.83　倒圆角 10

Step61. 添加图 4.84 所示的实体旋转特征——旋转 2。选择下拉菜单 插入(I) ➡ 旋转(R)...命令；选取 RIGHT 基准平面为草绘平面，选取 TOP 基准平面为参照平面，方向为左；绘制图 4.85 所示的旋转中心线和截面草图，选取旋转类型（“定值”），输入旋转角度值 25.0。

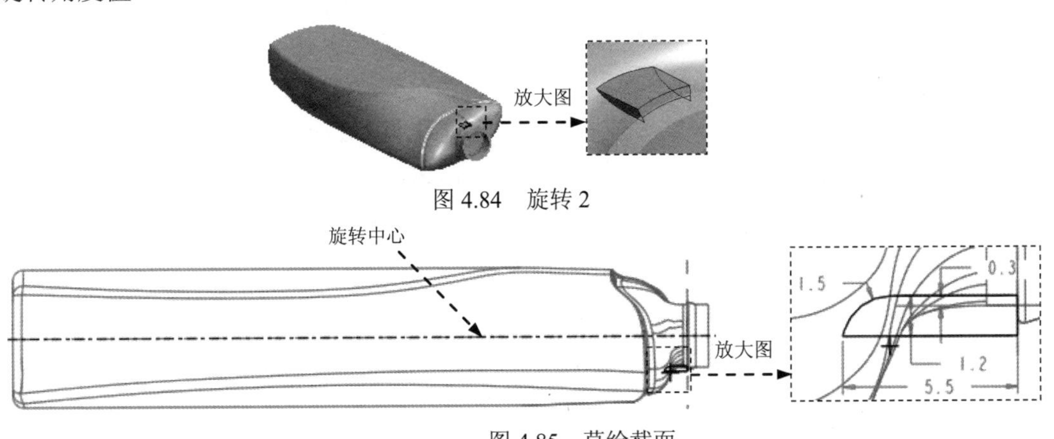

图 4.84　旋转 2

图 4.85　草绘截面

Step62. 创建图 4.86 所示的基准平面——DTM6。选择下拉菜单 插入(I) → 模型基准(D) ▸ → 平面(L)... 命令；选取 A_3 基准轴，定义约束类型为 穿过，按住<Ctrl>键，选取 FRONT 基准平面，定义约束类型为 偏移，输入旋转角度值 15.0。

Step63. 添加图 4.87 所示的镜像特征——镜像 1。在模型树中选取旋转 2 为镜像对象；选择下拉菜单 编辑(E) → 镜像(I)... 命令；选取 DTM6 基准平面为镜像中心平面。

图 4.86 基准平面 DTM6

图 4.87 镜像 1

Step64. 后面的详细操作过程请参见随书光盘中 video\ch04\reference\文件夹下的语音视频讲解文件 SHAMPOO_BOTTLE-r02.exe。

实例5　门　把　手

实例概述

本实例是一个典型的曲面建模的范例：先使用基准平面、基准轴和基准点等创建基准曲线，再利用基准曲线构建边界混合曲面，然后再使用合并、实体化、修剪、投影以及孔等命令。在设计此零件的过程中应注意草图尺寸的准确性。零件模型如图 5.1 所示。

图 5.1　零件模型

Step1. 新建并命名零件的模型为 fix_support_ok。

Step2. 创建图 5.2 所示的基准曲线 1。

（1）单击工具栏上的“草绘”按钮。

（2）定义草绘截面放置属性。选择 FRONT 基准平面为草绘平面，RIGHT 基准平面为草绘参照平面，方向为右；单击草绘按钮。

（3）创建基准曲线 1。进入草绘环境后，绘制图 5.3 所示的草图，完成后单击按钮。

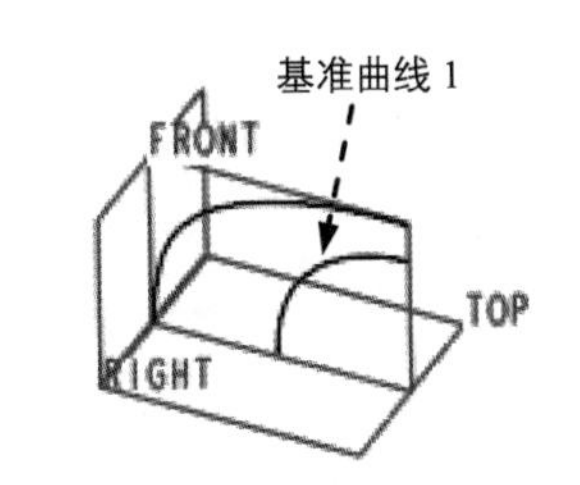

图 5.2　基准曲线 1（建模环境）

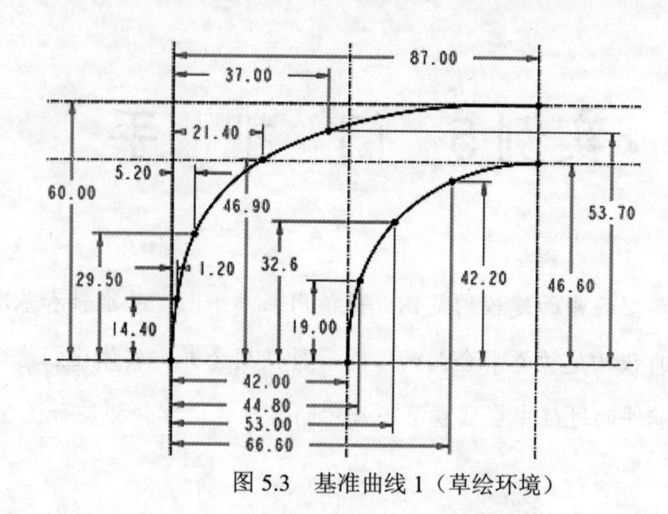

图 5.3　基准曲线 1（草绘环境）

Step3. 后面的详细操作过程请参见随书光盘中 video\ch05\reference\文件夹下的语音视频讲解文件 fix_support-r.exe。

实例6　微波炉面板

实例概述

本实例主要讲述一款微波炉面板的设计过程。该设计过程是先用曲面创建面板，然后将曲面转变为实体面板，通过使用基准面、基准曲线、拉伸曲面、边界混合、曲面合并、加厚和倒圆角命令将面板完成。零件模型如图 6.1 所示。

图 6.1　零件模型

说明：本例前面的详细操作过程请参见随书光盘中 video\ch06\reference\文件夹下的语音视频讲解文件 MICROWAVE_OVEN_COVER-r01.exe。

Step1. 打开文件 proewf5.9\work\ch06\MICROWAVE_OVEN_COVER_ex.prt。

Step2. 添加图 6.2 所示的草绘特征——草绘 1。

（1）单击工具栏上的“草绘”按钮，系统弹出“草绘”对话框。

（2）设置草绘平面与参照平面。选取 FRONT 基准平面为草绘平面，选取 RIGHT 基准平面为参照平面，方向为右；单击对话框中的草绘按钮。

（3）进入截面草绘环境，绘制图 6.3 所示的草绘 1，单击“完成”按钮。

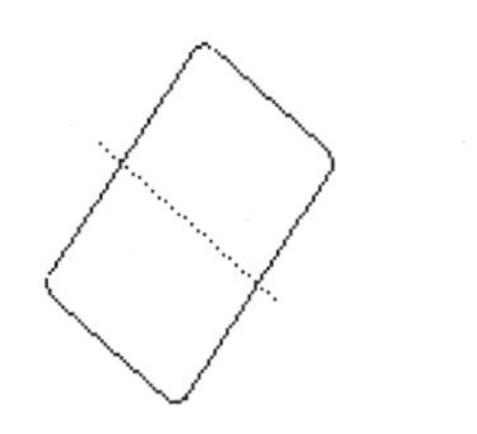

图 6.2　草绘 1（建模环境）

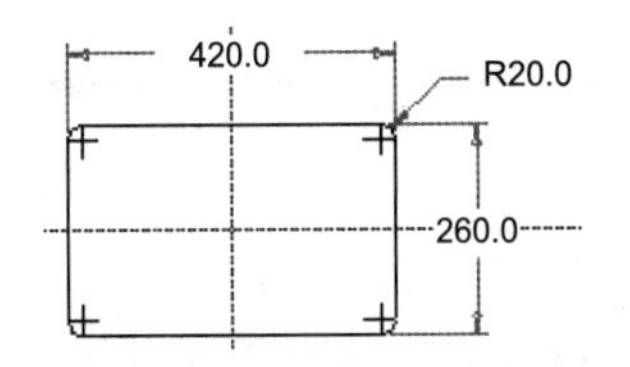

图 6.3　草绘 1（草绘环境）

Step3. 后面的详细操作过程请参见随书光盘中 video\ch06\reference\文件夹下的语音视频讲解文件 MICROWAVE_OVEN_COVER-r02.exe。

实例7 储 蓄 罐

7.1 实 例 概 述

本实例介绍了一款精致的储蓄罐（图 7.1.1）的主要设计过程，采用的设计方法是自顶向下的方法（Top_Down Design）。许多家电产品（如计算机机箱、吹风机和电脑鼠标）也都可以采用这种方法进行设计，以获得较好的整体造型。

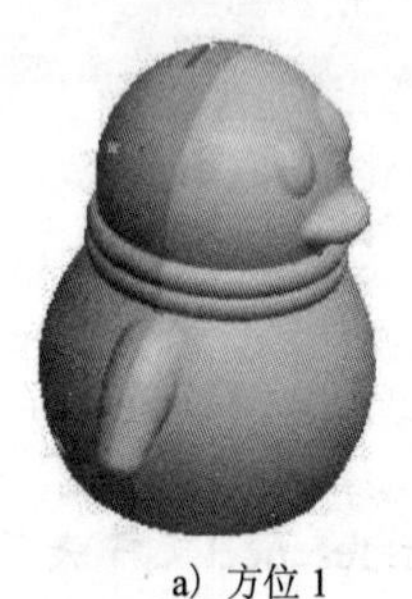

a）方位 1

b）方位 2

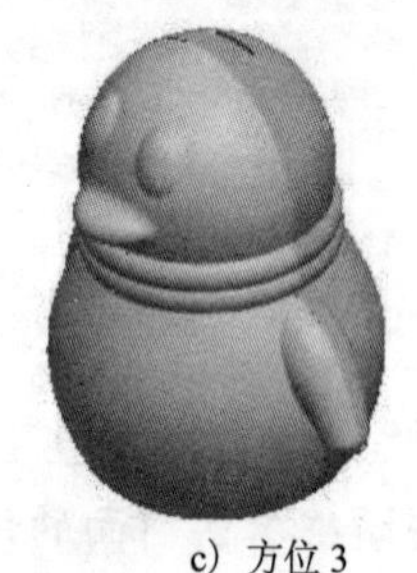

c）方位 3

图 7.1.1 储蓄罐

7.2 储蓄罐的设计过程

Task1．设置工作目录

将工作目录设置至 D:\ proewf5.9\work\ch07\。

Task2．新建一个装配体文件

Step1．选择下拉菜单 文件(F) → 新建(N)... 命令，在弹出的文件“新建”对话框中，进行下列操作：

（1）选中 类型 选项组下的 ◉ 组件 单选按钮。

（2）选中 子类型 选项组下的 ◉ 设计 单选按钮。

（3）在 名称 文本框中输入文件名 MONEY_SAVER。

（4）取消选中 □ 使用缺省模板 复选框中的“√”号。

（5）单击该对话框中的 确定 按钮。

Step2．选取适当的装配模板。

（1）系统弹出“新文件选项”对话框，在模板选项组中选取mmns_asm_design模板。

（2）单击该对话框中的确定按钮。

Step3. 设置模型树的显示。在模型树操作界面中，选择 → 树过滤器(F)... 命令，然后在“模型树项目”对话框中选中☑特征复选框，并单击确定按钮。

Task3. 后面的详细操作过程请参见随书光盘中 video\ch07\reference\文件夹下的语音视频讲解文件 MONEY_SAVER-r02.exe

实例8 鼠标设计

8.1 概 述

本实例详细讲解了一款鼠标的整个设计过程。该设计过程中采用了较为先进的设计方法——自顶向下设计（Top_Down Design）。采用此方法，不仅可以获得较好的整体造型，还能够大大缩短产品的设计周期。许多家用电器都可以采用这种方法进行设计。本例设计的鼠标模型和模型树如图 8.1.1 所示。

图 8.1.1 鼠标模型及模型树

在使用自顶向下的设计方法进行设计时，我们先引入一个新的概念——控件。控件即控制元件，用于控制模型的外观及尺寸等。控件在设计过程中起着承上启下的作用。最高级别的控件（通常被称为“一级控件”或“骨架模型”，是在整个设计开始时创建的原始结构模型）所承接的是整体模型与所有零件之间的位置及配合关系；骨架模型之外的控件（二级控件或更低级别的控件）从上一级别控件得到外形和尺寸等，再把这种关系传递给下一级控件或零件。在整个设计过程中，骨架模型的作用非常重要，创建之初就把整个模型的外观勾勒出来，后续工作都是对骨架模型的分割与细化，在整个设计过程中创建的所有控件或零件都与骨架模型存在着根本的联系。本例中的骨架模型是一种特殊的零件模型，或者说它是一个装配体的 3D 布局。

在 PRO/E 软件中自顶向下的设计方法如下：

首先，在装配环境中通过选择下拉菜单 插入(I) ➡ 元件(C) ➡ 创建(C)... 命令，新建一个零件文件；然后在新建的零件文件中通过下拉菜单 插入(I) ➡ 共享数据(D) ➡ 合并/继承(M)... 命令或 插入(I) ➡ 共享数据(D) ➡ 合并/继承(M)... 命令将所有基准复制在新建的零件文件中，通过下拉菜单 编辑(E) ➡ 实体化(Y)... 命令分割控件；最后，对分割后的零部件进行细节设计得到所需要的零件模型。

设计流程图如图 8.1.2 所示。

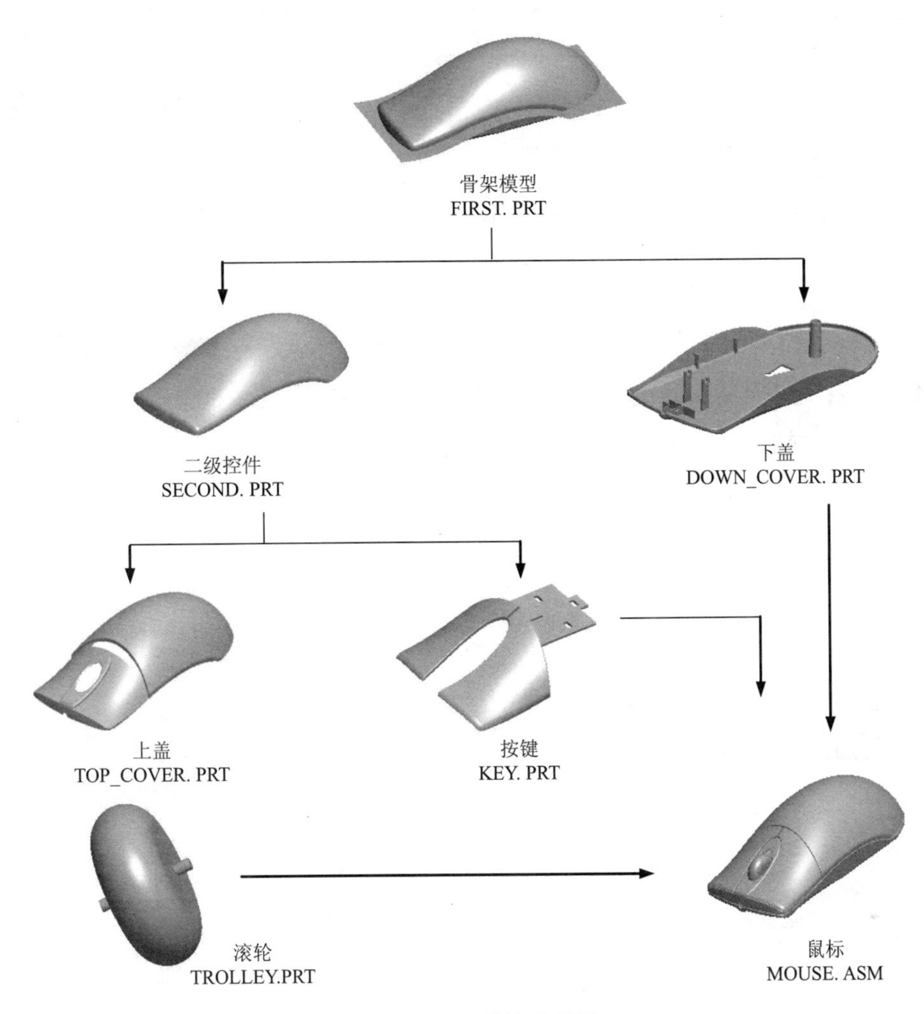

图 8.1.2　设计流程图

8.2 骨 架 模 型

Task1．设置工作目录

将工作目录设置至 D:\ proewf5.9\work\ch08。

Task2．新建一个装配体文件

Step1．选择下拉菜单 文件(F) ➡ 新建(N)... 命令，在系统弹出的“新建”对话框中，进行下列操作：选中 类型 选项组中的 ◉ 组件 单选项；选中 子类型 选项组中的 ◉ 设计 单选项；在 名称 文本框中输入文件名 MOUSE；取消选中 □ 使用缺省模板 复选框中的“√”号；单击该对话框中的 确定 按钮。

Step2. 选取适当的装配模板。系统弹出“新文件选项”对话框，在模板选项组中选择 mmns_asm_design 模板。

Step3. 设置模型树的显示。在模型树操作界面中，选择 → 树过滤器(F)... 命令，然后在“模型树项目”对话框中选中 特征 复选框，并单击 确定 按钮。

Task3. 创建图 8.2.1 所示的骨架模型

在装配环境下，创建图 8.2.1 所示的骨架模型及模型树。

Step1. 在装配体中建立骨架模型 FIRST。选择下拉菜单 插入(I) → 元件(C) → 创建(C)... 命令；选中 类型 选项组中的 ◉ 骨架模型 单选项，在 名称 文本框中输入文件名 FIRST，单击 确定 按钮；在系统弹出的“创建选项”对话框中选中 ◉ 空 单选项，单击 确定 按钮。

Step2. 激活骨架模型。

（1）在模型树中选取 FIRST.PRT，然后右击，在系统弹出的快捷菜单中选择 激活 命令。

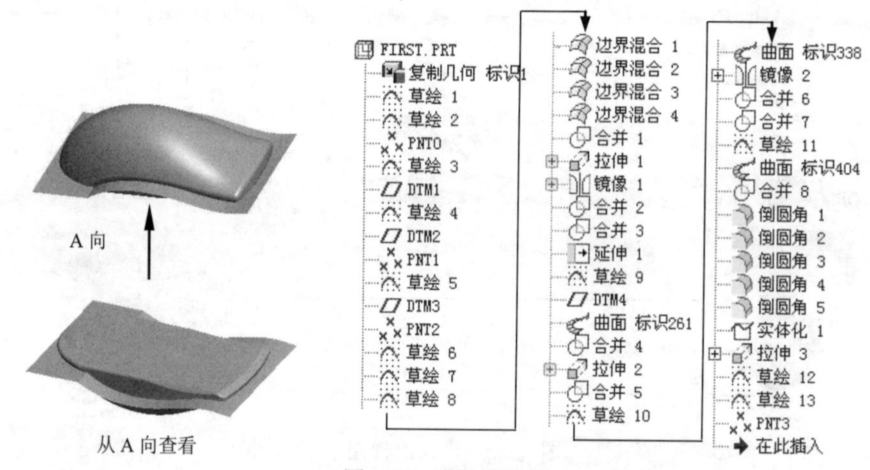

图 8.2.1　骨架模型及模型树

（2）选择下拉菜单 插入(I) → 共享数据(D) → 复制几何(G)... 命令，系统弹出“复制几何”操控板，在该操控板中进行下列操作：

① 在“复制几何”操控板中，先确认“将参照类型设置为组件上下文”按钮被按下，然后单击“仅限发布几何”按钮（使此按钮为弹起状态）。

② 复制几何。在“复制几何”操控板中单击 参照 按钮，系统弹出“参照模型”界面；单击 参照 区域中的 单击此处添加项目 字符；在“智能选取栏”下拉列表中选择“基准平面”选项，按住<Ctrl>键在绘图区依次选取装配文件中的三个基准平面。

③ 在“复制几何”操控板中单击 选项 按钮，选中 ⊙ 按原样复制所有曲面 单选项。

④ 在“复制几何”操控板中单击“完成”按钮。

⑤ 完成操作后，所选的基准平面被复制到 FIRST.PRT 中。

Step3. 在装配体中打开主控件 FIRST.PRT。在模型树中单击 FIRST.PRT 并右击，在系统弹出的快捷菜单中选择 打开 命令。

Step4. 创建图 8.2.2 所示的草绘特征——草绘 1。单击工具栏中的“草绘”按钮；选取 ASM_RIGHT 基准平面为草绘平面，选取 ASM_FRONT 基准平面为参照平面，方向为 左；绘制图 8.2.2 所示的草图。

Step5. 创建图 8.2.3 所示的草绘特征——草绘 2。单击工具栏中的“草绘”按钮，选取 ASM_TOP 基准平面为草绘平面，选取 ASM_RIGHT 基准平面为参照平面，方向为 右；单击此对话框中的 草绘 按钮，绘制图 8.2.3 所示的草图。

说明： 图 8.2.3 所示的样条曲线的最高点与草绘 1 的一个端点重合。

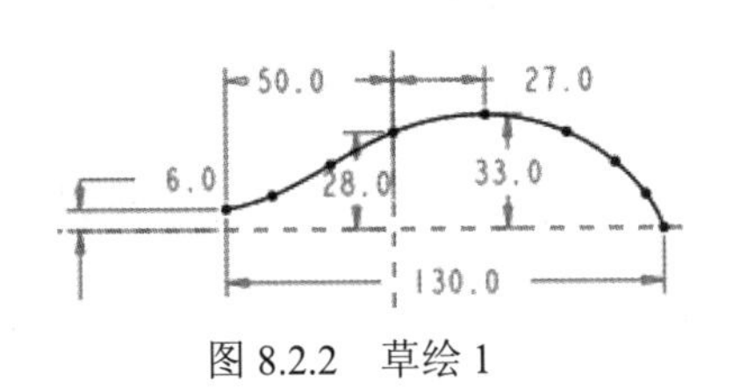

图 8.2.2　草绘 1

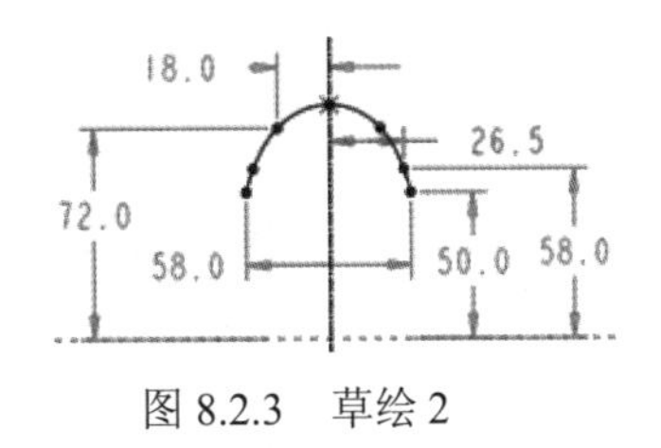

图 8.2.3　草绘 2

Step6. 创建图 8.2.4 所示的基准点——PNT0。单击工具栏中的“点”按钮；按住<Ctrl>键，选取 ASM_FRONT 基准平面和图 8.2.5 所示的曲线。

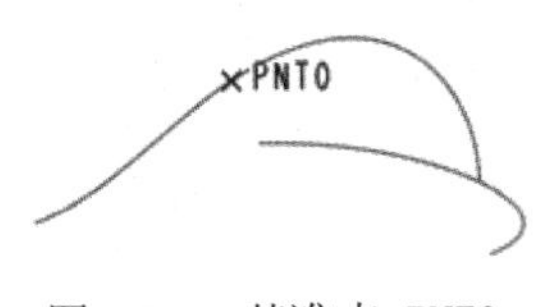

图 8.2.4　基准点 PNT0

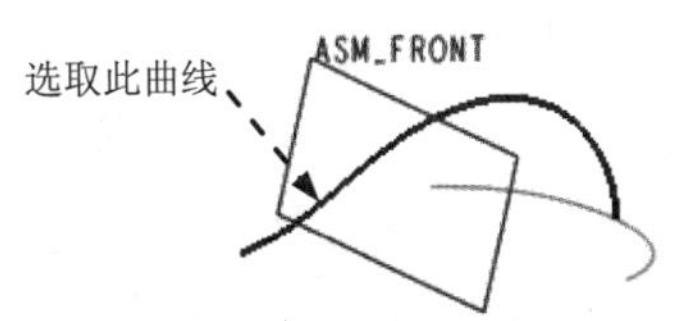

图 8.2.5　定义基准点参照

Step7. 创建图 8.2.6 所示的草绘特征——草绘 3。单击工具栏中的“草绘”按钮，选取 ASM_FRONT 基准平面为草绘平面，选取 ASM_RIGHT 基准平面为参照平面，方向为 右；单击此对话框中的 草绘 按钮，绘制图 8.2.6 所示的草图。

说明： 图 8.2.6 所示的样条曲线的最高点与基准点 PNT0 重合。

Step8. 创建图 8.2.7 所示的基准平面——DTM1。选择下拉菜单 插入(I) → 模型基准(D) ▸ → 平面(L)... 命令；选取 ASM_FRONT 基准平面为参照，定义约束类型为 平行；选取图 8.2.7 所示的端点基准平面为参照，定义约束类型为 穿过。

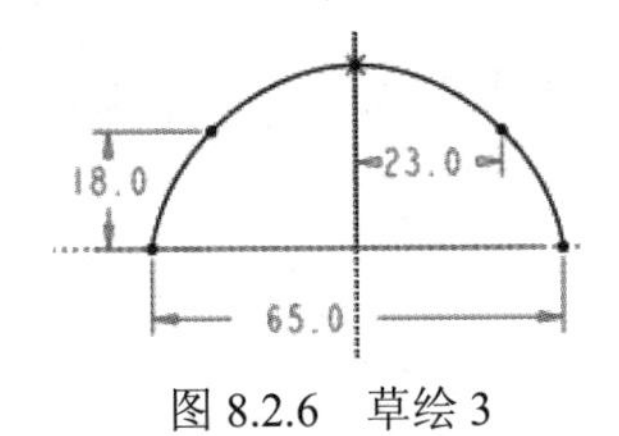

图 8.2.6　草绘 3

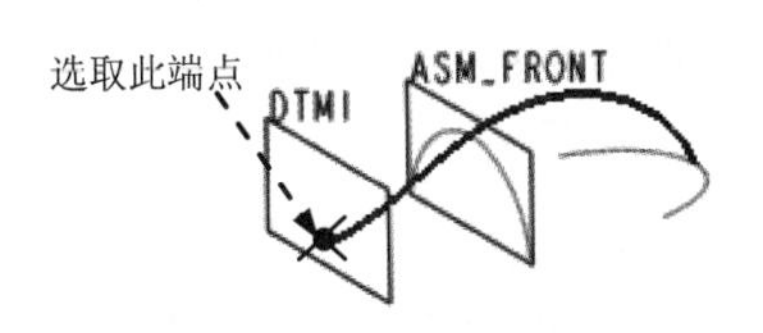

图 8.2.7　基准平面 DTM1

Step9. 创建图 8.2.8 所示的草绘特征——草绘 4。单击工具栏中的“草绘”按钮，选取 DTM1 基准平面为草绘平面，选取 ASM_RIGHT 基准平面为参照平面，方向为右，单击此对话框中的草绘按钮。绘制图 8.2.8 所示的草图。

Step10. 创建图 8.2.9 所示的基准平面——DTM2。选择下拉菜单插入(I) → 模型基准(D) → 平面(L)...命令；选取 ASM_FRONT 基准平面为参照，定义约束类型为偏移，输入偏移距离值 32.0。

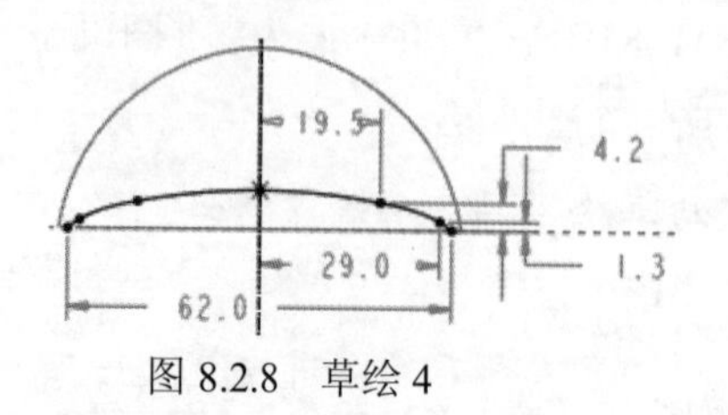

图 8.2.8　草绘 4

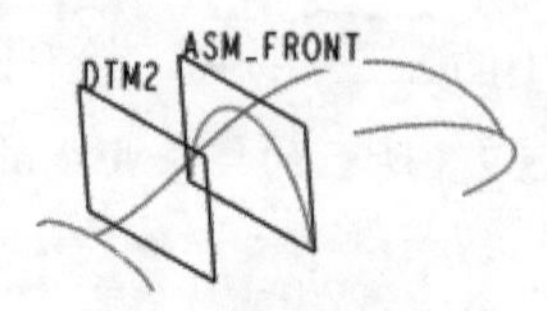

图 8.2.9　基准平面 DTM2

Step11. 创建图 8.2.10 所示的基准点——PNT1。单击工具栏中的“点”按钮，按住 Ctrl 键，选取 DTM2 基准平面和图 8.2.11 所示的曲线。

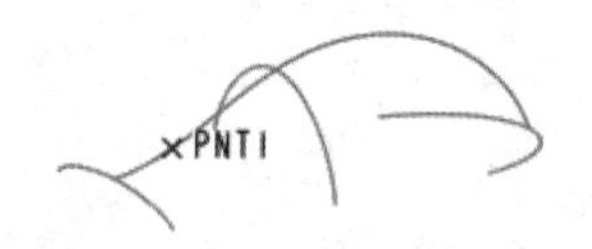

图 8.2.10　基准点 PNT1

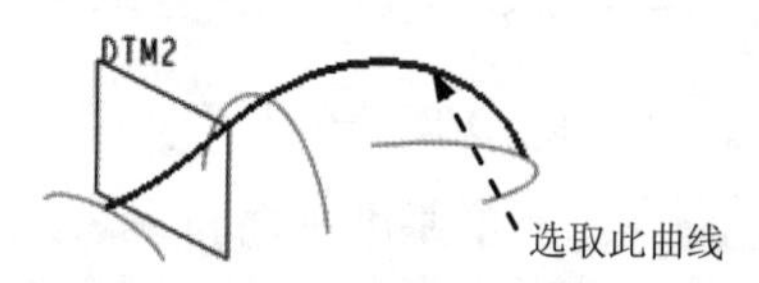

图 8.2.11　定义基准点参照

Step12. 创建图 8.2.12 所示的草绘特征——草绘 5。单击工具栏中的“草绘”按钮，选取 DTM2 基准平面为草绘平面，选取 ASM_RIGHT 基准平面为参照平面，方向为右；单击此对话框中的草绘按钮，绘制图 8.2.12 所示的草图。

Step13. 创建图 8.2.13 所示的基准平面——DTM3。选择下拉菜单插入(I) → 模型基准(D) → 平面(L)...命令；选取 ASM_FRONT 基准平面为参照，定义约束类型为平行；选取图 8.2.14 所示的端点为基准平面参照，定义约束类型为穿过。

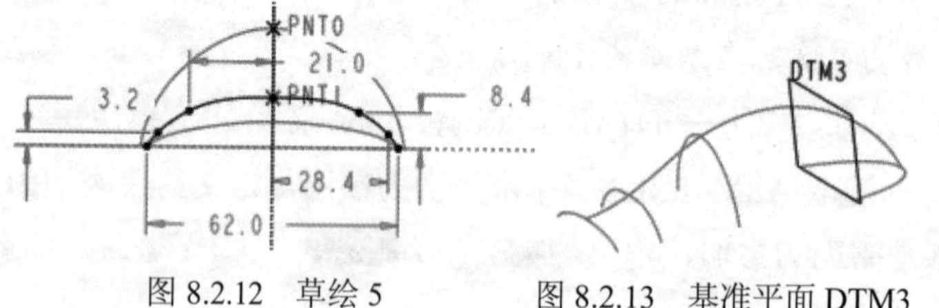

图 8.2.12　草绘 5　　图 8.2.13　基准平面 DTM3

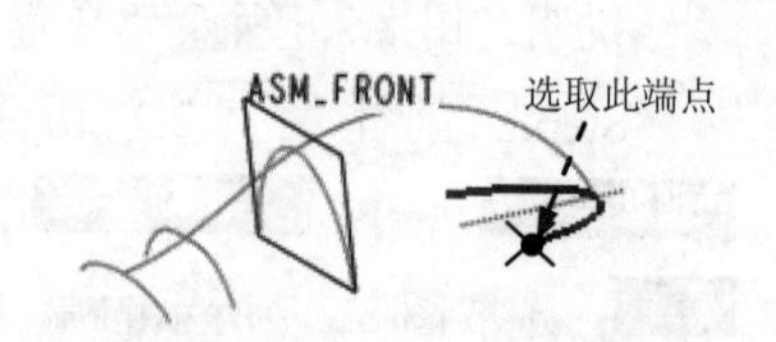

图 8.2.14　定义基准平面参照

Step14. 创建图 8.2.15 所示的基准点——PNT2。单击工具栏中的“点”按钮，按住<Ctrl>键，选取 DTM3 基准平面和图 8.2.16 所示的曲线。

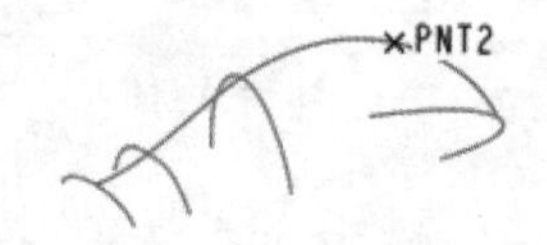

图 8.2.15　基准点 PNT2

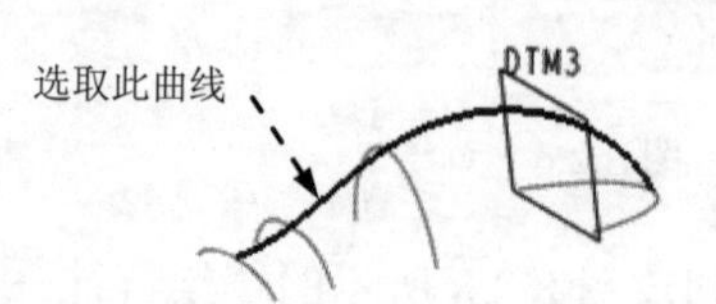

图 8.2.16　定义基准点参照

Step15. 创建图 8.2.17 所示的草绘特征——草绘 6（草绘 3、草绘 4 和草绘 5 已隐藏）。单击工具栏中的“草绘”按钮，选取 DTM3 基准平面为草绘平面，选取 ASM_RIGHT 基准平面为参照平面，方向为 右；单击此对话框中的 草绘 按钮，绘制图 8.2.17 所示的草图。

说明：草绘 6 中的两个端点与草图 2 中的两个端点重合。

Step16. 创建图 8.2.18 所示的草绘特征——草绘 7。单击工具栏中的“草绘”按钮，选取 ASM_TOP 基准平面为草绘平面，选取 ASM_RIGHT 基准平面为参照平面，方向为 顶；单击此对话框中的 草绘 按钮，绘制图 8.2.18 所示的草图。

说明：草绘 7 所绘制的样条曲线依次穿过草绘 6、草绘 3、草绘 5 和草绘 4 的端点。

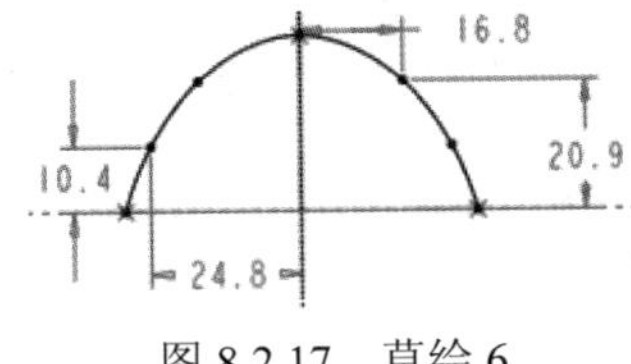

图 8.2.17 草绘 6

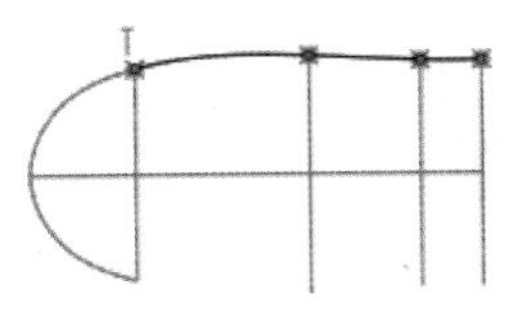
图 8.2.18 草绘 7

Step17. 创建图 8.2.19 所示的草绘特征——草绘 8。单击工具栏中的“草绘”按钮，选取 ASM_TOP 基准平面为草绘平面，选取 ASM_RIGHT 基准平面为参照平面，方向为 顶；单击此对话框中的 草绘 按钮，绘制图 8.2.20 所示的草图。

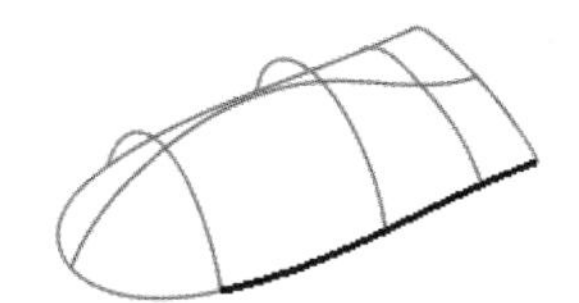
图 8.2.19 草绘 8（建模环境）

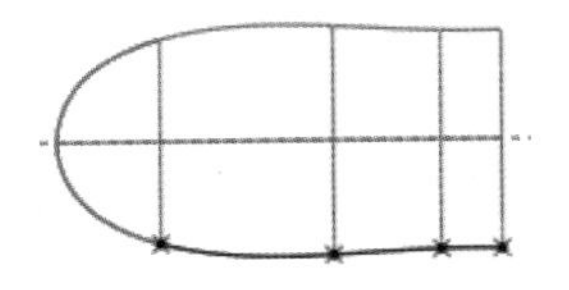
图 8.2.20 草绘 8（草绘环境）

Step18. 创建图 8.2.21 所示的边界曲面——边界混合 1。选择下拉菜单 插入(I) → 边界混合(B)... 命令；按住<Ctrl>键，在绘图区依次选取图 8.2.22 所示的第一方向曲线为第一方向边界曲线；单击操控板中第二方向曲线操作栏，按住<Ctrl>键，在绘图区依次选取图 8.2.22 所示的第二方向曲线为第二方向边界曲线。

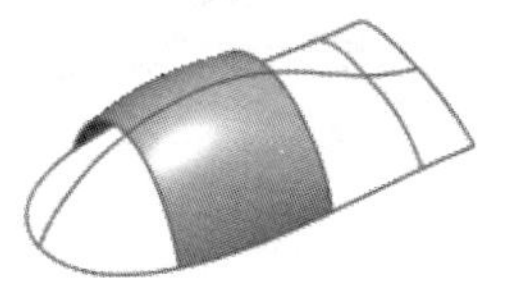
图 8.2.21 边界混合 1

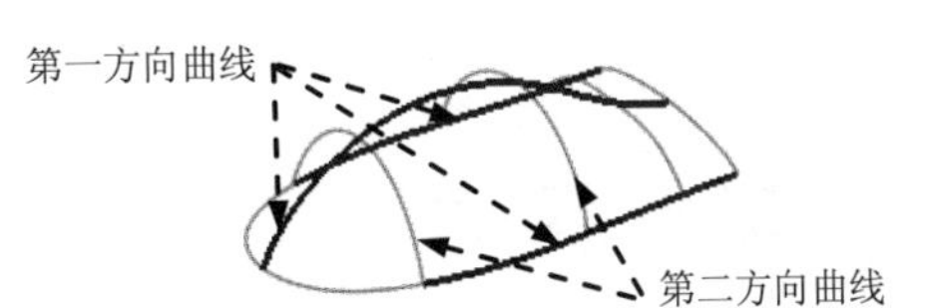

图 8.2.22 定义边界曲线

Step19. 创建图 8.2.23 所示的边界曲面——边界混合 2。选择下拉菜单 插入(I) → 边界混合(B)... 命令；按住<Ctrl>键，在绘图区依次选取图 8.2.24 所示的曲线 1 和曲线 2 为第一方向边界曲线；单击操控板中第二方向曲线操作栏，选取图 8.2.24 所示的曲线 3 为第二方向边界曲线；在操控板中单击 曲线 按钮，在系统弹出界面 第二方向 区域中单击细节...按钮，系统弹出“链”对话框；单击此对话框中的选项选项，在长度调整区域侧 1下拉列表中选择值选项，并在其下的文本框中输入值 0；在侧 2下拉列表中选择在参照上修剪选项，在绘图区选取图 8.2.24 所示的曲线 2，单击此对话框中的确定按钮；在操控板中单击约束按钮，在系统弹出的界面将方向 1 中最后一条链的约束类型设置为相切，并选择边界曲面 1 作为相切对象，其余约束类型均设置为自由。

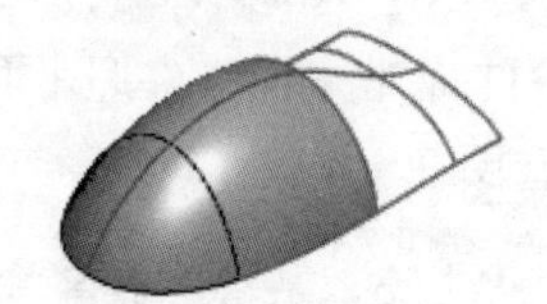
图 8.2.23　边界混合 2

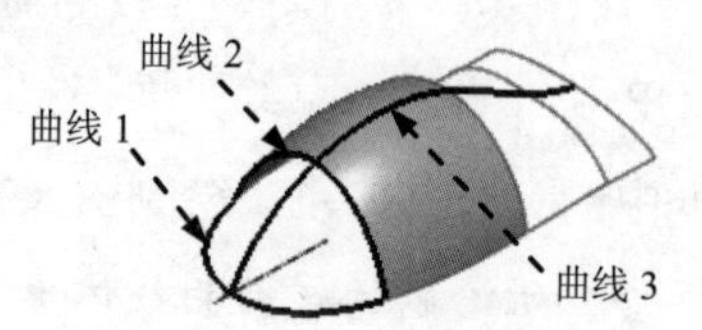

图 8.2.24　定义边界曲线

Step20. 创建图 8.2.25 所示的边界曲面——边界混合 3。选择下拉菜单插入(I) → 边界混合(B)...命令，按住<Ctrl>键，在绘图区依次选取图 8.2.26 所示的第一方向曲线为第一方向边界曲线；单击操控板中第二方向曲线操作栏，按住<Ctrl>键，在绘图区依次选取图 8.2.26 所示的第二方向曲线为第二方向边界曲线。

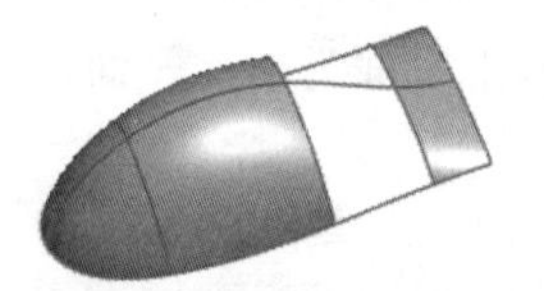
图 8.2.25　边界混合 3

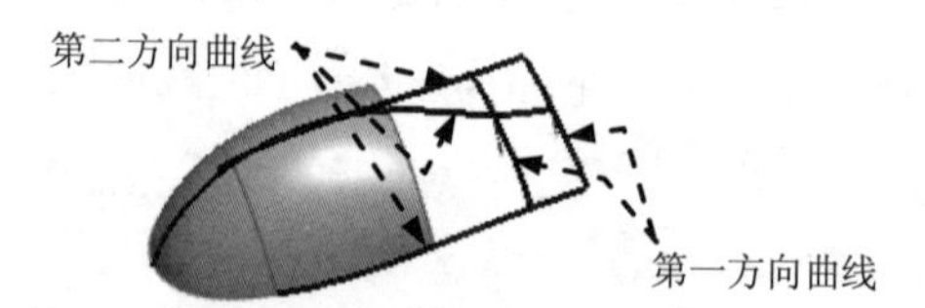

图 8.2.26　定义边界曲线

Step21. 创建图 8.2.27 所示的边界曲面——边界混合 4。选择下拉菜单插入(I) → 边界混合(B)...命令，按住<Ctrl>键，在绘图区依次选取图 8.2.28 所示的第一方向曲线为第一方向边界曲线；单击操控板中第二方向曲线操作栏，按住<Ctrl>键，在绘图区依次选取图 8.2.28 所示的第二方向曲线为第二方向边界曲线；在操控板中单击约束按钮，在系统弹出的界面中将方向 1 的第一条链和方向 1 的最后一条链曲线的边界约束类型设置为相切，并选择边界曲面 1 和边界曲面 3 作为相切对象，其余均为自由。

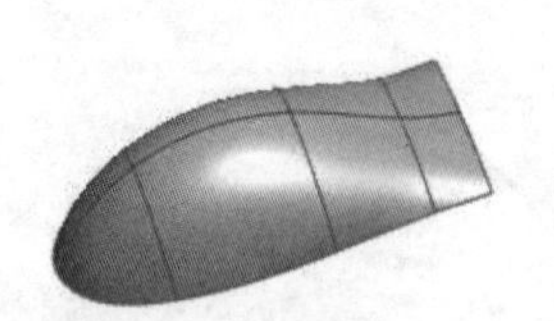
图 8.2.27　边界混合 4

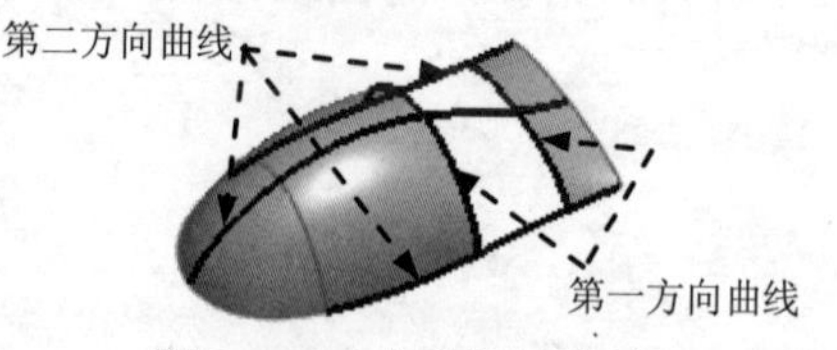

图 8.2.28　定义边界曲线

Step22. 创建合并特征——合并 1。按住<Ctrl>键，在设计树中依次选取边界混合 2、边界混合 1、边界混合 4 和 边界混合 3 为合并对象，选择下拉菜单编辑(E) → 合并(G)...命令；在操控板中单击“完成”按钮，完成合并 1 的创建。

说明： 在选取合并对象时，一定要按照合并顺序选取，否则可能导致此特征无法生成。

Step23. 创建图 8.2.29 所示的零件特征——拉伸 1。选择下拉菜单 插入(I) → 拉伸(E)... 命令，在操控板中应确认“曲面”按钮被按下；选取 ASM_FRONT 基准平面为草绘平面，选取 ASM_RIGHT 基准平面为参照平面，方向为 右；绘制图 8.2.30 所示的截面草图；在操控板中选取深度类型为 （“定值”），输入深度值 150.0。

说明：图 8.2.30 所示的截面草图所绘制的直线的端点与草绘 6 所绘制的曲线的端点重合。

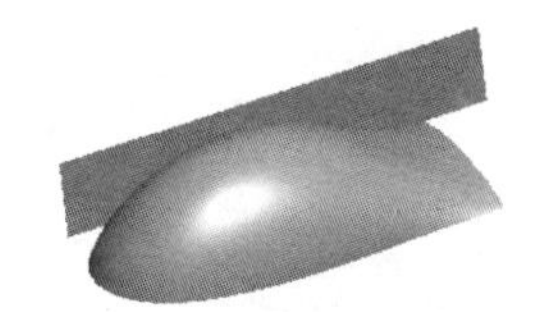
图 8.2.29　拉伸 1

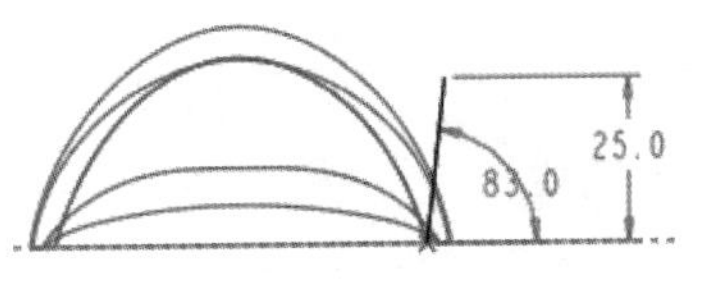

图 8.2.30　截面草图

Step24. 创建图 8.2.31b 所示的镜像特征——镜像 1。在绘图区选取拉伸 1 为镜像对象；选择下拉菜单 编辑(E) → 镜像(I)... 命令；选取 ASM_RIGHT 基准平面为镜像中心平面。

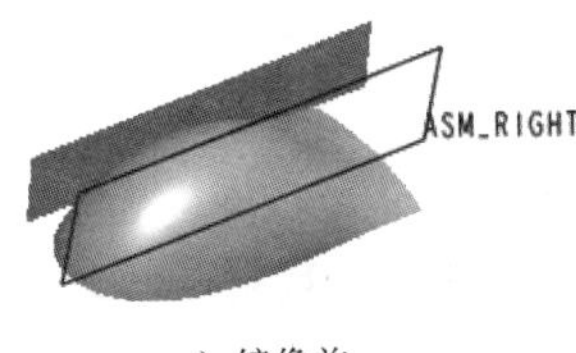

a）镜像前

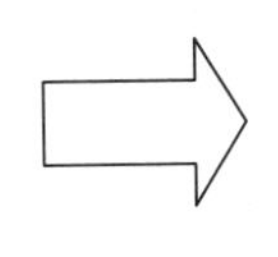

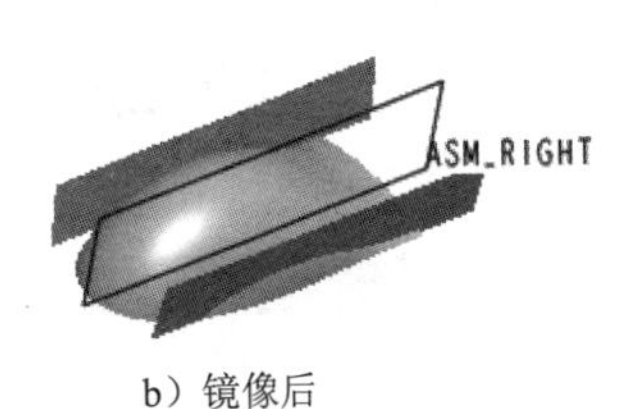

b）镜像后

图 8.2.31　镜像 1

Step25. 创建图 8.2.32b 所示的曲面合并特征——合并 2。按住<Ctrl>键，在绘图区选取图 8.2.32a 所示的面为合并对象；选择下拉菜单 编辑(E) → 合并(G)... 命令，定义合并方向如图 8.2.32a 所示。

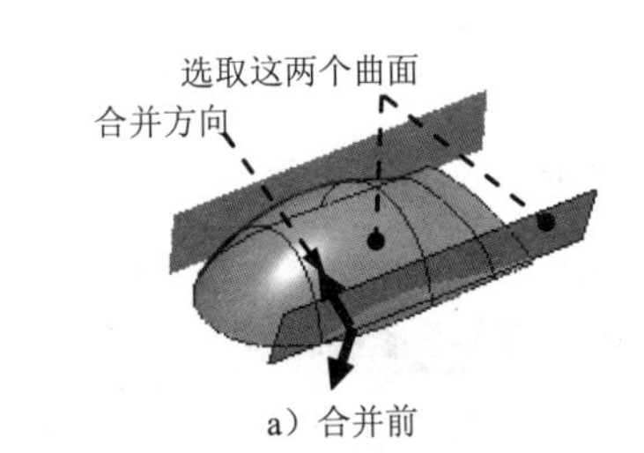

a）合并前

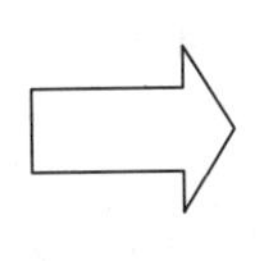

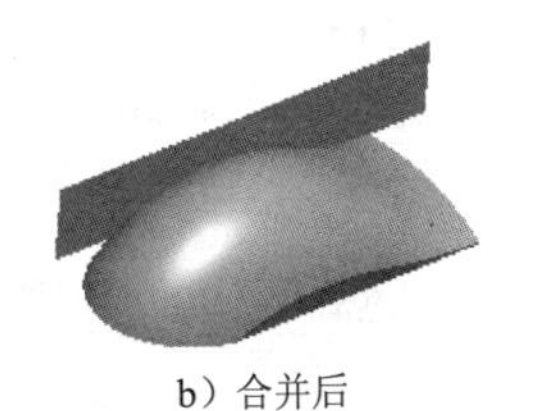
b）合并后

图 8.2.32　合并 2

Step26. 创建图 8.2.33b 所示的曲面合并特征——合并 3。按住<Ctrl>键，在绘图区选取图 8.2.33a 所示的面为合并对象；选择下拉菜单 编辑(E) → 合并(G)... 命令，定义合并方向如图 8.2.33a 所示。

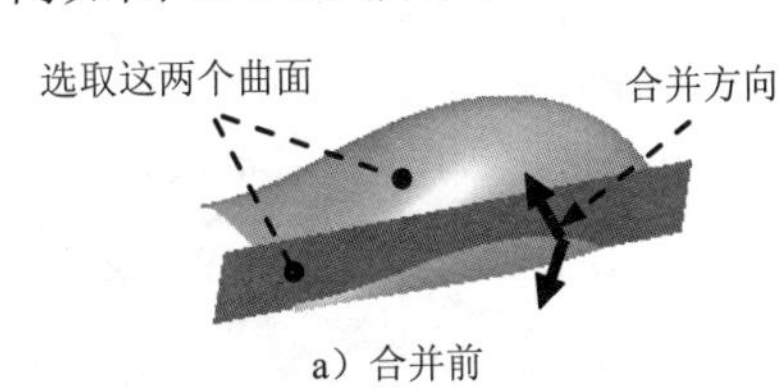

a）合并前

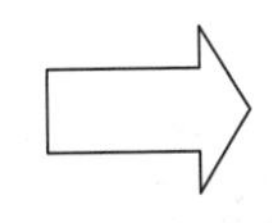

b）合并后

图 8.2.33　合并 3

Step27. 创建图 8.2.34b 所示曲面延伸特征——延伸 1。在绘图区选取图 8.2.34a 所示的边线 1，选择下拉菜单 编辑(E) → 延伸(X)... 命令；在操控板中单击 参照 按钮，在系统弹出的界面中单击 细节... 按钮，系统弹出“链”对话框；按住<Ctrl>键，在绘图区依次选取图 8.2.34a 所示的边线 2 和边线 3 为延伸边线，并单击此对话框中的 确定 按钮；在操控板中单击 选项 按钮，在“方式”下拉列表中选择 相切 选项，其他参数采用系统默认的设置值，在操控板中输入距离值 6.0。

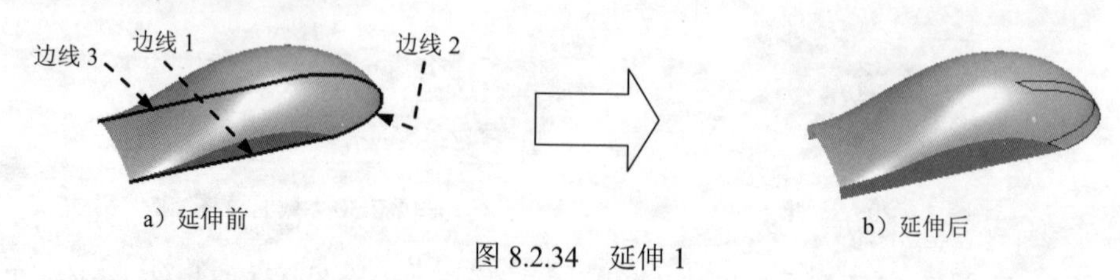

图 8.2.34　延伸 1

Step28. 创建图 8.2.35 所示的草绘特征——草绘 9。单击工具栏中的“草绘”按钮，选取 ASM_RIGHT 基准平面为草绘平面，选取 ASM_FRONT 基准平面为参照平面，方向为 左；单击此对话框中的 草绘 按钮，绘制图 8.2.35 所示的草图。

Step29. 创建图 8.2.36 所示的基准平面——DTM4。选择下拉菜单 插入(I) → 模型基准(D) → 平面(L)... 命令；选取 ASM_TOP 基准平面为参照，定义约束类型为 偏移，输入偏移距离值-6.0。

图 8.2.35　草绘 9　　　　图 8.2.36　基准平面 DTM4

Step30. 创建图 8.2.37 所示的扫描特征——曲面（标识 261）。

（1）选择下拉菜单 插入(I) → 扫描(S) → 曲面(S)... 命令，系统弹出“曲面：扫描”对话框。

（2）定义扫描轨迹。在 SWEEP TRAJ（扫描轨迹）菜单中选择 Select Traj（选取轨迹）命令，在绘图区选取图 8.2.35 所示的草绘 9，单击“选取”对话框中的 确定 按钮，定义扫描轨迹的起始方向如图 8.2.38 所示；在菜单管理器中选择 Done（完成） → Open Ends（开放端） → Done（完成）命令。

（3）系统进入截面草绘环境，绘制图 8.2.39 所示的截面草图，完成后单击 ✓ 按钮。

（4）单击“曲面：扫描”对话框中的 确定 按钮，完成曲面（标识 261）的创建。

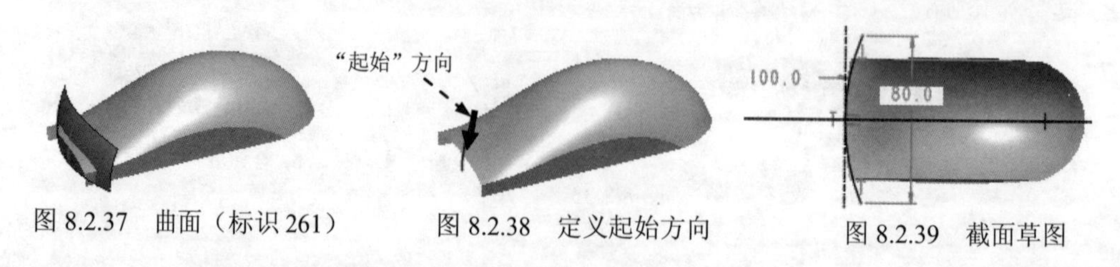

图 8.2.37　曲面（标识 261）　　图 8.2.38　定义起始方向　　图 8.2.39　截面草图

Step31. 创建图 8.2.40b 所示的曲面合并特征——合并 4。按住<Ctrl>键，在绘图区选取图 8.2.40a 所示的面为合并对象；选择下拉菜单 编辑(E) → 合并(G)... 命令，定义合并方向如图 8.2.40a 所示。

a）合并前　　b）合并后

图 8.2.40　合并 4

Step32. 创建图 8.2.41 所示的拉伸特征——拉伸 2。选择下拉菜单 插入(I) → 拉伸(E)... 命令，在操控板中应确认"曲面"按钮被按下；选取 ASM_RIGHT 基准平面为草绘平面，选取 ASM_FRONT 基准平面为参照平面，方向为 左；单击对话框中的 草绘 按钮，绘制图 8.2.42 所示的截面草图；在操控板中选取深度类型为，输入深度值 80.0。

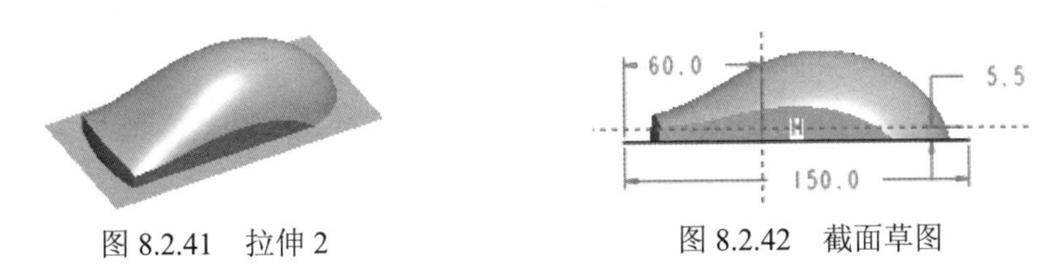

图 8.2.41　拉伸 2　　图 8.2.42　截面草图

Step33. 创建曲面合并特征——合并 5。按住<Ctrl>键，在绘图区选取图 8.2.43 所示的面为合并对象；选择下拉菜单 编辑(E) → 合并(G)... 命令，定义合并方向如图 8.2.43 所示。

Step34. 创建图 8.2.44 所示的草绘特征——草绘 10。单击工具栏中的"草绘"按钮，选取 DTM4 基准平面为草绘平面，选取 ASM_RIGHT 基准平面为参照平面，方向为 顶；单击此对话框中的 草绘 按钮，绘制图 8.2.44 示的草图。

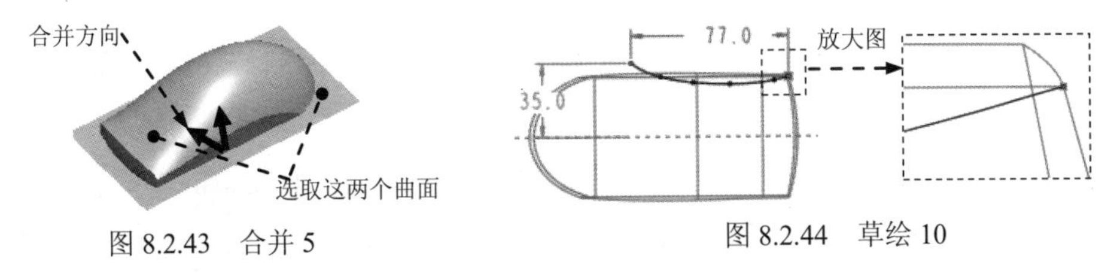

图 8.2.43　合并 5　　图 8.2.44　草绘 10

Step35. 创建图 8.2.45 所示的扫描特征——曲面（标识 338）。

（1）选择下拉菜单 插入(I) → 扫描(S) → 曲面(S)... 命令，系统弹出"曲面：扫描"对话框。

（2）定义扫描轨迹。在 SWEEP TRAJ（扫描轨迹）菜单中选择 Select Traj（选取轨迹）命令，在绘图区选取图 8.2.44 所示的草绘 10；单击"选取"对话框中的 确定 按钮，定义扫描轨迹的起始方向如图 8.2.46 所示；在菜单管理器中选择 Done（完成） → Open Ends（开放端） →

Done (完成) 命令。

（3）系统进入截面草绘环境，绘制图 8.2.47 所示的截面草图，完成后单击✓按钮。

（4）单击“曲面：扫描”对话框中的 确定 按钮，完成曲面（标识 338）的创建。

图 8.2.45　曲面（标识 338）

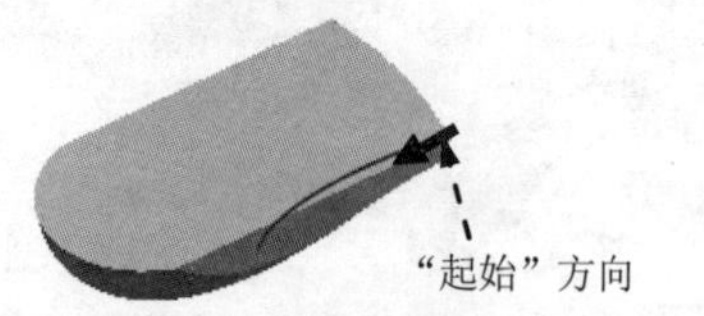

图 8.2.46　定义起始方向

Step36. 创建图 8.2.48 所示的镜像特征——镜像 2。选取图 8.2.48 所示的曲面特征为镜像对象；选择下拉菜单 编辑(E) → 镜像(I)... 命令，选取 ASM_RIGHT 基准平面为镜像中心平面。

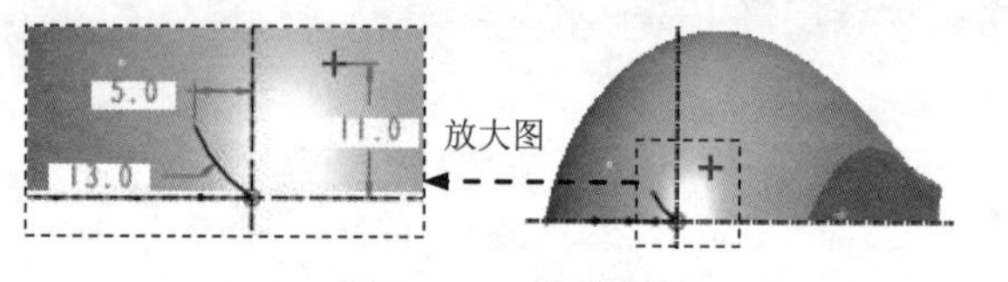

图 8.2.47　截面草图

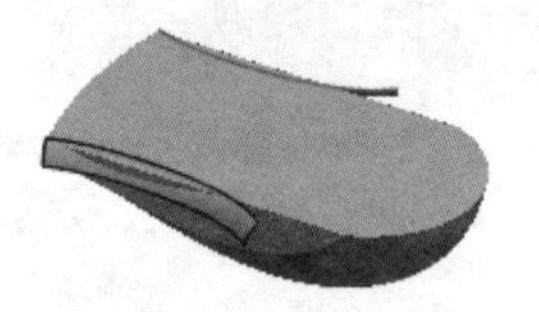

图 8.2.48　镜像 2

Step37.　创建图 8.2.49b 所示的曲面合并特征——合并 6。按住<Ctrl>键，在绘图区选取图 8.2.49a 所示的面为合并对象；选择下拉菜单 编辑(E) → 合并(G)... 命令，定义合并方向如图 8.2.49a 所示。

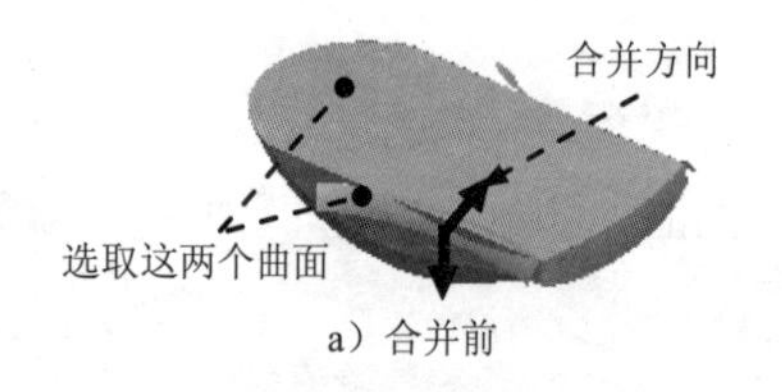

a）合并前

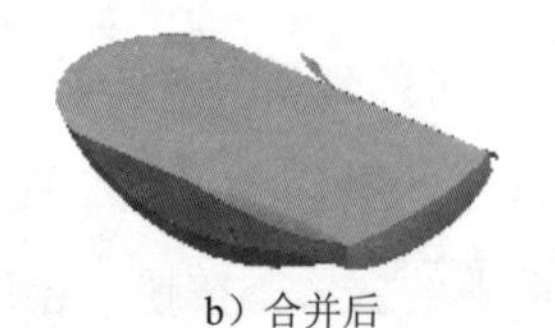

b）合并后

图 8.2.49　合并 6

Step38.　创建图 8.2.50 所示的曲面合并特征——合并 7。参照 Step37 的操作，完成另一侧的创建，结果如图 8.2.50 所示。

Step39. 创建图 8.2.51 所示的草绘特征——草绘 11。单击工具栏中的“草绘”按钮，选取 DTM4 基准平面为草绘平面，选取 ASM_RIGHT 基准平面为参照平面，方向为 顶；单击此对话框中的 草绘 按钮，绘制图 8.2.51 所示的草图。

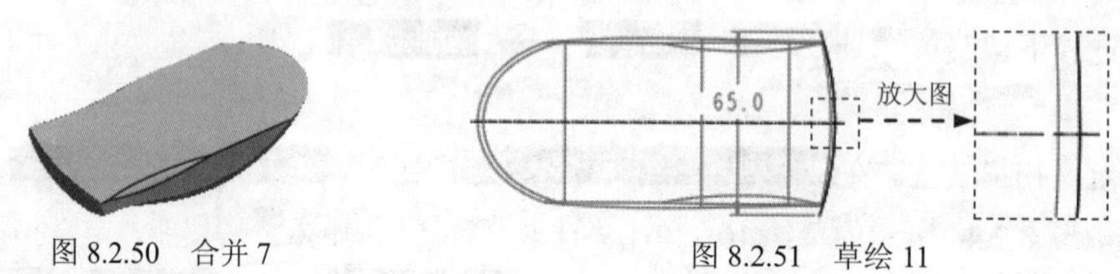

图 8.2.50　合并 7　　　　图 8.2.51　草绘 11

Step40. 创建图 8.2.52 所示的扫描特征——曲面（标识 404）。

（1）选择下拉菜单 插入(I) → 扫描(S) ▸ → 曲面(S)... 命令，系统弹出“曲面：扫描”对话框。

（2）定义扫描轨迹。在 ▼ SWEEP TRAJ（扫描轨迹）菜单中选择 Select Traj（选取轨迹）命令，在绘图区选取图 8.2.44 所示的草绘 10，单击“选取”对话框中的 确定 按钮，定义扫描轨迹的起始方向如图 8.2.53 所示；在菜单管理器中选择 Done（完成）→ Open Ends（开放端）→ Done（完成）命令。

图 8.2.52　曲面（标识 404）

图 8.2.53　定义起始方向

（3）系统进入截面草绘环境，绘制图 8.2.54 所示的截面草图，完成后单击 ✓ 按钮。

（4）单击“曲面：扫描”对话框中的 确定 按钮，完成曲面（标识 404）的创建。

Step41. 创建图 8.2.55 所示的曲面合并特征——合并 8。按住<Ctrl>键，在绘图区选取图 8.2.55 所示的面为合并对象；选择下拉菜单 编辑(E) → 合并(G)... 命令，定义合并方向如图 8.2.55 所示；单击“完成”按钮 ✓，完成合并 8 的创建。

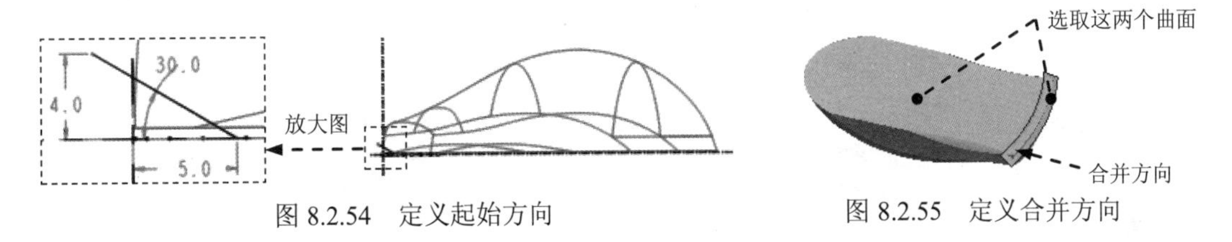

图 8.2.54　定义起始方向　　图 8.2.55　定义合并方向

Step42. 创建图 8.2.56b 所示的倒圆角特征——倒圆角 1。选择下拉菜单 插入(I) → 倒圆角(O)... 命令；选取图 8.2.56a 所示的边链为圆角放置参照，圆角半径值为 2.0。

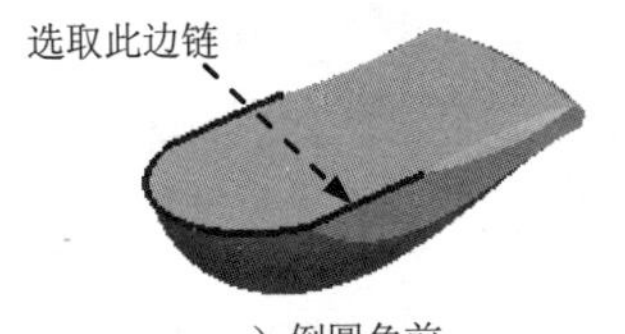

a）倒圆角前

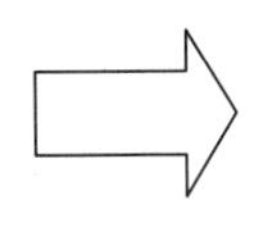

b）倒圆角后

图 8.2.56　倒圆角 1

Step43. 创建图 8.2.57b 所示的倒圆角特征——倒圆角 2。选择下拉菜单 插入(I) → 倒圆角(O)... 命令；选取图 8.2.57a 所示的边线为圆角放置参照，圆角半径值为 4.0。

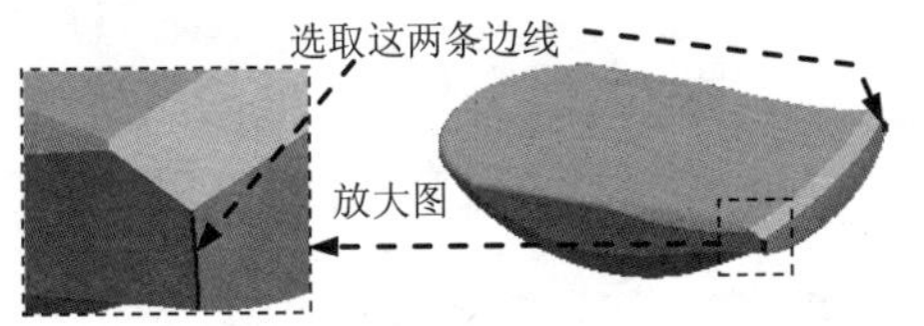

a）倒圆角前

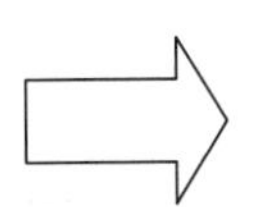

b）倒圆角后

图 8.2.57　倒圆角 2

Step44. 创建图 8.2.58b 所示的倒圆角特征——倒圆角 3。选择下拉菜单 插入(I) → 倒圆角(O)... 命令；选取图 8.2.58a 所示的边线为圆角放置参照，圆角半径值为 5.0。

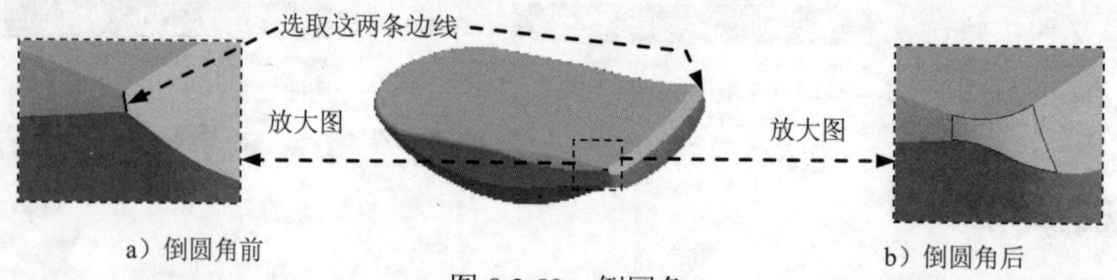

图 8.2.58　倒圆角 3

Step45. 创建图 8.2.59b 所示的倒圆角特征——倒圆角 4。选择下拉菜单 插入(I) → 倒圆角(O)... 命令；选取图 8.2.59a 所示的边链为圆角放置参照，圆角半径值为 1.0。

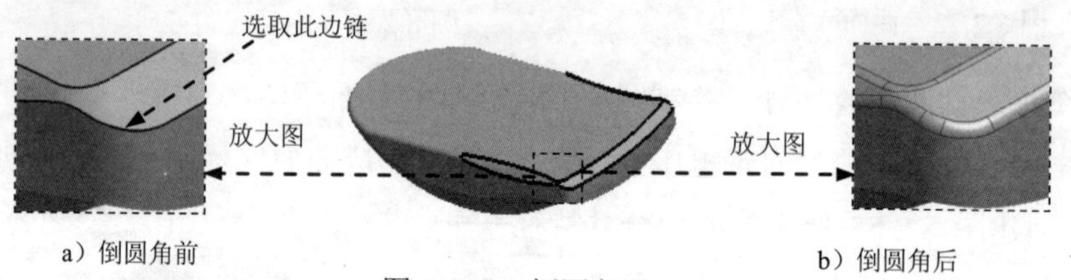

图 8.2.59　倒圆角 4

Step46. 创建图 8.2.60b 所示的倒圆角特征——倒圆角 5。选择下拉菜单 插入(I) → 倒圆角(O)... 命令；选取图 8.2.60a 所示的边链为圆角放置参照，圆角半径值为 3.5。

图 8.2.60　倒圆角 5

Step47. 创建实体化特征——实体化 1。在绘图区选取整个模型表面，选择下拉菜单 编辑(E) → 实体化(Y)... 命令；单击操控板中的“完成”按钮，完成实体化 1 的创建。

Step48. 创建图 8.2.61 所示的拉伸特征——拉伸 3。（注：本步的详细操作过程请参见随书光盘中 video\ch08\ch08.02\reference\文件夹下的语音视频讲解文件 FIRST-r01.exe）。

Step49. 创建图 8.2.62 所示的草绘特征——草绘 12。单击工具栏中的“草绘”按钮，选取 ASM_TOP 基准平面为草绘平面，选取 ASM_FRONT 基准平面为参照平面，方向为 左；单击此对话框中的 草绘 按钮，绘制图 8.2.62 所示的草图。

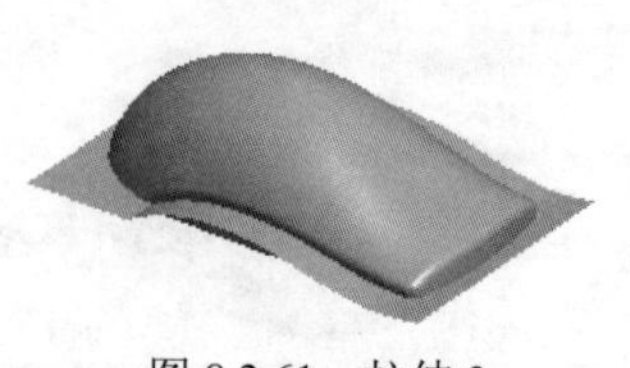

图 8.2.61　拉伸 3

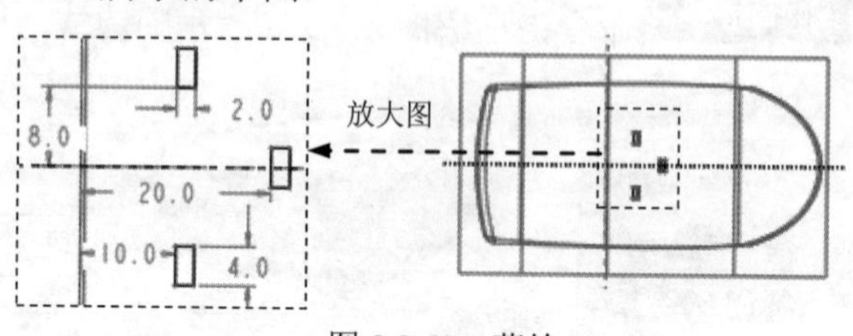

图 8.2.62　草绘 12

Step50. 创建图 8.2.63 所示的草绘特征——草绘 13。单击工具栏中的“草绘”按钮，选取 ASM_TOP 基准平面为草绘平面，选取 ASM_FRONT 基准平面为参照平面，方向为左；单击此对话框中的草绘按钮，绘制图 8.2.63 所示的草图。

Step51. 创建图 8.2.64 所示的基准点——PNT3。单击工具栏中的“点”按钮，按住<Ctrl>键，选取 DTM3 基准平面、ASM_TOP 基准平面和 ASM_RIGHT 基准平面为基准点参照。

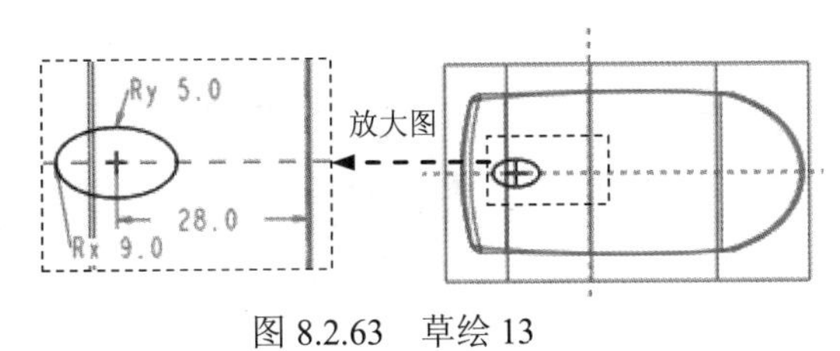

图 8.2.63 草绘 13

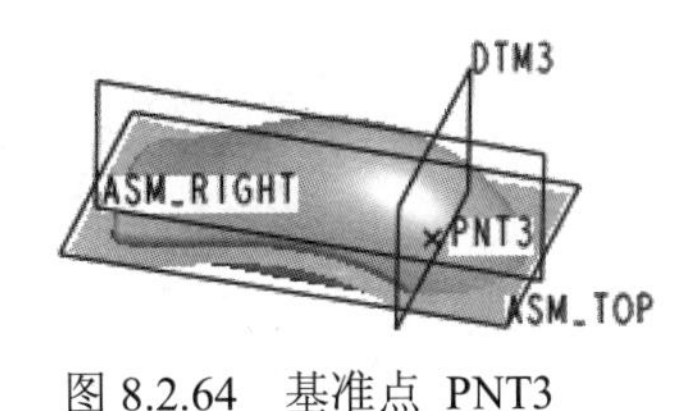

图 8.2.64 基准点 PNT3

Step52. 保存模型文件。

8.3 二 级 控 件

下面讲解二级控件（SECOND.PRT）的创建过程。零件模型及模型树如图 8.3.1 所示。

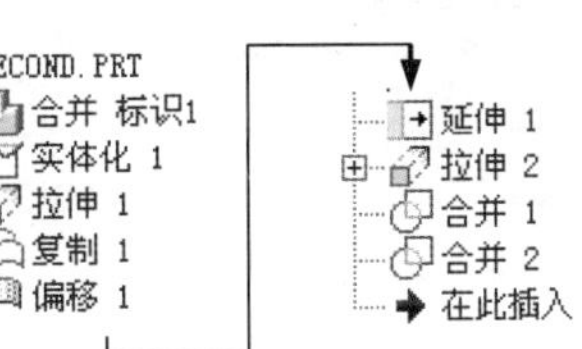

图 8.3.1 模型及模型树

Step1. 在装配体中创建二级控件 SECOND.PRT。选择下拉菜单 插入(I) → 元件(C) → 创建(C)... 命令；在系统弹出的“元件创建”对话框中选中 类型 选项组中的 零件 单选项；选中 子类型 选项组中的 实体 单选项；在 名称 文本框中输入文件名 SECOND，单击 确定 按钮；在系统弹出的“创建选项”对话框中选中 空 单选项，单击 确定 按钮。

Step2. 激活二级控件模型。

（1）在模型树中单击 SECOND.PRT，然后右击，在弹出的快捷菜单中选择 激活 命令。

（2）选择下拉菜单 插入(I) → 共享数据(D) → 合并/继承(M)... 命令，系统弹出“复制几何”操控板，在该操控板中进行下列操作：

① 在操控板中，先确认“将参照类型设置为组件上下文”按钮被按下。

② 复制几何。在操控板中单击 参照 按钮，系统弹出“参照”界面；选中 复制基准 复选框，然后在绘图区选取骨架模型；单击“完成”按钮。

Step3. 在模型树中选择 SECOND.PRT，然后右击，在系统弹出的快捷菜单中选择 打开 命令。

Step4. 隐藏草图及曲线。在模型树区域选取下拉列表中的层树(L)选项，在系统弹出的层区域中右击 CURVE，在弹出的快捷菜单中选取隐藏选项，此时完成骨架模型中的所有曲线及草图。

Step5. 创建图 8.3.2b 所示的实体化特征——实体化 1。选取图 8.3.2a 所示的曲面，选择下拉菜单编辑(E) ➡ 实体化(Y)...命令；在操控板中单击“去除材料”按钮，定义实体化方向如图 8.3.2a 所示。

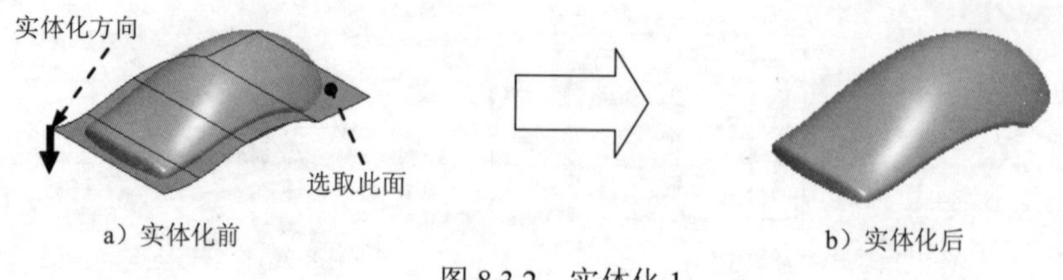

图 8.3.2　实体化 1

Step6. 创建图 8.3.3 所示的拉伸特征——拉伸 1。选择下拉菜单插入(I) ➡ 拉伸(E)...命令，在操控板中应确认“曲面”按钮被按下；选取 ASM_TOP 基准平面为草绘平面，选取 ASM_FRONT 基准平面为参照平面，方向为左；单击对话框中的草绘按钮，绘制图 8.3.4 所示的截面草图；在操控板中选取深度类型为，输入深度值 40.0。

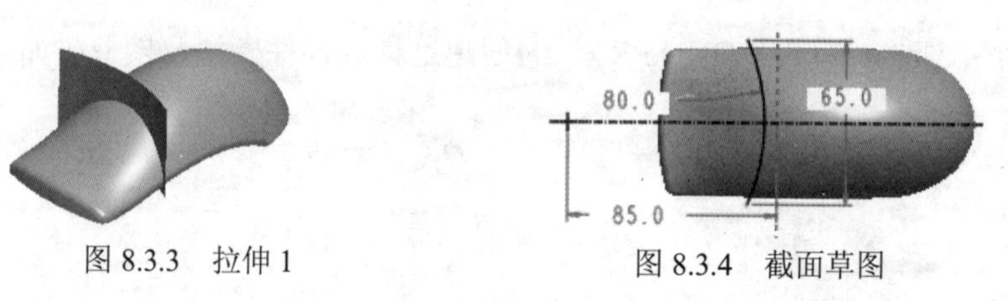

图 8.3.3　拉伸 1　　　　图 8.3.4　截面草图

Step7. 创建复制特征——复制 1。按住<Ctrl>键，在绘图区选取图 8.3.5 所示的两个面，选择下拉菜单编辑(E) ➡ 复制(C)命令；选择下拉菜单编辑(E) ➡ 粘贴(P)命令，系统弹出操控板；单击操控板中的“完成”按钮，完成复制 1 的创建。

说明：在选取图 8.3.5 所示的面时，单击屏幕下部的“智能”选取栏中的按钮，选择“几何”选项，这样将能很容易地选取到模型上的几何目标（如模型的表面、边线和顶点等）。

Step8. 创建偏距特征——偏移 1。在绘图区选取图 8.3.6 所示的面，选择下拉菜单编辑(E) ➡ 偏移(O)...命令；在操控板中输入偏移值 1.5，并单击按钮（向模型内部偏移）。

图 8.3.5　定义复制面　　　　图 8.3.6　定义偏距面

Step9. 创建图 8.3.7 所示曲面延伸特征——延伸 1。在绘图区选取图 8.3.8 所示的边线，

选择下拉菜单 编辑(E) → 延伸(X)... 命令；在操控板中单击 参照 按钮，在系统弹出的界面中单击 细节... 按钮，系统弹出“链”对话框。按住<Ctrl>键，在绘图区依次选取图 8.3.8 所示的边线为延伸边线，并单击此对话框中的 确定 按钮；在操控板中单击 选项 按钮，在“方法“下拉列表中选择 相同 选项，在 拉伸第一侧 下拉列表中选择 沿着 选项，在 拉伸第二侧 下拉列表中选择 垂直于 选项，并输入距离值 5.0。

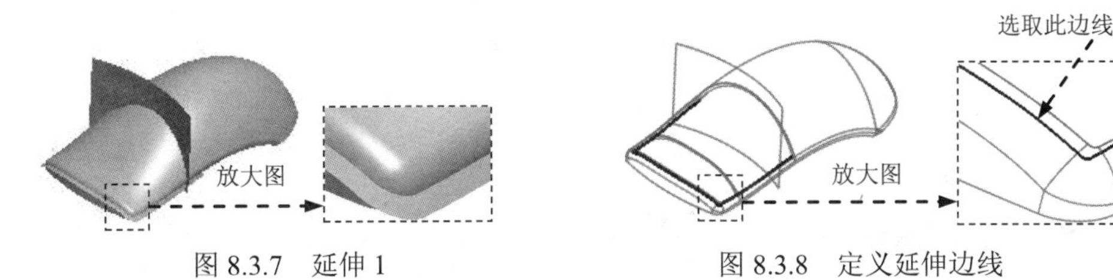

图 8.3.7　延伸 1　　　图 8.3.8　定义延伸边线

Step10. 创建图 8.3.9 所示的拉伸特征——拉伸 2。选择下拉菜单 插入(I) → 拉伸(E)... 命令，在操控板中应确认“曲面”按钮被按下；选取 ASM_TOP 基准平面为草绘平面，选取 ASM_FRONT 基准平面为参照平面，方向为 左；单击对话框中的 草绘 按钮，绘制图 8.3.10 所示的截面草图（大致如图所示即可）；在操控板中选取深度类型为，输入深度值 35.0。

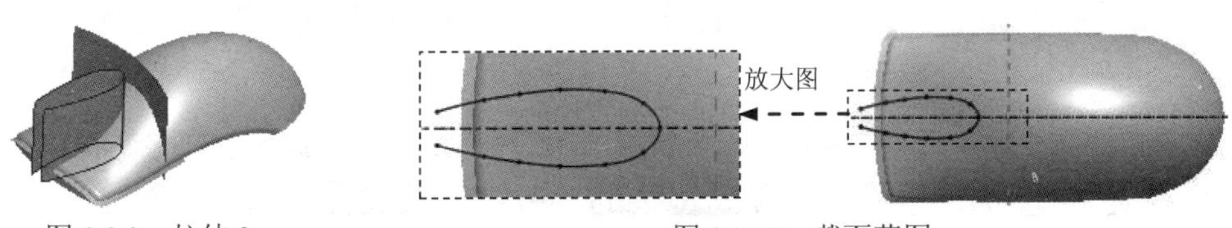

图 8.3.9　拉伸 2　　　图 8.3.10　截面草图

Step11. 创建曲面合并特征——合并 1。按住<Ctrl>键，在模型树中选取延伸 1 和拉伸 2 为合并对象；选择下拉菜单 编辑(E) → 合并(G)... 命令，定义合并方向如图 8.3.11 所示。

Step12. 创建曲面合并特征——合并 2。按住<Ctrl>键，在模型树中选取合并 1 和拉伸 1 为合并对象；选择下拉菜单 编辑(E) → 合并(G)... 命令，定义合并方向如图 8.3.12 所示。

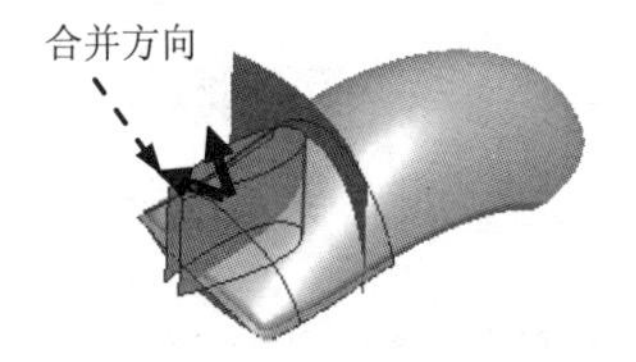

图 8.3.11　定义合并方向

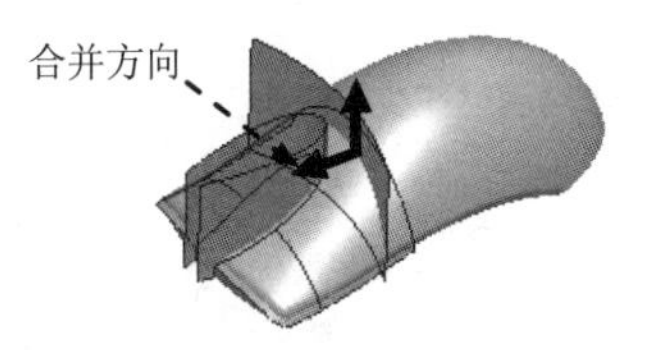

图 8.3.12　定义合并方向

Step13. 保存模型文件。

8.4 下 盖

下面讲解下盖（DOWN_COVER.PRT）的创建过程，零件模型及模型树如图 8.4.1 所示。

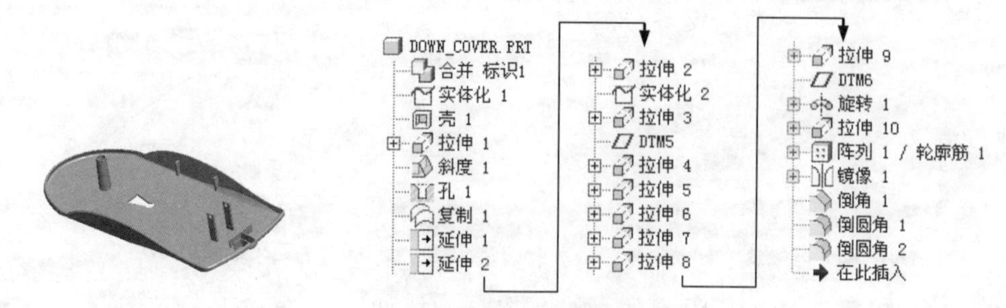

图 8.4.1 零件模型及模型树

Step1. 在装配体中创建下盖（DOWN_COVER.PRT）。

（1）选择下拉菜单 插入(I) → 元件(C) → 创建(C)... 命令。

（2）在系统弹出的“元件创建”对话框中选中 类型 选项组中的 零件 单选项；选中 子类型 选项组中的 实体 单选项；在 名称 文本框中输入文件名 DOWN_COVER，单击 确定 按钮。

（3）在系统弹出的“创建选项”对话框中选中 空 单选项，单击 确定 按钮。

Step2. 激活下盖模型。

（1）在模型树中单击 DOWN_COVER.PRT，然后右击，在系统弹出的快捷菜单中选择 激活 命令。

（2）选择下拉菜单 插入(I) → 共享数据(D) → 合并/继承(M)... 命令，系统弹出“复制几何”操控板，在该操控板中进行下列操作：

① 在操控板中，先确认“将参照类型设置为组件上下文”按钮被按下。

② 复制几何。在操控板中单击 参照 按钮，系统弹出“参照”界面；选中 复制基准 复选框，然后在模型树中选取 FIRST.PRT 为参照模型；单击“完成”按钮。

Step3. 在模型树中选择 DOWN_COVER.PRT，然后右击，在系统弹出的快捷菜单中选择 打开 命令。

Step4. 隐藏草图及曲线。在模型树区域选取下拉列表中的 层树(L) 选项，在系统弹出的层区域中右击 CURVE，在快捷菜单中选取 隐藏 选项，此时完成骨架模型中的所有曲线及草图。

Step5. 创建图 8.4.2b 所示的实体化特征——实体化 1。选取图 8.4.2a 所示的曲面，选择下拉菜单 编辑(E) → 实体化(Y)... 命令；在操控板中单击“去除材料”按钮，定义实体化方向如图 8.4.2a 所示，。

Step6. 创建图 8.4.3b 所示的抽壳特征——壳 1。选择下拉菜单 插入(I) → 壳(L)... 命令；在绘图区选取图 8.4.3a 所示的面为移除面，输入厚度值 1.0。

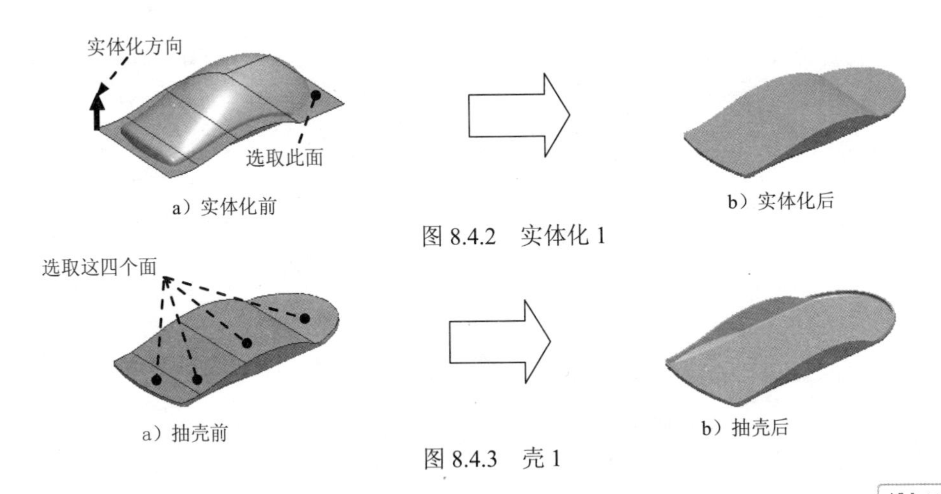

图 8.4.2　实体化 1

图 8.4.3　壳 1

Step7. 创建图 8.4.4 所示的拉伸特征——拉伸 1。选择下拉菜单 插入(I) → 拉伸(E)... 命令；选取 ASM_TOP 基准平面为草绘平面，选取 ASM_FRONT 基准平面为参照平面，方向为 左；单击对话框中的 草绘 按钮，绘制图 8.4.5 所示的截面草图；在操控板中单击 选项 按钮，系统弹出“深度”界面；在其界面的 第1侧 下拉列表中选择深度类型为 盲孔 选项，在其后的文本框中输入深度值 12.0，在“深度”界面 第2侧 后的下拉列表中选取 到下一个 选项。

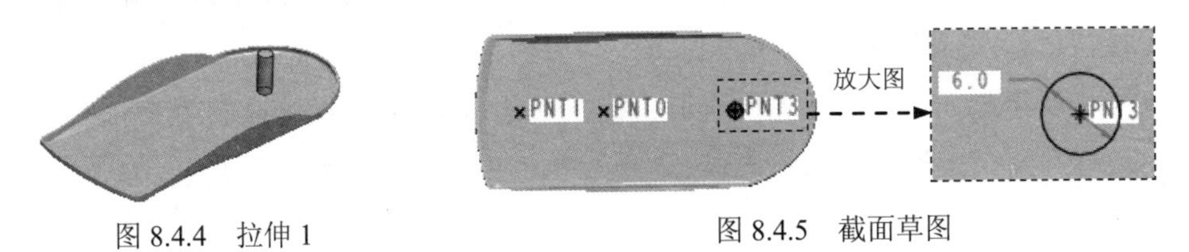

图 8.4.4　拉伸 1　　图 8.4.5　截面草图

Step8. 创建图 8.4.6b 所示的拔模特征——斜度 1。选择下拉菜单 插入(I) → 斜度(F)... 命令；按住<Ctrl>键，选取图 8.4.6a 所示的圆柱体的侧面为要拔模的面；选取图 8.4.5 所示的面为拔模枢轴平面，在操控板中输入拔模角度值 2.0。

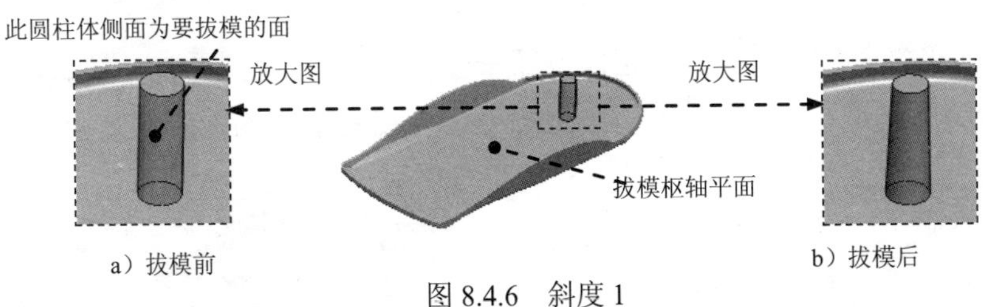

图 8.4.6　斜度 1

Step9. 创建图 8.4.7 所示的孔特征——孔 1。选择下拉菜单 插入(I) → 孔(H)... 命令；采用系统默认的孔类型，按住<Ctrl>键，选取图 8.4.8 所示的面及此面所在的圆柱体的轴线 A_2 为孔的放置参照；在操控板中单击按钮，单击“沉孔”按钮，在操控板中单击 形状 按钮，按图 8.4.9 所示的“形状”界面中的参数设置来定义孔的形状。

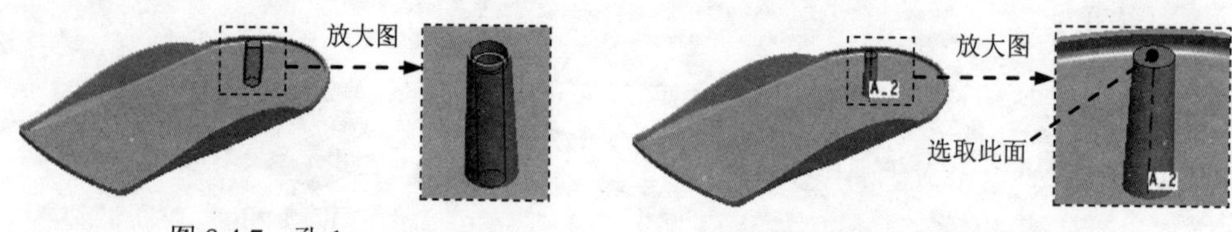

图 8.4.7　孔 1　　图 8.4.8　定义孔放置参照

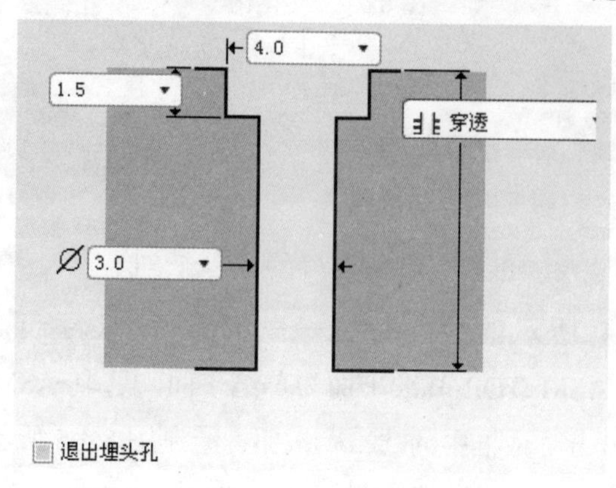

图 8.4.9　孔参数设置

Step10. 创建复制特征——复制 1。在绘图区选取图 8.4.10 所示的面，选择下拉菜单 编辑(E) → 复制(C) 命令；选择下拉菜单 编辑(E) → 粘贴(P) 命令，单击操控板中的“完成”按钮✔，完成复制 1 的创建。

Step11. 创建图 8.4.11 所示曲面延伸特征——延伸 1。在绘图区选取图 8.4.12 所示的边线，选择下拉菜单 编辑(E) → 延伸(X)... 命令，在操控板中输入距离值 2.0。

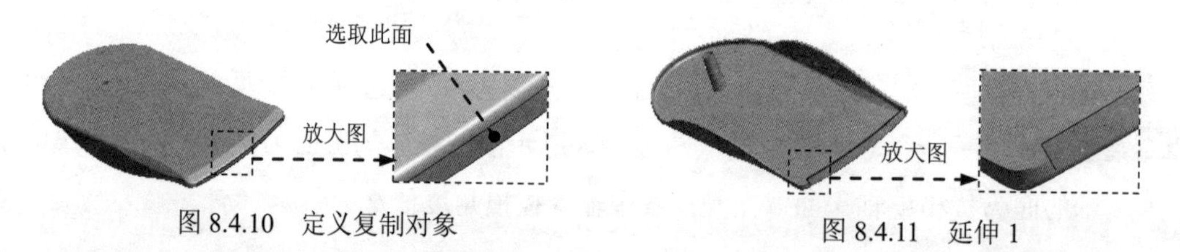

图 8.4.10　定义复制对象　　图 8.4.11　延伸 1

Step12. 创建图 8.4.13 所示曲面延伸特征——延伸 2。在绘图区选取图 8.4.14 所示的边线，选择下拉菜单 编辑(E) → 延伸(X)... 命令，在操控板中输入距离值 3.0。

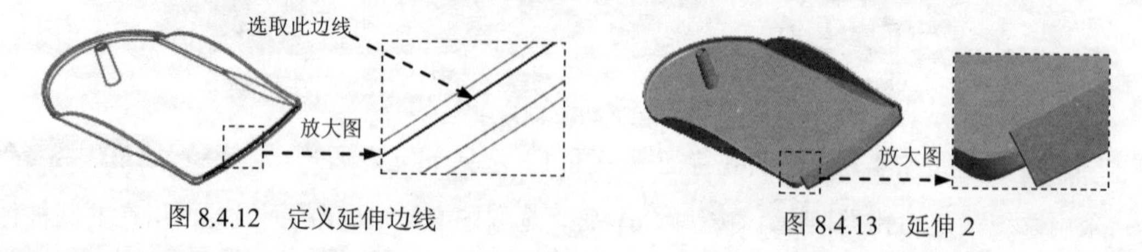

图 8.4.12　定义延伸边线　　图 8.4.13　延伸 2

Step13. 创建图 8.4.15 所示的拉伸特征——拉伸 2。选择下拉菜单 插入(I) → 拉伸(E)... 命令；选取 DTM1 基准平面为草绘平面，选取 ASM_RIGHT 基准平面为参照平面，方向为右；单击对话框中的草绘按钮，绘制图 8.4.16 所示的截面草图；在操控板中选取深度类型为。

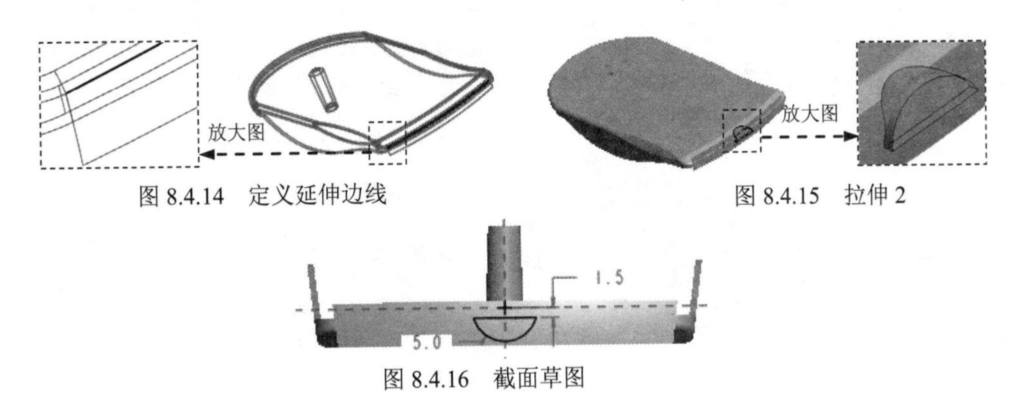

图 8.4.14　定义延伸边线

图 8.4.15　拉伸 2

图 8.4.16　截面草图

Step14. 创建图 8.4.17b 所示的实体化特征——实体化 1。选取图 8.4.17a 所示的曲面，选择下拉菜单 编辑(E) → 实体化(Y)... 命令；在操控板中单击“去除材料”按钮，定义实体化方向如图 8.4.17 所示。

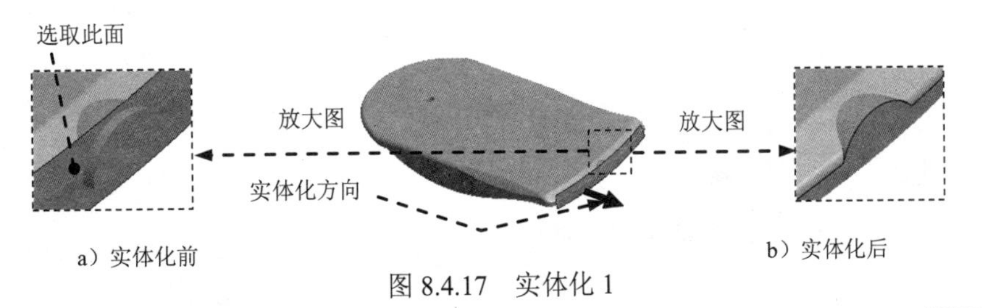

a）实体化前　　b）实体化后

图 8.4.17　实体化 1

Step15. 创建图 8.4.18 所示的拉伸特征——拉伸 3。选择下拉菜单 插入(I) → 拉伸(E)... 命令；选取 DTM1 基准平面为草绘平面，选取 ASM_RIGHT 基准平面为参照平面，方向为右；单击对话框中的草绘按钮，绘制图 8.4.19 所示的截面草图；在操控板中选取深度类型为，输入深度值 10.0，并单击“去除材料”按钮。

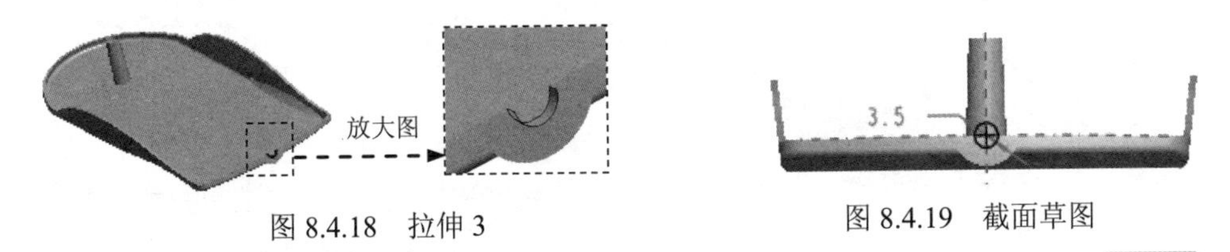

图 8.4.18　拉伸 3

图 8.4.19　截面草图

Step16. 创建图 8.4.20 所示的基准平面——DTM5。选择下拉菜单 插入(I) → 模型基准(D) → 平面(L)... 命令；选取 DTM4 基准平面为参照，定义约束类型为偏移，输入偏移距离值 5.5。

Step17. 创建图 8.4.21 所示的拉伸特征——拉伸 4。选择下拉菜单 插入(I) → 拉伸(E)... 命令；选取 DTM5 基准平面为草绘平面，选取 ASM_RIGHT 基准平面为参照平面，方向为顶；单击对话框中的草绘按钮，绘制图 8.4.22 所示的截面草图；在操控板中选取深度类型为，按下“加厚草绘”按钮，输入值 0.5。

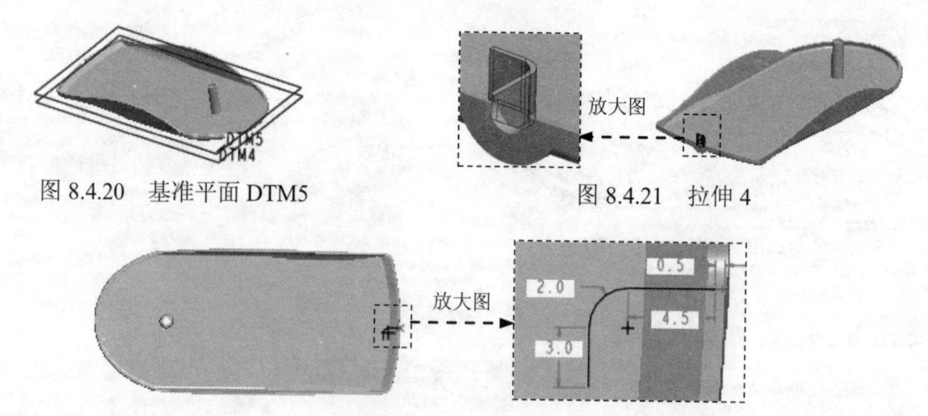

图 8.4.20　基准平面 DTM5

图 8.4.21　拉伸 4

图 8.4.22　截面草图

Step18. 创建图 8.4.23 所示的拉伸特征——拉伸 5。选择下拉菜单 插入(I) → 拉伸(E)... 命令；选取 DTM5 基准平面为草绘平面，选取 ASM_FRONT 基准平面为参照平面，方向为 右；单击对话框中的 草绘 按钮，绘制图 8.4.24 所示的截面草图；在操控板中选取深度类型为，按下“加厚草绘”按钮，输入值 0.5。

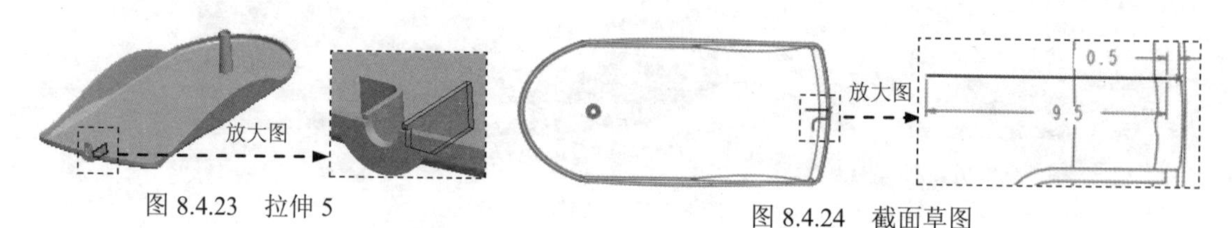

图 8.4.23　拉伸 5

图 8.4.24　截面草图

Step19. 创建图 8.4.25 所示的拉伸特征——拉伸 6。选择下拉菜单 插入(I) → 拉伸(E)... 命令；选取 DTM5 基准平面为草绘平面，选取 ASM_FRONT 基准平面为参照平面，方向为 右；单击对话框中的 草绘 按钮，绘制图 8.4.26 所示的截面草图；在操控板中选取深度类型为，按下“加厚草绘”按钮，输入值 0.5。

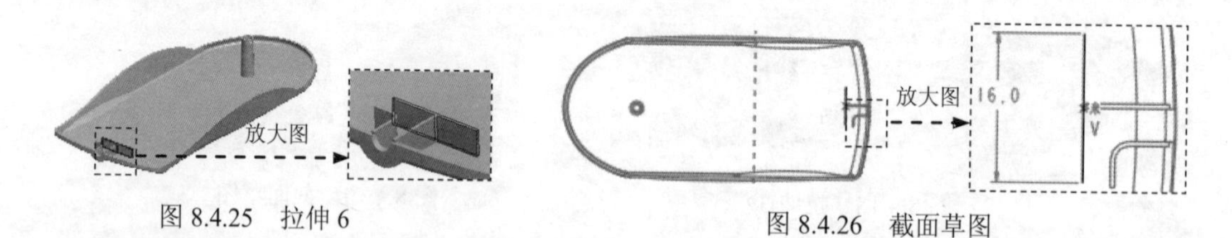

图 8.4.25　拉伸 6

图 8.4.26　截面草图

Step20. 创建图 8.4.27 所示的拉伸特征——拉伸 7。选择下拉菜单 插入(I) → 拉伸(E)... 命令；选取 ASM_RIGHT 基准平面为草绘平面，选取 DTM1 基准平面为参照平面，方向为 左；单击对话框中的 草绘 按钮，绘制图 8.4.28 所示的截面草图；在操控板中单击 选项 按钮，在系统弹出的 深度 界面中的 第1侧 下拉列表中选择 穿透 选项；在 第2侧 下拉列表中选择 穿透 选项，并单击“去除材料”按钮。

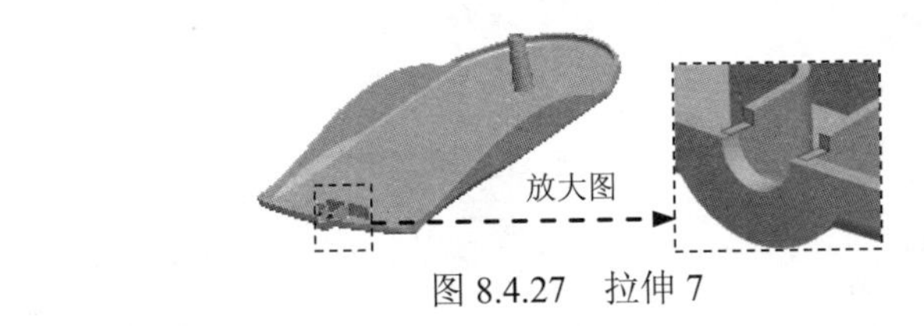

图 8.4.27　拉伸 7

图 8.4.28　截面草图

Step21. 创建图 8.4.29 所示的拉伸特征——拉伸 8。选择下拉菜单 插入(I) → 拉伸(E)... 命令；选取图 8.4.30 所示的面为草绘平面，选取 ASM_FRONT 基准平面为参照平面，方向为 左；单击对话框中的 草绘 按钮，绘制图 8.4.31 所示的截面草图；在操控板中选取深度类型为 ，输入值 15.0。

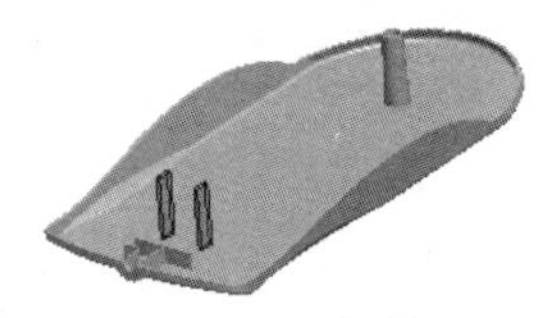

图 8.4.29　拉伸 8

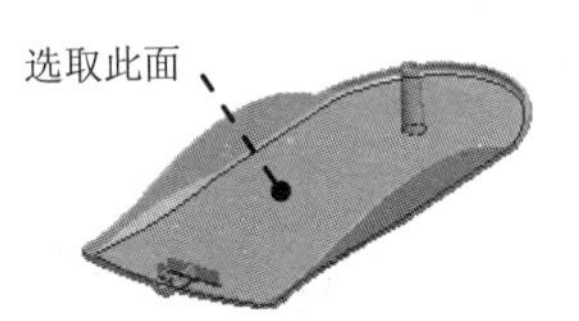

图 8.4.30　定义草绘平面

Step22. 创建图 8.4.32 所示的拉伸特征——拉伸 9。选择下拉菜单 插入(I) → 拉伸(E)... 命令；选取 ASM_RIGHT 基准平面为草绘平面，选取 ASM_FRONT 基准平面为参照平面，方向为 左；单击对话框中的 草绘 按钮，绘制图 8.4.33 所示的截面草图；在操控板中单击 选项 按钮，在系统弹出的 深度 界面的 第1侧 下拉列表中选择 穿透 选项；在 第2侧 下拉列表中选择 穿透 选项，并单击“去除材料”按钮 。

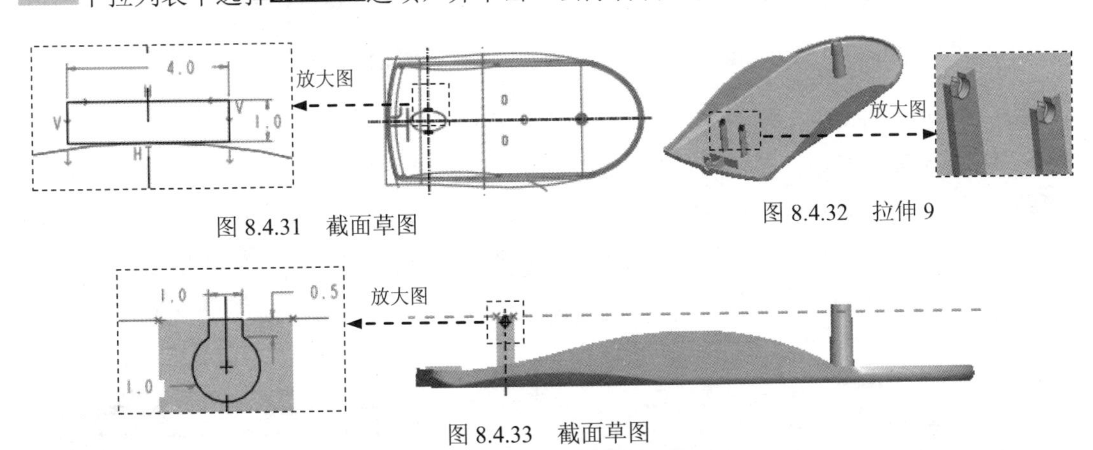

图 8.4.31　截面草图

图 8.4.32　拉伸 9

图 8.4.33　截面草图

Step23. 创建图 8.4.34 所示的基准平面——DTM6。选择下拉菜单 插入(I) → 模型基准(D) → 平面(L)... 命令；选取 ASM_FRONT 基准平面为参照，定义约束类型为偏移，输入偏移距离值-20.0。

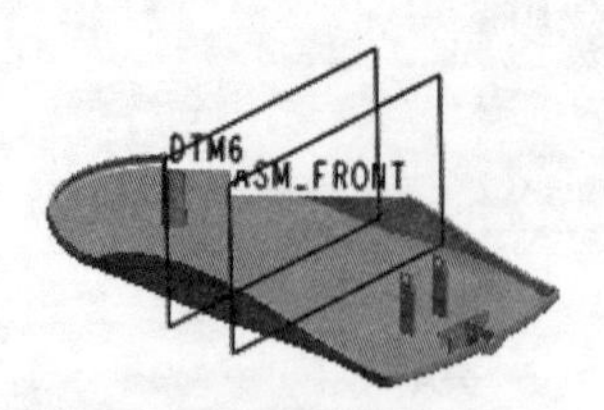

图 8.4.34 基准平面 DTM6

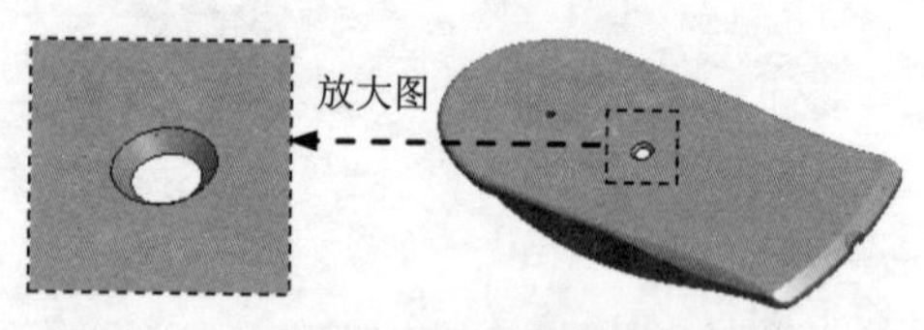

图 8.4.35 旋转 1

Step24. 创建图 8.4.35 所示的实体旋转特征——旋转 1。选择下拉菜单 插入(I) → 旋转(R)... 命令；选取 DTM6 基准平面为草绘平面，选取 ASM_TOP 基准平面为草绘参照，方向为 顶；绘制图 8.4.36 所示的旋转中心线和截面草图；在操控板中选取旋转类型（即“定值”），输入旋转角度值 360.0，并单击“去除材料”按钮。

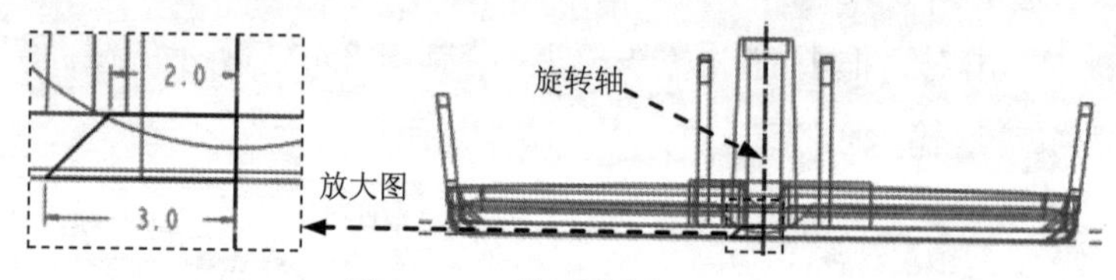

图 8.4.36 截面草图

Step25. 创建图 8.4.37 所示的拉伸特征——拉伸 10。选择下拉菜单 插入(I) → 拉伸(E)... 命令；选取图 8.4.38 所示的面为草绘平面，选取 ASM_RIGHT 基准平面为参照平面，方向为 顶；单击对话框中的 草绘 按钮，绘制图 8.4.39 所示的截面草图；在操控板中选取深度类型为，并单击“去除材料”按钮。

图 8.4.37 拉伸 10

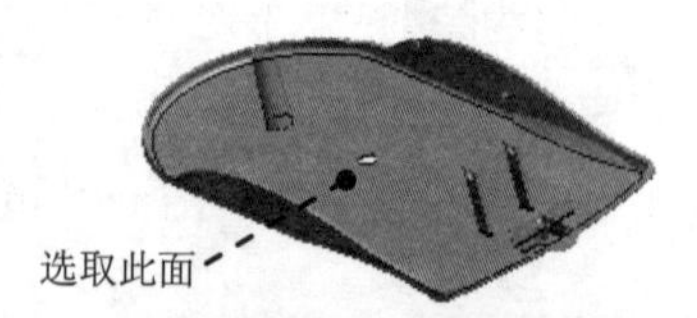

图 8.4.38 定义草绘平面

Step26. 创建图 8.4.40 所示的筋特征——轮廓筋 1。选择下拉菜单 插入(I) → 筋(I) → 轮廓筋(P)... 命令；单击操控板中的 参照 按钮，系统弹出草绘界面；单击此界面中的 定义... 按钮，系统弹出“草绘”对话框；选取 ASM_FRONT 基准平面为草绘平面，选取 ASM_RIGHT 基准平面为参照平面，方向为 右；单击对话框中的 草绘 按钮，绘制图 8.4.41 所示的截面草图；在文本框中输入值 1.0。

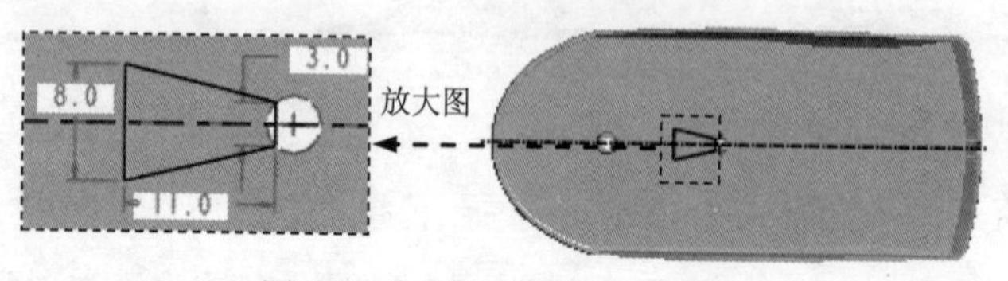

图 8.4.39 截面草图

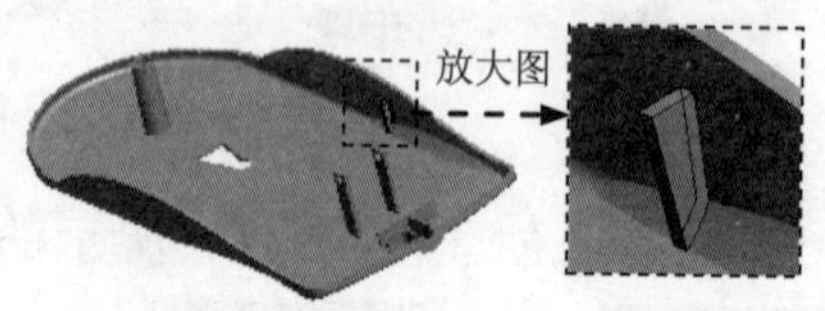

图 8.4.40 筋 1

Step27. 创建图 8.4.42 所示的阵列特征——阵列 1/筋 1。

（1）在模型树中选取筋 1，选择下拉菜单 编辑(E) ➡ 阵列(P)... 命令，系统弹出“阵列”操控板。

（2）选取阵列类型。在操控板的 选项 界面中选中 ⊙一般 单选项。

（3）选择阵列控制方式及参数。在操控板中单击 方向 按钮，在绘图区选取图 8.4.43 所示的边线，输入增量值 25.0，在操控板中输入阵列数目值 2，并按<Enter>键。

（4）单击 ✔ 按钮，完成阵列 1/筋 1 的创建。

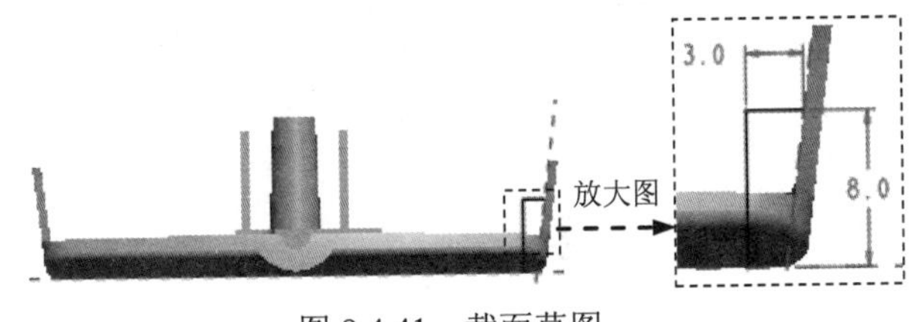

图 8.4.41　截面草图

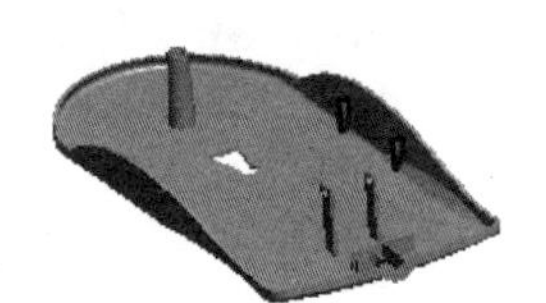
图 8.4.42　阵列 1/筋 1

Step28. 创建图 8.4.44 所示的镜像特征——镜像 1。在模型树中选取阵列 1/筋 1，选择下拉菜单 编辑(E) ➡ 镜像(I)... 命令，选取 ASM_RIGHT 基准平面为镜像中心平面。

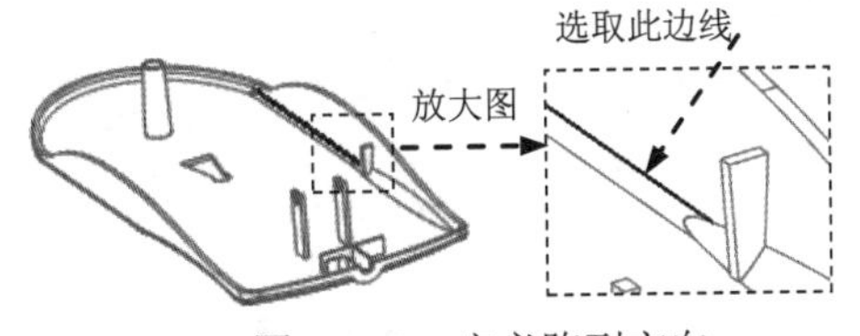

图 8.4.43　定义阵列方向

图 8.4.44　镜像 1

Step29. 创建图 8.4.45b 所示的倒角特征——倒角 1。选择下拉菜单 插入(I) ➡ 倒角(M) ➡ 边倒角(E)... 命令；选取图 8.4.45a 所示的边链为倒角参照，选取倒角方案为 D x D，输入 D 值 0.5。

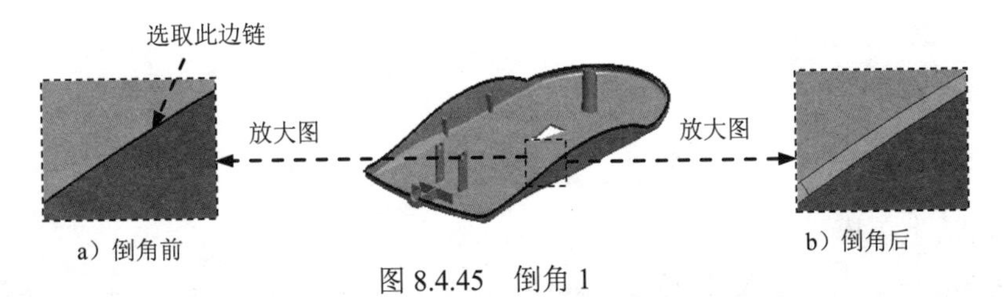

a）倒角前

b）倒角后

图 8.4.45　倒角 1

Step30. 创建图 8.4.46b 所示的倒圆角特征——倒圆角 1。选择下拉菜单 插入(I) ➡ 倒圆角(O)... 命令；选取图 8.4.46a 所示的边线为圆角放置参照，圆角半径值为 1.0。

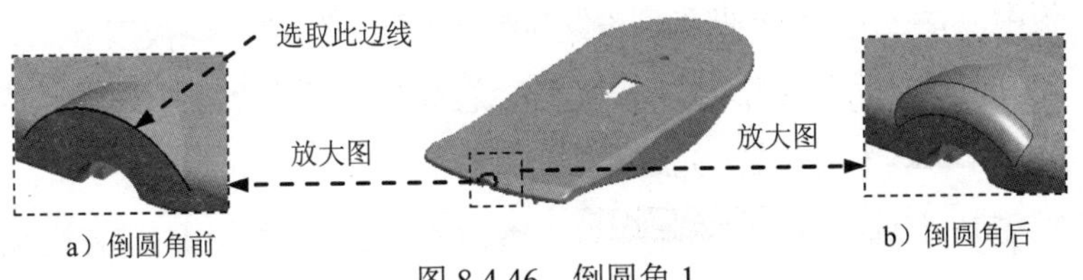

a）倒圆角前

b）倒圆角后

图 8.4.46　倒圆角 1

Step31. 创建图 8.4.47b 所示的倒圆角特征——倒圆角 2。选择下拉菜单 插入(I) → 倒圆角(O)... 命令；选取图 8.4.47a 所示的边链为圆角放置参照，圆角半径值为 1.0。

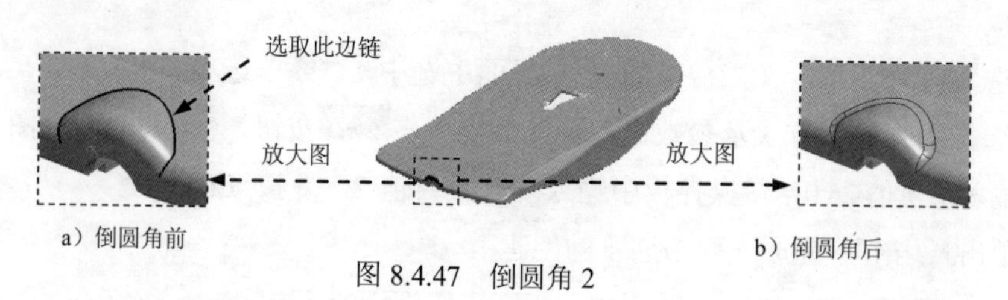

图 8.4.47　倒圆角 2

Step32. 保存模型文件。

8.5　上　盖

下面讲解上盖（TOP_COVER.PRT）的创建过程，零件模型及模型树如图 8.5.1 所示。

Step1. 在装配体中创建上盖（TOP_COVER.PRT）。选择下拉菜单 插入(I) → 元件(C) ▸ → 创建(C)... 命令；在系统弹出的"元件创建"对话框中选中 类型 选项组的 ◉ 零件 单选项；选中 子类型 选项组中的 ◉ 实体 单选项；在 名称 文本框中输入文件名 TOP_COVER，单击 确定 按钮；在系统弹出的"创建选项"对话框中选中 ◉ 空 单选项，单击 确定 按钮。

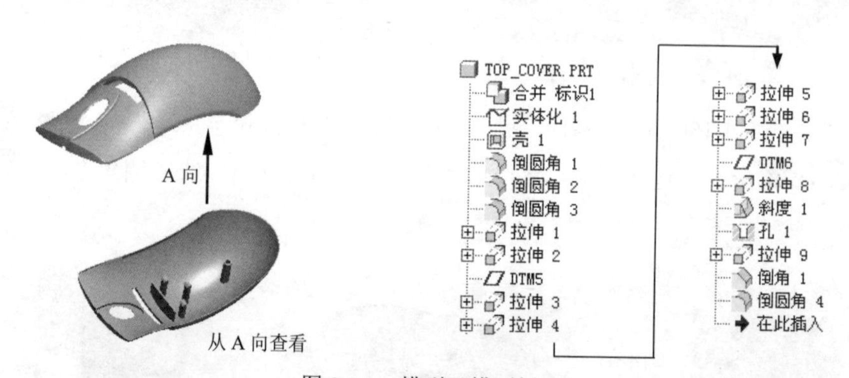

图 8.5.1　模型及模型树

Step2. 激活上盖模型。

（1）在模型树中单击 TOP_COVER.PRT，然后右击，在系统弹出的快捷菜单中选择 激活 命令。

（2）选择下拉菜单 插入(I) → 共享数据(D) ▸ → 合并/继承(M)... 命令，系统弹出"复制几何"操控板。在该操控板中进行下列操作：

① 在操控板中，先确认"将参照类型设置为组件上下文"按钮被按下。

② 复制几何。在操控板中单击 参照 按钮，系统弹出"参照"界面；选中 ☑ 复制基准 复选框，在模型树中选取 SECOND.PRT，单击"完成"按钮 ✔。

Step3. 在模型树中选择 TOP_COVER.PRT，然后右击，在系统弹出的快捷菜单中选择打开命令。

Step4. 隐藏草图及曲线。在模型树区域选取下拉列表中的层树(L)选项，在系统弹出的层区域中右击 CURVE ，在快捷菜单中选取隐藏选项，此时完成骨架模型中的所有曲线及草图的隐藏。

Step5. 创建图 8.5.2b 所示的实体化特征——实体化 1。在绘图区选取图 8.5.2a 所示的面组，选择下拉菜单编辑(E) → 实体化(Y)...命令；在操控板中按下“去除材料”按钮，并单击按钮调整去除材料的方向，使其方向如图 8.5.2a 所示。

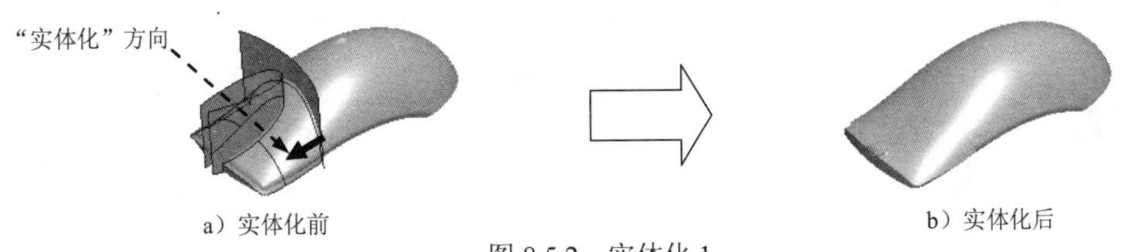

a）实体化前　　b）实体化后

图 8.5.2　实体化 1

Step6. 创建图 8.5.3b 所示的抽壳特征——壳 1。选择下拉菜单插入(I) → 壳(L)...命令；在绘图区选取图 8.5.3a 所示的面为移除面，输入厚度值 0.5。

a）抽壳前　　b）抽壳后

图 8.5.3　壳 1

Step7. 创建图 8.5.4b 所示的倒圆角特征——倒圆角 1。选择下拉菜单插入(I) → 倒圆角(O)...命令；选取图 8.5.4a 所示的边链为圆角放置参照，圆角半径值为 0.5。

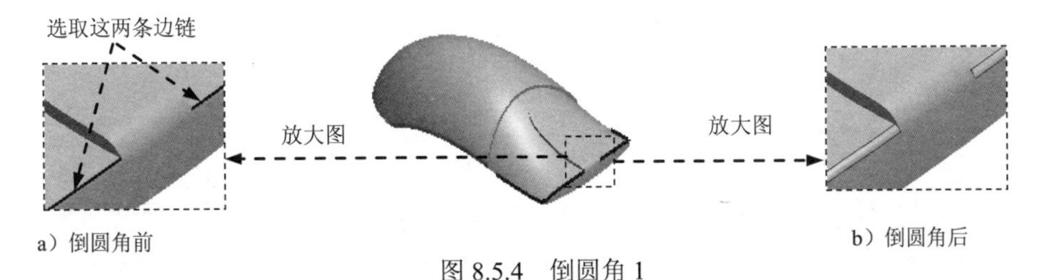

a）倒圆角前　　b）倒圆角后

图 8.5.4　倒圆角 1

Step8. 创建图 8.5.5b 所示的倒圆角特征——倒圆角 2。选择下拉菜单插入(I) → 倒圆角(O)...命令；选取图 8.5.5a 所示的边链为圆角放置参照，圆角半径值为 0.5。

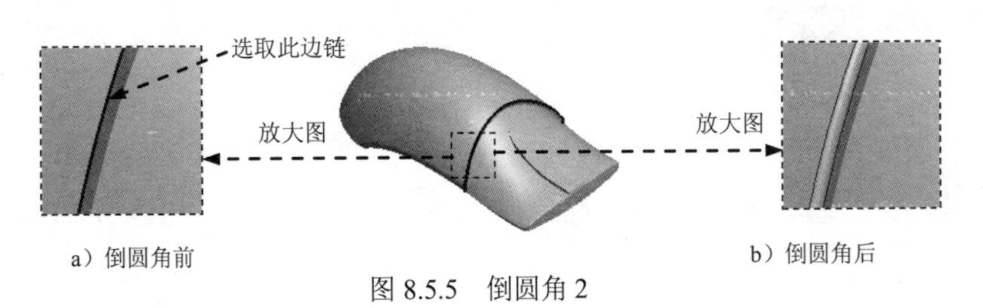

a）倒圆角前　　b）倒圆角后

图 8.5.5　倒圆角 2

Step9. 创建图 8.5.6b 所示的倒圆角特征——倒圆角 3。选择下拉菜单 插入(I) → 倒圆角(O)... 命令；选取图 8.5.6a 所示的边链为圆角放置参照，圆角半径值为 1.0。

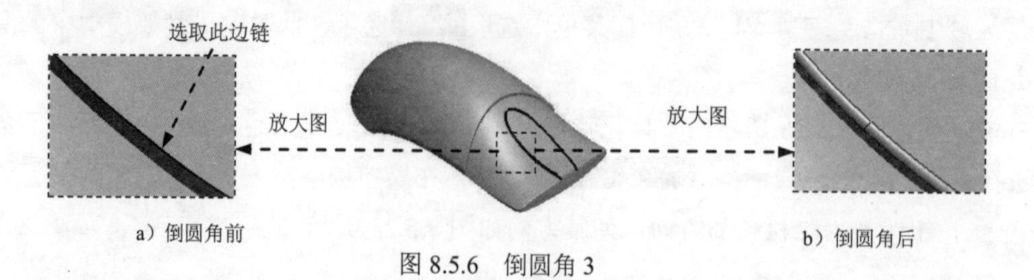

图 8.5.6　倒圆角 3

Step10. 创建图 8.5.7 所示的拉伸特征——拉伸 1。选择下拉菜单 插入(I) → 拉伸(E)... 命令；选取 ASM_TOP 基准平面为草绘平面，选取 ASM_FRONT 基准平面为参照平面，方向为 左；单击对话框中的 草绘 按钮，绘制图 8.5.8 所示的截面草图（用“使用边”命令）；在操控板中选取深度类型为，并单击“去除材料”按钮。

说明：为了保证设计零件的可装配性，图 8.5.8 所示的截面草图是基于二级控件中的草图而创建的，以下类似情况不再重述。

图 8.5.7　拉伸 1

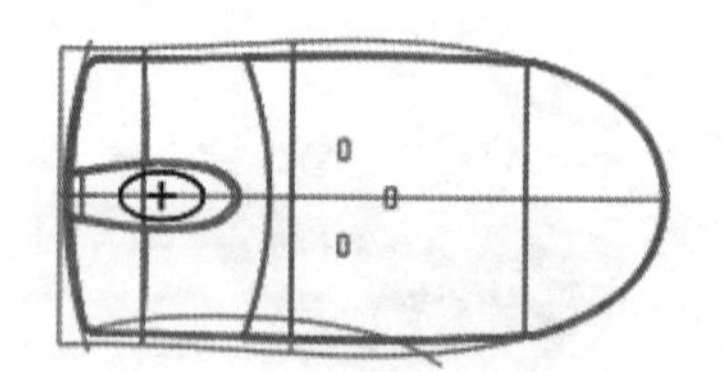

图 8.5.8　定义草绘平面

Step11. 创建图 8.5.9 所示的拉伸特征——拉伸 2。选择下拉菜单 插入(I) → 拉伸(E)... 命令；选取 ASM_TOP 基准平面为草绘平面，选取 ASM_FRONT 基准平面为参照平面，方向为 左；单击对话框中的 草绘 按钮，绘制图 8.5.10 所示的截面草图；在操控板中选取深度类型为，并单击“去除材料”按钮。

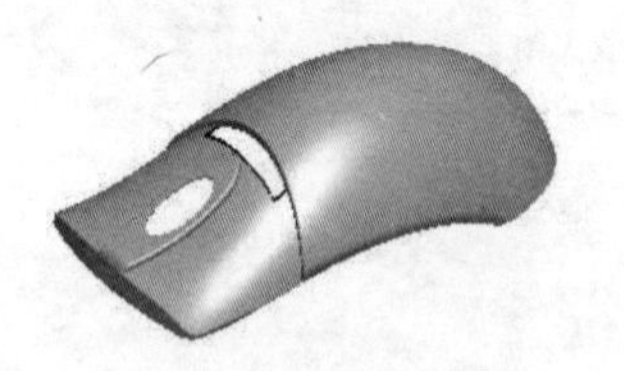

图 8.5.9　拉伸 2

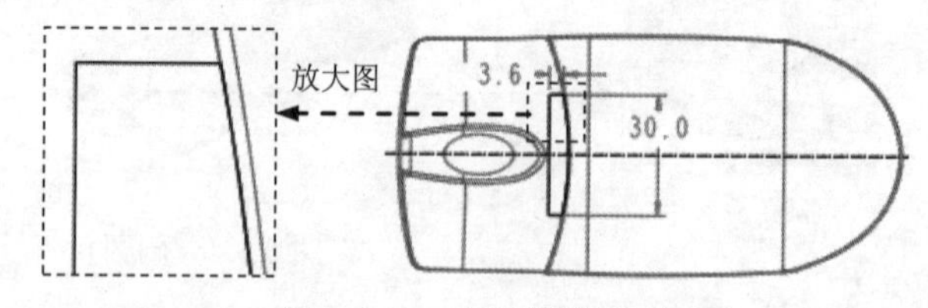

图 8.5.10　定义草绘平面

Step12. 创建图 8.5.11 所示的基准平面——DTM5。选择下拉菜单 插入(I) → 模型基准(D) → 平面(L)... 命令；选取 ASM_TOP 基准平面为参照，定义约束类型为 偏移，输入偏移距离值 17.0。

Step13. 创建图 8.5.12 所示的拉伸特征——拉伸 3。选择下拉菜单 插入(I) → 拉伸(E)... 命令；选取 DTM5 基准平面为草绘平面，选取 ASM_FRONT 基准平面为参照平面，方向为左；单击对话框中的草绘按钮，绘制图 8.5.13 所示的截面草图；在操控板中选取深度类型为⊥。

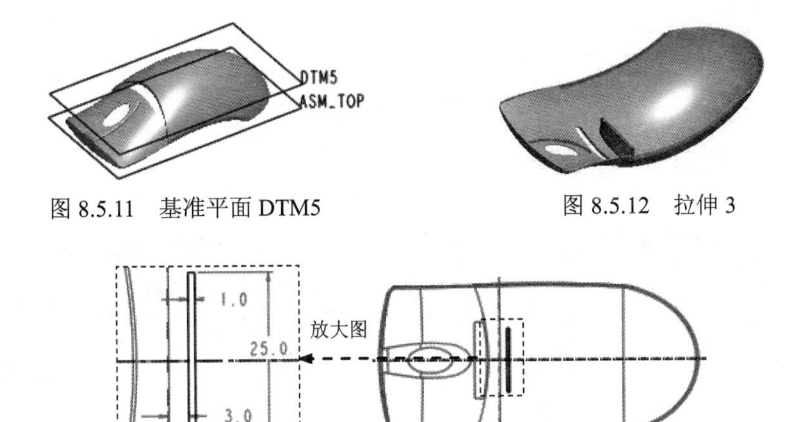

图 8.5.11　基准平面 DTM5

图 8.5.12　拉伸 3

图 8.5.13　截面草图

Step14. 创建图 8.5.14 所示的拉伸特征——拉伸 4。选择下拉菜单 插入(I) → 拉伸(E)... 命令；选取 DTM5 基准平面为草绘平面，选取 ASM_FRONT 基准平面为参照平面，方向为左；单击对话框中的草绘按钮，绘制图 8.5.15 所示的截面草图（用“使用边”□命令）；在操控板中选取深度类型为⊥。

图 8.5.14　拉伸 4

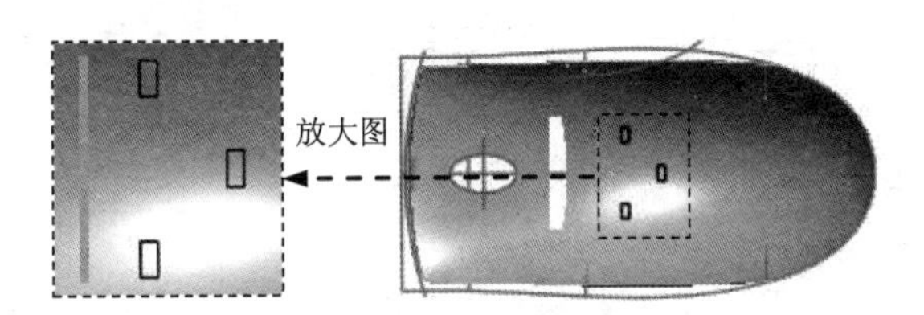

图 8.5.15　截面草图

Step15. 创建图 8.5.16 所示的拉伸特征——拉伸 5。选择下拉菜单 插入(I) → 拉伸(E)... 命令；选取图 8.5.17 所示的面为草绘平面，接受系统默认的参照平面，方向为顶；单击对话框中的草绘按钮，绘制图 8.5.18 所示的截面草图；在操控板中选取深度类型为⊥，输入深度值 4.0。

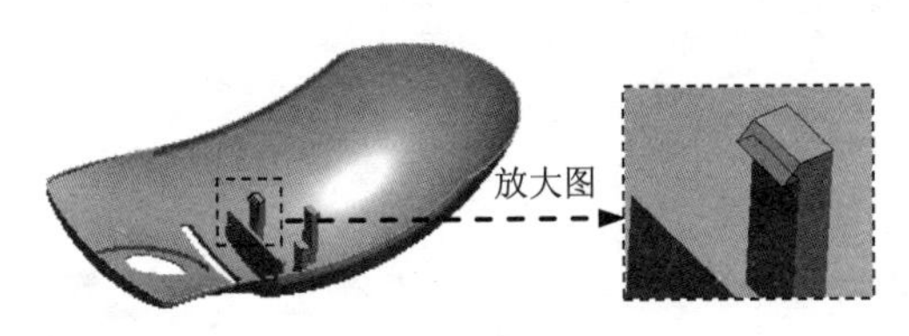

图 8.5.16　拉伸 5

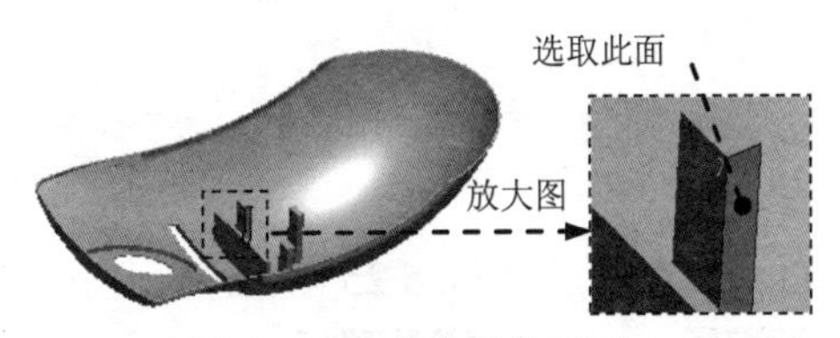

图 8.5.17　定义草绘平面

Step16. 创建图 8.5.19 所示的拉伸特征——拉伸 6。选择下拉菜单 插入(I) → 拉伸(E)... 命令；选取图 8.5.20 所示的面为草绘平面，接受系统默认的参照平面，方向为顶；单击对话框中的 草绘 按钮，绘制图 8.5.21 所示的截面草图；在操控板中选取深度类型为，输入深度值 4.0。

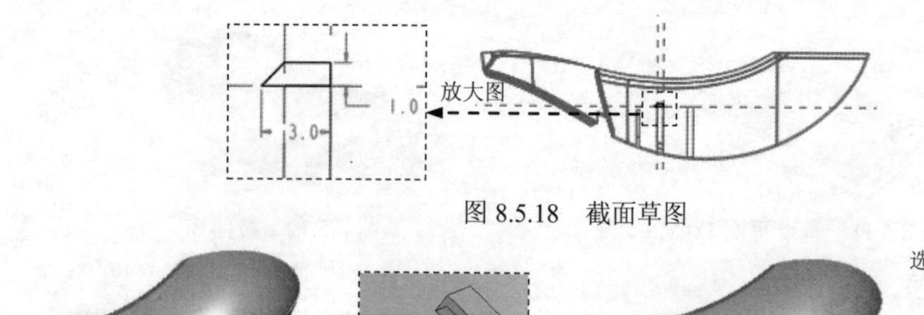

图 8.5.18　截面草图

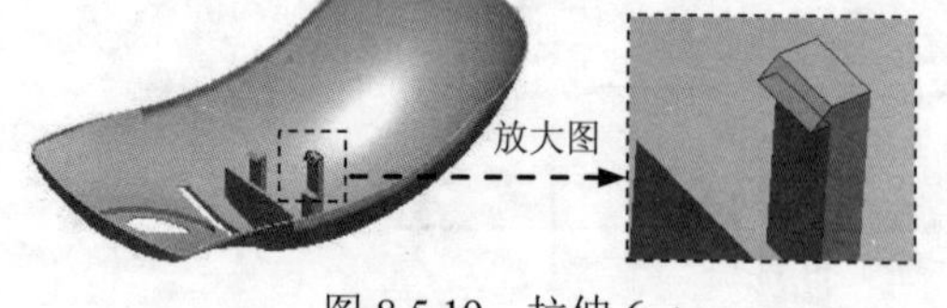

图 8.5.19　拉伸 6

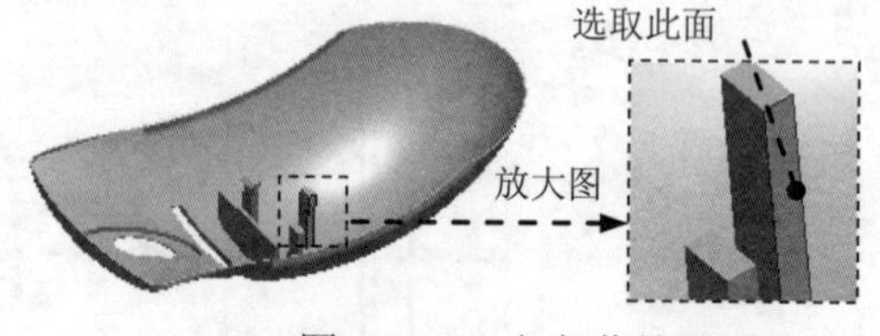

图 8.5.20　定义草绘平面

Step17. 创建图 8.5.22 所示的拉伸特征——拉伸 7。选择下拉菜单 插入(I) ➡ 拉伸(E)... 命令；选取图 8.5.23 所示的面为草绘平面，接受系统默认的参照平面，方向为 顶；单击对话框中的 草绘 按钮，绘制图 8.5.24 所示的截面草图；在操控板中选取深度类型为，输入深度值 4.0。

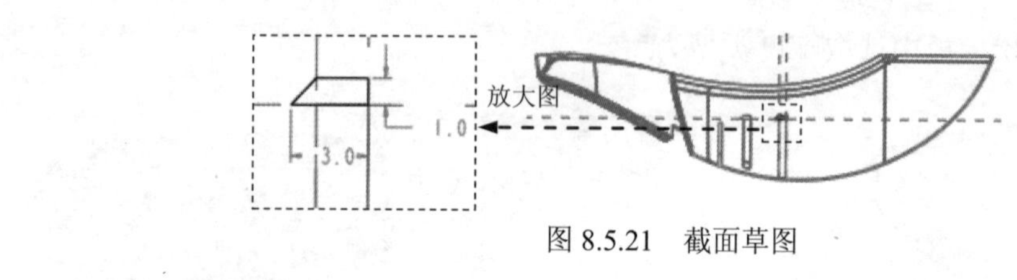

图 8.5.21　截面草图

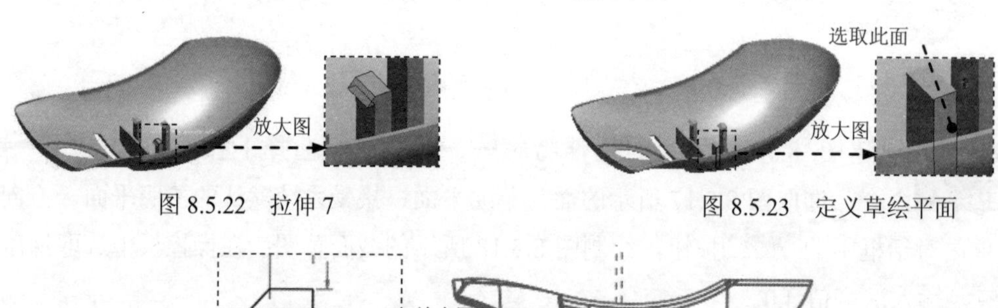

图 8.5.22　拉伸 7　　　图 8.5.23　定义草绘平面

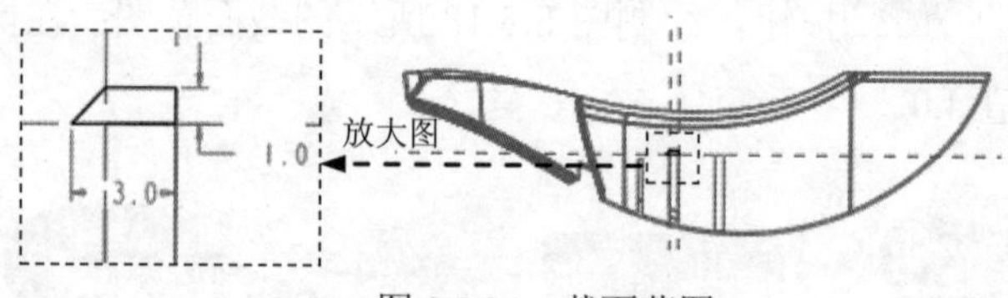

图 8.5.24　截面草图

Step18. 创建图 8.5.25 所示的基准平面——DTM6。选择下拉菜单 插入(I) ➡ 模型基准(D) ➡ 平面(L)... 命令；选取 ASM_TOP 基准平面为参照，定义约束类型为 偏移，输入偏移距离值 12.0。

Step19. 创建图 8.5.26 所示的拉伸特征——拉伸 8。选择下拉菜单 插入(I) ➡

拉伸(E)...命令；选取 DTM6 基准平面为草绘平面，选取 ASM_FRONT 基准平面为参照平面，方向为左；单击对话框中的草绘按钮，绘制图 8.5.27 所示的截面草图；在操控板中选取深度类型为 。

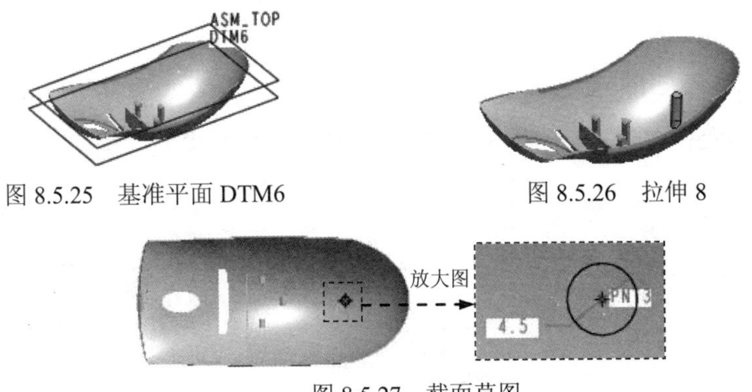

图 8.5.25　基准平面 DTM6　　　图 8.5.26　拉伸 8

图 8.5.27　截面草图

Step20. 创建图 8.5.28b 所示的拔模特征——斜度 1。选择下拉菜单插入(I) → 斜度(F)...命令；选取图 8.5.28a 所示的圆柱体的侧面为要拔模的面；选取 ASM_TOP 基准平面为拔模枢轴平面，在操控板中输入拔模角度值 1.0。

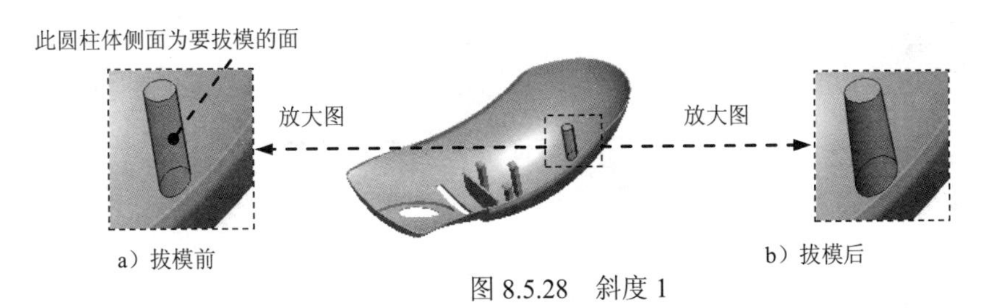

a）拔模前　　　b）拔模后

图 8.5.28　斜度 1

Step21. 创建图 8.5.29 所示的孔特征——孔 1。选择下拉菜单插入(I) → 孔(H)...命令；采用系统默认的孔类型 ，按住<Ctrl>键，选取图 8.5.30 所示的面及此面所在的圆柱体的轴线 A_1 为孔的放置参照；在操控板中输入孔直径值 3.0，输入深度值 8.0。

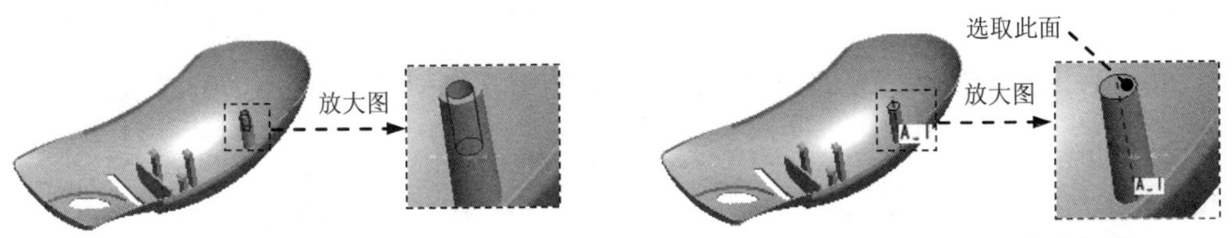

图 8.5.29　孔 1　　　图 8.5.30　定义孔放置参照

Step22. 创建图 8.5.31 所示的拉伸特征——拉伸 9。选择下拉菜单插入(I) → 拉伸(E)...命令；选取 ASM_FRONT 基准平面为草绘平面，选取 ASM_TOP 基准平面为参照平面，方向为顶；单击对话框中的草绘按钮，绘制图 8.5.32 所示的截面草图；在操控板中选取深度类型为 ，并单击“去除材料”按钮 。

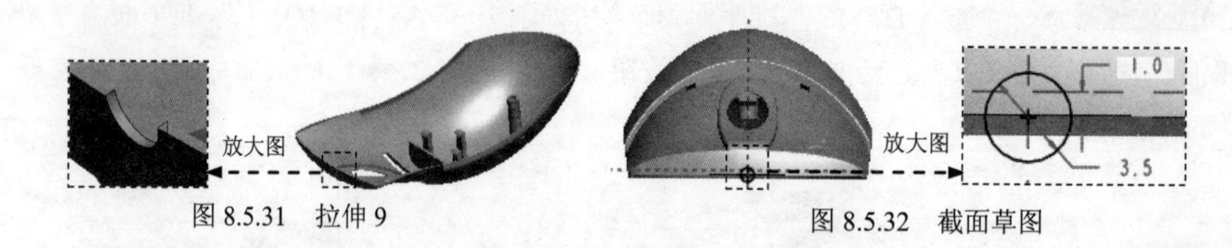

图 8.5.31　拉伸 9　　　图 8.5.32　截面草图

Step23. 创建图 8.5.33b 所示的倒角特征——倒角 1。选择下拉菜单 插入(I) → 倒角(M) ▸ → 边倒角(E)... 命令；选取图 8.5.33a 所示的边链为倒角参照，选取倒角方案为 D x D，输入 D 值 1.0。

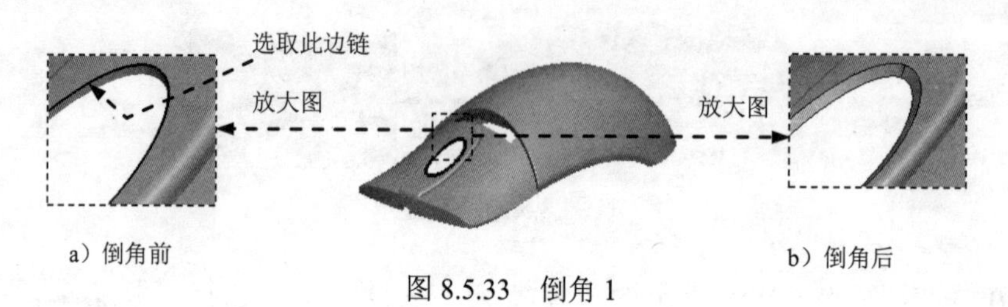

图 8.5.33　倒角 1

Step24. 创建图 8.5.34b 所示的倒圆角特征——倒圆角 4。选择下拉菜单 插入(I) → 倒圆角(O)... 命令；选取图 8.5.34a 所示的边链为圆角放置参照，圆角半径值为 0.1。

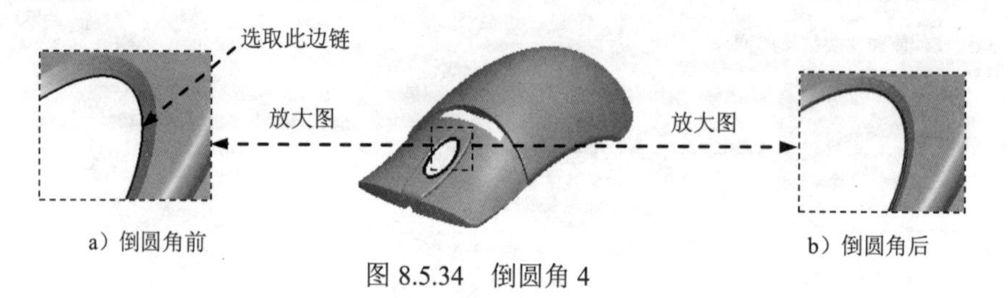

图 8.5.34　倒圆角 4

Step25. 保存模型文件。

8.6　按　键

下面讲解按键（KEY.PRT）的创建过程。零件模型及模型树如图 8.6.1 所示。

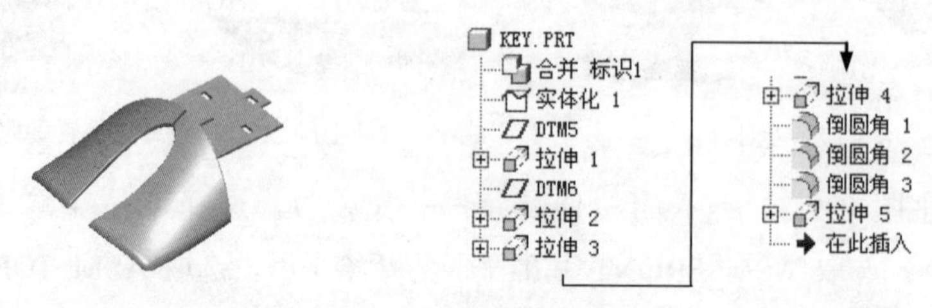

图 8.6.1　模型及模型树

Step1. 在装配体中创建按键（KEY.PRT）。选择下拉菜单 插入(I) → 元件(C) ▸ →

创建(C)... 命令；在系统弹出的“元件创建”对话框中选中 类型 选项组中的 ◉ 零件 单选项；选中 子类型 选项组中的 ◉ 实体 单选项，在 名称 文本框中输入文件名 KEY；单击 确定 按钮，在系统弹出的“创建选项”对话框中选中 ◉ 空 单选项，单击 确定 按钮。

Step2. 激活按键模型。

（1）在模型树中单击 KEY.PRT，然后右击，在系统弹出的快捷菜单中选择 激活 命令。

（2）选择下拉菜单 插入(I) ➡ 共享数据(D) ▸ ➡ 合并/继承(M)... 命令，系统弹出“复制几何”操控板，在该操控板中进行下列操作：

① 在操控板中，先确认“将参照类型设置为组件上下文”按钮被按下。

② 复制几何。在操控板中单击 参照 按钮，系统弹出“参照”界面；选中 ☑ 复制基准 复选框，在模型树中选取 SECOND.PRT 为参照模型，单击“完成”按钮✔。

Step3. 在模型树中选择 KEY.PRT，然后右击，在系统弹出的快捷菜单中选择 打开 命令。

Step4. 创建图 8.6.2b 所示的实体化特征——实体化 1。在绘图区选取 ASM_TOP 基准平面，选择下拉菜单 编辑(E) ➡ 实体化(Y)... 命令；在操控板中按下“去除材料”按钮，并单击按钮调整去除材料的方向，使其方向如图 8.6.2a 所示。

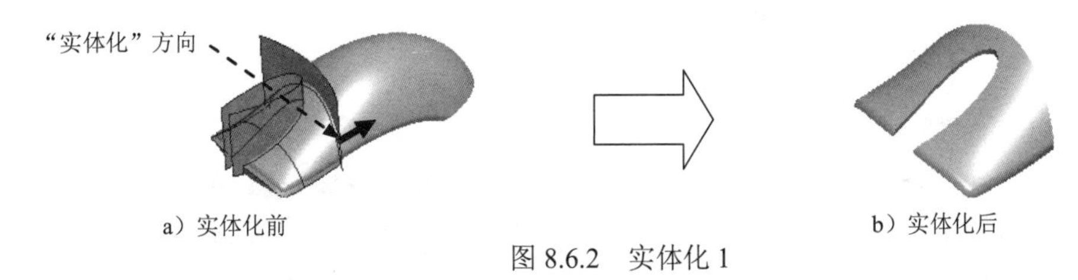

a）实体化前　　b）实体化后

图 8.6.2　实体化 1

Step5. 隐藏曲线和曲面。在模型树区域选取下拉列表中的 层树(L) 选项，在系统弹出的层区域中右击 CURVE，从弹出的快捷菜单中选取 隐藏 选项；右击 QUILT，从弹出的快捷菜单中选取 隐藏 选项，此时完成骨架模型中的所有曲线和曲面的隐藏。

Step6. 创建图 8.6.3 所示的基准平面——DTM5。选择下拉菜单 插入(I) ➡ 模型基准(D) ▸ ➡ 平面(L)... 命令；选取 ASM_TOP 基准平面为参照，定义约束类型为 偏移，输入偏移距离值 16.0。

Step7. 创建图 8.6.4 所示的拉伸特征——拉伸 1。选择下拉菜单 插入(I) ➡ 拉伸(E)... 命令；选取 DTM5 基准平面为草绘平面，选取 ASM_FRONT 基准平面为参照平面，方向为 左；单击对话框中的 草绘 按钮，绘制图 8.6.5 所示的截面草图；在操控板中选取深度类型为，选取图 8.6.6 所示的面为拉伸终止面。

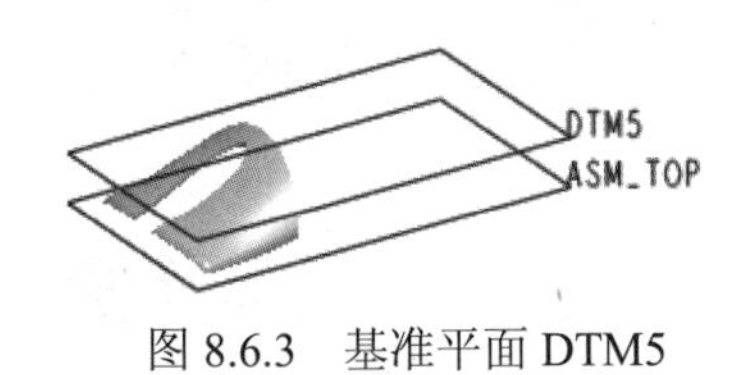

图 8.6.3　基准平面 DTM5

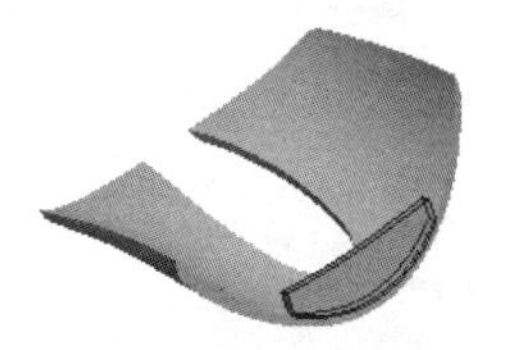

图 8.6.4　拉伸 1

说明：图 8.6.5 所示的截面草图是用“偏移”命令绘制而成的。

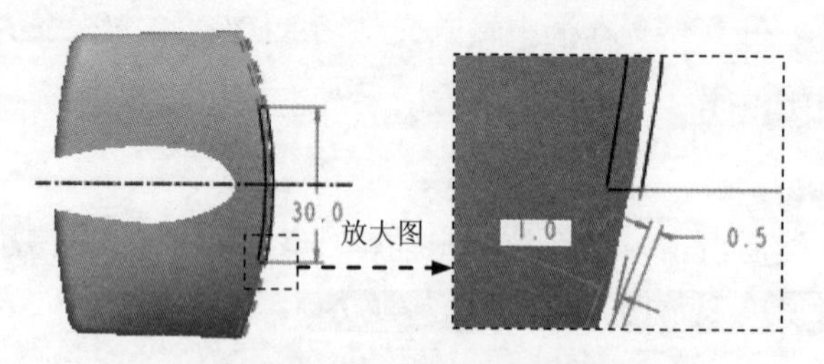

图 8.6.5 截面草图

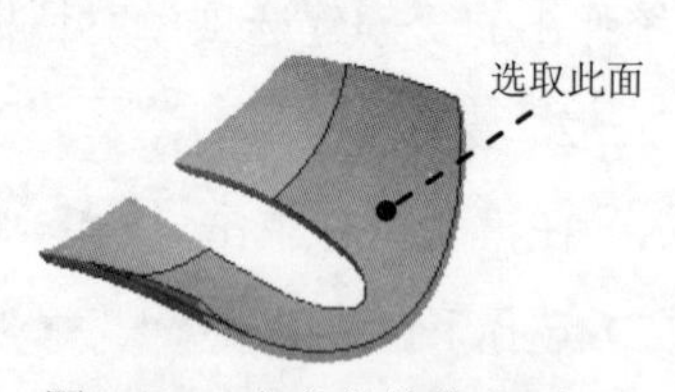

图 8.6.6 定义拉伸终止面

Step8. 创建图 8.6.7 所示的基准平面——DTM6。选择下拉菜单 插入(I) → 模型基准(D) → 平面(L)... 命令；选取 ASM_FRONT 基准平面为参照，定义约束类型为 偏移，输入偏移距离值-25.0。

Step9. 创建图 8.6.8 所示的拉伸特征——拉伸 2。选择下拉菜单 插入(I) → 拉伸(E)... 命令；选取 DTM6 基准平面为草绘平面，选取 ASM_TOP 基准平面为参照平面，方向为 顶；单击对话框中的 草绘 按钮，绘制图 8.6.9 所示的截面草图；在操控板中选取深度类型为。

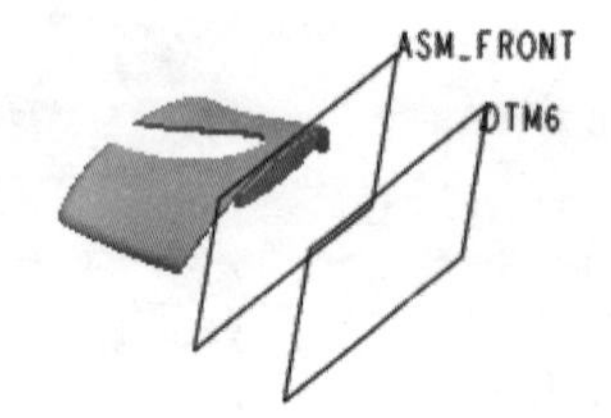

图 8.6.7 基准平面 DTM6

图 8.6.8 拉伸 2

Step10. 创建图 8.6.10 所示的拉伸特征——拉伸 3。选择下拉菜单 插入(I) → 拉伸(E)... 命令；选取图 8.6.11 所示的面为草绘平面，选取图 8.6.11 所示的面为参照平面，方向为 右；单击对话框中的 草绘 按钮，绘制图 8.6.12 所示的截面草图（用“使用边” 命令）；在操控板中选取深度类型为，并单击“去除材料”按钮。

说明：为了保证设计零件的可装配性，图 8.6.12 所示的截面草图是基于二级控件中的草图而创建的，以下类似情况不再重述。

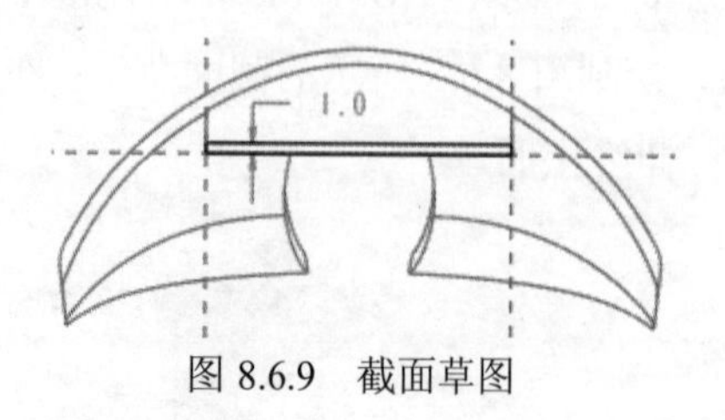

图 8.6.9 截面草图

图 8.6.10 拉伸 3

图 8.6.11　定义拉伸终止面

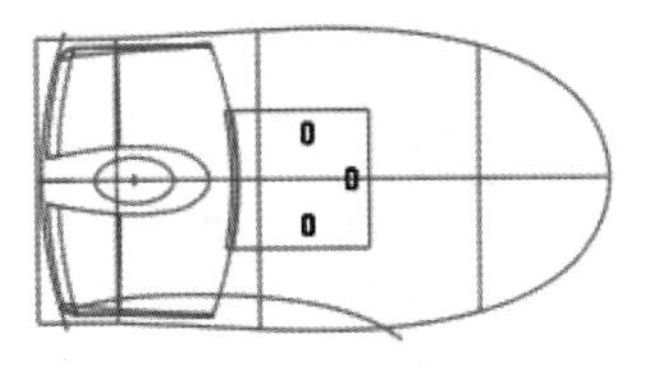

图 8.6.12　截面草图

Step11. 创建图 8.6.13 所示的拉伸特征——拉伸 4。选择下拉菜单 插入(I) ➡ 拉伸(E)... 命令；选取图 8.6.11 所示的面为草绘平面，选取图 8.6.11 所示的面为参照平面，方向为 右；单击对话框中的 草绘 按钮，绘制图 8.6.14 所示的截面草图；在操控板中选取深度类型为 ⫴，并单击“去除材料”按钮 ◪。

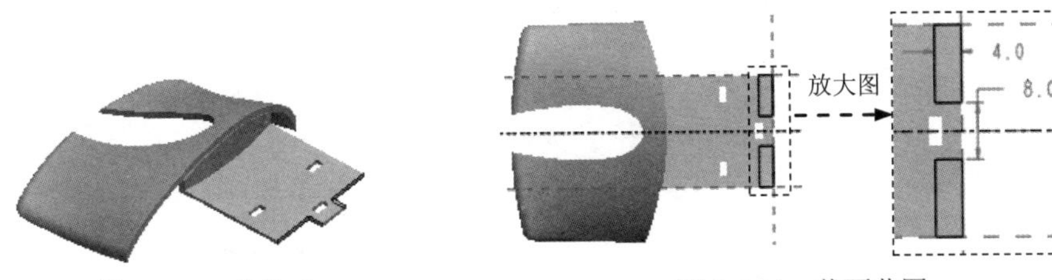

图 8.6.13　拉伸 4　　　　图 8.6.14　截面草图

Step12. 创建图 8.6.15b 所示的倒圆角特征——倒圆角 1。选择下拉菜单 插入(I) ➡ 倒圆角(O)... 命令；选取图 8.6.15a 所示的边链为圆角放置参照，圆角半径值为 0.5。

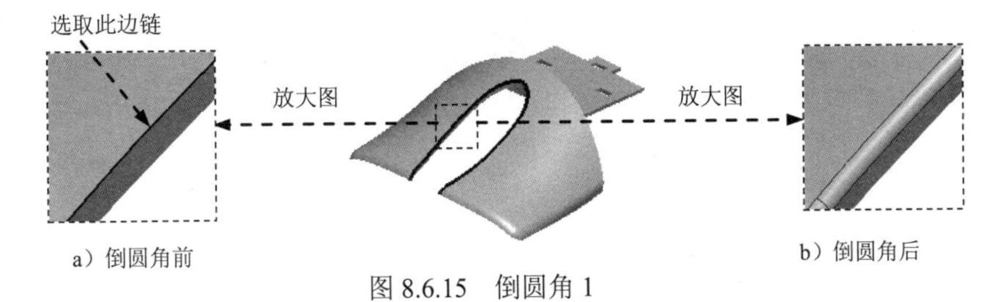

a）倒圆角前　　b）倒圆角后

图 8.6.15　倒圆角 1

Step13. 创建图 8.6.16b 所示的倒圆角特征——倒圆角 2。选择下拉菜单 插入(I) ➡ 倒圆角(O)... 命令；选取图 8.6.16a 所示的边链为圆角放置参照，圆角半径值为 0.5。

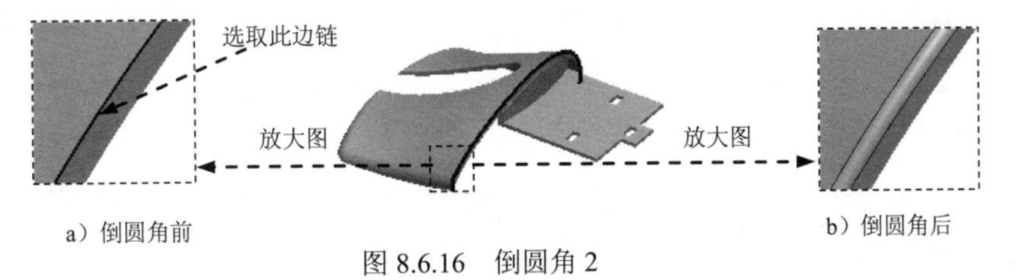

a）倒圆角前　　b）倒圆角后

图 8.6.16　倒圆角 2

Step14. 创建图 8.6.17b 所示的倒圆角特征——倒圆角 3。选择下拉菜单 插入(I) ➡ 倒圆角(O)... 命令；选取图 8.6.17a 所示的边链为圆角放置参照，圆角半径值为 0.2。

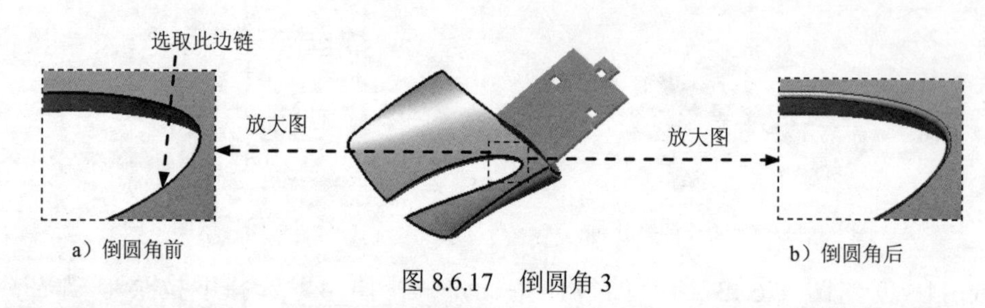

图 8.6.17 倒圆角 3

Step15. 创建图 8.6.18 所示的拉伸特征——拉伸 5。选择下拉菜单 插入(I) → 拉伸(E)... 命令；选取 ASM_TOP 基准平面为草绘平面，选取 ASM_RIGHT 基准平面为参照平面，方向为 底部；单击对话框中的 草绘 按钮，绘制图 8.6.19 所示的截面草图；在操控板中选取深度类型为，并单击“去除材料”按钮。

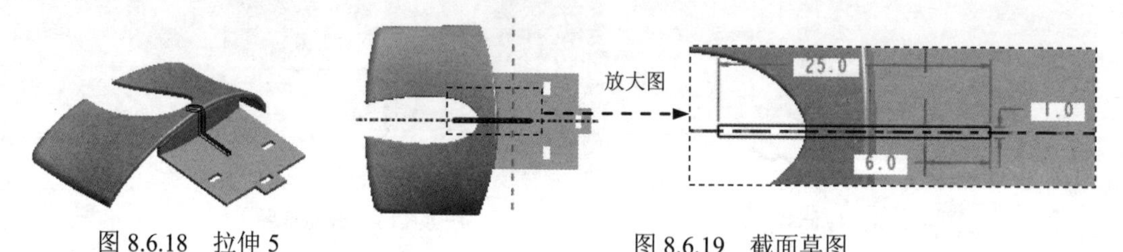

图 8.6.18 拉伸 5　　　　图 8.6.19 截面草图

Step16. 保存模型文件。

8.7 滚 轮

下面讲解滚轮（TROLLEY.PRT）的创建过程，零件模型及模型树如图 8.7.1 所示。

图 8.7.1 模型及模型树

Step1. 在装配体中创建滚轮（TROLLEY.PRT）。选择下拉菜单 插入(I) → 元件(C) → 创建(C)... 命令；在系统弹出的“元件创建”对话框中选中 类型 选项组中的 零件 单选项；选中 子类型 选项组中的 实体 单选项；在 名称 文本框中输入文件名 TROLLEY，单击 确定 按钮；在系统弹出的“创建选项”对话框中选中 空 单选项，单击 确定 按钮。

Step2. 激活零件模型。在模型树中单击 TROLLEY.PRT，然后右击，在弹出的快捷菜单中选择 激活 命令。

Step3. 创建图 8.7.2 所示的基准轴——A_1。将窗口切换至装配体窗口，激活 TROLLEY.PRT；单击工具栏中的“基准轴”按钮，系统弹出“基准轴”对话框；在绘图区选取图 8.7.3 所示的面为基准轴参照，将其约束类型设置为 穿过。

说明：为了能够更加方便地选取图 8.7.3 所示的面，在创建此基准轴前，可将除下盖之外的其他控件隐藏。

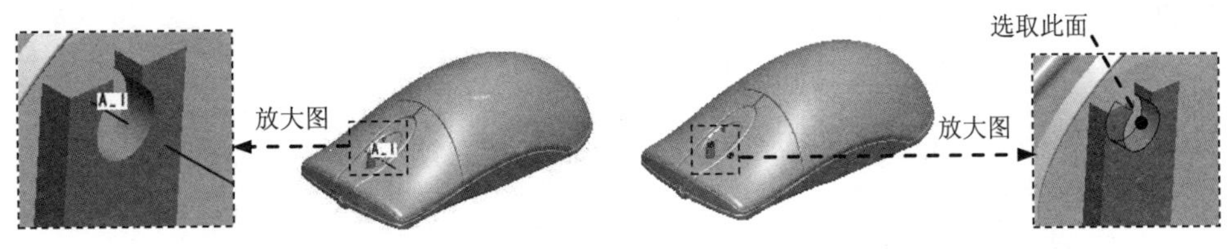

图 8.7.2　基准轴 A_1　　　图 8.7.3　定义基准轴参照

Step4. 创建图 8.7.4 所示的基准平面——DTM1。选择下拉菜单 插入(I) ➡ 模型基准(D) ➡ 平面(L)... 命令；选取 ASM_FRONT 基准平面，选择约束类型为 平行；按住<Ctrl>键，选取基准轴 A_1 为基准平面参照，选择约束类型为 穿过。

Step5. 创建图 8.7.5 所示的实体旋转特征——旋转 1。选择下拉菜单 插入(I) ➡ 旋转(R)... 命令；选取 DTM1 基准平面为草绘平面，选取 ASM_RIGHT 基准平面为草绘参照，方向为 右；绘制图 8.7.6 所示的旋转中心线和截面草图；在操控板中选取旋转类型 （"定值"），输入旋转角度值 360.0。

说明：图 8.7.6 所示的旋转中心线与基准轴 A_1 共线。

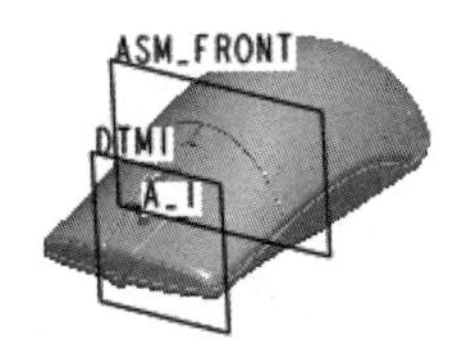

图 8.7.4　基准平面 DTM1

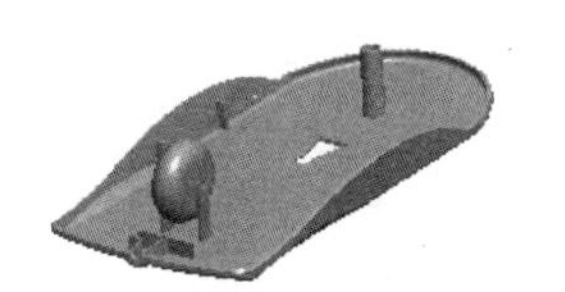

图 8.7.5　旋转 1

Step6. 创建图 8.7.7 所示的拉伸特征——拉伸 1（下盖已隐藏）。选择下拉菜单 插入(I) ➡ 拉伸(E)... 命令；选取 ASM_RIGHT 基准平面为草绘平面，选取 ASM_TOP 基准平面为参照平面，方向为 顶；单击对话框中的 草绘 按钮，绘制图 8.7.8 所示的截面草图；在操控板中选取深度类型为 ，输入深度值 12.0。

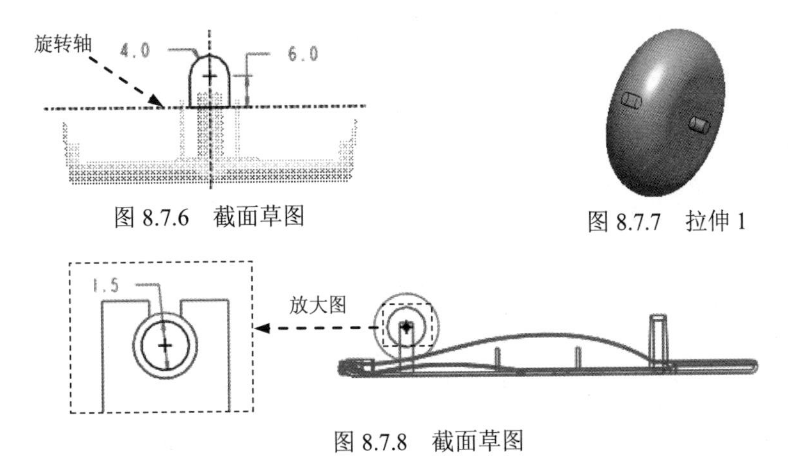

图 8.7.6　截面草图　　　图 8.7.7　拉伸 1

图 8.7.8　截面草图

Step7. 在模型树中选择 TROLLEY.PRT，然后右击，在系统弹出的快捷菜单中选择 打开 命令。

Step8. 保存模型文件。

8.8 编辑总装配模型的显示

Step1. 按住<Ctrl>键，在模型树中选取 FIRST.PRT 和 SECOND.PRT，然后右击，在系统弹出的下拉列表中单击 隐藏 命令。

Step2. 隐藏草图、基准、曲线和曲面。单击 层树(L) → ，在“层树”列表中，按住<Ctrl>键，依次选取 AXIS、 CURVE 和 QUILT；右击，在系统弹出的下拉列表中单击 隐藏 命令；在“层树”列表中选取 07__ASM_ALL_SKELETONS 并右击；在系统弹出的下拉列表中单击 保存状态 命令，然后单击 → 模型树(M) 命令。

Step3. 保存装配体模型文件。

实例9　玩 具 风 扇

9.1　概　　述

本实例详细讲解了一款玩具风扇的整个设计过程。该设计过程中采用了较为先进的设计方法——自顶向下设计（Top_Down Design）。采用此方法，不仅可以获得较好的整体造型，还能够大大缩短产品的设计周期。许多家用电器（如电脑机箱、吹风机和电脑鼠标等）都可以采用这种方法进行设计。本例设计的产品成品模型如图 9.1.1 所示。

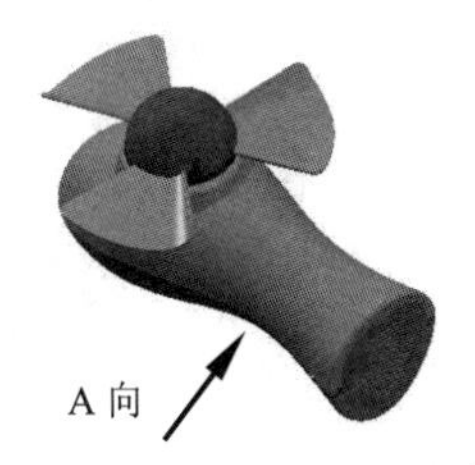

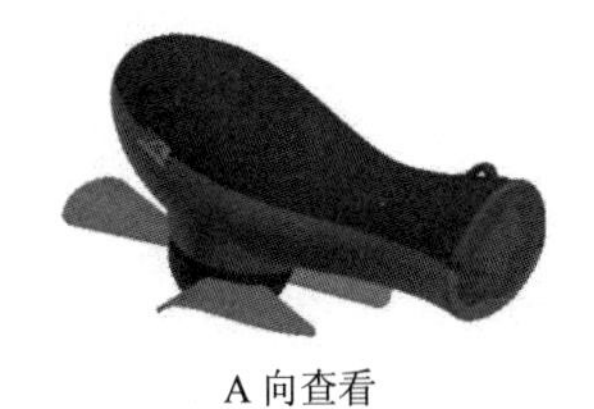

图 9.1.1　玩具风扇模型

本例中玩具风扇的设计流程图如图 9.1.2 所示。

9.2　骨 架 模 型

Task1．设置工作目录

将工作目录设置至 D:\ proewf5.9\work\ch09。

Task2．新建一个装配体文件

Step1. 选择下拉菜单 文件(F) ➡ 新建(N)... 命令，在系统弹出的“新建”对话框中，进行下列操作：

（1）选中 类型 选项组中的 ◉ 组件 单选项。

（2）选中 子类型 选项组中的 ◉ 设计 单选项。

（3）在 名称 文本框中输入文件名 TOY_FAN。

（4）取消选中 ☐ 使用缺省模板 复选框中的“ √ ”号。

（5）单击该对话框中的 确定 按钮。

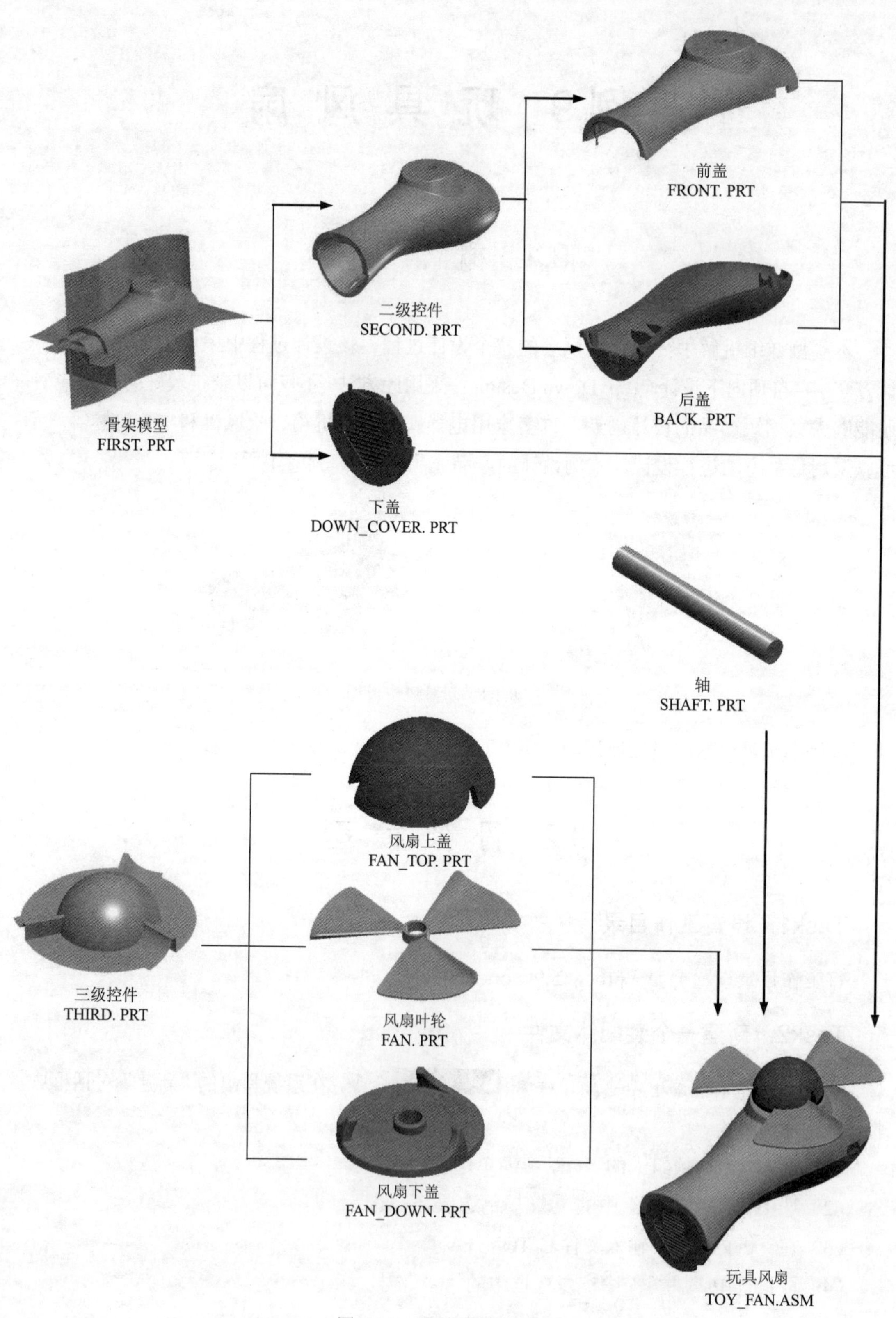
前盖
FRONT. PRT
二级控件
SECOND. PRT
骨架模型
FIRST. PRT
后盖
BACK. PRT
下盖
DOWN_COVER. PRT
轴
SHAFT. PRT
风扇上盖
FAN_TOP. PRT
三级控件
THIRD. PRT
风扇叶轮
FAN. PRT
风扇下盖
FAN_DOWN. PRT
玩具风扇
TOY_FAN.ASM

图 9.1.2　设计流程图

Step2. 选取适当的装配模板。

（1）系统弹出“新文件选项”对话框，在模板选项组中选择 mmns_asm_design 模板。

（2）单击该对话框中的 确定 按钮。

Step3. 设置模型树的显示。在模型树操作界面中，选择 → 树过滤器(F)... 命令，然后在“模型树项目”对话框中选中 ☑ 特征 复选框，并单击 确定 按钮。

Task3. 创建图 9.2.1 所示的骨架模型

在装配环境下，创建图 9.2.1 所示的骨架模型及模型树。

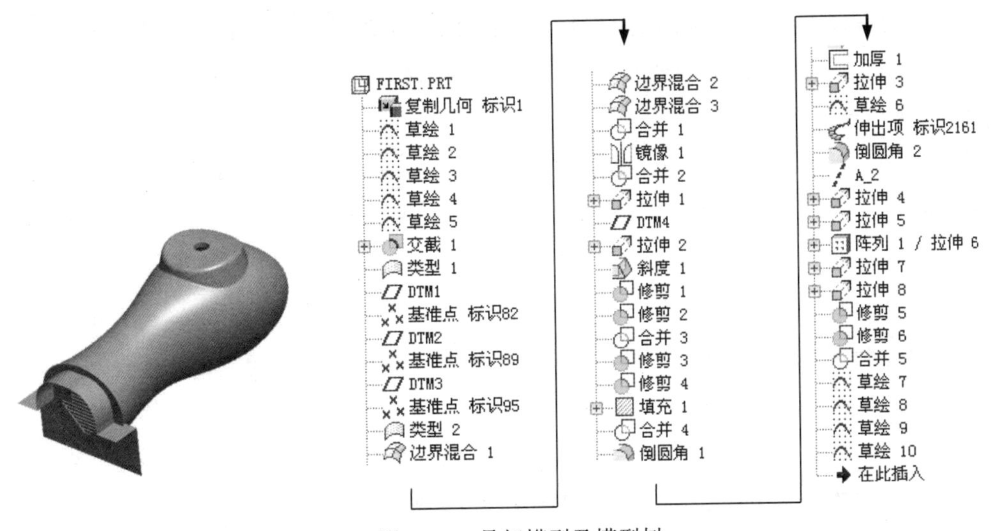

图 9.2.1　骨架模型及模型树

Step1. 在装配体中建立骨架模型（FIRST.PRT）。

（1）选择下拉菜单 插入(I) → 元件(C) ▸ → 创建(C)... 命令。

（2）此时系统弹出“元件创建”对话框，选中 类型 选项组中的 ◉ 骨架模型 单选项，在 名称 文本框中输入文件名 FIRST，然后单击 确定 按钮。

（3）在弹出的“创建选项”对话框中选中 ◉ 空 单选项，单击 确定 按钮。

Step2. 激活骨架模型。在模型树中单击 FIRST.PRT，然后右击，在弹出的快捷菜单中选择 激活 命令。

（1）选择下拉菜单 插入(I) → 共享数据(D) ▸ → 复制几何(G)... 命令，系统弹出“复制几何”操控板，在该操控板中进行下列操作：

① 在“复制几何”操控板中，先确认“将参照类型设置为组件上下文”按钮 被按下，然后单击“仅限发布几何”按钮 （使此按钮为弹起状态）。

② 复制几何。在“复制几何”操控板中单击 参照 按钮，系统弹出“参照模型”界面；单击 参照 区域中的 单击此处添加项目 字符；在“智能选取栏”的下拉列表中选择“基准平面”选项，按住<Ctrl>键，在绘图区依次选取装配文件中的三个基准平面。

③ 在“复制几何”操控板中单击 选项 按钮，选中 ⊙ 按原样复制所有曲面 单选项。

④ 在“复制几何”操控板中单击“完成”按钮✔。

（2） 完成操作后，所选的基准平面被复制到 FIRST.PRT 中。

Step3. 在装配体中打开骨架模型 FIRST.PRT。在模型树中单击 FIRST.PRT 并右击，在弹出的快捷菜单中选择 打开 命令。

Step4. 创建图 9.2.2 所示的草绘特征——草绘 1。单击工具栏中的“草绘”按钮；选取 ASM_FRONT 基准平面为草绘平面，选取 ASM_TOP 基准平面为参照平面，方向为 顶；绘制图 9.2.2 所示的草图。

Step5. 创建图 9.2.3 所示的草绘特征——草绘 2。单击工具栏中的“草绘”按钮，选取 ASM_FRONT 基准平面为草绘平面，选取 ASM_TOP 基准平面为参照平面，方向为 顶，绘制图 9.2.3 所示的草图。

关于绘制草图 2 的相关说明如下：

- 进入草绘环境时，选择草绘 1 中两线段的端点，然后约束图 9.2.3 所示的样条曲线的两个端点分别与草绘 1 中的两线段的端点重合。
- 在调整草绘 2 中的样条曲线的曲率时，先双击样条曲线，单击操控板中的“切换到控制多边形模式”按钮，约束系统所生成的多边形的最高处边线为水平的，然后使样条曲线与水平边线相切，如图 9.2.4 所示。
- 在调整草绘 2 中的样条曲线的曲率时，可以通过选取图 9.2.4 所示的多边形的控制点来调整样条曲线的曲率，结果如图 9.2.5 所示。

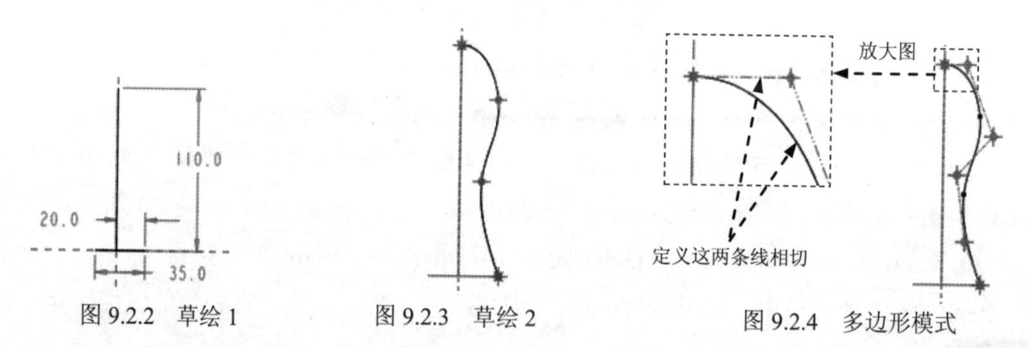

图 9.2.2 草绘 1　　图 9.2.3 草绘 2　　图 9.2.4 多边形模式

Step6. 创建图 9.2.6 所示的草绘特征——草绘 3。单击工具栏中的“草绘”按钮，选取 ASM_FRONT 基准平面为草绘平面，选取 ASM_TOP 基准平面为参照平面，方向为 顶；单击对话框中的 草绘 按钮，参照 Step5，绘制图 9.2.6 所示的草图；选取图 9.2.7 所示的样条曲线和多边形的连线相切，并调整样条曲线的曲率大致如图 9.2.8 所示。

Step7. 创建图 9.2.9 所示的草绘特征——草绘 4。单击工具栏中的“草绘”按钮，选取 ASM_FRONT 基准平面为草绘平面，选取 ASM_TOP 基准平面为参照平面，方向为 顶；单击对话框中的 草绘 按钮，参照 Step5，绘制图 9.2.10 所示的草图；选取图 9.2.11 所示的样条曲线与草绘 1 中直线的端点重合，并调整样条曲线的曲率大致如图 9.2.11 所示。

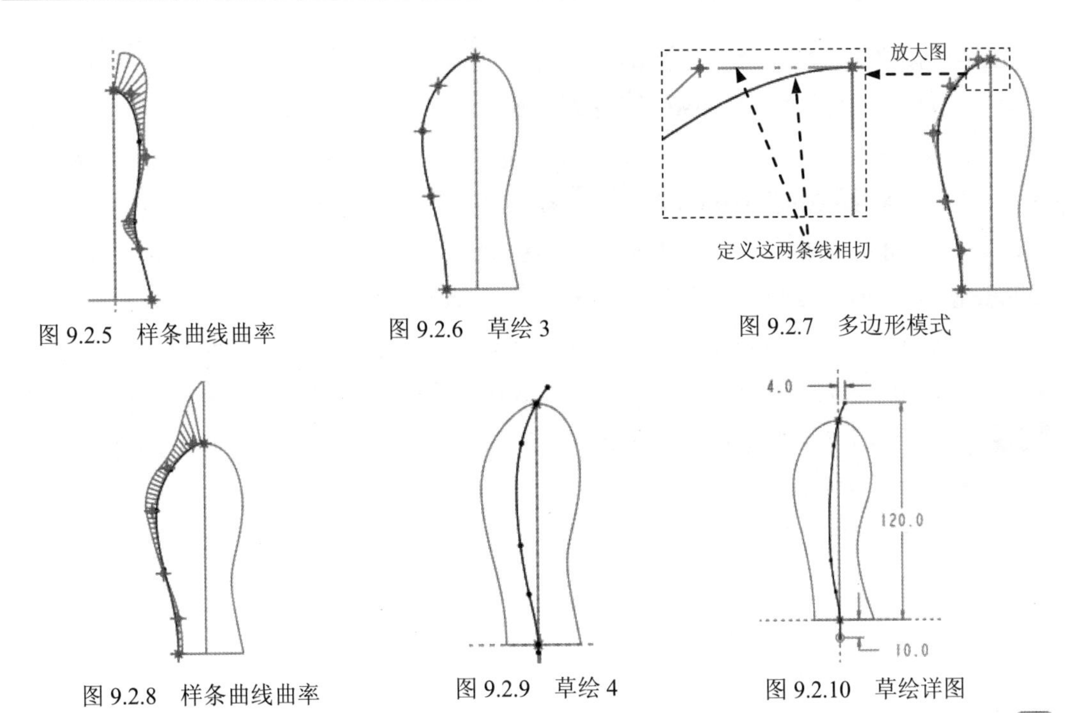

图 9.2.5　样条曲线曲率　　图 9.2.6　草绘 3　　图 9.2.7　多边形模式

图 9.2.8　样条曲线曲率　　图 9.2.9　草绘 4　　图 9.2.10　草绘详图

Step8. 创建图 9.2.12 所示的草绘特征——草绘 5。单击工具栏中的“草绘”按钮，选取 ASM_RIGHT 基准平面为草绘平面，选取 ASM_TOP 基准平面为参照平面，方向为 顶；单击对话框中的 草绘 按钮，参照 Step5，绘制图 9.2.13 所示的草图；定义其约束如图 9.2.14 所示，并调整样条曲线的曲率大致如图 9.2.15 所示。

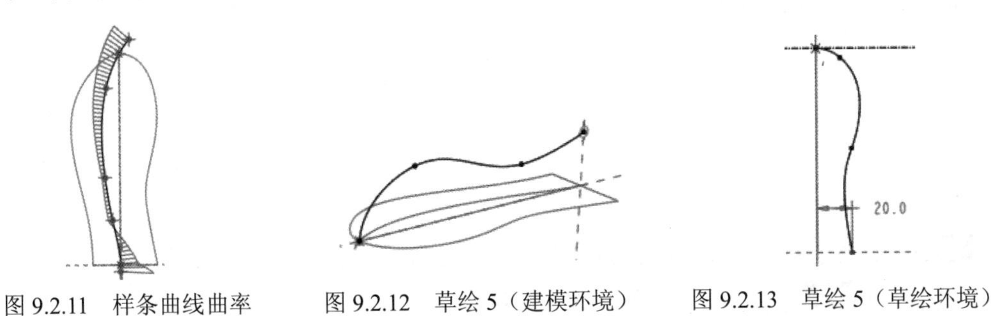

图 9.2.11　样条曲线曲率　　图 9.2.12　草绘 5（建模环境）　　图 9.2.13　草绘 5（草绘环境）

Step9. 创建图 9.2.16 所示的交截曲线——交截 1。在模型树中选取上步创建的草绘 4 和草图 5，选择下拉菜单 编辑(E) ➡ 相交(I)... 命令。

说明：在创建完此特征后，草绘 4 和草绘 5 会自动隐藏。

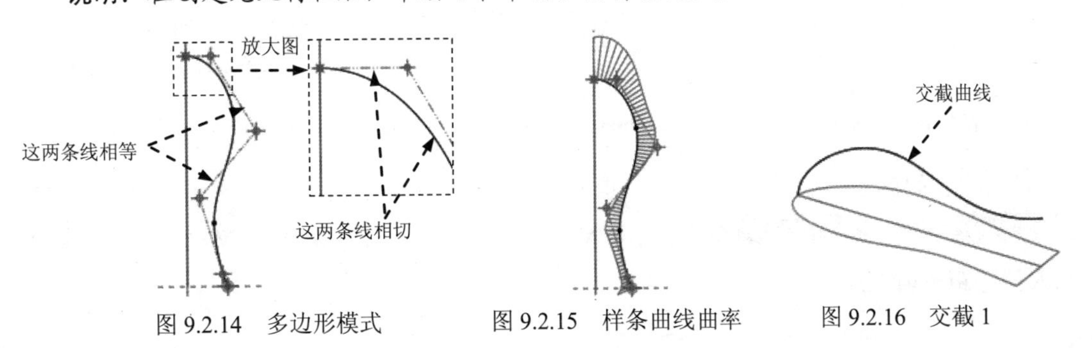

图 9.2.14　多边形模式　　图 9.2.15　样条曲线曲率　　图 9.2.16　交截 1

Step10. 创建图 9.2.17 所示的造型曲面特征——类型 1。

（1）选择下拉菜单 插入(I) ➡ 造型(Y)... 命令，进入 ISDX 环境。

（2）定义 ISDX 曲线放置面。选取 ASM_TOP 基准平面为 ISDX 曲线放置面，选择下拉菜单 视图(V) ➡ 方向(O) ▸ ➡ 活动平面方向(C) 命令。

（3）绘制 ISDX 曲线。单击“ISDX 创建”按钮，绘制图 9.2.18 所示的 ISDX 曲线（按住<Shift>键分别捕捉各端点），单击操控板中的“完成”按钮。

（4）编辑 ISDX 曲线。单击“曲线编辑”按钮，系统弹出“编辑曲线”操控板。单击操控板中的 相切 按钮，选取图 9.2.18 所示 ISDX 曲线的端点 1，在 第一个 下拉列表中选取 法向 选项，在绘图区选取 ASM_FRONT 基准平面，在 属性... 区域中选中 ☑ 长度 复选框，输入长度值 17.0；再选取图 9.2.18 所示 ISDX 曲线的端点 2，其约束与端点 1 相同；单击操控板中的“完成”按钮。

（5）单击操控板中的按钮，完成类型 1 的创建。

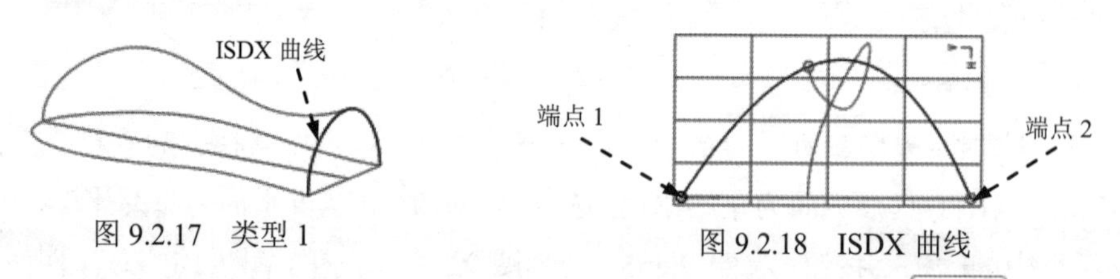

图 9.2.17　类型 1　　图 9.2.18　ISDX 曲线

Step11. 创建图 9.2.19 所示的基准平面——DTM1。选择下拉菜单 插入(I) ➡ 模型基准(D) ▸ ➡ 平面(L)... 命令；选择 ASM_TOP 基准平面为参照，在对话框中选择约束类型为 偏移，输入偏移距离值为 35.0。

说明： 偏移的方向应该视实际情况而定，这里可以参考图 9.2.19 来确定偏移方向。

Step12. 创建图 9.2.20 所示的基准点——基准点（标识 82）。单击工具栏中的“点”按钮；按住<Ctrl>键，选取 DTM1 基准平面和图 9.2.21 所示的曲线 1 为点参照；选取对话框中的 ➧ 新点 选项，按住<Ctrl>键，选取 DTM1 基准平面和图 9.2.21 所示的曲线 2 为点参照；选取对话框中的 ➧ 新点 选项，按住<Ctrl>键，选取 DTM1 基准平面和图 9.2.21 所示的曲线 3 为点参照。

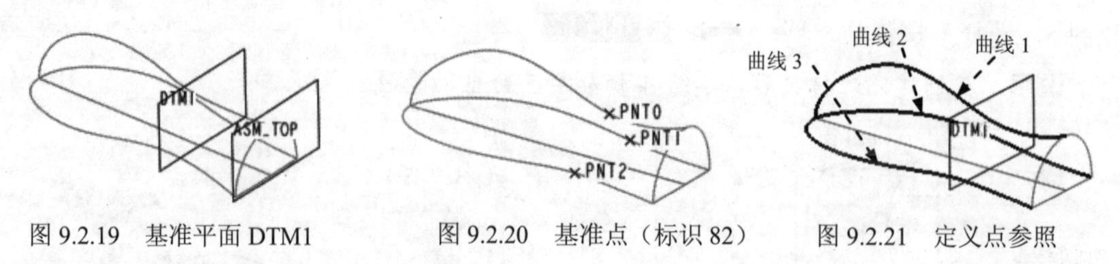

图 9.2.19　基准平面 DTM1　　图 9.2.20　基准点（标识 82）　　图 9.2.21　定义点参照

Step13. 创建图 9.2.22 所示的基准平面——DTM2。选择下拉菜单 插入(I) ➡ 模型基准(D) ▸ ➡ 平面(L)... 命令；选取 ASM_TOP 基准平面为参照，定义约束类型为 偏移，输入偏移距离值 70.0。

说明： 确定偏移方向时，参考图 9.2.24。

Step14. 创建图 9.2.23 所示的基准点——基准点（标识 89）。单击工具栏中的“点”按钮，参照 Step12，按住<Ctrl>键，分别选取 DTM2 基准平面和图 9.2.24 所示的曲线 1、曲线 2 和曲线 3 为点参照。

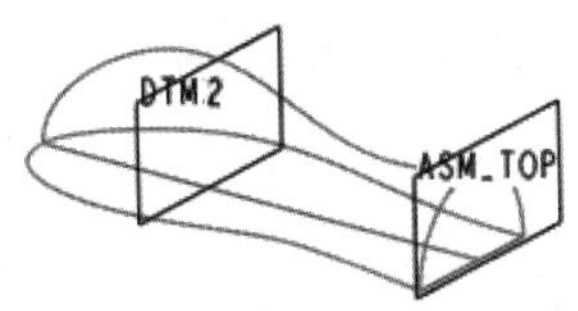

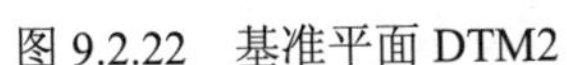
图 9.2.22　基准平面 DTM2

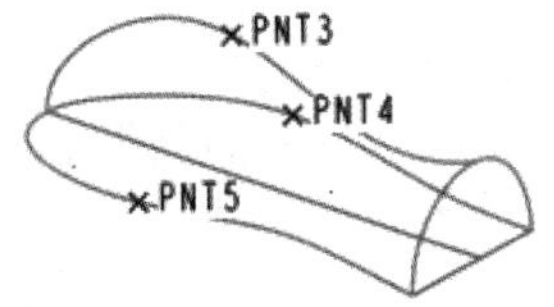

图 9.2.23　基准点（标识 89）

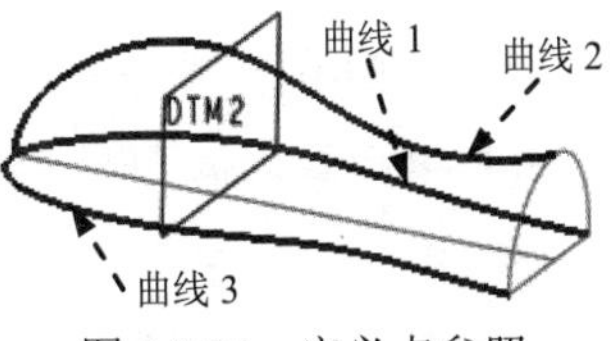

图 9.2.24　定义点参照

Step15. 创建图 9.2.25 所示的基准平面——DTM3。选择下拉菜单 插入(I) → 模型基准(D) → 平面(L)... 命令；选取 ASM_TOP 基准平面为参照，定义约束类型为偏移，输入偏移距离值 95.0。

Step16. 创建图 9.2.26 所示的基准点——基准点（标识 95）。单击工具栏中的“点”按钮，参照 Step12，按住<Ctrl>键，分别选取 DTM3 基准平面和图 9.2.27 所示的曲线 1、曲线 2 和曲线 3 为点参照。

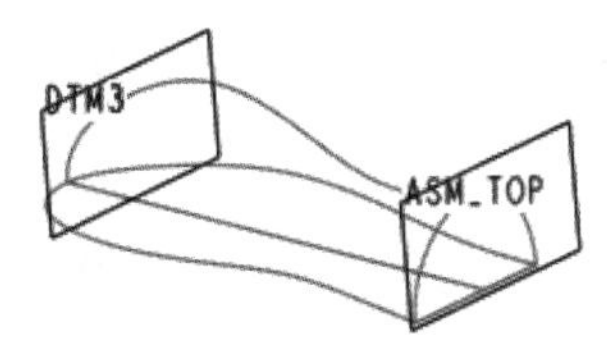

图 9.2.25　基准平面 DTM3

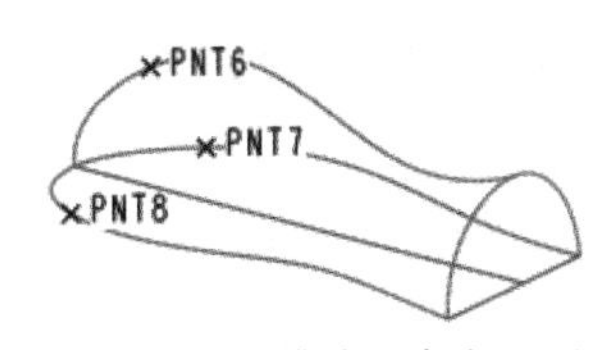

图 9.2.26　基准点（标识 95）

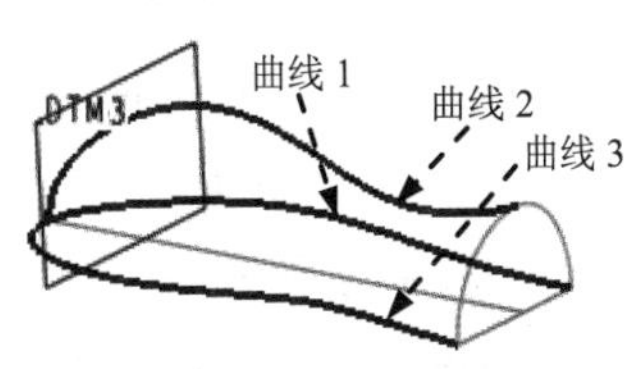

图 9.2.27　定义点参照

Step17. 创建图 9.2.28 所示的造型曲面特征——类型 2。

（1）绘制曲线 1。选择下拉菜单 插入(I) → 造型(Y)... 命令，进入 ISDX 环境。

① 选取 DTM1 基准平面为 ISDX 曲线放置面，单击“ISDX 创建”按钮，绘制图 9.2.18 所示的 ISDX 曲线（按住<Shift>键依次选取基准点 PNT1、PNT0 和 PNT2），单击操控板中的“完成”按钮。

② 编辑 ISDX 曲线 1。单击“曲线编辑”按钮，系统弹出“编辑曲线”操控板。单击操控板中的 相切 按钮，选取图 9.2.29 所示 ISDX 曲线与 PNT1 点重合的端点，在 第一个 下拉列表中选取 法向 选项，在绘图区选取 ASM_FRONT 基准平面；在 属性... 区域中选中 ☑长度 复选框，输入长度值 15.0；再选取图 9.2.29 所示 ISDX 曲线与 PNT2 点重合的端点，约束其法向长度值为 11.0，单击操控板中的“完成”按钮，完成曲线 1 的绘制。

（2）绘制曲线 2。

① 选取 DTM2 基准平面为 ISDX 曲线放置面，单击“ISDX 创建”按钮，绘制图 9.2.29 所示的 ISDX 曲线 2（按住<Shift>键依次选取基准点 PNT4、PNT3 和 PNT5），单击操控板中的“完成”按钮。

② 编辑 ISDX 曲线。其操作方法与曲线 1 相同，分别输入长度值 18.0 和 22.0。

（3）绘制曲线 3。

① 选取 DTM3 基准平面为 ISDX 曲线放置面，单击“ISDX 创建”按钮，绘制图 9.2.29 所示的 ISDX 曲线 3（按住<Shift>键依次选取基准点 PNT7、PNT6 和 PNT8），单击操控板中的“完成”按钮。

② 编辑 ISDX 曲线。其操作方法与曲线 1 相同，分别输入长度值 15.0 和 20.0。

（4）单击操控板中的按钮，完成造型曲面类型 2 的创建。

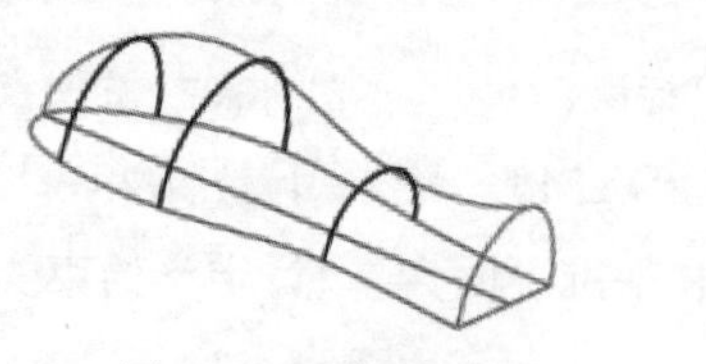

图 9.2.28 类型 2

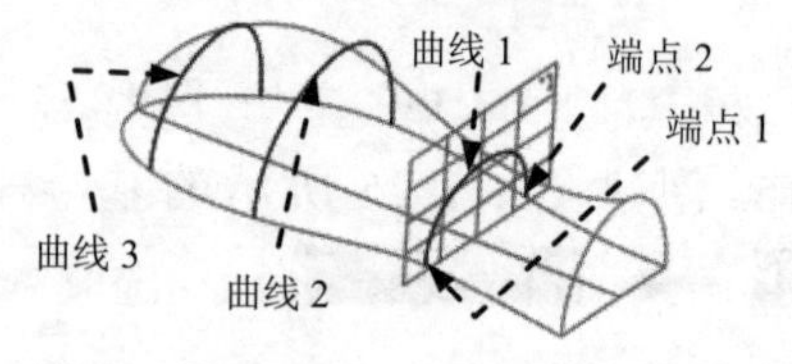

图 9.2.29 ISDX 曲线

Step18. 创建图 9.2.30 所示的边界曲面——边界混合 1。

（1）选择下拉菜单 插入(I) ➡ 边界混合(B)... 命令，系统弹出“边界混合”操控板。

（2）定义边界曲线。

① 选择第一方向曲线。按住<Ctrl>键，在绘图区依次选取图 9.2.31 所示的曲线 1、曲线 2、曲线 3 和曲线 4 为第一方向边界曲线。

② 选择第二方向曲线。单击操控板中第二方向曲线操作栏，按住<Ctrl>键，依次选取图 9.2.31 所示的曲线 5、曲线 6、曲线 7 为第二方向边界曲线；单击 曲线 按钮，在系统弹出的“第一方向、第二方向”对话框中单击 “第二方向”下面的 细节... 按钮，系统弹出“链”对话框；单击“链”对话框中的 选项 选项卡，单击 链 选项，曲线 7 加亮，然后在 长度调整 对话框的 第 1 侧: 下拉列表中选取 在参照上修剪 选项，选取图 9.2.31 所示的曲线 4；单击“链”对话框中的下一个 链 选项，曲线 6 加亮，然后在 长度调整 区域的 第 1 侧: 下拉列表中选取 在参照上修剪 选项，选取图 9.2.31 所示的曲线 4；单击“链”对话框中的最后一个 链 选项，曲线 5 加亮，然后在 长度调整 对话框的 第 2 侧: 下拉列表中选取 值 选项，并在其下的文本框中输入数值-22.0；单击 确定 按钮。

（3）定义边界约束类型。在操控板中单击 约束 按钮，在弹出的界面中将方向 2 中第一条链和最后一条链的约束类型设置为 垂直，选择 ASM_FRONT 基准平面为垂直参照。

（4）单击操控板中的“完成”按钮，完成边界混合 1 的创建。

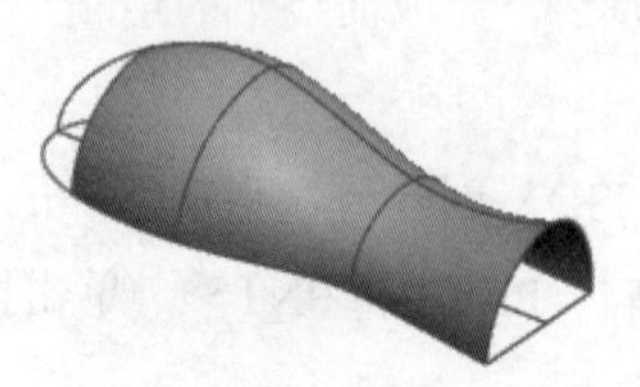

图 9.2.30 边界混合 1

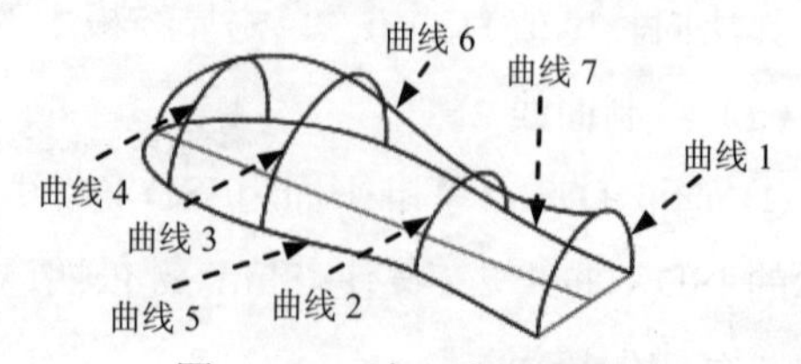

图 9.2.31 选取边界曲线

Step19. 创建图 9.2.32 所示的边界曲面——边界混合 2。

（1）选择下拉菜单 插入(I) → 边界混合(B)... 命令，系统弹出“边界混合”操控板。

（2）定义边界曲线。

① 按住<Ctrl>键，在绘图区选取图 9.2.33 所示的曲线 1 和曲线 2，单击操控板中 第二方向曲线操作栏，选取图 9.2.33 所示的曲线 3。

② 单击 曲线 按钮，在系统弹出的界面中单击 第一方向 下面的 细节... 按钮，在系统弹出的“链”对话框中选择 选项 选项卡，然后单击 链 选项，曲线 1 加亮，在 长度调整 区域 第 1 侧: 下拉列表中选取 在参照上修剪 选项，然后选取图 9.2.33 所示的曲线 3；单击“链”对话框中的下一个 链 选项，曲线 2 加亮，在 长度调整 区域 第 1 侧: 下拉列表中选取 在参照上修剪 选项，然后选取图 9.2.33 所示的曲线 1 的下拉列表中选择 值 选项，并在其下的文本框中输入值 0；单击此对话框中的 确定 按钮。

③ 在系统弹出的界面中单击 第二方向 下面的 细节... 按钮，在系统弹出的“链”对话框中选择 选项 选项卡，单击 链 选项，曲线 3 加亮；在 长度调整 区域 第 2 侧: 下拉列表中选取 在参照上修剪 选项，选取图 9.2.33 所示的曲线 1；单击此对话框中的 确定 按钮。

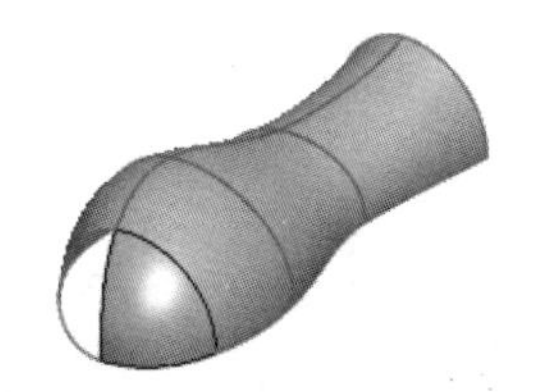
图 9.2.32　边界混合 2

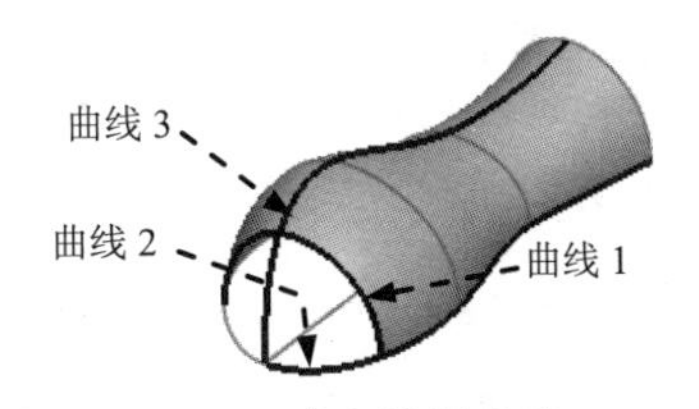

图 9.2.33　选取边界曲线

（3）定义边界约束类型。在操控板中单击 约束 按钮，在系统弹出的界面中将方向 1 中第一条链的约束类型设置为 相切，将方向 1 中最后一条链的约束类型设置为 垂直，其他参数采用系统默认的设置值。

（4）单击操控板中的“完成”按钮 ✓，完成边界混合 2 的创建。

Step20. 创建图 9.2.34 所示的边界曲面——边界混合 3。

（1）选择下拉菜单 插入(I) → 边界混合(B)... 命令，系统弹出“边界混合”操控板。

（2）定义边界曲线。

① 按住<Ctrl>键，在绘图区选取图 9.2.35 所示的曲线 1，单击操控板中 第二方向曲线操作栏，选取图 9.2.33 所示的曲线 2 和曲线 3。

② 单击 曲线 按钮，在系统弹出的界面中单击 第一方向 下面的 细节... 按钮，在系统弹出的“链”对话框中选择 选项 选项卡，然后单击 链 选项，曲线 1 加亮；在 长度调整 区域 第 2 侧: 下拉列表中选取 在参照上修剪 选项，然后选取图 9.2.35 所示的曲线 2；单击此对话框中的 确定 按钮。

③ 在系统弹出的界面中单击 第二方向 下面的 细节... 按钮，在系统弹出的“链”对话框中选择 选项 选项卡，单击 链 选项，曲线 3 加亮；在 长度调整 区域 第 2 侧: 下拉列表中选取 在参照上修剪 选项，选取图 9.2.35 所示的曲线 1；单击此对话框中的下一个 链 选项，曲线 2 加

亮，在长度调整区域第 2 侧下拉列表中选取在参照上修剪选项，然后选取图 9.2.35 所示的曲线 1，单击此对话框中的确定按钮。

（3）定义边界约束类型。在操控板中单击约束按钮，在系统弹出的界面中将方向 1 中第一条链的约束类型均设置为相切，然后选取图 9.2.35 所示的曲面 1；将方向 2 中第一条链的约束类型均设置为相切，然后单击图 9.2.35 所示的曲面 2；将方向 2 中最后一条链的约束类型设置为垂直。

（4）单击操控板中的“完成”按钮✔，完成边界混合 3 的创建。

Step21. 创建曲面合并特征——合并 1。按住<Ctrl>键，在绘图区选取图 9.2.36 所示的曲面；选择下拉菜单编辑(E) ➡ 合并(G)...命令；在操控板中单击“完成”按钮✔，完成合并 1 的创建。

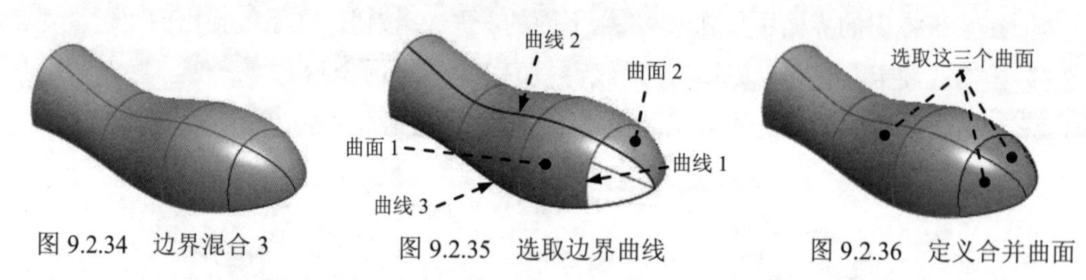

图 9.2.34　边界混合 3　　图 9.2.35　选取边界曲线　　图 9.2.36　定义合并曲面

Step22. 创建图 9.2.37b 所示的镜像特征——镜像 1。在绘图区选取图 9.2.37a 所示的曲面为镜像对象；选择下拉菜单编辑(E) ➡ 镜像(I)...命令；选取 ASM_FRONT 基准平面为镜像中心平面。

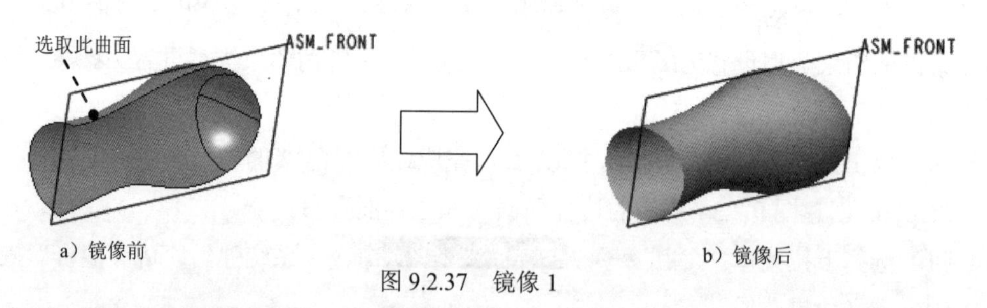

a）镜像前　　b）镜像后

图 9.2.37　镜像 1

Step23. 创建曲面合并特征——合并 2。按住<Ctrl>键，在绘图区选取图 9.2.38 所示的曲面，选择下拉菜单编辑(E) ➡ 合并(G)...命令；在操控板中单击“完成”按钮✔，完成合并 2 的创建。

Step24. 创建图 9.2.39 所示的拉伸特征——拉伸 1。选择下拉菜单插入(I) ➡ 拉伸(E)...命令，在操控板中应确认“曲面”按钮被按下；选取 ASM_FRONT 基准平面为草绘平面，选取 ASM_TOP 基准平面为参照平面，方向为左；绘制图 9.2.40 所示的截面草图；在操控板中选取深度类型为，输入深度值 40.0。

Step25. 创建图 9.2.41 所示的基准平面——DTM4。选择下拉菜单插入(I) ➡ 模型基准(D) ➡ 平面(L)...命令；选取 ASM_RIGHT 基准平面为参照，定义约束类型为偏移，输入偏移距离值 30.0。

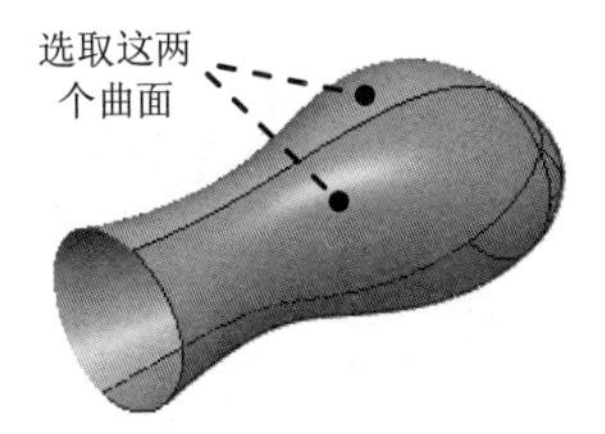

图 9.2.38　定义合并面

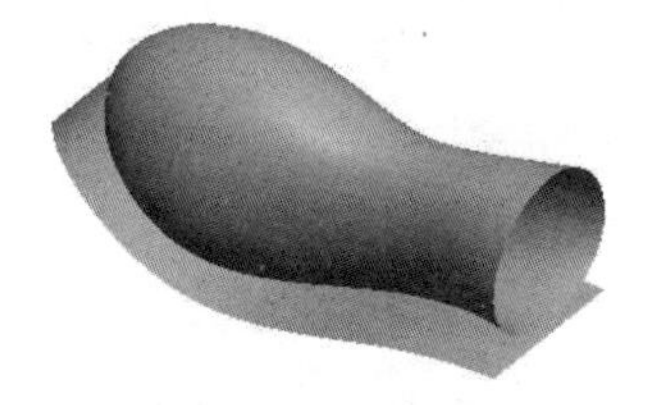

图 9.2.39　拉伸 1

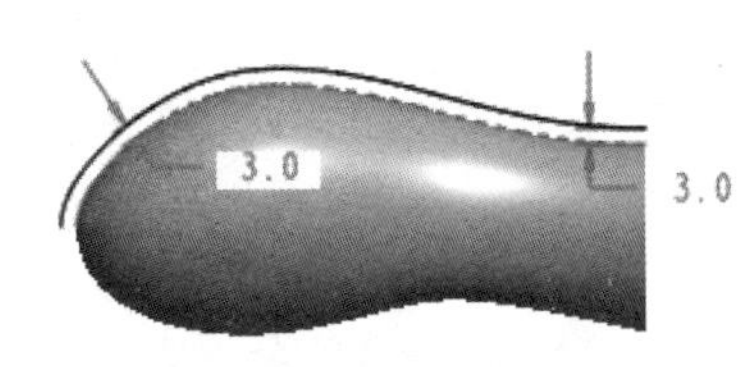

图 9.2.40　截面草图

Step26. 创建图 9.2.42 所示的拉伸特征——拉伸 2（曲面已隐藏）。选择下拉菜单 插入(I) ➡ 拉伸(E)... 命令，在操控板中应确认“曲面”按钮被按下；选取 DTM4 基准平面为草绘平面，选取 ASM_TOP 基准平面为参照平面，方向为 左，绘制图 9.2.43 所示的截面草图；选取深度类型为，输入深度值 15.0。

说明：因为样条曲线绘制的不同，所生成的曲面形状也不一样，所以此处草图的定位和定形尺寸有可能与图 9.2.43 不一致。

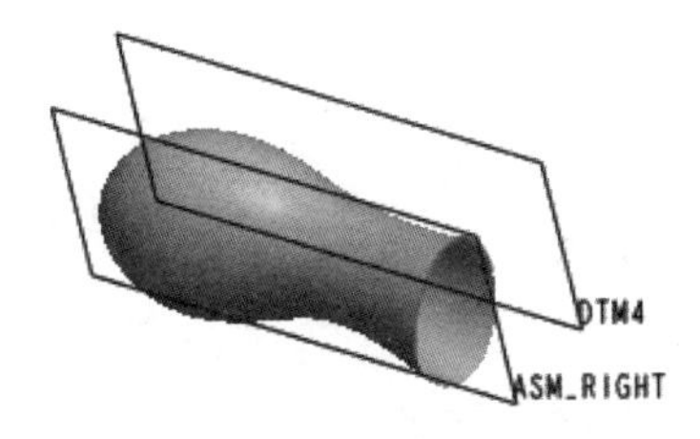

图 9.2.41　基准平面 DTM4

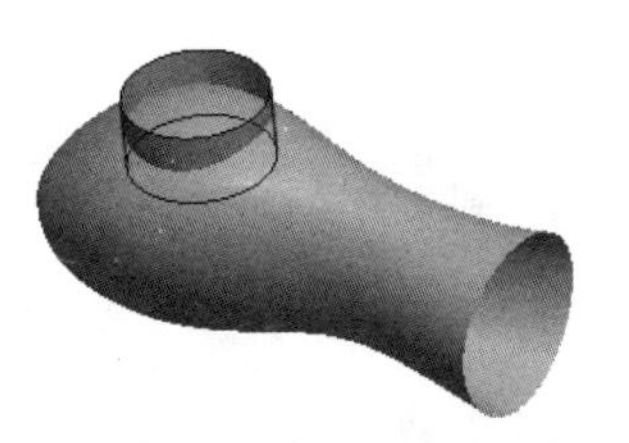

图 9.2.42　拉伸 2

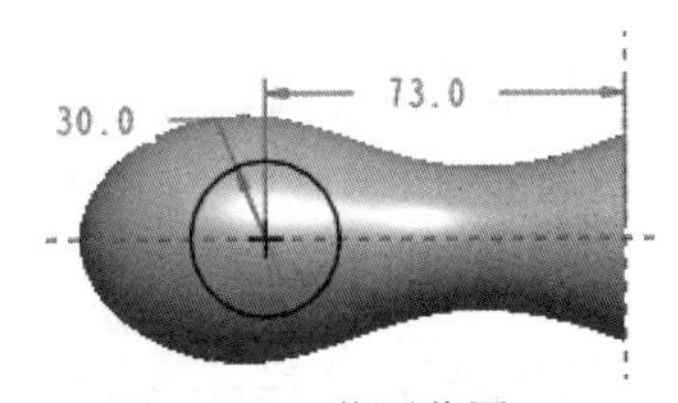

图 9.2.43　截面草图

Step27. 创建图 9.2.44b 所示的拔模特征——斜度 1。选择下拉菜单 插入(I) ➡ 斜度(F)... 命令，选取图 9.2.44a 所示的面为要拔模的面；选取 DTM5 基准平面为拔模枢轴平面，在操控板中输入拔模角度值 15.0（此处拔模角度可以根据读者自己做的曲面定义，只要保证拔模后的曲面之间相交即可），采用系统默认的拔模方向。

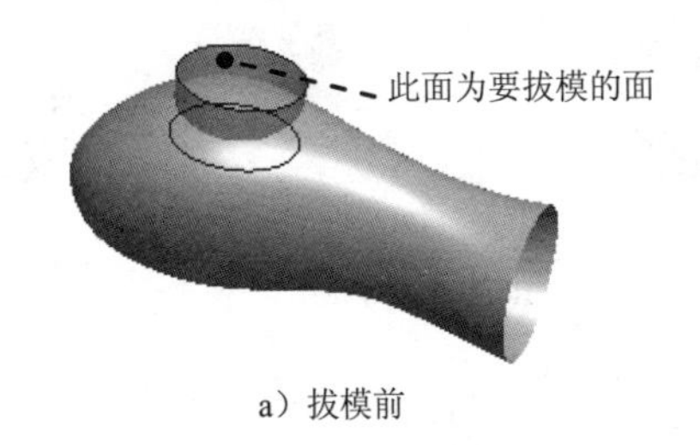

a）拔模前

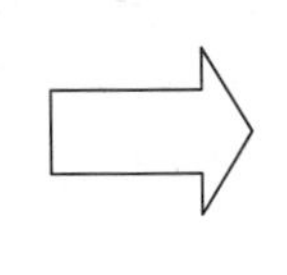

b）拔模后

图 9.2.44　斜度 1

Step28. 创建修剪特征——修剪 1。在绘图区选取图 9.2.45 所示的曲面 1，选择下拉菜单 编辑(E) ➡ 修剪(T)... 命令；在绘图区选取图 9.2.45 所示的曲面 2 作为修剪对象，并单击按钮，定义修剪方向如图 9.2.45 所示。

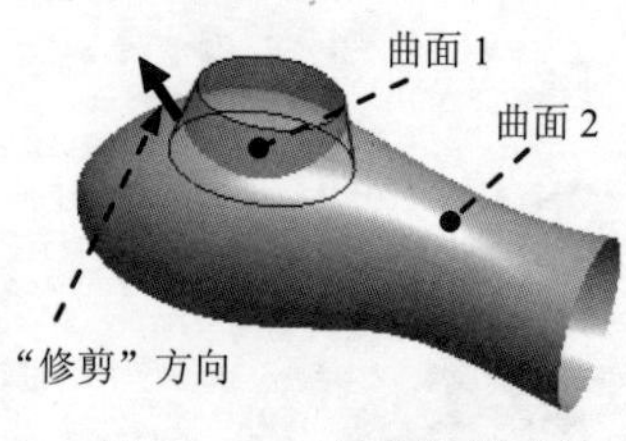

图 9.2.45　定义修剪对象

Step29. 创建图 9.2.46b 所示的修剪特征——修剪 2。在绘图区选取图 9.2.46a 所示的曲面 1，选择下拉菜单 编辑(E) ➡ 修剪(T)... 命令，选取图 9.2.46a 所示的曲面 2 作为修剪对象，定义修剪方向如图 9.2.46a 所示。

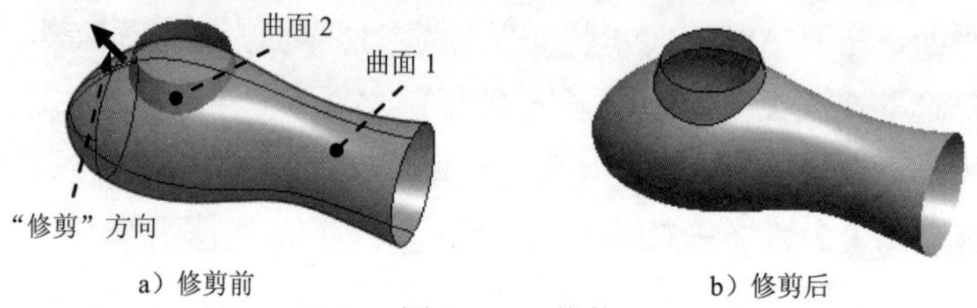

a）修剪前　　b）修剪后

图 9.2.46　修剪 2

Step30. 创建曲面合并特征——合并 3。按住<Ctrl>键，在绘图区选取图 9.2.47 所示的两个曲面，选择下拉菜单 编辑(E) ➡ 合并(G)... 命令；在操控板中单击“完成”按钮 ✓，完成合并 3 的创建。

Step31. 创建图 9.2.48b 所示的修剪特征——修剪 3。在绘图区选取图 9.2.48a 所示的曲面 1，选择下拉菜单 编辑(E) ➡ 修剪(T)... 命令，选取图 9.2.48a 所示的曲面 2 作为修剪对象，定义修剪方向如图 9.2.48a 所示。

说明：在创建此特征前，先将 Step24 所创建的拉伸 1 显示。

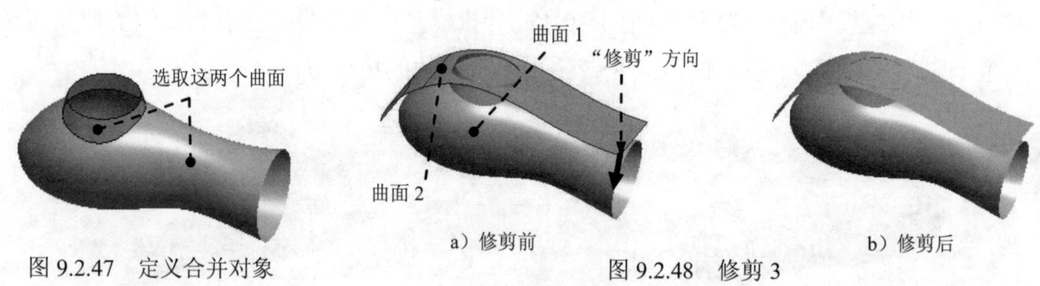

a）修剪前　　b）修剪后

图 9.2.47　定义合并对象　　图 9.2.48　修剪 3

Step32. 创建图 9.2.49b 所示的修剪特征——修剪 4。在绘图区选取图 9.2.49a 所示的曲面 1，选择下拉菜单 编辑(E) ➡ 修剪(T)... 命令，选取图 9.2.49a 所示的曲面 2 作为修剪对象，定义修剪方向如图 9.2.49a 所示。

Step33. 创建图 9.2.50 所示的平整曲面——填充 1。选择下拉菜单 编辑(E) ➡ 填充(L)... 命令；选取 ASM_TOP 基准平面为草绘平面，选取 ASM_FRONT 基准平面为参照平面，方向为 顶；绘制图 9.2.51 所示的截面草图（用“使用边” 命令），完成绘制后，单击“完成”按钮✓；在操控板中单击“完成”按钮✓，完成填充 1 的创建。

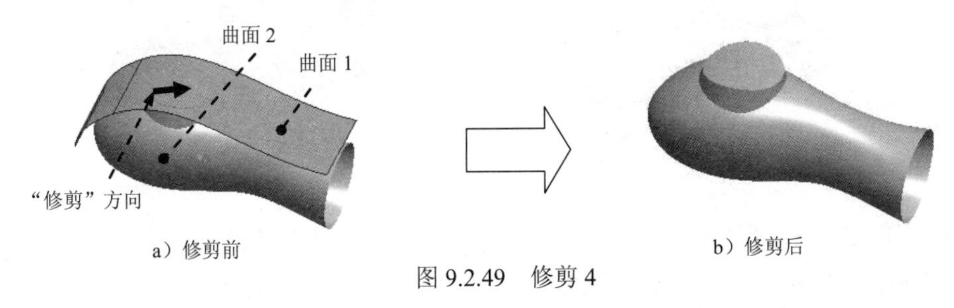

图 9.2.49　修剪 4

Step34. 创建曲面合并特征——合并 4。按住<Ctrl>键，在绘图区依次选取图 9.2.52 所示的三个曲面，选择下拉菜单 编辑(E) ➡ 合并(G)... 命令；在操控板中单击“完成”按钮✓，完成合并 4 的创建。

说明：在选取图 9.2.52 所示的三个曲面时，一定要按顺序选取，否则此特征将无法生成。

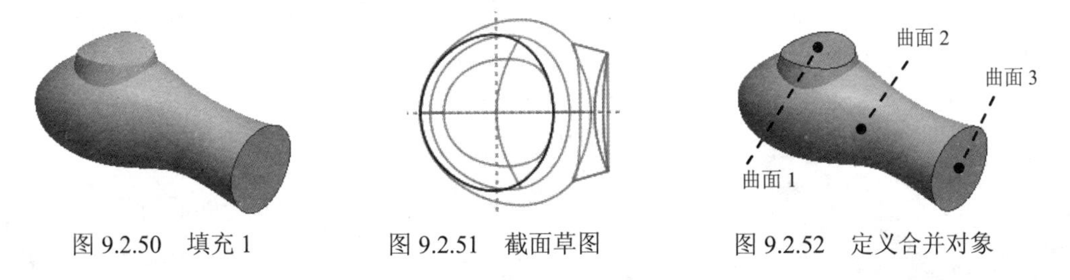

图 9.2.50　填充 1　　图 9.2.51　截面草图　　图 9.2.52　定义合并对象

Step35. 创建图 9.2.53b 所示圆角特征——倒圆角 1。选择 插入(I) ➡ 倒圆角(O)... 命令；选取图 9.2.53a 所示的边链 1，在操控板的圆角尺寸框中输入圆角半径值 2.0；选取图 9.2.53a 所示的边链 2，输入圆角半径值 1.0。

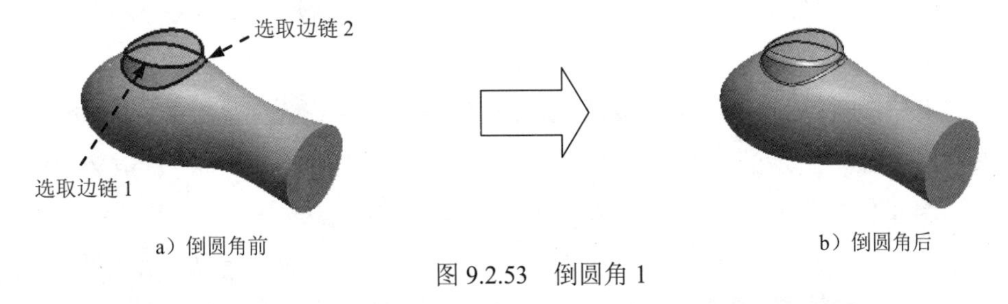

图 9.2.53　倒圆角 1

Step36. 创建加厚特征——加厚 1。在绘图区选取图 9.2.54 所示的曲面特征，选择下拉菜单 编辑(E) ➡ 加厚(K)... 命令；在操控板中输入加厚偏距值 2.0，并单击 按钮，定义加厚方向如图 9.2.54 所示（向内部加厚）。

Step37. 创建图 9.2.55 所示的零件特征——拉伸 3。选择下拉菜单 插入(I) ➡ 拉伸(E)... 命令。选取 ASM_RIGHT 基准平面为草绘平面，选取 ASM_FRONT 基准平面为参照平面，方向为 顶；绘制图 9.2.56 所示的截面草图，选取深度类型为 ，并单击“去除材料”按钮 。

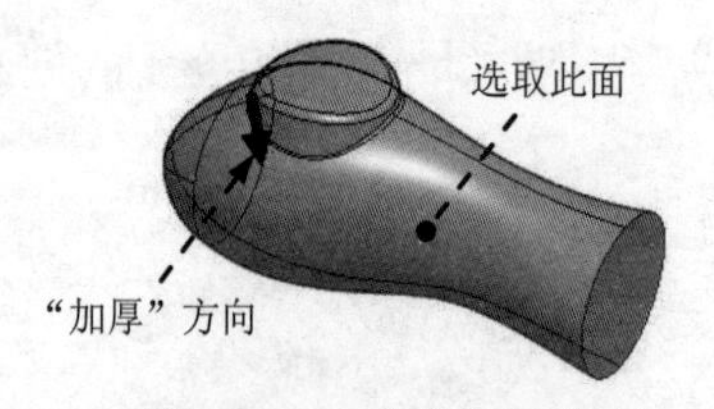

图 9.2.54 定义加厚曲面

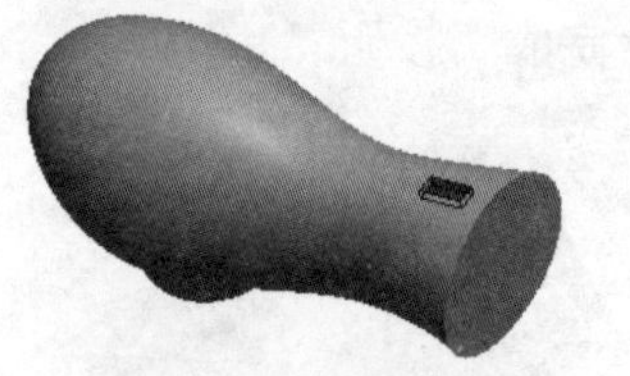
图 9.2.55 拉伸 3

Step38. 创建图 9.2.57 所示的草绘特征——草绘 6。单击工具栏中的“草绘”按钮，选取 ASM_FRONT 基准平面为草绘平面，选取 ASM_RIGHT 基准平面为参照平面，方向为 顶；单击对话框中的 草绘 按钮，绘制图 9.2.56 所示的草图；双击样条曲线，单击操控板中的“切换到控制多边形模式”按钮，定义约束如图 9.2.57 所示。

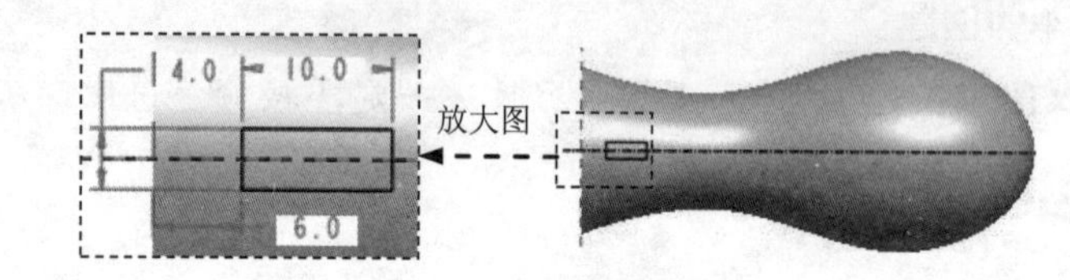

图 9.2.56 截面草图

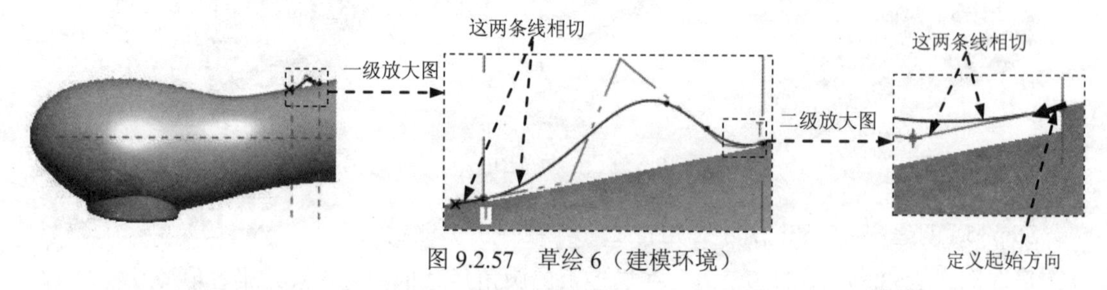

图 9.2.57 草绘 6（建模环境）

Step39. 创建图 9.2.58 所示的扫描伸出项特征——伸出项（标识 2161）。

（1）选择下拉菜单 插入(I) → 扫描(S) → 伸出项(P)... 命令，系统弹出“伸出项：扫描”对话框。

（2）定义扫描轨迹。在 ▼ SWEEP TRAJ（扫描轨迹）菜单中选择 Select Traj（选取轨迹）命令，在绘图区选取图 9.2.57 所示的草绘 6，单击“选取”对话框中的 确定 按钮，定义扫描轨迹的起始方向如图 9.2.57 所示，在菜单管理器中选择 Done（完成）命令。

（3）系统进入截面草绘环境，绘制图 9.2.59 所示的截面草图，完成后单击 ✓ 按钮。

（4）在弹出的 ▼ DIRECTION（方向）菜单管理器中选择 Okay（确定）命令。

（5）单击“切剪：扫描”对话框中的 确定 按钮，完成伸出项（标识 2161）的创建。

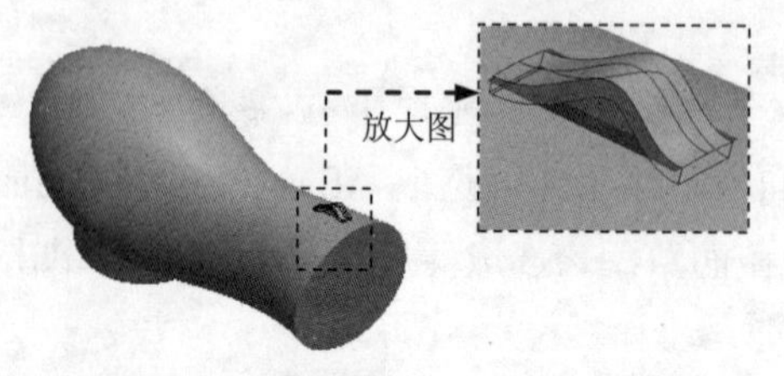

图 9.2.58 伸出项（标识 2161）

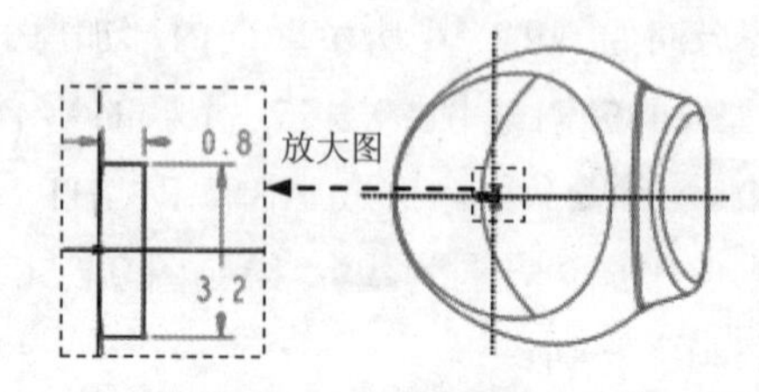

图 9.2.59 截面草图

Step40. 创建图 9.2.60b 所示的倒圆角特征——倒圆角 2。选择下拉菜单 插入(I) → 倒圆角(O)... 命令。选取图 9.2.60a 所示的 4 条边线为圆角放置参照，圆角半径值为 0.1。

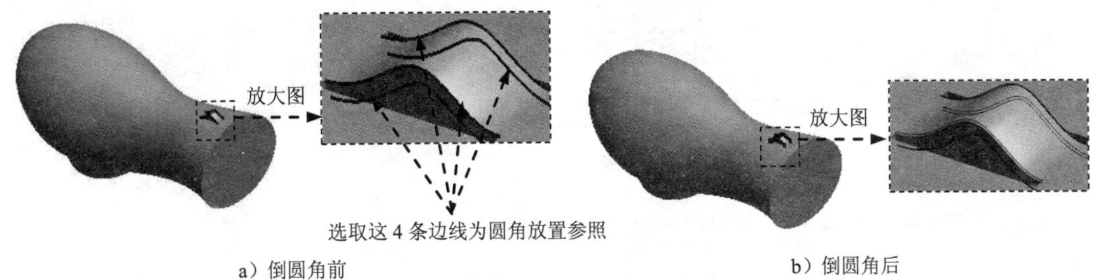

a）倒圆角前　　b）倒圆角后

图 9.2.60　倒圆角 2

Step41. 创建图 9.2.61 所示的基准轴——A_2。单击工具栏中的“基准轴”按钮，系统弹出“基准轴”对话框；选取图 9.2.62 所示的曲面，将其约束类型设置为 穿过。

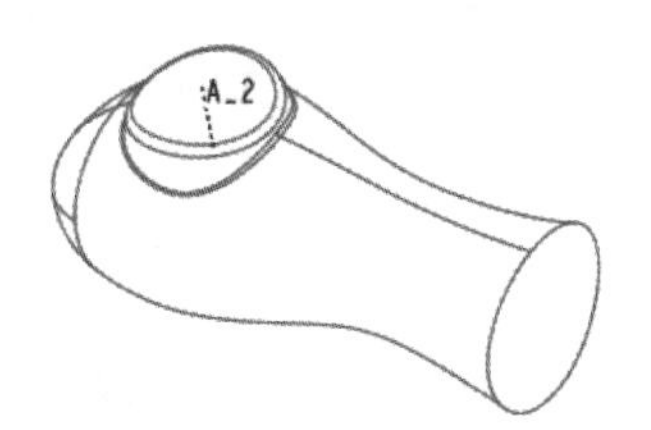

图 9.2.61　基准轴 A_2

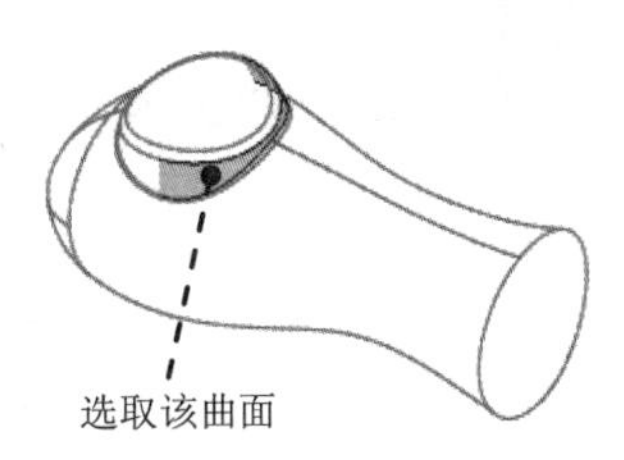

图 9.2.62　定义放置参照

Step42. 创建图 9.2.63 所示的拉伸特征——拉伸 4。选择下拉菜单 插入(I) → 拉伸(E)... 命令，选取 ASM_RIGHT 基准平面为草绘平面，选取 ASM_TOP 基准平面为参照平面，方向为 右；绘制图 9.2.64 所示的截面草图，在操控板中选取深度类型为，，单击“去除材料”按钮。

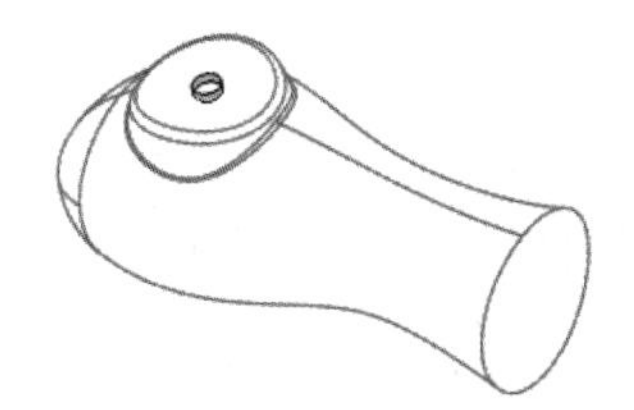

图 9.2.63　拉伸 4

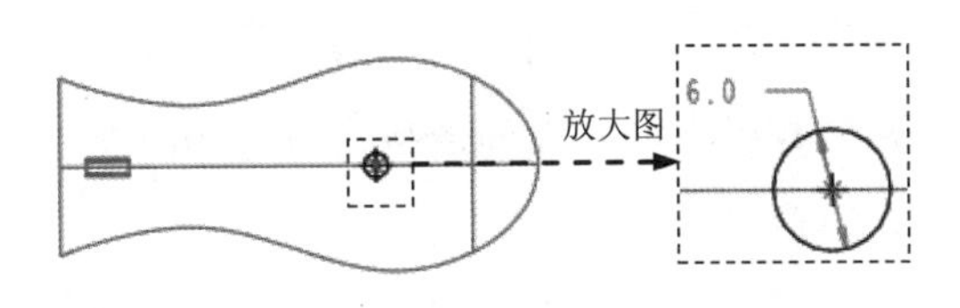

图 9.2.64　截面草图

Step43. 创建图 9.2.65 所示的拉伸特征——拉伸 5。选择下拉菜单 插入(I) → 拉伸(E)... 命令。选取 6.2.66 所示的平面为草绘平面，选取 ASM_FRONT 基准平面为参照平面，方向为 顶；绘制图 9.2.67 所示的截面草图（图中两条斜边互相垂直），在操控板中选取深度类型为，输入深度值为 0.5，单击“去除材料”按钮。

Step44. 创建图 9.2.68 所示的拉伸特征——拉伸 6。选择下拉菜单 插入(I) → 拉伸(E)... 命令。选取 ASM_FRONT 基准平面为草绘平面，选取 ASM_TOP 基准平面为参照平面，方向为 顶；绘制图 9.2.69 所示的截面草图，在操控板中选取深度类型为，输入深度值为 25.0；单击“完成”按钮，完成拉伸 6 的创建（两条直线垂直）。

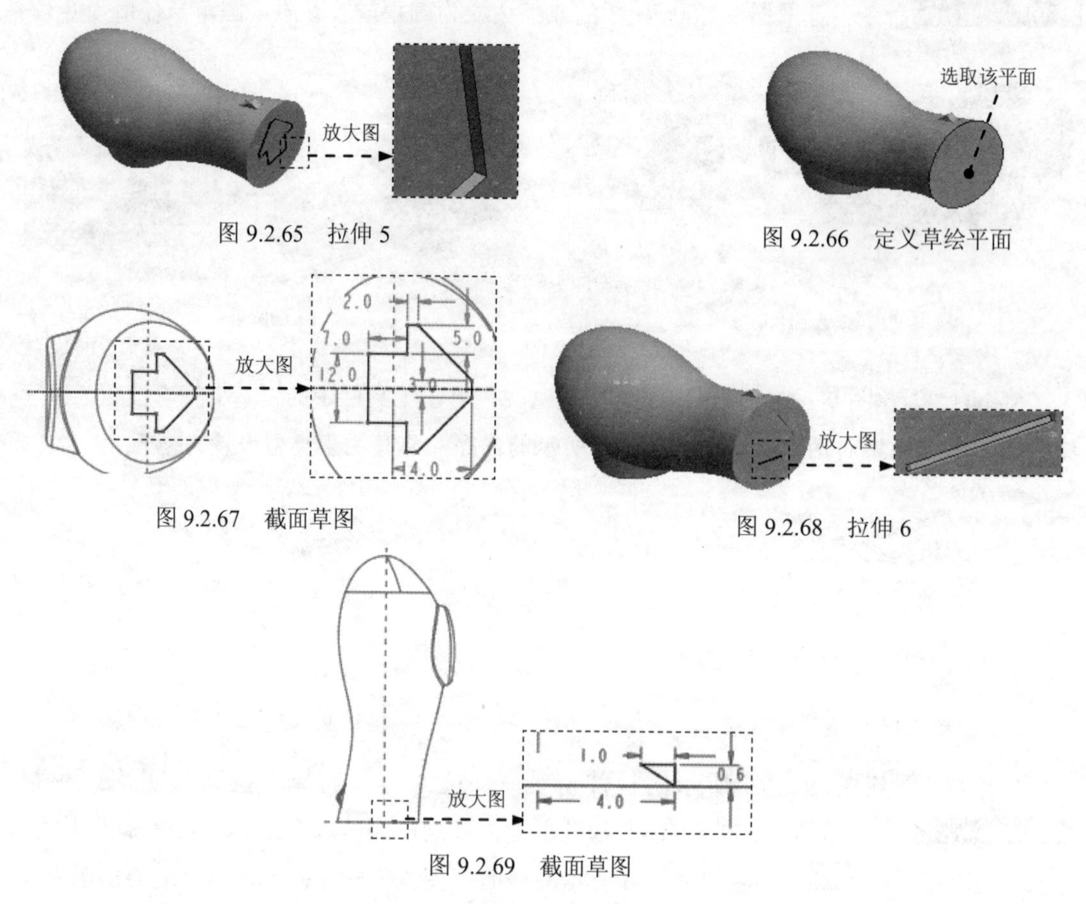

图 9.2.65　拉伸 5

图 9.2.66　定义草绘平面

图 9.2.67　截面草图

图 9.2.68　拉伸 6

图 9.2.69　截面草图

Step45. 创建图 9.2.70b 所示的阵列特征——阵列 1/拉伸 6。在模型树中选取图 9.2.70a 所示的拉伸 6，选择下拉菜单编辑(E) → 阵列(P)...命令；在操控板的选项界面中选中一般单选项；在操控板中单击方向按钮，在绘图区选取图 9.2.71 所示的边线，输入增量值 1.5，在操控板中输入阵列数目值 12，并按<Enter>键；单击“完成”按钮，完成阵列 1/拉伸 6 的创建。

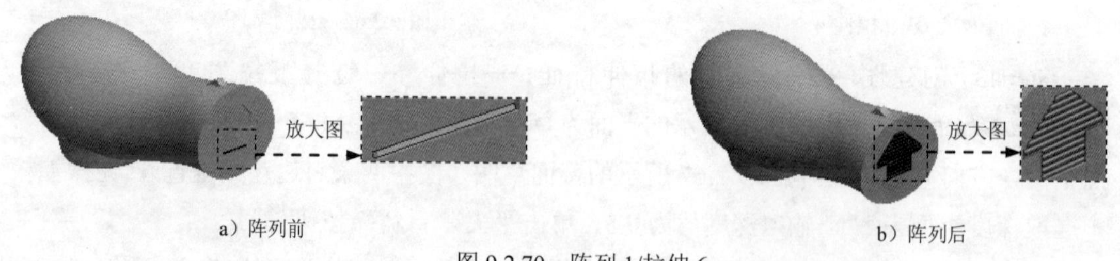

a）阵列前　　b）阵列后

图 9.2.70　阵列 1/拉伸 6

Step46. 创建图 9.2.72 所示的拉伸特征——拉伸 7（注：本步的详细操作过程请参见随书光盘中 video\ch09\ ch09.02\reference\文件夹下的语音视频讲解文件 FIRST-r01.exe）。

Step47. 创建图 9.2.73 所示的拉伸特征——拉伸 8（注：本步的详细操作过程请参见随书光盘中 video\ch09\ ch09.02\reference\文件夹下的语音视频讲解文件 FIRST-r02.exe）。

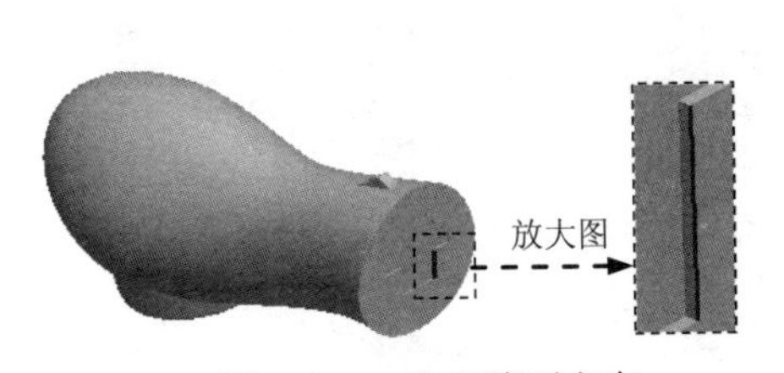

图 9.2.71　定义阵列方向

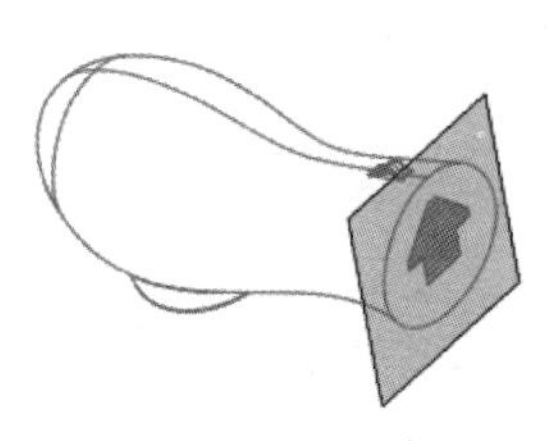

图 9.2.72　拉伸 7

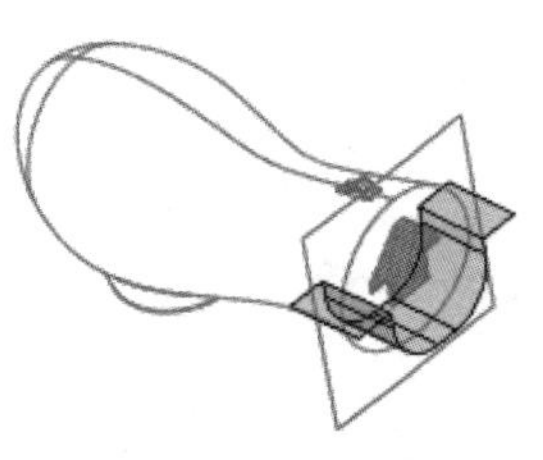

图 9.2.73　拉伸 8

Step48. 创建图 9.2.74b 所示的修剪特征——修剪 5。在模型树中选取图 9.2.74a 所示的拉伸 7，选择下拉菜单 编辑(E) ➡ 修剪(T)... 命令，选取图 9.2.74a 所示的拉伸 8 作为修剪对象，定义修剪方向如图 9.2.74a 所示。

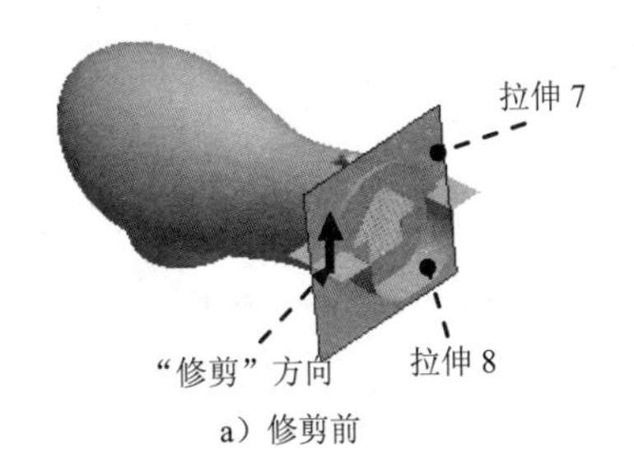

a）修剪前

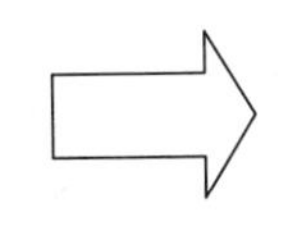

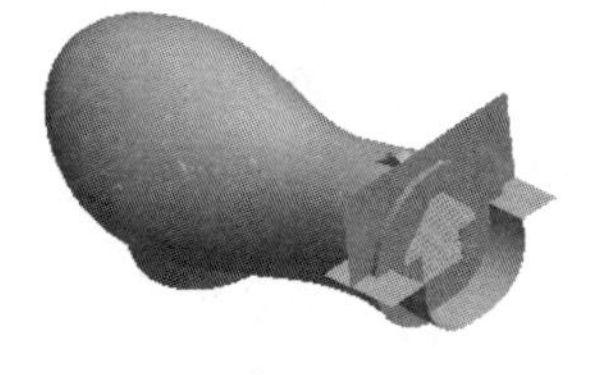

b）修剪后

图 9.2.74　修剪 5

Step49. 创建图 9.2.75b 所示的修剪特征——修剪 6。在绘图区选取图 9.2.75a 所示的曲面 1，选择下拉菜单 编辑(E) ➡ 修剪(T)... 命令，选取图 9.2.75a 所示的曲面 2 作为修剪对象，定义修剪方向如图 9.2.75a 所示。

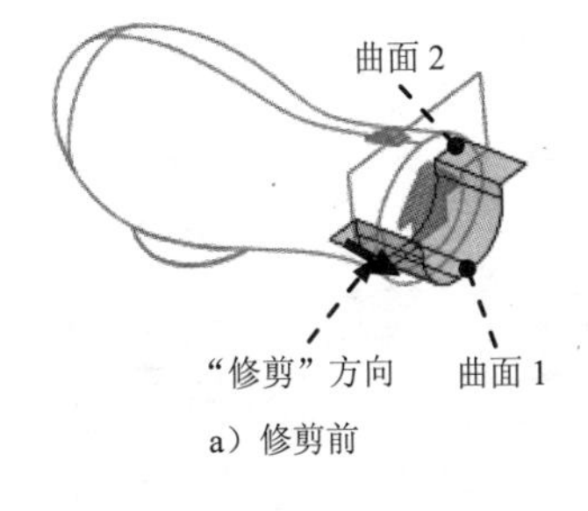

a）修剪前

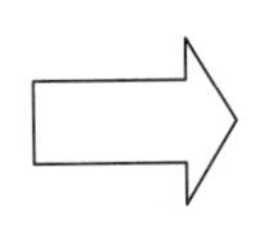

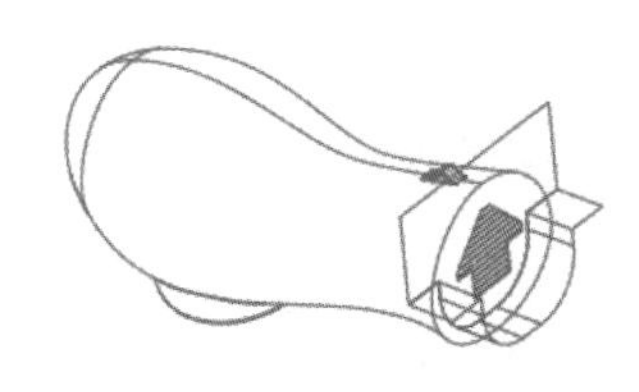

b）修剪后

图 9.2.75　修剪 6

Step50. 创建曲面合并特征——合并 5。按住<Ctrl>键，在绘图区选取 Step48 所创建的修剪 5 和 Step49 所创建的修剪 6，选择下拉菜单 编辑(E) ➡ 合并(G)... 命令；在操控板中单击“完成”按钮✔，完成合并 5 的创建。

Step51. 创建图 9.2.76 所示的草绘特征——草绘 7。单击工具栏中的“草绘”按钮，选取 ASM_FRONT 基准平面为草绘平面，选取 ASM_TOP 基准平面为参照平面，方向为 顶；

单击对话框中的草绘按钮，绘制图 9.2.77 所示的草图。

说明：此处斜矩形的位置要根据草图 4 的位置定义，要使斜矩形被草图 4 贯穿分割。

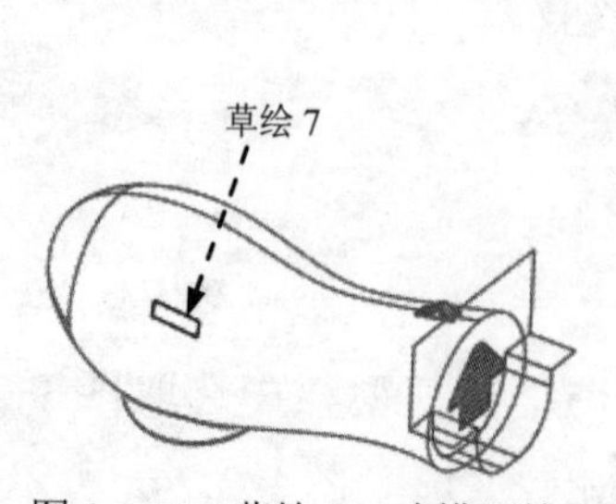

图 9.2.76 草绘 7（建模环境）

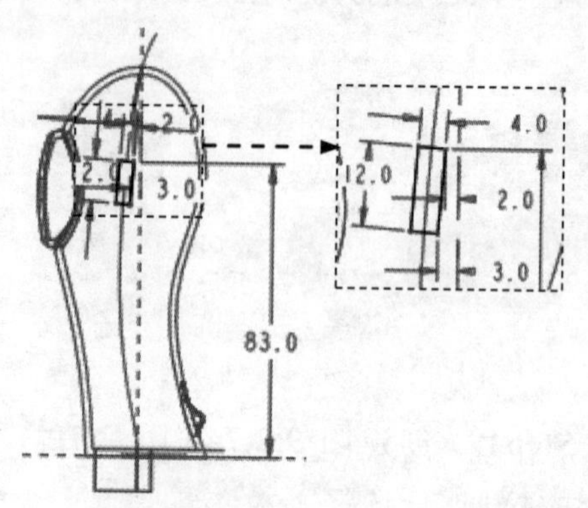

图 9.2.77 草绘 7（草绘环境）

Step52. 创建图 9.2.78 所示的草绘特征——草绘 8。单击工具栏中的“草绘”按钮，选取 ASM_TOP 基准平面为草绘平面，选取 ASM_FRONT 基准平面为参照平面，方向为顶；单击对话框中的草绘按钮，绘制图 9.2.79 所示的截面草图。

Step53. 创建图 9.2.80 所示的草绘特征——草绘 9。单击工具栏中的“草绘”按钮，选取 ASM_RIGHT 基准平面为草绘平面，选取 ASM_TOP 基准平面为参照平面，方向为顶；单击对话框中的草绘按钮，绘制图 9.2.81 所示的截面草图。

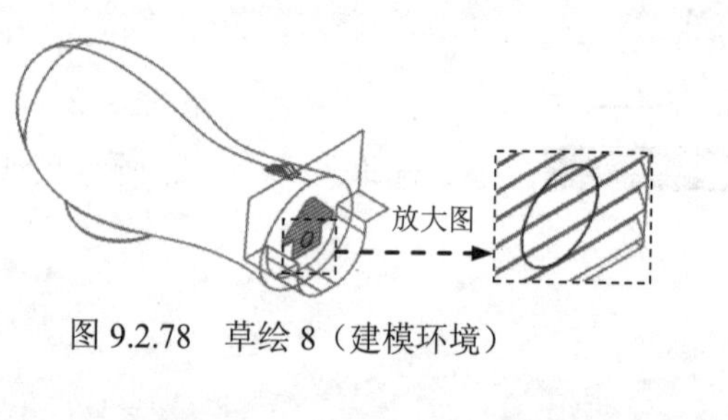

图 9.2.78 草绘 8（建模环境）

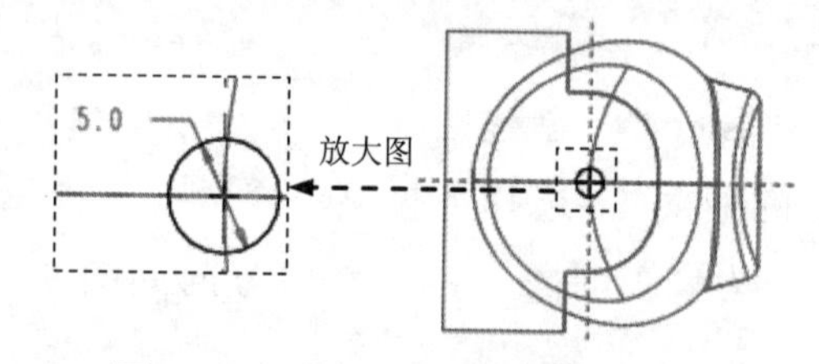

图 9.2.79 草绘 8（草绘环境）

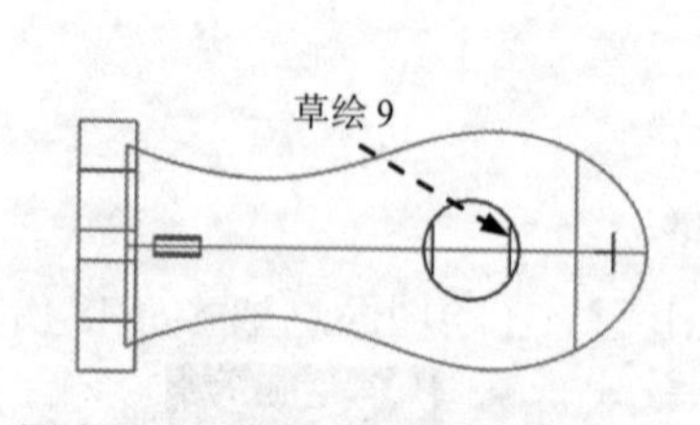

图 9.2.80 草绘 9（建模环境）

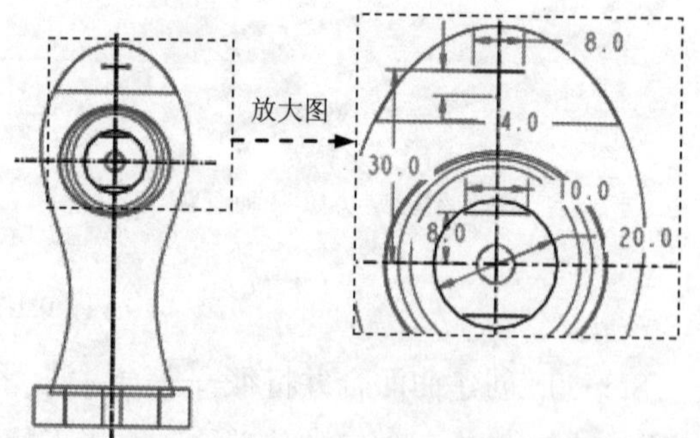

图 9.2.81 草绘 9（草绘环境）

Step54. 创建图 9.2.82 所示的草绘特征——草绘 10。单击工具栏中的“草绘”按钮，选取 ASM_RIGHT 基准平面为草绘平面，选取 ASM_TOP 基准平面为参照平面，方向为顶；单击对话框中的草绘按钮，绘制图 9.2.83 所示的截面草图。

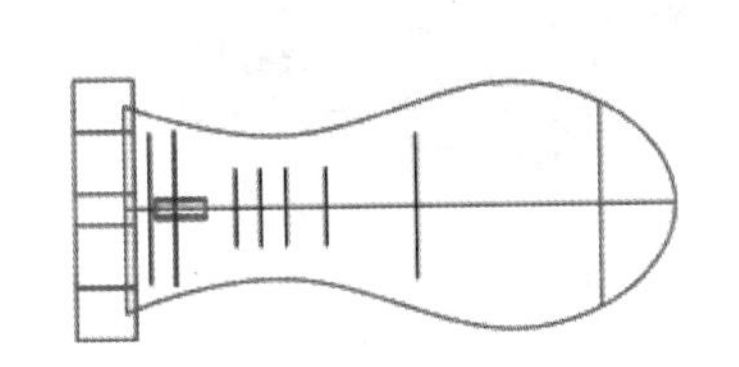

图 9.2.82　草绘 10（建模环境）

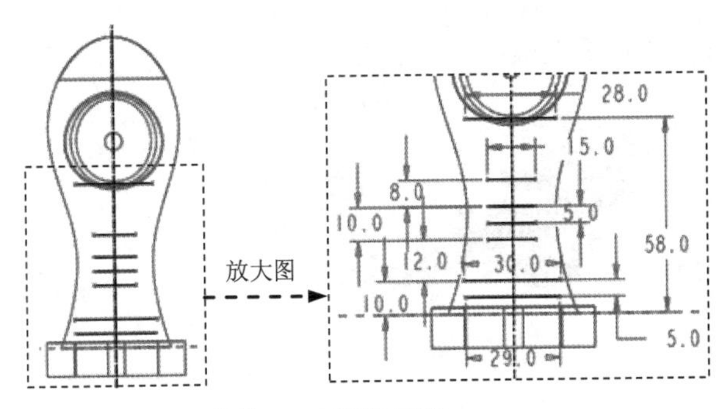

图 9.2.83　草绘 10（草绘环境）

Step55. 保存模型文件。

9.3　二 级 控 件

下面讲解二级控件（SECOND.PRT）的创建过程。零件模型及模型树如图 9.3.1 所示。

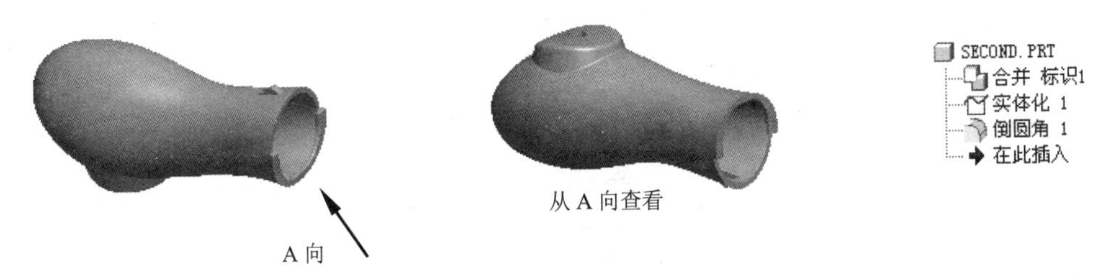

图 9.3.1　模型及模型树

Step1. 在装配体中创建二级控件（SECOND.PRT）。选择下拉菜单 插入(I) → 元件(C) → 创建(C)... 命令；在系统弹出的“元件创建”对话框中选中 类型 选项组的 ◉ 零件 单选项；选中 子类型 选项组中的 ◉ 实体 单选项；在 名称 文本框中输入文件名 SECOND，单击 确定 按钮；在系统弹出的“创建选项”对话框中选中 ◉ 空 单选项，单击 确定 按钮。

Step2. 激活二级控件模型。

（1）在模型树中单击 SECOND.PRT，然后右击，在系统弹出的快捷菜单中选择 激活 命令。

（2）选择下拉菜单 插入(I) → 共享数据(D) → 合并/继承(M)... 命令，系统弹出“复制几何”操控板。在该操控板中进行下列操作：

① 在操控板中，先确认“将参照类型设置为组件上下文”按钮 被按下。

② 复制几何。在操控板中单击 参照 按钮，系统弹出“参照”界面；选中 ☑ 复制基准 复选框，然后在绘图区选取骨架模型特征；单击“完成”按钮 ✔。

Step3. 在模型树中选择 SECOND.PRT，然后右击，在系统弹出的快捷菜单中选择 打开 命令。

Step4. 创建图 9.3.2b 所示的实体化特征——实体化 1。选取图 9.3.2a 所示的面，选择下拉菜单 编辑(E) → 实体化(Y)... 命令，确定“切剪材料”按钮 被按下，定义实体化方向如图 9.3.2a 所示。

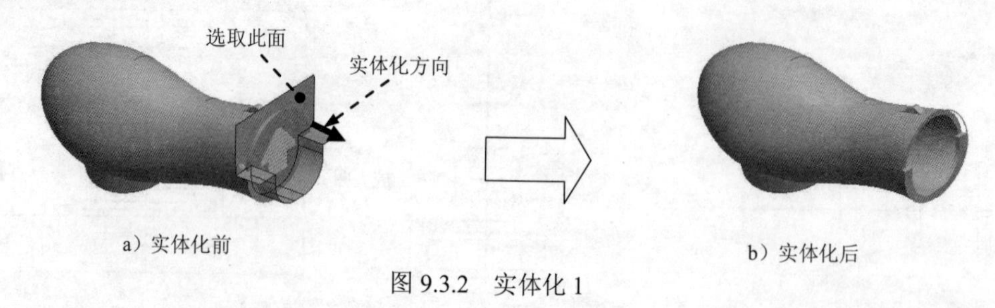

图 9.3.2 实体化 1

Step5. 创建图 9.3.3b 所示的倒圆角特征——倒圆角 1。选择下拉菜单 插入(I) ➡ 倒圆角 (O)... 命令；选取图 9.3.3a 所示的边为圆角放置参照，圆角半径值为 0.5。

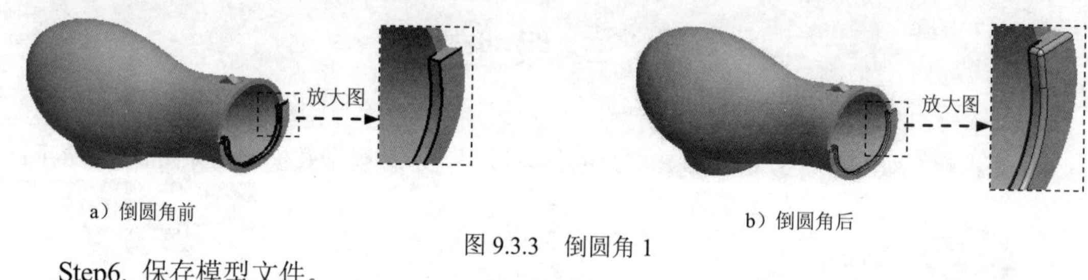

图 9.3.3 倒圆角 1

Step6. 保存模型文件。

9.4 前 盖

下面讲解前盖（FRONT.PRT）的创建过程，零件模型及模型树如图 9.4.1 所示。

Step1. 在装配体中创建前盖（FRONT.PRT）。选择下拉菜单 插入(I) ➡ 元件 (C) ▸ ➡ 创建 (C)... 命令；在系统弹出的“元件创建”对话框中选中 类型 选项组的 ◉ 零件 单选项；选中 子类型 选项组中的 ◉ 实体 单选项；在 名称 文本框中输入文件名 FRONT，单击 确定 按钮；在系统弹出的“创建选项”对话框中选中 ◉ 空 单选项，单击 确定 按钮。

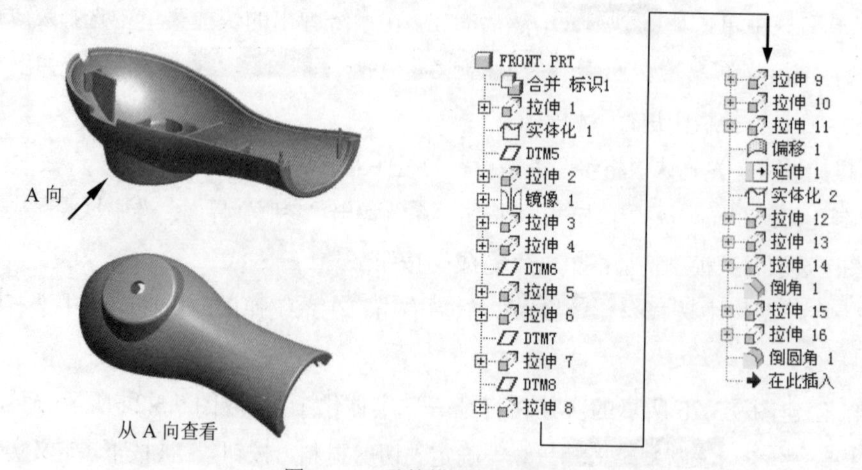

图 9.4.1 零件模型及模型树

Step2. 激活前盖模型。

（1）在模型树中单击 FRONT.PRT，然后右击，在系统弹出的快捷菜单中选择 激活 命令。

（2）选择下拉菜单 插入(I) → 共享数据(D) ▸ → 合并/继承(M)... 命令，系统弹出“复制几何”操控板，在该操控板中进行下列操作：

① 在操控板中，先确认“将参照类型设置为组件上下文”按钮被按下。

② 复制几何。在操控板中单击 参照 按钮，系统弹出“参照”界面；选中 ☑ 复制基准 复选框，然后在模型树中选取 SECOND.PRT；单击“完成”按钮。

Step3. 在模型树中选择 FRONT.PRT，然后右击，在系统弹出的快捷菜单中选择 打开 命令。

Step4. 创建图 9.4.2 所示的拉伸特征——拉伸 1。选择下拉菜单 插入(I) → 拉伸(E)... 命令；在操控板中应确认“曲面”按钮被按下；选取 ASM_FRONT 基准平面为草绘平面，选取 ASM_TOP 基准平面为参照平面，方向为 顶；单击对话框中的 草绘 按钮，绘制图 9.4.3 所示的截面草图（用“使用边”命令）；选取深度类型为，输入深度值为 60.0；单击“完成”按钮，完成拉伸 1 的创建。

说明：图 9.4.3 所示的草绘曲线是以骨架模型中的草绘 4 为使用边参照绘制的，如图 9.4.4 所示。

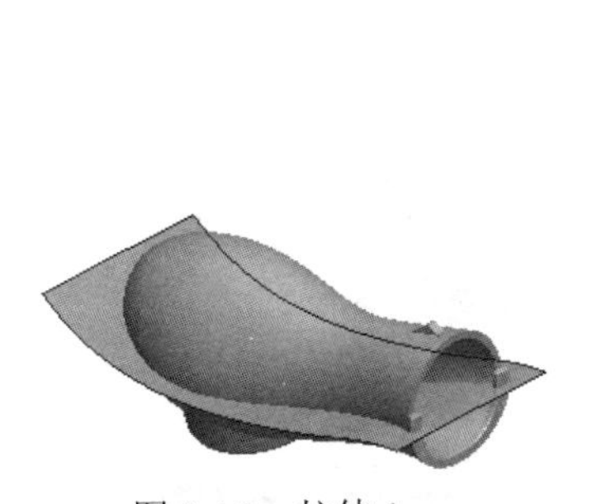

图 9.4.2　拉伸 1

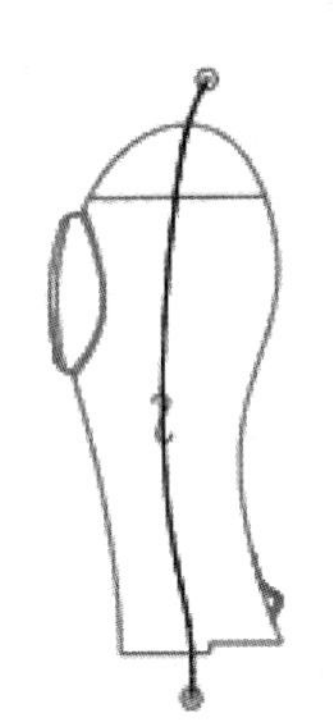

图 9.4.3　截面草图

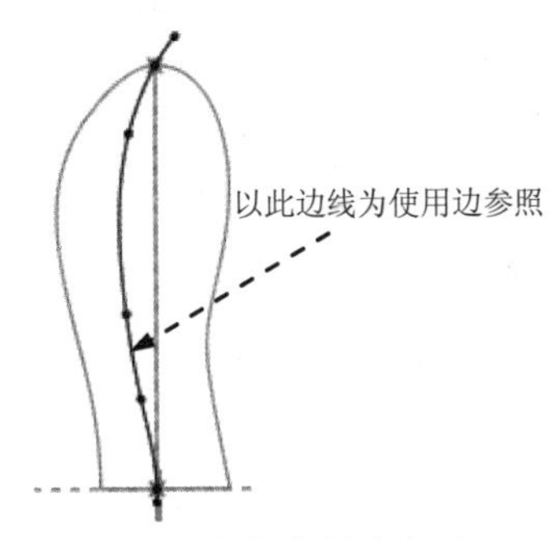

图 9.4.4　定义使用边参照

Step5. 创建图 9.4.5b 所示的实体化特征——实体化 1。选取图 9.4.5a 所示的面，选择下拉菜单 编辑(E) → 实体化(Y)... 命令，确定“去除材料”按钮被按下，定义实体化方向如图 9.4.5a 所示。

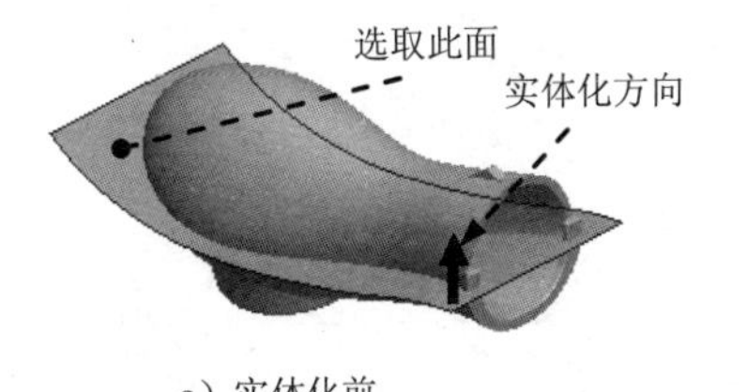

a）实体化前

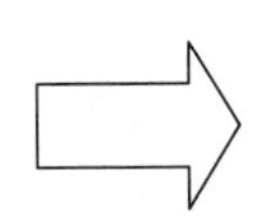

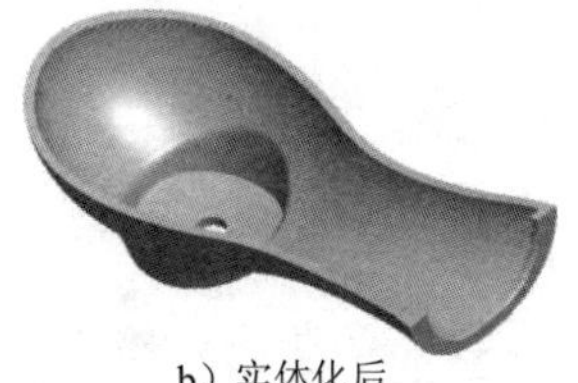

b）实体化后

图 9.4.5　实体化 1

Step6. 创建图 9.4.6 所示的基准平面——DTM5。选择下拉菜单 插入(I) →

模型基准(D) → 平面(L)... 命令；选取 ASM_RIGHT 基准平面为参照，定义约束类型为 偏移，输入偏移值为 15.0。

Step7. 创建图 9.4.7 所示的拉伸特征——拉伸 2。选择下拉菜单 插入(I) → 拉伸(E)... 命令，选取 DTM5 基准平面为草绘平面，选取 ASM_TOP 基准平面为参照平面，方向为 右；绘制图 9.4.8 所示的截面草图；选取深度类型为，单击“加厚草绘”按钮，输入厚度值为 1.0，并单击按钮调整加厚方向（两侧对称加厚）。

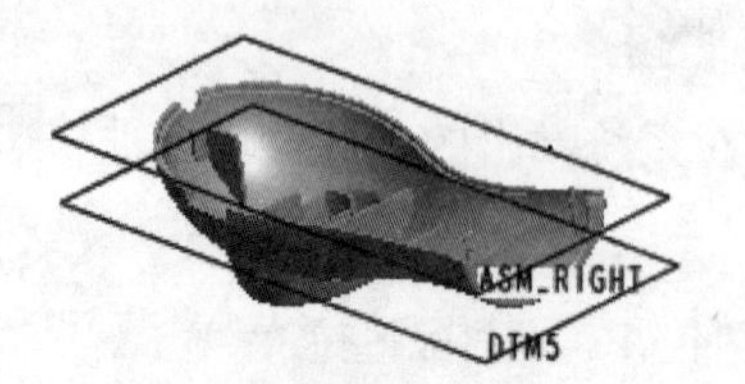

图 9.4.6　基准平面 DTM5

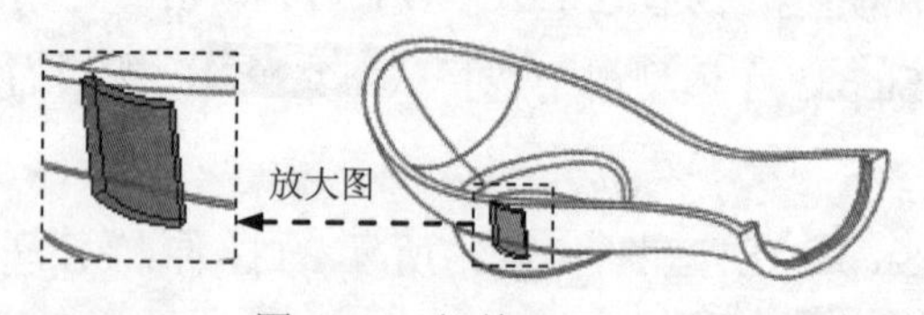

图 9.4.7　拉伸 2

Step8. 创建图 9.4.9b 所示的镜像特征——镜像 1。在模型树中选取 Step7 所创建的拉伸 2 特征为镜像对象；选择下拉菜单 编辑(E) → 镜像(I)... 命令；选取图 9.4.9a 所示的 ASM_FRONT 基准平面为镜像中心平面。

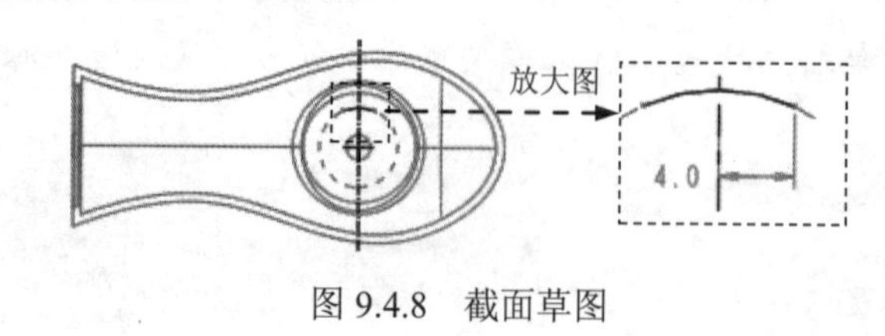

图 9.4.8　截面草图

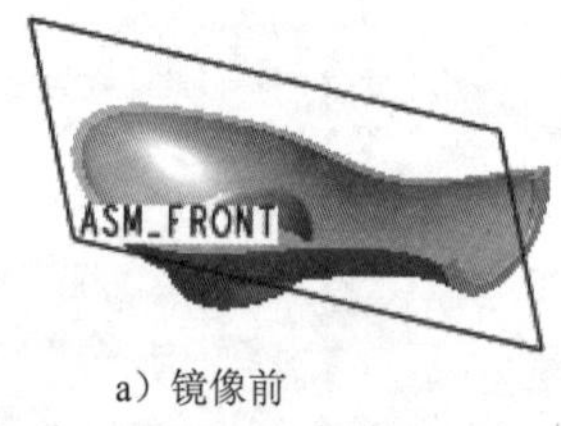

a）镜像前

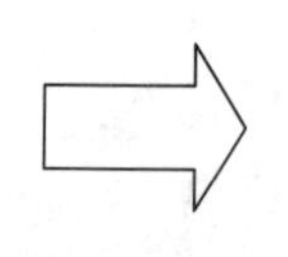

b）镜像后

图 9.4.9　镜像 1

Step9. 创建图 9.4.10 所示的拉伸特征——拉伸 3。选择下拉菜单 插入(I) → 拉伸(E)... 命令，选取 DTM5 基准平面为草绘平面，选取 ASM_FRONT 基准平面为参照平面，方向为 顶；绘制图 9.4.11 所示的截面草图（用“使用边”命令）；选取深度类型为；单击“加厚草绘”按钮，输入厚度值为 1.0（向草图右侧加厚）。

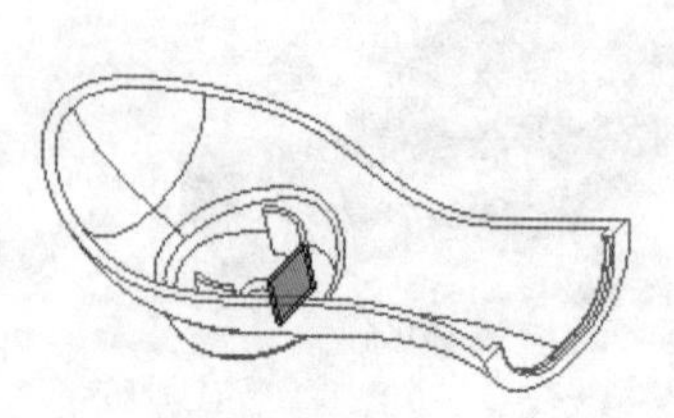

图 9.4.10　拉伸 3

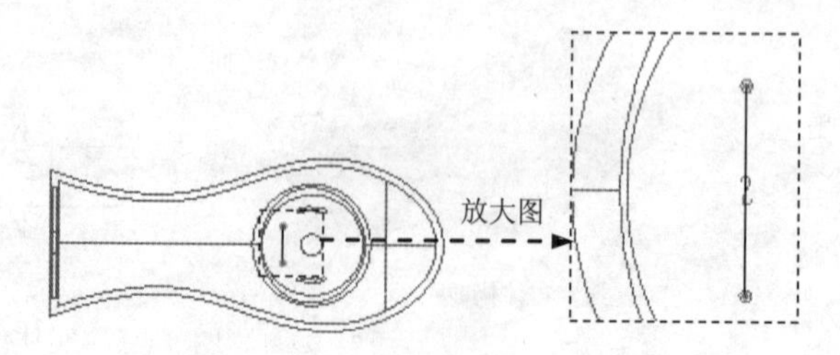

图 9.4.11　截面草图

说明：图 9.4.11 所示的草绘直线的两个端点分别与草绘 9 中的一条直线的端点重合，如图 9.4.12 所示。

Step10. 创建图 9.4.13 所示的拉伸特征——拉伸 4。选择下拉菜单 插入(I) → 拉伸(E)... 命令，选取 DTM5 基准平面为草绘平面，选取 ASM_FRONT 基准平面为参照平面，方向为 顶；绘制图 9.4.14 所示的截面草图（用“使用边”命令）；选取深度类型为，单击“加厚草绘”按钮，输入厚度值为 1.0（向草图左侧加厚）。

说明：图 9.4.14 所示的草绘直线的两个端点分别与草绘 9 中的一条直线的端点重合，如图 9.4.15 所示。

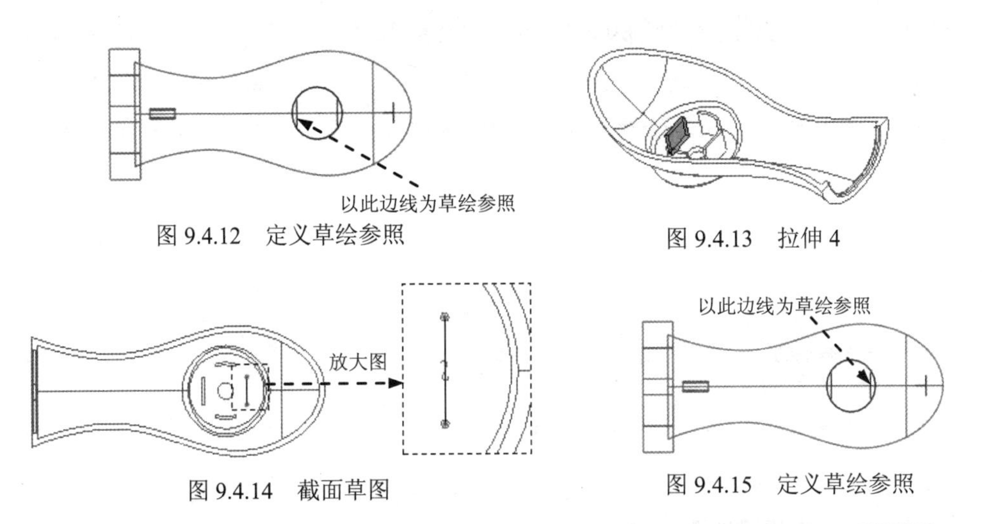

图 9.4.12　定义草绘参照

图 9.4.13　拉伸 4

图 9.4.14　截面草图

图 9.4.15　定义草绘参照

Step11. 创建图 9.4.16 所示的基准平面——DTM6。选择下拉菜单 插入(I) → 模型基准(D) → 平面(L)... 命令；选取 ASM_RIGHT 基准平面为参照，定义约束类型为 偏移，输入偏移值为 4.0。

Step12. 创建图 9.4.17 所示的拉伸特征——拉伸 5。选择下拉菜单 插入(I) → 拉伸(E)... 命令，选取 DTM6 基准平面为草绘平面，选取 ASM_FRONT 基准平面为参照平面，方向为 顶；绘制图 9.4.18 所示的截面草图（用“使用边”命令）；选取深度类型为，单击“加厚草绘”按钮，输入厚度值为 1.0（向草图左侧加厚）。

说明：图 9.4.18 所示的草绘直线的两个端点分别与草绘 9 中的一条直线的端点重合，如图 9.4.19 所示。

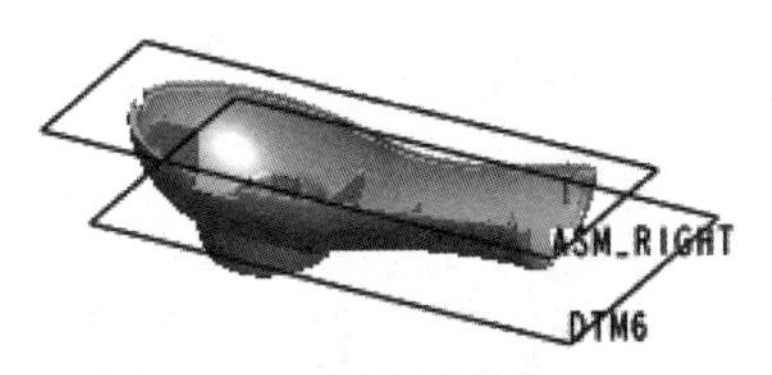

图 9.4.16　基准平面 DTM6

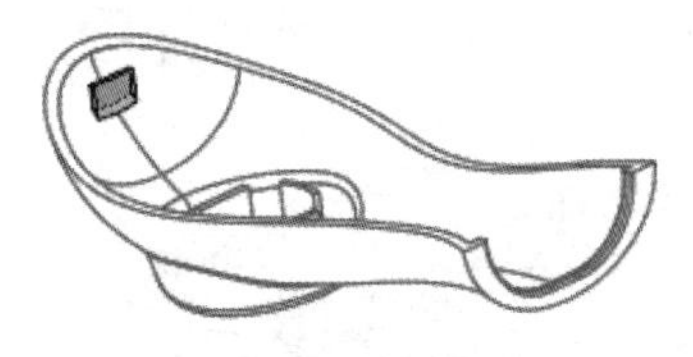

图 9.4.17　拉伸 5

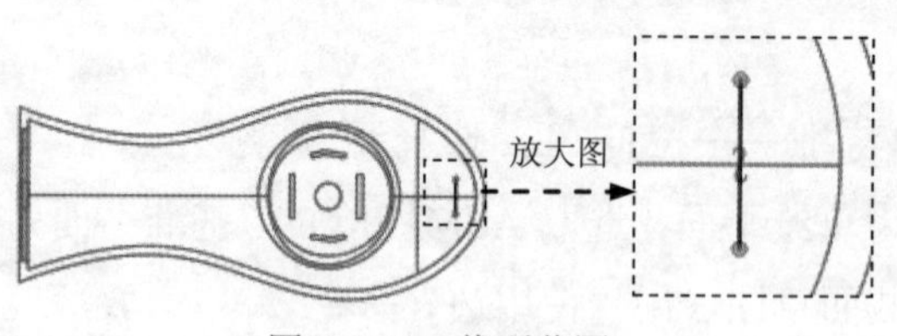

图 9.4.18　截面草图

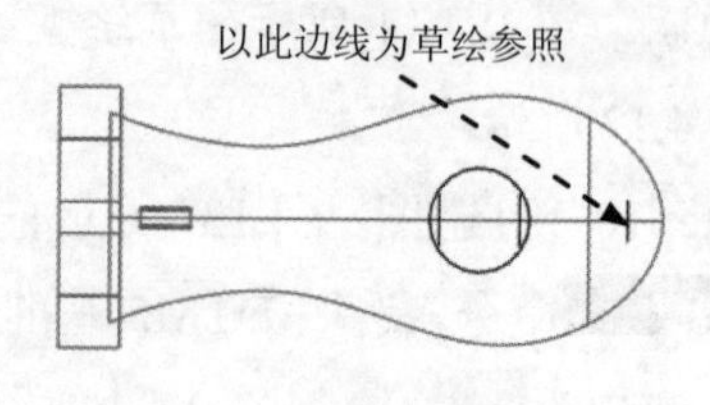

图 9.4.19　定义草绘参照

Step13. 创建图 9.4.20 所示的拉伸特征——拉伸 6。选择下拉菜单 插入(I) ➡ 拉伸(E)... 命令，选取 ASM_RIGHT 基准平面为草绘平面，选取 ASM_FRONT 基准平面为参照平面，方向为 顶；绘制图 9.4.21 所示的截面草图（用“使用边”命令 ）；选取深度类型为 ，单击“加厚草绘”按钮 ，输入厚度值为 1.0（向草图左侧加厚）。

说明：图 9.4.21 所示的草绘直线的两个端点分别与草绘 10 中的一条直线的端点重合，如图 9.4.22 所示。

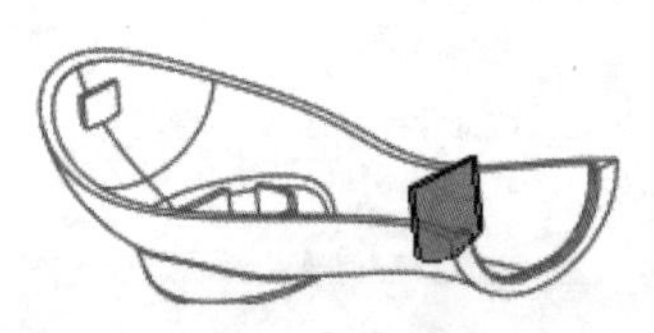
图 9.4.20　拉伸 6

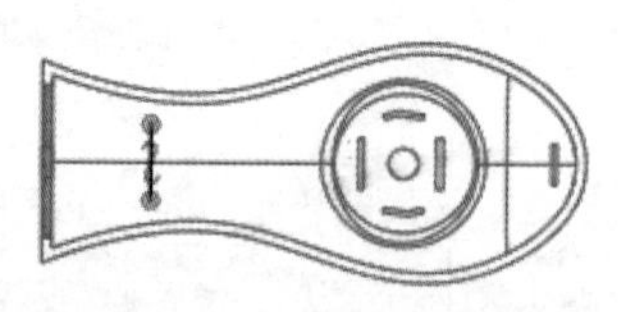
图 9.4.21　截面草图

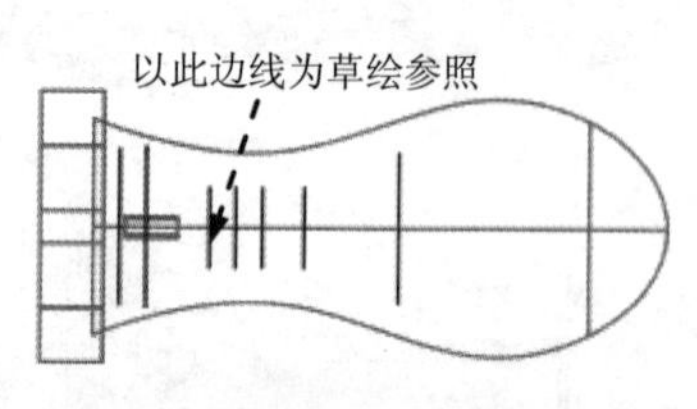

图 9.4.22　定义草绘参照

Step14. 创建图 9.4.23 所示的基准平面——DTM7。选择下拉菜单 插入(I) ➡ 模型基准(D) ➡ 平面(L)... 命令；选取 ASM_RIGHT 基准平面为参照，定义约束类型为 偏移，输入偏移值为 11.0。

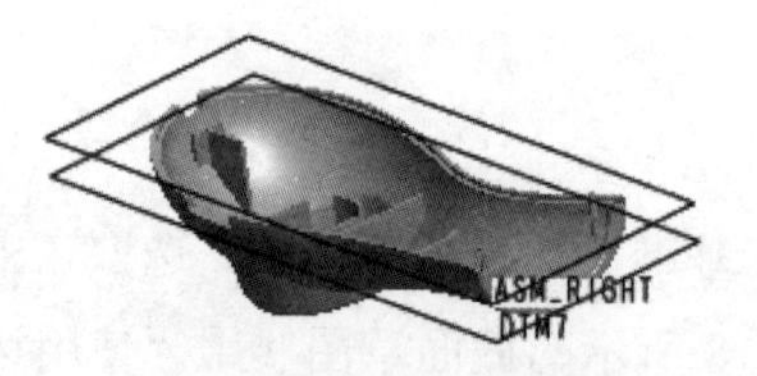

图 9.4.23　基准平面 DTM7

Step15. 创建图 9.4.24 所示的拉伸特征——拉伸 7。选择下拉菜单 插入(I) ➡ 拉伸(E)... 命令，选取 DTM7 基准平面为草绘平面，选取 ASM_FRONT 基准平面为参照平面，方向为 顶；绘制图 9.4.25 所示的截面草图（用“使用边”命令 ）；选取深度类型为 ，单击“加厚草绘”按钮 ，输入厚度值为 1.0（向草图左侧加厚）。

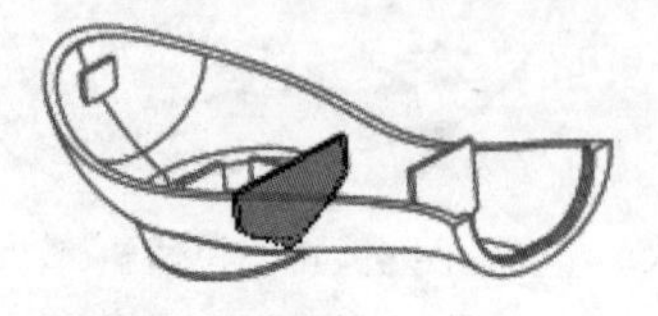
图 9.4.24　拉伸 7

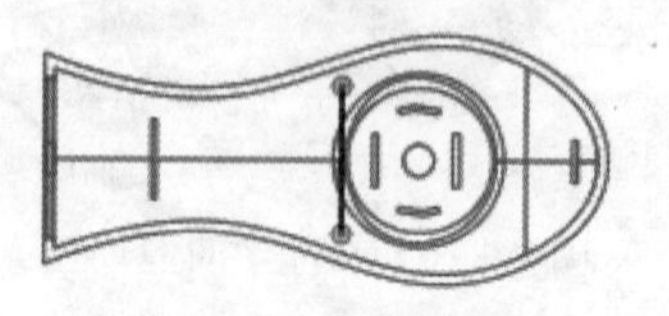
图 9.4.25　截面草图

说明：图 9.4.25 所示的草绘直线的两个端点分别与草绘 10 中的一条直线的端点重合，如图 9.4.26 所示。

Step16. 创建图 9.4.27 所示的基准平面——DTM8。选择下拉菜单 插入(I) ➡ 模型基准(D) ➡ 平面(L)... 命令；选取 ASM_RIGHT 基准平面为参照，定义约束类型为 偏移，输入偏移值为 8.0。

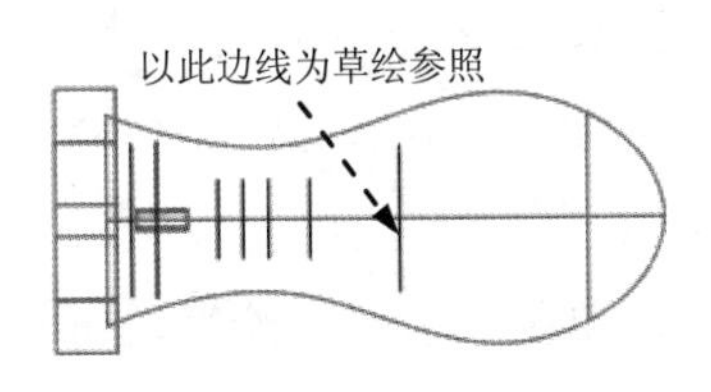

图 9.4.26　定义草绘参照

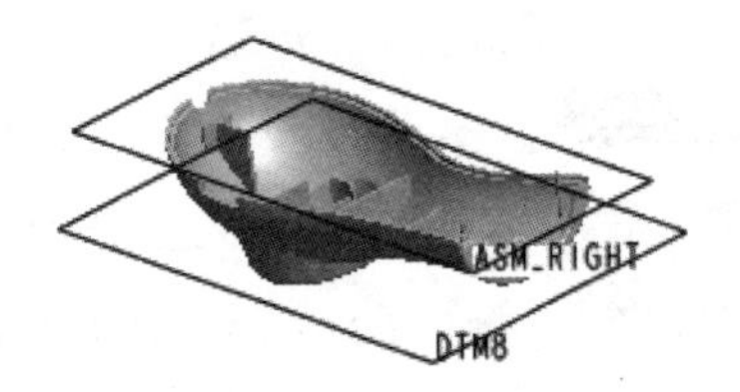

图 9.4.27　基准平面 DTM8

Step17. 创建图 9.4.28 所示的拉伸特征——拉伸 8。选择下拉菜单 插入(I) ➡ 拉伸(E)... 命令，选取 DTM8 基准平面为草绘平面，选取 ASM_FRONT 基准平面为参照平面，方向为 顶；绘制图 9.4.29 所示的截面草图（用“使用边”命令）；选取深度类型为，单击“加厚草绘”按钮，输入厚度值为 1.0（向草图左侧加厚）。

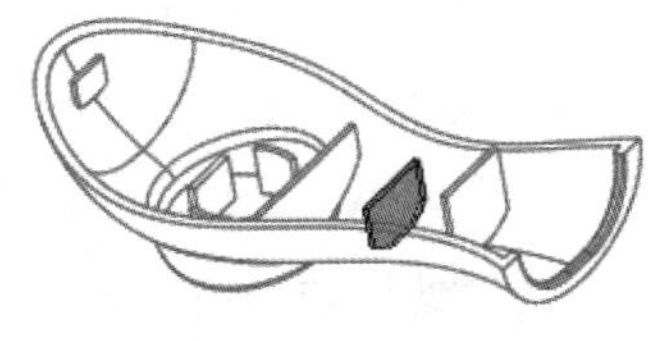

图 9.4.28　拉伸 8

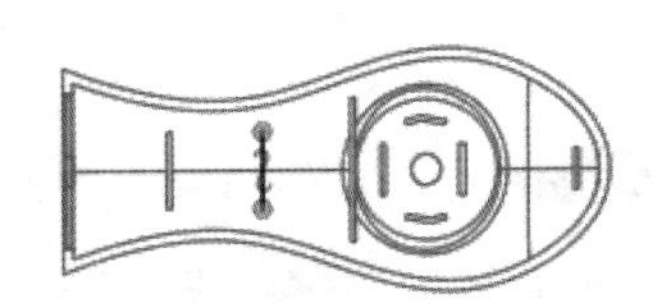

图 9.4.29　截面草图

说明：图 9.4.29 所示的草绘直线的两个端点分别与草绘 10 中的一条直线的端点重合，如图 9.4.30 所示。

Step18. 创建图 9.4.31 所示的拉伸特征——拉伸 9。选择下拉菜单 插入(I) ➡ 拉伸(E)... 命令，选取 DTM6 基准平面为草绘平面，选取 ASM_FRONT 基准平面为参照平面，方向为 顶；绘制图 9.4.32 所示的截面草图（用“使用边”命令）；选取深度类型为，单击“加厚草绘”按钮，输入厚度值为 1.0（向两侧对称加厚）。

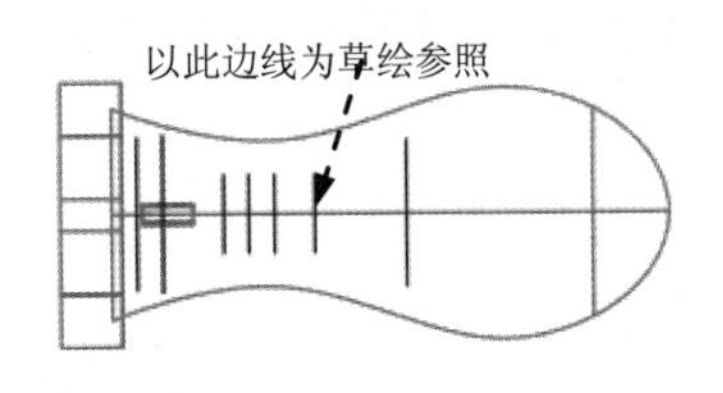

图 9.4.30　定义草绘参照

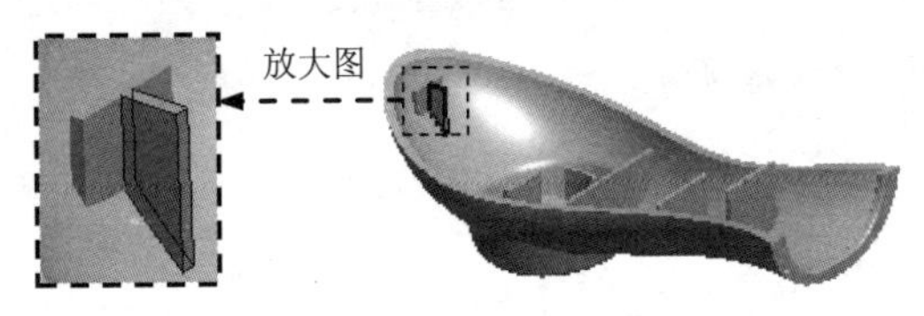

图 9.4.31　拉伸 9

说明：图 9.4.32 所示的草绘直线的两个端点分别与草绘 10 中的一条直线的端点重合，如图 9.4.33 所示。

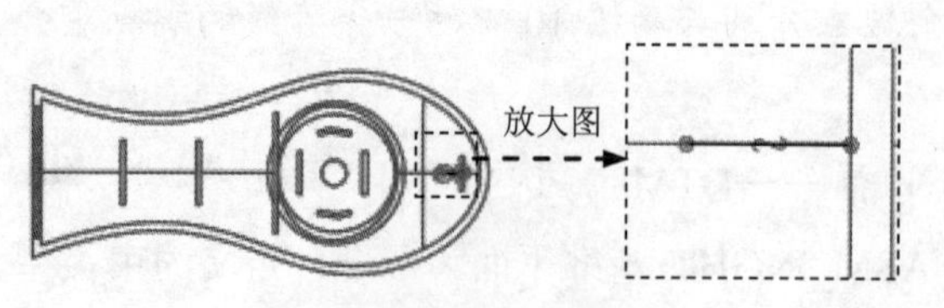

图 9.4.32　截面草图

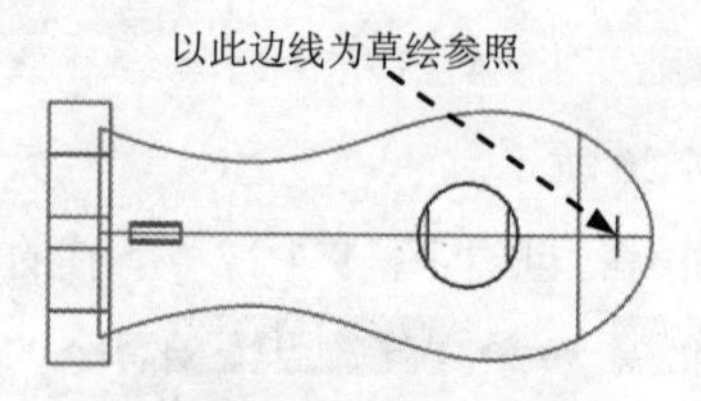

图 9.4.33　定义草绘参照

Step19. 创建图 9.4.34 所示的拉伸特征——拉伸 10。选择下拉菜单 插入(I) → 拉伸(E)... 命令，选取 ASM_RIGHT 基准平面为草绘平面，选取 ASM_FRONT 基准平面为参照平面，方向为 顶；绘制图 9.4.35 所示的截面草图（用“使用边”命令）；选取深度类型为，选取图 9.4.36 所示的曲面为拉伸终止面，单击“加厚草绘”按钮（向内加厚），输入厚度值为 1.0。

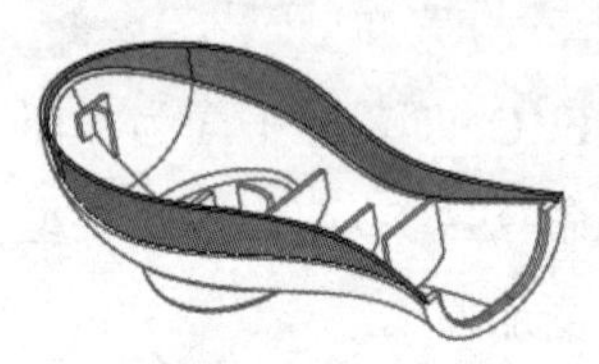
图 9.4.34　拉伸 10

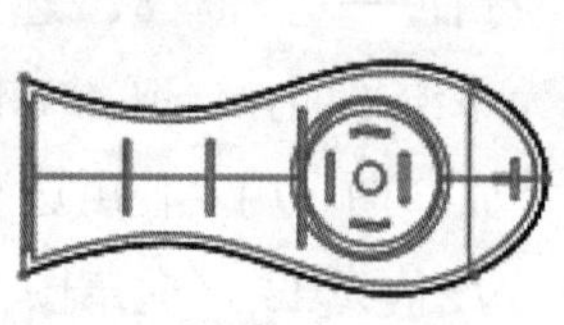
图 9.4.35　截面草图

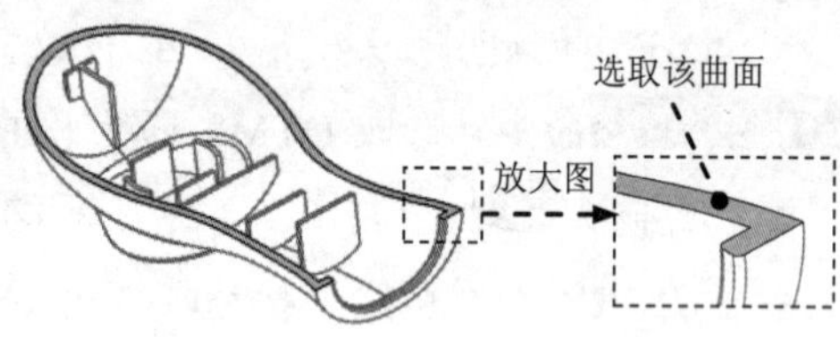

图 9.4.36　定义拉伸终止面

Step20. 创建图 9.4.37 所示的拉伸特征——拉伸 11。选择下拉菜单 插入(I) → 拉伸(E)... 命令，选取 ASM_RIGHT 基准平面为草绘平面，选取 ASM_FRONT 基准平面为参照平面，方向为 顶；绘制图 9.4.38 所示的截面草图（用“使用边”命令）；选取深度类型为，输入厚度值为 1.0。

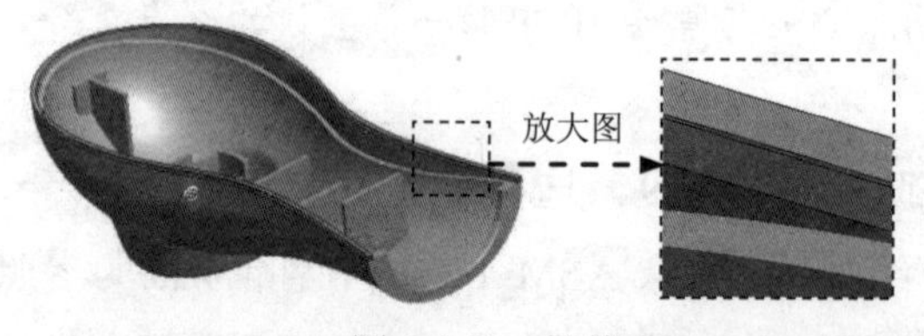

图 9.4.37　拉伸 11

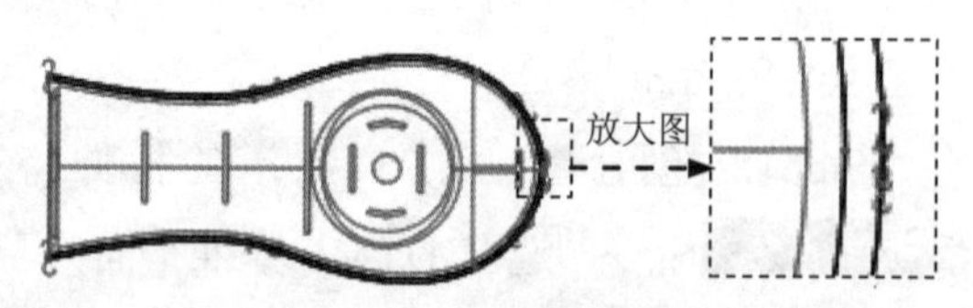

图 9.4.38　截面草图

Step21. 创建图 9.4.39b 所示的偏移特征——偏移 1。在绘图区选取图 9.4.39a 所示的面，选择下拉菜单 编辑(E) → 偏移(O)... 命令；在操控板中距离文本框中输入值 1.0，定义偏移方向如图 9.4.39a 所示。

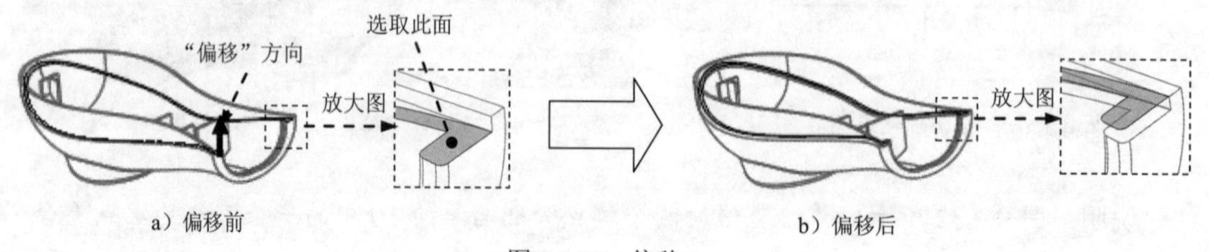

图 9.4.39　偏移 1

Step22. 创建图 9.4.40b 所示的曲面延伸特征——延伸 1。选取图 9.4.40a 所示的边链，选择下拉菜单 编辑(E) ➡ 延伸(X)... 命令；在操控板中输入延伸值 5.0。

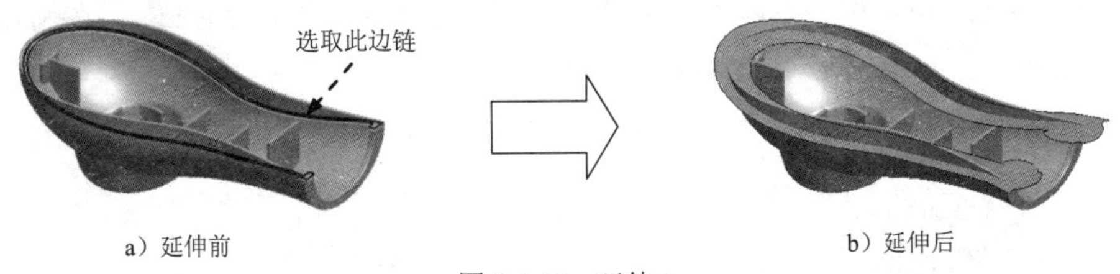

a）延伸前　　b）延伸后

图 9.4.40　延伸 1

说明： 图 9.4.40a 所示的边链为图 9.4.39b 所示创建的偏移 1 的外边线。

Step23. 创建图 9.4.41b 所示的实体化特征——实体化 2。在绘图区选取图 9.4.41a 所示曲面，选择下拉菜单 编辑(E) ➡ 实体化(Y)... 命令；在操控板中按下“去除材料”按钮，使去除材料的方向如图 9.4.41a 所示。

Step24. 创建图 9.4.42 所示的拉伸特征——拉伸 12。选择下拉菜单 插入(I) ➡ 拉伸(E)... 命令；选取 ASM_RIGHT 基准平面为草绘平面，选取 ASM_FRONT 基准平面为参照平面，方向为 顶；绘制图 9.4.43 所示的截面草图，在操控板中选取深度类型为。

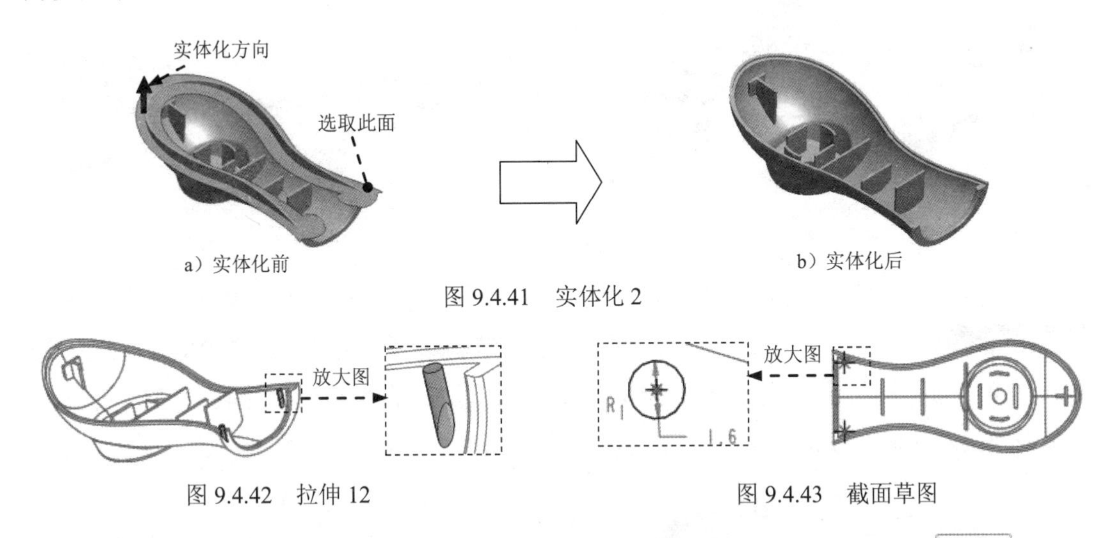

a）实体化前　　b）实体化后

图 9.4.41　实体化 2

图 9.4.42　拉伸 12　　图 9.4.43　截面草图

Step25. 创建图 9.4.44 所示的拉伸特征——拉伸 13。选择下拉菜单 插入(I) ➡ 拉伸(E)... 命令；选取 ASM_RIGHT 基准平面为草绘平面，选取 ASM_FRONT 基准平面为参照平面，方向为 顶；绘制图 9.4.45 所示的截面草图，在操控板中选取深度类型为，输入深度值 3.0。

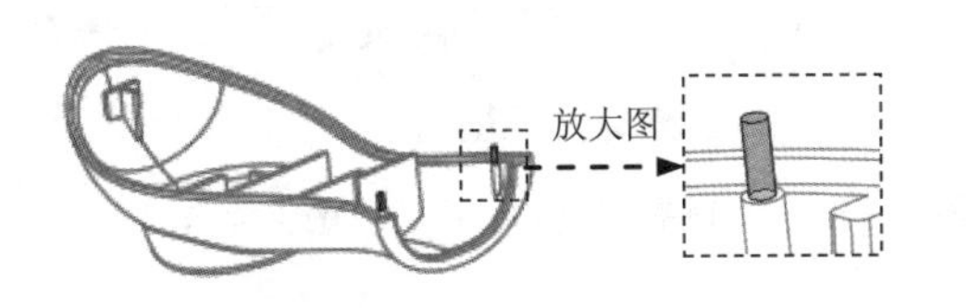

图 9.4.44　拉伸 13

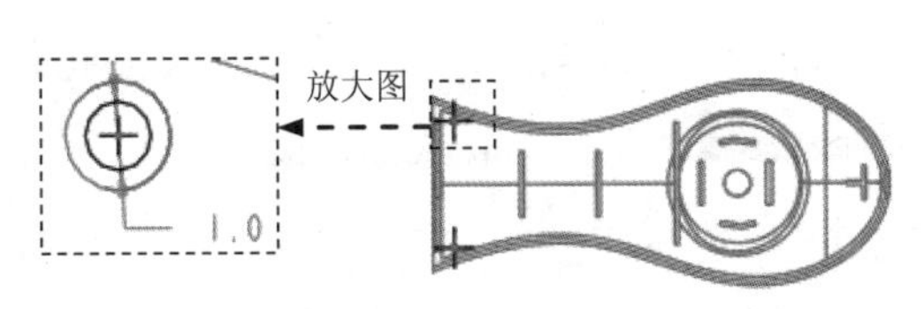

图 9.4.45　截面草图

Step26. 创建图 9.4.46 所示的拉伸特征——拉伸 14。选择下拉菜单 插入(I) → 拉伸(E)... 命令；选取 DTM3 基准平面为草绘平面，选取 ASM_FRONT 基准平面为参照平面，方向为 顶；绘制图 9.4.47 所示的截面草图（用"使用边"命令），在操控板中选取深度类型为，再单击"去除材料"按钮。

说明：图 9.4.47 所示的截面草图的轨迹与草绘 8 中的轨迹线重合。

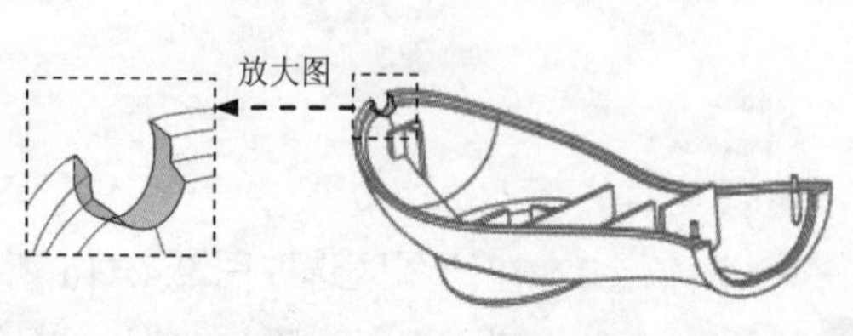

图 9.4.46　拉伸 14

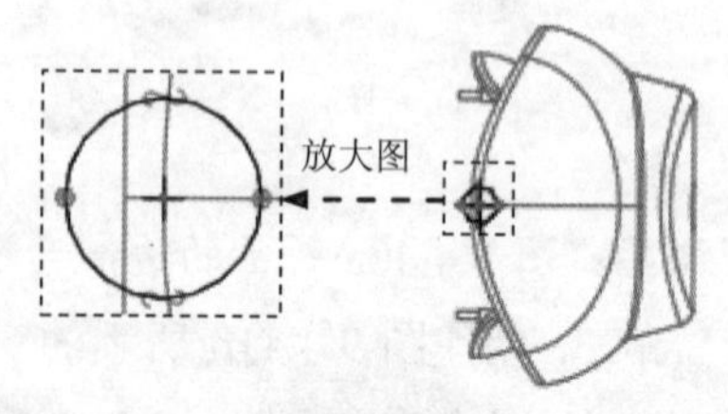

图 9.4.47　截面草图

Step27. 创建图 9.4.48b 所示的倒角特征——倒角 1。选择下拉菜单 插入(I) → 倒角(M) → 边倒角(E)... 命令；选取图 9.4.48a 所示的边链，在操控板中选取倒角方案 D x D，输入值为 0.5。

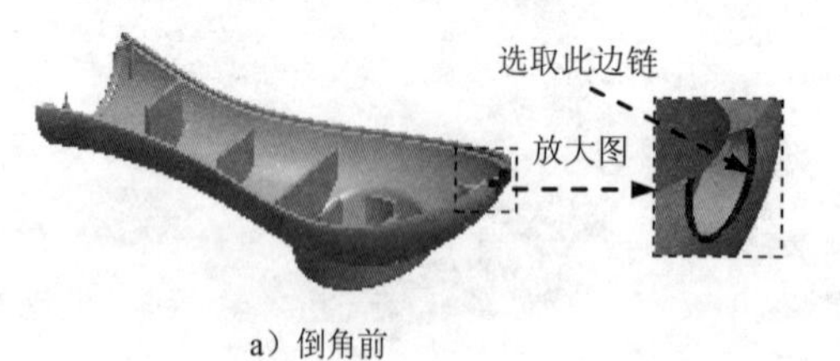

a）倒角前

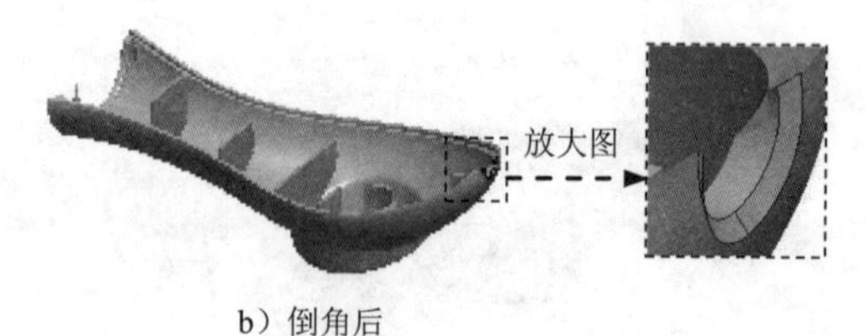

b）倒角后

图 9.4.48　倒角 1

Step28. 创建图 9.4.49 所示的拉伸特征——拉伸 15。选择下拉菜单 插入(I) → 拉伸(E)... 命令；选取 ASM_FRONT 基准平面为草绘平面，选取 ASM_RIGHTT 基准平面为参照平面，方向为 顶；绘制图 9.4.50 所示的截面草图，在操控板中选取深度类型为，再单击"去除材料"按钮。

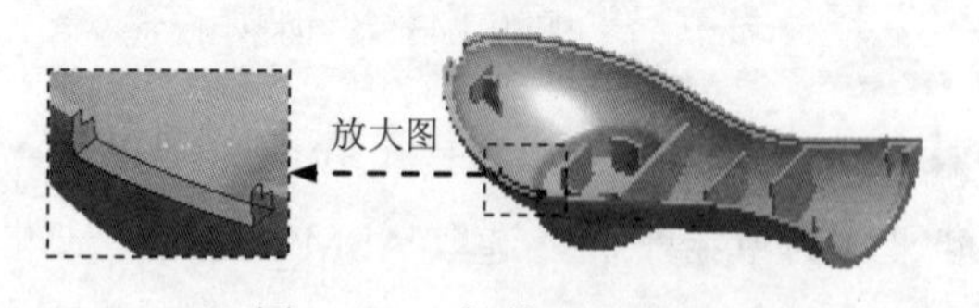

图 9.4.49　拉伸 15

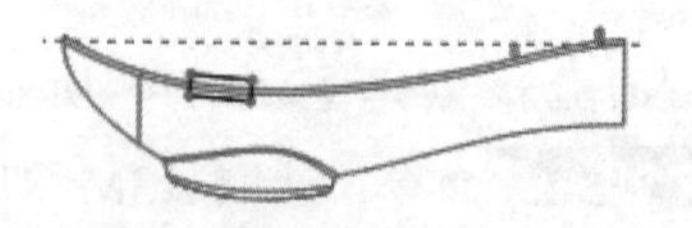
图 9.4.50　截面草图

说明：图 9.4.50 所示的截面草图的轨迹分别与草绘 7 中的轨迹线重合。

Step29. 创建图 9.4.51 所示的拉伸特征——拉伸 16。选择下拉菜单 插入(I) → 拉伸(E)... 命令；选取 ASM_TOP 基准平面为草绘平面，选取 ASM_FRONT 基准平面为参照平面，方向为 顶；绘制图 9.4.52 所示的截面草图，在操控板中选取深度类型为，输入深度值 45.0，再单击"去除材料"按钮。

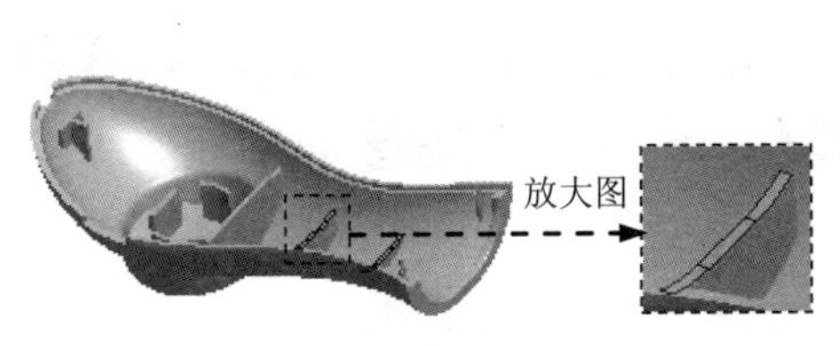

图 9.4.51 拉伸 16

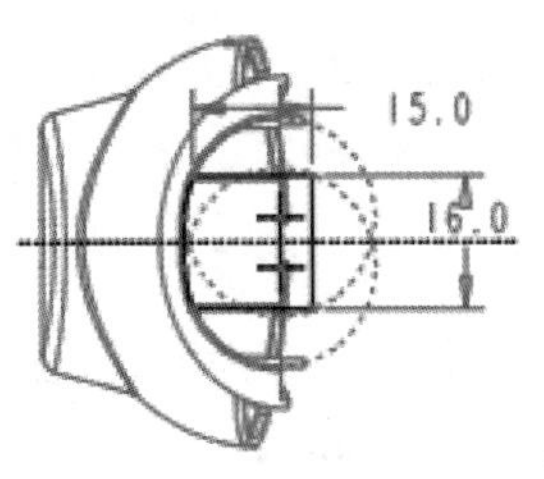

图 9.4.52 截面草图

Step30. 创建图 9.4.53b 所示圆角特征——倒圆角 1。选择 插入(I) → 倒圆角(O)... 命令；选取图 9.4.53a 所示的边线为圆角放置参照，在操控板的圆角尺寸框中输入圆角半径值 1.0。

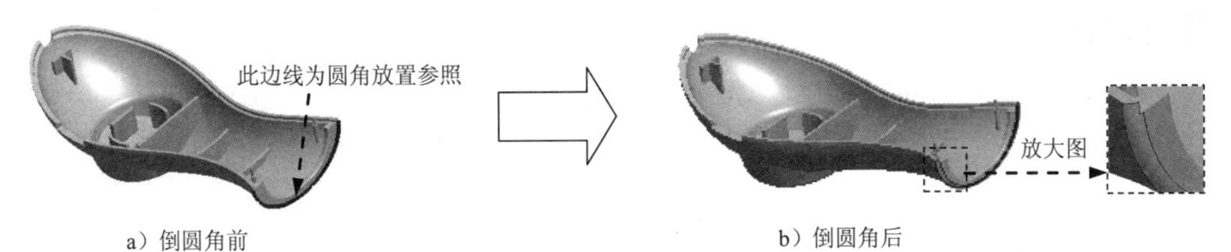

图 9.4.53 倒圆角 1

Step31. 保存模型文件。

9.5 后 盖

下面讲解后盖（BACK.PRT）的创建过程。零件模型及模型树图 9.5.1 所示。

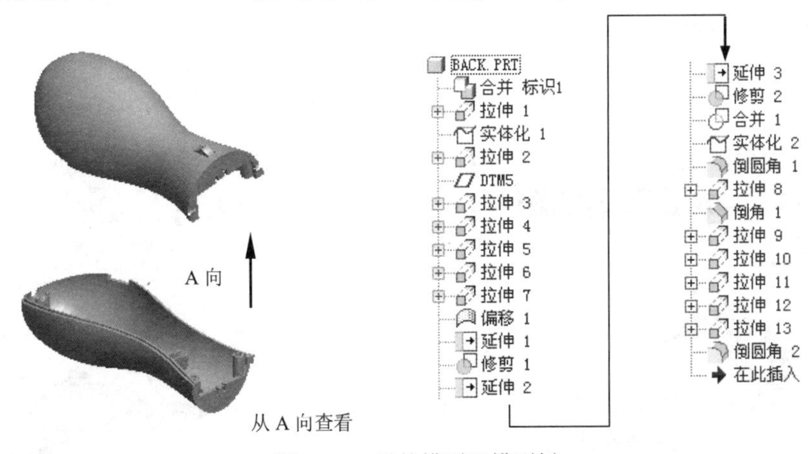

图 9.5.1 零件模型及模型树

Step1. 在装配体中创建后盖（BACK.PRT）。选择下拉菜单 插入(I) → 元件(C) → 创建(C)... 命令；在系统弹出的“元件创建”对话框中选中 类型 选项组的 ◉ 零件 单选项；选中 子类型 选项组中的 ◉ 实体 单选项；在 名称 文本框中输入文件名 BACK，单击 确定 按钮；在系统弹出的“创建选项”对话框中选中 ◉ 空 单选项，单击 确定 按钮。

Step2. 激活后盖模型。

（1）在模型树中单击 BACK.PRT，然后右击，在系统弹出的快捷菜单中选择 激活 命令。

（2）选择下拉菜单 插入(I) → 共享数据(D) ▸ → 合并/继承(M)... 命令，系统弹出“复制几何”操控板，在该操控板中进行下列操作：

① 在操控板中，先确认“将参照类型设置为组件上下文”按钮被按下。

② 复制几何。在操控板中单击 参照 按钮，系统弹出“参照”界面；选中 ☑ 复制基准 复选框，在模型树中选取 SECOND.PRT；单击“完成”按钮。

Step3. 在模型树中选择 BACK.PRT，然后右击，在系统弹出的快捷菜单中选择 打开 命令。

Step4. 创建图 9.5.2 所示的拉伸特征——拉伸 1。选择下拉菜单 插入(I) → 拉伸(E)... 命令；在操控板中应确认“曲面”按钮被按下；选取 ASM_FRONT 基准平面为草绘平面，选取 ASM_TOP 基准平面为参照平面，方向为 顶；单击对话框中的 草绘 按钮。绘制图 9.5.3 所示的截面草图（用“使用边”命令）；选取深度类型为，输入深度值为 60.0；单击“完成”按钮，完成拉伸 1 的创建。

说明：图 9.5.3 所示的草绘曲线是以骨架模型中的草绘 4 为参照绘制的，如图 9.5.4 所示。

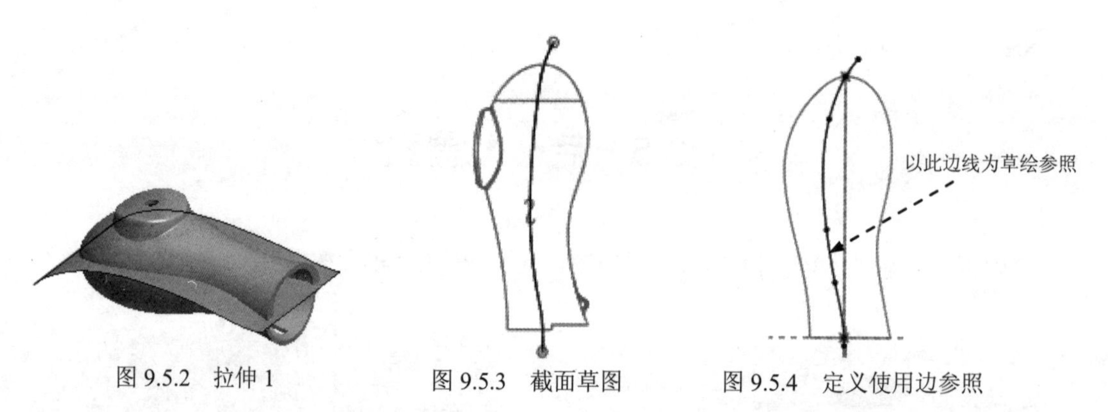

图 9.5.2 拉伸 1　　图 9.5.3 截面草图　　图 9.5.4 定义使用边参照

Step5. 创建图 9.5.5b 所示的实体化特征——实体化 1。选取图 9.5.5a 所示的面，选择下拉菜单 编辑(E) → 实体化(Y)... 命令，确定“去除材料”按钮被按下，定义实体化方向如图 9.5.5a 所示。

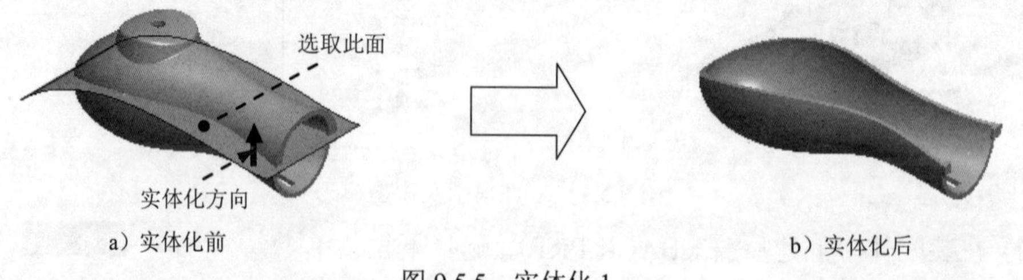

a）实体化前　　b）实体化后

图 9.5.5 实体化 1

Step6. 创建图 9.5.6 所示的拉伸特征——拉伸 2。选择下拉菜单 插入(I) → 拉伸(E)... 命令，选取 ASM_RIGHT 基准平面为草绘平面，选取 ASM_FRONT 基准平面为参照平面，方向为顶；绘制图 9.5.7 所示的截面草图（用“使用边”命令）；选取深度类型为，单击“加厚草绘”按钮，输入厚度值为 1.0（两侧加厚）。

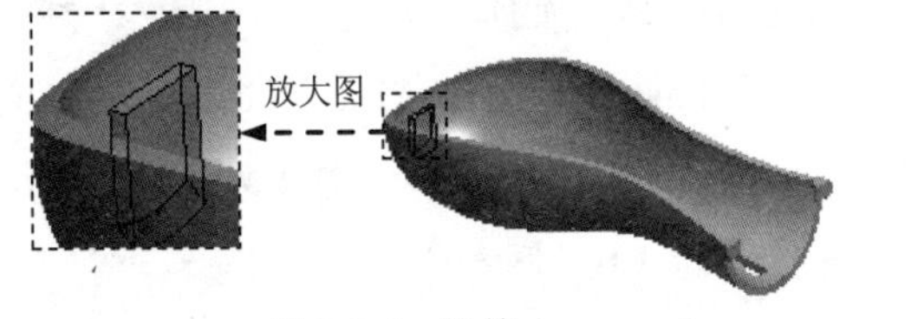

图 9.5.6　拉伸 2

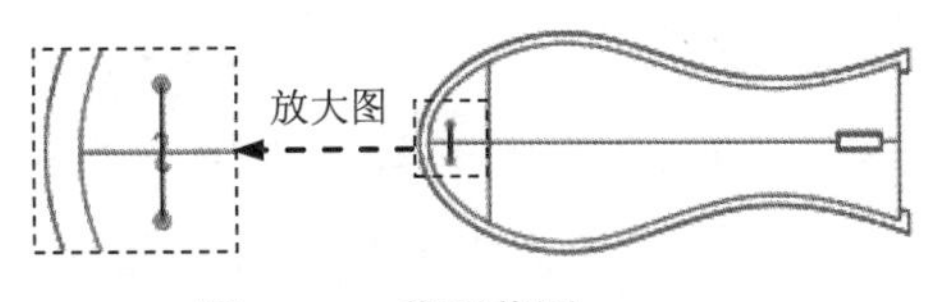

图 9.5.7　截面草图

说明：图 9.5.7 所示的草绘直线的两个端点分别与草绘 9 中的一条直线的端点重合，如图 9.5.8 所示。

Step7. 创建图 9.5.9 所示的基准平面——DTM5。选择下拉菜单 插入(I) → 模型基准(D) → 平面(L)... 命令；选取 ASM_RIGHT 基准平面为参照，定义约束类型为偏移，输入偏移值为 8.0。

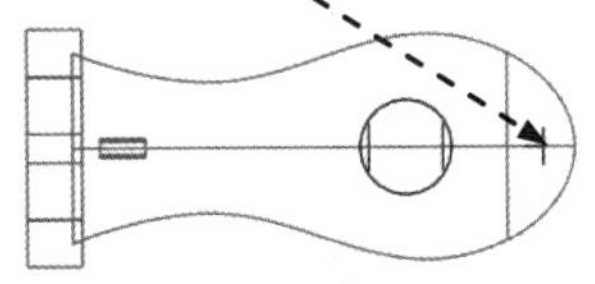

图 9.5.8　定义草绘参照

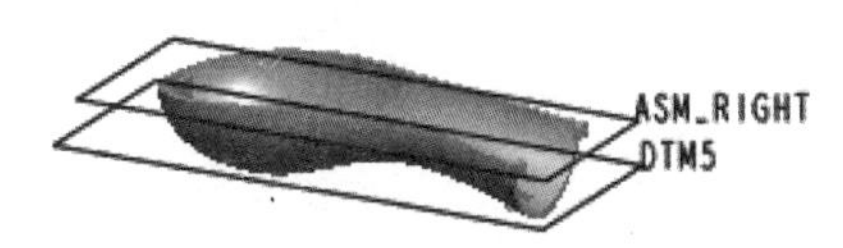

图 9.5.9　基准平面 DTM5

Step8. 创建图 9.5.10 所示的拉伸特征——拉伸 3。选择下拉菜单 插入(I) → 拉伸(E)... 命令，选取 DTM5 基准平面为草绘平面，选取 ASM_FRONT 基准平面为参照平面，方向为顶；绘制图 9.5.11 所示的截面草图；选取深度类型为，单击“加厚草绘”按钮，输入厚度值为 1.0（两侧加厚）。

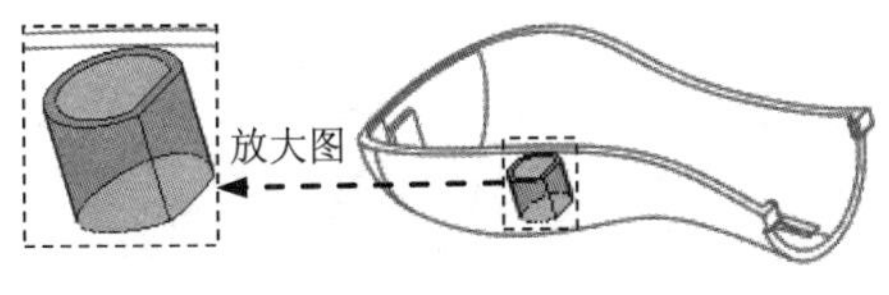

图 9.5.10　拉伸 3

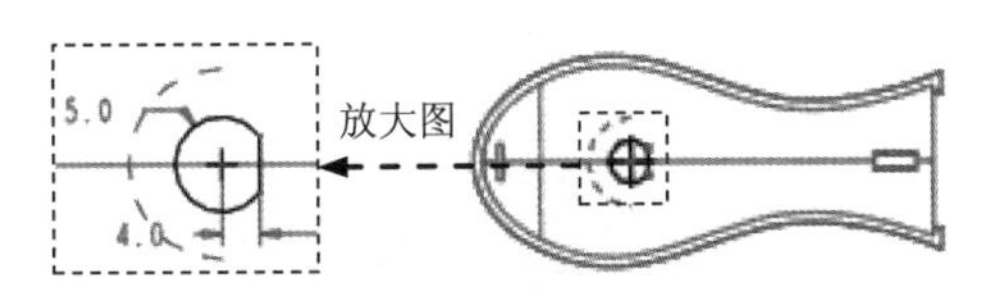

图 9.5.11　截面草图

Step9. 创建图 9.5.12 所示的拉伸特征——拉伸 4。选择下拉菜单 插入(I) → 拉伸(E)... 命令，选取 ASM_RIGHT 基准平面为草绘平面，选取 ASM_FRONT 基准平面为参照平面，方向为顶；绘制图 9.5.13 所示的截面草图（用“使用边”命令）；选取深度类型为，单击“加厚草绘”按钮，输入厚度值为 1.0（向左侧加厚）。

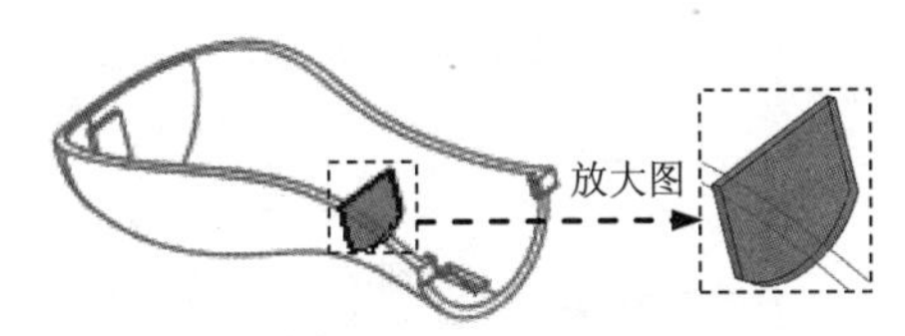

图 9.5.12　拉伸 4

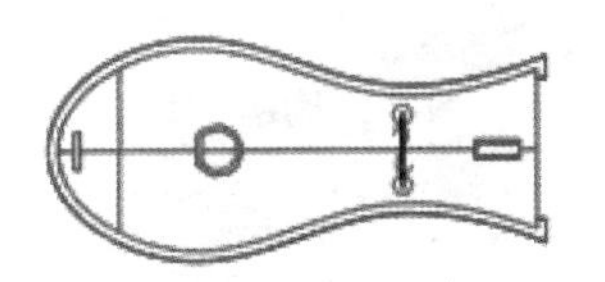

图 9.5.13　截面草图

说明：图 9.5.13 所示的草绘直线的两个端点分别与草绘 10 中的一条直线的端点重合，如图 9.5.14 所示。

Step10. 创建图 9.5.15 所示的拉伸特征—— 拉伸 5。选择下拉菜单 插入(I) → 拉伸(E)... 命令，选取 ASM_RIGHT 基准平面为草绘平面，选取 ASM_FRONT 基准平面为参照平面，方向为 顶；绘制图 9.5.16 所示的截面草图（用“使用边”命令）；选取深度类型为，单击“加厚草绘”按钮，输入厚度值为 1.0（向左侧加厚）。

说明：图 9.5.16 所示的草绘直线的两个端点分别与草绘 10 中的一条直线的端点重合，如图 9.5.17 所示。

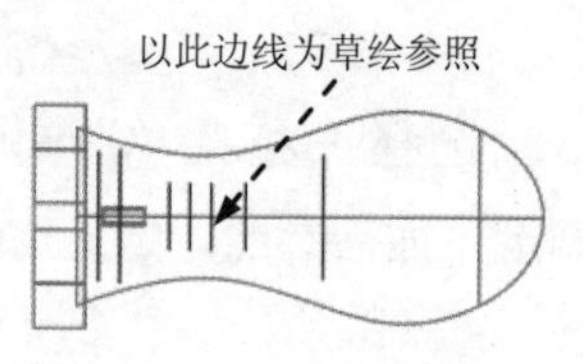

图 9.5.14　定义草绘参照

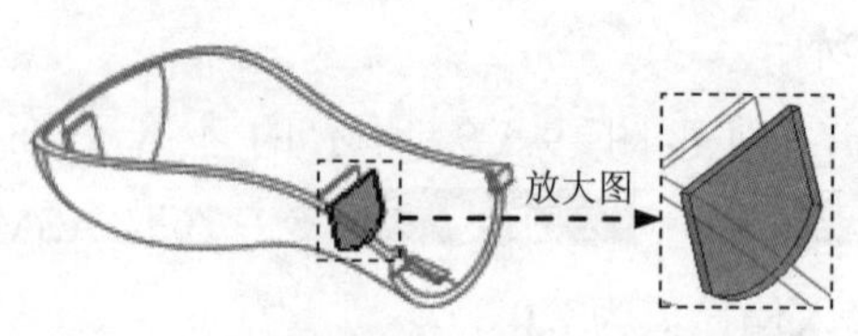

图 9.5.15　拉伸 5

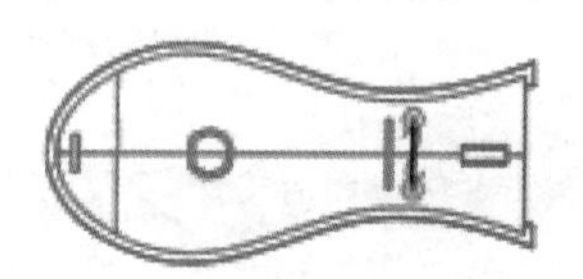
图 9.5.16　截面草图

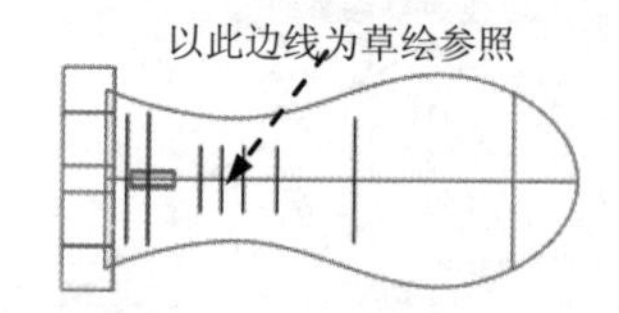

图 9.5.17　定义草绘参照

Step11. 创建图 9.5.18 所示的拉伸特征——拉伸 6。选择下拉菜单 插入(I) → 拉伸(E)... 命令，选取 ASM_RIGHT 基准平面为草绘平面，选取 ASM_FRONT 基准平面为参照平面，方向为 顶；绘制图 9.5.19 所示的截面草图；选取深度类型为，单击“加厚草绘”按钮，输入厚度值为 1.0（两侧加厚）。

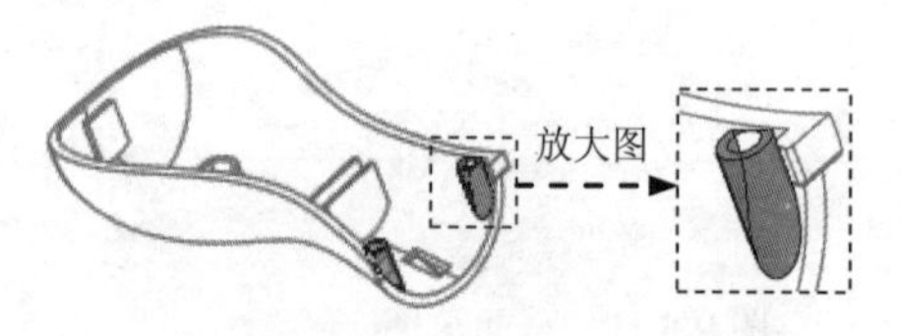

图 9.5.18　拉伸 6

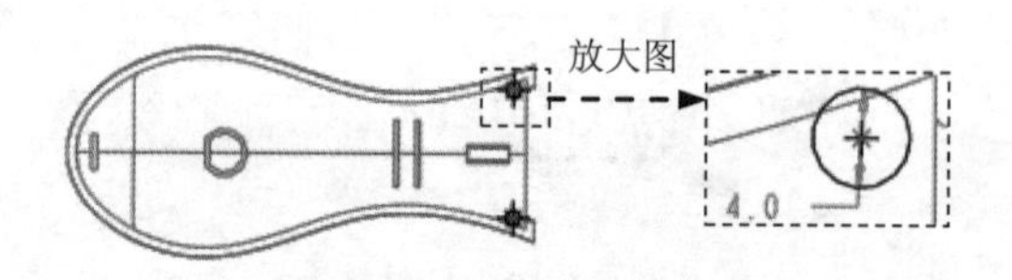

图 9.5.19　截面草图

Step12. 创建图 9.5.20 所示的拉伸特征——拉伸 7。选择下拉菜单 插入(I) → 拉伸(E)... 命令，在操控板中应确认“曲面”按钮被按下。选取 ASM_RIGHT 基准平面为草绘平面，选取 ASM_FRONT 基准平面为参照平面，方向为 顶；绘制图 9.5.21 所示的截面草图（用“边偏移”命令）；选取深度类型为，输入深度值 30.0。

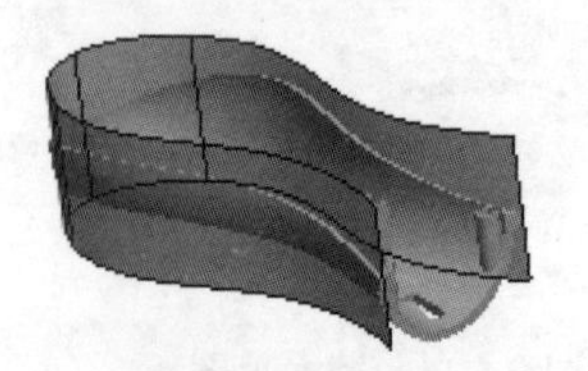
图 9.5.20　拉伸 7

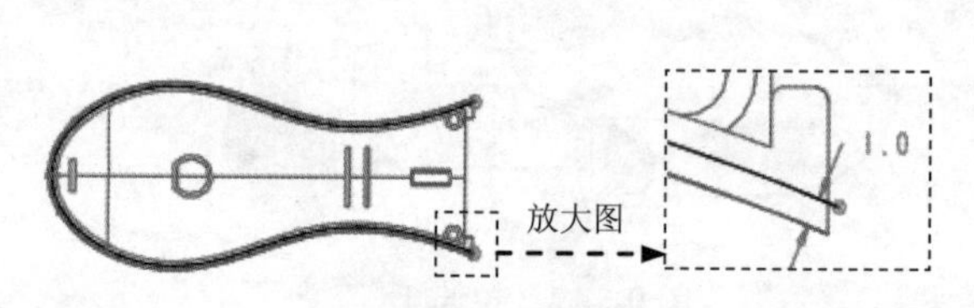

图 9.5.21　截面草图

Step13. 创建图9.5.22b所示的偏移特征——偏移1(拉伸7已隐藏)。在绘图区选取图9.5.22a所示的面，选择下拉菜单 编辑(E) → 偏移(O)... 命令；在操控板中距离文本框中输入值1.0，定义偏移方向如图9.5.22a所示。

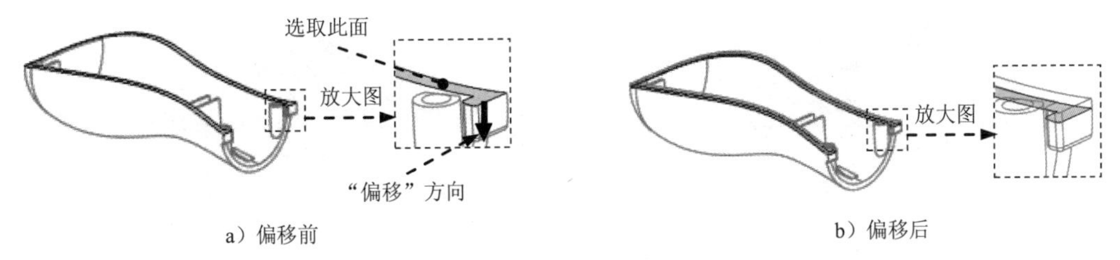

a）偏移前　　b）偏移后

图9.5.22　偏移1

Step14. 创建图9.5.23b所示的曲面延伸特征——延伸1。选取图9.5.23a所示的边链，选择下拉菜单 编辑(E) → 延伸(X)... 命令；在操控板中输入延伸值3.0。

说明： 图9.5.23a所示的边链为图9.5.22b所示创建的偏移1的边线。

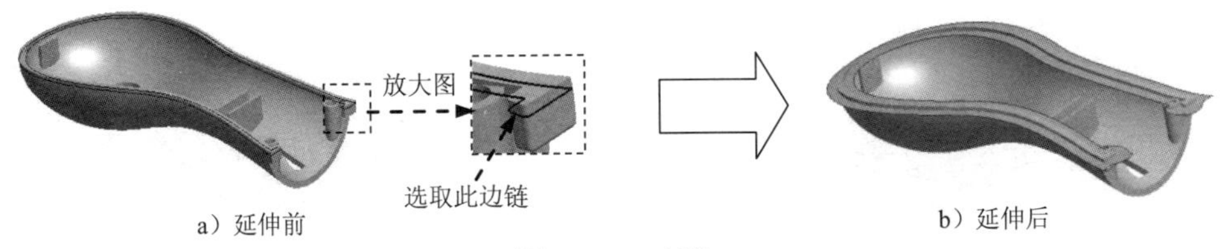

a）延伸前　　b）延伸后

图9.5.23　延伸1

Step15. 创建图9.5.24b所示的修剪特征——修剪1（拉伸7被取消隐藏）。在绘图区选取图9.5.24a所示的曲面1，选择下拉菜单 编辑(E) → 修剪(T)... 命令；在绘图区选取图9.5.24a所示的曲面2（延伸1）作为修剪对象，并单击按钮，定义修剪方向如图9.5.24a所示。

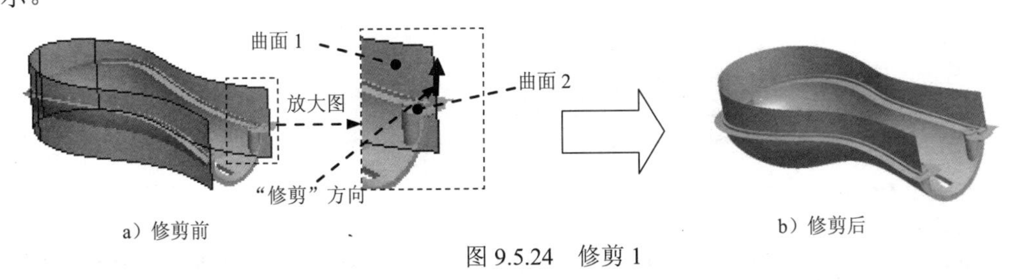

a）修剪前　　b）修剪后

图9.5.24　修剪1

Step16. 创建图9.5.25b所示的曲面延伸特征——延伸2。选取图9.5.25a所示的边线，选择下拉菜单 编辑(E) → 延伸(X)... 命令，系统弹出“延伸”操控板；在操控板中输入延伸值5.0。

a）延伸前　　b）延伸后

图9.5.25　延伸2

Step17. 创建图 9.5.26b 所示的曲面延伸特征——延伸 3。选取图 9.5.26a 所示的边线，选择下拉菜单 编辑(E) ➡ 延伸(X)... 命令，系统弹出“延伸”操控板；在操控板中输入延伸值 5.0。

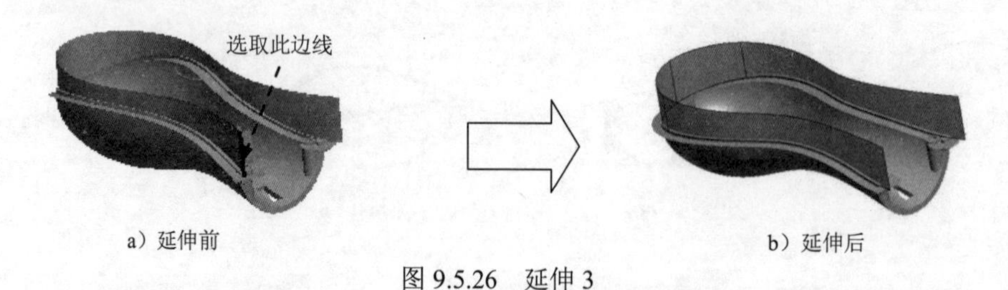

图 9.5.26 延伸 3

Step18. 创建图 9.5.27b 所示的修剪特征——修剪 2。在绘图区选取图 9.5.27a 所示的曲面 1，选择下拉菜单 编辑(E) ➡ 修剪(T)... 命令，选取图 9.5.27a 所示的曲面 2 作为修剪对象，定义修剪方向如图 9.5.27a 所示。

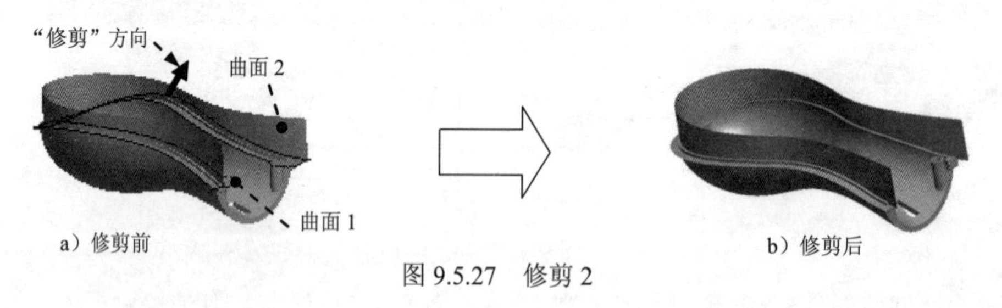

图 9.5.27 修剪 2

Step19. 创建图 9.5.28 所示的曲面合并特征——合并 1。按住<Ctrl>键，在绘图区选取图 9.5.28 所示的曲面 1 和曲面 2 为合并对象；选择下拉菜单 编辑(E) ➡ 合并(G)... 命令；单击“完成”按钮，完成合并 1 的创建。

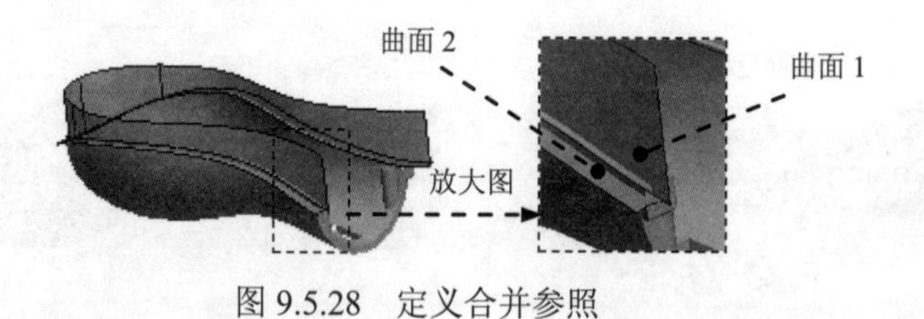

图 9.5.28 定义合并参照

Step20. 创建图 9.5.29b 所示的实体化特征——实体化 2。选取图 9.5.29a 所示的曲面，选择下拉菜单 编辑(E) ➡ 实体化(Y)... 命令，确定“去除材料”按钮被按下，定义实体化方向如图 9.5.29a 所示。

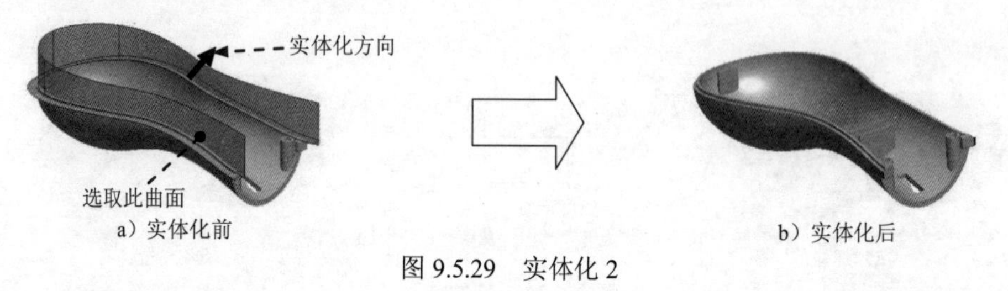

图 9.5.29 实体化 2

Step21. 创建图 9.5.30b 所示的倒圆角特征——倒圆角 1。选择下拉菜单 插入(I) → 倒圆角(O)... 命令，按住<Ctrl>键，选取图 9.5.30a 所示的边线为圆角放置参照，圆角半径值为 1.0。

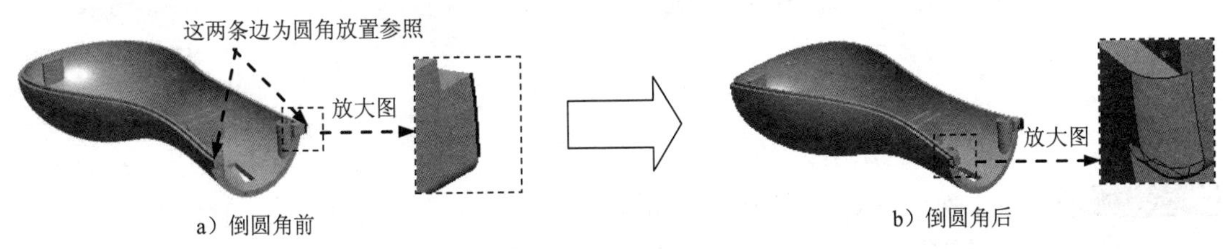

a）倒圆角前　　b）倒圆角后

图 9.5.30 倒圆角 1

Step22. 创建图 9.5.31 所示的拉伸特征——拉伸 8。选择下拉菜单 插入(I) → 拉伸(E)... 命令。选取 DTM2 基准平面为草绘平面，选取 ASM_FRONT 基准平面为参照平面，方向为 顶，绘制图 9.5.32 所示的截面草图（用“使用边”命令），在操控板中选取深度类型为，再单击“去除材料”按钮。

说明： 图 9.5.32 所示的截面草图使用了骨架模型的草绘 8。

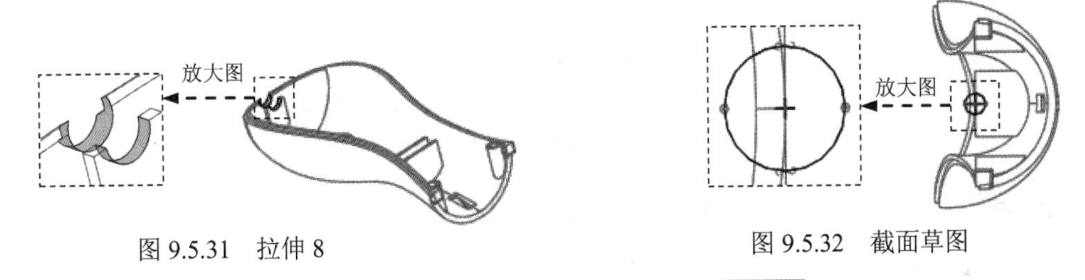

图 9.5.31 拉伸 8　　图 9.5.32 截面草图

Step23. 创建图 9.5.33b 所示倒角特征——倒角 1。选择 插入(I) → 倒角(M) ▸ → 边倒角(E)... 命令；选取图 9.5.33a 所示的边线为倒角放置参照，在操控板中选取倒角方案 D x D，输入值 0.5。

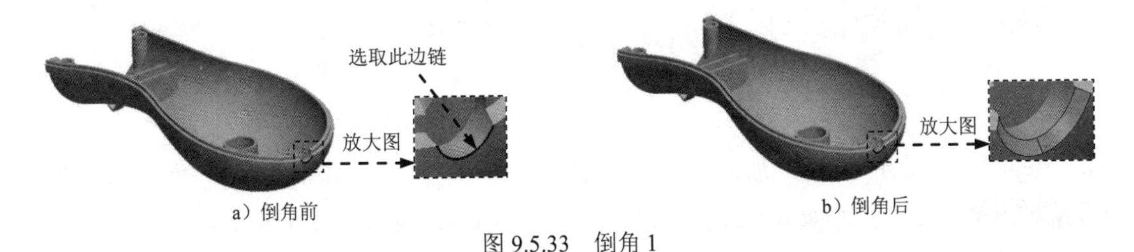

a）倒角前　　b）倒角后

图 9.5.33 倒角 1

Step24. 创建图 9.5.34 所示的拉伸特征——拉伸 9。选择下拉菜单 插入(I) → 拉伸(E)... 命令，选取图 9.5.35 所示的平面为草绘平面，选取 ASM_FRONT 基准平面为参照平面，方向为 顶；绘制图 9.5.36 所示的截面草图；选取深度类型为，输入深度值为 2.0。

说明： 图 9.5.36 所示的截面草图中的圆弧轨迹用“使用边”命令来绘制。

图 9.5.34　拉伸 9

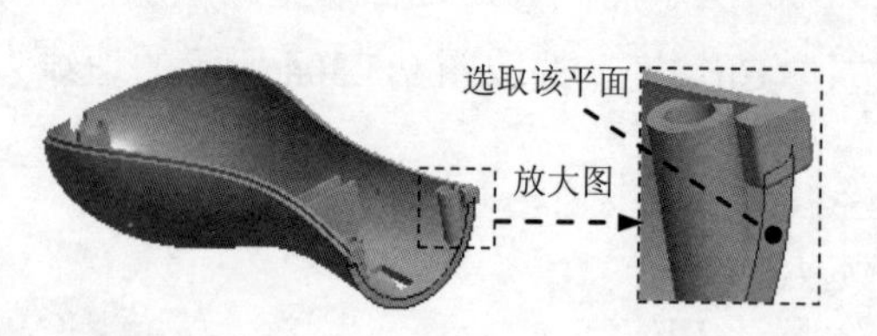

图 9.5.35　定义草绘平面

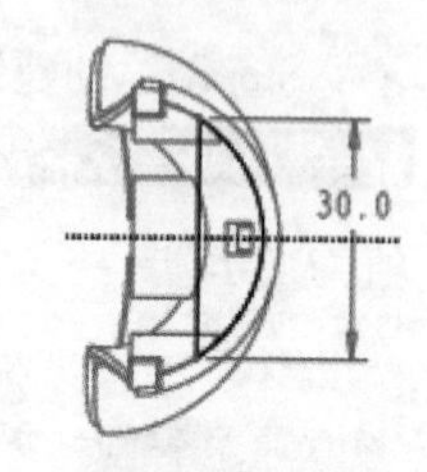

图 9.5.36　截面草图

Step25. 创建图 9.5.37 所示的拉伸特征——拉伸 10。选择下拉菜单 插入(I) → 拉伸(E)... 命令，选取 ASM_FRONT 基准平面为草绘平面，选取 ASM_TOP 基准平面为参照平面，方向为 左；绘制图 9.5.38 所示的截面草图，在操控板中选取深度类型为，再单击“去除材料”按钮。

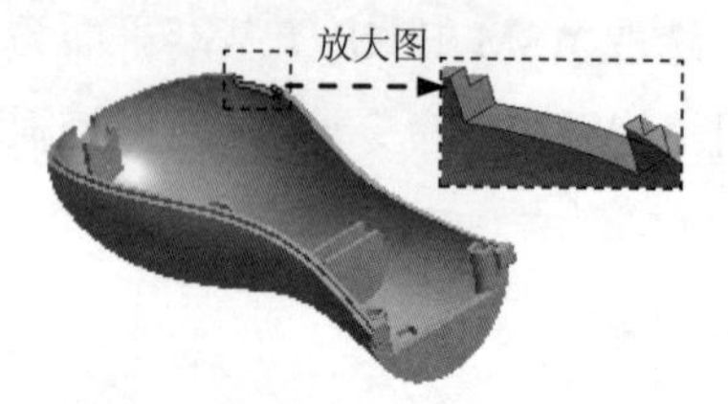

图 9.5.37　拉伸 10

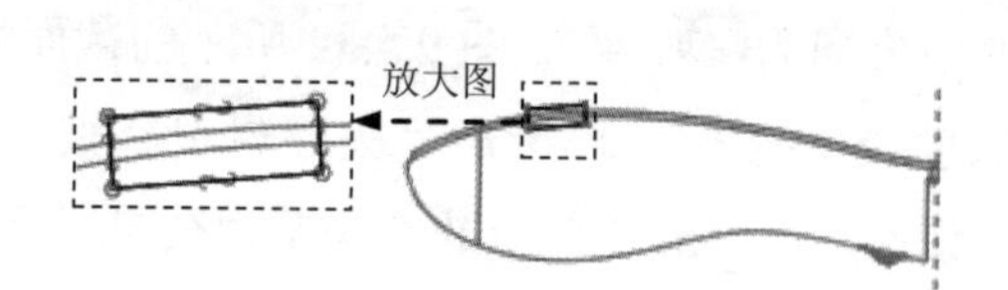

图 9.5.38　截面草图

说明：图 9.5.38 所示的截面草图的轨迹分别与草绘 7 中的轨迹线重合。

Step26. 创建图 9.5.39 所示的拉伸特征——拉伸 11。选择下拉菜单 插入(I) → 拉伸(E)... 命令，选取图 9.5.40 所示的平面 1 为草绘平面，选取图 9.5.40 所示的平面 2 为参照平面，方向为 顶；绘制图 9.5.41 所示的截面草图，在操控板中选取深度类型为，输入深度值 15.0，再单击“去除材料”按钮。

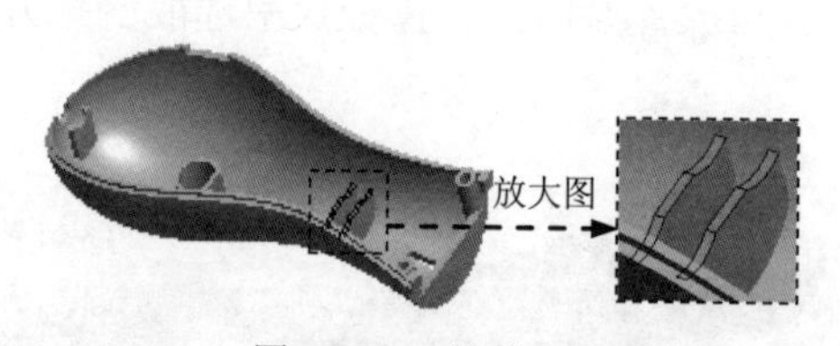

图 9.5.39　拉伸 11

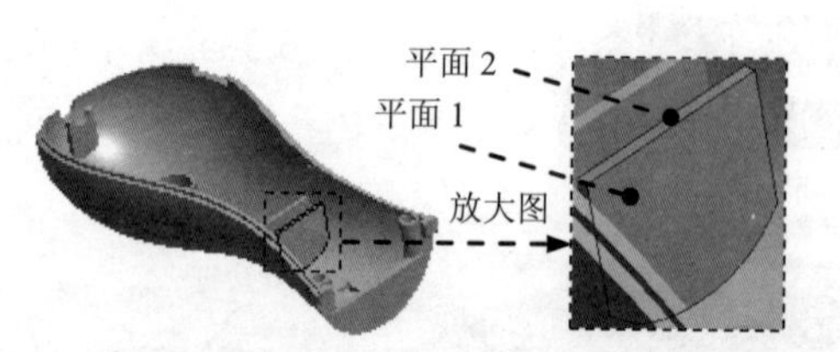

图 9.5.40　定义草绘和参照平面

Step27. 创建图 9.5.42 所示的拉伸特征——拉伸 12。选择下拉菜单 插入(I) → 拉伸(E)... 命令，选取图 9.5.43 所示的平面为草绘平面，选取 ASM_FRONT 基准平面为参照平面，方向为 顶；绘制图 9.5.44 所示的截面草图，在操控板中选取深度类型为，再单击“去除材料”按钮。

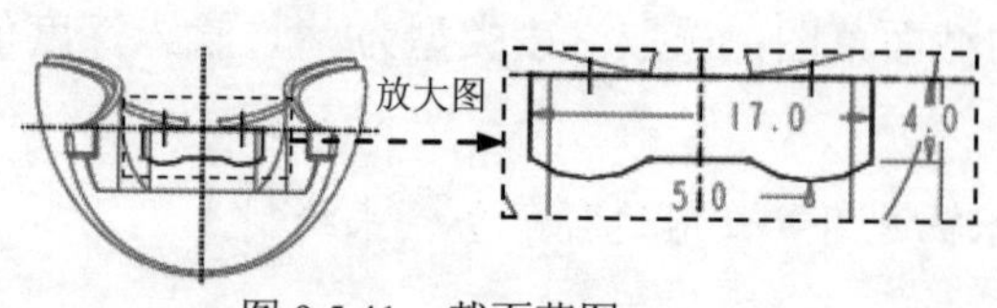

图 9.5.41　截面草图

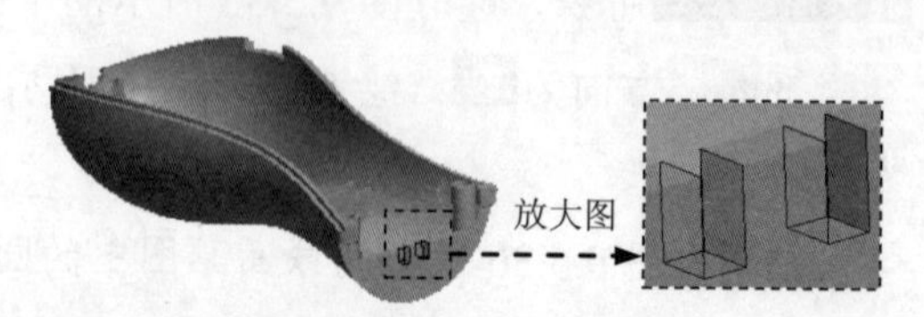

图 9.5.42　拉伸 12

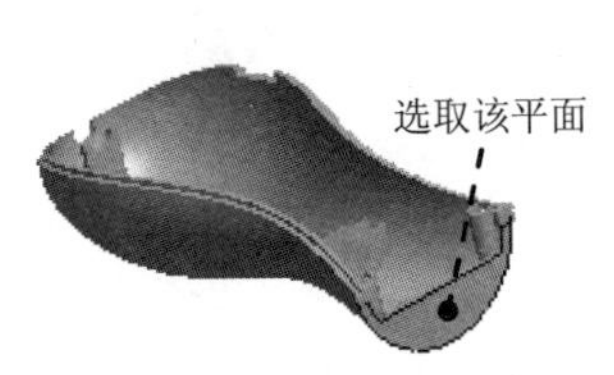

图 9.5.43　定义草绘平面

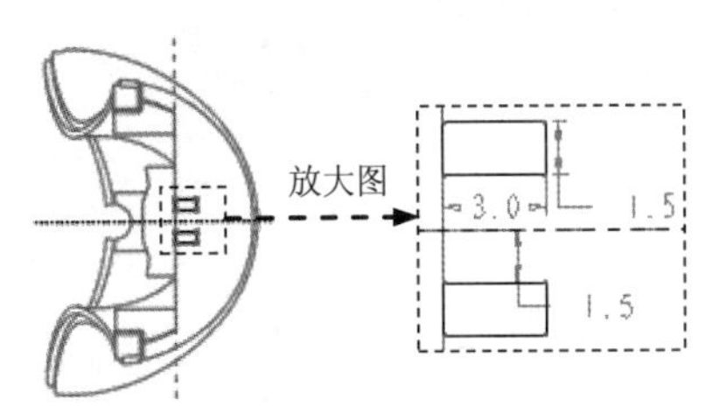

图 9.5.44　截面草图

Step28. 创建图 9.5.45 所示的拉伸特征——拉伸 13。选择下拉菜单 插入(I) → 拉伸(E)... 命令，选取图 9.5.46 所示的平面为草绘平面，选取 ASM_FRONT 基准平面为参照平面，方向为 顶；绘制图 9.5.47 所示的截面草图，在操控板中选取深度类型为 ，输入深度值 0.5。

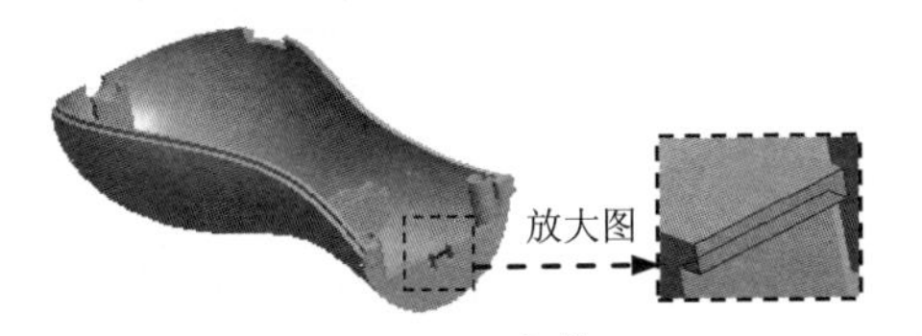

图 9.5.45　拉伸 13

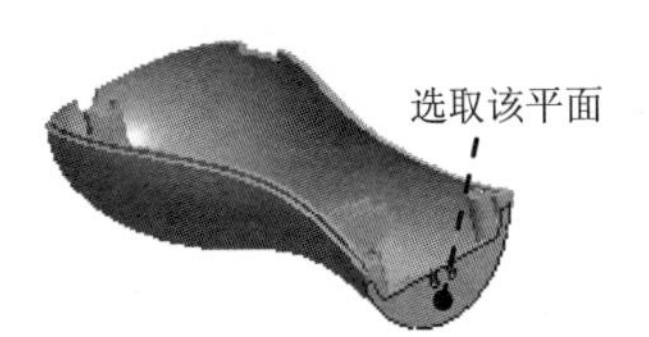

图 9.5.46　定义草绘平面

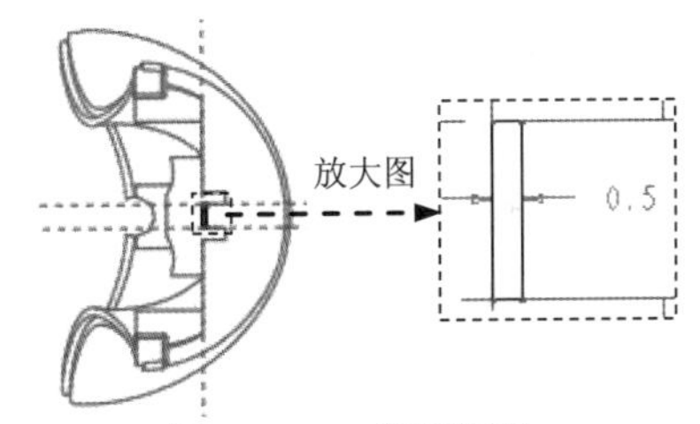

图 9.5.47　截面草图

Step29. 创建图 9.5.48b 所示圆角特征——倒圆角 2。选择 插入(I) → 倒圆角(O)... 命令；选取图 9.5.48a 所示的边线为圆角放置参照，圆角半径值为 0.2。

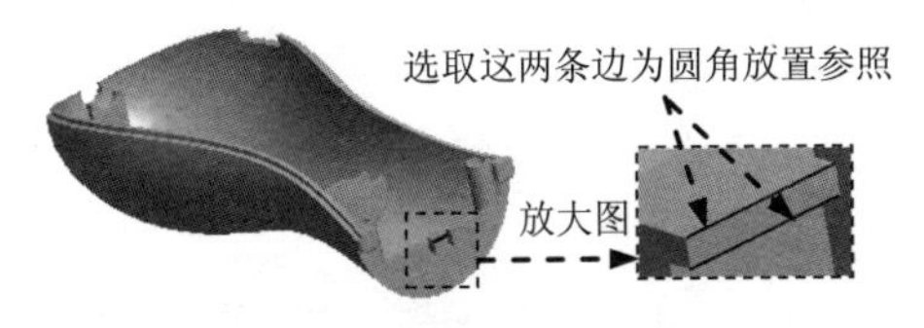

a）倒圆角前

b）倒圆角后

图 9.5.48　倒圆角 2

Step30. 保存模型文件。

9.6　下　　盖

下面讲解下盖（DOWN_COVER.PRT）的创建过程。零件模型及模型树如图 9.6.1 所示。

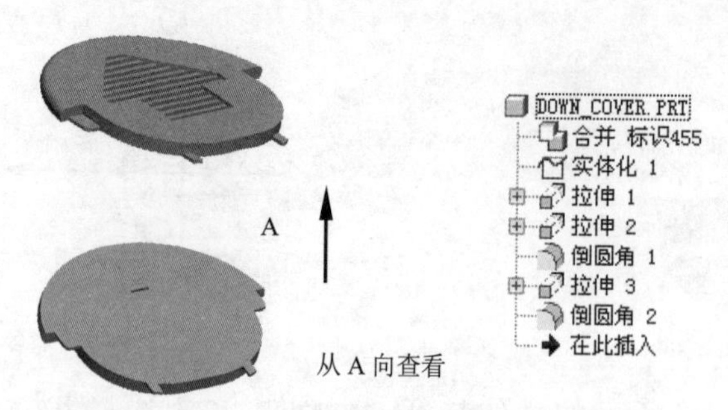

图 9.6.1　模型及模型树

Step1. 在装配体中创建下盖（DOWN_COVER.PRT）。选择下拉菜单 插入(I) → 元件(C) → 创建(C)... 命令；在系统弹出的“元件创建”对话框中选中 类型 选项组的 ◉ 零件 单选项；选中 子类型 选项组中的 ◉ 实体 单选项；在 名称 文本框中输入文件名 DOWN_COVER，单击 确定 按钮；在系统弹出的“创建选项”对话框中选中 ◉ 空 单选项，单击 确定 按钮。

Step2. 激活玩具风扇下盖模型。

（1）在模型树中单击 DOWN_COVE.PRT，然后右击，在系统弹出的快捷菜单中选择 激活 命令。

（2）选择下拉菜单 插入(I) → 共享数据(D) → 合并/继承(M)... 命令，系统弹出“复制几何”操控板。在该操控板中进行下列操作：

① 在操控板中，先确认“将参照类型设置为组件上下文”按钮 被按下。

② 复制几何。在操控板中单击 参照 按钮，系统弹出“参照”界面；选中 ☑ 复制基准 复选框，在模型树中选取 FIRST.PRT；单击“完成”按钮 ✔。

Step3. 在模型树中选择 DOWN_COVE.PRT，然后右击，在系统弹出的快捷菜单中选择 打开 命令。

Step4. 创建图 9.6.2b 所示的实体化特征——实体化 1。选取图 9.6.2a 所示的面，选择下拉菜单 编辑(E) → 实体化(Y)... 命令，确定“去除材料”按钮 被按下；定义“实体化”方向如图 9.6.2a 所示。

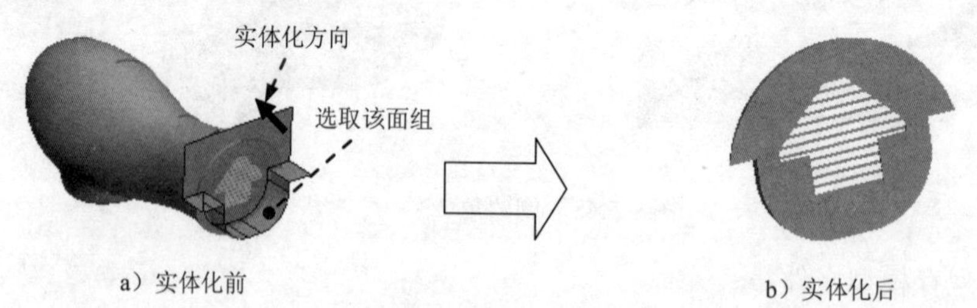

图 9.6.2　实体化 1

Step5. 创建图 9.6.3 所示的拉伸特征——拉伸 1。选择下拉菜单 插入(I) → 拉伸(E)... 命令。选取图 9.6.4 所示的平面为草绘平面，选取 ASM_RIGHT 基准平面为参照平面，方向为 顶；绘制图 9.6.5 所示的截面草图，在操控板中选取深度类型为 ，输入深度值 0.5。

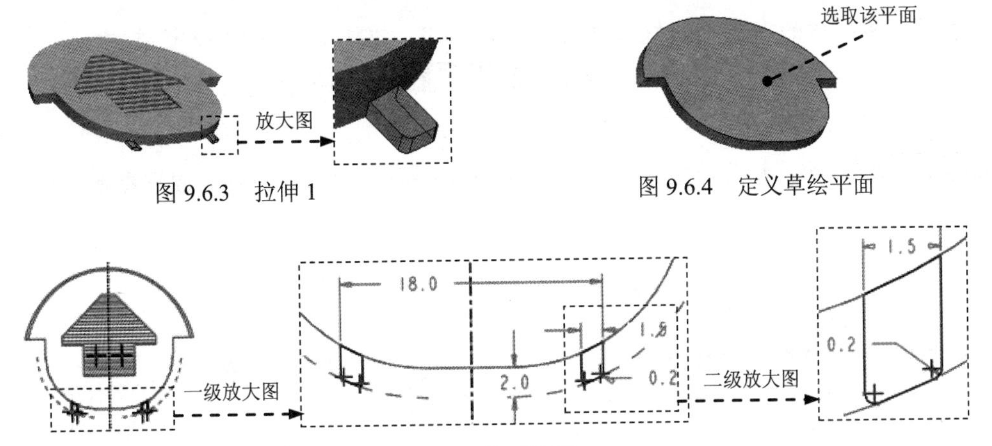

图 9.6.3　拉伸 1　　　　图 9.6.4　定义草绘平面

图 9.6.5　截面草图

Step6. 创建图 9.6.6 所示的拉伸特征——拉伸 2。选择下拉菜单 插入(I) → 拉伸(E)... 命令，选取图 9.6.4 所示的平面为草绘平面，选取 ASM_RIGHT 基准平面为参照平面，方向为 顶；绘制图 9.6.7 所示的截面草图，在操控板中选取深度类型为 ⊥，输入深度值 0.5。

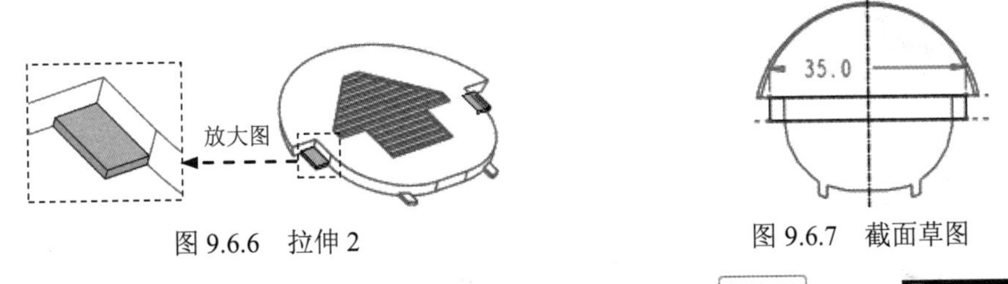

图 9.6.6　拉伸 2　　　　图 9.6.7　截面草图

Step7. 创建图 9.6.8b 所示圆角特征——倒圆角 1。选择 插入(I) → 倒圆角(O)... 命令；选取图 9.6.8a 所示的两条边线为圆角放置参照，圆角半径值为 1.0。

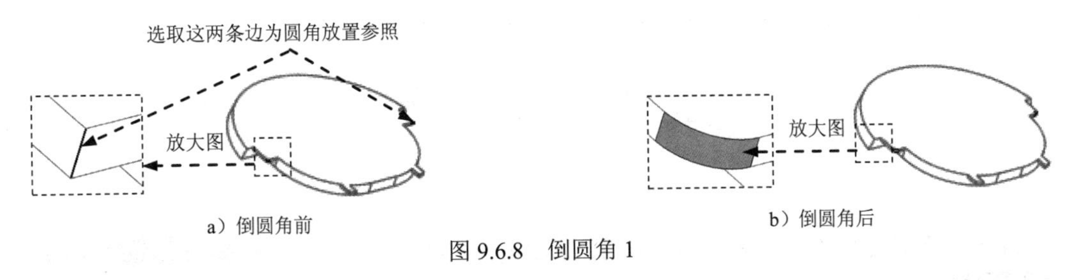

a）倒圆角前　　　　b）倒圆角后

图 9.6.8　倒圆角 1

Step8. 选择下拉菜单 窗口(W) → TOY_FAN.ASM，系统将在工作区中显示出装配体文件，然后在模型树中单击 DOWN_COVE.PRT；右击，在系统弹出的快捷菜单中选择 激活 命令。

Step9. 创建图 9.6.9 所示的拉伸特征——拉伸 3。选择下拉菜单 插入(I) → 拉伸(E)... 命令，选取图 9.6.10 所示的平面为草绘平面，选取 ASM_FRONT 基准平面为参照平面，方向为 顶；绘制图 9.6.11 所示的截面草图，在操控板中选取深度类型为 ⊥，输入深度值 0.5，再单击“去除材料”按钮 。

说明：草图中的参照是 BACK.PRT 中的拉伸 9、拉伸 12、拉伸 13 边线。

Step10. 选择下拉菜单 窗口(W) → DOWN_COVER.PRT，系统将窗口切换到零件文件。

Step11. 创建图 9.6.12b 所示的倒圆角特征——倒圆角 2。选择下拉菜单 插入(I) → 倒圆角(O)... 命令；按住<Ctrl>键，选取图 9.6.12a 所示的边链为圆角放置参照，圆角半径值为 1.0。

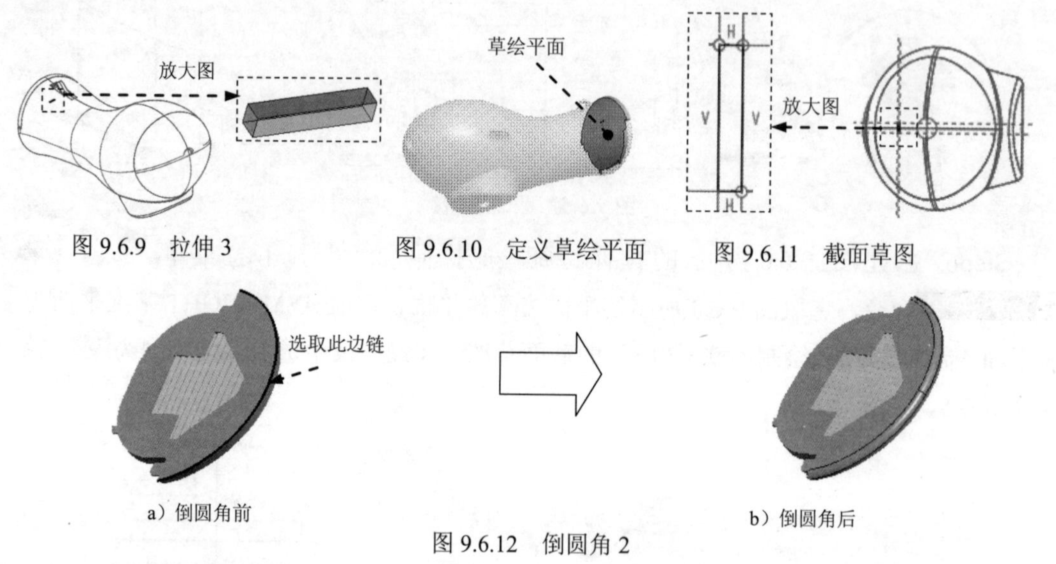

图 9.6.9　拉伸 3　　图 9.6.10　定义草绘平面　　图 9.6.11　截面草图

a）倒圆角前　　b）倒圆角后

图 9.6.12　倒圆角 2

Step12. 保存模型文件。

9.7　轴

下面讲解轴（SHAFT.PRT）的创建过程，零件模型及模型树如图 9.7.1 所示。

图 9.7.1　零件模型及模型树

Step1. 在装配体中创建轴（SHAFT.PRT）。选择下拉菜单 插入(I) → 元件(C) → 创建(C)... 命令；在系统弹出的“元件创建”对话框中选中 类型 选项组的 ◉ 零件 单选项；选中 子类型 选项组中的 ◉ 实体 单选项；在 名称 文本框中输入文件名 SHAFT，单击 确定 按钮；在系统弹出的“创建选项”对话框中选中 ◉ 空 单选项，单击 确定 按钮。

Step2. 在模型树中选择 SHAFT.PRT，然后右击，在系统弹出的快捷菜单中选择 激活 命令。

Step3. 创建图 9.7.2 所示的拉伸特征——拉伸 1。选择下拉菜单 插入(I) → 拉伸(E)... 命令；选取 DTM4 基准平面为草绘平面，选取 ASM_FRONT 基准平面为参照平面，方向为顶；绘制图 9.7.3 所示的截面草图，在操控板中选取深度类型为，单击选项按钮；在“第一侧”对话框中输入深度值 5.0，在“第二侧”对话框中选取盲孔，输入深度值 20.0。

图 9.7.2　拉伸 1　　图 9.7.3　截面草图

Step4. 保存模型文件。

9.8　三 级 控 件

下面讲解三级控件（THIRD.PRT）的创建过程。零件模型及模型树图 9.8.1 所示。

Step1. 在装配体中创建三级控件（THIRD.PRT）。选择下拉菜单插入(I) → 元件(C) → 创建(C)...命令；在系统弹出的“元件创建”对话框中选中类型选项组的零件单选项；选中子类型选项组中的实体单选项；在名称文本框中输入文件名 THIRD，单击确定按钮；在系统弹出的“创建选项”对话框中选中空单选项，单击确定按钮。

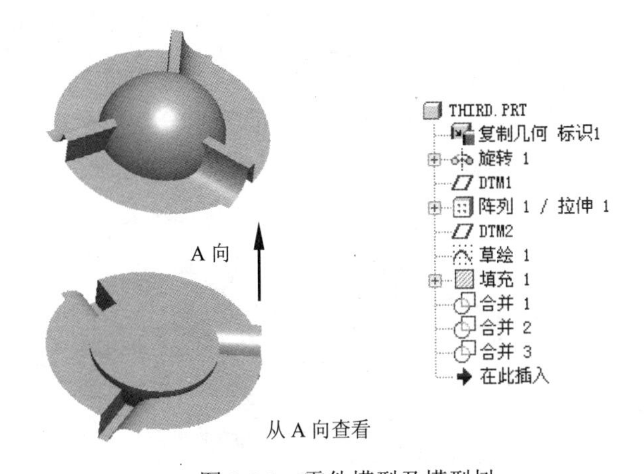

图 9.8.1　零件模型及模型树

Step2. 激活三级控件。

（1）在模型树中单击 THIRD.PRT，然后右击，在系统弹出的快捷菜单中选择激活命令。

（2）选择下拉菜单插入(I) → 共享数据(D) → 复制几何(G)...命令，系统弹出“复制几何”操控板。在该操控板中进行下列操作：

① 在“复制几何”操控板中，先确认“将参照类型设置为组件上下文”按钮被按下，然后单击“仅限发布几何”按钮（使此按钮为弹起状态）。

② 复制几何。在“复制几何”操控板中单击 参照 按钮，系统弹出“参照模型”界面；单击 参照 区域中的 单击此处添加项目 字符；在“智能选取栏”的下拉列表中选择“基准平面”选项，按住<Ctrl>键在绘图区依次选取装配文件中的三个基准平面。

③ 在“复制几何”操控板中单击 选项 按钮，选中 ⊙ 按原样复制所有曲面 单选项。

④ 在“复制几何”操控板中单击“完成”按钮✔。

（3） 完成操作后，所选的基准平面被复制到 THIRD.PRT 中。

Step3. 创建图 9.8.2 所示的实体旋转特征——旋转 1（模型文件 SECOND.PRT、FRONT.PRT、BACK.PRT、DOWN_COVER.PRT 被隐藏）。

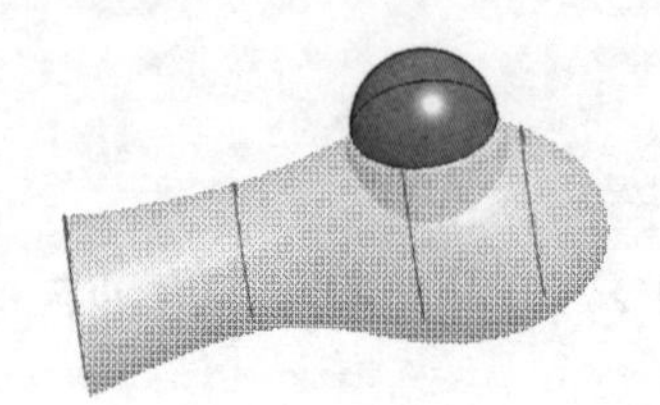

图 9.8.2 旋转 1

（1）选择下拉菜单 插入(I) ➡ 旋转(R)... 命令，系统弹出“旋转”操控板。

（2）定义草绘截面放置属性。

① 在绘图区中右击，从系统弹出的快捷菜单中选择 定义内部草绘... 命令，进入“草绘”对话框。

② 设置草绘平面与草绘参照平面。选取 ASM_FRONT 基准平面为草绘平面，选取 ASM_RIGHT 基准平面为草绘参照，方向为 底部；单击对话框中的 草绘 按钮。

（3）进入截面草绘环境后，选取 DTM4 基准平面为草绘参照，绘制图 9.8.3 所示的旋转轴和截面草图（开放截面），完成截面绘制后单击“完成”按钮✔。

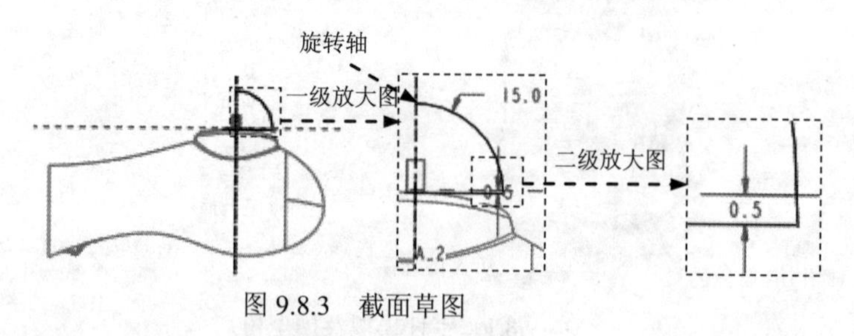

图 9.8.3 截面草图

（4）在操控板中，选取旋转类型 （“定值”），输入旋转角度值 360.0；单击“加厚草绘”按钮，输入厚度值为 2.0（向内加厚）。

（5）单击“完成”按钮✔，完成旋转 1 的创建。

Step4. 在模型树中单击 THIRD.PRT，然后右击，在系统弹出的快捷菜单中选择 打开 命令。

Step5. 创建图 9.8.4 所示的基准平面——DTM1。选择下拉菜单 插入(I) ➡ 模型基准(D) ➡ 平面(L)... 命令；选取 ASM_FRONT 基准平面为参照，定义约束类型为偏移，输入偏移值为 5.0。

Step6. 创建图 9.8.5 所示的拉伸特征——拉伸 1（曲面已隐藏）。选择下拉菜单 插入(I) ➡ 拉伸(E)... 命令，在操控板中应确认“曲面”按钮被按下；选取 DTM1 基准平面为草绘平面，选取 ASM_RIGHT 基准平面为参照平面，方向为 右；绘制图 9.8.6 所示的截面草图；选取深度类型为，输入深度值 20.0。

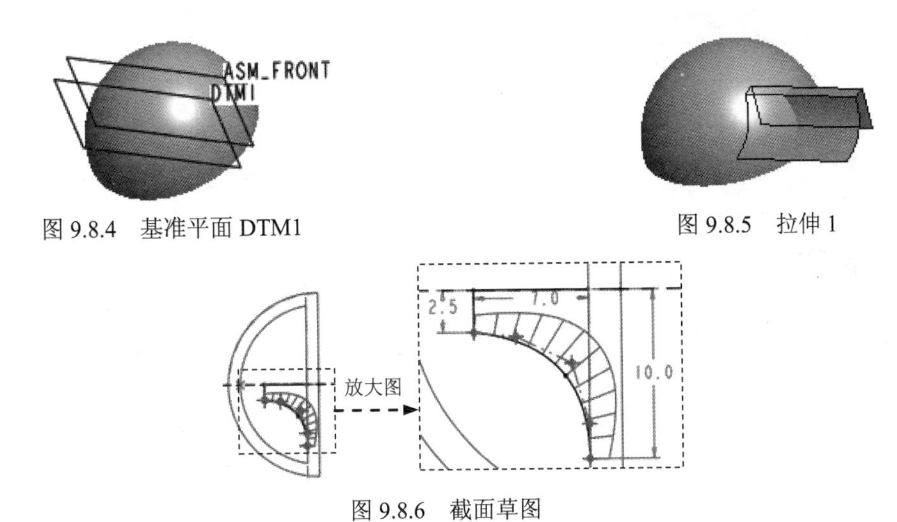

图 9.8.4　基准平面 DTM1

图 9.8.5　拉伸 1

图 9.8.6　截面草图

Step7. 创建图 9.8.7b 所示的阵列特征——阵列 1/拉伸 1。在模型树中选取拉伸 1，选择下拉菜单 编辑(E) ➡ 阵列(P)... 命令；在操控板的 选项 界面中选中 一般 单选项；在操控板中单击 轴 按钮，在绘图区选取图 9.8.7b 所示的轴，输入旋转角度值 120.0；在操控板中输入第一方向的阵列数目值 3，在操控板中输入第二方向的阵列数目 1，并按<Enter>键。

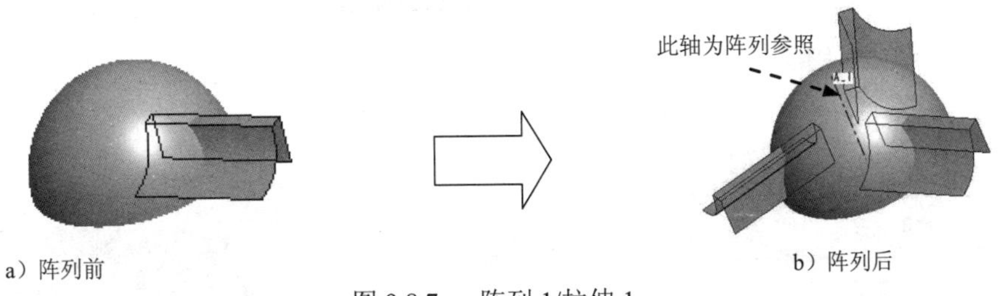

a）阵列前　　b）阵列后

图 9.8.7　阵列 1/拉伸 1

Step8. 创建图 9.8.8 所示的基准平面——DTM2。选择下拉菜单 插入(I) ➡ 模型基准(D) ➡ 平面(L)... 命令；选取图 9.8.8 所示的平面为参照，定义约束类型为偏移，输入偏移值为 2.0。

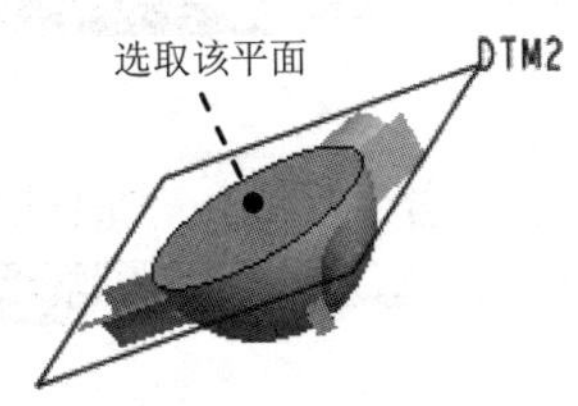

图 9.8.8　基准平面 DTM2

Step9. 创建图 9.8.9 所示的草绘特征——草绘 1。单击工具栏中的“草绘”按钮，选取 DTM2 基准平面为草绘平面，选取 ASM_FRONT 基准平面为参照平面，方向为顶；单击此对话框中的草绘按钮，绘制图 9.8.10 所示的截面草图。

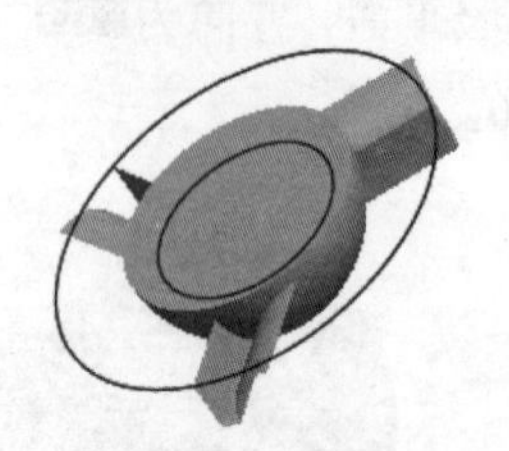

图 9.8.9　草绘 1（建模环境）

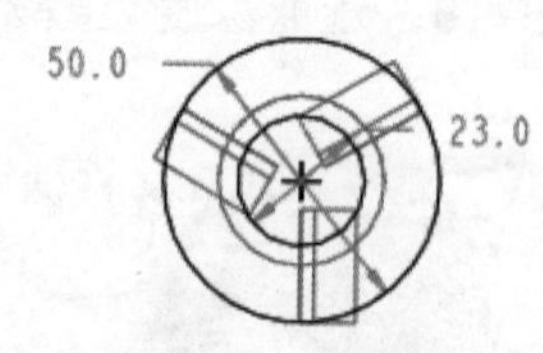

图 9.8.10　草绘 1（草绘环境）

Step10. 创建图 9.8.11 所示的填充特征——填充 1。选择下拉菜单编辑(E) → 填充(L)... 命令；选取 DTM2 基准平面为草绘平面，选取 ASM_FRONT 基准平面为参照平面，方向为顶；绘制图 9.8.12 所示的截面草图，单击“完成”按钮；单击“完成”按钮，完成填充 1 的创建。

图 9.8.11　填充 1

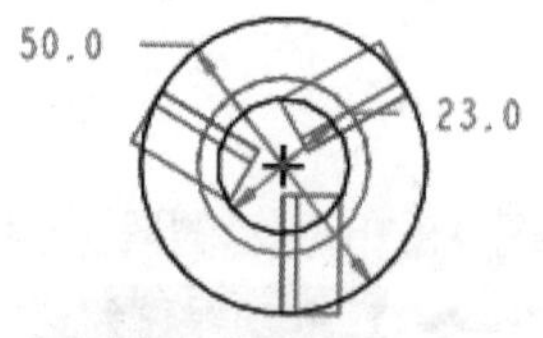

图 9.8.12　截面草图

Step11. 创建曲面合并特征——合并 1。按住<Ctrl>键，在绘图区选取图 9.8.13 所示的曲面 1 和曲面 2，选择下拉菜单编辑(E) → 合并(G)... 命令；在操控板中单击“完成”按钮，完成合并 1 的创建。

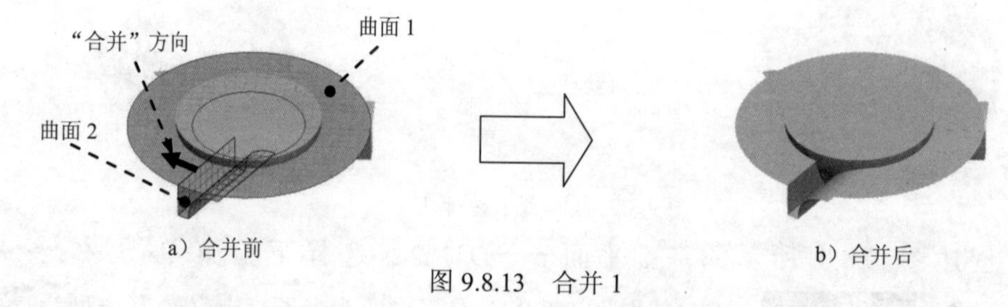

图 9.8.13　合并 1

Step12. 创建曲面合并特征——合并 2。按住<Ctrl>键，在绘图区选取图 9.8.14 所示的曲面 3 和曲面 4；选择下拉菜单编辑(E) → 合并(G)... 命令；在操控板中单击“完成”按钮，完成合并 2 的创建。

Step13. 创建曲面合并特征——合并 3。按住<Ctrl>键，在绘图区选取图 9.8.15 所示的曲面 5 和曲面 6；选择下拉菜单编辑(E) → 合并(G)... 命令；在操控板中单击“完成”按钮，完成合并 3 的创建。

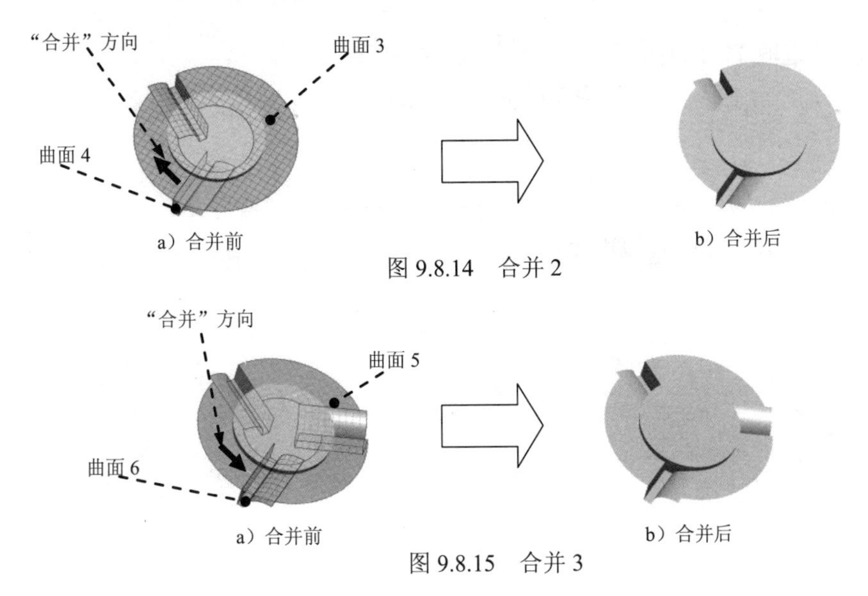

a）合并前　　b）合并后

图 9.8.14　合并 2

a）合并前　　b）合并后

图 9.8.15　合并 3

Step14. 保存模型文件。

9.9 风扇下盖

下面讲解风扇下盖（FAN_DOWN.PRT）的创建过程，零件模型及模型树如图 9.9.1 所示。

Step1. 在装配体中创建风扇下盖（FAN_DOWN.PRT）。选择下拉菜单 插入(I) → 元件(C) → 创建(C)... 命令；在系统弹出的“元件创建”对话框中选中 类型 选项组的 ◉ 零件 单选项；选中 子类型 选项组中的 ◉ 实体 单选项；在 名称 文本框中输入文件名 FAN_DOWN，单击 确定 按钮；在系统弹出的“创建选项”对话框中选中 ◉ 空 单选项，单击 确定 按钮。

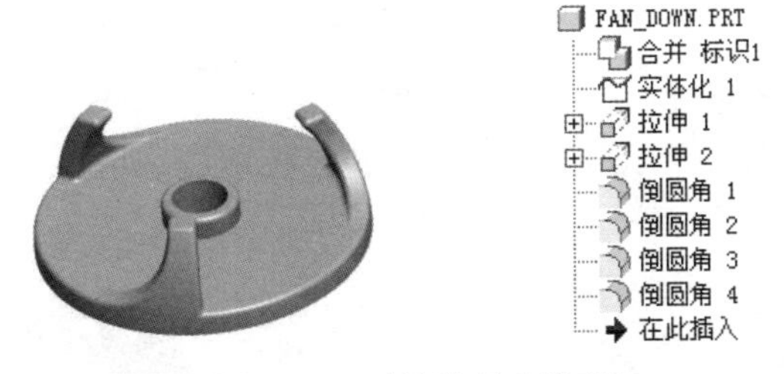

图 9.9.1　零件模型及模型树

Step2. 激活风扇下盖模型。

（1）在模型树中单击 FAN_DOWN.PRT，然后右击，在弹出的快捷菜单中选择 激活 命令。

（2）选择下拉菜单 插入(I) → 共享数据(D) → 合并/继承(M)... 命令，系统弹出“复制几何”操控板。在该操控板中进行下列操作：

① 在操控板中，先确认“将参照类型设置为组件上下文”按钮 被按下。

② 复制几何。在操控板中单击 参照 按钮，系统弹出“参照”界面；选中 ☑ 复制基准 复选框，

然后在模型树中选取 THIRD.PRT；单击“完成”按钮。

Step3. 在模型树中选择 FAN_DOWN.PRT，然后右击，在系统弹出的快捷菜单中选择 打开 命令。

Step4. 创建图 9.9.2b 所示的实体化特征——实体化 1。选取图 9.9.2a 所示的曲面，选择下拉菜单 编辑(E) → 实体化(Y)... 命令，确定“切剪材料”按钮被按下，定义实体化方向如图 9.9.2a 所示。

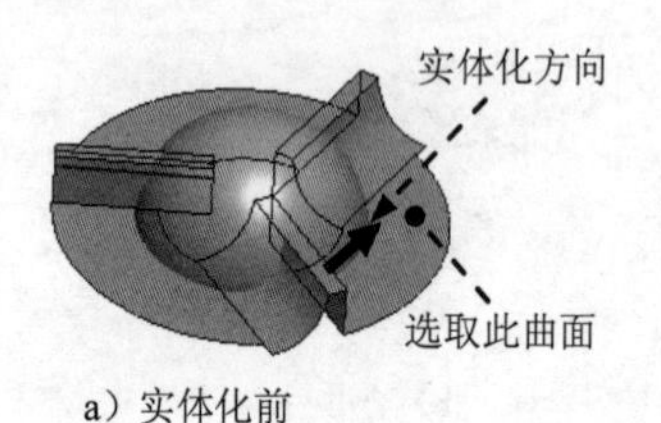

a）实体化前

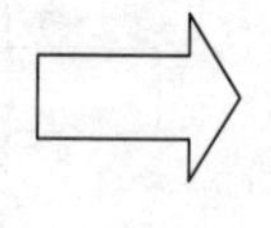

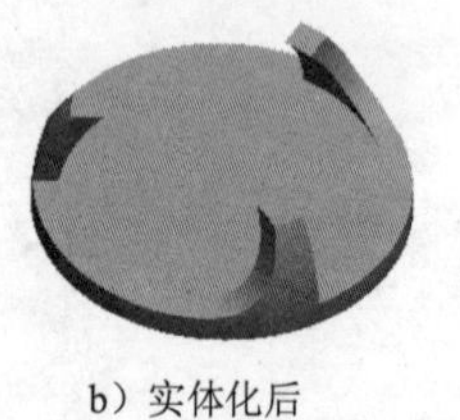
b）实体化后

图 9.9.2　实体化 1

Step5. 创建图 9.9.3 所示的拉伸特征——拉伸 1。选择下拉菜单 插入(I) → 拉伸(E)... 命令，选取图 9.9.4 所示的平面为草绘平面，选取 ASM_TOP 基准平面为参照平面，方向为 顶；绘制图 9.9.5 所示的截面草图；在操控板中选取深度类型为，输入深度值 2.0，单击“完成”按钮，完成拉伸 1 的创建。

图 9.9.3　拉伸 1

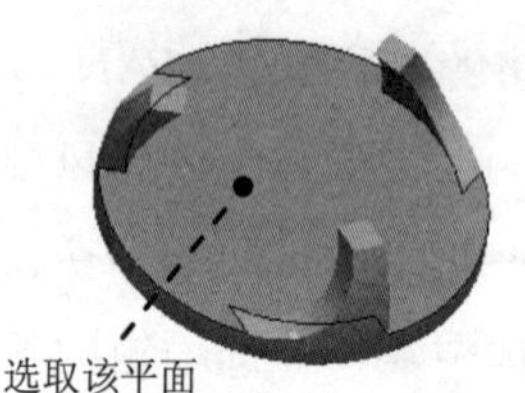

图 9.9.4　定义草绘平面

Step6. 创建图 9.9.6 所示的拉伸特征——拉伸 2。选择下拉菜单 插入(I) → 拉伸(E)... 命令，选取图 9.9.7 所示的平面为草绘平面，选取 ASM_TOP 基准平面为参照平面，方向为 顶；绘制图 9.9.8 所示的截面草图，在操控板中选取深度类型为，单击“去除材料”按钮。

图 9.9.5　截面草图

图 9.9.6　拉伸 2

Step7. 创建图 9.9.9b 所示的倒圆角特征——倒圆角 1。选择下拉菜单 插入(I) → 倒圆角(O)... 命令，选取图 9.9.9a 所示的边链为圆角放置参照，圆角半径值为 0.5。

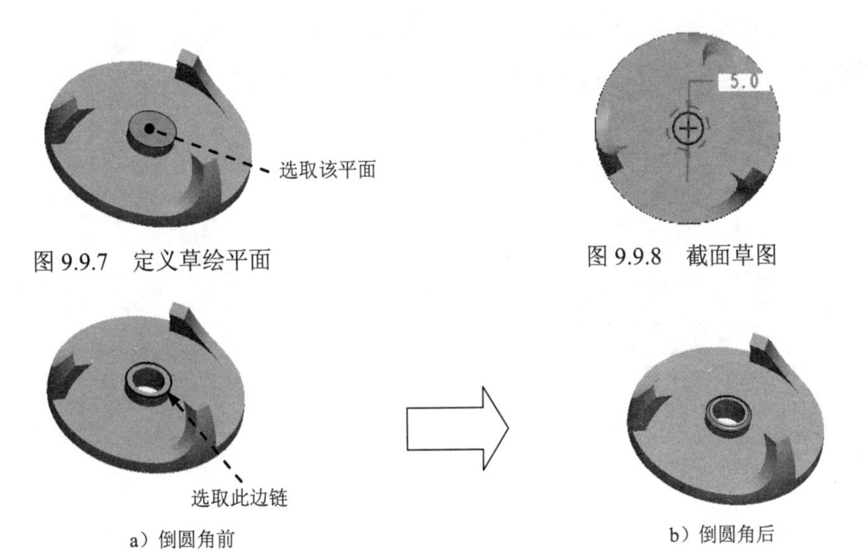

图 9.9.7　定义草绘平面

图 9.9.8　截面草图

a）倒圆角前

b）倒圆角后

图 9.9.9　倒圆角 1

Step8. 创建图 9.9.10b 所示的倒圆角特征——倒圆角 2。选择下拉菜单 插入(I) → 倒圆角(O)... 命令，按住<Ctrl>键，选取图 9.9.10a 所示的边线为圆角放置参照，圆角半径值为 0.5。

Step9. 创建图 9.9.11b 所示的倒圆角特征——倒圆角 3。选择下拉菜单 插入(I) → 倒圆角(O)... 命令，按住<Ctrl>键，选取图 9.9.11a 所示的边链为圆角放置参照，圆角半径值为 0.5。

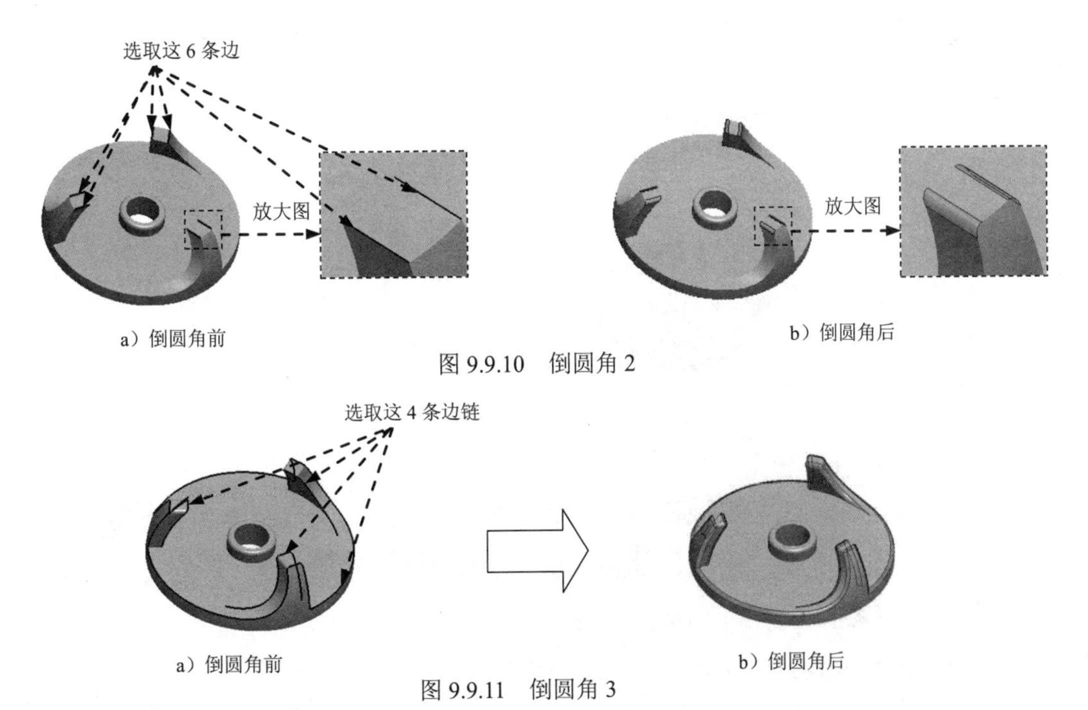

a）倒圆角前

b）倒圆角后

图 9.9.10　倒圆角 2

a）倒圆角前

b）倒圆角后

图 9.9.11　倒圆角 3

Step10. 创建图 9.9.12b 所示的倒圆角特征——倒圆角 4。选择下拉菜单 插入(I) → 倒圆角(O)... 命令，选取图 9.9.12a 所示的边链为圆角放置参照，圆角半径值为 0.5。

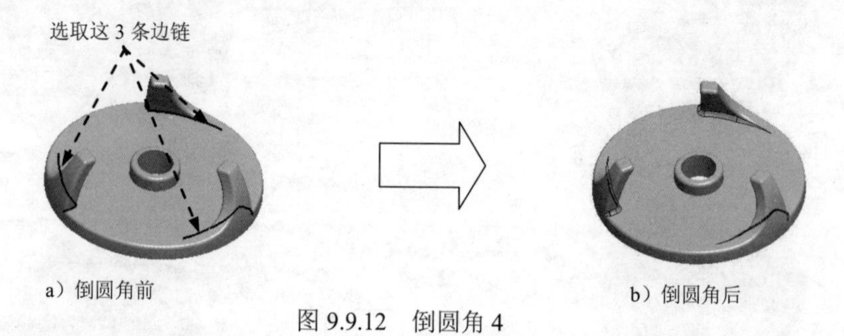

a）倒圆角前　　b）倒圆角后

图 9.9.12　倒圆角 4

Step11. 保存模型文件。

9.10　风扇上盖

下面讲解风扇上盖（FAN_TOP.PRT）的创建过程。零件模型及模型树如图 9.10.1 所示。

Step1. 在装配体中创建风扇上盖（FAN_TOP.PRT）。选择下拉菜单 插入(I) → 元件(C) ▸ → 创建(C)... 命令；在系统弹出的“元件创建”对话框中选中 类型 选项组的 ◉ 零件 单选项；选中 子类型 选项组中的 ◉ 实体 单选项；在 名称 文本框中输入文件名 FAN_TOP，单击 确定 按钮；在系统弹出的“创建选项”对话框中选中 ◉ 空 单选项，单击 确定 按钮。

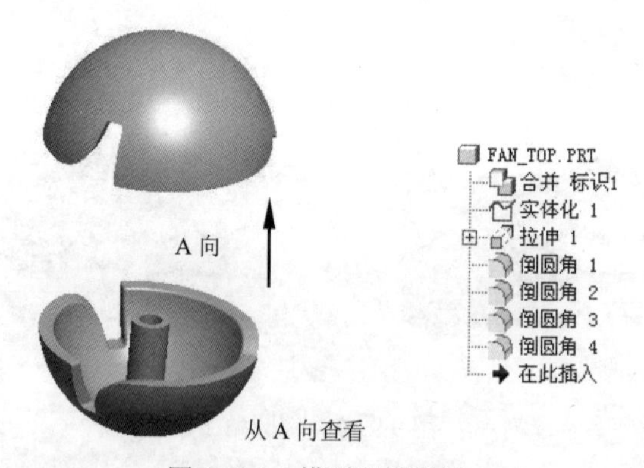

图 9.10.1　模型及模型树

Step2. 激活风扇上盖模型。

（1）在模型树中单击 FAN_TOP.PRT，然后右击，在系统弹出的快捷菜单中选择 激活 命令。

（2）选择下拉菜单 插入(I) → 共享数据(D) ▸ → 合并/继承(M)... 命令，系统弹出“复制几何”操控板。在该操控板中进行下列操作：

① 在操控板中，先确认“将参照类型设置为组件上下文”按钮 被按下。

② 复制几何。在操控板中单击 参照 按钮，系统弹出“参照”界面；选中 ☑ 复制基准 复选框，

然后在模型树中选取 THIRD.PRT；单击“完成”按钮。

Step3. 在模型树中选择 FAN_TOP.PRT，然后右击，在弹出的快捷菜单中选择 打开 命令。

Step4. 创建图 9.10.2b 所示的实体化特征——实体化 1。

（1）选取图 9.10.2a 所示的曲面，选择下拉菜单 编辑(E) → 实体化(Y)... 命令，确定“切剪材料”按钮被按下，定义实体化方向图 9.10.2a 所示。

（2）单击操控板中的“完成”按钮，完成实体化 1 的创建。

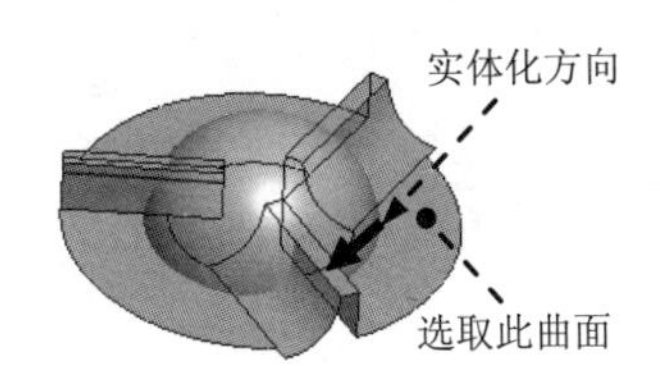

a）实体化前

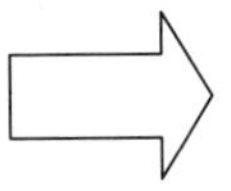
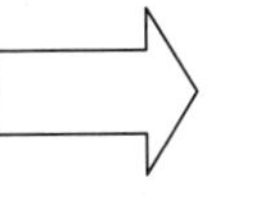

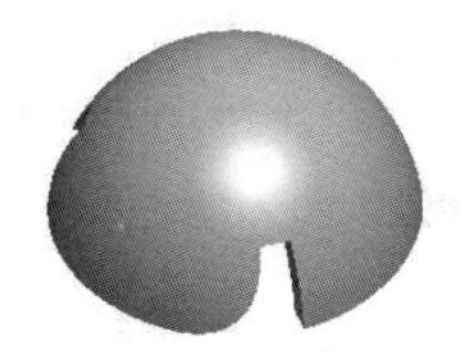
b）实体化后

图 9.10.2　实体化 1

Step5. 创建图 9.10.3 所示的拉伸特征——拉伸 1。选择下拉菜单 插入(I) → 拉伸(E)... 命令；选取 DTM2 基准平面为草绘平面，选取 ASM_FRONT 基准平面为参照平面，方向为 顶；绘制图 9.10.4 所示的截面草图，在操控板中选取深度类型为，单击 选项 按钮，在“第一侧”对话框中输入深度值 2.0，在“第二侧”对话框中选取；单击“加厚草绘”按钮，输入厚度值为 1.0。

图 9.10.3　拉伸 1

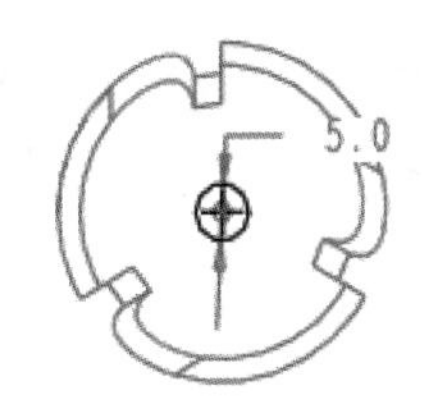

图 9.10.4　截面草图

Step6. 创建图 9.10.5b 所示的倒圆角特征——倒圆角 1。选择下拉菜单 插入(I) → 倒圆角(O)... 命令，选取图 9.10.5a 所示的边链为圆角放置参照，圆角半径值为 0.5。

Step7. 创建图 9.10.6b 所示的倒圆角特征——倒圆角 2。选择下拉菜单 插入(I) → 倒圆角(O)... 命令，按住<Ctrl>键，选取图 9.10.6a 所示的边线为圆角放置参照，圆角半径值为 0.5。

a）倒圆角前

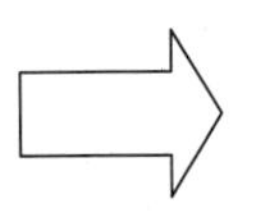

b）倒圆角后

图 9.10.5　倒圆角 1

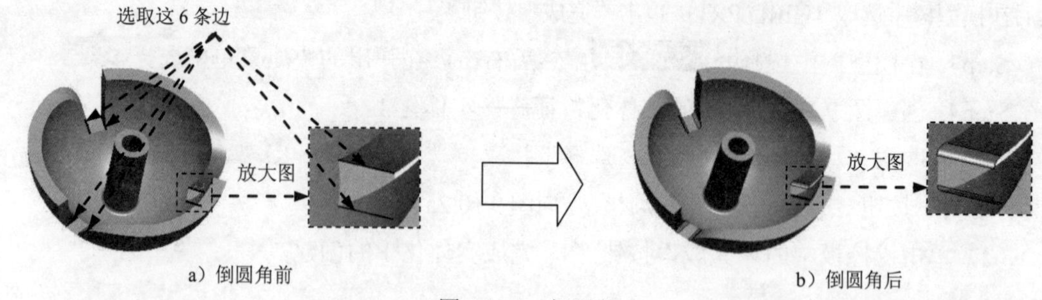

a）倒圆角前　　b）倒圆角后

图 9.10.6　倒圆角 2

Step8. 创建图 9.10.7b 所示的倒圆角特征——倒圆角 3。选择下拉菜单 插入(I) ➡ 倒圆角(O)... 命令，按住<Ctrl>键，选取图 9.10.7a 所示的边线为圆角放置参照，圆角半径值为 0.5。

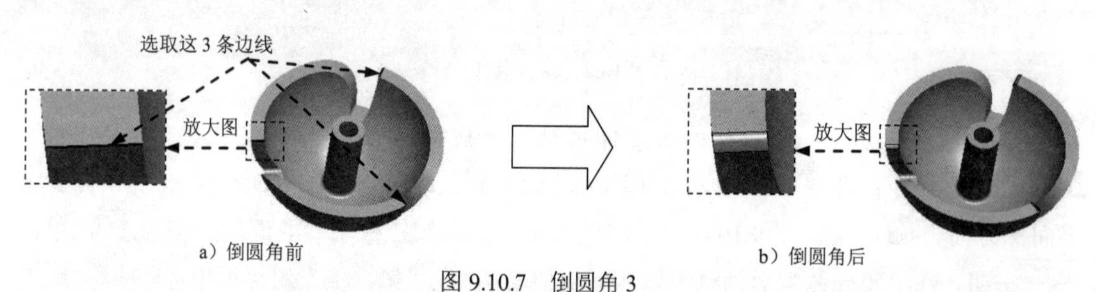

a）倒圆角前　　b）倒圆角后

图 9.10.7　倒圆角 3

Step9. 创建图 9.10.8b 所示的倒圆角特征——倒圆角 4。选择下拉菜单 插入(I) ➡ 倒圆角(O)... 命令，选取图 9.10.8a 所示的边链为圆角放置参照，圆角半径值为 0.5。

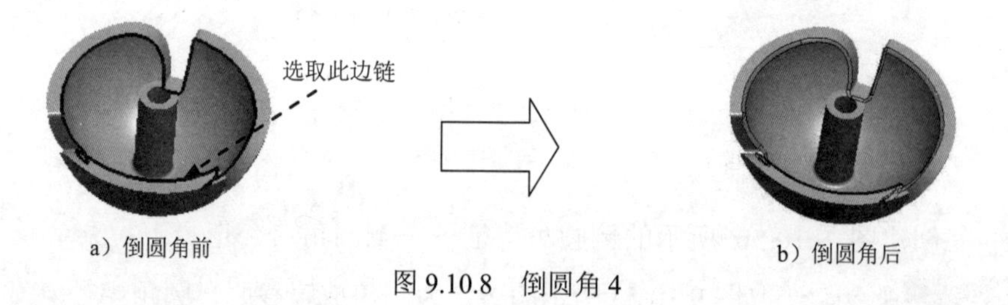

a）倒圆角前　　b）倒圆角后

图 9.10.8　倒圆角 4

Step10. 保存模型文件。

9.11 风扇叶轮

下面讲解风扇叶轮（FAN.PRT）的创建过程。零件模型及模型树如图 9.11.1 所示。

Step1. 在装配体中创建风扇叶轮（FAN.PRT）。选择下拉菜单 插入(I) ➡ 元件(C) ➡ 创建(C)... 命令；在系统弹出的“元件创建”对话框中选中 类型 选项组的 ◉ 零件 单选项；选中 子类型 选项组中的 ◉ 实体 单选项；在 名称 文本框中输入文件名 FAN，单击 确定 按钮；在系统弹出的“创建选项”对话框中选中◉空单选项，单击确定按钮。

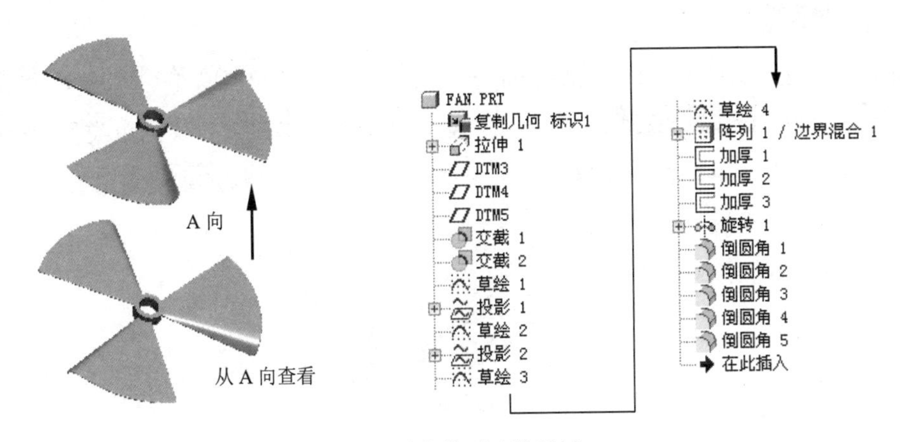

图 9.11.1 零件模型及模型树

Step2. 激活风扇叶轮。

（1）在模型树中单击 FAN.PRT，然后右击，在系统弹出的快捷菜单中选择 激活 命令。

（2）选择下拉菜单 插入(I) ➡ 共享数据(D) ▸ ➡ 复制几何(G)... 命令，系统弹出“复制几何”操控板。在该操控板中进行下列操作：

① 在“复制几何”操控板中，先确认“将参照类型设置为组件上下文”按钮被按下，然后单击“仅限发布几何”按钮（使此按钮为弹起状态）。

② 复制几何。在“复制几何”操控板中单击 参照 按钮，系统弹出“参照模型”界面；单击 参照 区域中的 单击此处添加项目 字符；在“智能选取栏”的下拉列表中选择“基准平面”选项，按住<Ctrl>键，在绘图区依次选取 THIRD.PRT 文件中的 ASM_FRONT、ASM_TOP 、ASM_RIGHT 和 DTM4（THIRT.PRT 中）四个基准平面。

③ 在“复制几何”操控板中单击 选项 按钮，选中 ⊙ 按原样复制所有曲面 单选项。

④ 在“复制几何”操控板中单击“完成”按钮✔。

（3） 完成操作后，所选的基准平面被复制到 FAN.PRT 中。

Step3. 创建图 9.11.2 所示的拉伸特征——拉伸 1。选择下拉菜单 插入(I) ➡ 拉伸(E)... 命令，在操控板中应确认“曲面”按钮被按下；选取 DTM4 基准平面为草绘平面，选取 ASM_FRONT 基准平面为参照平面，方向为 顶；绘制图 9.11.3 所示的截面草图；选取深度类型为，输入深度值 10.0；单击“完成”按钮✔，完成拉伸 1 的创建。

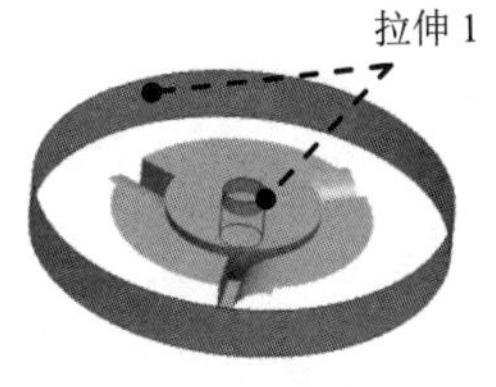

图 9.11.2 拉伸 1

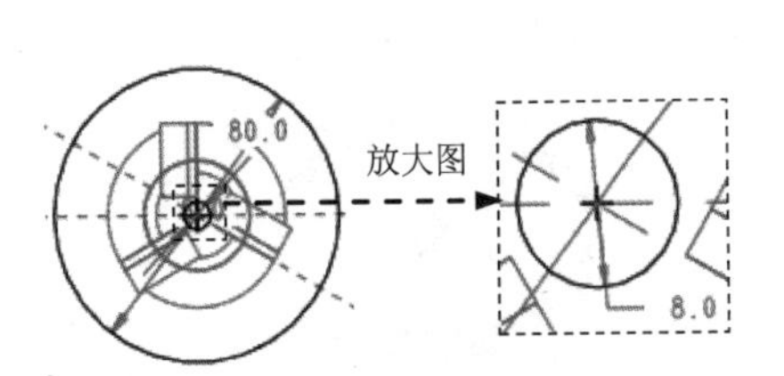

图 9.11.3 截面草图

Step4. 在新窗口中打开模型。在模型树中选择 FAN.PRT，然后右击，在系统弹出的快捷菜单中选择 打开 命令。

Step5. 创建图 9.11.4 所示的基准平面——DTM3。选择下拉菜单 插入(I) → 模型基准(D) ▸ 模型基准(D) ▸ → 平面(L)... 命令；选取 A_1 基准轴为参照，定义约束类型为 穿过；按住<Ctrl>键，选取 ASM_TOP 基准平面为参照；定义约束类型为 偏移，在“偏距”对话框中输入旋转角度值 19.0。

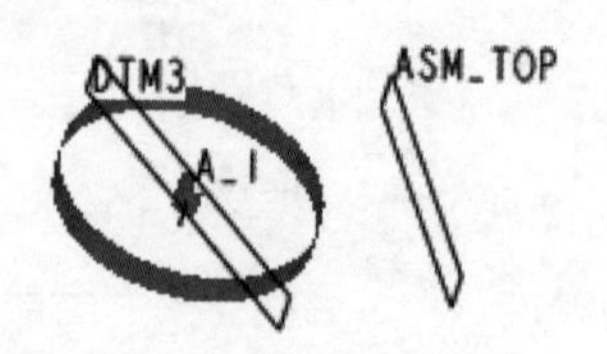

图 9.11.4　基准平面 DTM3

Step6. 创建图 9.11.5 所示的基准平面——DTM4。选择下拉菜单 插入(I) → 模型基准(D) ▸ → 平面(L)... 命令；选取 A_1 基准轴为参照，定义约束类型为 穿过；按住<Ctrl>键，选取 DTM3 基准平面为参照，定义约束类型为 偏移，在“偏距”对话框中输入旋转角度值 60.0。

Step7. 创建图 9.11.6 所示的基准平面——DTM5。选择下拉菜单 插入(I) → 模型基准(D) ▸ → 平面(L)... 命令；选取 A_1 基准轴为参照，定义约束类型为 穿过；按住<Ctrl>键，选取 ASM_FRONT 基准平面为参照，定义约束类型为 偏移，在“偏距”对话框中输入旋转角度值 30.0。

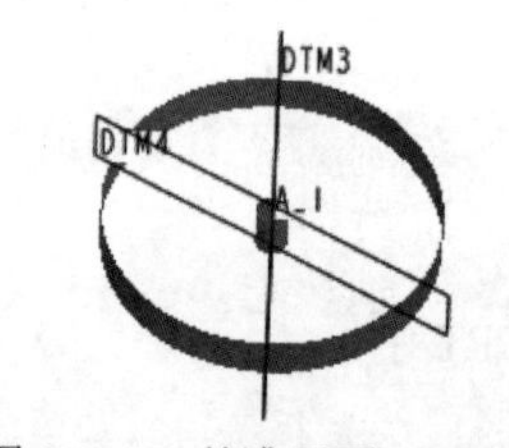

图 9.11.5　基准平面 DTM4

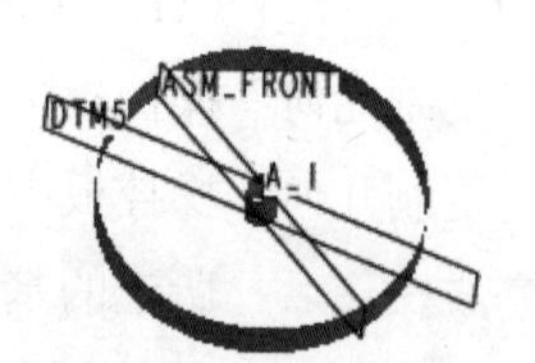

图 9.11.6　基准平面 DTM5

Step8. 创建图 9.11.7b 所示的交截特征——交截 1。在模型树中选取图 9.11.7a 所示的 Step3 创建的拉伸 1 和 Step5 创建的 DTM3 基准平面，选择下拉菜单 编辑(E) → 相交(I)... 命令，完成交截 1 的创建。

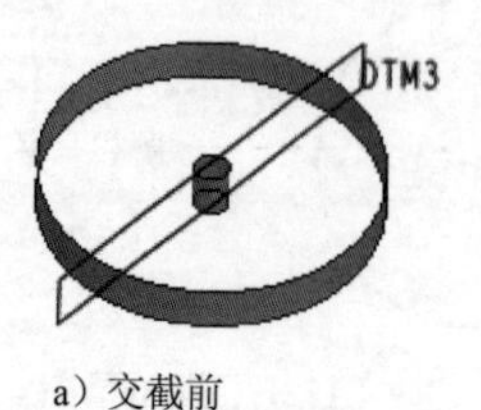

a）交截前

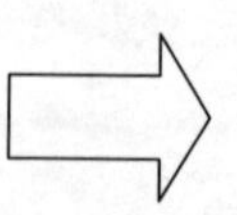

b）交截后

图 9.11.7　交截 1

Step9. 创建图9.11.8所示的交截特征——交截2。在模型树中选取图9.11.8a所示的Step3创建的拉伸1和Step6创建的DTM4基准平面，选择下拉菜单 编辑(E) → 相交(I)... 命令，完成交截2的创建。

a）交截前　　b）交截后

图9.11.8　交截2

Step10. 创建图9.11.9所示的草绘特征——草绘1。单击工具栏中的“草绘”按钮，选取DTM5基准平面为草绘平面，选取ASM_RIGHT基准平面为参照平面，方向为 顶；单击对话框中的 草绘 按钮，绘制图9.11.10所示的草图，并调整样条曲线的曲率如图9.11.11所示。

说明：

- 在调整草绘1中样条曲线的曲率时，先双击样条曲线，单击操控板中的“切换到控制多边形模式”按钮，定义系统所生成的多边形的边线与样条曲线相切，如图9.11.10所示。

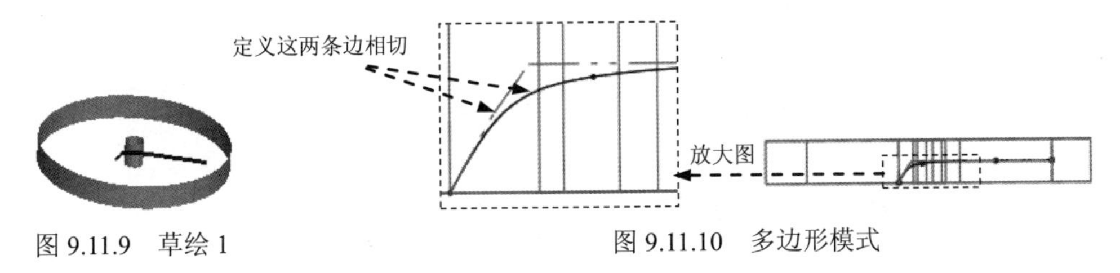

图9.11.9　草绘1　　图9.11.10　多边形模式

- 在调整草绘2中样条曲线的曲率时，可以通过选取图9.11.10所示的多边形的控制点来调整样条曲线的曲率，结果如图9.11.11所示。

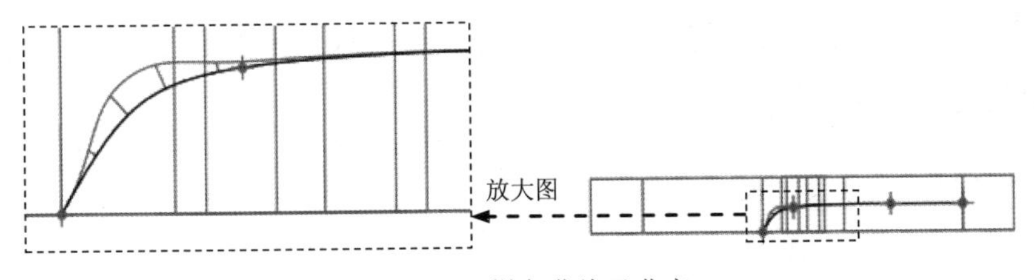

图9.11.11　样条曲线及曲率

Step11. 创建图9.11.12所示的投影曲线——投影1。在模型树中选取图9.11.13所示的Step10所创建的草绘1，选择下拉菜单 编辑(E) → 投影(I)... 命令；选取图9.11.13所示的面为投影面，接受系统默认的投影方向；单击“完成”按钮，完成投影1的创建。

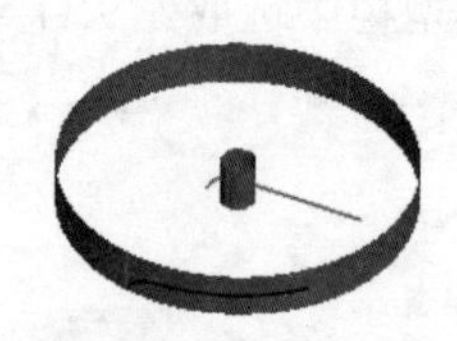

图 9.11.12 投影 1

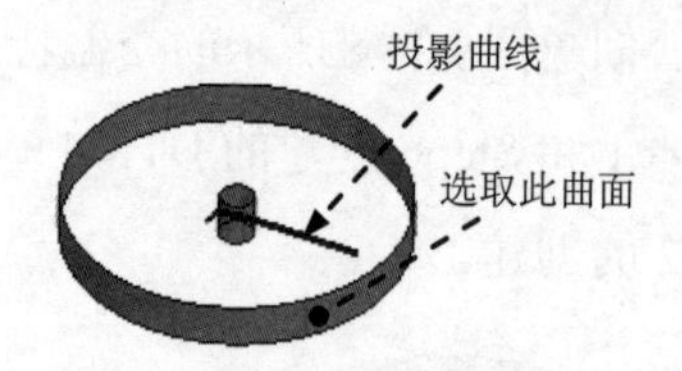

图 9.11.13 定义投影面及投影曲线

Step12. 创建图 9.11.14 所示的草绘特征——草绘 2（草绘 1 被隐藏）。单击工具栏中的“草绘”按钮，选取 DTM5 基准平面为草绘平面，选取 ASM_RIGHT 基准平面为参照平面，方向为顶；单击对话框中的草绘按钮，绘制图 9.11.15 所示的截面草图（用“使用边”命令）。

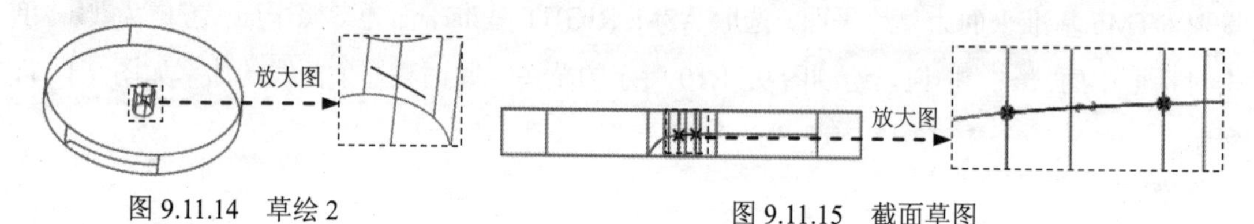

图 9.11.14 草绘 2　　图 9.11.15 截面草图

Step13. 创建图 9.11.16 所示的投影曲线——投影 2。在模型树中选取图 9.11.17 所示的 Step12 所创建的草绘 2，选择下拉菜单编辑(E) → 投影(T)...命令；选取图 9.11.17 所示的面为投影面，采用系统默认的投影方向。

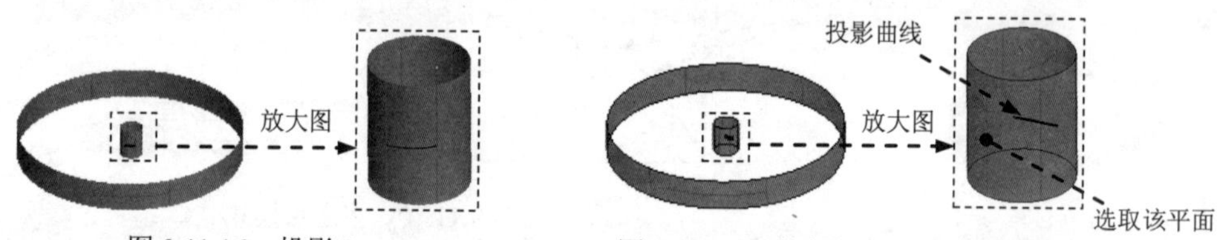

图 9.11.16 投影 2　　图 9.11.17 定义投影面及投影曲线

Step14. 创建图 9.11.18 所示的草绘特征——草绘 3（草绘 2 被隐藏）。单击工具栏中的“草绘”按钮，选取 DTM3 基准平面为草绘平面，选取 ASM_RIGHT 基准平面为参照平面，方向为顶；单击对话框中的草绘按钮，绘制图 9.11.19 所示的截面草图（直线的两端点分别与投影曲线的端点重合）。

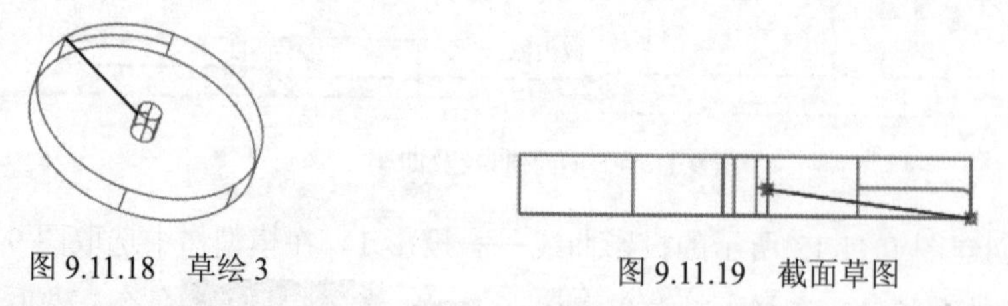

图 9.11.18 草绘 3　　图 9.11.19 截面草图

Step15. 创建图 9.11.20 所示的草绘特征——草绘 4。单击工具栏中的“草绘”按钮，选取 DTM4 基准平面为草绘平面，选取 ASM_RIGHT 基准平面为参照平面，方向为顶；单击对话框中的草绘按钮，绘制图 9.11.21 所示的截面草图（直线的两端点分别与投影曲线的端点重合）。

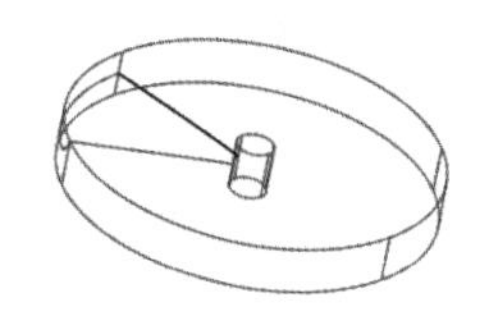

图 9.11.20　草绘 4

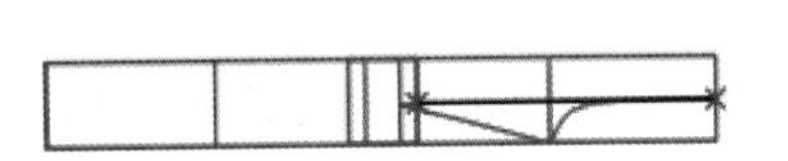

图 9.11.21　截面草图

Step16. 创建图 9.11.22 所示的边界曲面——Boundary Blend 1。选择下拉菜单 插入(I) ➡ 边界混合(B)... 命令；单击“边界混合”操控板中的 曲线 按钮，在系统弹出的“第一方向”区域中单击，按住<Ctrl>键，在绘图区依次选取图 9.11.23 所示的曲线 1 和曲线 2；在“第二方向”区域中单击，在绘图区选取图 9.11.23 所示的曲线 3 和曲线 4。

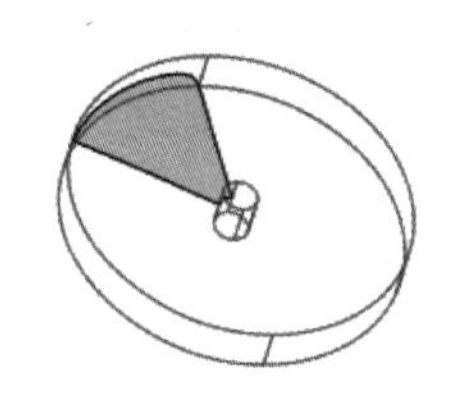

图 9.11.22　Boundary Blend 1

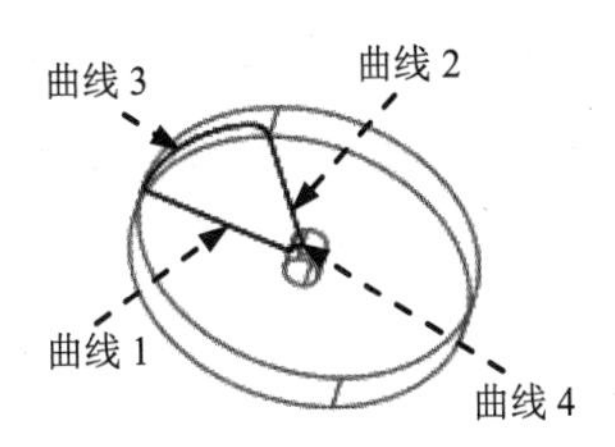

图 9.11.23　定义边界曲线

Step17. 创建图 9.11.24b 所示的阵列特征——阵列 1/ Boundary Blend1。在模型树中选取 Boundary Blend1，选择下拉菜单 编辑(E) ➡ 阵列(P)... 命令；在操控板的 选项 界面中选中 一般 单选项；在操控板中单击 轴 按钮，在绘图区选取图 9.11.24a 所示的轴，输入旋转角度值 120.0，在操控板中输入第一方向的阵列数目 3，在操控板中输入第二方向的阵列数目值 1，并按<Enter>键。

Step18. 创建图 9.11.25b 所示的加厚特征——加厚 1。在绘图区选取图 9.11.25a 所示的曲面，选择下拉菜单 编辑(E) ➡ 加厚(K)... 命令；输入厚度值为 0.5，使其加厚方向如图 9.11.25a 所示。

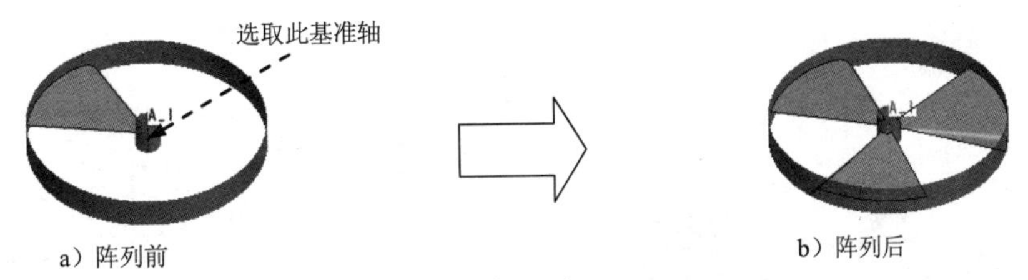

a）阵列前　b）阵列后

图 9.11.24　阵列 1/ Boundary Blend 1

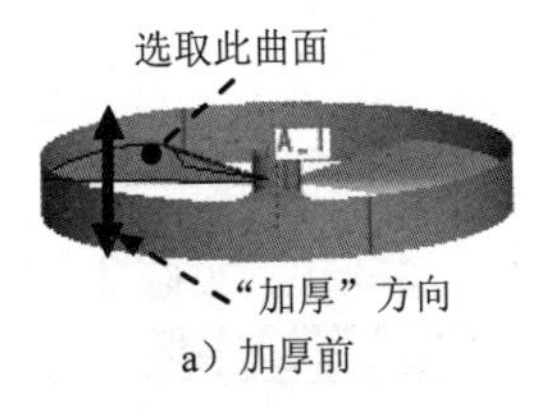

a）加厚前

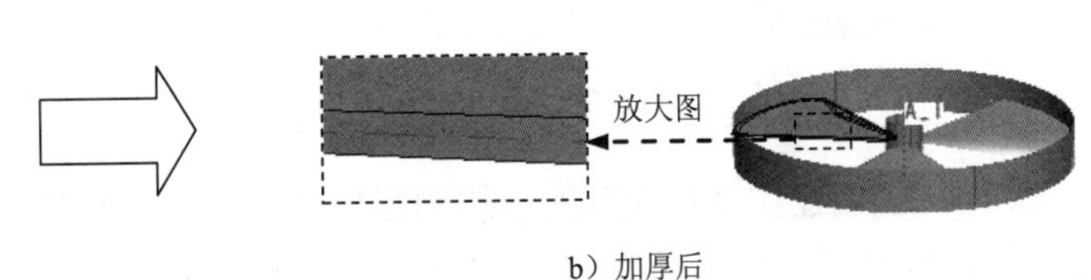

b）加厚后

图 9.11.25　加厚 1

Step19. 创建图 9.11.26b 所示的加厚特征——加厚 2。在绘图区选取图 9.11.26a 所示的曲面，选择下拉菜单 编辑(E) → 加厚(K)... 命令；输入厚度值为 0.5，使其加厚方向如图 9.11.26a 所示。

说明：图 9.11.26a 所示的箭头方向表示两侧加厚。

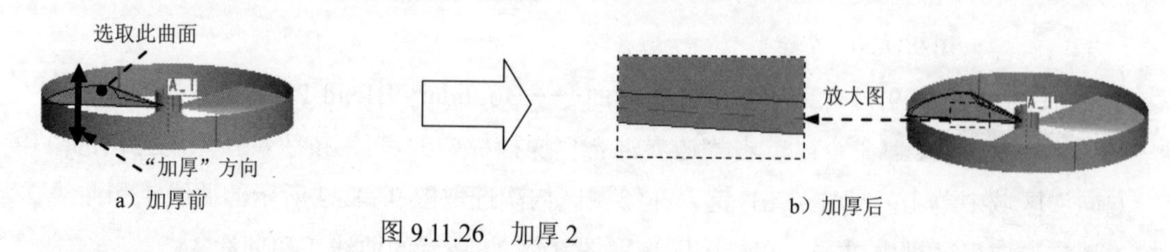

图 9.11.26　加厚 2

Step20. 创建图 9.11.27b 所示的加厚特征——加厚 3。在绘图区选取图 9.11.27a 所示的曲面，选择下拉菜单 编辑(E) → 加厚(K)... 命令；输入厚度值为 0.5，使其加厚方向如图 9.11.27a 所示。

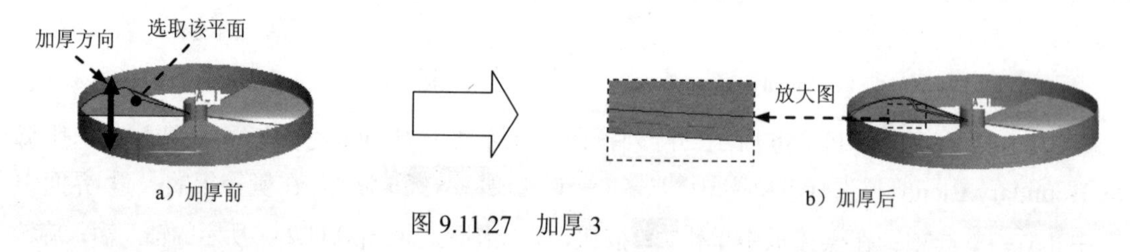

图 9.11.27　加厚 3

Step21. 创建图 9.11.28 所示的实体旋转特征——旋转 1。选择下拉菜单 插入(I) → 旋转(R)... 命令；选取 ASM_FRONT 基准平面为草绘平面，选取 ASM_RIGHT 基准平面为草绘参照，方向为 顶；绘制图 9.11.29 所示的旋转轴和截面草图；选取旋转类型 （"定值"），输入旋转角度值 360.0。

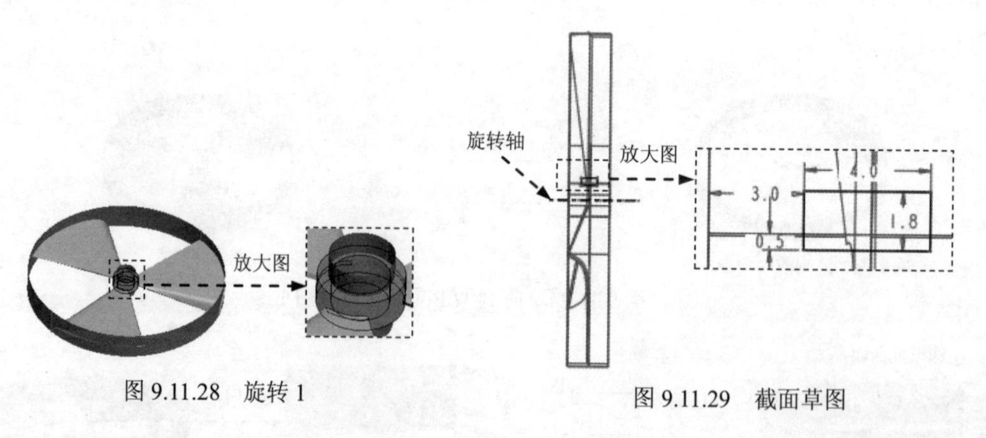

图 9.11.28　旋转 1

图 9.11.29　截面草图

Step22. 创建图 9.11.30b 所示的倒圆角特征——倒圆角 1（拉伸 1、交截 1、交截 2、投影 1、投影 2、草绘 3 和草绘 4 被隐藏）。选择下拉菜单 插入(I) → 倒圆角(O)... 命令，选取图 9.11.30a 所示的边线为圆角放置参照，输入圆角半径值为 2.0。

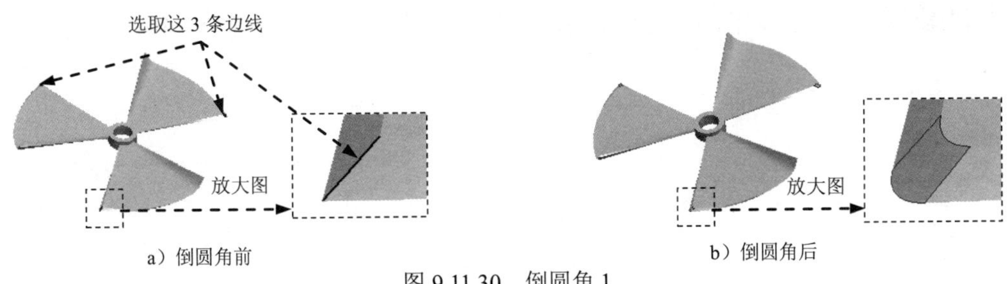

图 9.11.30　倒圆角 1

Step23. 创建图 9.11.31b 所示的倒圆角特征——倒圆角 2。选择下拉菜单 插入(I) ➡ 倒圆角(O)... 命令，选取图 9.11.31a 所示的边线为圆角放置参照，输入圆角半径值为 2.0。

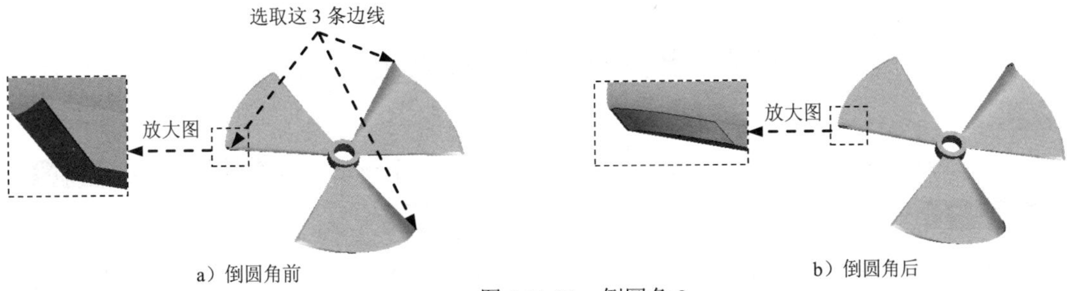

图 9.11.31　倒圆角 2

Step24. 创建图 9.11.32b 所示的倒圆角特征——倒圆角 3。选择下拉菜单 插入(I) ➡ 倒圆角(O)... 命令，选取图 9.11.32a 所示的边链为圆角放置参照，输入圆角半径值为 0.2。

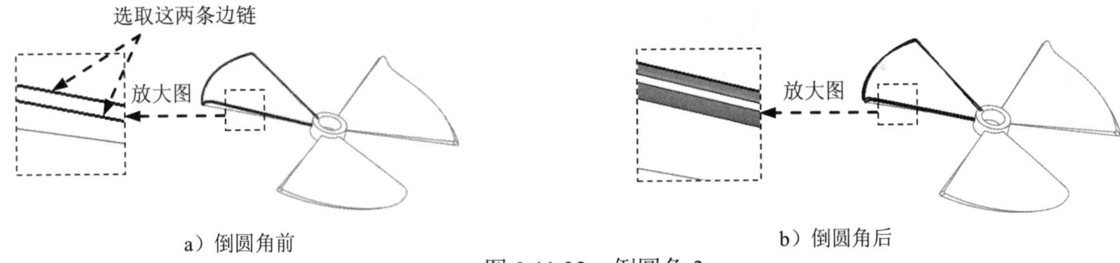

图 9.11.32　倒圆角 3

Step25. 创建图 9.11.33b 所示的倒圆角特征——倒圆角 4。选择下拉菜单 插入(I) ➡ 倒圆角(O)... 命令，选取图 9.11.33a 所示的边链为圆角放置参照，输入圆角半径值为.02。

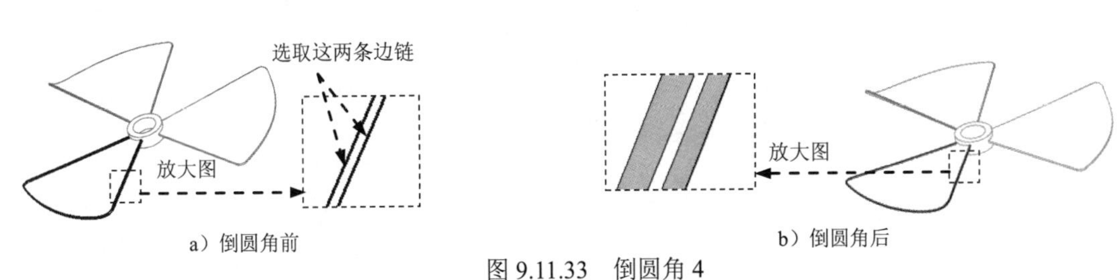

图 9.11.33　倒圆角 4

Step26. 创建图 9.11.34b 所示的倒圆角特征——倒圆角 5。选择下拉菜单 插入(I) ➡

倒圆角(O)... 命令，选取图 9.11.34a 所示的边链为圆角放置参照，圆角半径值为 0.2。

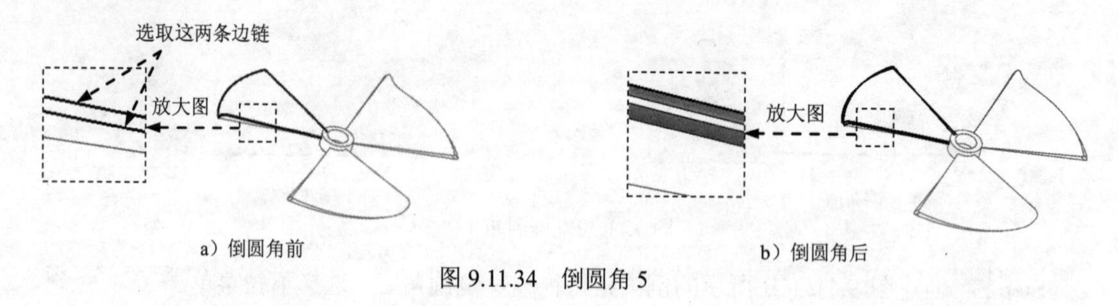

图 9.11.34 倒圆角 5

Step27. 保存模型文件。

9.12 编辑总装配模型的显示

Step1. 隐藏控件。按住<Ctrl>键，在模型树中依次选取 FIRST.PRT、SECOND.PRT 和 THIRD.PRT 然后右击，在系统弹出的下拉列表中单击隐藏命令。

Step2. 隐藏草图、基准、曲线和曲面。单击层树(L) ➡ ，然后在“层树”列表中，按住<Ctrl>键，依次选取 AXIS、CURVE、POINT 和 QUILT；右击，在弹出的下拉列表中单击隐藏；在“层树”列表中选取 DATUM 并右击，在系统弹出的下拉列表中单击保存状态命令，然后单击 ➡ 模型树(M)命令。

Step3. 保存装配体模型文件。

实例10　玩 具 飞 机

10.1　概　　述

本实例详细介绍了一款玩具飞机的设计过程。设计过程中使用了自顶向下的设计方法，其中骨架模型的创建过程相对较为复杂，而分割过程较少。通过本实例，读者能更好地理解自顶向下设计的思路，掌握其中的要领。玩具飞机的总装配图如图 10.1.1 所示。

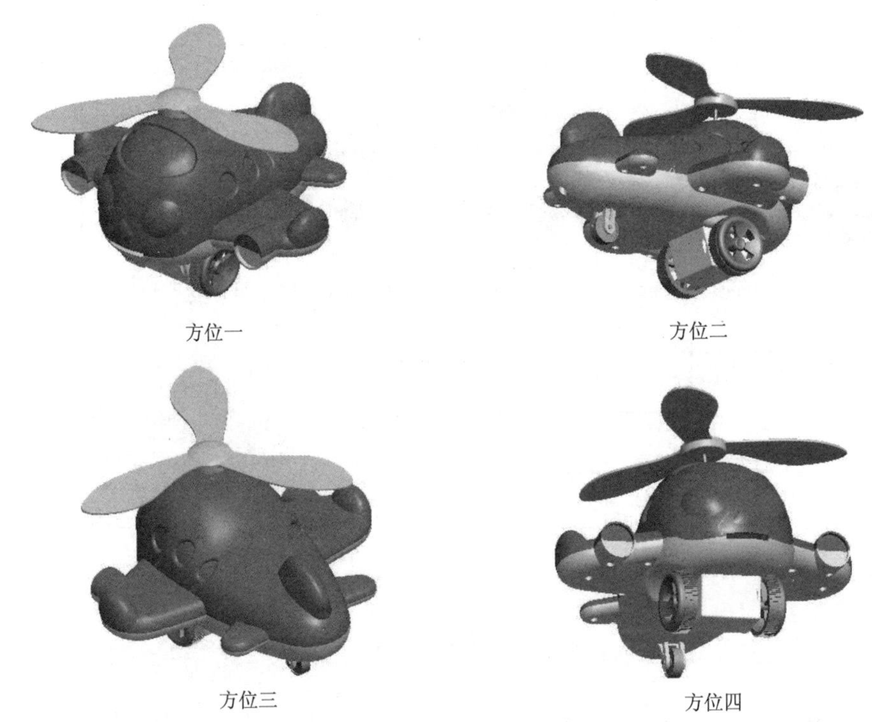

图 10.1.1　玩具飞机模型

本例中玩具飞机的设计流程图如图 10.1.2 所示。

10.2　骨 架 模 型

Task1．设置工作目录

将工作目录设置至 D:\ proewf5.9\work\ch10。

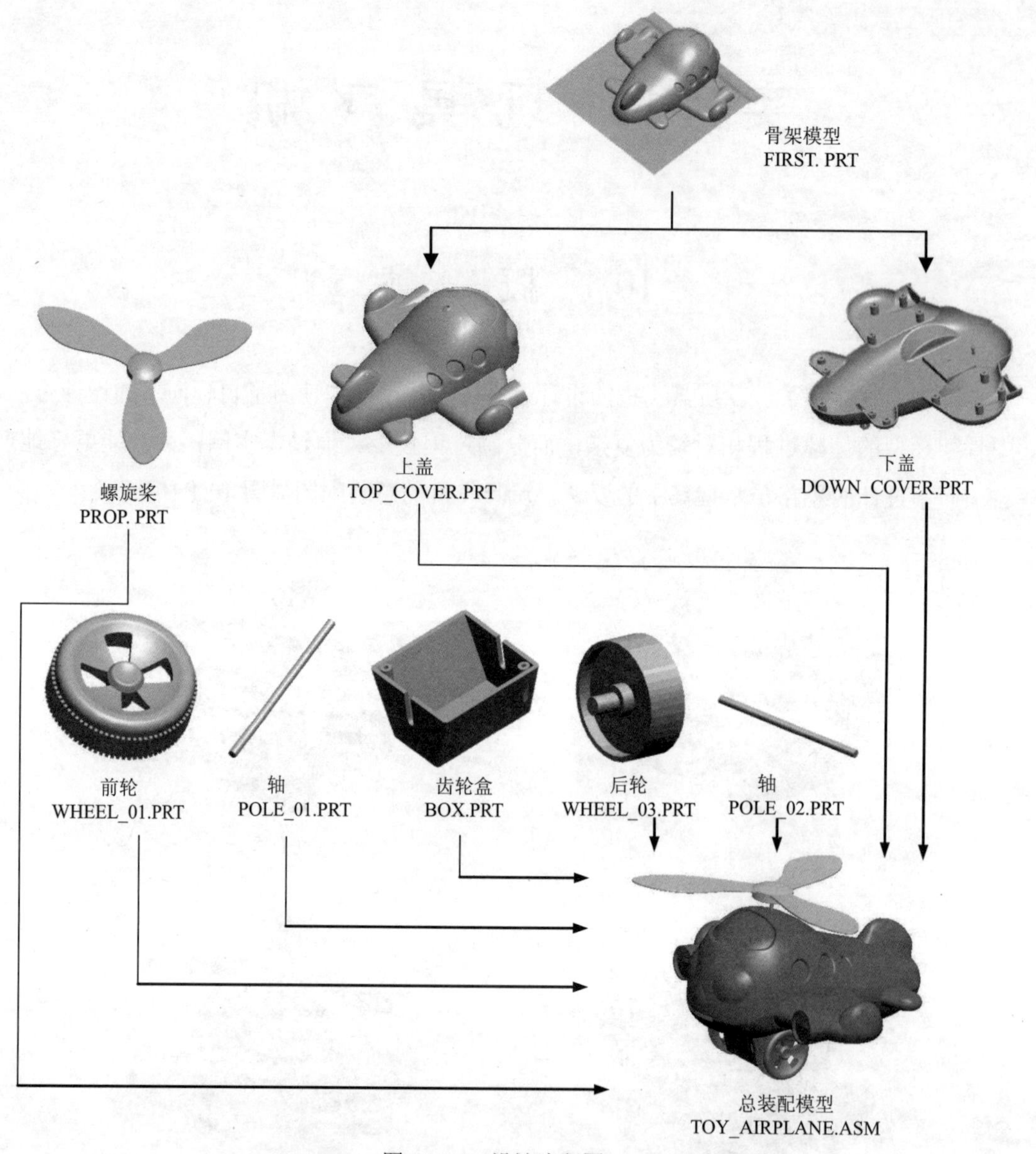

图 10.1.2　设计流程图

Task2．新建一个装配体文件

Step1. 选择下拉菜单 文件(F) → 新建(N)... 命令，在系统弹出的“新建”对话框中，进行下列操作：选中 类型 选项组中的 ◉ 组件 单选项；选中 子类型 选项组中的 ◉ 设计 单选项；在 名称 文本框中输入文件名 TOY_AIRPLANE；取消选中 □ 使用缺省模板 复选框中的“√”号；单击该对话框中的 确定 按钮。

Step2. 选取适当的装配模板。在系统弹出“新文件选项”对话框的模板选项组中选择 mmns_asm_design 模板。

Step3. 设置模型树的显示。在模型树操作界面中，选择 ➡ 树过滤器(F)... 命令，然后在“模型树项目”对话框中选中 ☑ 特征 复选框，并单击 确定 按钮。

Task3. 创建图 10.2.1 所示的骨架模型

在装配环境下，创建图 10.2.1 所示的骨架模型。其模型树如图 10.2.2 所示。

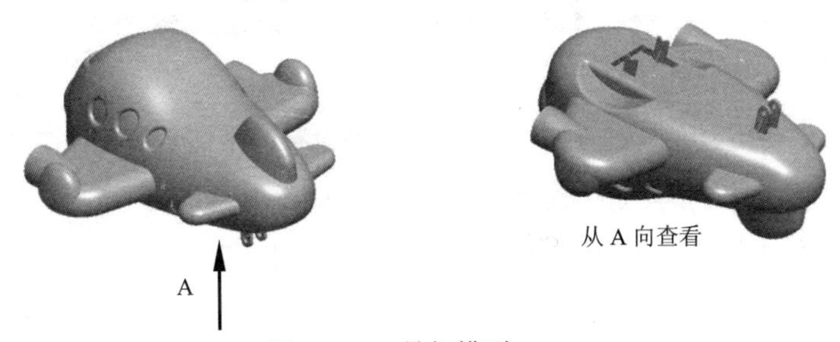

图 10.2.1　骨架模型

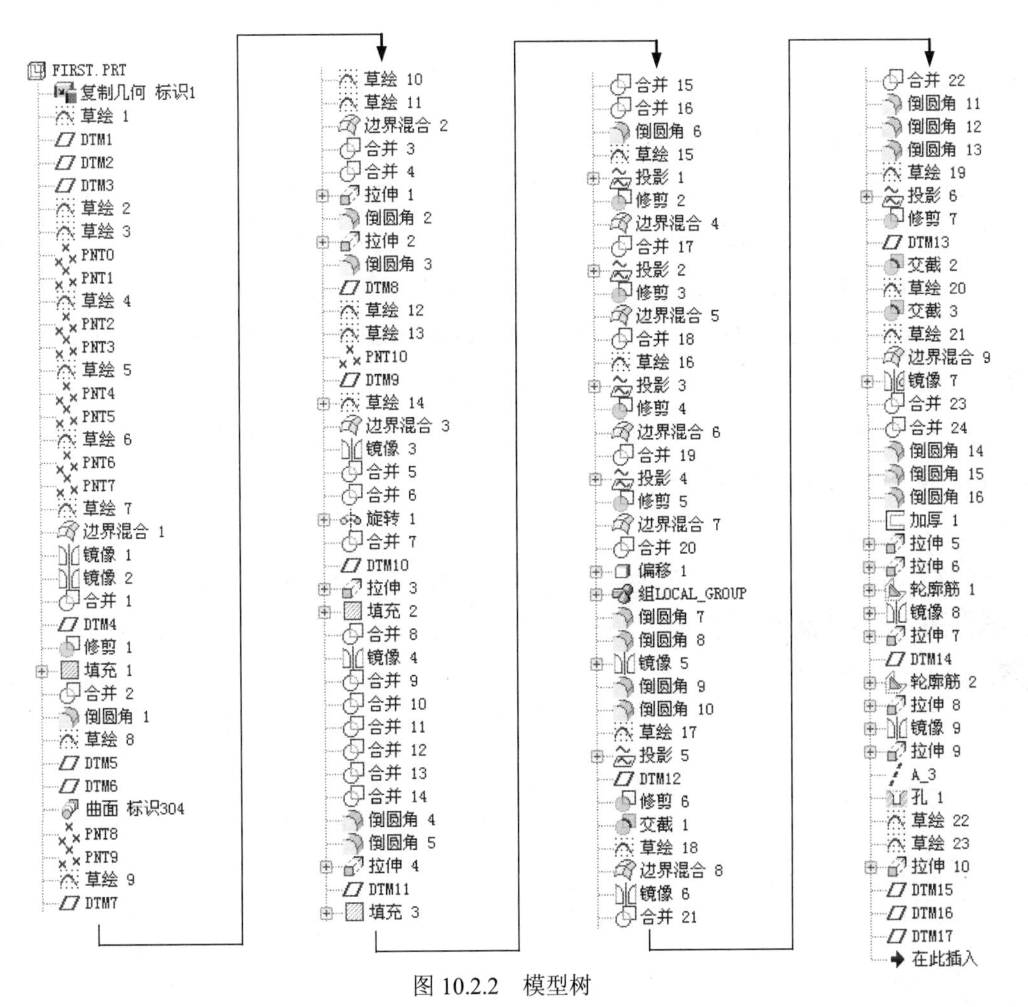

图 10.2.2　模型树

Step1. 在装配体中建立骨架模型（FIRST.PRT）。选择下拉菜单 插入(I) ➡ 元件(C) ▸

→ 创建(C)... 命令，系统弹出“元件创建”对话框；选中 类型 选项组中的 ◉ 骨架模型 单选项，在 名称 文本框中输入文件名 FIRST，然后单击 确定 按钮；在系统弹出的“创建选项”对话框中选中 ◉ 空 单选项，单击 确定 按钮。

Step2. 激活骨架模型。在模型树中单击 FIRST.PRT，然后右击，在系统弹出的快捷菜单中选择 激活 命令。

（1）选择下拉菜单 插入(I) → 共享数据(D) ▸ → 复制几何(G)... 命令，系统弹出“复制几何”操控板，在该操控板中进行下列操作：

① 在“复制几何”操控板中，先确认“将参照类型设置为组件上下文”按钮被按下，然后单击“仅限发布几何”按钮（使此按钮为弹起状态）。

② 复制几何。在“复制几何”操控板中单击 参照 按钮，系统弹出“参照模型”界面；单击 参照 区域中的 单击此处添加项目 字符；在“智能选取栏”下拉列表中选择“基准平面”选项，按住<Ctrl>键，在绘图区依次选取装配文件中的三个基准平面。

③ 在“复制几何”操控板中单击 选项 按钮，选中 ◉ 按原样复制所有曲面 单选项。

④ 在“复制几何”操控板中单击“完成”按钮。

（2） 完成操作后，所选的基准平面被复制到 FIRST.PRT 中。

Step3. 在装配体中打开骨架模型 FIRST.PRT，在模型树中单击 FIRST.PRT 并右击，在系统弹出的快捷菜单中选择 打开 命令。

Step4. 创建图 10.2.3 所示的草绘特征——草绘 1。单击工具栏中的“草绘”按钮；选取 ASM_FRONT 基准平面为草绘平面，选取 ASM_RIGHT 基准平面为参照平面，方向为 右；绘制图 10.2.3 所示的草图。

Step5. 创建图 10.2.4 所示的基准平面——DTM1。选择下拉菜单 插入(I) → 模型基准(D) ▸ → 平面(L)... 命令；选取 ASM_RIGHT 基准平面为参照，定义约束类型为 偏移，输入偏移值 60.0。

Step6. 创建图 10.2.5 所示的基准平面——DTM2。选择下拉菜单 插入(I) → 模型基准(D) ▸ → 平面(L)... 命令；选取 ASM_RIGHT 基准平面为参照，定义约束类型为 偏移，输入偏移值-38.0。

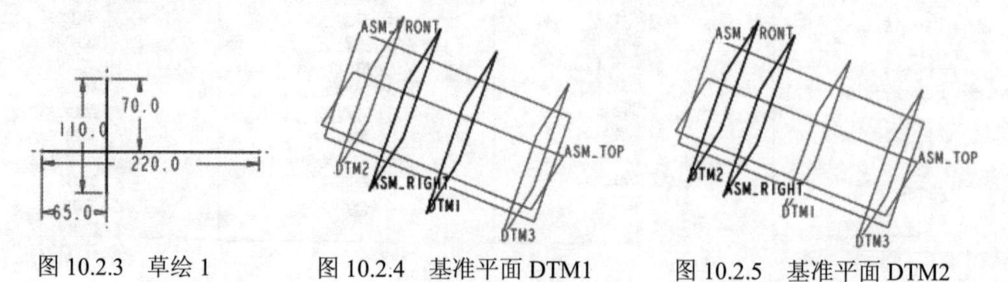

图 10.2.3　草绘 1　　图 10.2.4　基准平面 DTM1　　图 10.2.5　基准平面 DTM2

Step7. 创建图 10.2.6 所示的基准平面——DTM3。选择下拉菜单 插入(I) →

模型基准(D) ➡ 平面(L)... 命令；选取 ASM_RIGHT 基准平面为参照，定义约束类型为偏移，输入偏移值-138.0。

Step8. 创建图 10.2.7 所示的草绘特征——草绘 2。单击工具栏中的“草绘”按钮；选取 ASM_FRONT 基准平面为草绘平面，选取 ASM_RIGHT 基准平面为参照平面，方向为右；单击此对话框中的草绘按钮，绘制图 10.2.7 所示的草图。

说明：

- 图 10.2.7 所示的样条曲线的三个端点分别与草绘 1 中的一条直线的端点重合，如图 10.2.8 所示。
- 在调整草绘 2 中的样条曲线的曲率时，先双击样条曲线，单击操控板中的“切换到控制多边形模式”按钮，定义系统所生成的多边形的边线与样条曲线相切，如图 10.2.9 所示。

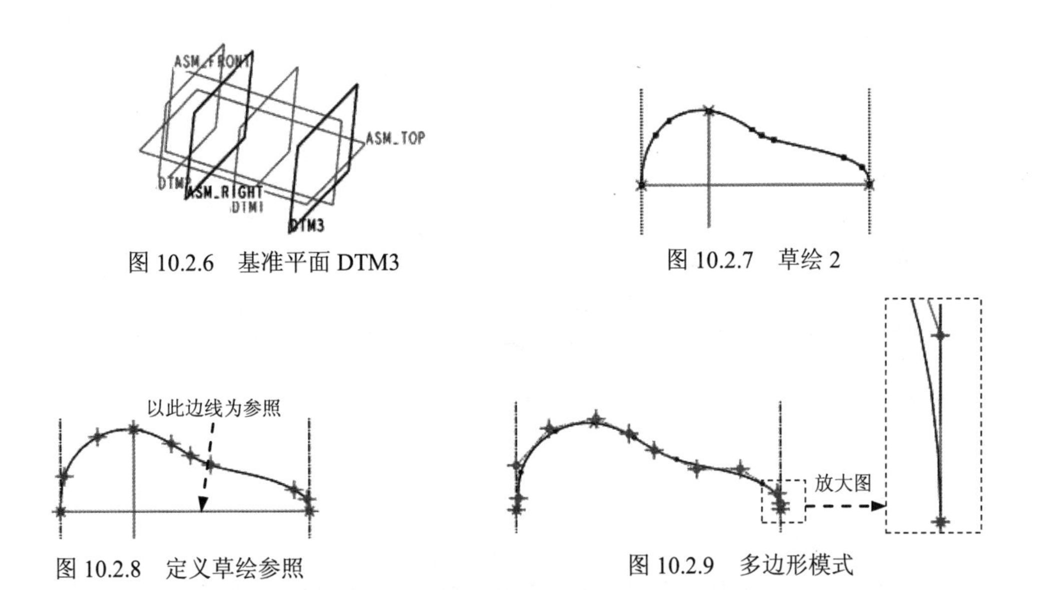

图 10.2.6　基准平面 DTM3

图 10.2.7　草绘 2

图 10.2.8　定义草绘参照

图 10.2.9　多边形模式

Step9. 创建图 10.2.10 所示的草绘特征——草绘 3。单击工具栏中的“草绘”按钮；选取 ASM_TOP 基准平面为草绘平面，选取 ASM_RIGHT 基准平面为参照平面，方向为右，单击此对话框中的草绘按钮，绘制图 10.2.10 所示的草图。

说明： 图 10.2.10 所示的草图曲线的两个端点分别与草绘 2 中的样条曲线的端点重合。

Step10. 创建图 10.2.11 所示的基准点——PNT0。单击工具栏中的“点”按钮；按住<Ctrl>键，选取 DTM2 基准平面和图 10.2.12 所示的草绘 2 为基准点参照。

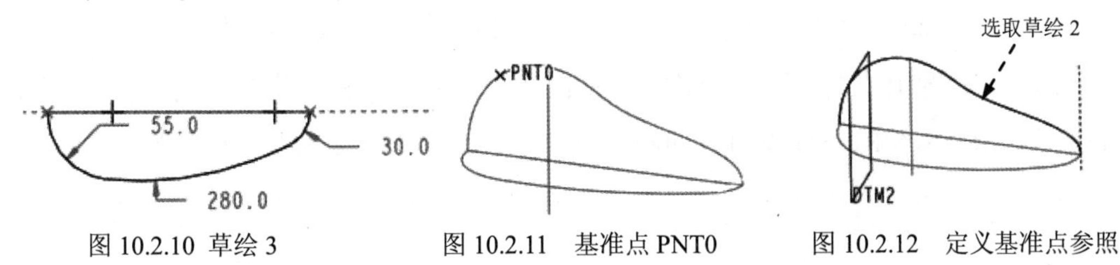

图 10.2.10 草绘 3

图 10.2.11　基准点 PNT0

图 10.2.12　定义基准点参照

Step11. 创建图 10.2.13 所示的基准点——PNT1。单击工具栏中的“点”按钮；按住 <Ctrl>键，选取 DTM2 基准平面和图 10.2.14 所示的草绘 3 为基准点参照。

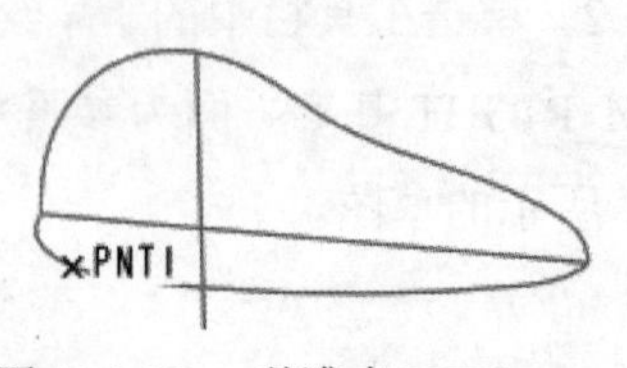

图 10.2.13　基准点 PNT1

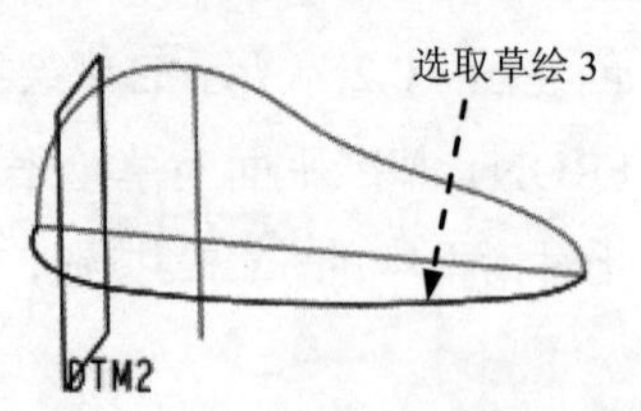

图 10.2.14　定义基准点参照

Step12. 创建图 10.2.15 所示的草绘特征——草绘 4（草绘 1 已隐藏）。单击工具栏中的“草绘”按钮，选取 DTM2 基准平面为草绘平面，选取 ASM_TOP 基准平面为参照平面，方向为顶；单击对话框中的草绘按钮，参照 Step8，绘制图 10.2.16 所示的草图。选取图 10.2.17 所示的样条曲线和多边形的连线相切，并调整样条曲线的曲率大致如图 10.2.18 所示。

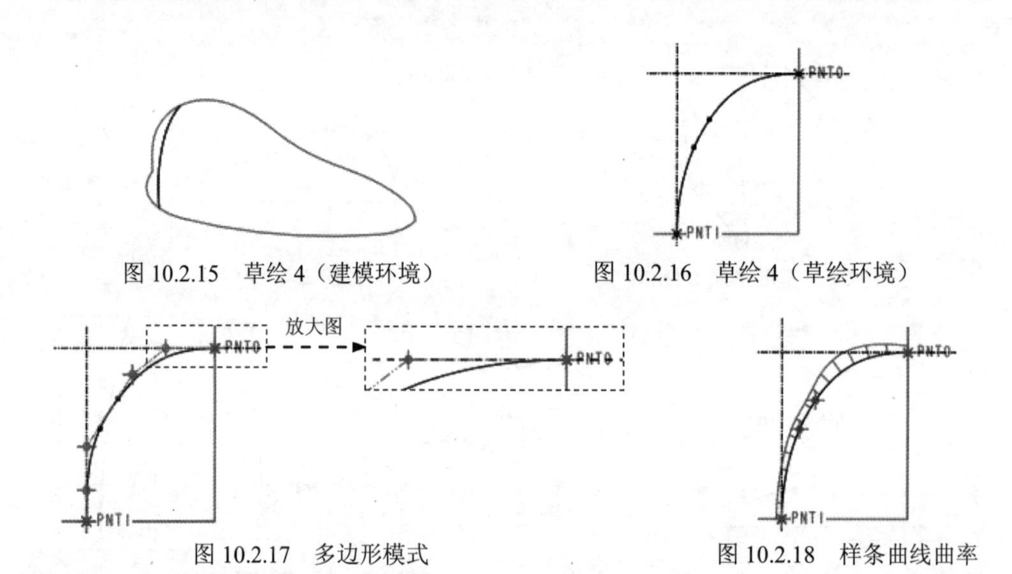

图 10.2.15　草绘 4（建模环境）　　图 10.2.16　草绘 4（草绘环境）

图 10.2.17　多边形模式　　图 10.2.18　样条曲线曲率

Step13. 创建图 10.2.19 所示的基准点——PNT2。单击工具栏中的“点”按钮；按住 <Ctrl>键，选取 ASM_RIGHT 基准平面和图 10.2.20 所示的草绘 2 为基准点参照。

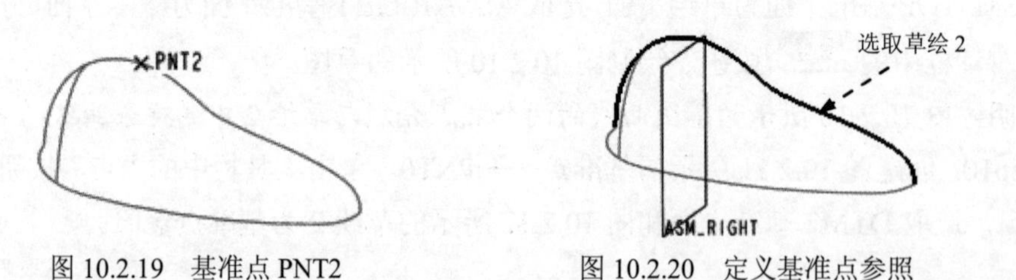

图 10.2.19　基准点 PNT2　　图 10.2.20　定义基准点参照

Step14. 创建图 10.2.21 所示的基准点——PNT3。单击工具栏中的“点”按钮；按住 <Ctrl>键，选取 ASM_RIGHT 基准平面和图 10.2.22 所示的草绘 3 为基准点参照。

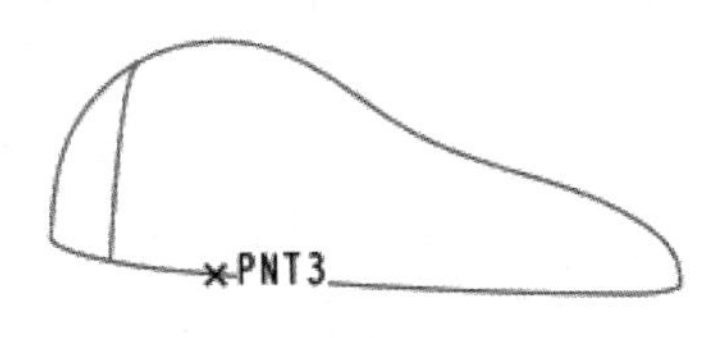

图 10.2.21　基准点 PNT3

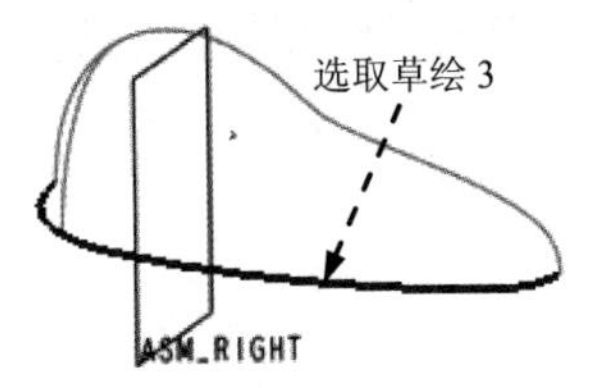

图 10.2.22　定义基准点参照

Step15. 创建图 10.2.23 所示的草绘特征——草绘 5。单击工具栏中的“草绘”按钮，选取 ASM_RIGHT 基准平面为草绘平面，选取 ASM_TOP 基准平面为参照平面，方向为顶；单击对话框中的草绘按钮，参照 Step8，绘制图 10.2.24 所示的草图。选取图 10.2.25 所示的样条曲线和多边形的连线相切，并调整样条曲线的曲率如图 10.2.26 所示。

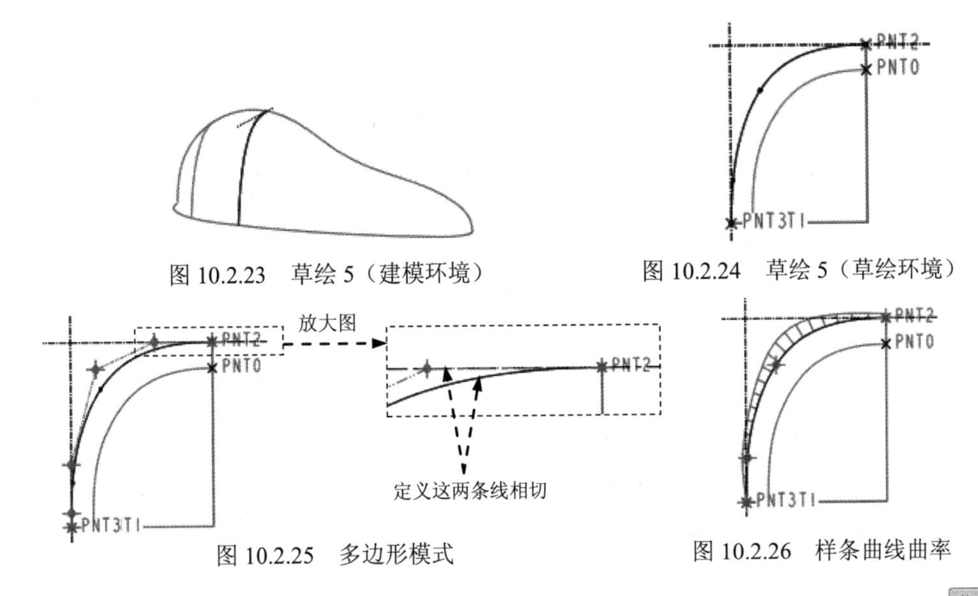

图 10.2.23　草绘 5（建模环境）

图 10.2.24　草绘 5（草绘环境）

图 10.2.25　多边形模式

图 10.2.26　样条曲线曲率

Step16. 创建图 10.2.27 所示的基准点——PNT4。单击工具栏中的“点”按钮；按住<Ctrl>键，选取 DTM1 基准平面和图 10.2.28 所示的草绘 2 为基准点参照。

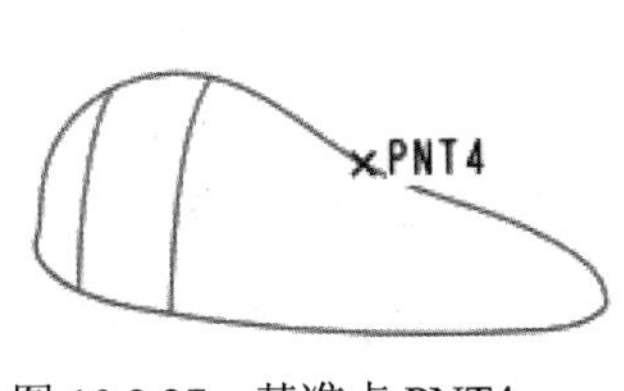

图 10.2.27　基准点 PNT4

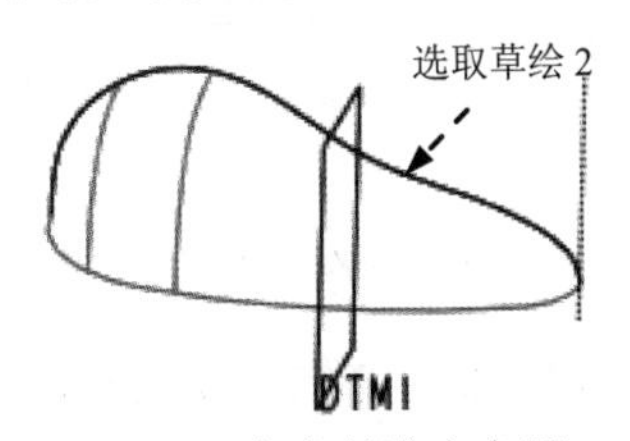

图 10.2.28　定义基准点参照

Step17. 创建图 10.2.29 所示的基准点——PNT5。单击工具栏中的“点”按钮；按住<Ctrl>键，选取 DTM1 基准平面和图 10.2.30 所示的草绘 3 为基准点参照。

Step18. 创建图 10.2.31 所示的草绘特征——草绘 6。单击工具栏中的“草绘”按钮，选取 DTM1 基准平面为草绘平面，选取 ASM_TOP 基准平面为参照平面，方向为顶；单击对话框中的草绘按钮，参照 Step8，绘制图 10.2.32 所示的草图。选取图 10.2.33 所示的样条曲线和多边形的连线相切，并调整样条曲线的曲率如图 10.2.34 所示。

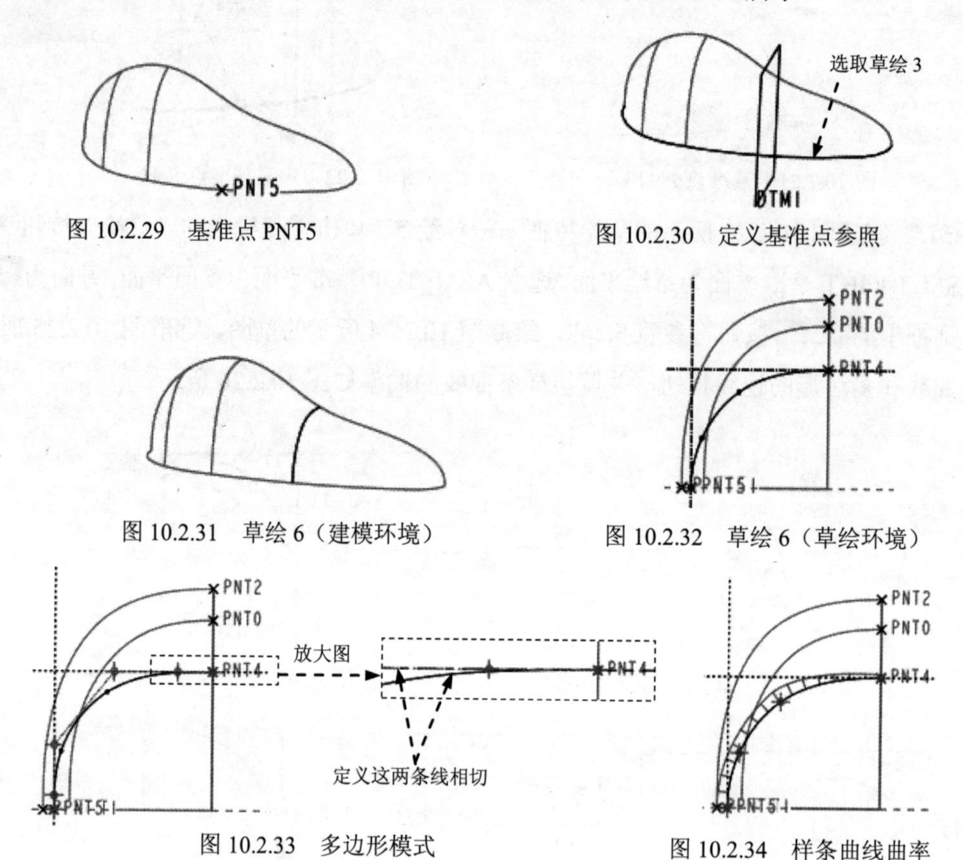

图 10.2.29　基准点 PNT5　　图 10.2.30　定义基准点参照

图 10.2.31　草绘 6（建模环境）　　图 10.2.32　草绘 6（草绘环境）

图 10.2.33　多边形模式　　图 10.2.34　样条曲线曲率

Step19. 创建图 10.2.35 所示的基准点——PNT6。单击工具栏中的“点”按钮；按住<Ctrl>键，选取 DTM3 基准平面和图 10.2.36 所示的草绘 2 为基准点参照。

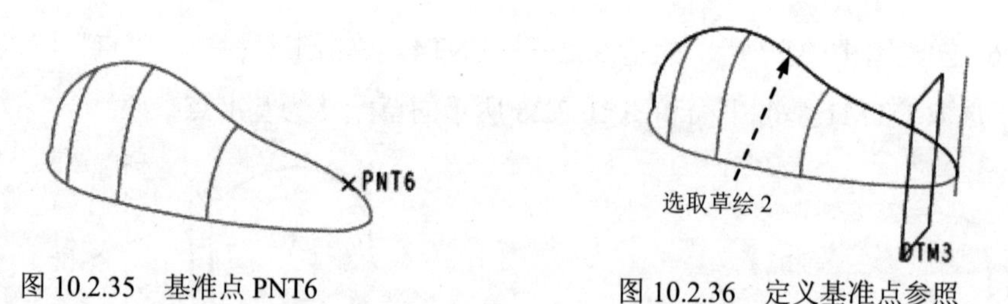

图 10.2.35　基准点 PNT6　　图 10.2.36　定义基准点参照

Step20. 创建图 10.2.37 所示的基准点——PNT7。单击工具栏中的“点”按钮；按住<Ctrl>键，选取 DTM3 基准平面和图 10.2.38 所示的草绘 3 为基准点参照。

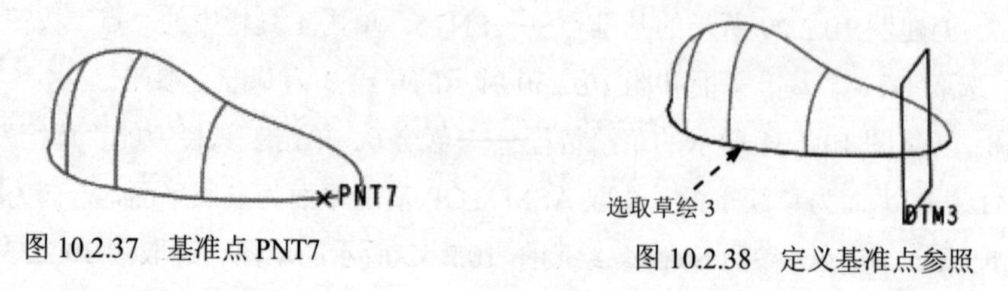

图 10.2.37　基准点 PNT7　　图 10.2.38　定义基准点参照

Step21. 创建图 10.2.39 所示的草绘特征——草绘 7。单击工具栏中的“草绘”按钮，选取 DTM3 基准平面为草绘平面，选取 ASM_TOP 基准平面为参照平面，方向为顶；单击对话框中的草绘按钮，参照 Step8，绘制图 10.2.40 所示的草图。选取图 10.2.41 所示的样条曲线和多边形的连线相切，并调整样条曲线的曲率如图 10.2.42 所示。

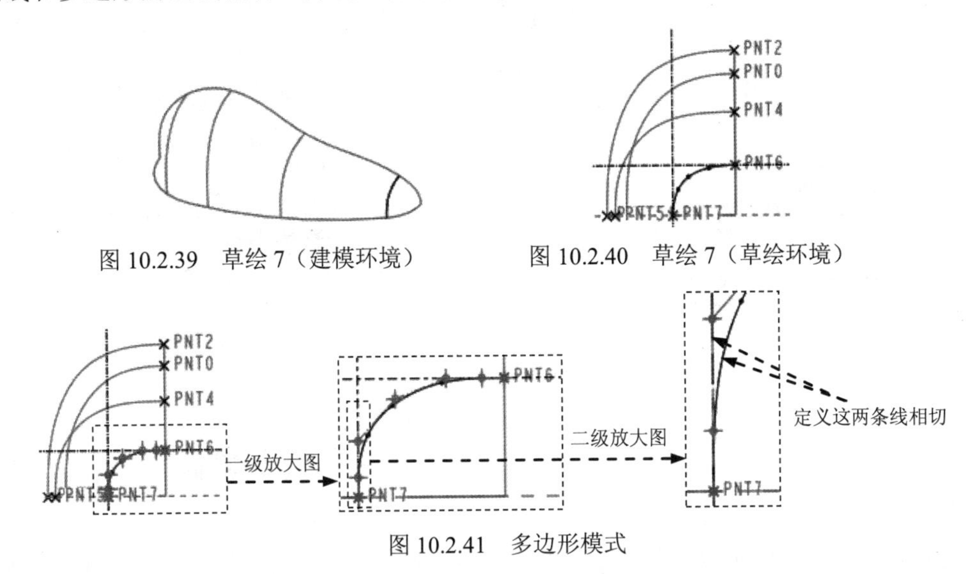

图 10.2.39　草绘 7（建模环境）

图 10.2.40　草绘 7（草绘环境）

图 10.2.41　多边形模式

Step22. 创建图 10.2.43 所示的边界曲面——边界混合 1（基准点已隐藏）。选择下拉菜单插入(I) ➡ 边界混合(B)...命令；按住<Ctrl>键，在绘图区依次选取图 10.2.44 所示的曲线 1、曲线 2 为第一方向边界曲线；单击操控板中第二方向曲线操作栏，按住<Ctrl>键，依次选取图 10.2.44 所示的曲线 3、曲线 4、曲线 5、曲线 6 为第二方向边界曲线；在操控板中单击约束按钮，在系统弹出的界面中将方向 1 中第一条链和最后一条链的约束类型设置为垂直；在系统弹出的界面中将方向 2 中第一条链和最后一条链的约束类型设置为自由。

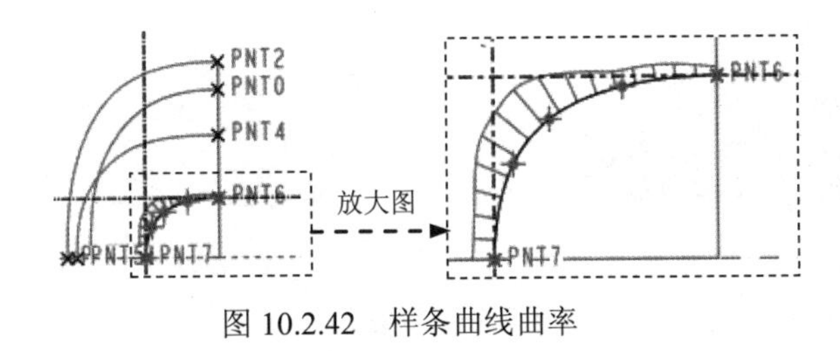

图 10.2.42　样条曲线曲率

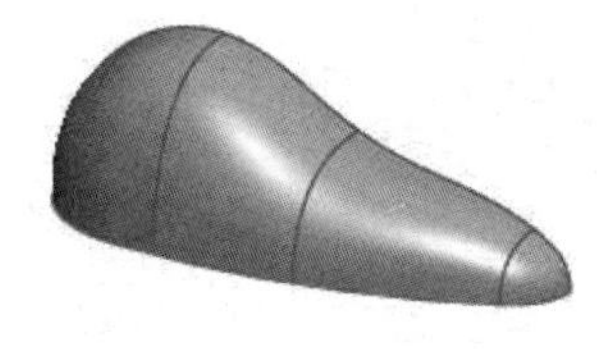

图 10.2.43　边界混合 1

Step23. 创建图 10.2.45b 所示的镜像特征——镜像 1。在模型树中选取 Step22 所创建的边界混合 1 为镜像对象；选择下拉菜单编辑(E) ➡ 镜像(I)...命令；选取 ASM_FRONT 基准平面为镜像中心平面。

Step24. 创建图 10.2.46b 所示的镜像特征——镜像 2（草绘 2、草绘 3、草绘 4、草绘 5、草绘 6、草绘 7 已隐藏）。选取图 10.2.46a 所示的边界混合 1 和镜像 1 为镜像对象；选择下拉菜单编辑(E) ➡ 镜像(I)...命令；选取 ASM_TOP 基准平面为镜像中心平面。

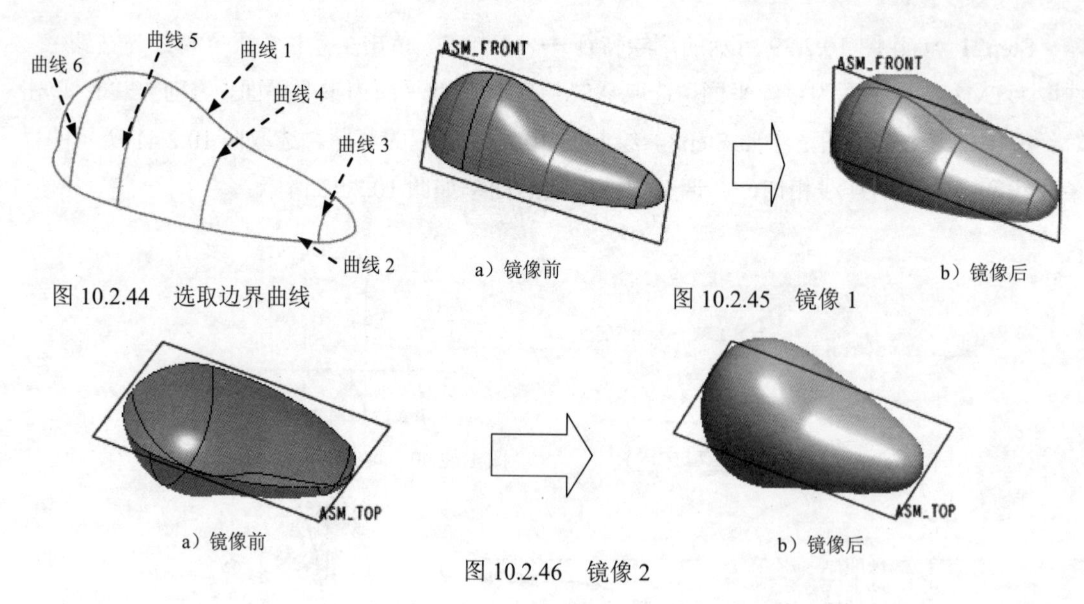

图 10.2.44 选取边界曲线

a）镜像前 b）镜像后

图 10.2.45 镜像 1

a）镜像前 b）镜像后

图 10.2.46 镜像 2

Step25. 创建曲面合并特征——合并 1。按住<Ctrl>键，在图形区中选取边界混合 1、镜像 1 和镜像 2 为合并对象；选择下拉菜单 编辑(E) ➡ 合并(G)... 命令；单击“完成”按钮✔，完成合并 1 的创建。

Step26 创建图 10.2.47 所示的基准平面——DTM4。选择下拉菜单 插入(I) ➡ 模型基准(D) ▸ ➡ 平面(L)... 命令；选取 ASM_TOP 基准平面为参照，定义约束类型为偏移，输入偏移值 25.0。

Step27. 创建图 10.2.48b 所示的修剪特征——修剪 1。在绘图区选取图 10.2.48a 所示的曲面 1，选择下拉菜单 编辑(E) ➡ 修剪(T)... 命令；在绘图区选取 DTM4 基准平面作为修剪对象，并单击 按钮，定义修剪方向如图 10.2.48a 所示。

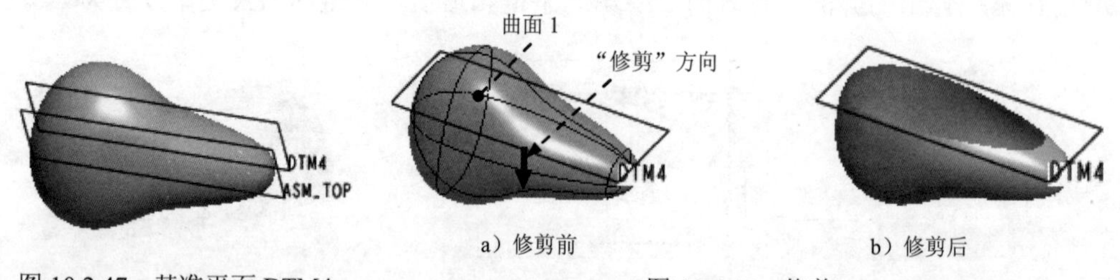

a）修剪前 b）修剪后

图 10.2.47 基准平面 DTM4

图 10.2.48 修剪 1

Step28. 创建图 10.2.49 所示的填充特征——填充 1。选择下拉菜单 编辑(E) ➡ 填充(L)... 命令；选取 DTM4 基准平面为草绘平面，选取 ASM_RIGHT 基准平面为参照平面，方向为 右；绘制图 10.2.50 所示的截面草图（用“使用边”命令 ）。

Step29. 创建曲面合并特征——合并 2。按住<Ctrl>键，在绘图区选取图 10.2.51 所示的曲面 1 和曲面 2 为合并对象，选择下拉菜单 编辑(E) ➡ 合并(G)... 命令；单击“完成”按钮✔，完成合并 2 的创建。

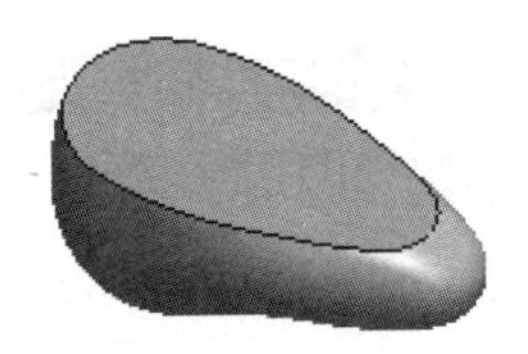

图 10.2.49　填充 1

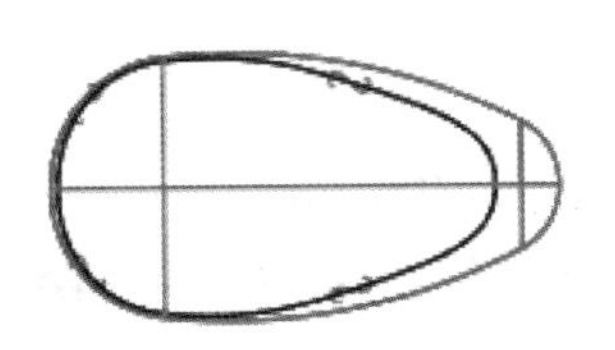
图 10.2.50　截面草图

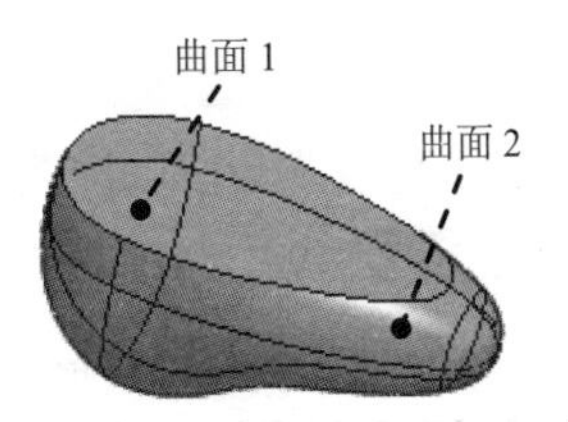

图 10.2.51　定义合并对象

Step30. 创建图 10.2.52b 所示圆角特征——倒圆角 1。选择 插入(I) → 倒圆角(O)... 命令；选取图 10.2.52a 所示的边链为圆角放置参照为圆角放置参照，圆角半径值为 20.0。

Step31. 创建图 10.2.53 所示的草绘特征——草绘 8。单击工具栏中的“草绘”按钮；选取 ASM_RIGHT 基准平面为草绘平面，选取 ASM_TOP 基准平面为参照平面，方向为 顶；单击此对话框中的 草绘 按钮，绘制图 10.2.53 所示的草图。

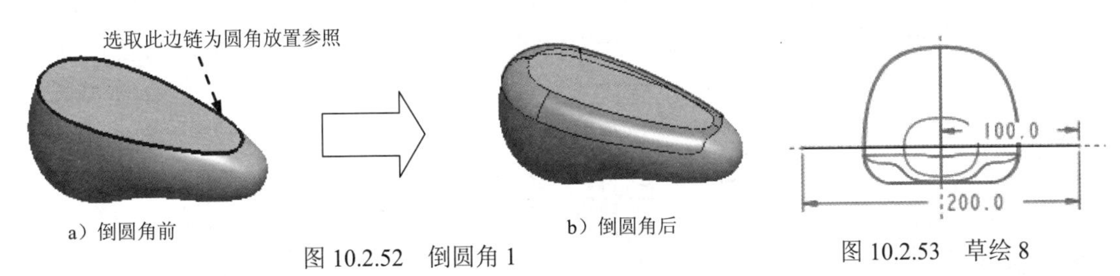

图 10.2.52　倒圆角 1

图 10.2.53　草绘 8

Step32. 创建图 10.2.54 所示的基准平面——DTM5（注：本步的详细操作过程请参见随书光盘中 video\ch10\ch10.02\reference\文件夹下的语音视频讲解文件 FIRST-r01.exe）。

Step33. 创建图 10.2.55 所示的基准平面——DTM6（注：本步的详细操作过程请参见随书光盘中 video\ch10\ch10.02\reference\文件夹下的语音视频讲解文件 FIRST-r02.exe）。

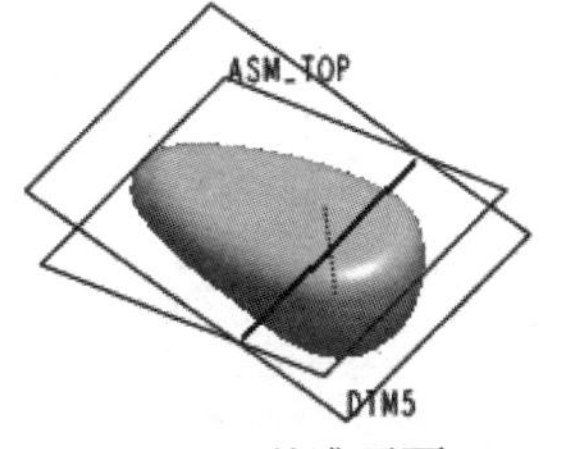

图 10.2.54　基准平面 DTM5

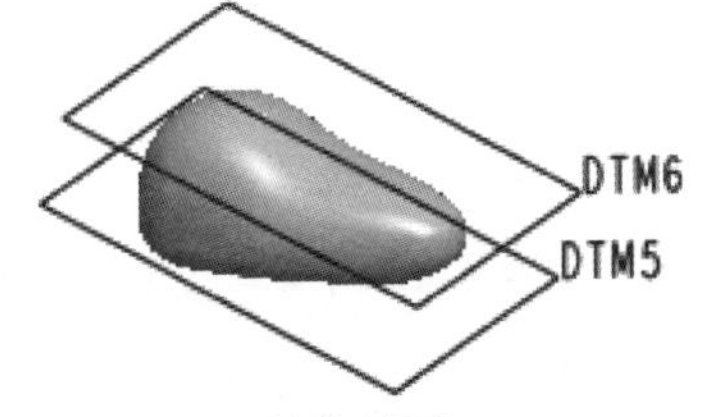

图 10.2.55　基准平面 DTM6

Step34. 创建图 10.2.56 所示的混合曲面特征——曲面（标识 304），草绘 8 已隐藏。

（1）选择下拉菜单 插入(I) → 混合(B) ▸ → 曲面(S)... 命令，系统弹出 ▼ BLEND OPTS (混合选项) 菜单。

（2）在“混合选项”菜单管理器中选择 Parallel (平行)、Regular Sec (规则截面)、Sketch Sec (草绘截面) 命令，单击 Done (完成) 命令，此时系统弹出 曲面: 混合, 平行, 规则截面 对话框和 ▼ ATTRIBUTES (属性) 菜单。

（3）定义混合曲面的放置属性。在 ▼ ATTRIBUTES (属性) 菜单中选择 Smooth (光滑)、Open Ends (开放端) 命令，单击 Done (完成) 命令，此时系统弹出 ▼ SETUP SK PLN (设置草绘平面) 菜单。

（4）定义草绘平面和草绘平面参照。在“设置草绘平面”菜单中选择 Setup New（新设置）、Plane（平面）命令，然后在绘图区选取 DTM6 基准平面，在系统弹出的 ▼ DIRECTION（方向）菜单中选择 Flip（反向）→ Okay（确定）命令，在 ▼ SKET VIEW（草绘视图）菜单中选择 Bottom（底部）、Plane（平面）命令，然后在绘图区选取 ASM_FRONT 基准平面，此时系统进入草绘环境。

（5）定义混合曲面截面草图。在绘图区绘制图 10.2.57 所示的截面草图 1，单击工具栏中的 ✓ 按钮；在绘图区右击，在系统弹出的下拉列表中选择 切换截面(T) 命令，在绘图区绘制图 10.2.57 所示的截面草图 2，单击工具栏中的 ✓ 按钮，此时系统弹出 ▼ DEPTH（深度）菜单。

（6）定义混合曲面截面深度值。在 ▼ DEPTH（深度）菜单中选择 Blind（盲孔）命令，单击 Done（完成）命令，然后在 输入截面2的深度 对话框中输入深度值 17.0，单击操控板中的 ✓ 按钮。

（7）在 曲面：混合，平行，规则截面 对话框中单击 确定 按钮，完成曲面（标识 304）的创建。

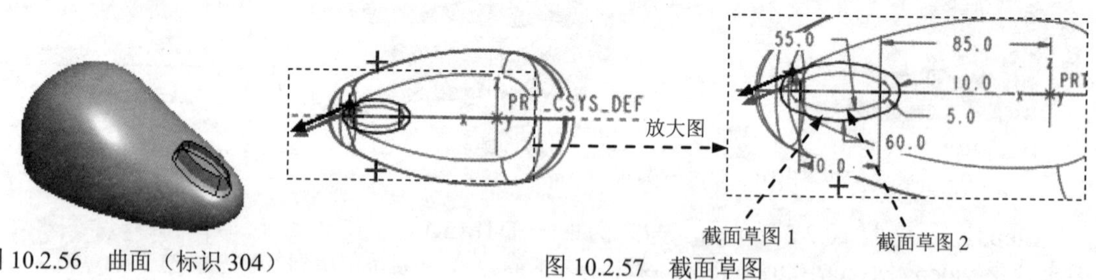

图 10.2.56 曲面（标识 304）

图 10.2.57 截面草图

Step35. 创建图 10.2.58 所示的基准点——PNT8。单击工具栏中的“点”按钮；按住<Ctrl>键，选取图 10.2.59 所示的边线和 ASM_FRONT 基准平面为基准点参照。

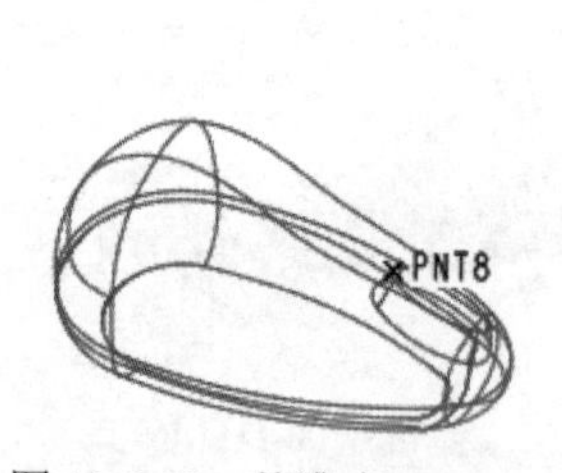

图 10.2.58 基准点 PNT8

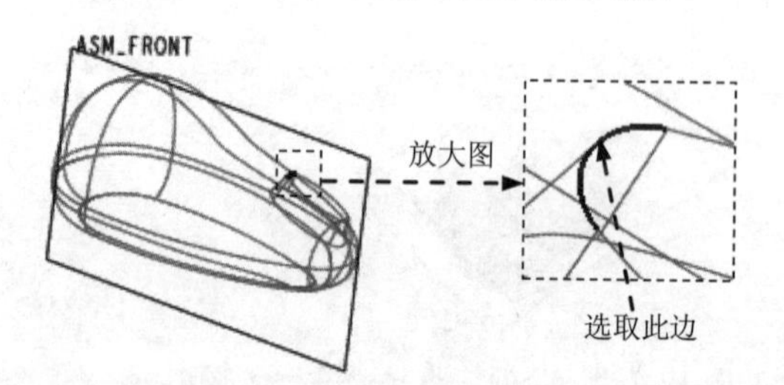

图 10.2.59 定义基准点参照

Step36. 创建图 10.2.60 所示的基准点——PNT9。单击工具栏中的“点”按钮；按住<Ctrl>键，选取图 10.2.61 所示的边线和 ASM_FRONT 基准平面为基准点参照。

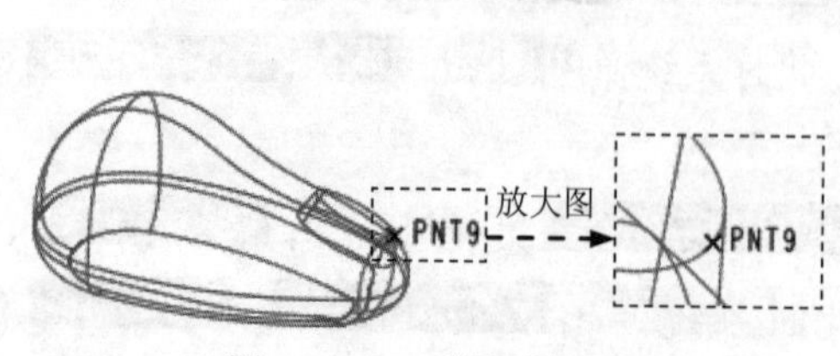

图 10.2.60 基准点 PNT9

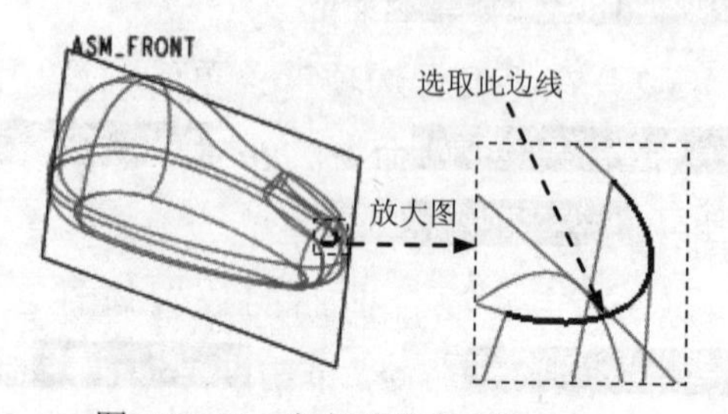

图 10.2.61 定义基准点参照

Step37. 创建图 10.2.62 所示的草绘特征——草绘 9。单击工具栏中的“草绘”按钮；选取 ASM_FRONT 基准平面为草绘平面，选取 ASM_RIGHT 基准平面为参照平面，方向为右；单击此对话框中的草绘按钮，绘制图 10.2.62 所示的草图。

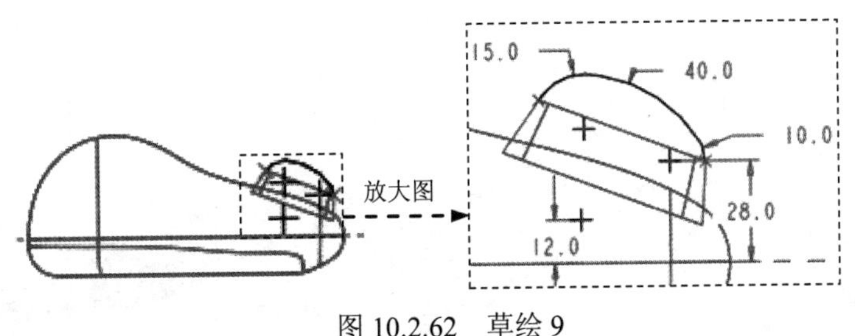

图 10.2.62　草绘 9

Step38. 创建图 10.2.63 所示的基准平面——DTM7。选择下拉菜单插入(I) → 模型基准(D) → 平面(L)...命令；选取 DTM6 基准平面为参照，定义约束类型为偏移，输入偏移值 17.0。

Step39. 创建图 10.2.64 所示的草绘特征——草绘 10。单击工具栏中的“草绘”按钮；选取 DTM7 基准平面为草绘平面，选取 ASM_FRONT 基准平面为参照平面，方向为底部；单击此对话框中的草绘按钮，绘制图 10.2.64 所示的草图（用“使用边”命令）。

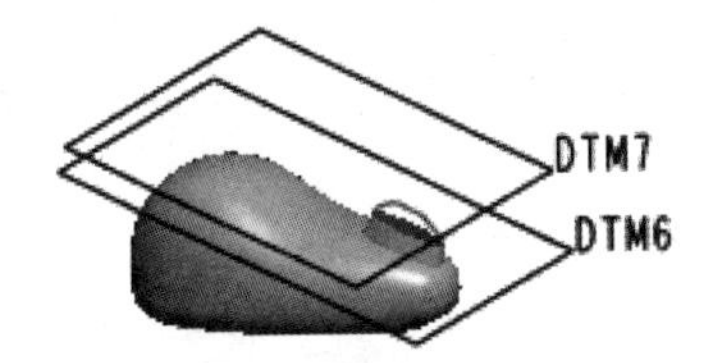

图 10.2.63　基准平面 DTM7

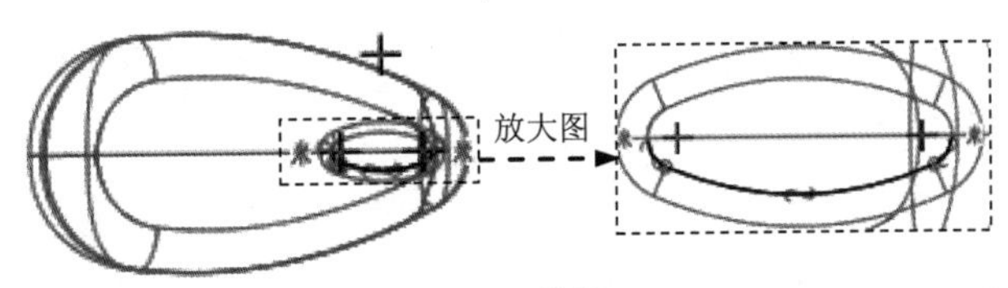

图 10.2.64　草绘 10

Step40. 创建图 10.2.65 所示的草绘特征——草绘 11。单击工具栏中的“草绘”按钮；选取 DTM7 基准平面为草绘平面，选取 ASM_FRONT 基准平面为参照平面，方向为底部，单击此对话框中的草绘按钮，绘制图 10.2.65 所示的草图（用“使用边”命令）。

Step41. 创建图 10.2.66 所示的边界曲面——边界混合 2。选择下拉菜单插入(I) → 边界混合(B)...命令，系统弹出“边界混合”操控板；按住<Ctrl>键，在绘图区依次选取图 10.2.67 所示的曲线 1、曲线 2、曲线 3 为第一方向边界曲线；在操控板中单击约束按钮，在系统弹出的界面中将方向 1 中第一条链和最后一条链的约束类型设置为相切，并选择对应的相切曲面。

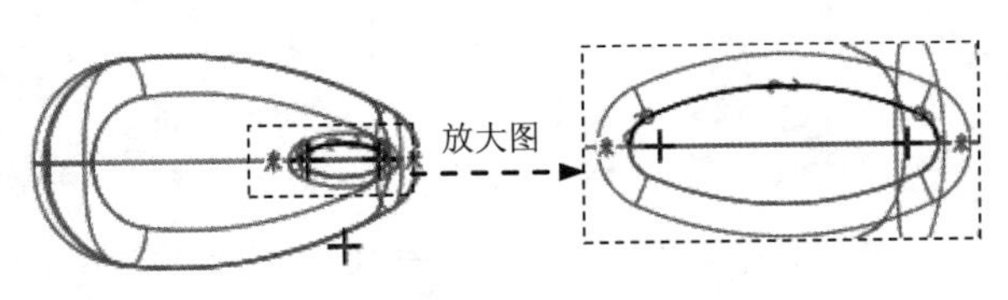

图 10.2.65　草绘 11

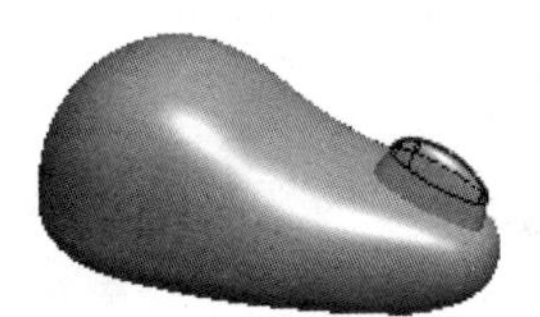

图 10.2.66　边界混合 2

Step42. 创建曲面合并特征——合并 3。按住<Ctrl>键，在绘图区选取图 10.2.68 所示的曲面 1 和曲面 2 为合并对象，选择下拉菜单 编辑(E) ➡ 合并(G)... 命令；单击“完成”按钮 ✓，完成合并 3 的创建。

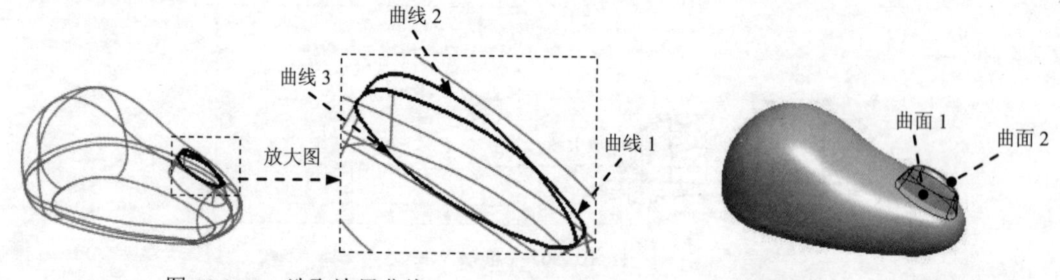

图 10.2.67　选取边界曲线　　　　图 10.2.68　定义合并对象

Step43. 创建曲面合并特征——合并 4。按住<Ctrl>键，在绘图区选取图 10.2.69 所示的曲面 1 和曲面 2 为合并对象，选择下拉菜单 编辑(E) ➡ 合并(G)... 命令，定义合并方向如图 10.2.69 所示。

Step44. 创建图 10.2.70 所示的拉伸特征——拉伸 1。选择下拉菜单 插入(I) ➡ 拉伸(E)... 命令，在操控板中应确认“曲面”按钮被按下；选取 ASM_TOP 基准平面为草绘平面，选取 ASM_RIGHT 基准平面为参照平面，方向为 左；绘制图 10.2.71 所示的截面草图；在操控板中选取深度类型为，输入数值 20.0；单击 选项 按钮，在“选项”界面中选中 ☑封闭端 复选框。

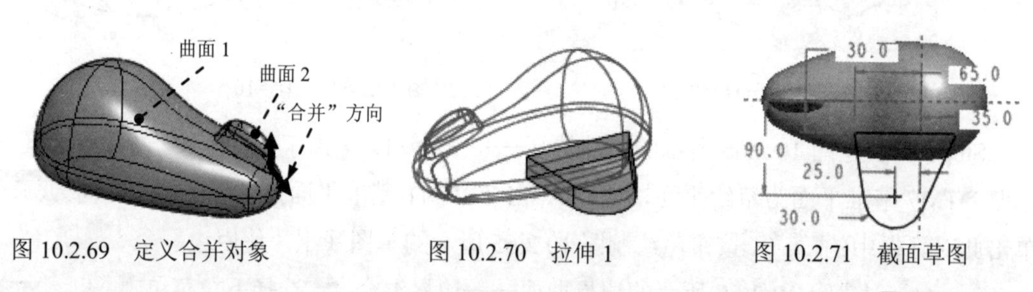

图 10.2.69　定义合并对象　　　　图 10.2.70　拉伸 1　　　　图 10.2.71　截面草图

Step45. 创建图 10.2.72 所示的倒圆角特征——倒圆角 2。选择下拉菜单 插入(I) ➡ 倒圆角(O)... 命令；选取图 10.2.73 所示的上表面和下表面为圆角放置参照，在操控板中单击按钮 集 ➡ 完全倒圆角 选项，然后选取图 10.2.74 所示的曲面为驱动曲面。

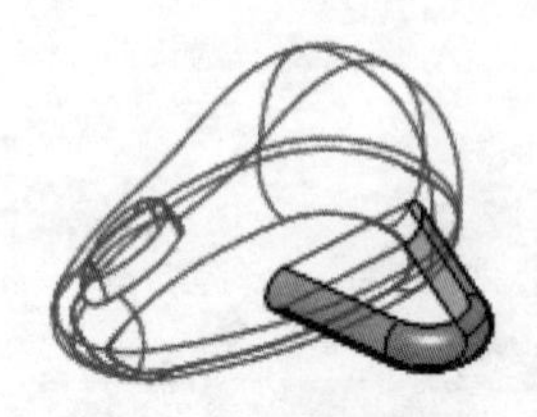

图 10.2.72　倒圆角 2

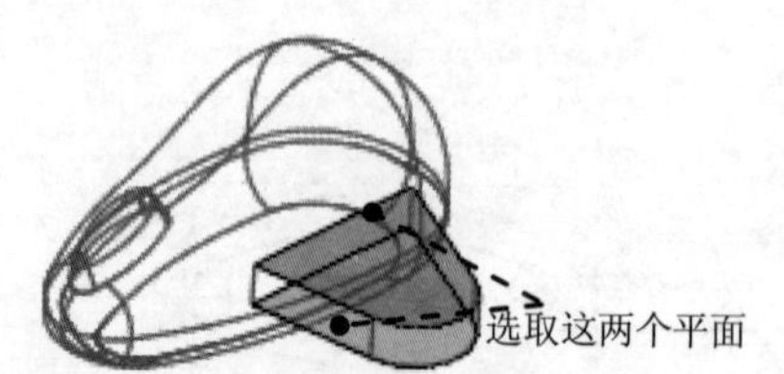

图 10.2.73　圆角放置参照

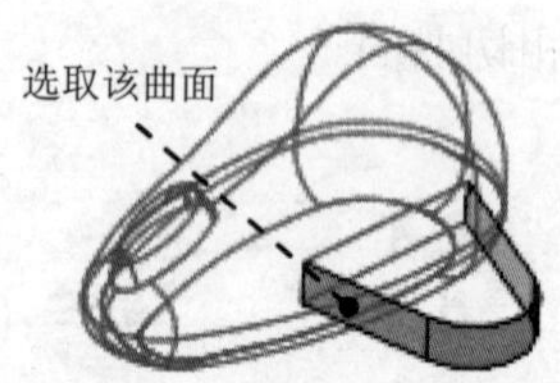

图 10.2.74　圆角放置驱动参照

Step46. 创建图 10.2.75 所示的拉伸特征——拉伸 2。选择下拉菜单 插入(I) ➡

拉伸(E)...命令，在操控板中应确认“曲面”按钮被按下；选取 ASM_TOP 基准平面为草绘平面，选取 ASM_RIGHT 基准平面为参照平面，方向为左；单击对话框中的草绘按钮，绘制图 10.2.76 所示的截面草图；在操控板中选取深度类型为，输入数值 10.0；单击选项按钮，在“选项”界面中选中封闭端复选框。

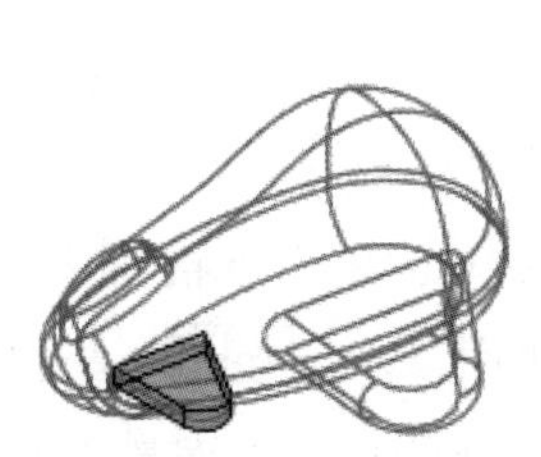
图 10.2.75 拉伸 2

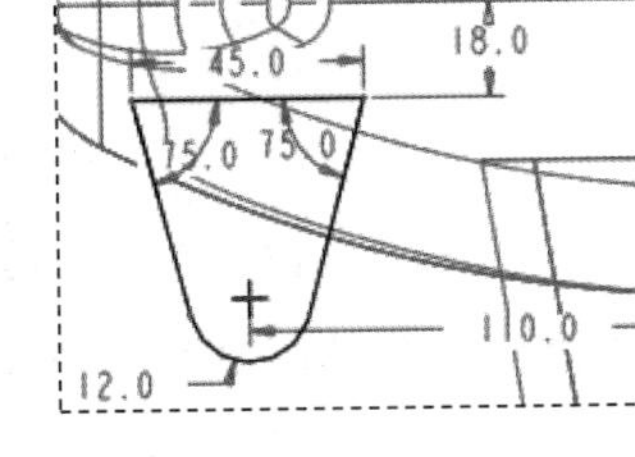

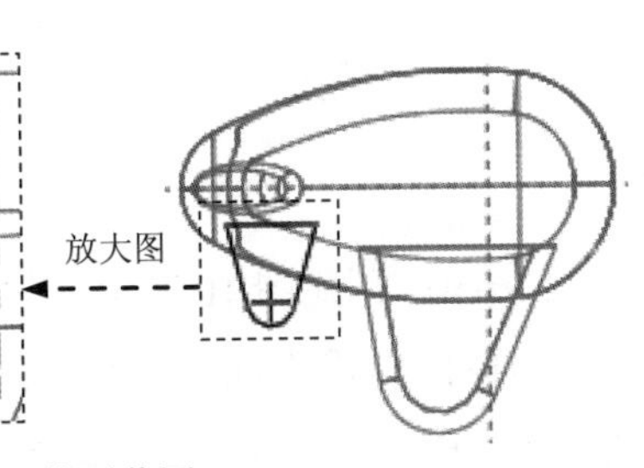

图 10.2.76 截面草图

Step47. 创建图 10.2.77 所示的倒圆角特征——倒圆角 3。选择下拉菜单插入(I) → 倒圆角(O)...命令；选取图 10.2.78 所示的上表面和下表面为圆角放置参照，在操控板中单击按钮集 → 完全倒圆角选项，然后选取图 10.2.79 所示的曲面为驱动曲面。

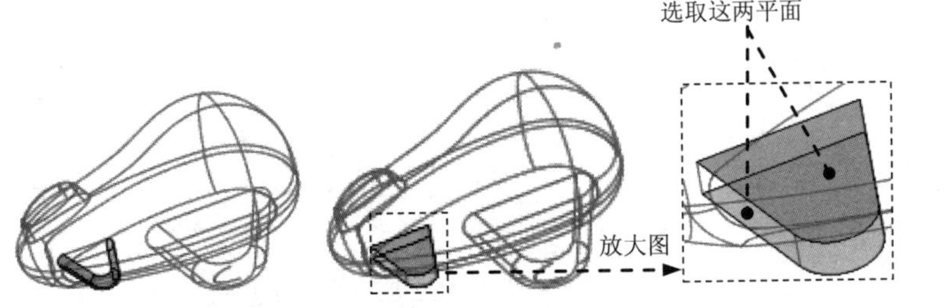

图 10.2.77 倒圆角 3　　图 10.2.78 圆角放置参照

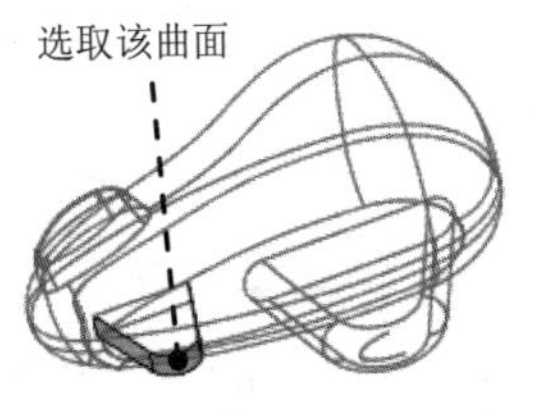

图 10.2.79 圆角放置驱动参照

Step48. 创建图 10.2.80 所示的基准平面——DTM8。选择下拉菜单插入(I) → 模型基准(D) → 平面(L)...命令；选取 ASM_RIGHT 基准平面为参照，定义约束类型为偏移，输入偏移值 25.0。

Step49. 创建图 10.2.81 所示的草绘特征——草绘 12（草绘 9、草绘 10、草绘 11 已隐藏）。单击工具栏中的“草绘”按钮；选取 ASM_TOP 基准平面为草绘平面，选取 ASM_RIGHT 基准平面为参照平面，方向为右；绘制图 10.2.81 所示的草图；选取图 10.2.82 所示的样条曲线和多边形的连线相切，并调整样条曲线的曲率图 10.2.83 所示。

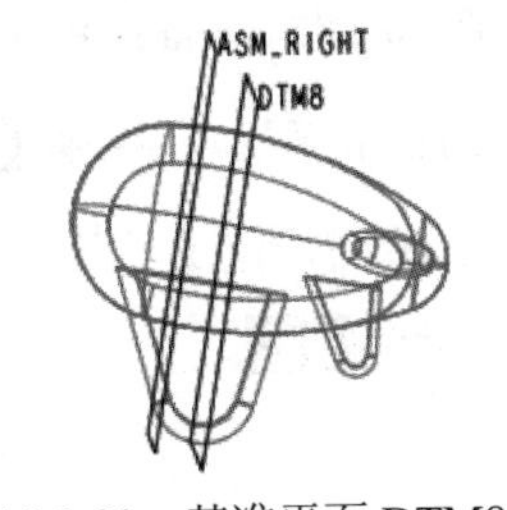

图 10.2.80 基准平面 DTM8

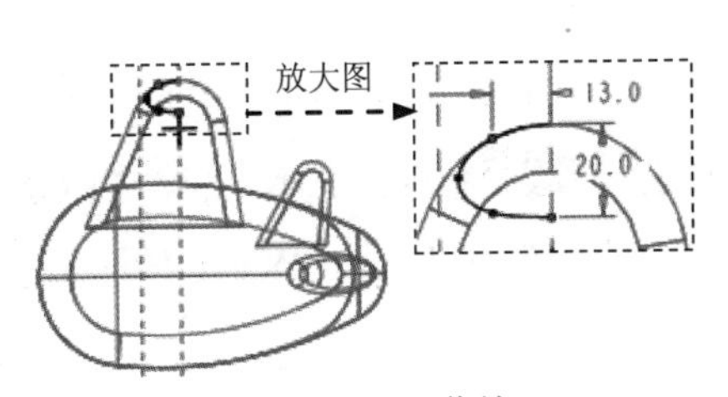

图 10.2.81 草绘 12

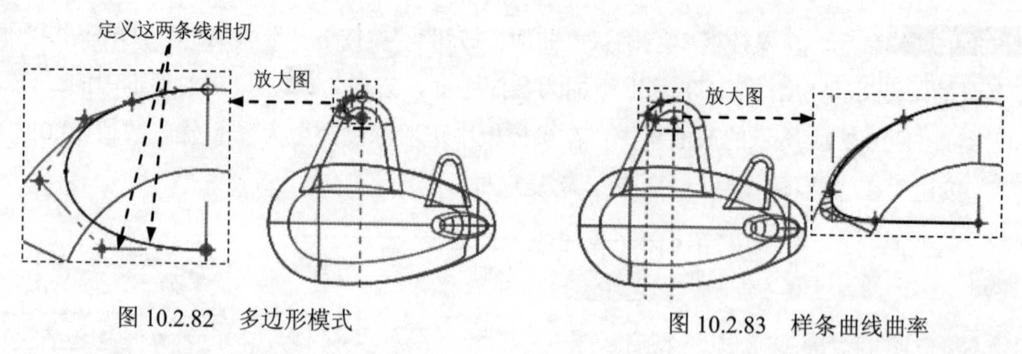

图 10.2.82　多边形模式　　　　图 10.2.83　样条曲线曲率

Step50. 创建图 10.2.84 所示的草绘特征——草绘 13。单击工具栏中的“草绘”按钮，选取 DTM8 基准平面为草绘平面，选取 ASM_TOP 基准平面为参照平面，方向为 顶；绘制图 10.2.84 所示的草图；选取图 10.2.85 所示的样条曲线和多边形的连线相切，并调整样条曲线的曲率如图 10.2.86 所示。

说明：图 10.2.84 所示的截面草图的两个端点和草绘 12 的两个端点重合。

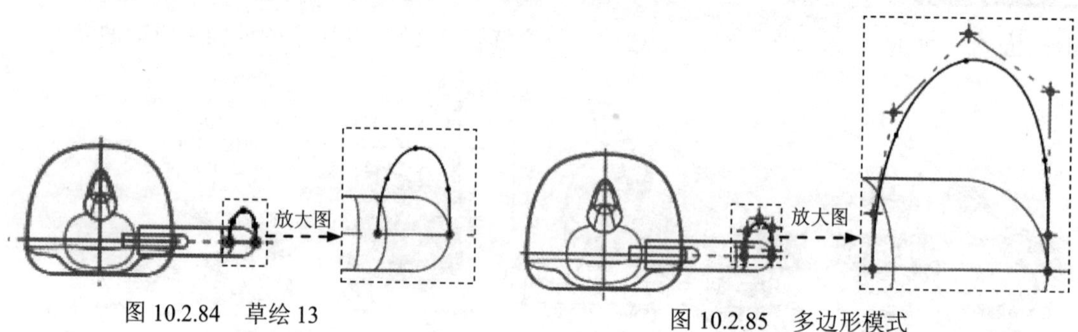

图 10.2.84　草绘 13　　　　图 10.2.85　多边形模式

Step51. 创建图 10.2.87 所示的基准点——PNT10。单击工具栏中的“点”按钮；选取图 10.2.88 所示的曲线为基准点参照；定义“偏移”类型为 比率，输入数值 0.5；在 偏移参照 选项中选中 ⊙ 曲线末端 单选项，选取图 10.2.88 所示的草绘 13 的一端点为偏移参照。

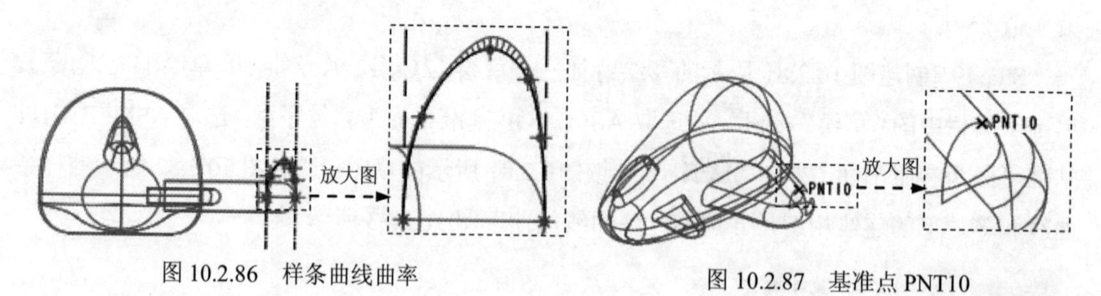

图 10.2.86　样条曲线曲率　　　　图 10.2.87　基准点 PNT10

Step52. 创建图 10.2.89 所示的基准平面——DTM9。选择下拉菜单 插入(I) ➡ 模型基准(D) ▸ ➡ 平面(L)... 命令；选取 ASM_FRONT 基准平面为平面参照，定义约束类型为 平行；按住<Ctrl>键，选取基准点 PNT10 为平面参照，定义约束类型为 穿过。

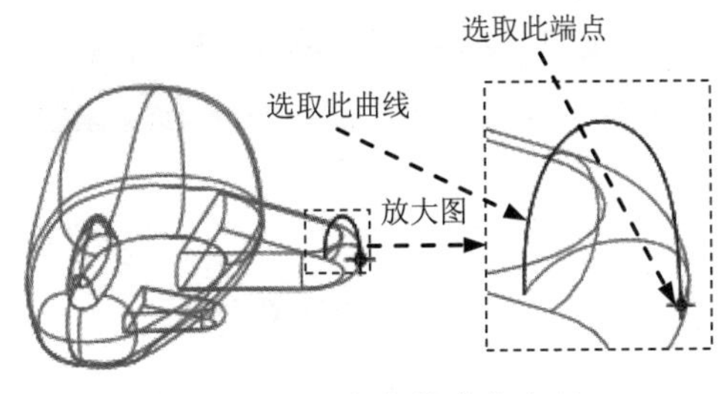

图 10.2.88 定义基准点参照

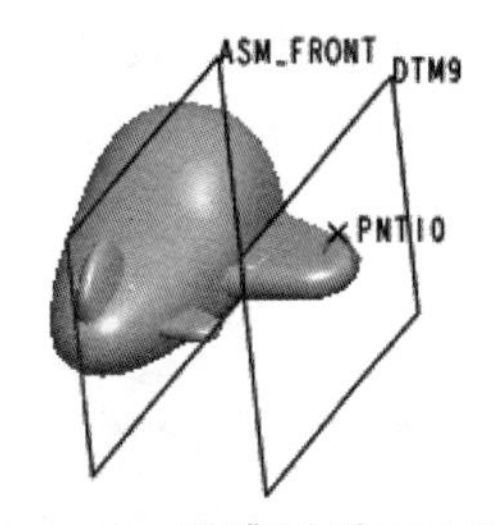

图 10.2.89 基准平面 DTM9

Step53. 创建图 10.2.90 所示的草绘特征——草绘 14。单击工具栏中的“草绘”按钮，选取 DTM9 基准平面为草绘平面，选取 ASM_TOP 基准平面为参照平面，方向为顶；按住 <Ctrl>键，选取 DTM9 基准平面和图 10.2.81 所示的草绘 12 为基准点参照；绘制图 10.2.90 所示的草图；选取图 10.2.91 所示的样条曲线和多边形的连线相切，并调整样条曲线的曲率如图 10.2.92 所示。

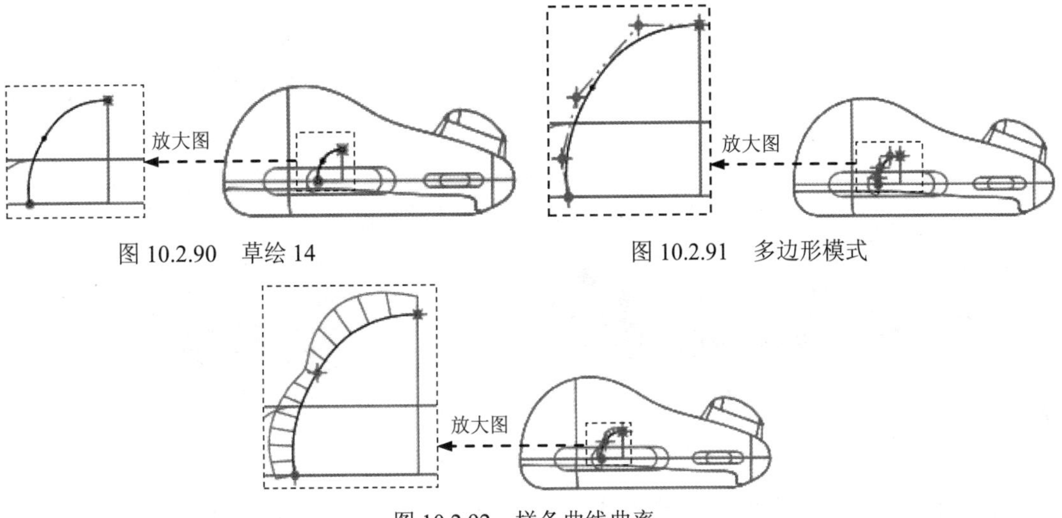

图 10.2.90 草绘 14

图 10.2.91 多边形模式

图 10.2.92 样条曲线曲率

Step54. 创建图 10.2.93 所示的边界曲面——边界混合 3。选择下拉菜单 插入(I) → 边界混合(B)... 命令；在绘图区选取图 10.2.94 所示的曲线 1 为第一方向边界曲线；在操控板中单击 约束 按钮，在系统弹出的界面将方向 1 中第一条链的约束类型设置为自由；按住 <Ctrl>键，在绘图区依次选取曲线 2、曲线 3 为第二方向边界曲线；在操控板中单击 约束 按钮，在系统弹出的界面将方向 2 中第一条链的约束类型设置为垂直和最后一条链的约束类型设置为自由。

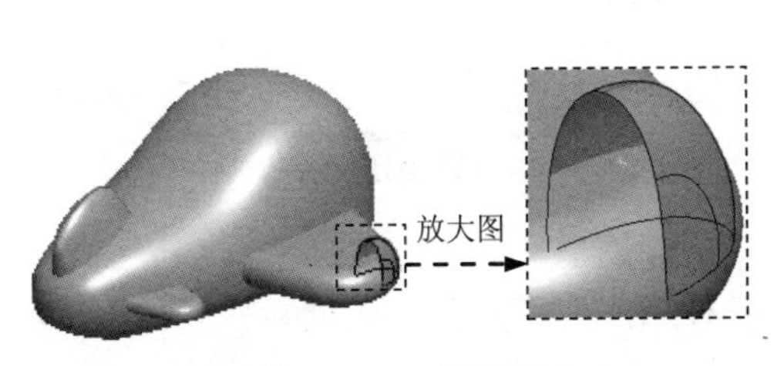

图 10.2.93 边界混合 3

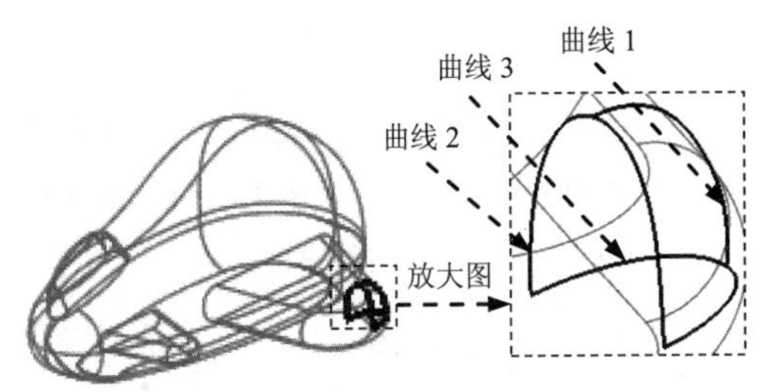

图 10.2.94 定义边界曲线

Step55. 创建图 10.2.95b 所示的镜像特征——镜像 3（草绘 12、草绘 13、草绘 14 已隐藏）。在模型树中选取边界混合 3 为镜像对象；选择下拉菜单 编辑(E) → 镜像(I)... 命令；选取 DTM8 基准平面为镜像中心平面。

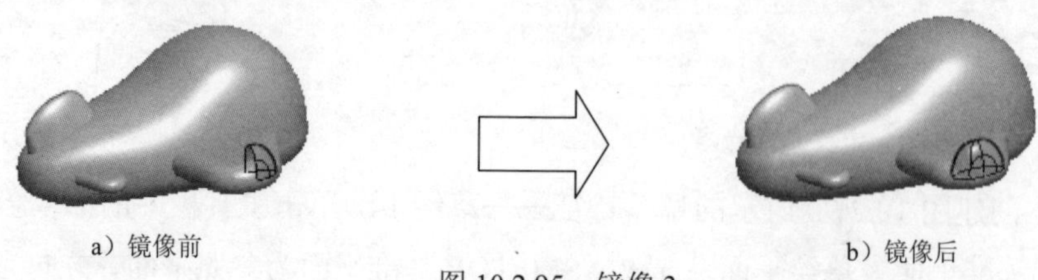

a）镜像前　　b）镜像后

图 10.2.95　镜像 3

Step56. 创建曲面合并特征——合并 5。按住<Ctrl>键，在绘图区选取图 10.2.96 所示的曲面 1 和曲面 2 为合并对象，选择下拉菜单 编辑(E) → 合并(G)... 命令；单击“完成”按钮✓，完成合并 5 的创建。

Step57. 创建曲面合并特征——合并 6。按住<Ctrl>键，在绘图区选取图 10.2.97 所示的面组 1 和面组 2 为合并对象，选择下拉菜单 编辑(E) → 合并(G)... 命令；单击“完成”按钮✓，完成合并 6 的创建。

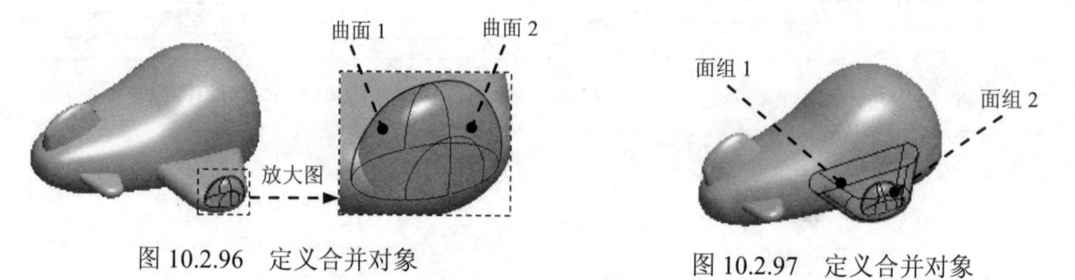

图 10.2.96　定义合并对象　　图 10.2.97　定义合并对象

Step58. 创建图 10.2.98 所示的实体旋转特征——旋转 1。选择下拉菜单 插入(I) → 旋转(R)... 命令，在操控板中应确认“曲面”按钮被按下；选取 ASM_TOP 基准平面为草绘平面，选取 ASM_RIGHT 基准平面为草绘参照，方向为 左；绘制图 10.2.99 所示的旋转中心线和截面草图；选取旋转类型，输入旋转角度值 360.0。

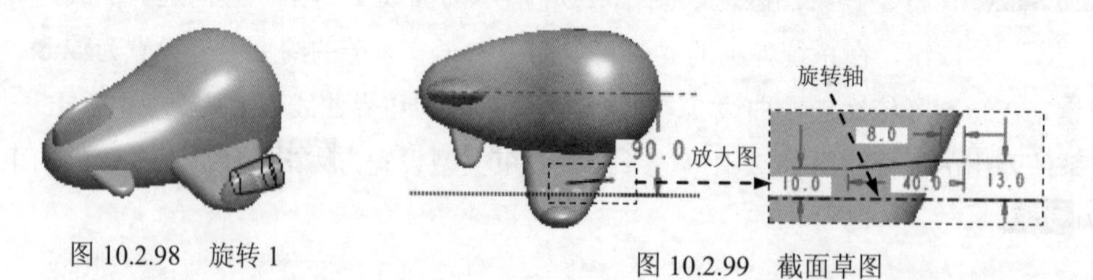

图 10.2.98　旋转 1　　图 10.2.99　截面草图

Step59. 创建曲面合并特征——合并 7。按住<Ctrl>键，在绘图区选取图 10.2.100 所示的面组 1 和曲面 2 为合并对象，选择下拉菜单 编辑(E) → 合并(G)... 命令；单击“完成”按钮✓，完成合并 7 的创建。

Step60. 创建图 10.2.101 所示的基准平面——DTM10。选择下拉菜单 插入(I) →

模型基准(D) ▸ → 平面(L)... 命令；选取 ASM_FRONT 基准平面为平面参照，定义约束类型为偏移，输入数值-30.0，单击“基准平面”对话框中的确定按钮。

Step61. 创建图 10.2.102 所示的拉伸特征——拉伸 3。选择下拉菜单 插入(I) → 拉伸(E)... 命令，在操控板中应确认“曲面”按钮被按下；选取 DTM10 基准平面为草绘平面，选取 ASM_RIGHT 基准平面为参照平面，方向为右；绘制图 10.2.103 所示的截面草图；选取深度类型为，输入深度值 30.0。

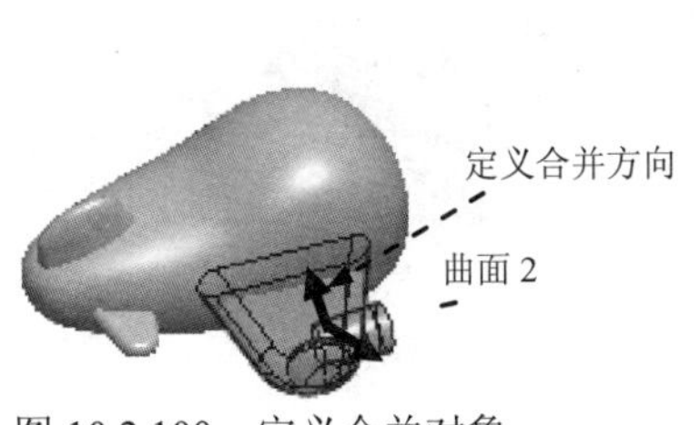

图 10.2.100　定义合并对象

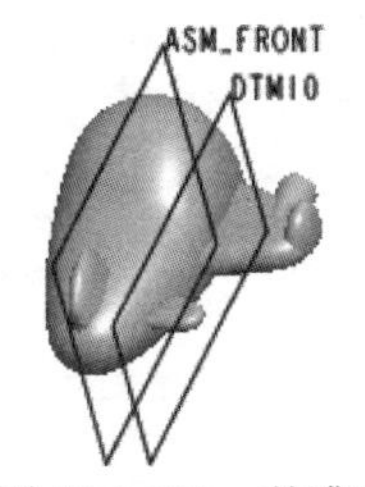

图 10.2.101　基准平面

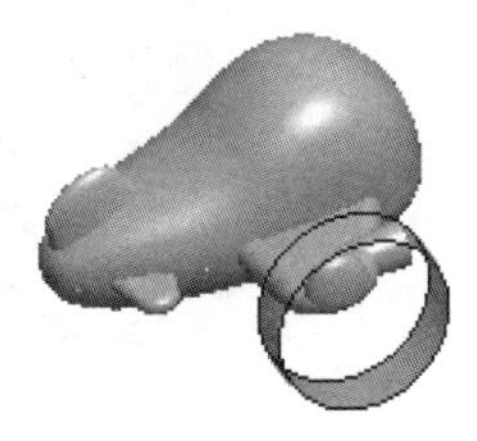
图 10.2.102　拉伸 3

Step62. 创建图 10.2.104 所示的填充特征——填充 2。选择下拉菜单 编辑(E) → 填充(L)... 命令；选取 DTM10 基准平面为草绘平面，选取 ASM_RIGHT 基准平面为参照平面，方向为左；绘制图 10.2.105 所示的截面草图（用“使用边”命令），单击“完成”按钮；在工具栏中单击“完成”按钮，完成填充 2 的创建。

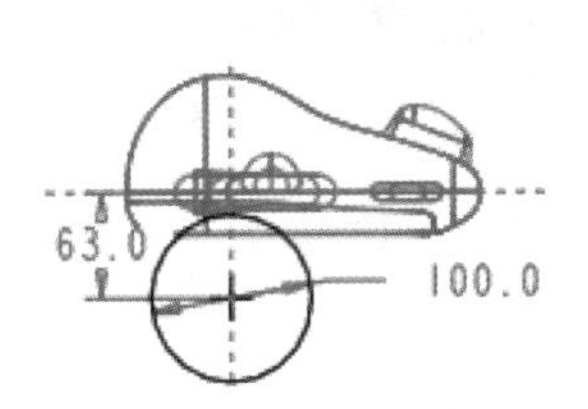

图 10.2.103　截面草图

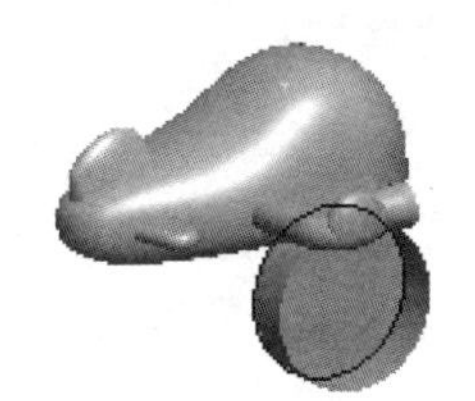
图 10.2.104　填充 2

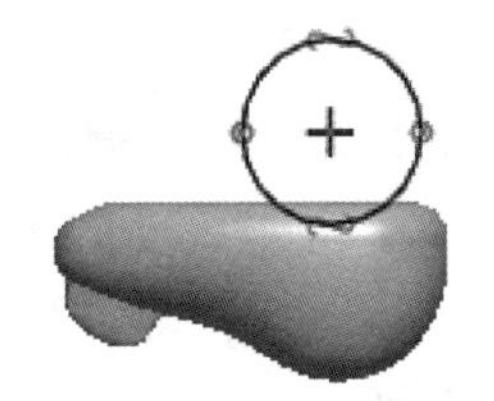
图 10.2.105　截面草图

Step63.　创建曲面合并特征——合并 8。按住<Ctrl>键，在绘图区选取图 10.2.106 所示的曲面 1 和曲面 2 为合并对象，选择下拉菜单 编辑(E) → 合并(G)... 命令；单击“完成”按钮，完成合并 8 的创建。

Step64. 创建图 10.2.107b 所示的镜像特征——镜像 4。在绘图区中选取图 10.2.107a 所示的面组为镜像对象；选择下拉菜单 编辑(E) → 镜像(I)... 命令；选取 ASM_FRONT 基准平面为镜像中心平面；单击操控板中的按钮，完成镜像 4 的创建。

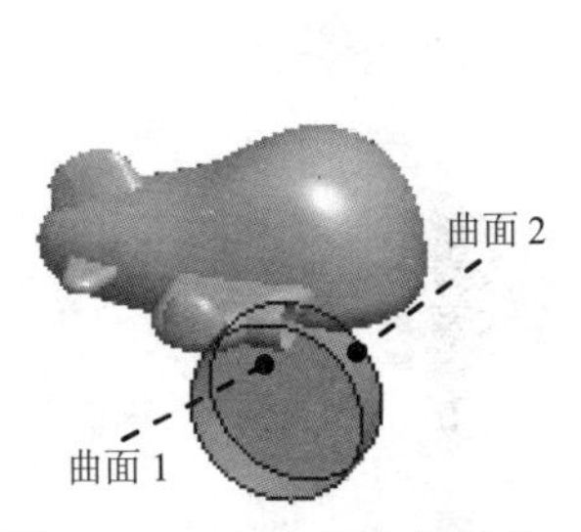

图 10.2.106　定义合并对象

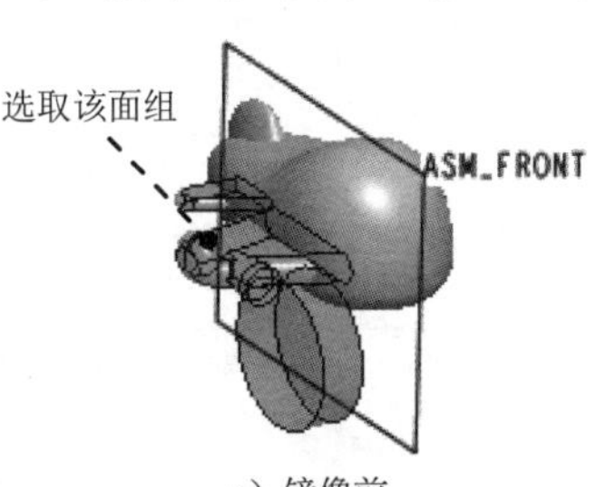

a）镜像前

b）镜像后

图 10.2.107　镜像 4

Step65. 创建曲面合并特征——合并 9。按住<Ctrl>键，在绘图区选取图 10.2.108 所示的面组 1 和面组 2 为合并对象，选择下拉菜单 编辑(E) → 合并(G)... 命令；单击“完成”按钮✓，完成合并 9 的创建。

Step66. 创建曲面合并特征——合并 10。按住<Ctrl>键，在绘图区选取图 10.2.109 所示的面组 1 和面组 2 为合并对象，选择下拉菜单 编辑(E) → 合并(G)... 命令；单击“完成”按钮✓，完成合并 10 的创建。

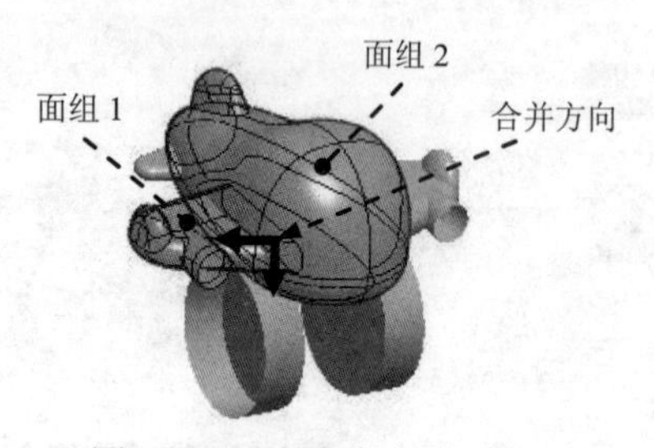

图 10.2.108　定义合并对象

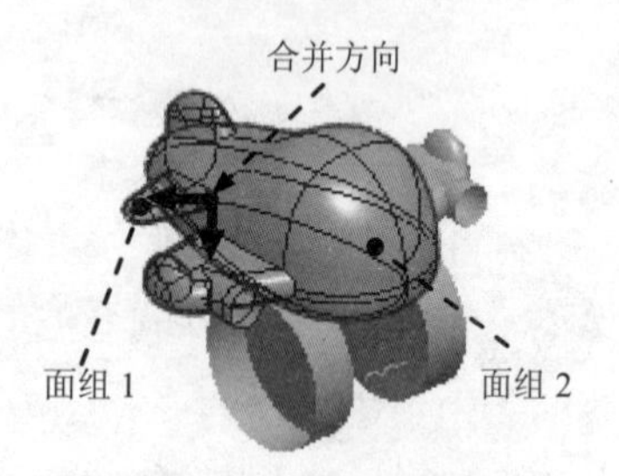

图 10.2.109　定义合并对象

Step67. 创建曲面合并特征——合并 11。按住<Ctrl>键，在绘图区选取图 10.2.110 所示的面组 1 和面组 2 为合并对象，选择下拉菜单 编辑(E) → 合并(G)... 命令；单击“完成”按钮✓，完成合并 11 的创建。

Step68. 创建曲面合并特征——合并 12。按住<Ctrl>键，在绘图区选取图 10.2.111 所示的面组 1 和面组 2 为合并对象，选择下拉菜单 编辑(E) → 合并(G)... 命令；单击“完成”按钮✓，完成合并 12 的创建。

Step69. 创建图 10.2.112b 所示的曲面合并特征——合并 13。按住<Ctrl>键，在绘图区选取图 10.2.112a 所示的面组 1 和面组 2 为合并对象，选择下拉菜单 编辑(E) → 合并(G)... 命令；单击“完成”按钮✓，完成合并 13 的创建。

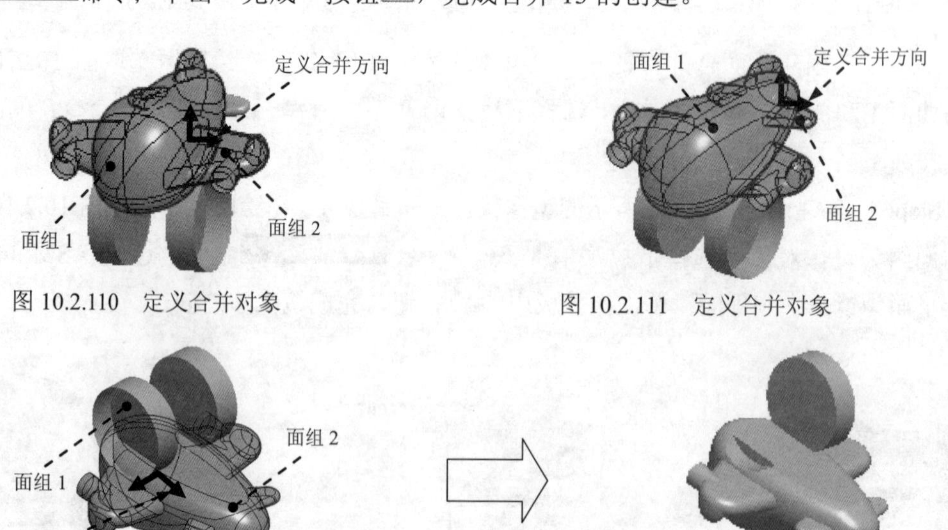

图 10.2.110　定义合并对象

图 10.2.111　定义合并对象

a）合并前

b）合并后

图 10.2.112　合并 13

Step70. 创建图 10.2.113b 所示的曲面合并特征——合并 14。按住<Ctrl>键，在绘图区选取图 10.2.113a 所示的面组 1 和面组 2 为合并对象，选择下拉菜单 编辑(E) ➡ 合并(G)... 命令；单击“完成”按钮，完成合并 14 的创建。

a）合并前　　b）合并后

图 10.2.113　合并 14

Step71. 创建图 10.2.114b 所示的倒圆角特征——倒圆角 4。选择下拉菜单 插入(I) ➡ 倒圆角(O)... 命令；按住<Ctrl>键，选取图 10.2.114a 所示的边线为圆角放置参照，圆角半径值 2.0。

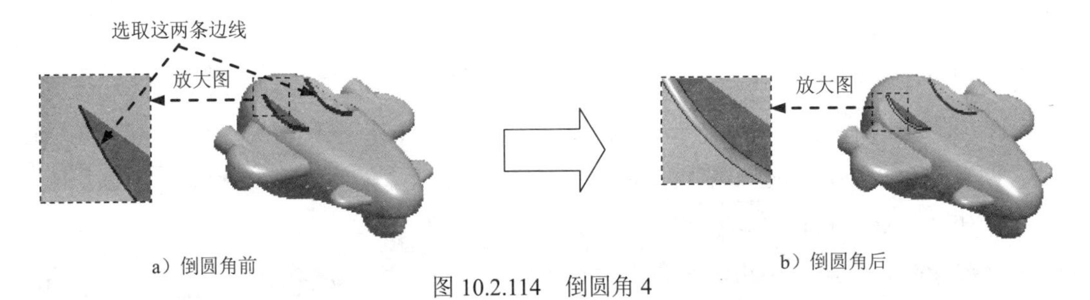

a）倒圆角前　　b）倒圆角后

图 10.2.114　倒圆角 4

Step72. 创建图 10.2.115b 所示的倒圆角特征——倒圆角 5。选择下拉菜单 插入(I) ➡ 倒圆角(O)... 命令；按住<Ctrl>键，选取图 10.2.115a 所示的边链为圆角放置参照，圆角半径值 3.0。

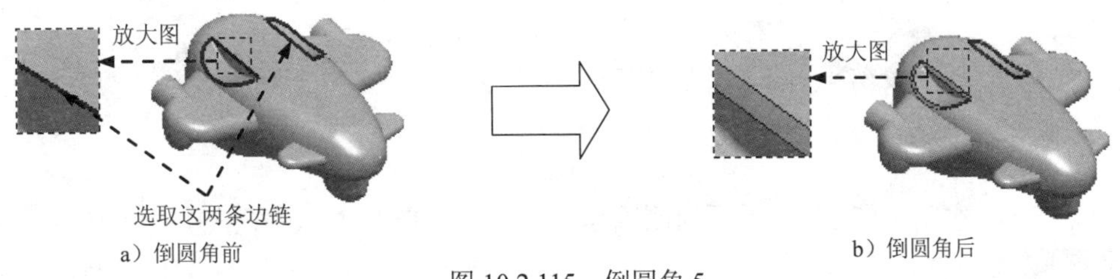

a）倒圆角前　　b）倒圆角后

图 10.2.115　倒圆角 5

Step73. 创建图 10.2.116 所示的拉伸特征——拉伸 4。选择下拉菜单 插入(I) ➡ 拉伸(E)... 命令，在操控板中应确认“曲面”按钮被按下；选取图 10.2.117 所示的平面为草绘平面，选取 ASM_RIGHT 基准平面为参照平面，方向为 右；绘制如图 10.2.118 所示，选取深度类型为，输入深度值 5.0。

Step74. 创建图 10.2.119 所示的基准平面——DTM11。选择下拉菜单 插入(I) ➡ 模型基准(D) ➡ 平面(L)... 命令；选取图 10.2.119 所示的平面为参照，定义约束类型为偏移，输入偏移值 5.0。

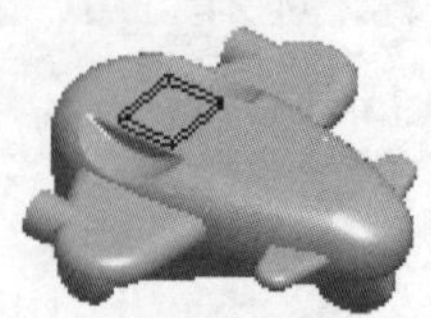

图 10.2.116　拉伸 4

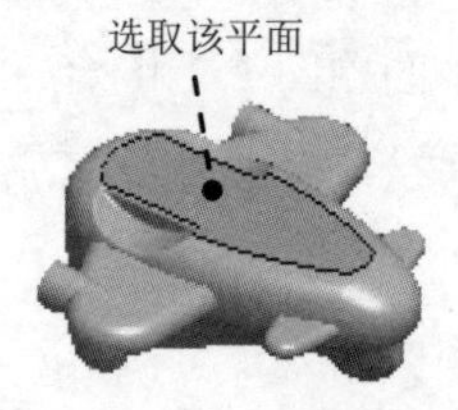

图 10.2.117　定义草绘平面

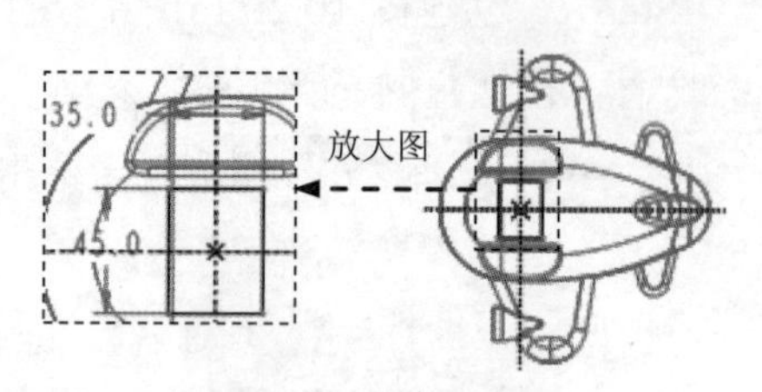

图 10.2.118　截面草图

Step75. 创建图 10.2.120 所示的填充特征——填充 3。选择下拉菜单 编辑(E) →  填充(L)... 命令；选取 DTM11 基准平面为草绘平面，选取 ASM_RIGHT 基准平面为参照平面，方向为 底部；单击对话框中的 草绘 按钮，绘制图 10.2.121 所示的截面草图（用“使用边”命令），单击“完成”按钮。

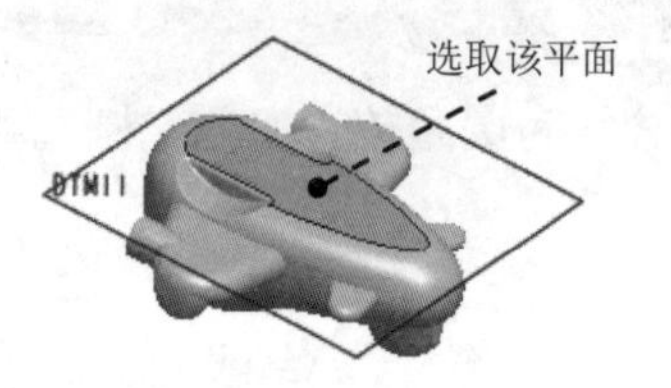

图 10.2.119　基准平面

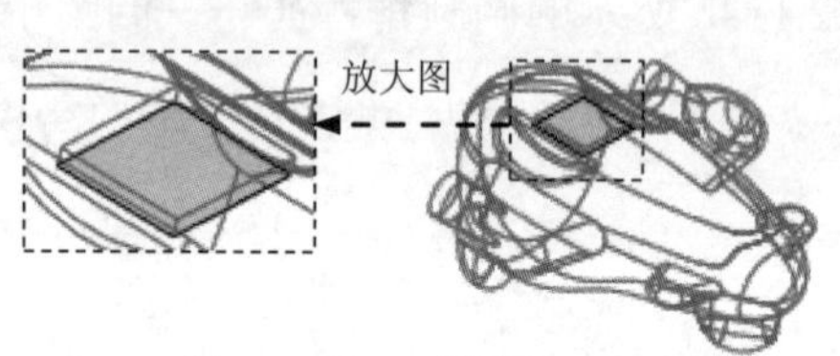

图 10.2.120　填充 3

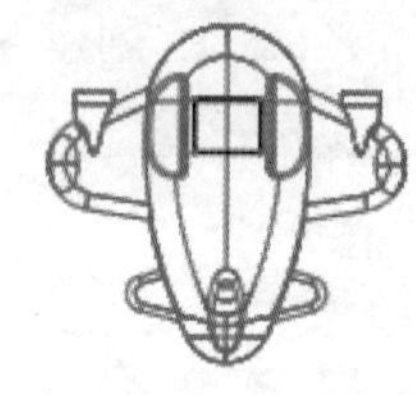

图 10.2.121　截面草图

Step76. 创建曲面合并特征——合并 15。按住<Ctrl>键，在模型树中选取 Step73 所创建的拉伸 4 和 Step75 所创建的填充 3 为合并对象，选择下拉菜单 编辑(E) → 合并(G)... 命令；单击“完成”按钮，完成合并 15 创建。

Step77. 创建图 10.2.122b 所示的曲面合并特征——合并 16。按住<Ctrl>键，在绘图区选取图 10.2.122a 所示的面组 1 和面组 2 为合并对象，选择下拉菜单 编辑(E) → 合并(G)... 命令；单击“完成”按钮，完成合并 16 的创建。

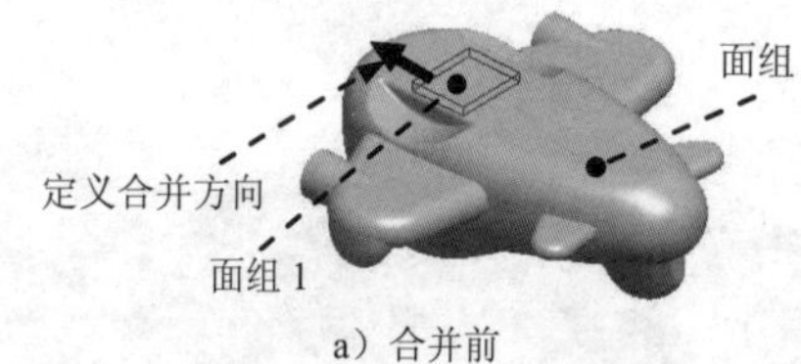

a）合并前

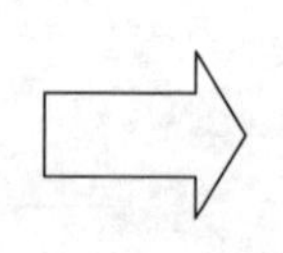

b）合并后

图 10.2.122　合并 16

Step78. 创建图 10.2.123b 所示的倒圆角特征——倒圆角 6。选择下拉菜单 插入(I) → 倒圆角(O)... 命令；按住<Ctrl>键，选取图 10.2.123a 所示的边链为圆角放置参照，圆角半径值 2.0。

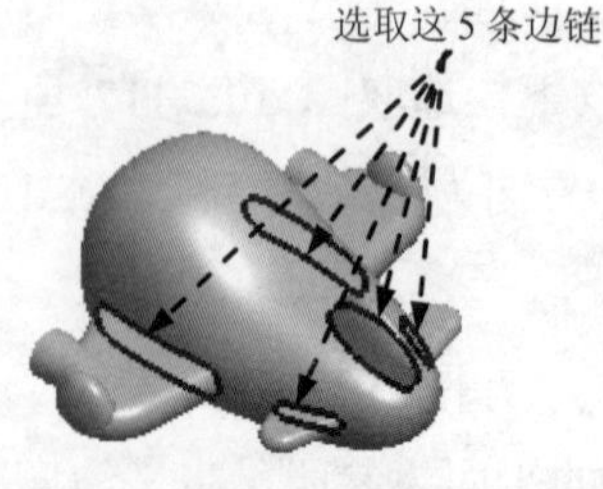

a）倒圆角前

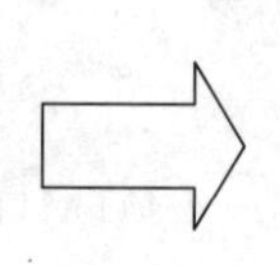

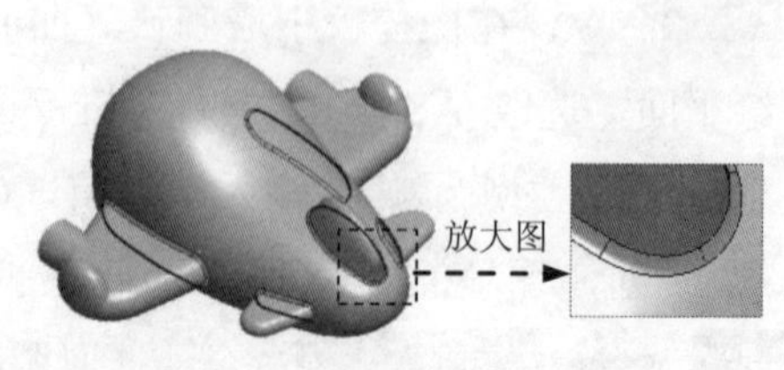

b）倒圆角后

图 10.2.123　倒圆角 6

Step79. 创建图 10.2.124 所示的草绘特征——草绘 15。单击工具栏中的“草绘”按钮；选取 ASM_RIGHT 基准平面为草绘平面，选取 ASM_TOP 基准平面为参照平面，方向为顶；单击此对话框中的草绘按钮，绘制图 10.2.124 所示的草图。

Step80. 创建图 10.2.125 所示的投影曲线——投影 1。在模型树中选取 Step79 所创建的草绘 15，选择下拉菜单编辑(E) ➡ 投影(J)... 命令；选取图 10.2.126 所示的曲面为投影面，接受系统默认的投影方向；单击“完成”按钮，完成投影 1 的创建。

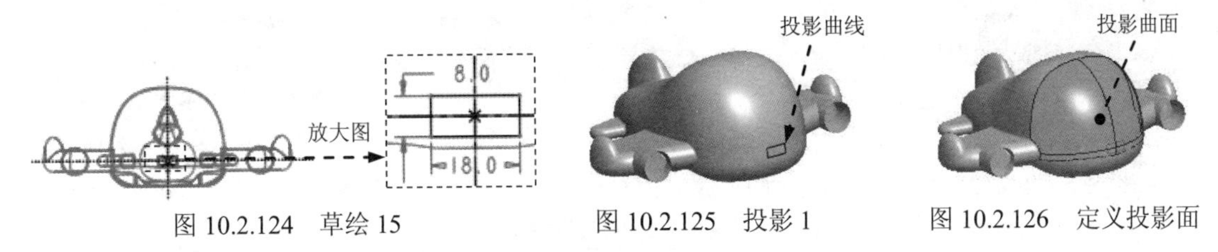

图 10.2.124　草绘 15　　图 10.2.125　投影 1　　图 10.2.126　定义投影面

Step81. 创建图 10.2.127b 所示的修剪特征——修剪 2。在绘图区选取图 10.2.127a 所示的面组，选择下拉菜单编辑(E) ➡ 修剪(T)... 命令；在绘图区选取图 10.2.127a 所示的投影 1 作为修剪对象，定义修剪方向图 10.2.127a 所示。

a）修剪前　　b）修剪后

图 10.2.127　修剪 2

Step82. 创建图 10.2.128 所示的边界曲面——边界混合 4。选择下拉菜单插入(I) ➡ 边界混合(B)... 命令；在绘图区选取图 10.2.129 所示的曲线 1 和曲线 2 为第一方向边界曲线，在操控板中单击约束按钮，在系统弹出的界面中将方向 1 中第一条链和最后一条链的约束类型设置为自由；按住<Ctrl>键，在绘图区依次选取曲线 3、曲线 4 为第二方向边界曲线，在操控板中单击约束按钮，在系统弹出的界面中将方向 2 中第一条链和最后一条链的约束类型设置为自由。

注意：*在选择曲线时，最好将投影曲线隐藏，以免选错。后面与此类似情况不再说明。*

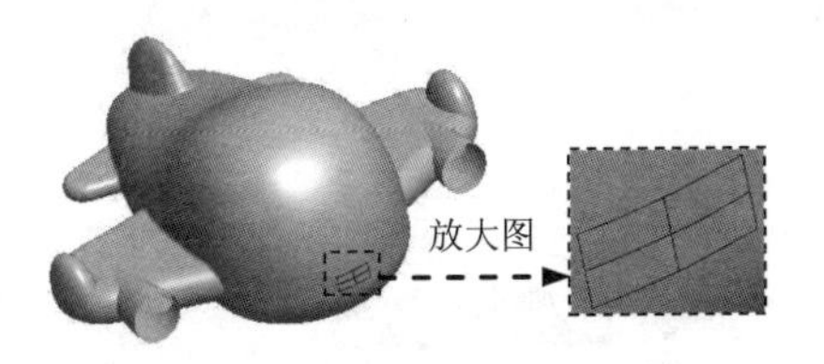

图 10.2.128　边界混合 4

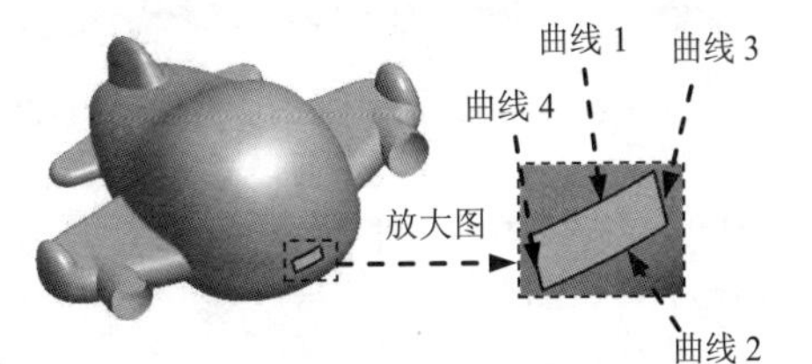

图 10.2.129　定义边界曲线

Step83. 创建曲面合并特征——合并 17。按住<Ctrl>键，在绘图区选取图 10.2.130 所示的面组 1 和面组 2 为合并对象，选择下拉菜单编辑(E) ➡ 合并(G)... 命令；单击“完成”按钮✓，完成合并 17 的创建。

Step84. 创建图 10.2.131 所示的投影曲线——投影 2。在模型树中选取 Step79 所创建的草绘 15，选择下拉菜单 编辑(E) → 投影(T)... 命令；选取图 10.2.132 所示的曲面为投影面，接受系统默认的投影方向；单击“完成”按钮✓，完成投影 2 的创建。

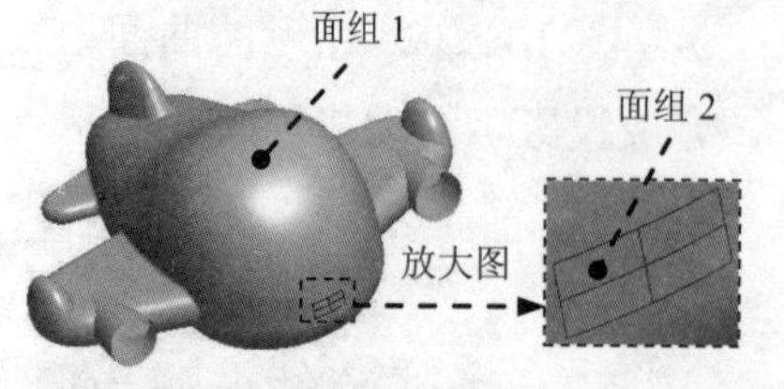

图 10.2.130 定义合并对象

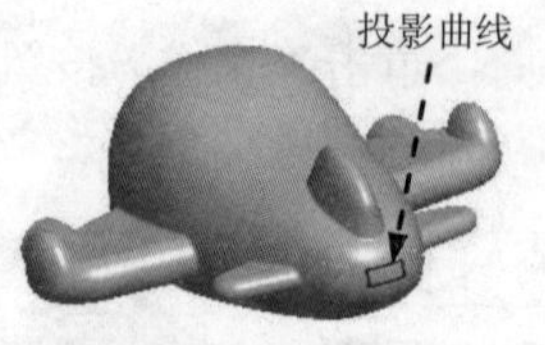

图 10.2.131 投影 2

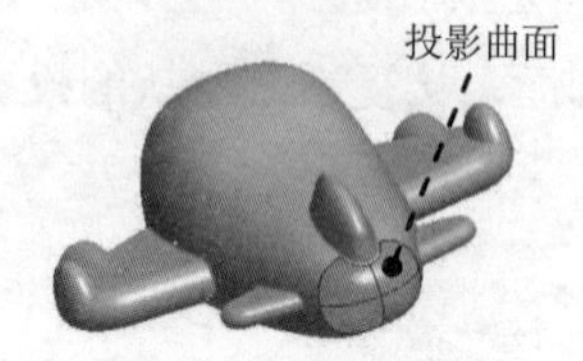

图 10.2.132 定义投影面

Step85. 创建图 10.2.133b 所示的修剪特征——修剪 3。在绘图区选取图 10.2.133a 所示的面组，选择下拉菜单 编辑(E) → 修剪(T)... 命令；在绘图区选取图 10.2.134 所示的投影 2 作为修剪对象，定义修剪方向如图 10.2.134 所示。

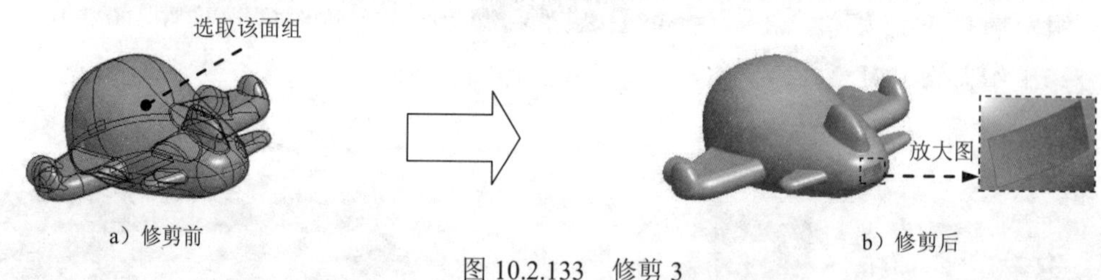

图 10.2.133 修剪 3

Step86. 创建图 10.2.135 所示的边界曲面——边界混合 5。选择下拉菜单 插入(I) → 边界混合(B)... 命令；在绘图区选取图 10.2.136 所示的曲线 1 和曲线 2 为第一方向边界曲线；在操控板中单击 约束 按钮，在系统弹出的界面中将方向 1 中第一条链和最后一条链的约束类型设置为 自由；按住<Ctrl>键，在绘图区依次选取图 10.2.136 所示的曲线 3、曲线 4 为第二方向边界曲线，在操控板中单击 约束 按钮，在系统弹出的界面中将方向 2 中第一条链和最后一条链的约束类型设置为 自由。

图 10.2.134 定义修剪对象及方向

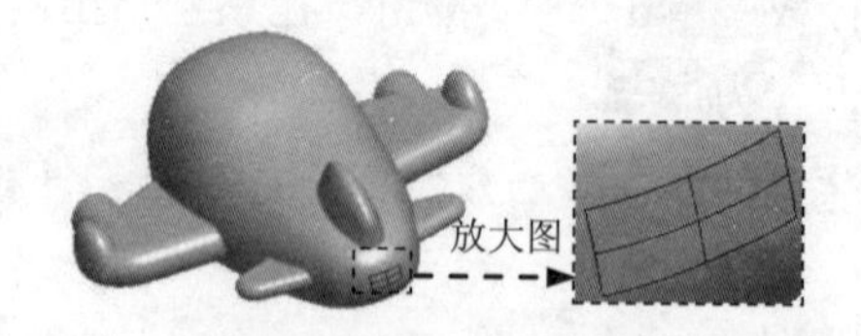

图 10.2.135 边界混合 5

Step87. 创建曲面合并特征——合并 18。按住<Ctrl>键，在绘图区选取图 10.2.137 所示的面组 1 和面组 2 为合并对象，选择下拉菜单 编辑(E) → 合并(G)... 命令；单击“完成”按钮✓，完成合并 18 的创建。

Step88. 创建图 10.2.138 所示的草绘特征——草绘 16（草绘 15、投影 1、投影 2 已隐藏）。单击工具栏中的“草绘”按钮；选取 ASM_FRONT 基准平面为草绘平面，选取 ASM_RIGHT

基准平面为参照平面，方向为 右 ；单击此对话框中的 草绘 按钮，绘制图 10.2.138 所示的草图。

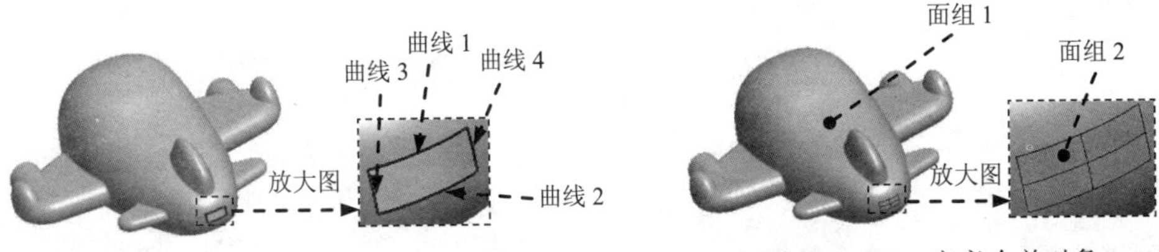

图 10.2.136 定义边界曲线

图 10.2.137 定义合并对象

Step89. 创建图 10.2.139 所示的投影曲线——投影 3。在模型树中选取 Step88 所创建的草绘 16，选择下拉菜单 编辑(E) → 投影(T)... 命令；选取图 10.2.140 所示的曲面为投影面，接受系统默认的投影方向。

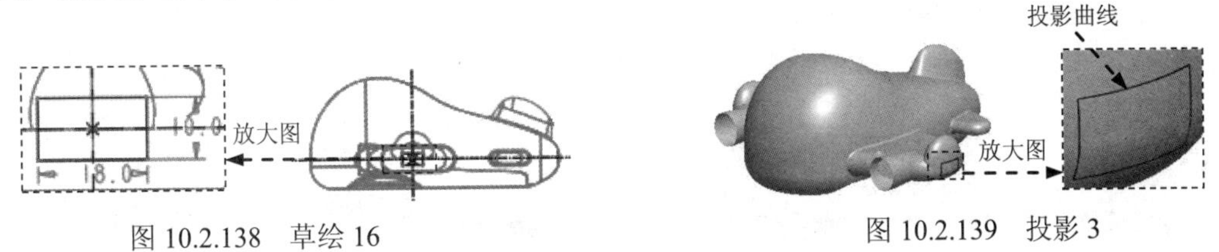

图 10.2.138 草绘 16

图 10.2.139 投影 3

Step90. 创建图 10.2.141b 所示的修剪特征——修剪 4。在绘图区选取图 10.2.141a 所示的面组，选择下拉菜单 编辑(E) → 修剪(T)... 命令；在绘图区选取图 10.2.142 所示的投影 3 作为修剪对象，定义修剪方向如图 10.2.142 所示。

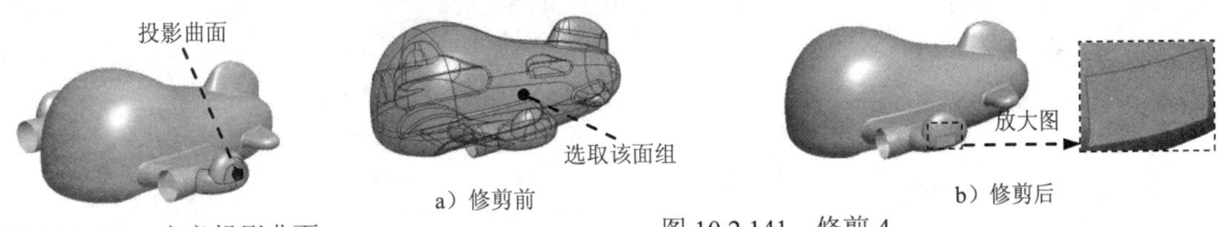

图 10.2.140 定义投影曲面

a）修剪前

b）修剪后

图 10.2.141 修剪 4

Step91. 创建图 10.2.143 所示的边界曲面——边界混合 6。选择下拉菜单 插入(I) → 边界混合(B)... 命令；在绘图区选取图 10.2.144 所示的曲线 1 和曲线 2 为第一方向边界曲线，在操控板中单击 约束 按钮，在系统弹出的界面中将方向 1 中第一条链和最后一条链的约束类型设置为 自由 ；按住<Ctrl>键，在绘图区依次选取图 10.2.144 所示的曲线 3、曲线 4 为第二方向边界曲线；在操控板中单击 约束 按钮，在系统弹出的界面中将方向 2 中第一条链和最后一条链的约束类型设置为 自由 。

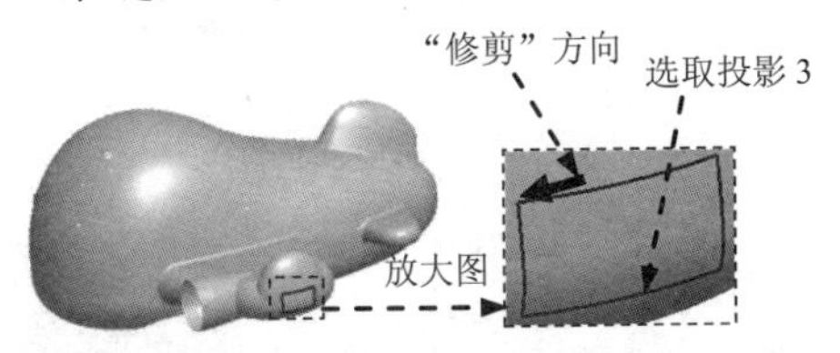

图 10.2.142 定义修剪对象及方向

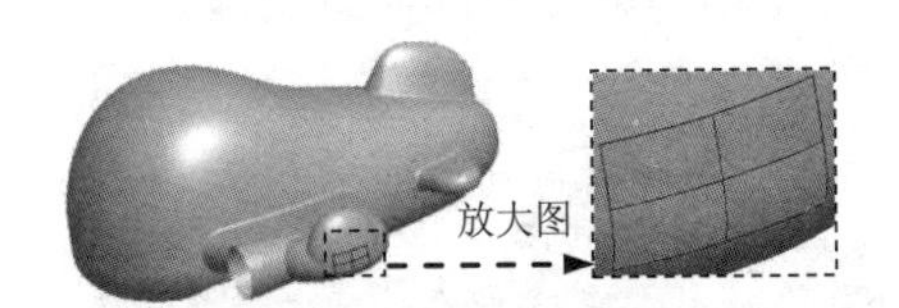

图 10.2.143 边界混合 6

Step92. 创建曲面合并特征——合并 19。按住<Ctrl>键，在绘图区选取图 10.2.145 所示的面组 1 和面组 2 为合并对象，选择下拉菜单 编辑(E) → 合并(G)... 命令；单击“完成”按钮，完成合并 19 的创建。

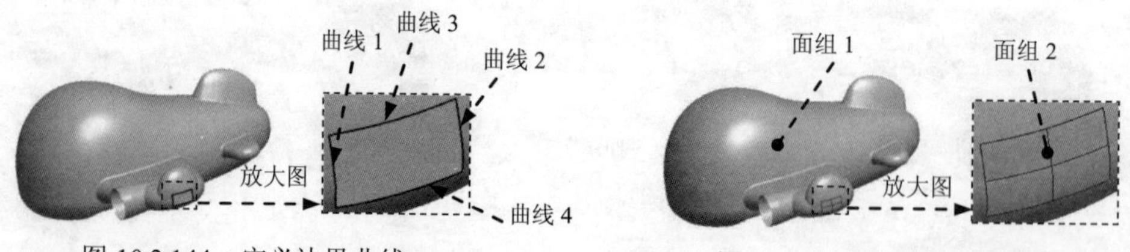

图 10.2.144　定义边界曲线　　　　图 10.2.145　定义合并对象

Step93. 创建图 10.2.146 所示的投影曲线——投影 4。在模型树中选取所 Step88 创建的草绘 16，选择下拉菜单 编辑(E) → 投影(T)... 命令；选取图 10.2.147 所示的曲面为投影面，接受系统默认的投影方向。

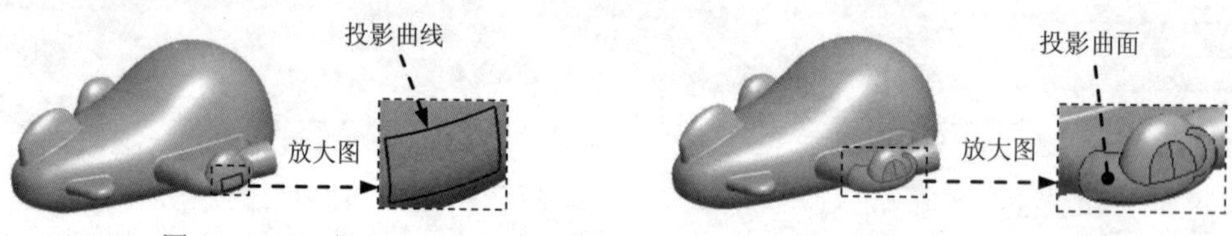

图 10.2.146　投影 4　　　　图 10.2.147　定义投影曲面

Step94. 创建图 10.2.148b 所示的修剪特征——修剪 5。在绘图区选取图 10.2.148a 所示的面组，选择下拉菜单 编辑(E) → 修剪(T)... 命令；在绘图区选取图 10.2.149 所示的投影 4 作为修剪对象，定义修剪方向如图 10.2.149 所示。

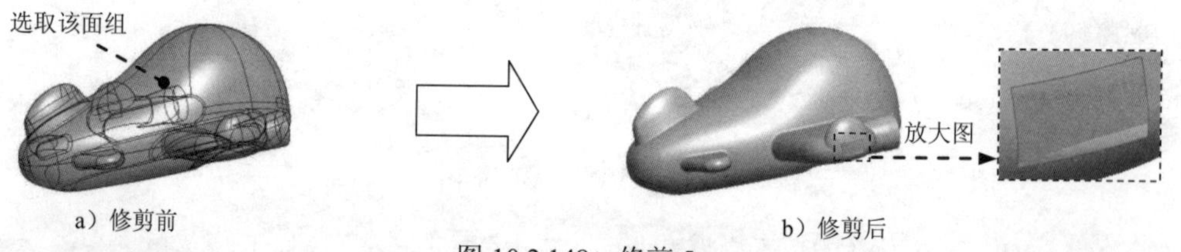

a）修剪前　　　　b）修剪后

图 10.2.148　修剪 5

Step95. 创建图 10.2.150 所示的边界曲面——边界混合 7。选择下拉菜单 插入(I) → 边界混合(B)... 命令，在绘图区选取图 10.2.151 所示的曲线 1 和曲线 2 为第一方向边界曲线；在操控板中单击 约束 按钮，在系统弹出的界面中将方向 1 中第一条链和最后一条链的约束类型设置为 自由；按住<Ctrl>键，在绘图区依次选取图 10.2.151 所示的曲线 3、曲线 4 为第二方向边界曲线；在操控板中单击 约束 按钮，在系统弹出的界面中将方向 2 中第一条链和最后一条链的约束类型设置为 自由。

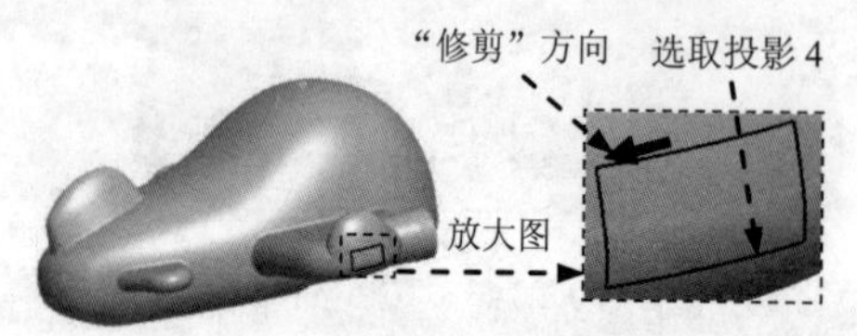

图 10.2.149　定义修剪对象及方向

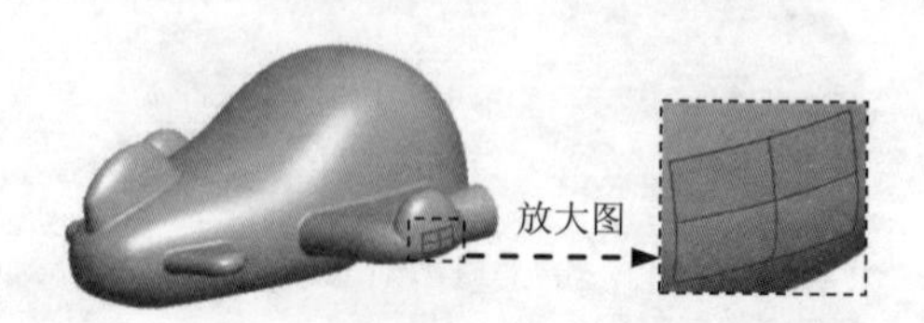

图 10.2.150　边界混合 7

Step96. 创建曲面合并特征——合并 20。按住<Ctrl>键，在绘图区选取图 10.2.152 所示的面组 1 和面组 2 为合并对象，选择下拉菜单 编辑(E) ➡ 合并(G)... 命令；单击“完成”按钮✔，完成合并 20 的创建。

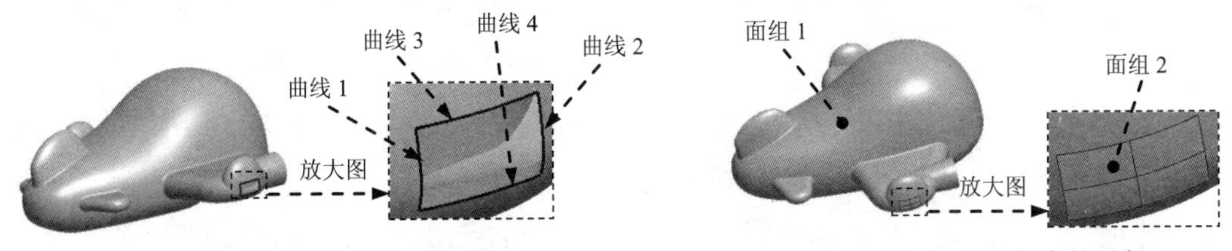

图 10.2.151　定义边界曲线　　图 10.2.152　定义合并对象

Step97. 创建图 10.2.153 所示的局部偏移——偏移 1（草绘 16、投影 3、投影 4 已隐藏）。选取图 10.2.154 所示的单个曲面，然后选择下拉菜单 编辑(E) ➡ 偏移(O)... 命令；在操控板的偏移类型栏中选取（“具有拔模特征”）；单击操控板中的 选项 按钮，选取 垂直于曲面，选取 侧曲面垂直于 为 ⊙ 曲面，选取 侧面轮廓 为 ⊙ 直 ；设置 ASM_TOP 基准平面为草绘平面，选取 ASM_RIGHT 基准平面为草绘平面的参照，方向为 右；单击 草绘 按钮，绘制图 10.2.155 所示的截面草图（草图中大圆弧的圆心在竖直线的中点）；单击✔按钮，在操控板界面输入偏移值 3.0，拔模角度值 10.0；单击✔按钮，完成偏移 1 的创建。

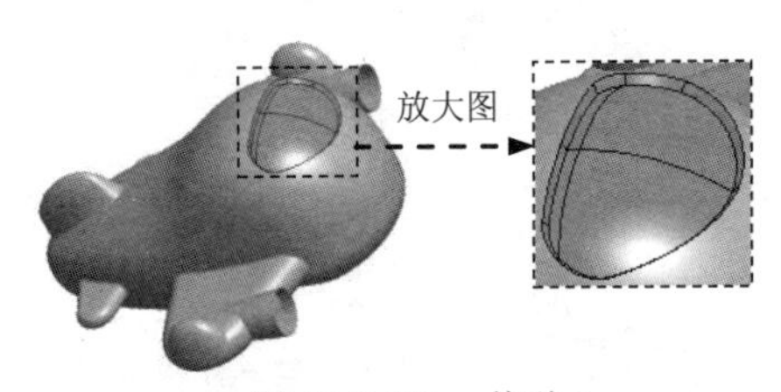

图 10.2.153　偏移 1

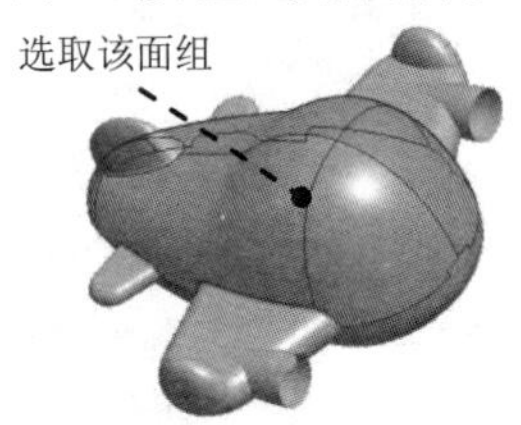

图 10.2.154　偏移曲面参照

Step98. 创建图 10.2.156 所示的局部偏移——偏移 2。选取图 10.2.157 所示的面组，然后选择下拉菜单 编辑(E) ➡ 偏移(O)... 命令；在操控板的偏移类型栏中选取（“具有拔模特征”）；单击操控板中的 选项 按钮，选取 垂直于曲面，选取 侧曲面垂直于 为 ⊙ 曲面，选取 侧面轮廓 为 ⊙ 直 ；选择 ASM_FRONT 基准平面为草绘平面，选取 ASM_RIGHT 基准平面为草绘平面参照，方向为 右；单击 草绘 按钮，绘制图 10.2.158 所示的截面草图，完成后单击✔按钮；在操控板界面输入偏移值 2.5，拔模角度值 25.0；单击✔按钮，完成偏移 2 的创建。

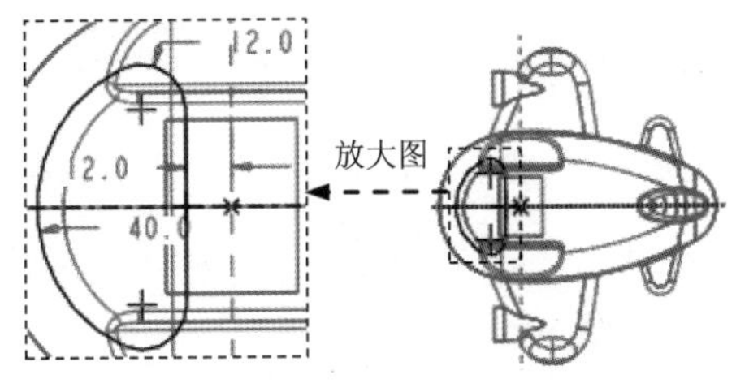

图 10.2.155　截面草图

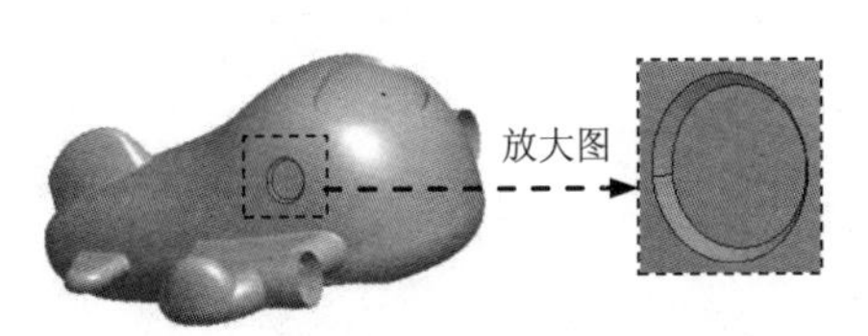

图 10.2.156　偏移 2

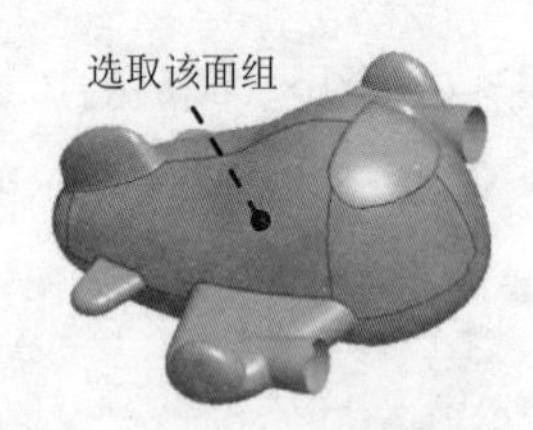

图 10.2.157　偏移曲面参照

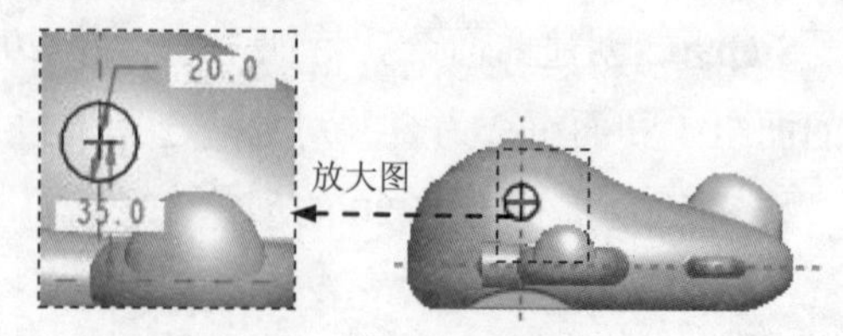

图 10.2.158　截面草图

Step99. 创建图 10.2.159 所示的局部偏移——偏移 3。选取图 10.2.160 所示的面组，然后选择下拉菜单 编辑(E) → 偏移(O)... 命令；在操控板的偏移类型栏中选取（"具有拔模特征"）；单击操控板中的 选项 按钮，选取 垂直于曲面，选取 侧曲面垂直于 为 ◉ 曲面，选取 侧面轮廓 为 ◉ 直；选择 ASM_FRONT 基准平面为草绘平面，选取 ASM_RIGHT 基准平面为草绘平面的参照，方向为 右；单击 草绘 按钮，绘制图 10.2.161 所示的截面草图，完成后单击 ✓ 按钮；在操控板界面输入偏移值 2.5，拔模角度值 25.0；单击 ✓ 按钮，完成偏移 3 的创建。

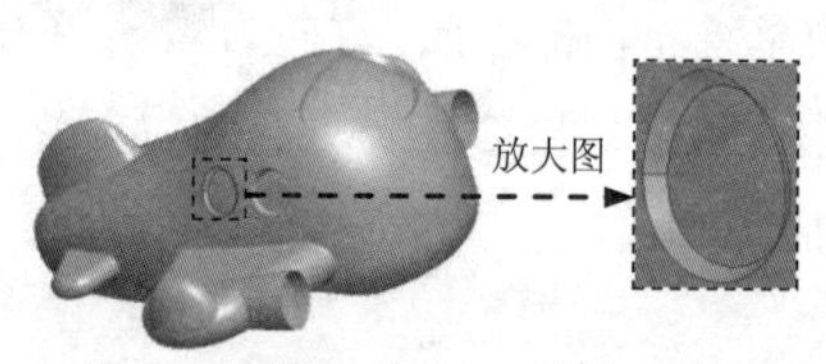

图 10.2.159　偏移 3

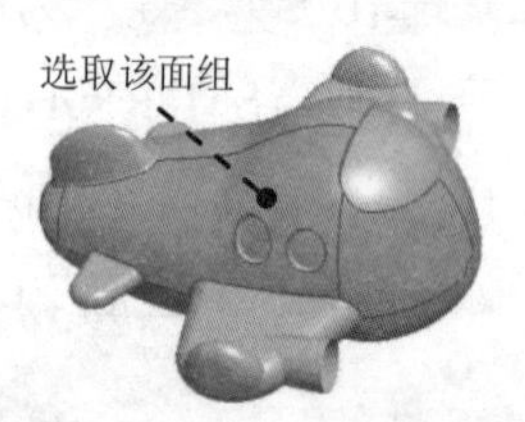

图 10.2.160　偏移曲面参照

Step100. 创建图 10.2.162 所示的局部偏移——偏移 4。选取图 10.2.163 所示的面组，然后选择下拉菜单 编辑(E) → 偏移(O)... 命令；在操控板的偏移类型栏中选取（"具有拔模特征"）；单击操控板中的 选项 按钮，选取 垂直于曲面，选取 侧曲面垂直于 为 ◉ 曲面，选取 侧面轮廓 为 ◉ 直；选择 ASM_FRONT 基准平面为草绘平面，选取 ASM_RIGHT 基准平面为草绘平面的参照，方向为 右；单击 草绘 按钮；绘制图 10.2.164 所示的截面草图，完成后单击 ✓ 按钮；在操控板界面输入偏移值 2.5，拔模角度值 20.0；单击 ✓ 按钮，完成偏移 4 的创建。

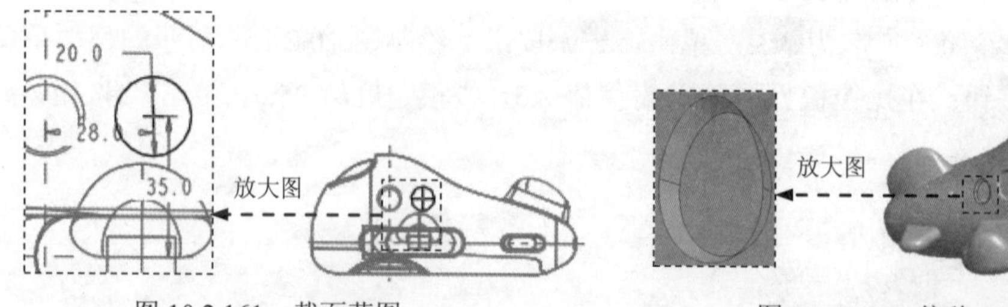

图 10.2.161　截面草图　　图 10.2.162　偏移 4

Step101. 创建组特征——组 LOCAL_GROUP。按住<Shift>键，在模型树中选取偏距 2~偏移 4 所创建的特征，在 编辑(E) 下拉菜单中选择 组 命令。

图 10.2.163　偏移曲面参照

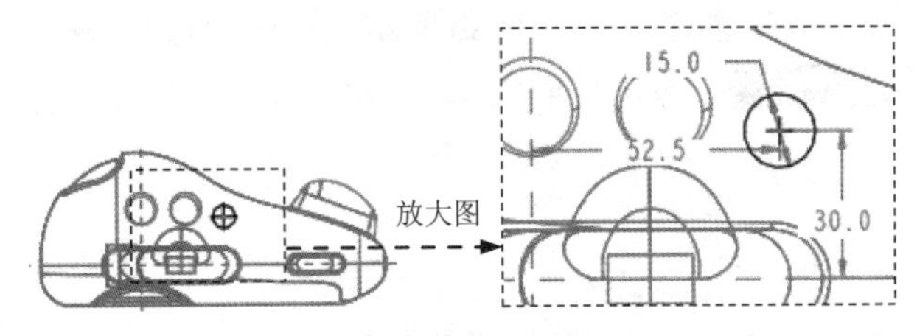

图 10.2.164　截面草图

Step102. 创建图 10.2.165b 所示的倒圆角特征——倒圆角 7。选择下拉菜单 插入(I) → 倒圆角(O)... 命令；选取图 10.2.165a 所示的边链为圆角放置参照，圆角半径值为 1.0。

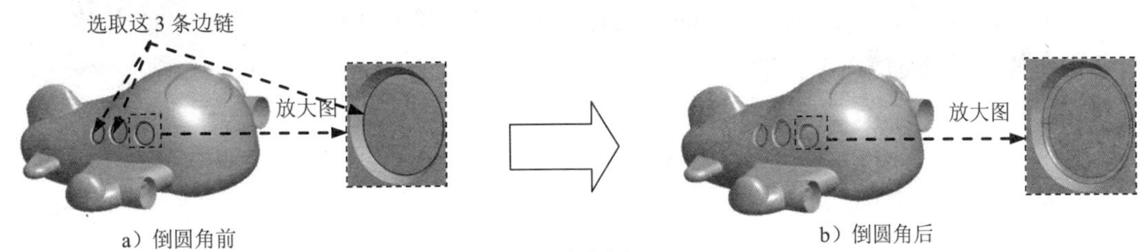

图 10.2.165　倒圆角 7

Step103. 创建图 10.2.166b 所示的倒圆角特征——倒圆角 8。选择下拉菜单 插入(I) → 倒圆角(O)... 命令；选取图 10.2.166a 所示的边链为圆角放置参照，圆角半径值为 1.0。

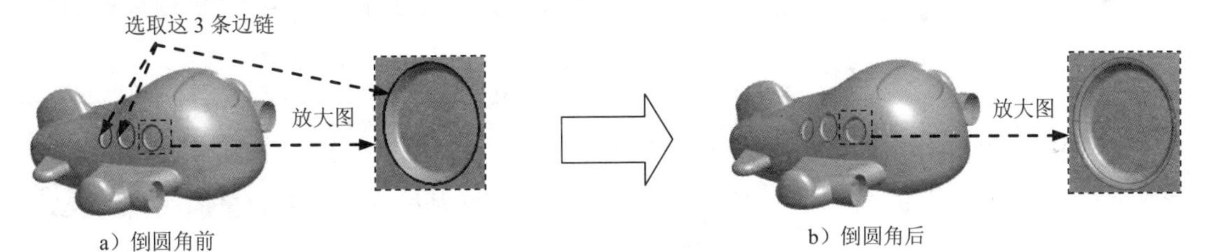

图 10.2.166　倒圆角 8

Step104. 创建图 10.2.167b 所示的镜像特征——镜像 5。按住<Ctrl>键，在模型树中选取 Step101 所创建的组特征为镜像对象；选择下拉菜单 编辑(E) → 镜像(I)... 命令；选取 ASM_FRONT 基准平面为镜像中心平面；单击操控板中的✓按钮，然后选取图 10.2.163 所示的对应面组为新的参照；单击✓按钮，直至结果如图 10.2.167 所示，完成镜像 5 的创建。

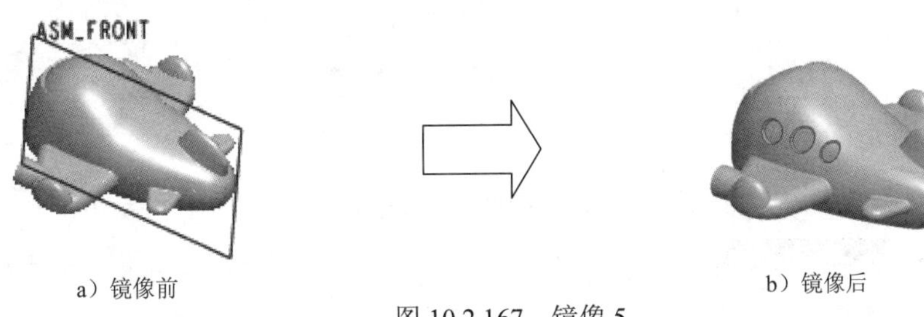

图 10.2.167　镜像 5

Step105. 创建图 10.2.168b 所示的倒圆角特征——倒圆角 9。选择下拉菜单 插入(I) → 倒圆角(O)... 命令；选取图 10.2.168a 所示的边链为圆角放置参照，圆角半径值为 1.0。

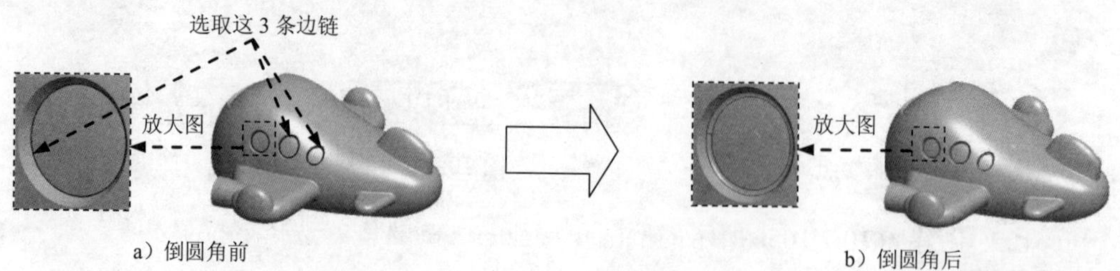

a）倒圆角前　b）倒圆角后

图 10.2.168　倒圆角 9

Step106. 创建图 10.2.169b 所示的倒圆角特征——倒圆角 10。选择下拉菜单 插入(I) → 倒圆角(O)... 命令；选取图 10.2.169a 所示的边链为圆角放置参照，圆角半径值为 1.0。

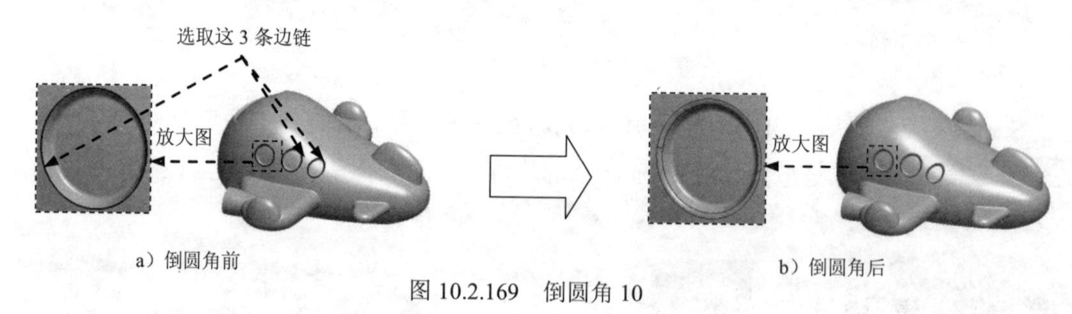

a）倒圆角前　b）倒圆角后

图 10.2.169　倒圆角 10

Step107. 创建图 10.2.170 所示的草绘特征——草绘 17。单击工具栏中的"草绘"按钮；选取 ASM_RIGHT 基准平面为草绘平面，选取 ASM_TOP 基准平面为参照平面，方向为 顶；单击 反向 按钮，绘制图 10.2.170 所示的草图。

Step108. 创建图 10.2.171 所示的投影曲线——投影 5。在模型树中选取 Step107 创建的草绘 17，选择下拉菜单 编辑(E) → 投影(T)... 命令；选取图 10.2.172 所示的曲面为投影面，接受系统默认的投影方向。

图 10.2.170　草绘 17　图 10.2.171　投影 5　图 10.2.172　定义投影曲面

Step109. 创建图 10.2.173 所示的基准平面——DTM12。选择下拉菜单 插入(I) → 模型基准(D) → 平面(L)... 命令；选取 ASM_TOP 基准平面为参照，定义约束类型为 偏移，输入偏移值 20.0。

Step110. 创建图 10.2.174b 所示的修剪特征——修剪 6。在绘图区选取图 10.2.174a 所示的面组，选择下拉菜单 编辑(E) → 修剪(T)... 命令，系统弹出“修剪”操控板；在绘图区选取图 10.2.175 所示的投影 5 作为修剪对象，定义修剪方向如图 10.2.175 所示。

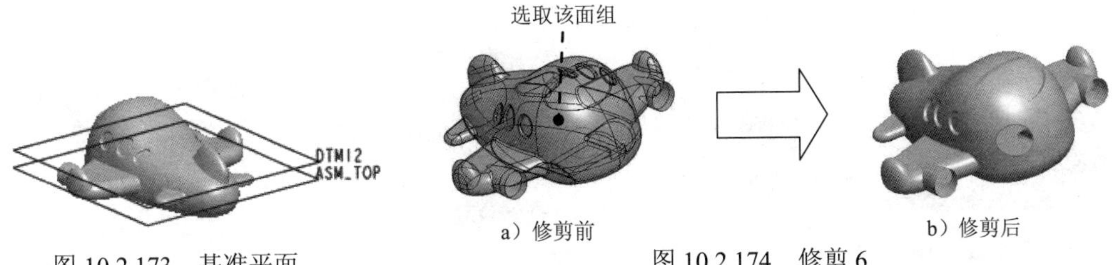

图 10.2.173　基准平面

图 10.2.174　修剪 6

Step111. 创建图 10.2.176 所示的交截特征——交截 1。选取 DTM12 基准平面为交截对象；选择下拉菜单 编辑(E) → 相交(I)... 命令，在绘图区选取图 10.2.177 所示的面组；在操控板中单击“完成”按钮✔，完成交截 1 的创建。

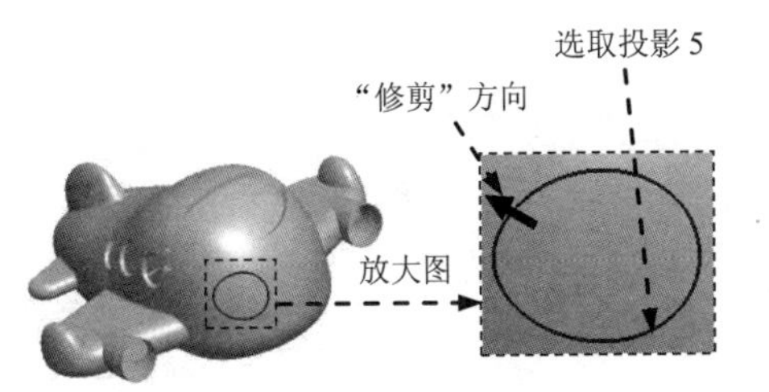

图 10.2.175　定义修剪对象及方向

图 10.2.176　交截 1

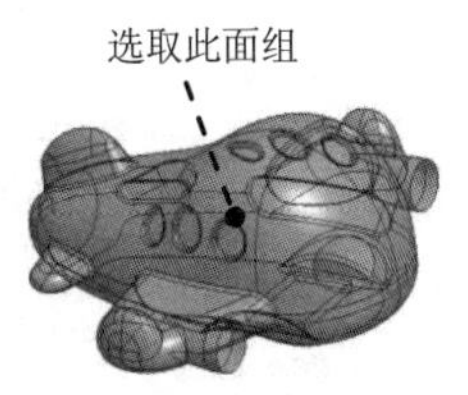

图 10.2.177　选取交截面

Step112. 创建图 10.2.178 所示的草绘特征——草绘 18。单击工具栏中的“草绘”按钮；选取 DTM12 基准平面为草绘平面，选取 ASM_RIGHT 基准平面为参照平面，方向为 顶；单击此对话框中的 草绘 按钮，绘制图 10.2.178 所示的草图。

Step113. 创建图 10.2.179 所示的边界曲面——边界混合 8。选择下拉菜单 插入(I) → 边界混合(B)... 命令；按住<Ctrl>键，在绘图区依次选取图 10.2.180 所示的曲线 1、曲线 2 和曲线 3 为边界曲线；在操控板中单击 约束 按钮，在系统弹出的界面中将方向 1 中第一条链和最后一条链的约束类型设置为 自由。

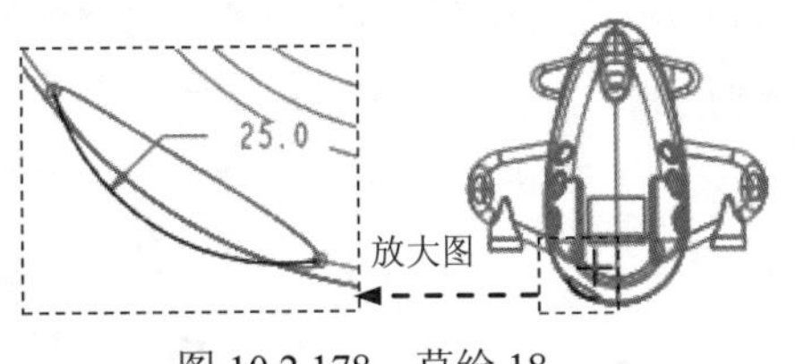

图 10.2.178　草绘 18

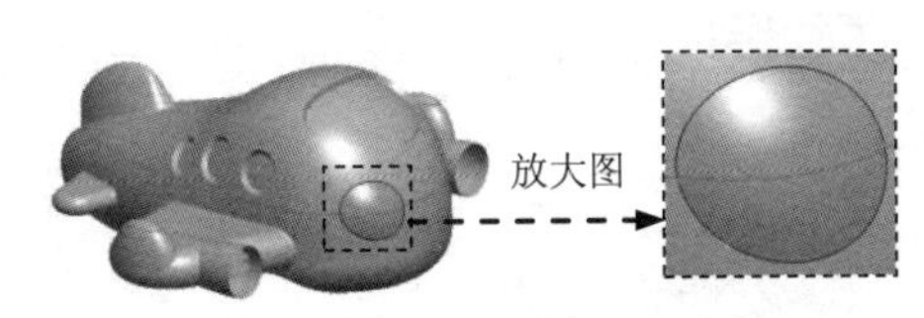

图 10.2.179　边界混合 8

Step114. 创建图 10.2.181b 所示的镜像特征——镜像 6（投影 5、交截 1 和草绘 18 已隐藏）。在模型树中选取边界混合 8 为镜像对象；选择下拉菜单 编辑(E) → 镜像(I)... 命令；选取 ASM_FRONT 基准平面为镜像中心平面。

Step115. 创建曲面合并特征——合并 21。按住<Ctrl>键，在绘图区选取图 10.2.182 所示的面组 1 和曲面 2 为合并对象，选择下拉菜单 编辑(E) → 合并(G)... 命令；单击“完成”按钮，完成合并 21 的创建。

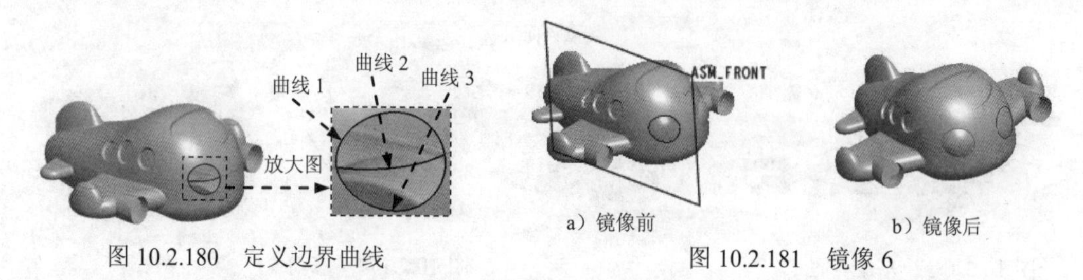

图 10.2.180 定义边界曲线

a）镜像前 b）镜像后
图 10.2.181 镜像 6

Step116. 创建曲面合并特征——合并 22。按住<Ctrl>键，在绘图区选取图 10.2.183 所示的面组 1 和曲面 2 为合并对象，选择下拉菜单 编辑(E) → 合并(G)... 命令；单击“完成”按钮，完成合并 22 的创建。

图 10.2.182 定义合并对象 图 10.2.183 定义合并对象

Step117. 创建图 10.2.184b 所示的倒圆角特征——倒圆角 11。选择下拉菜单 插入(I) → 倒圆角(O)... 命令；按住<Ctrl>键，选取图 10.2.184a 所示的边链为圆角放置参照，圆角半径值为 8.0。

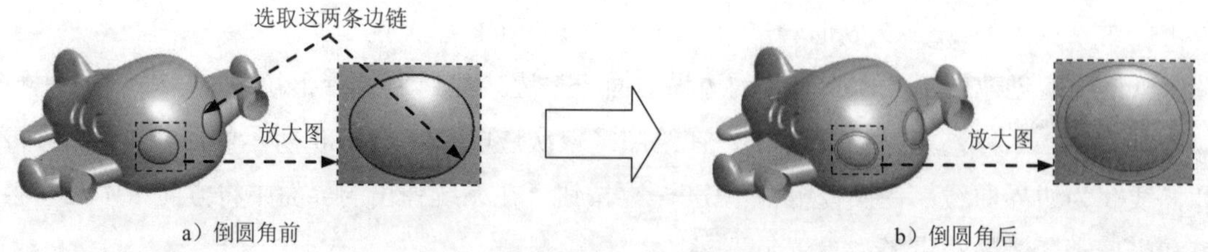

a）倒圆角前 b）倒圆角后
图 10.2.184 倒圆角 11

Step118. 创建图 10.2.185b 所示的倒圆角特征——倒圆角 12。选择下拉菜单 插入(I) → 倒圆角(O)... 命令；按住<Ctrl>键，选取图 10.2.185a 所示的边链为圆角放置参照，圆角半径值为 2.0。

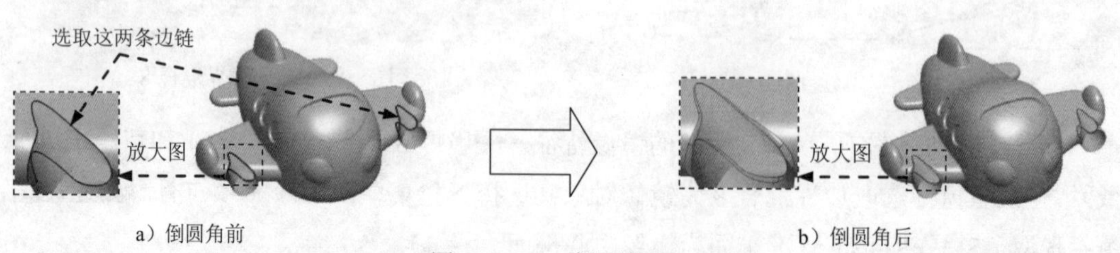

a）倒圆角前 b）倒圆角后
图 10.2.185 倒圆角 12

Step119. 创建图 10.2.186b 所示的倒圆角特征——倒圆角 13。选择下拉菜单 插入(I) → 倒圆角(O)... 命令；按住<Ctrl>键，选取图 10.2.186a 所示的边链为圆角放置参照，圆角半径值为 3.0。

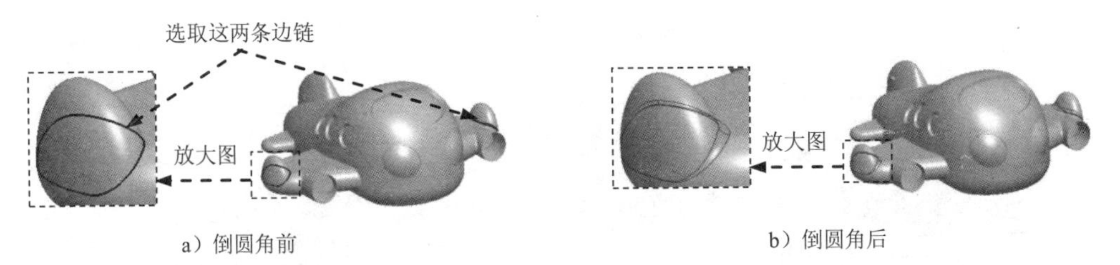

a）倒圆角前　　b）倒圆角后

图 10.2.186　倒圆角 13

Step120. 创建图 10.2.187 所示的草绘特征——草绘 19。单击工具栏中的“草绘” 按钮；选取 ASM_RIGHT 基准平面为草绘平面，选取 ASM_TOP 基准平面为参照平面，方向为 顶；单击 反向 按钮；绘制图 10.2.187 所示的草图。

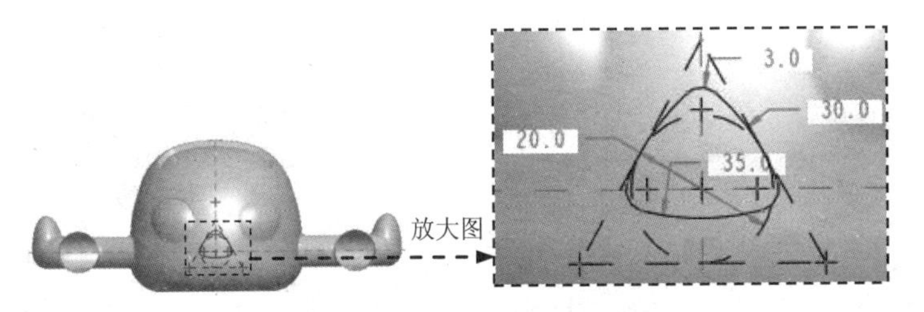

图 10.2.187　草绘 19

Step121. 创建图 10.2.188 所示的投影曲线——投影 6。在模型树中选取 Step120 创建的草绘 19，选择下拉菜单 编辑(E) → 投影(T)... 命令；选取图 10.2.189 所示的曲面为投影面，接受系统默认的投影方向。

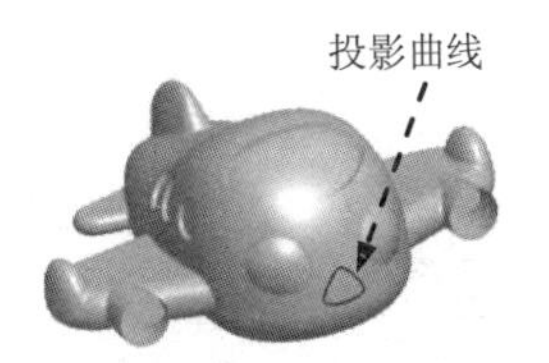

图 10.2.188　投影 6

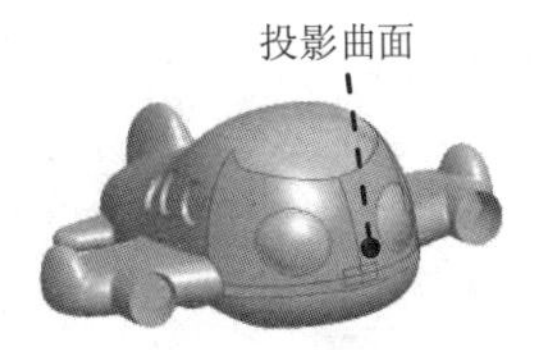

图 10.2.189　定义投影曲面

Step122. 创建图 10.2.190b 所示的修剪特征——修剪 7。在绘图区选取图 10.2.190a 所示的面组，选择下拉菜单 编辑(E) → 修剪(T)... 命令；在绘图区选取图 10.2.191 所示的投影 6 作为修剪对象，定义修剪方向如图 10.2.191 所示。

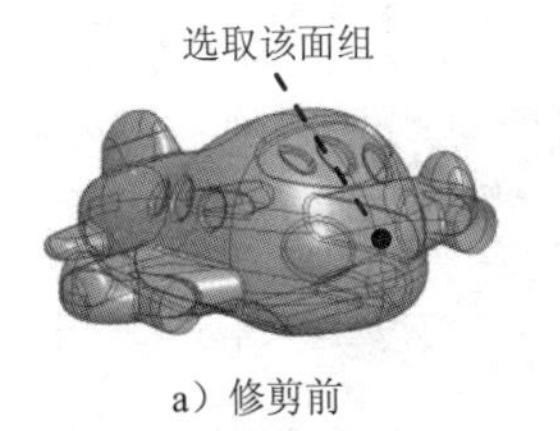

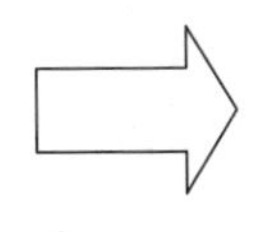

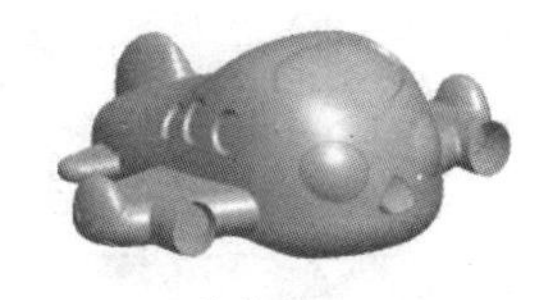

a）修剪前　　b）修剪后

图 10.2.190　修剪 7

Step123. 创建图 10.2.192 所示的基准平面——DTM13。选择下拉菜单 插入(I) → 模型基准(D) → 平面(L)... 命令；选取 ASM_TOP 基准平面为参照，定义约束类型为偏移，输入偏移值 5.0。

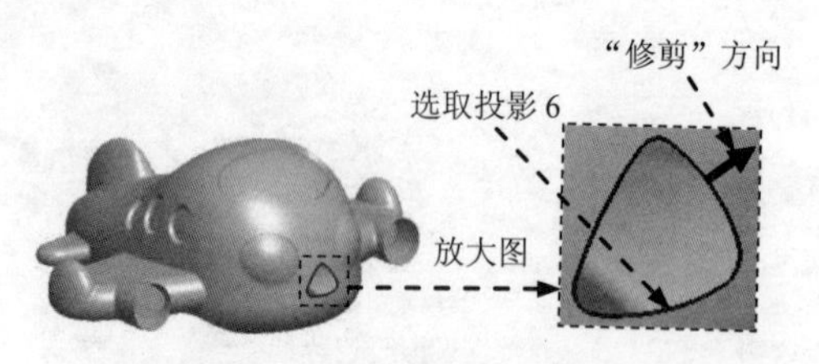

图 10.2.191 定义修剪对象及方向

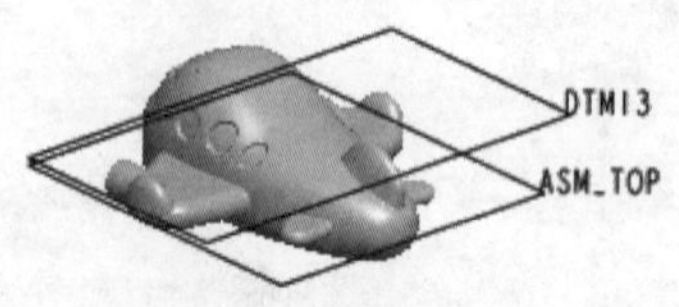

图 10.2.192 基准平面

Step124. 创建图 10.2.193 所示的交截特征——交截 2。按住<Ctrl>键，选取 DTM13 基准平面为交截对象，选择下拉菜单 编辑(E) → 相交(I)... 命令，在绘图区选取图 10.2.194 所示的面组。

图 10.2.193 交截 2

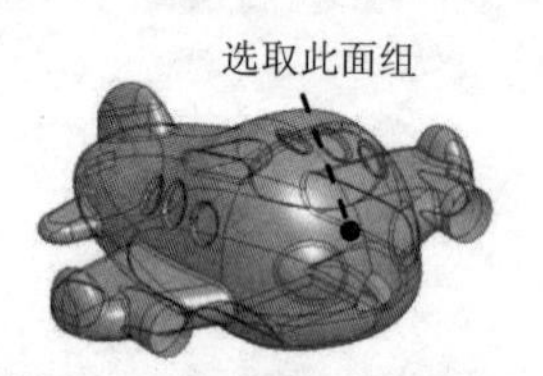

图 10.2.194 选取交截面

Step125. 创建图 10.2.195 所示的草绘特征——草绘 20。单击工具栏中的"草绘" 按钮；选取 DTM13 基准平面为草绘平面，选取 ASM_RIGHT 基准平面为参照平面，方向为顶；绘制图 10.2.195 所示的草图。

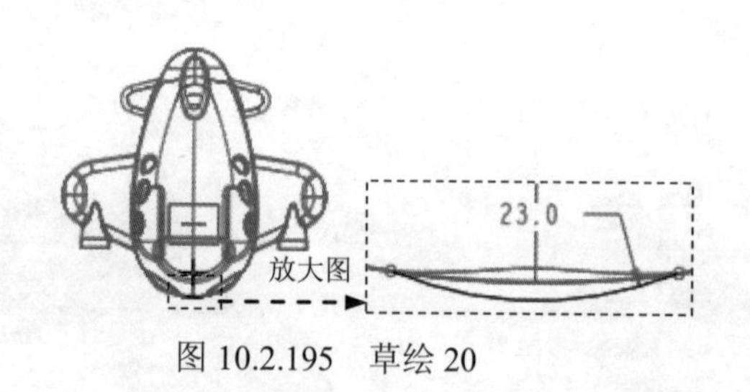

图 10.2.195 草绘 20

Step126. 创建图 10.2.196 所示的交截特征——交截 3。按住<Ctrl>键，选取 ASM_FRONT 基准平面为交截对象，选择下拉菜单 编辑(E) → 相交(I)... 命令，在绘图区选取图 10.2.197 所示的面组。

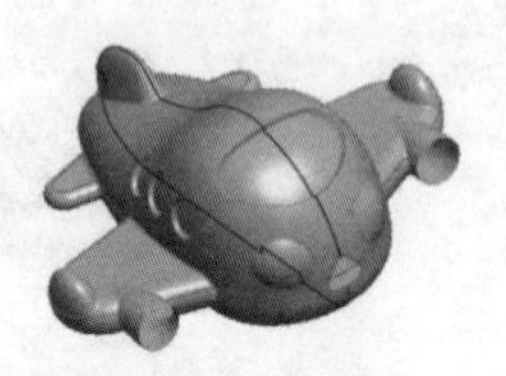
图 10.2.196 交截 3

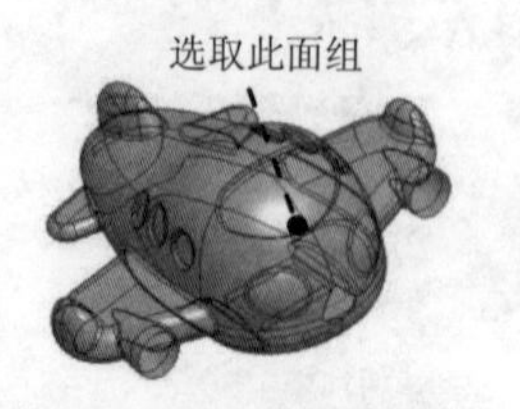

图 10.2.197 选取交截面

Step127. 创建图 10.2.198 所示的草绘特征——草绘 21。单击工具栏中的“草绘” 按钮；选取 ASM_FRONT 基准平面为草绘平面，选取 ASM_RIGHT 基准平面为参照平面，方向为右；绘制图 10.2.198 所示的草图。

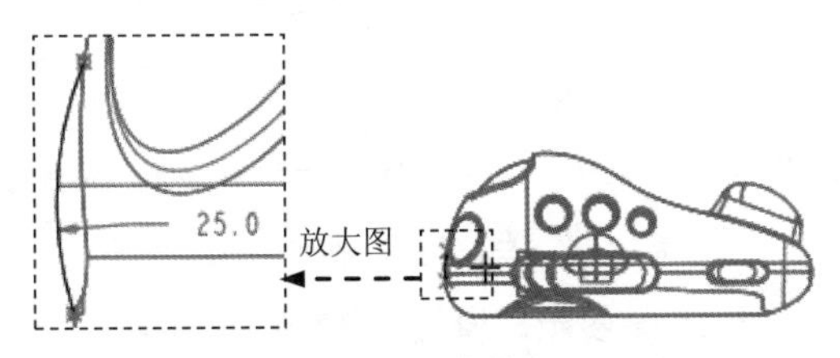

图 10.2.198　草绘 21

Step128. 创建图 10.2.199 所示的边界曲面——边界混合 9。选择下拉菜单插入(I) ➡ 边界混合(B)...命令；按住<Ctrl>键，在绘图区选取图 10.2.200 所示的曲线 1 和曲线 2 为第一方向边界曲线，选取图 10.2.200 所示的曲线 4 为第二方向边界曲线；在操控板中单击约束按钮，在系统弹出的界面中将方向 1 中第一条链的约束类型设置为自由；将方向 1 中最后一条链的约束类型设置为垂直，将方向 2 中第一条链的约束类型设置为自由。

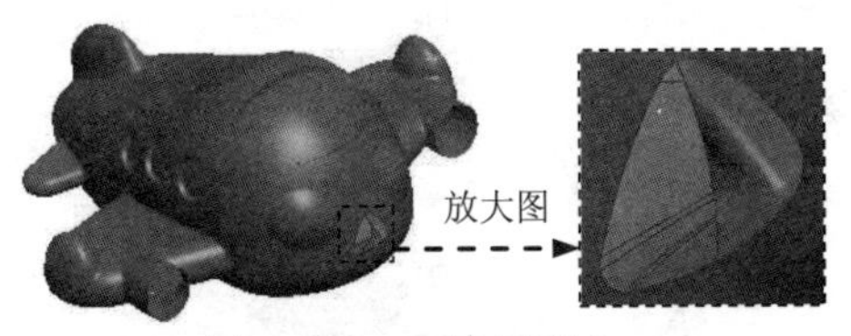

图 10.2.199　边界混合 9

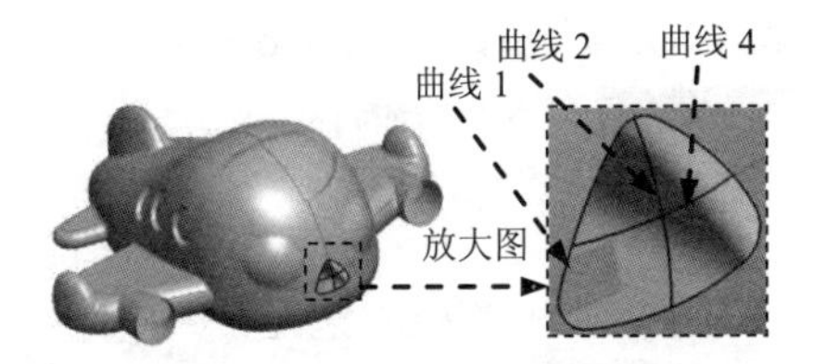

图 10.2.200　定义边界曲线

Step129. 创建图 10.2.201 所示的镜像特征——镜像 7。在模型树中选取边界混合 9 为镜像对象；选择下拉菜单编辑(E) ➡ 镜像(I)...命令；选取 ASM_FRONT 基准平面为镜像平面。

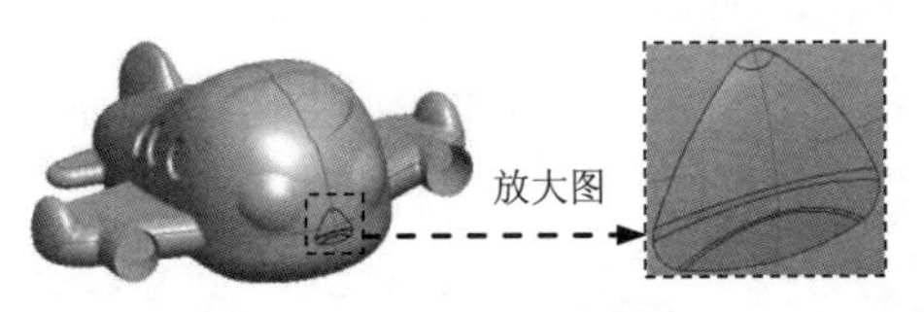

图 10.2.201　镜像 7

Step130. 创建曲面合并特征——合并 23。按住<Ctrl>键，在模型树中选取图 10.2.199 所示的边界曲面 9 和镜像 7 为合并对象，选择下拉菜单编辑(E) ➡ 合并(G)...命令；单击“完成”按钮，完成合并 23 的创建。

Step131. 创建曲面合并特征——合并 24。按住<Ctrl>键，在绘图区选取图 10.2.202 所示的面组 1 和曲面 2 为合并对象，选择下拉菜单编辑(E) ➡ 合并(G)...命令；单击“完成”按钮，完成合并 24 的创建。

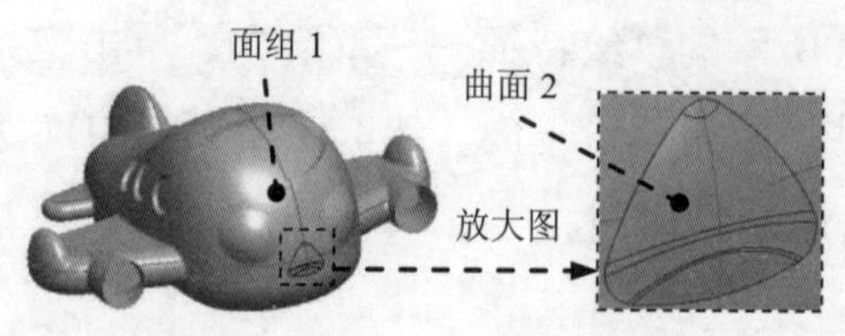

图 10.2.202　定义合并对象

Step132. 创建图 10.2.203b 所示的倒圆角特征——倒圆角 14（草绘 19、投影 6、交截 2 草绘 20、交截 3 和草绘 21 已隐藏）。选择下拉菜单 插入(I) → 倒圆角(O)... 命令；选取图 10.2.203a 所示的边链为圆角放置参照，圆角半径值为 2.0。

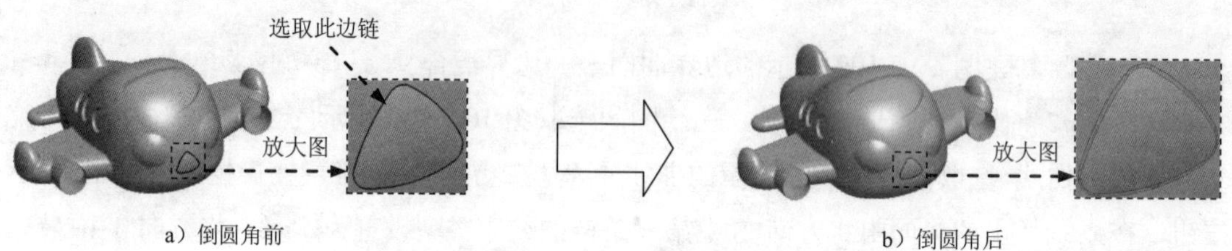

图 10.2.203　倒圆角 14

Step133. 创建图 10.2.204b 所示的倒圆角特征——倒圆角 15。选择下拉菜单 插入(I) → 倒圆角(O)... 命令；选取图 10.2.204a 所示的边链为圆角放置参照，圆角半径值为 2.5。

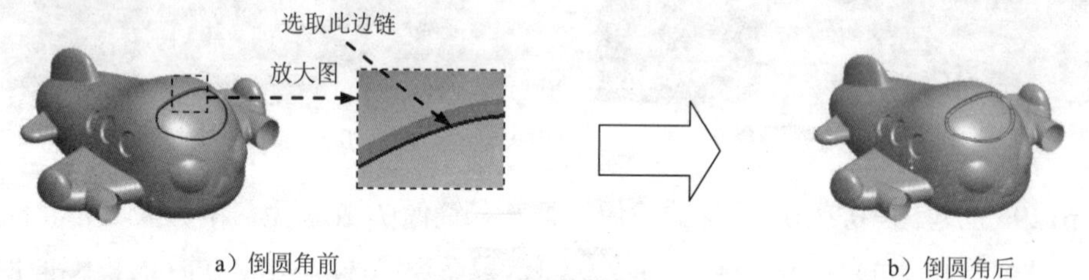

图 10.2.204　倒圆角 15

Step134. 创建图 10.2.205b 所示的倒圆角特征——倒圆角 16。选择下拉菜单 插入(I) → 倒圆角(O)... 命令；选取图 10.2.205a 所示的边链为圆角放置参照，圆角半径值为 0.5。

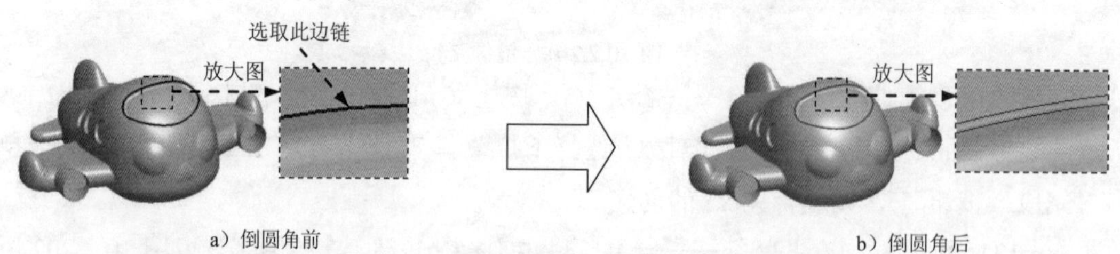

图 10.2.205　倒圆角 16

Step135. 创建图 10.2.206b 所示的加厚特征——加厚 1。在绘图区选取图 10.2.206a 所示的曲面，选择下拉菜单 编辑(E) → 加厚(K)... 命令；输入厚度值 1.5，使其加厚方向如图 10.2.206a 所示。

图 10.2.206 加厚 1

Step136. 创建图 10.2.207 所示的拉伸特征——拉伸 5。选择下拉菜单 插入(I) ➡ 拉伸(E)... 命令；选取 ASM_RIGHT 基准平面为草绘平面，选取 ASM_TOP 基准平面为参照平面，方向为 顶；绘制图 10.2.208 所示的截面草图；选取深度类型为 ，并单击"去除材料"按钮 。

图 10.2.207 拉伸 5

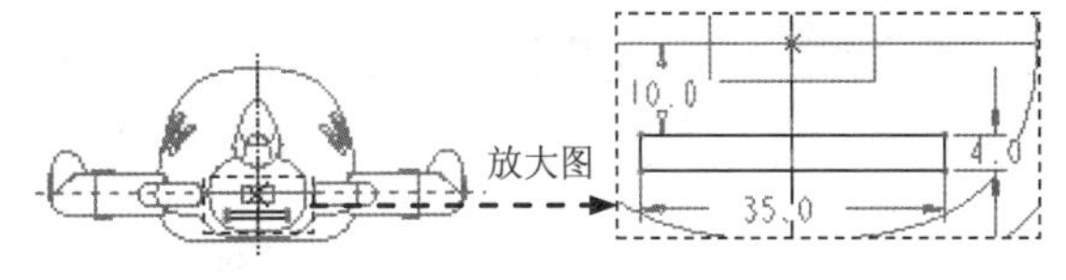

图 10.2.208 截面草图

Step137. 创建图 10.2.209 所示的拉伸特征——拉伸 6。选择下拉菜单 插入(I) ➡ 拉伸(E)... 命令；选取图 10.2.210 所示的平面 1 为草绘平面，选取图 10.2.210 所示的平面 2 为参照平面，方向为 顶；绘制图 10.2.211 所示的截面草图；选取深度类型为 ，输入深度值 1.5。

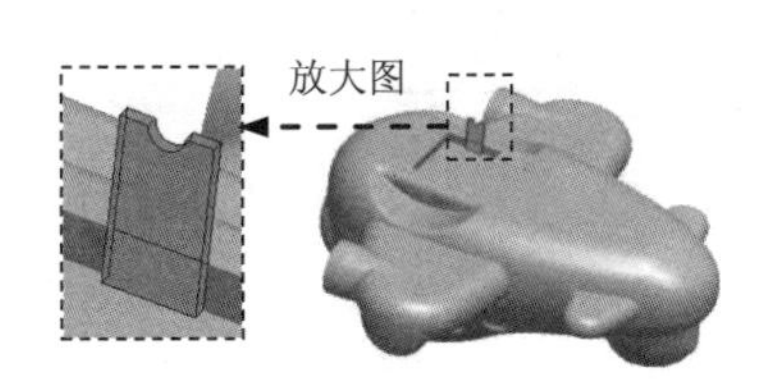

图 10.2.209 拉伸 6

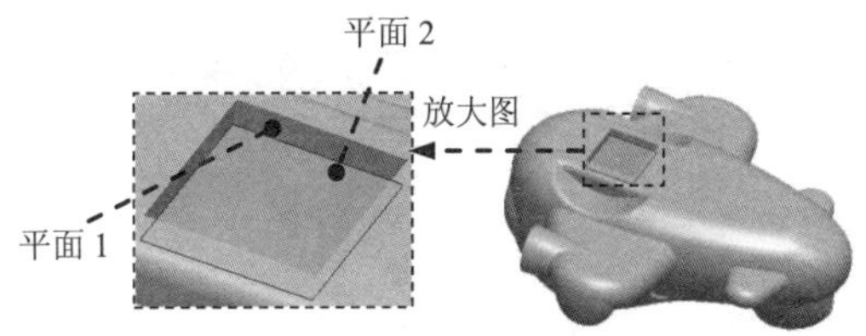

图 10.2.210 定义草绘平面

Step138. 创建图 10.2.212 所示的筋轮廓特征——轮廓筋 1。选择下拉菜单 插入(I) ➡ 筋(I) ➡ 轮廓筋(P)... 命令；单击操控板中的 参照 按钮，系统弹出草绘界面；单击此界面中的 定义... 按钮；选取 ASM_RIGHT 基准平面为草绘平面，选取 ASM_TOP 基准平面为参照平面，方向为 顶；绘制图 10.2.213 所示的截面草图；在 文本框中输入值 1.5。

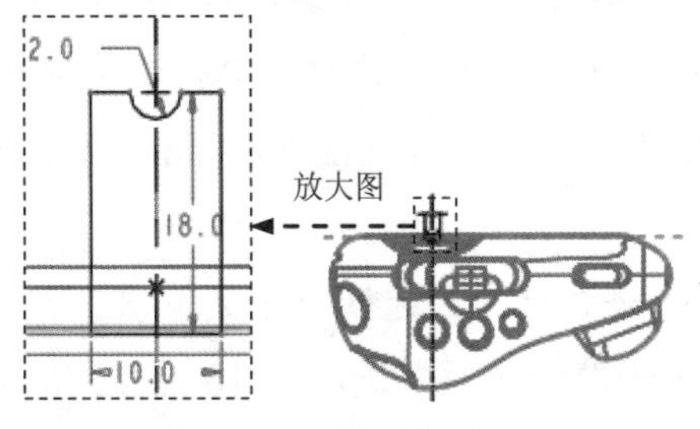

图 10.2.211 截面草图

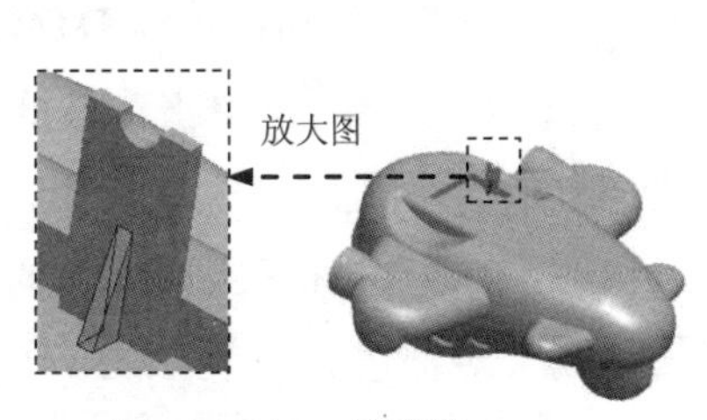

图 10.2.212 轮廓筋 1

Step139. 创建图 10.2.214b 所示的镜像特征——镜像 8。在模型树中选取图 10.2.214a

所示的 Step137 所创建的拉伸 6 和 Step138 所创建的轮廓筋 1 为镜像对象；选择下拉菜单 编辑(E) → 镜像(I)... 命令；选取 ASM_FRONT 基准平面为镜像中心平面。

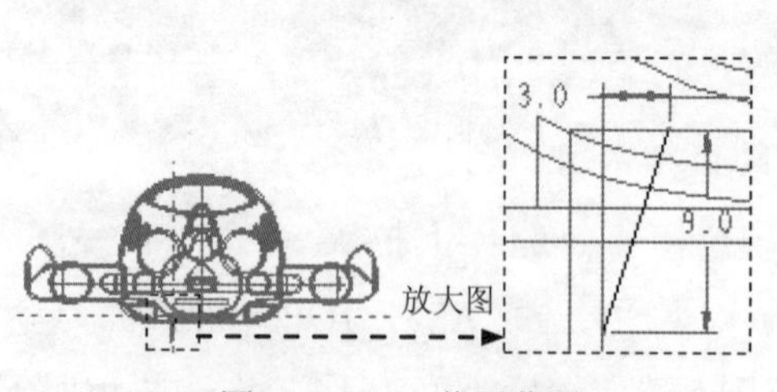

图 10.2.213　截面草图

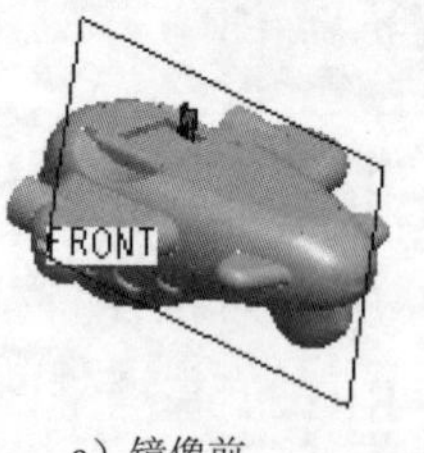

a）镜像前

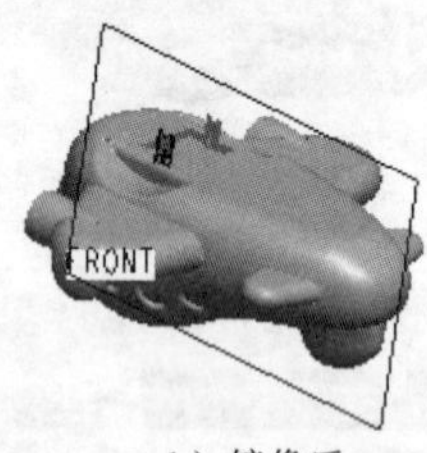

b）镜像后

图 10.2.214　镜像 8

Step140. 创建图 10.2.215 所示的拉伸特征——拉伸 7。选择下拉菜单 插入(I) → 拉伸(E)... 命令；选取图 10.2.216 所示的平面为草绘平面，选取 ASM_RIGHT 基准平面为参照平面，方向为 右；绘制图 10.2.217 所示的截面草图；选取深度类型为，输入深度值 20.0。

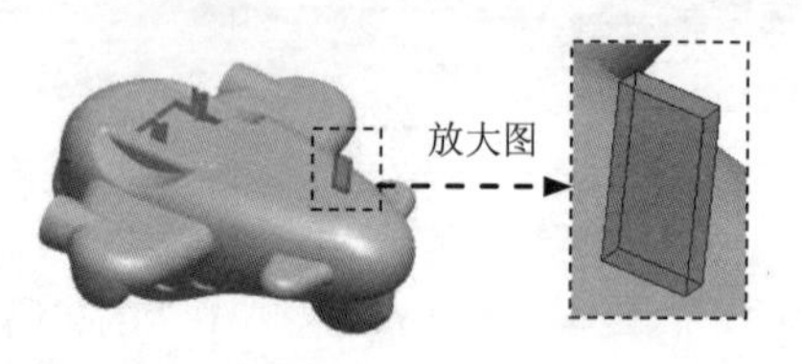

图 10.2.215　拉伸 7

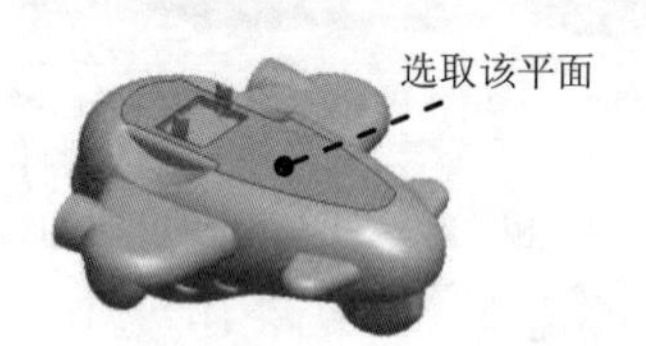

图 10.2.216　定义草绘平面

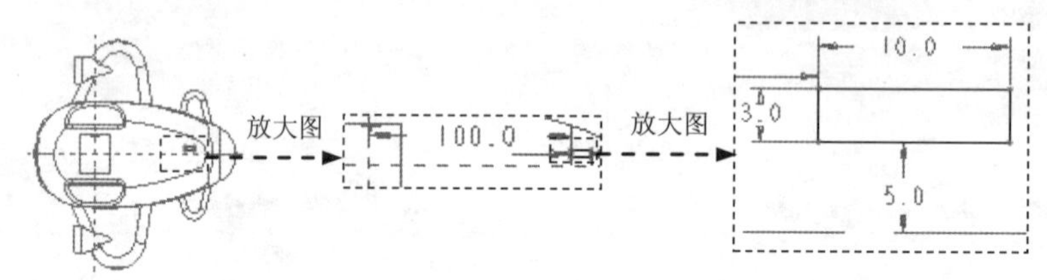

图 10.2.217　截面草图

Step141. 创建图 10.2.218 所示的基准平面——DTM14。选择下拉菜单 插入(I) → 模型基准(D) → 平面(L)... 命令；选取 ASM_RIGHT 基准平面为参照，定义约束类型为 偏移，输入偏移值 105.0。

Step142. 创建图 10.2.219 所示的筋特征——轮廓筋 2。选择下拉菜单 插入(I) → 筋(I) → 轮廓筋(P)... 命令；单击操控板中的 参照 按钮，系统弹出草绘界面，单击此界面中的 定义... 按钮；选取 DTM14 基准平面为草绘平面，选取 ASM_TOP 基准平面为参照平面，方向为 顶；单击对话框中的 草绘 按钮，绘制图 10.2.220 所示的截面草图，在文本框中输入值 1.5。

Step143. 创建图 10.2.221 所示的拉伸特征——拉伸 8。选择下拉菜单 插入(I) → 拉伸(E)... 命令；选取图 10.2.222 所示的平面 1 为草绘平面，选取图 10.2.222 所示的平面 2 为参照平面，方向为 顶；绘制图 10.2.223 所示的截面草图，在操控板中选取深度类型为，再单击“去除材料”按钮。

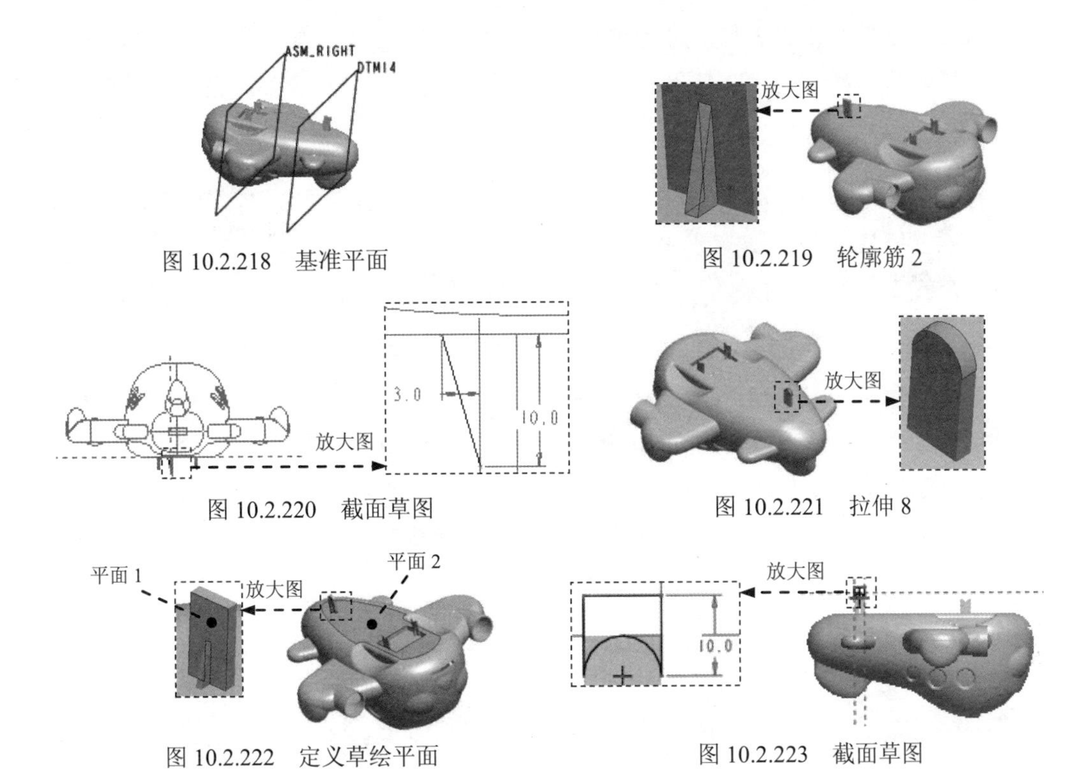

图 10.2.218　基准平面　　图 10.2.219　轮廓筋 2

图 10.2.220　截面草图　　图 10.2.221　拉伸 8

图 10.2.222　定义草绘平面　　图 10.2.223　截面草图

Step144. 创建图 10.2.224b 所示的镜像特征——镜像 9。在模型树中选取图 10.2.224a 所示的 Step140 所创建的拉伸 7、Step142 所创建的轮廓筋 2 和 Step143 所创建的拉伸 8 为镜像对象；选择下拉菜单 编辑(E) ➡ 镜像(I)... 命令；选取 ASM_FRONT 基准平面为镜像中心平面。

a）镜像前　　b）镜像后

图 10.2.224　镜像 9

Step145. 创建图 10.2.225 所示的拉伸特征——拉伸 9。选择下拉菜单 插入(I) ➡ 拉伸(E)... 命令；选取 ASM_TOP 基准平面为草绘平面，选取 ASM_RIGHT 基准平面为参照平面，方向为 右；绘制图 10.2.226 所示的截面草图；在操控板中选取深度类型为 ，输入深度值 42.0，再单击“去除材料”按钮 。

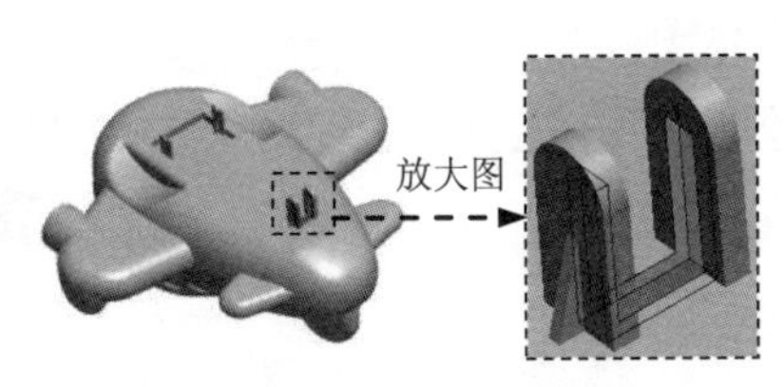

图 10.2.225　拉伸 9

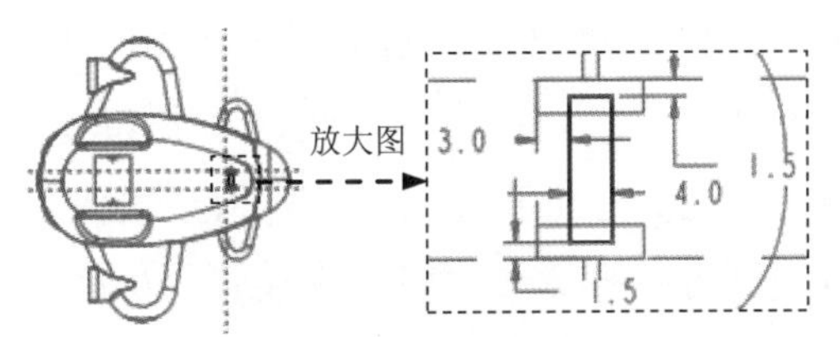

图 10.2.226　截面草图

Step146. 创建图 10.2.227 所示的基准轴——A_3。单击工具栏中的“基准轴”按钮，系统弹出“基准轴”对话框；选取图 10.2.228 所示的曲面，将其约束类型设置为穿过。

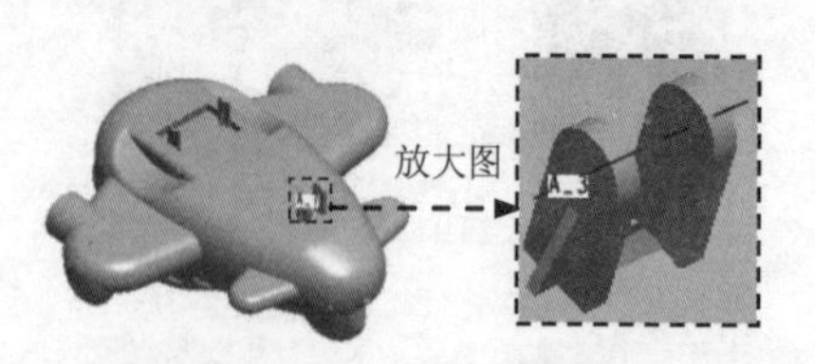

图 10.2.227 基准轴 A_3

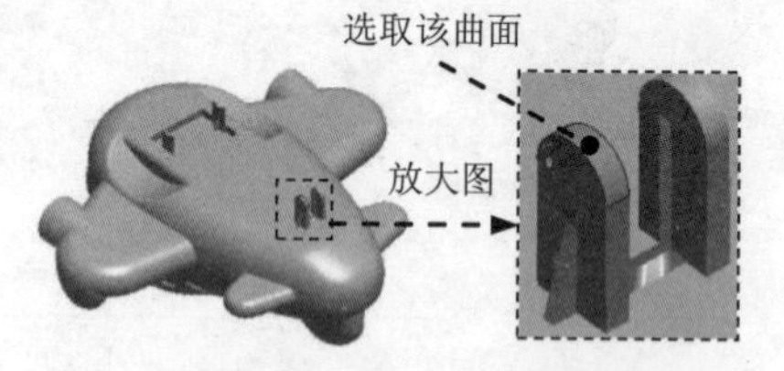

图 10.2.228 定义基准轴参数

Step147. 创建图 10.2.229 所示的螺纹孔特征——孔 1。选择下拉菜单插入(I) → 孔(H)... 命令；采用系统默认的孔类型，按住<Ctrl>键，选取图 10.2.230 所示的面及轴线 A_3 为孔的放置参照；在操控板中单击按钮，在操控板中单击形状按钮，按照图 10.2.231 所示的“形状”界面中的参数设置来定义孔的形状。

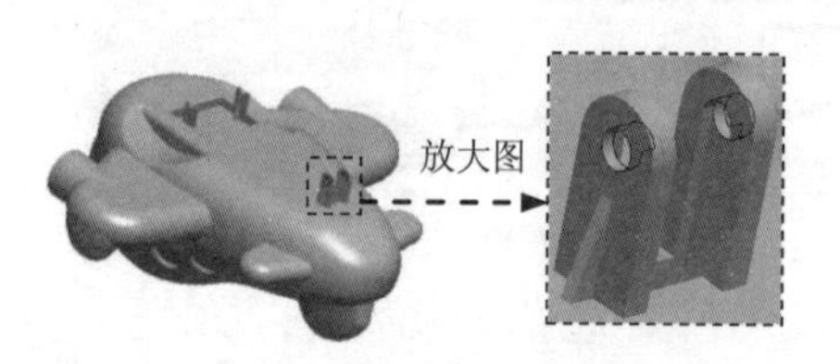

图 10.2.229 孔 1

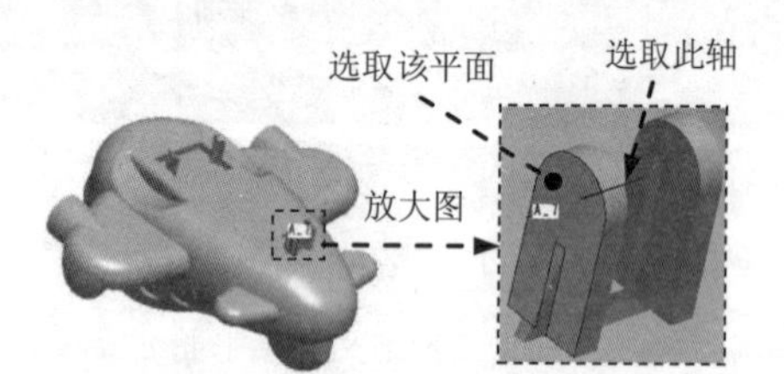

图 10.2.230 定义孔的位置

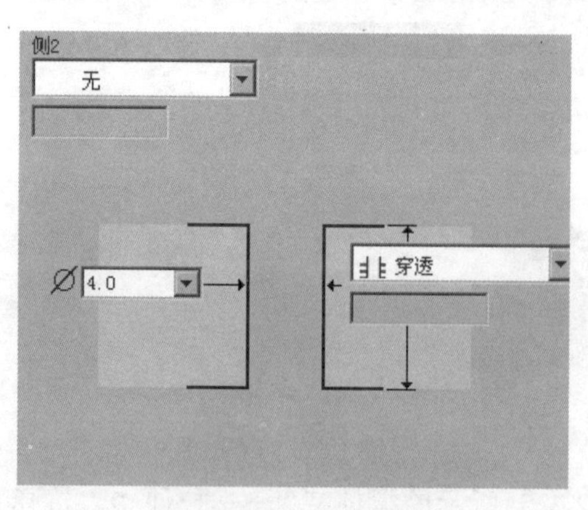

图 10.2.231 孔参数设置

Step148. 创建图 10.2.232 所示的草绘特征——草绘 22。单击工具栏中的“草绘”按钮；选取 ASM_TOP 基准平面为草绘平面，选取 ASM_RIGHT 基准平面为参照平面，方向为右；单击此对话框中的草绘按钮，绘制图 10.2.233 所示的草图。

Step149. 创建图 10.2.234 所示的草绘特征——草绘 23。单击工具栏中的“草绘”按钮；选取 ASM_TOP 基准平面为草绘平面，选取 ASM_RIGHT 基准平面为参照平面，方向为右；单击此对话框中的草绘按钮，绘制图 10.2.235 所示的草图。

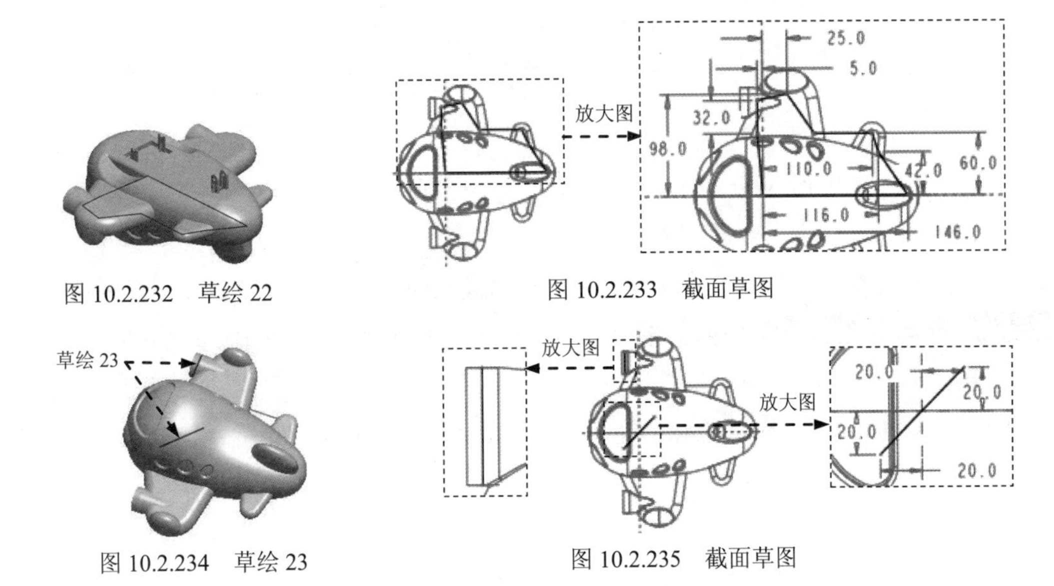

图 10.2.232　草绘 22

图 10.2.233　截面草图

图 10.2.234　草绘 23

图 10.2.235　截面草图

Step150. 创建图 10.2.236 所示的拉伸特征——拉伸 10（注：本步的详细操作过程请参见随书光盘中 video\ch10\ch10.02\reference\文件夹下的语音视频讲解文件 FIRST-r03.exe）。

Step151. 创建图 10.2.237 所示的基准平面——DTM15(拉伸 10 已隐藏）（注：本步的详细操作过程请参见随书光盘中 video\ch10\ch10.02\reference\文件夹下的语音视频讲解文件 FIRST-r04.exe）。

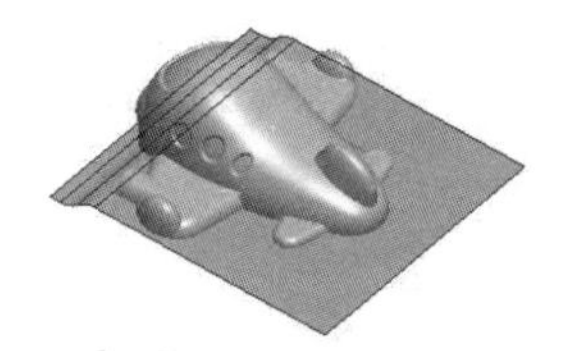

图 10.2.236　拉伸 10

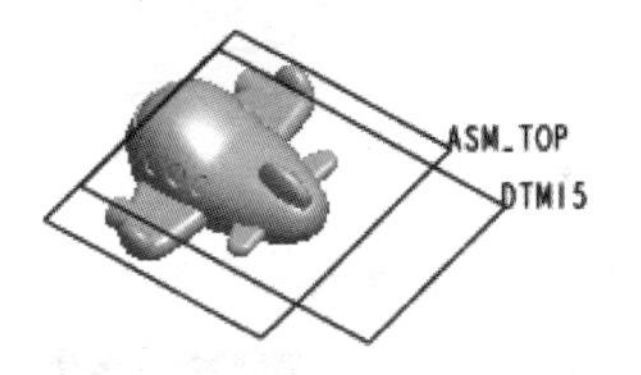

图 10.2.237　基准平面

Step152. 创建图 10.2.238 所示的基准平面——DTM16（注：本步的详细操作过程请参见随书光盘中 video\ch10\ch10.02\reference\文件夹下的语音视频讲解文件 FIRST-r05.exe）。

Step153. 创建图 10.2.239 所示的基准平面——DTM17（注：本步及后面的详细操作过程请参见随书光盘中 video\ch10\ch10.02\reference\文件夹下的语音视频讲解文件 FIRST-r06.exe）。

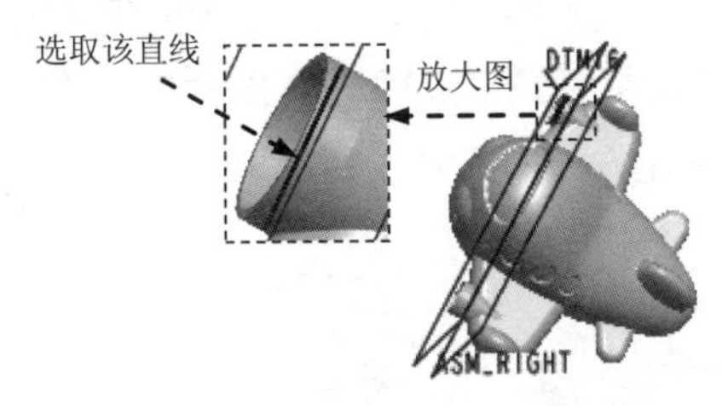

图 10.2.238　基准平面

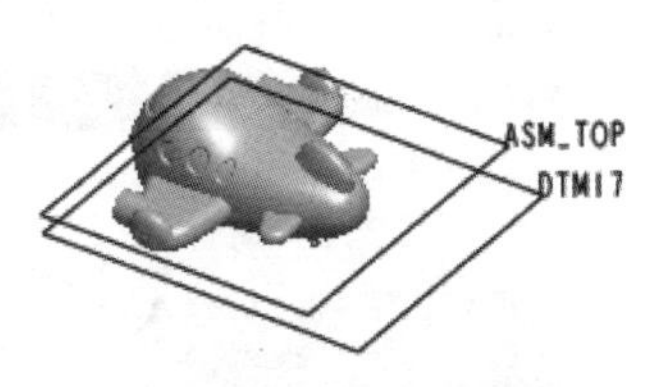

图 10.2.239　基准平面

10.3　下　盖

下面讲解下盖（DOWN_COVER.PRT）的创建过程。零件模型及模型树如图 10.3.1 所示。

Step1. 在装配体中创建下盖（DOWN_COVER.PRT）。选择下拉菜单 插入(I) → 元件(C) ▸ → 创建(C)... 命令；在系统弹出的“元件创建”对话框中选中 类型 选项组的 ◉ 零件 单选项，选中 子类型 选项组中的 ◉ 实体 单选项；在 名称 文本框中输入文件名 DOWN_COVER，单击 确定 按钮；在系统弹出的“创建选项”对话框中选中 ◉ 空 单选项，单击 确定 按钮。

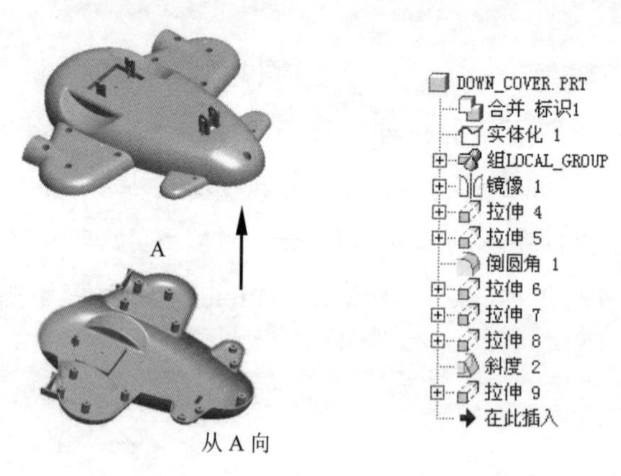

图 10.3.1　零件模型及模型树

Step2. 激活下盖模型。

(1) 在模型树中单击 DOWN_COVER.PRT，然后右击，在系统弹出的快捷菜单中选择 激活 命令。

(2) 选择下拉菜单 插入(I) → 共享数据(D) ▸ → 合并/继承(M)... 命令，系统弹出“复制几何”操控板。在该操控板中进行下列操作：

① 在操控板中，先确认“将参照类型设置为组件上下文”按钮被按下。

② 复制几何。在操控板中单击 参照 按钮，系统弹出“参照”界面；选中 ☑ 复制基准 复选框，在绘图区选取骨架模型特征；单击“完成”按钮 ✔。

Step3. 在模型树中选择 DOWN_COVER.PRT，然后右击，在系统弹出的快捷菜单中选择 打开 命令。

Step4. 创建图 10.3.2b 所示的实体化特征——实体化 1。选取图 10.3.2a 所示的曲面，选择下拉菜单 编辑(E) → 实体化(Y)... 命令，定义实体化方向如图 10.3.2a 所示。

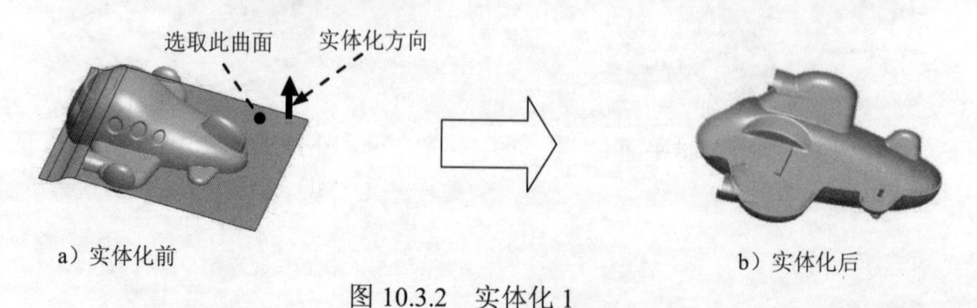

a）实体化前　　b）实体化后

图 10.3.2　实体化 1

Step5. 创建图 10.3.3 所示的零件特征——拉伸 1。选择下拉菜单 插入(I) → 拉伸(E)... 命令；选取 ASM_TOP 基准平面为草绘平面，选取 ASM_RIGHT 基准平面为参照平面，方向为 右；绘制图 10.3.4 所示的截面草图；在操控板中选取深度类型为 ![icon]。

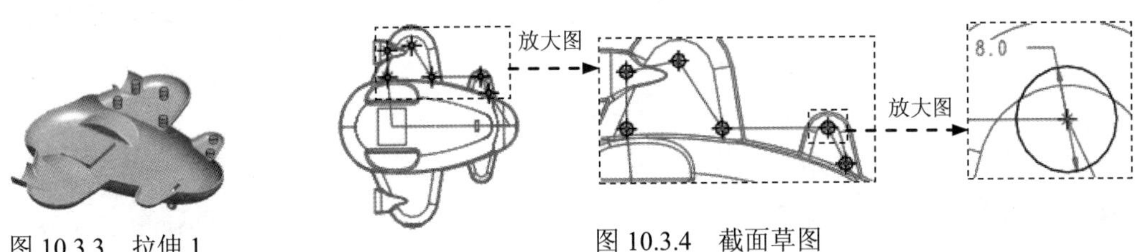

图 10.3.3　拉伸 1　　　　图 10.3.4　截面草图

说明：图 10.3.4 所示的截面草图全部以骨架模型中的草绘 22 的草绘轨迹的拐点为参照。

Step6. 创建图 10.3.5 所示的拉伸特征——拉伸 2。选择下拉菜单 插入(I) → 拉伸(E)... 命令；选取 DTM15 基准平面为草绘平面，选取 ASM_RIGHT 基准平面为参照平面，方向为 右；绘制图 10.3.6 所示的截面草图；选取深度类型为 ![icon]，并单击“去除材料”按钮 ![icon]。

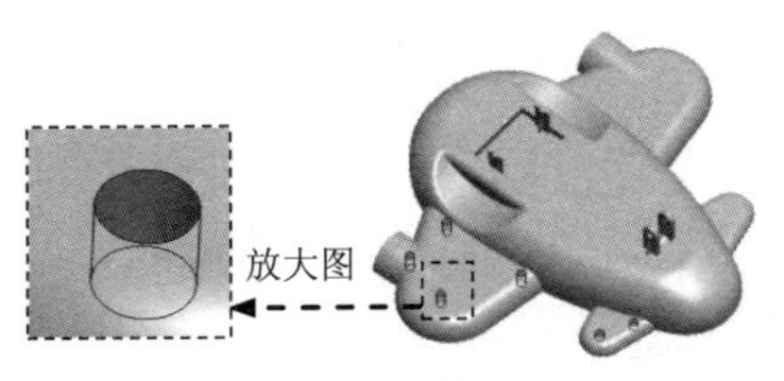

图 10.3.5　拉伸 2

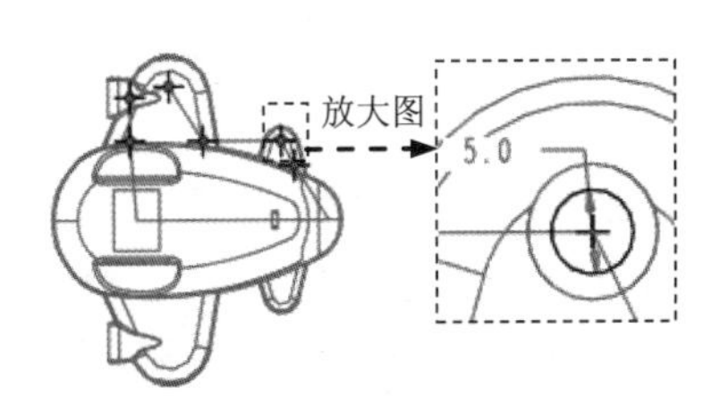

图 10.3.6　截面草图

Step7. 创建图 10.3.7 所示的拉伸特征——拉伸 3。选择下拉菜单 插入(I) → 拉伸(E)... 命令；选取 ASM_TOP 基准平面为草绘平面，选取 ASM_RIGHT 基准平面为参照平面，方向为 右；绘制图 10.3.8 所示的截面草图；选取深度类型为 ![icon]，并单击“去除材料”按钮 ![icon]。

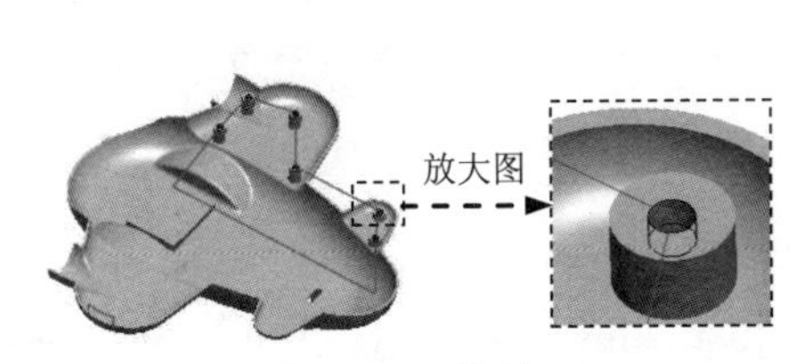

图 10.3.7　拉伸 3

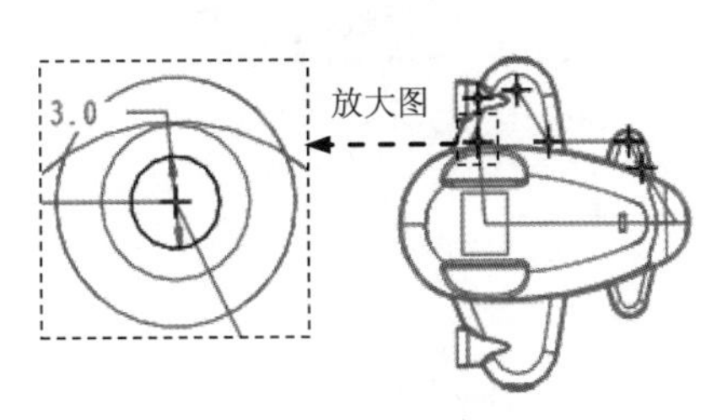

图 10.3.8　截面草图

Step8. 创建图 10.3.9b 所示的拔模特征——斜度 1。选择下拉菜单 插入(I) → 斜度(F)... 命令；选取图 10.3.9a 所示的面为要拔模的面；选取 ASM_TOP 基准平面为拔模枢轴平面，在操控板中输入拔模角度值 3.0，采用系统默认的拔模方向。

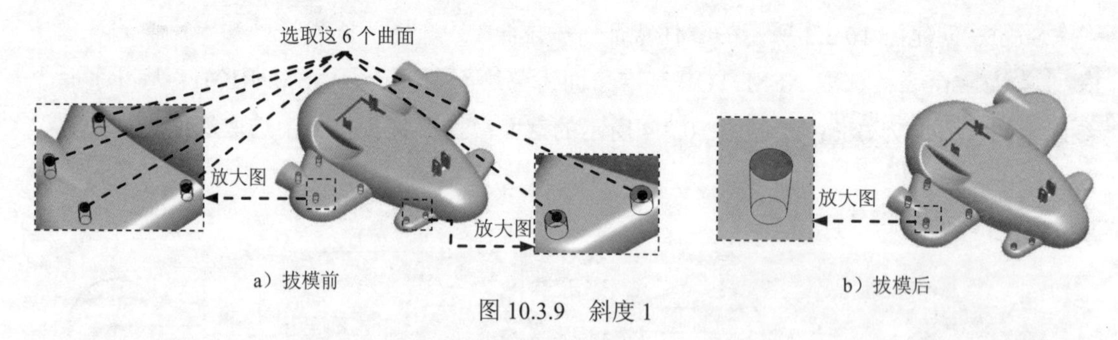

图 10.3.9　斜度 1

Step9. 创建图 10.3.10 所示的筋特征——轮廓筋 1。选择下拉菜单 插入(I) → 筋(I) → 轮廓筋(P)... 命令；单击操控板中的 参照 按钮，系统弹出草绘界面；单击此界面中的 定义... 按钮；选取 DTM16 基准平面为草绘平面，选取 ASM_FRONT 基准平面为参照平面，方向为 右；绘制图 10.3.11 所示的截面草图（用“使用边”命令）；在文本框中输入值 1.5。

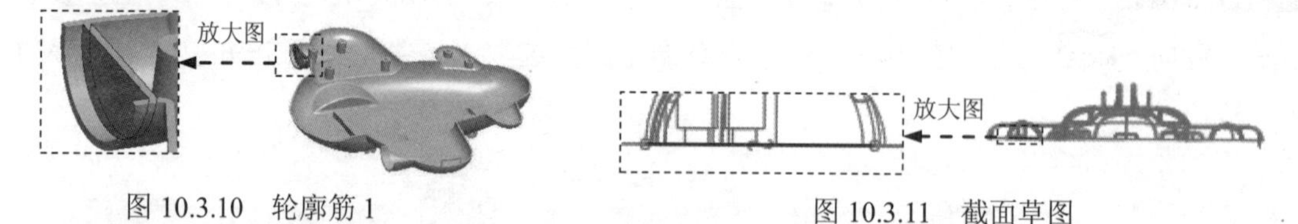

图 10.3.10　轮廓筋 1　　　图 10.3.11　截面草图

说明：图 10.3.11 所示的截面草图轨迹与骨架模型中的草绘 23 的草绘轨迹为参照。

Step10. 创建组特征——组 LOCAL_GROUP。按住<Shift>键，在模型树中选取拉伸 1~筋 1 所创建的特征，选择下拉菜单 编辑(E) → 组 命令。

Step11. 创建图 10.3.12b 所示的镜像特征——镜像 1。在模型树区选取组 LOCAL_GROUP 为镜像对象；选择下拉菜单 编辑(E) → 镜像(I)... 命令；选取 ASM_FRONT 基准平面为镜像中心平面。

图 10.3.12　镜像 1

Step12. 创建图 10.3.13 所示的拉伸特征——拉伸 4。选择下拉菜单 插入(I) → 拉伸(E)... 命令；选取 DTM17 基准平面所示的面为草绘平面，选取 ASM_RIGHT 基准平面为参照平面，方向为 顶；绘制图 10.3.14 所示的截面草图；选取深度类型为。

Step13. 创建图 10.3.15 所示的拉伸特征——拉伸 5。选择下拉菜单 插入(I) → 拉伸(E)... 命令；选取图 10.3.13 所示的平面为草绘平面，选取 ASM_RIGHT 基准平面为参照平面，方向为顶；绘制图 10.3.16 所示的截面草图；选取深度类型为，输入深度值 1.0。

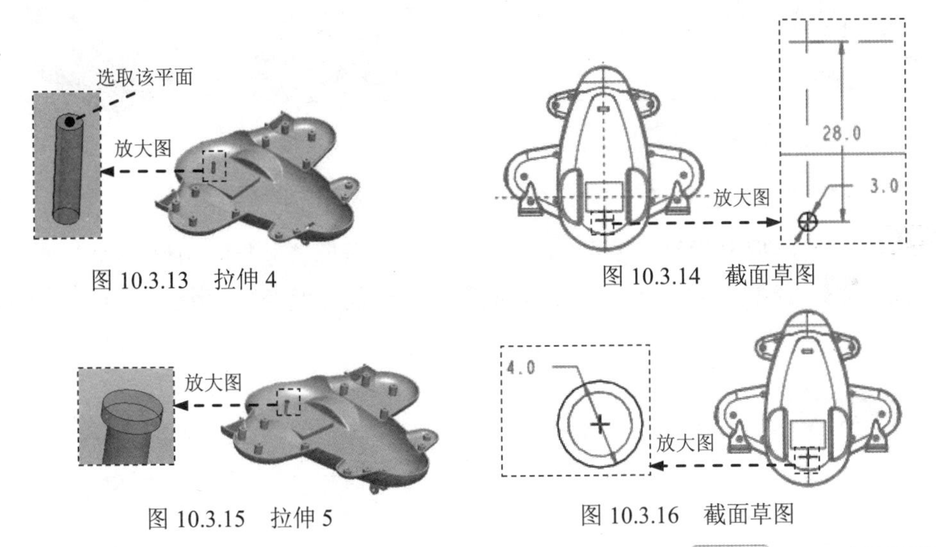

图 10.3.13　拉伸 4　　图 10.3.14　截面草图

图 10.3.15　拉伸 5　　图 10.3.16　截面草图

Step14. 创建图 10.3.17b 所示圆角特征——倒圆角 1。选择 插入(I) ➡ 倒圆角(O)... 命令；选取图 10.3.17a 所示的边链为圆角放置参照，圆角半径值为 0.7。

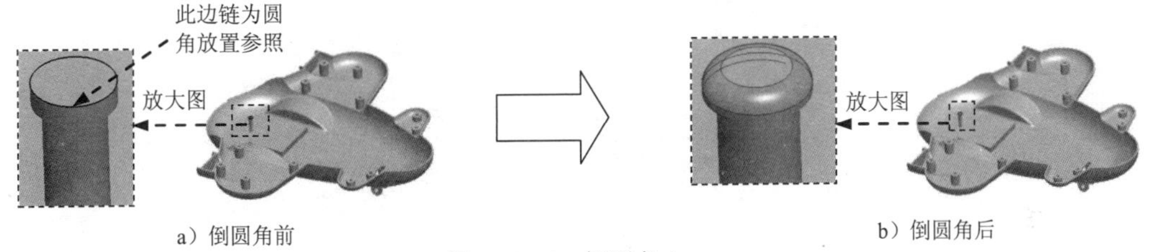

a）倒圆角前　　b）倒圆角后

图 10.3.17　倒圆角 1

Step15. 创建图 10.3.18 所示的拉伸特征——拉伸 6。选择下拉菜单 插入(I) ➡ 拉伸(E)... 命令；选取图 10.3.19 所示的平面为草绘平面，选取 ASM_FRONT 基准平面为参照平面，方向为顶；绘制图 10.3.20 所示的截面草图；选取深度类型为，并单击“去除材料”按钮。

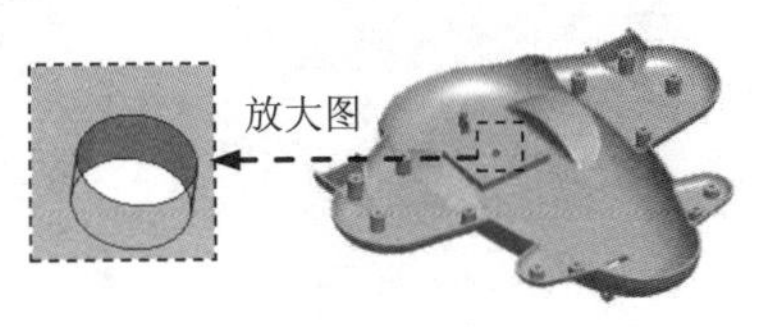

图 10.3.18　拉伸 6

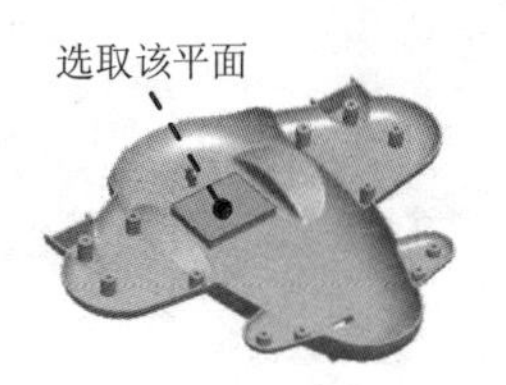

图 10.3.19　定义草绘平面

Step16. 创建图 10.3.21 所示的拉伸特征——拉伸 7。选择下拉菜单 插入(I) ➡ 拉伸(E)... 命令；选取 ASM_TOP 基准平面为草绘平面，选取 ASM_RIGHT 基准平面为参照平面，方向为顶；绘制图 10.3.22 所示的截面草图；选取深度类型为。

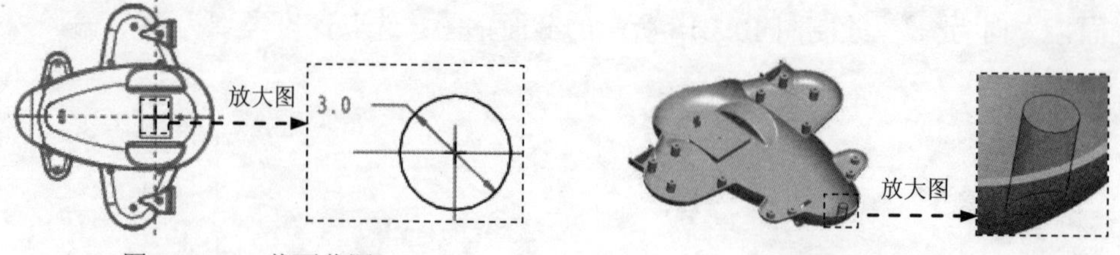

图 10.3.20　截面草图　　　　图 10.3.21　拉伸 7

Step17. 创建图 10.3.23 所示的拉伸特征——拉伸 8。选择下拉菜单 插入(I) → 拉伸(E)... 命令；选取 DTM15 基准平面为草绘平面，选取 ASM_RIGHT 基准平面为参照平面，方向为 顶；绘制图 10.3.24 所示的截面草图；选取深度类型为，并单击“去除材料”按钮。

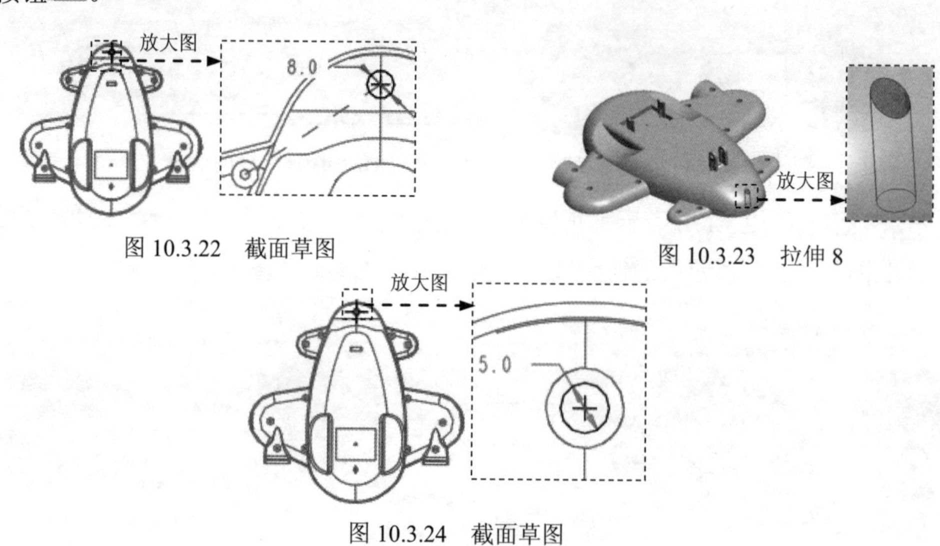

图 10.3.22　截面草图　　　　图 10.3.23　拉伸 8

图 10.3.24　截面草图

Step18. 创建图 10.3.25b 所示的拔模特征——斜度 2。选择下拉菜单 插入(I) → 斜度(F)... 命令；选取图 10.3.25a 所示的曲面为要拔模的面；选取 DTM15 基准平面为拔模枢轴平面，在操控板中输入拔模角度值 3.0，采用系统默认的拔模方向。

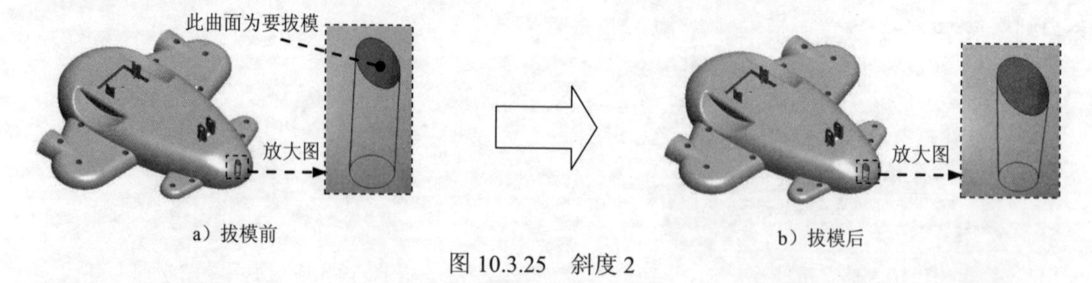

a）拔模前　　　　b）拔模后

图 10.3.25　斜度 2

Step19. 创建图 10.3.26 所示的拉伸特征——拉伸 9。选择下拉菜单 插入(I) → 拉伸(E)... 命令；选取图 10.3.27 所示的平面为草绘平面，选取 ASM_RIGHT 基准平面为参照平面，方向为 底部；绘制图 10.3.28 所示的截面草图；选取深度类型为，并单击“去除材料”按钮。

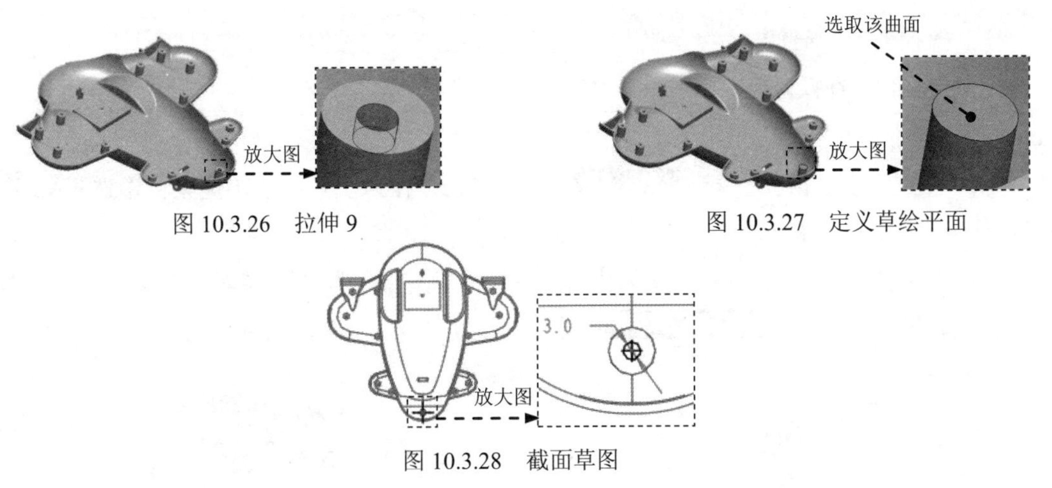

图 10.3.26　拉伸 9　　图 10.3.27　定义草绘平面

图 10.3.28　截面草图

Step20. 保存模型文件。

10.4　上　　盖

下面讲解上盖（TOP_COVER.PRT）的创建过程。零件模型及模型树如图 10.4.1 所示。

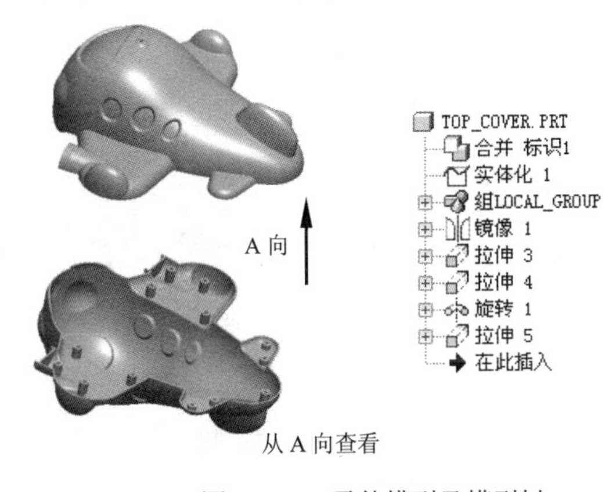

图 10.4.1　零件模型及模型树

Step1. 在装配体中创建上盖（TOP_COVER.PRT）。选择下拉菜单 插入(I) → 元件(C) → 创建(C)... 命令；在系统弹出的“元件创建”对话框中选中 类型 选项组的 ◉ 零件 单选项；选中 子类型 选项组中的 ◉ 实体 单选项；在 名称 文本框中输入文件名 TOP_COVER，单击 确定 按钮；在系统弹出的“创建选项”对话框中选中 ◉ 空 单选项，单击 确定 按钮。

Step2. 激活上盖模型。

（1）在模型树中单击 TOP_COVER.PRT，然后右击，在系统弹出的快捷菜单中选择 激活 命令。

（2）选择下拉菜单 插入(I) → 共享数据(D) → 合并/继承(M)... 命令，系统弹出“复制几何”操控板，在该操控板中进行下列操作：

① 在操控板中，先确认“将参照类型设置为组件上下文”按钮被按下。

② 复制几何。在操控板中单击参照按钮，系统弹出“参照”界面；选中☑复制基准复选框，然后在模型树中选择骨架模型；单击“完成”按钮✔。

Step3. 在模型树中选择TOP_COVER.PRT，然后右击，在系统弹出的快捷菜单中选择打开命令。

Step4. 创建图 10.4.2b 所示的实体化特征——实体化 1。选取图 10.4.2a 所示的曲面，选择下拉菜单编辑(E) ➡ 实体化(Y)...命令。定义实体化方向如图 10.4.2a 所示。

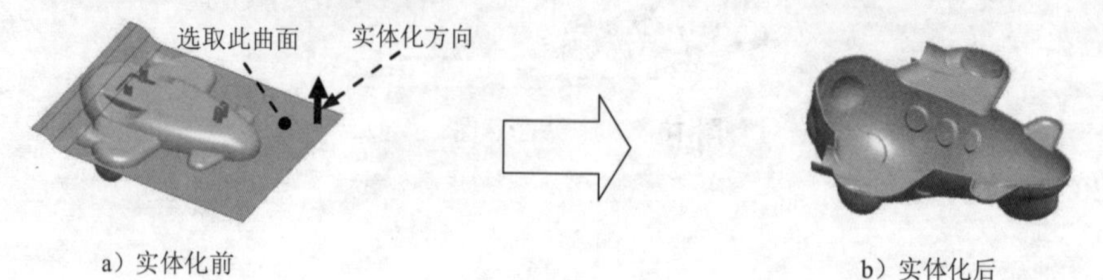

a）实体化前　　b）实体化后

图 10.4.2 实体化 1

Step5. 创建图 10.4.3 所示的零件特征——拉伸 1。选择下拉菜单插入(I) ➡ 拉伸(E)...命令；选取 ASM_TOP 基准平面为草绘平面，选取 ASM_RIGHT 基准平面为参照平面，方向为顶；绘制图 10.4.4 所示的截面草图；在操控板中选取深度类型为。

说明：图 10.4.4 所示的截面草图全部以骨架模型中的草绘 22 的草绘轨迹的拐点为参照。

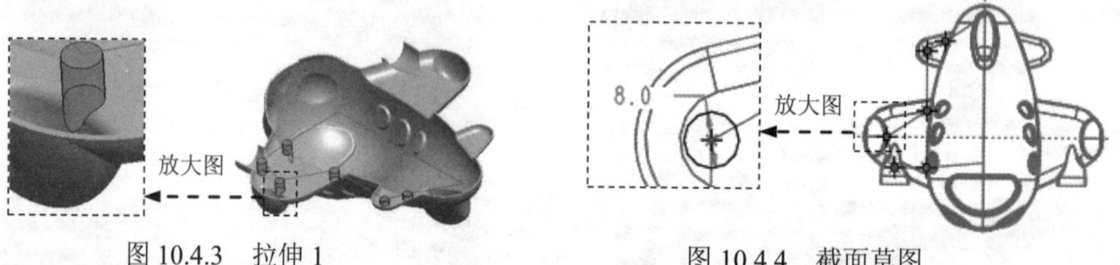

图 10.4.3 拉伸 1　　图 10.4.4 截面草图

Step6. 创建图 10.4.5 所示的拉伸特征——拉伸 2。选择下拉菜单插入(I) ➡ 拉伸(E)...命令；选取 ASM_TOP 基准平面为草绘平面，选取 ASM_RIGHT 基准平面为参照平面，方向为顶；绘制图 10.4.6 所示的截面草图；选取深度类型为，输入深度值 5.0，并单击“去除材料”按钮。

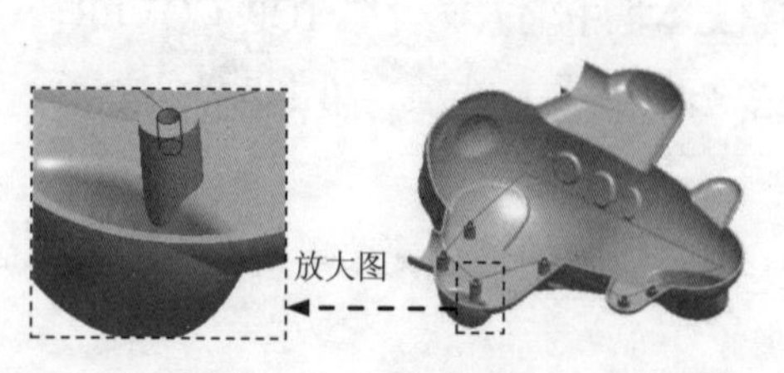

图 10.4.5 拉伸 2

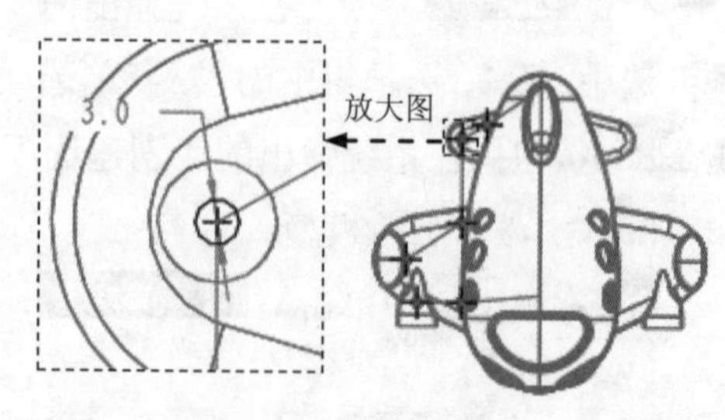

图 10.4.6 截面草图

Step7. 创建图 10.4.7 所示的筋特征——轮廓筋 1。选择下拉菜单插入(I) ➡ 筋(I)

→ 轮廓筋(P)... 命令；单击操控板中的 参照 按钮，系统弹出草绘界面；单击此界面中的 定义... 按钮；选取 DTM16 基准平面为草绘平面，选取 ASM_FRONT 基准平面为参照平面，方向为 右；单击对话框中的 草绘 按钮；绘制图 10.4.8 所示的截面草图（用“使用边”命令）；在文本框中输入值 1.5，并单击操控板中的 参照 按钮，在系统弹出的对话框中单击 反向 按钮。

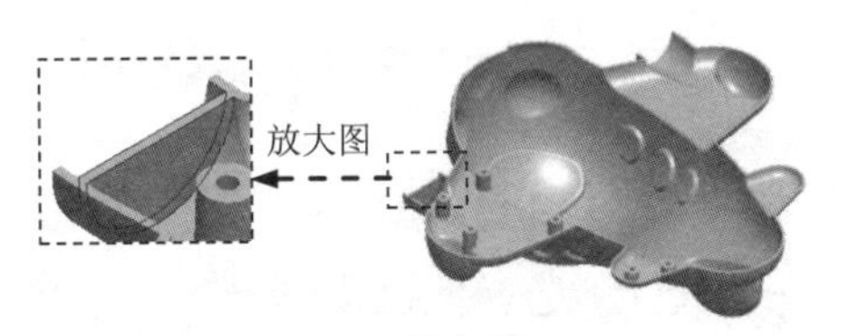

图 10.4.7　轮廓筋 1

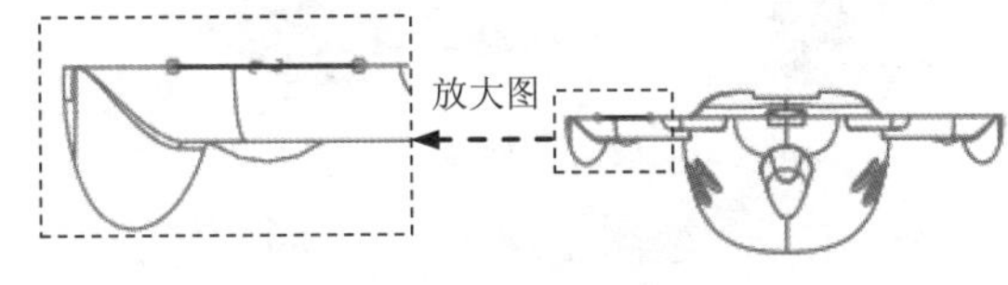

图 10.4.8　截面草图

说明：图 10.4.8 所示的截面草图轨迹以骨架模型中的草绘 23 的草绘轨迹为参照。

Step8. 创建组特征——组 LOCAL_GROUP。按住<Shift>键，在模型树中选取拉伸 1~筋 1 所创建的特征，选择下拉菜单 编辑(E) → 组 命令。

Step9. 创建图 10.4.9b 所示的镜像特征——镜像 1。在模型树区选取组 LOCAL_GROUP 为镜像对象；选择下拉菜单 编辑(E) → 镜像(I)... 命令；选取 ASM_FRONT 基准平面为镜像中心平面。

a）镜像前

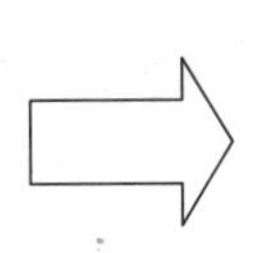

b）镜像后

图 10.4.9　镜像 1

Step10. 创建图 10.4.10 所示的拉伸特征——拉伸 3。选择下拉菜单 插入(I) → 拉伸(E)... 命令；选取 ASM_TOP 基准平面为草绘平面，选取 ASM_RIGHT 基准平面为参照平面，方向为 顶；绘制图 10.4.11 所示的截面草图；选取深度类型为。

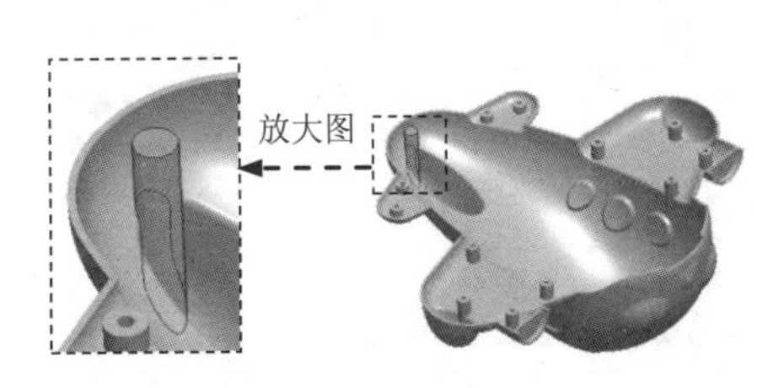

图 10.4.10　拉伸 3

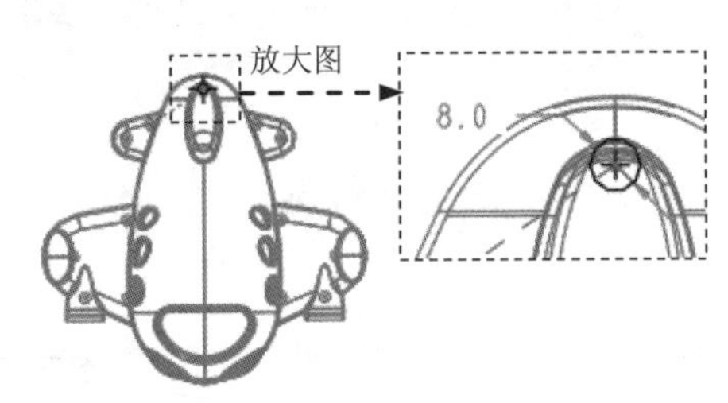

图 10.4.11　截面草图

Step11. 创建图 10.4.12 所示的拉伸特征——拉伸 4。选择下拉菜单 插入(I) → 拉伸(E)... 命令；选取 ASM_TOP 基准平面为草绘平面，选取 ASM_RIGHT 基准平面为参照平面，方向为顶；绘制图 10.4.13 所示的截面草图；选取深度类型为，输入深度值 5.0，并单击“去除材料”按钮。

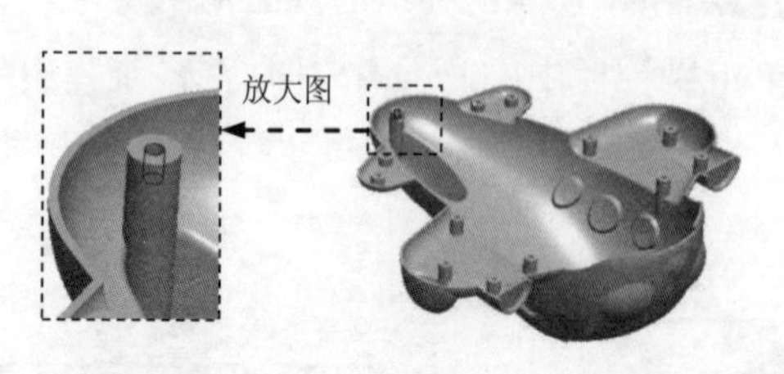

图 10.4.12 拉伸 4

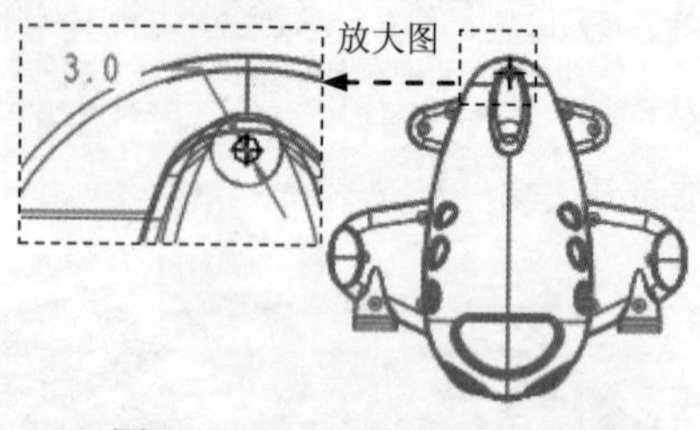

图 10.4.13 截面草图

Step12. 创建图 10.4.14 所示的实体旋转特征——旋转 1。选择下拉菜单 插入(I) ➡ 旋转(R)... 命令；在绘图区选取 ASM_RIGHT 基准平面为草绘平面，选取 ASM_FRONT 基准平面为草绘参照，方向为左；绘制图 10.4.15 所示的旋转中心线和截面草图；在操控板中选取旋转类型（“定值”），输入旋转角度值 360.0。

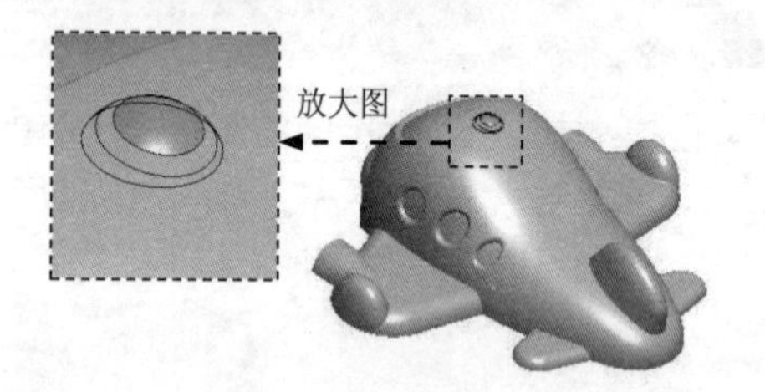

图 10.4.14 旋转 1

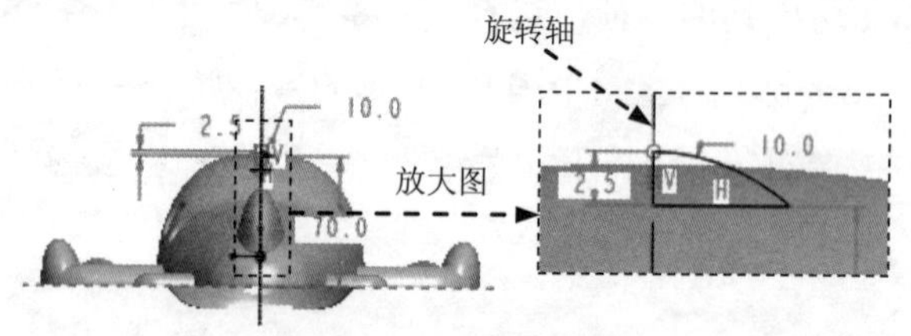

图 10.4.15 截面草图

Step13. 创建图 10.4.16 所示的拉伸特征——拉伸 5。选择下拉菜单 插入(I) ➡ 拉伸(E)... 命令；选取 ASM_TOP 基准平面为草绘平面，选取 ASM_RIGHT 基准平面为参照平面，方向为顶；绘制图 10.4.17 所示的截面草图；选取深度类型为，并单击“去除材料”按钮。

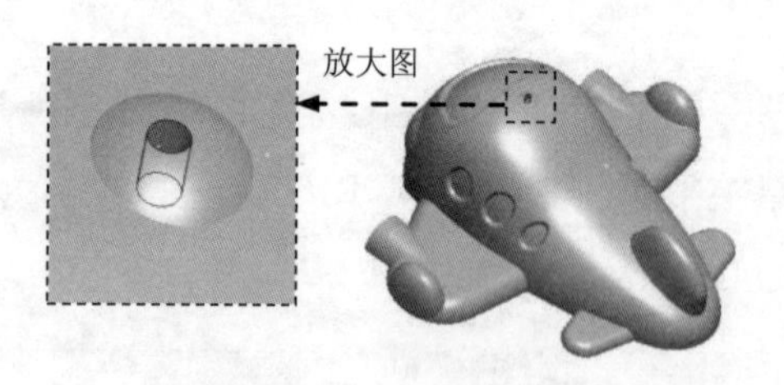

图 10.4.16 拉伸 5

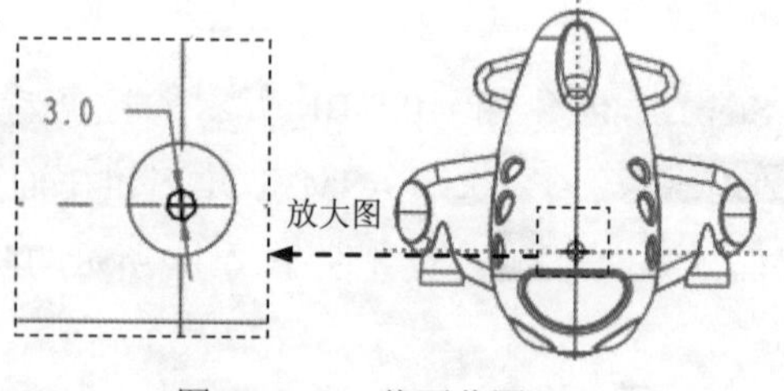

图 10.4.17 截面草图

Step14. 保存模型文件。

10.5 轴 01

下面讲解轴（POLE_01.PRT）的创建过程。零件模型及模型树如图 10.5.1 所示。

图 10.5.1　零件模型及模型树

Step1. 在装配体中创建轴 POLE_01.PRT。选择下拉菜单 插入(I) → 元件(C) → 创建(C)... 命令；在系统弹出的“元件创建”对话框中选中 类型 选项组中的 ◉ 零件 单选项；选中 子类型 选项组中的 ◉ 实体 单选项；在 名称 文本框中输入文件名 POLE_01，单击 确定 按钮；在系统弹出的“创建选项”对话框中选中 ◉ 空 单选项，单击 确定 按钮。

Step2. 在模型树中选择 POLE_01.PRT，然后右击，在系统弹出的快捷菜单中选择 激活 命令。

Step3. 创建图 10.5.2 所示的拉伸特征——拉伸 1(模型文件 FIRST.PRT、DOWN_COVER.PRT、TOP_COVER.PRT 已隐藏)；选择下拉菜单 插入(I) → 拉伸(E)... 命令；选取 DOWN_COVER.PRT 中的 ASM_TOP 基准平面为草绘平面，选取 ASM_RIGHT 基准平面为参照平面，方向为 顶；绘制图 10.5.3 所示的截面草图（用“使用边”命令），在操控板中选取深度类型为，输入深度值 90.0。

图 10.5.2　拉伸 1　　　图 10.5.3　截面草图

说明：图 10.5.3 所示的截面草图轨迹和二级控件 TOP_COVER.PRT 中的拉伸 5 的截面草绘轨迹重合。

Step4. 激活总装配保存模型文件。

10.6　螺　旋　桨

下面讲解螺旋桨（PROP.PRT）的创建过程，零件模型及模型树图 10.6.1 所示。

图 10.6.1　零件模型及模型树

Step1. 在装配体中创建螺旋桨 PROP.PRT。选择下拉菜单 插入(I) → 元件(C) ▸ → 创建(C)... 命令；在系统弹出的“元件创建”对话框中选中 类型 选项组的 ◉ 零件 单选项；选中 子类型 选项组中的 ◉ 实体 单选项；在 名称 文本框中输入文件名 PROP，单击 确定 按钮；在系统弹出的“创建选项”对话框中选中 ◉ 空 单选项，单击 确定 按钮。

Step2. 在模型树中选择 PROP.PRT，然后右击，在系统弹出的快捷菜单中选择 激活 命令。

Step3. 创建图 10.6.2 所示的拉伸特征——拉伸 1（模型文件 FIRST.PRT、DOWN_COVER.PRT、TOP_COVER.PRT 已隐藏）；选择下拉菜单 插入(I) → 拉伸(E)... 命令；选取图 10.6.3 所示的模型表面为草绘平面，选取 ASM_FRONT 基准平面为参照平面，方向为 顶；绘制图 10.6.4 所示的截面草图，在操控板中选取深度类型为 ⊥，输入深度值 8.0。

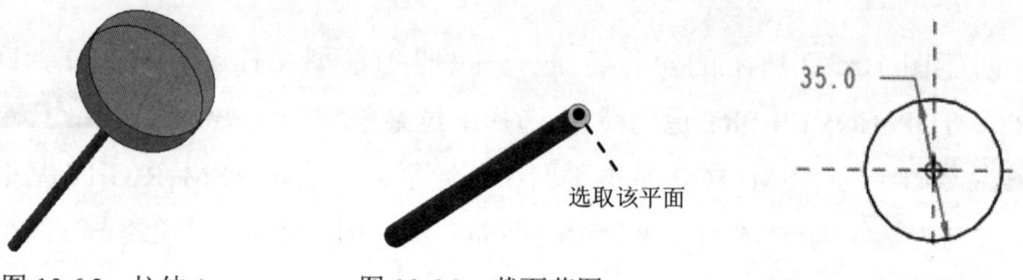

图 10.6.2 拉伸 1　　图 10.6.3 截面草图　　图 10.6.4 截面草图

Step4. 创建图 10.6.5 所示的拉伸特征——拉伸 2。选择下拉菜单 插入(I) → 拉伸(E)... 命令。选取图 10.6.5 所示的平面为草绘平面，选取 ASM_FRONT 基准平面为参照平面，方向为 顶，绘制图 10.6.6 所示的截面草图（大致即可），在操控板中选取深度类型为 ⊥，输入深度值 2.0。

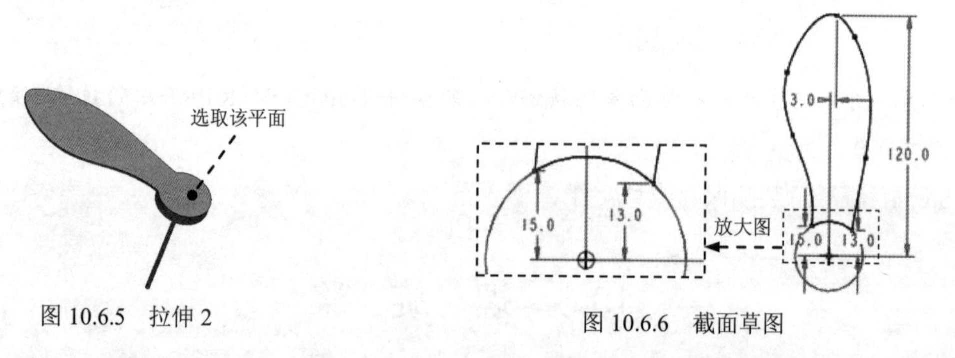

图 10.6.5 拉伸 2　　图 10.6.6 截面草图

Step5. 创建图 10.6.7b 所示的阵列特征——阵列 1/拉伸 2（模型文件 POLE_01.PRT 已隐藏）。在模型树中选取拉伸 1，选择下拉菜单 编辑(E) → 阵列(P)... 命令；在操控板的 选项 界面中选中 一般 单选项；在操控板中选择 轴 选项，在绘图区选取图 10.6.7a 所示的基准轴，输入角度增量值 120.0，在操控板中输入阵列数目值 3，并按<Enter>键。

Step6. 创建图 10.6.8 所示的实体旋转特征——旋转 1。选择下拉菜单 插入(I) → 旋转(R)... 命令；在绘图区选取 ASM_RIGHT 基准平面为草绘平面，选取 ASM_TOP 基准平面为草绘参照，方向为 顶；绘制图 10.6.9 所示的旋转中心线和截面草图；在操控板中选取旋转类型⊥⊥（“定值”），输入旋转角度值 360.0。

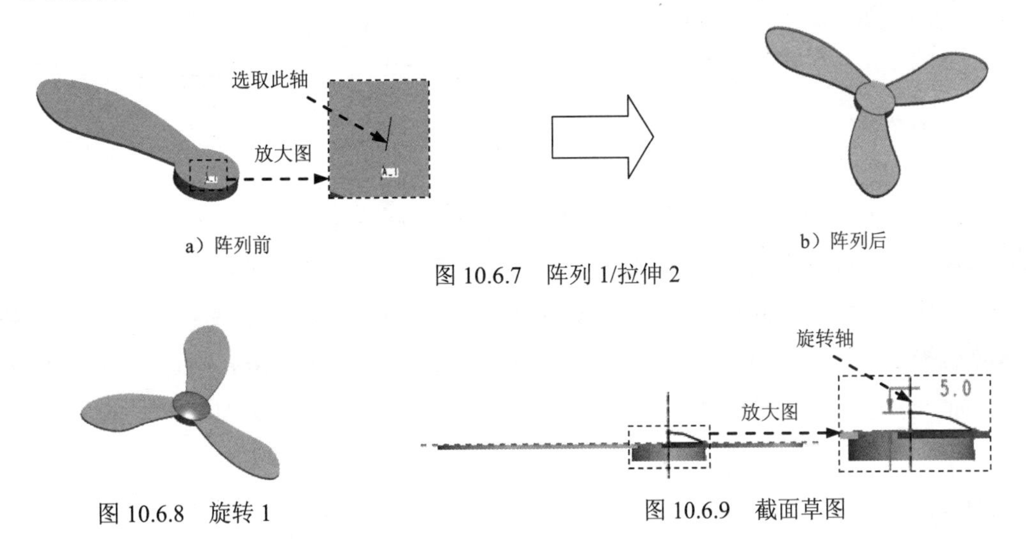

a）阵列前　　b）阵列后

图 10.6.7　阵列 1/拉伸 2

图 10.6.8　旋转 1　　图 10.6.9　截面草图

Step7. 创建图 10.6.10b 所示圆角特征——倒圆角 1。选择 插入(I) ➡ 倒圆角(O)... 命令；选取图 10.6.10a 所示的边线为圆角放置参照为圆角放置参照，输入圆角半径值为 3.0。

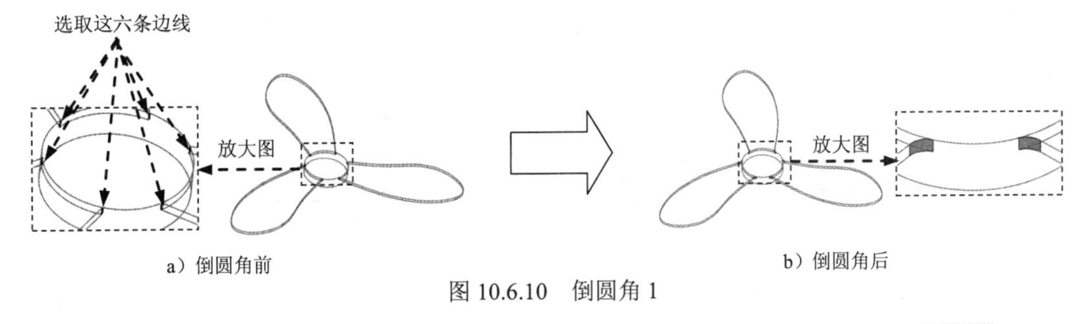

a）倒圆角前　　b）倒圆角后

图 10.6.10　倒圆角 1

Step8. 创建图 10.6.11b 所示的倒圆角特征——倒圆角 2。选择下拉菜单 插入(I) ➡ 倒圆角(O)... 命令；选取图 10.6.11a 所示的边线为圆角放置参照，圆角半径值为 1.0。

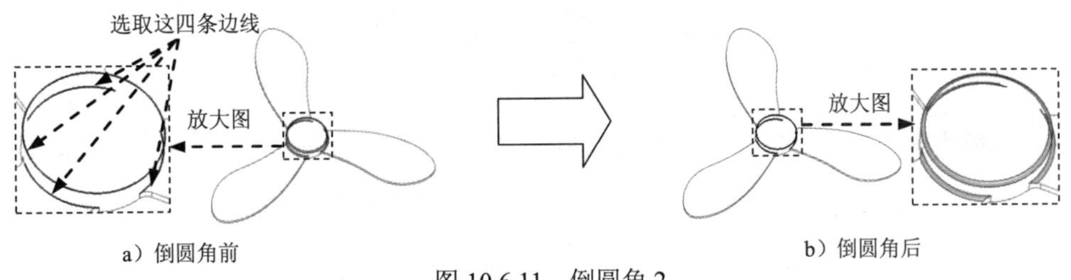

a）倒圆角前　　b）倒圆角后

图 10.6.11　倒圆角 2

Step9. 创建图 10.6.12b 所示的倒圆角特征——倒圆角 3。选择下拉菜单 插入(I) ➡ 倒圆角(O)... 命令；选取图 10.6.12a 所示的边链为圆角放置参照，圆角半径值为 0.5。

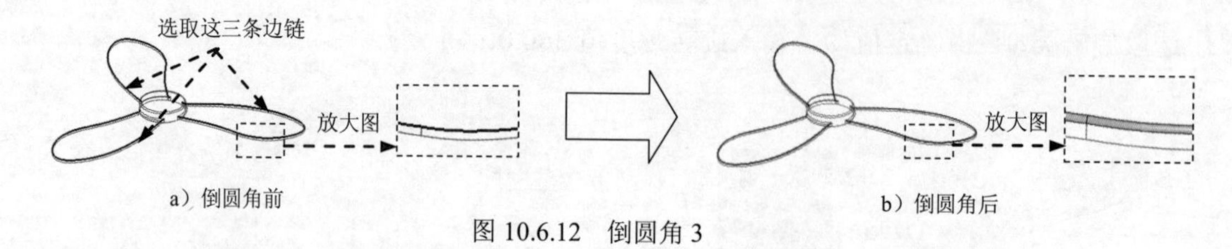

a）倒圆角前　　b）倒圆角后

图 10.6.12　倒圆角 3

Step10. 创建图 10.6.13b 所示的倒圆角特征——倒圆角 4。选择下拉菜单 插入(I) ➡ 倒圆角(O)... 命令；选取图 10.6.13a 所示的边链为圆角放置参照，圆角半径值 0.5。

Step11. 创建图 10.6.14 所示的拉伸特征——拉伸 3。选择下拉菜单 插入(I) ➡ 拉伸(E)... 命令；选取图 10.6.14 所示的平面为草绘平面，选取 ASM_FRONT 基准平面为参照平面，方向为 顶；绘制图 10.6.15 所示的截面草图；选取深度类型为 ，输入深度值 8.0，并单击“去除材料”按钮 。

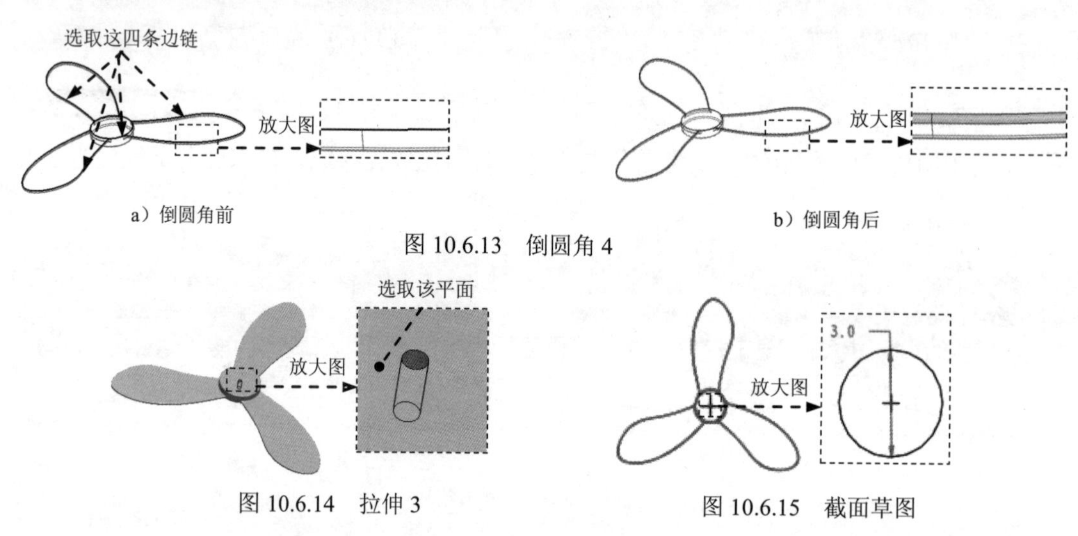

a）倒圆角前　　b）倒圆角后

图 10.6.13　倒圆角 4

图 10.6.14　拉伸 3　　图 10.6.15　截面草图

Step12. 激活总装配保存模型文件。

10.7 齿 轮 盒

下面讲解齿轮盒（BOX.PRT）的创建过程。零件模型及模型树如图 10.7.1 所示。

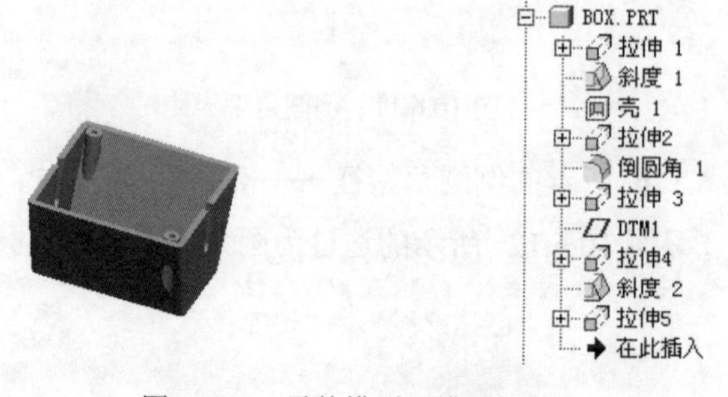

图 10.7.1　零件模型及模型树

Step1. 在装配体中创建齿轮盒（BOX.PRT）。选择下拉菜单 插入(I) → 元件(C) → 创建(C)... 命令；在系统弹出的“元件创建”对话框中选中 类型 选项组的 ◉ 零件 单选项；选中 子类型 选项组中的 ◉ 实体 单选项；在 名称 文本框中输入文件名 BOX，单击 确定 按钮；在系统弹出的“创建选项”对话框中选中 ◉ 空 单选项，单击 确定 按钮。

Step2. 在模型树中选择 BOX.PRT，然后右击，在系统弹出的快捷菜单中选择 激活 命令。

Step3. 创建图 10.7.2 所示的拉伸特征——拉伸 1(模型文件 PROP.PRT 已隐藏)。选择下拉菜单 插入(I) → 拉伸(E)... 命令；选取图 10.7.3 所示模型文件（DOWN_COVER.PRT）中的模型平面为草绘平面，选取 ASM_RIGHT 基准平面为参照平面，方向为 右；绘制图 10.7.4 所示的截面草图，在操控板中选取深度类型为 ⊟，输入深度值 30.0。

图 10.7.2　拉伸 1

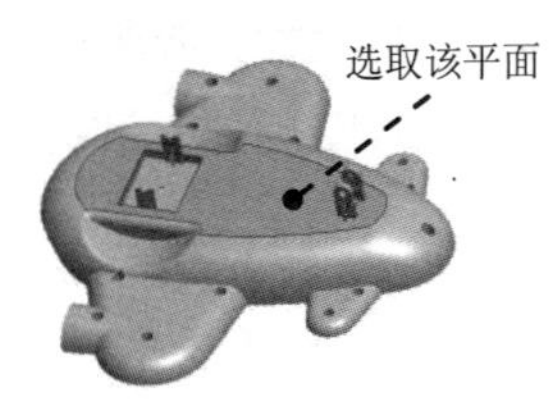

图 10.7.3　定义草绘平面

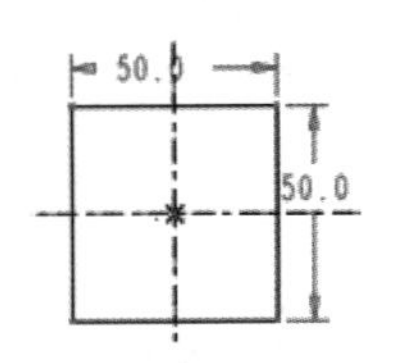

图 10.7.4　截面草图

Step4. 创建图 10.7.5b 所示的拔模特征——斜度 1。选择下拉菜单 插入(I) → 斜度(F)... 命令；选取图 10.7.5a 所示的面为要拔模的面；选取图 10.7.5a 所示的面为拔模枢轴平面，在操控板中输入拔模角度值 20.0，采用系统默认的拔模方向。

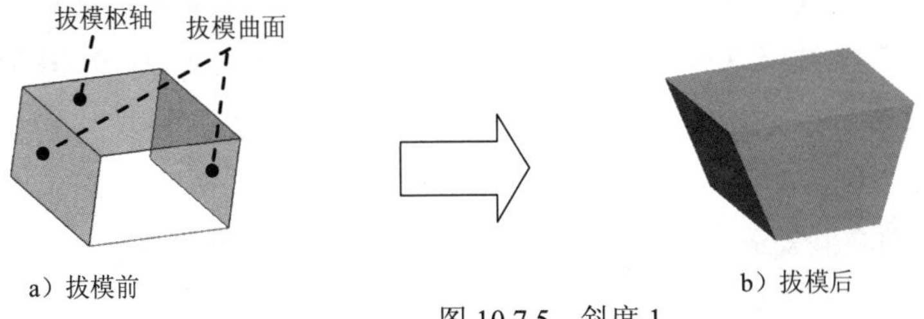

a）拔模前　　b）拔模后

图 10.7.5　斜度 1

Step5. 创建图 10.7.6b 所示的抽壳特征——壳 1。选择下拉菜单 插入(I) → 壳(L)... 命令；在绘图区选取图 10.7.6a 所示的面为移除面，输入厚度值 2.0。

说明： 图 10.7.5a 所示的拔模枢轴面与图 10.7.3 所示的面重合。

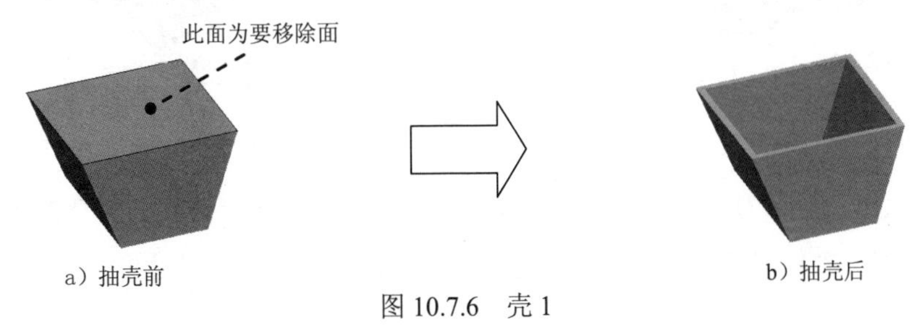

a）抽壳前　　b）抽壳后

图 10.7.6　壳 1

Step6. 创建图 10.7.7 所示的拉伸特征——拉伸 2。选择下拉菜单 插入(I) → 拉伸(E)... 命令；选取图 10.7.8 所示的平面 1 为草绘平面，选取图 10.7.8 所示的平面 2 为参照平面，方向为 底部；绘制图 10.7.9 所示的截面草图；选取深度类型为 ，并单击“去除材料”按钮 。

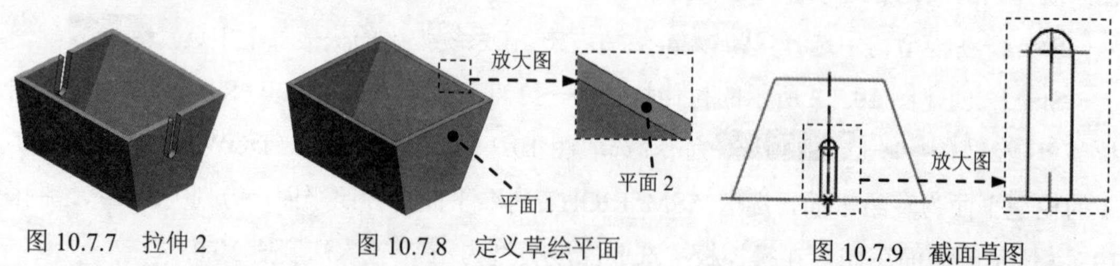

图 10.7.7 拉伸 2　　图 10.7.8 定义草绘平面　　图 10.7.9 截面草图

Step7. 创建图 10.7.10b 所示圆角特征——倒圆角 1。选择 插入(I) → 倒圆角(O)... 命令；选取图 10.7.10a 所示的边链为圆角放置参照，圆角半径值为 2.0。

图 10.7.10 倒圆角 1

Step8. 创建图 10.7.11 所示的拉伸特征——拉伸 3。选择下拉菜单 插入(I) → 拉伸(E)... 命令；选取图 10.7.12 所示的平面为草绘平面，选取 ASM_RIGHT 基准平面为参照平面，方向为 左；绘制图 10.7.13 所示的截面草图；选取深度类型为 。

Step9. 创建图 10.7.14 所示的基准平面——DTM1。选择下拉菜单 插入(I) → 模型基准(D) → 平面(L)... 命令；选取图 10.7.12 所示的平面为参照，定义约束类型为 偏移，输入偏移值 2.0。

图 10.7.11 拉伸 3

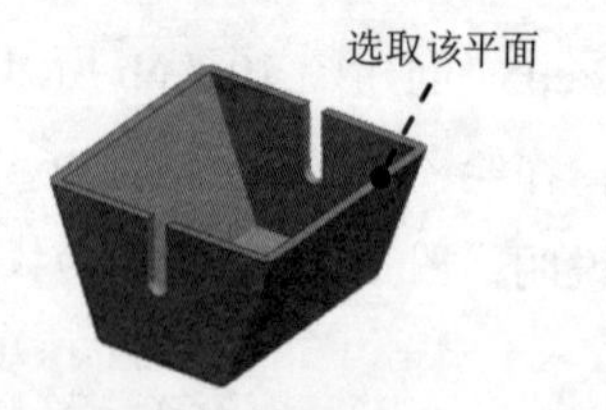

图 10.7.12 截面草图

Step10. 创建图 10.7.15 所示的拉伸特征——拉伸 4。选择下拉菜单 插入(I) → 拉伸(E)... 命令；选取 DTM1 基准平面为草绘平面，选取 ASM_RIGHT 基准平面为参照平面，方向为 顶；绘制图 10.7.16 所示的截面草图；选取深度类型为 ，并单击“去除材料”按钮 。

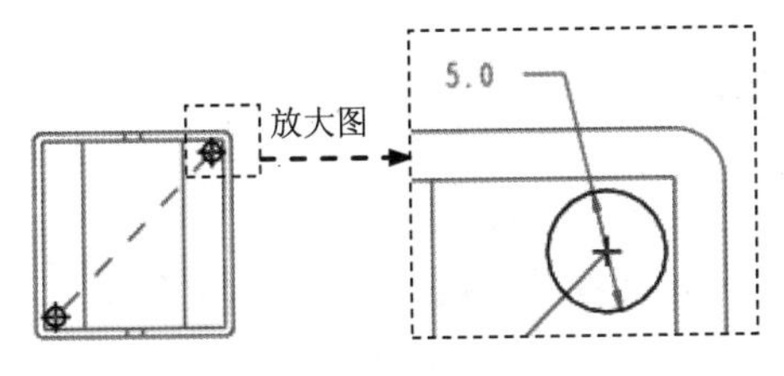

图 10.7.13　截面草图

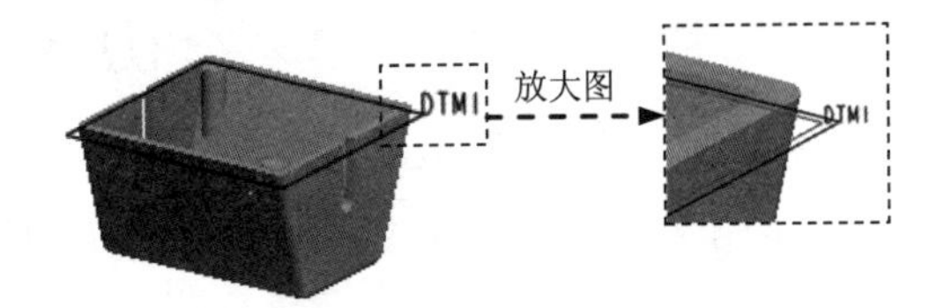

图 10.7.14　基准平面 DTM1

Step11. 创建图 10.7.17b 所示的拔模特征—— 斜度 2。选择下拉菜单 插入(I) ➡ 斜度(F)... 命令；选取图 10.7.17a 所示的面为要拔模的面；选取图 10.7.12 所示的面为拔模枢轴平面，在操控板中输入拔模角度值 2.0，采用系统默认的拔模方向。

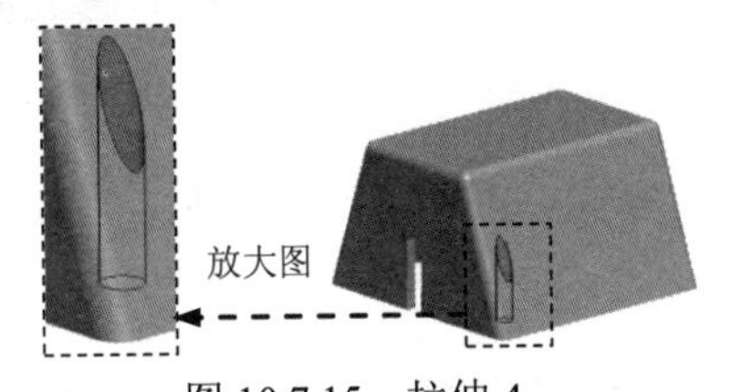

图 10.7.15　拉伸 4

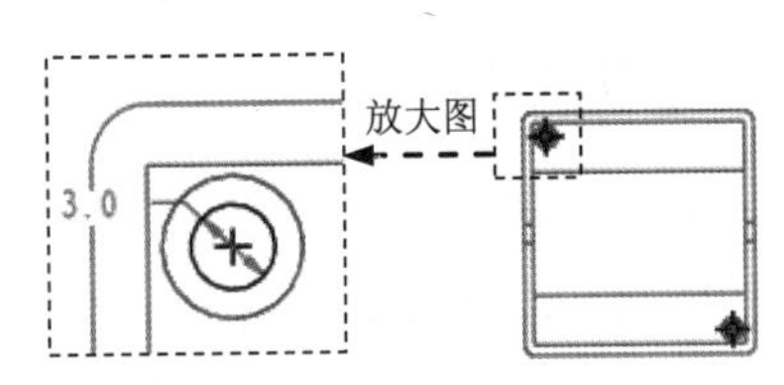

图 10.7.16　截面草图

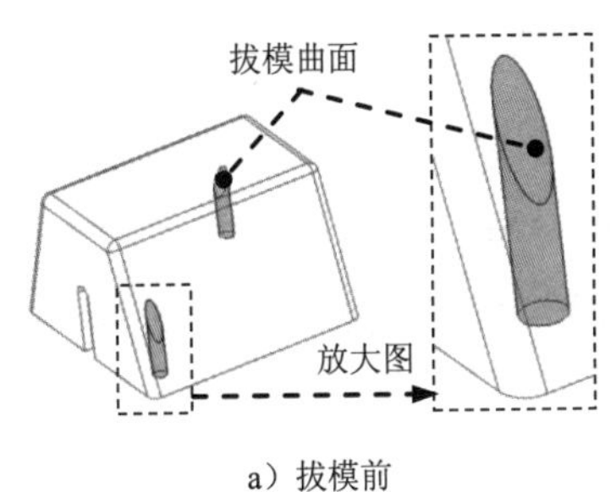

a）拔模前

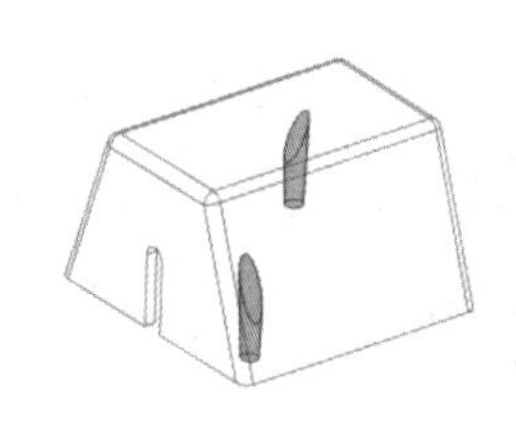

b）拔模后

图 10.7.17　斜度 2

Step12. 创建图 10.7.18 所示的拉伸特征——拉伸 5。选择下拉菜单 插入(I) ➡ 拉伸(E)... 命令；选取 DTM1 基准平面为草绘平面，选取 ASM_FRONT 基准平面为参照平面，方向为 顶；绘制图 10.7.19 所示的截面草图；选取深度类型为，并单击“去除材料”按钮。

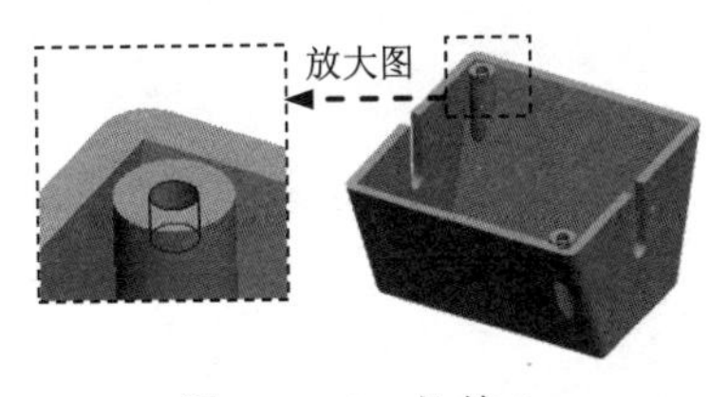

图 10.7.18　拉伸 5

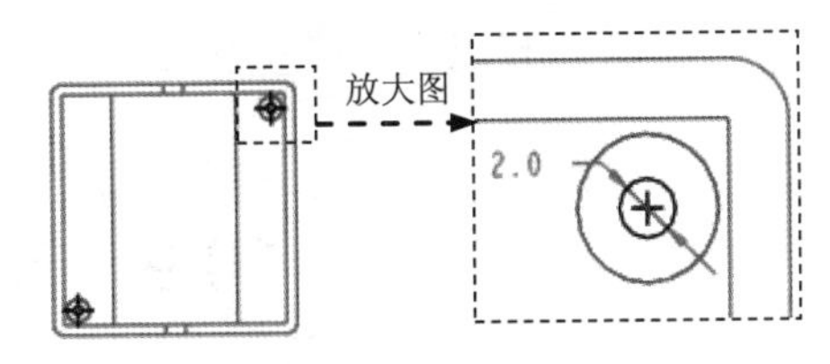

图 10.7.19　截面草图

Step13. 激活总装配保存模型文件。

10.8　轴 02

下面讲解轴 02（POLE_02.PRT）的创建过程。零件模型及模型树如图 10.8.1 所示。

图 10.8.1　零件模型及模型树

Step1. 在装配体中创建轴 02（POLE_02.PRT）。选择下拉菜单 插入(I) → 元件(C) → 创建(C)... 命令；在系统弹出的“元件创建”对话框中选中 类型 选项组的 零件 单选项；选中 子类型 选项组中的 实体 单选项；在 名称 文本框中输入文件名 POLE_02，单击 确定 按钮；在系统弹出的“创建选项”对话框中选中 空 单选项，单击 确定 按钮。

Step2. 在模型树中选择 POLE2.PRT，然后右击，在系统弹出的快捷菜单中选择 激活 命令。

Step3. 创建图 10.8.2 所示的拉伸特征——拉伸 1。选择下拉菜单 插入(I) → 拉伸(E)... 命令；选取 ASM_FRONT 为草绘平面，选取 ASM_RIGHT 基准平面为参照平面，方向为 顶；绘制图 10.8.3 所示的截面草图（用“使用边”命令），在操控板中选取深度类型为，输入深度值 78.0。

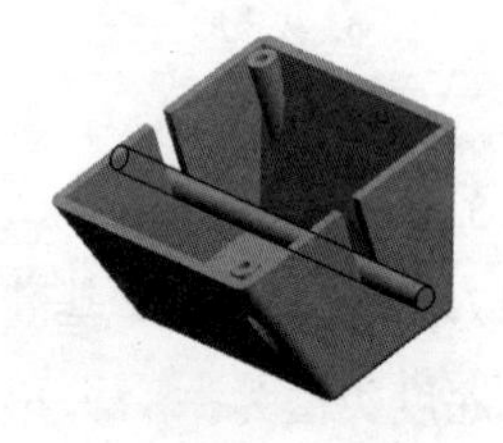

图 10.8.2　拉伸 1

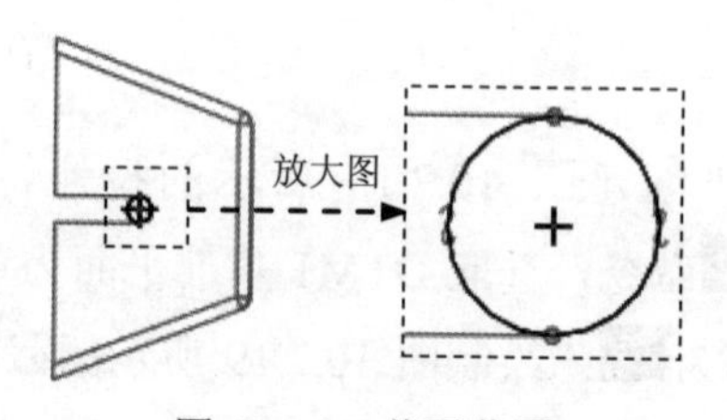

图 10.8.3　截面草图

Step4. 激活总装配保存模型文件。

10.9　前　轮 01

下面讲解前轮 01（WHEEL_01.PRT）的创建过程。零件模型及模型树如图 10.9.1 所示。

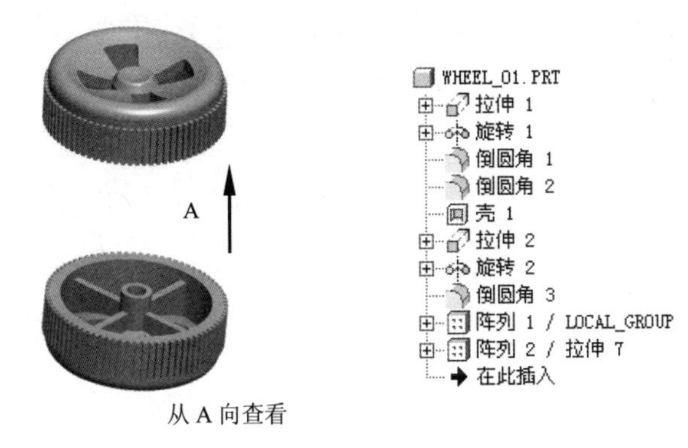

图 10.9.1　零件模型及模型树

Step1. 在装配体中创建前轮 01（WHEEL_01.PRT）。选择下拉菜单 插入(I) → 元件(C) → 创建(C)... 命令；在系统弹出的“元件创建”对话框中选中 类型 选项组的 零件 单选项；选中 子类型 选项组中的 实体 单选项；在 名称 文本框中输入文件名 WHEEL_01，单击 确定 按钮；在系统弹出的“创建选项”对话框中选中 空 单选项，单击 确定 按钮。

Step2. 在模型树中选择 WHEEL_01.PRT，然后右击，在系统弹出的快捷菜单中选择 激活 命令。

Step3. 创建图 10.9.2 所示的拉伸特征——拉伸 1(将模型文件 FIRST.PRT 显示，将模型文件 BOX.PRT、POLE_02.PRT 隐藏)；选择下拉菜单 插入(I) → 拉伸(E)... 命令；选取 DTM10 基准平面为草绘平面，选取 ASM_RIGHT 基准平面为参照平面，方向为 顶；绘制图 10.9.3 所示的截面草图，在操控板中选取深度类型为，输入深度值 15.0。

图 10.9.2　拉伸 1

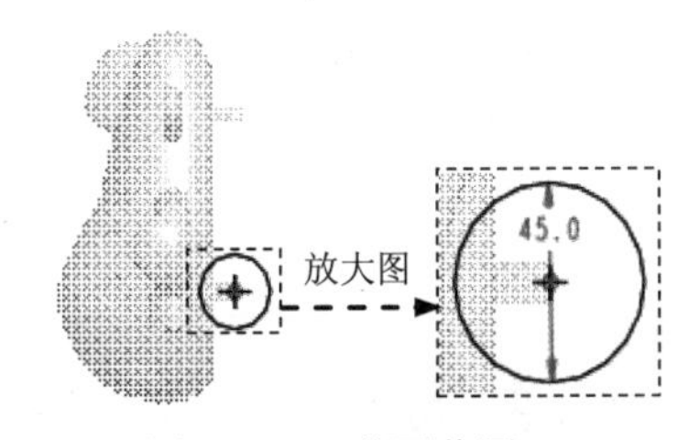

图 10.9.3　截面草图

Step4. 创建图 10.9.4 所示的实体旋转特征——旋转 1（模型文件 FIRST.PRT 已隐藏）。选择下拉菜单 插入(I) → 旋转(R)... 命令；选取 ASM_RIGHT 基准平面为草绘平面，选取 ASM_TOP 基准平面为草绘参照，方向为 顶；绘制图 10.9.5 所示的旋转轴和截面草图；选取旋转类型（“定值”），输入旋转角度值 360.0，并单击“去除材料”按钮。

图 10.9.4　旋转 1

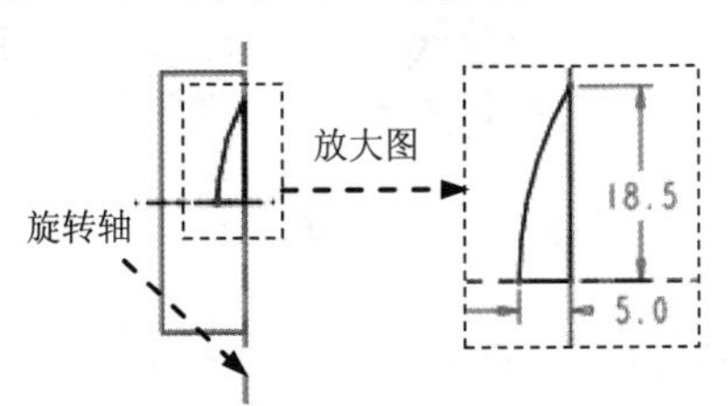

图 10.9.5　截面草图

Step5. 创建图 10.9.6b 所示圆角特征——倒圆角 1。选择 插入(I) → 倒圆角(O)... 命令；选取图 10.9.6a 所示的边链为圆角放置参照，圆角半径值为 3.0。

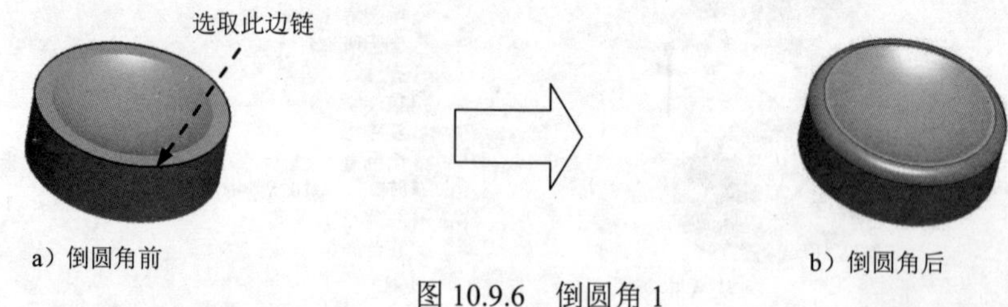

a）倒圆角前　　b）倒圆角后

图 10.9.6　倒圆角 1

Step6. 创建图 10.9.7b 所示圆角特征——倒圆角 2。选择 插入(I) → 倒圆角(O)... 命令；选取图 10.9.7a 所示的边链为圆角放置参照，圆角半径值为 3.0。

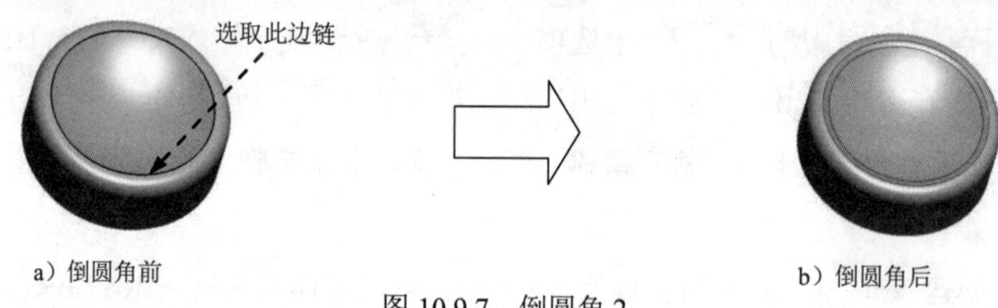

a）倒圆角前　　b）倒圆角后

图 10.9.7　倒圆角 2

Step7. 创建图 10.9.8b 所示的抽壳特征——壳 1。选择下拉菜单 插入(I) → 壳(L)... 命令；在绘图区选取图 10.9.8a 所示的面为移除面，输入厚度值 3.0。

a）抽壳前　　b）抽壳后

图 10.9.8　壳 1

Step8. 创建图 10.9.9 所示的拉伸特征——拉伸 2。选择下拉菜单 插入(I) → 拉伸(E)... 命令；选取图 10.9.10 所示的平面为草绘平面，选取 ASM_TOP 基准平面为参照平面，方向为 顶；绘制图 10.9.11 所示的截面草图；选取深度类型为 ≡。

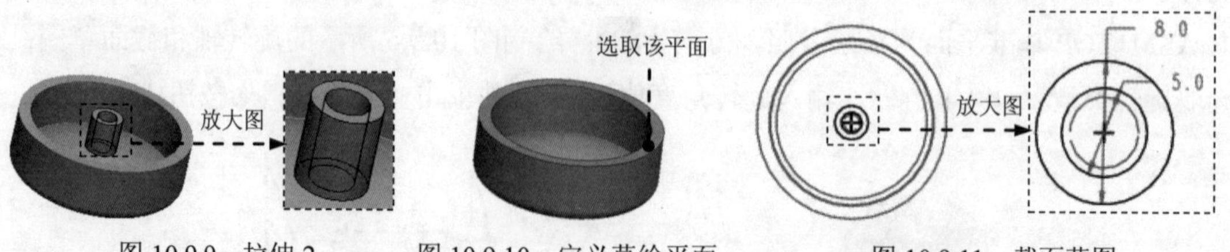

图 10.9.9　拉伸 2　　图 10.9.10　定义草绘平面　　图 10.9.11　截面草图

Step9. 创建图 10.9.12 所示的实体旋转特征——旋转 2。选择下拉菜单 插入(I) →

旋转(R)...命令；选取 ASM_RIGHT 基准平面为草绘平面，选取 ASM_TOP 基准平面为草绘参照，方向为底部；绘制图 10.9.13 所示的旋转轴和截面草图；选取旋转类型，输入旋转角度值 360.0。

图 10.9.12　旋转 2

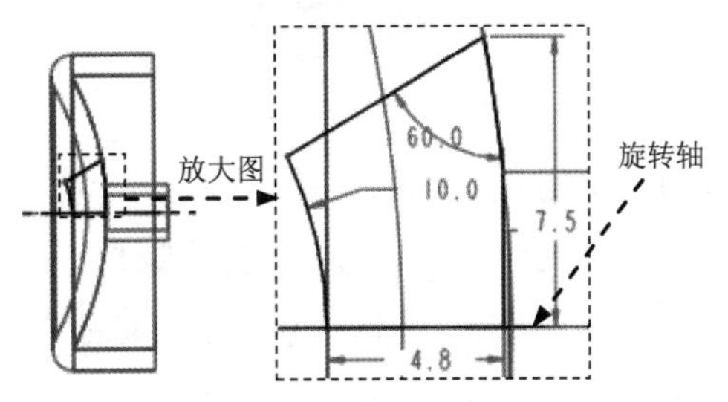

图 10.9.13　截面草图

Step10. 创建图 10.9.14b 所示圆角特征——倒圆角 3。选择插入(I) ➡ 倒圆角(O)...命令；选取图 10.9.14a 所示的边链为圆角放置参照，圆角半径值为 1.0。

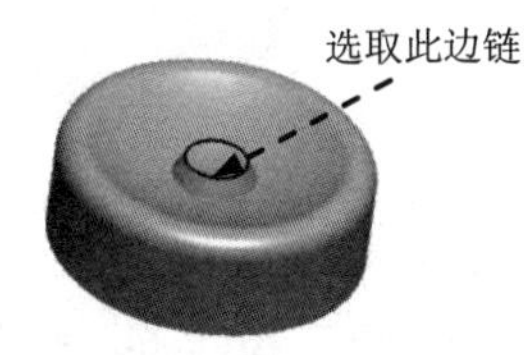

a）倒圆角前

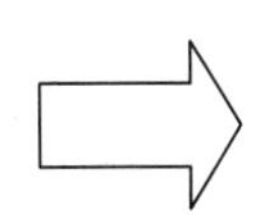

b）倒圆角后

图 10.9.14　倒圆角 3

Step11. 创建图 10.9.15 所示的拉伸特征——拉伸 3。选择下拉菜单插入(I) ➡ 拉伸(E)...命令；选取 ASM_FRONT 基准平面为草绘平面，选取 ASM_RIGHT 基准平面为参照平面，方向为左；绘制图 10.9.16 所示的截面草图；选取深度类型为，并单击“去除材料”按钮建。

图 10.9.15　拉伸 3

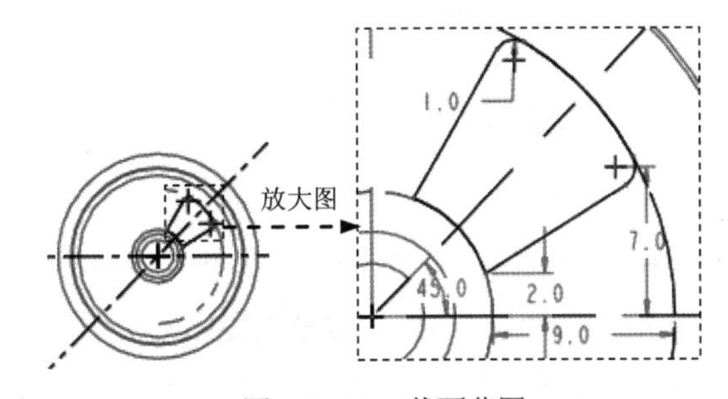

图 10.9.16　截面草图

Step12. 创建图 10.9.17 所示的筋特征——轮廓筋 1。选择下拉菜单插入(I) ➡ 筋(I) ➡ 轮廓筋(P)...命令；单击操控板中的参照按钮，系统弹出参照界面。单击此界面中的定义...按钮；选取 ASM_RIGHT 基准平面为草绘平面，选取 ASM_TOP 基准平面为参照平面，方向为底部；绘制图 10.9.18 所示的截面草图；在文本框中输入值 2.0。

Step13. 创建组特征——组 LOCAL_GROUP。在模型树中选取拉伸 3 和轮廓筋 1，在编辑(E)下拉菜单中选择组命令。

图 10.9.17 轮廓筋 1

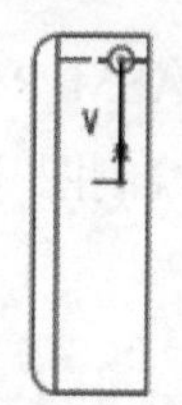

图 10.9.18 截面草图

Step14. 创建图 10.9.19b 所示的阵列特征——阵列 1/LOCAL_GROUP。在模型树中选取 Step13 所创建的组特征，选择下拉菜单 编辑(E) ➡ 阵列(P)... 命令；在操控板的 选项 界面中选中 一般 单选项；在操控板中选择 轴 选项，在绘图区选取图 10.9.19a 所示的基准轴，输入增量角度 90.0；在操控板中输入阵列数目值 4，并按<Enter>键。

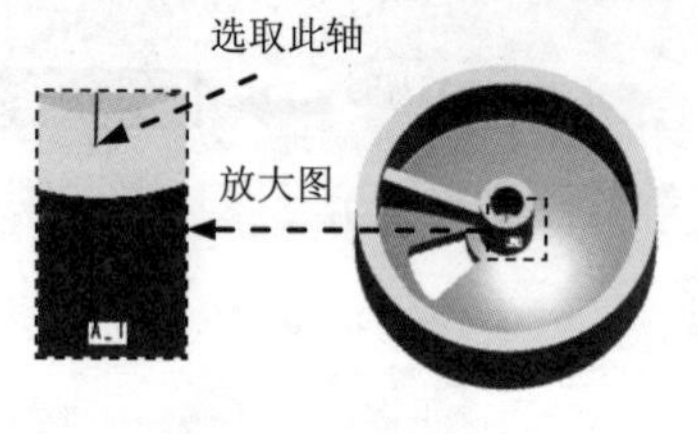

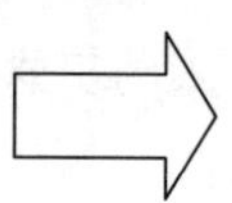

a）阵列前 b）阵列后

图 10.9.19 阵列 1/ LOCAL_GROUP

Step15. 创建图 10.9.20 所示的拉伸特征——拉伸 7。选择下拉菜单 插入(I) ➡ 拉伸(E)... 命令；选取 DTM10 基准平面为草绘平面，选取 ASM_RIGHT 基准平面为参照平面，方向为 左；绘制图 10.9.21 所示的截面草图，在操控板中选取深度类型为 ⊥⊥，输入深度值 10.0。

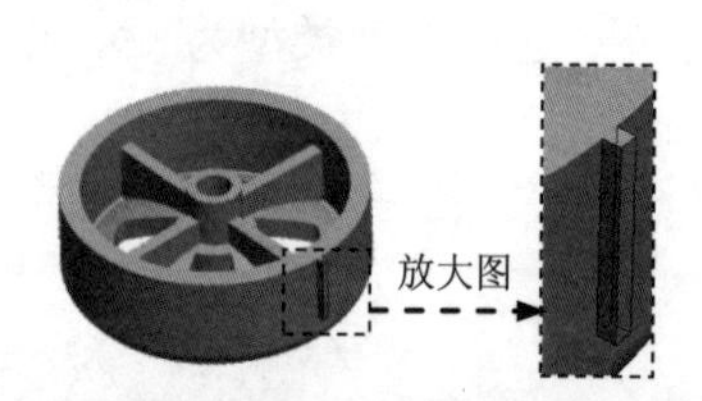

图 10.9.20 拉伸 7

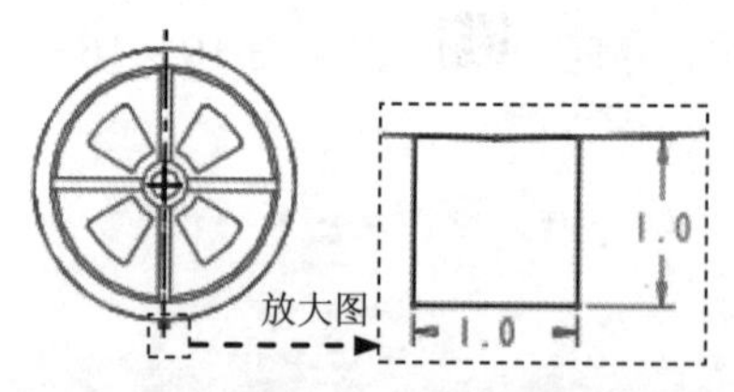

图 10.9.21 截面草图

Step16. 创建图 10.9.22b 所示的阵列特征——阵列 2/拉伸 7。在模型树中选取拉伸 7，选择下拉菜单 编辑(E) ➡ 阵列(P)... 命令；在操控板的 选项 界面中选中 一般 单选项；在操控板中选择 轴 选项，在绘图区选取图 10.9.22a 所示的基准轴，输入增量角度值 4.5，在操控板中输入阵列数目值 80.0，并按<Enter>键。

Step17. 激活总装配保存模型文件。

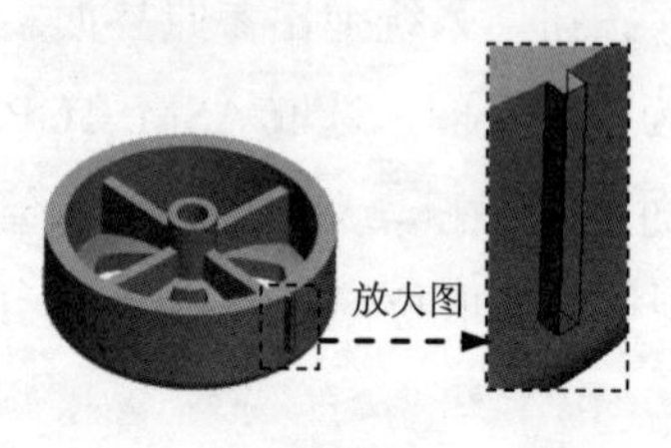

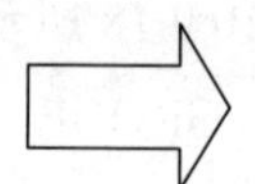

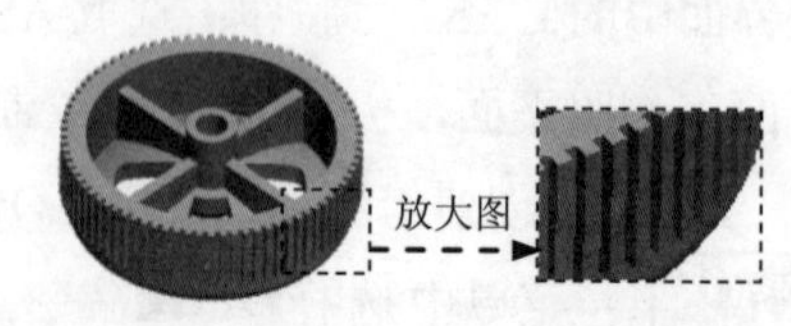

a）阵列前 b）阵列后

图 10.9.22 阵列 2/拉伸 7

10.10　前　轮 02

下面讲解前轮 02（WHEFL_02.PRT）的创建过程。零件模型及模型树如图 10.10.1 所示。

WHEEL_02.PRT
镜像的合并 标识1
在此插入

图 10.10.1　零件模型及模型树

Step1. 在装配体中创建前轮 02（WHEEL_02.PRT）。选择下拉菜单 插入(I) → 元件(C) → 创建(C)... 命令；在系统弹出的“元件创建”对话框中选中 类型 选项组的 ◉ 零件 单选项；选中 子类型 选项组中的 ◉ 镜像 单选项；在 名称 文本框中输入文件名 WHEEL_02，单击 确定 按钮；在系统弹出的“镜像零件”对话框中选中 ◉ 仅镜像几何 单选项；选取模型 WHEEL_01.PRT 为零件参照，选取 ASM_FRONT 基准平面为平面参照单击 确定 按钮，完成零部件的镜像。

Step2. 激活总装配保存模型文件。

10.11　后　轮

下面讲解后轮（WHEEL_03.PRT）的创建过程。零件模型及模型树如图 10.11.1 所示。

WHEEL_03.PRT
旋转 1
在此插入

图 10.11.1　零件模型及模型树

Step1. 在装配体中创建后轮（WHEEL_03.PRT）。选择下拉菜单 插入(I) → 元件(C) → 创建(C)... 命令；在系统弹出的“元件创建”对话框中选中 类型 选项组的 ◉ 零件 单选项；选中 子类型 选项组中的 ◉ 实体 单选项；在 名称 文本框中输入文件名 WHEEL_03，单击 确定 按钮；在系统弹出的“创建选项”对话框中选中 ◉ 空 单选项，单击 确定 按钮。

Step2. 在模型树中选择 WHEEL_03.PRT，然后右击，在系统弹出的快捷菜单中选择 激活 命令。

Step3. 创建图 10.11.2 所示的实体旋转特征——旋转 1。选择下拉菜单 插入(I) →

旋转(R)...命令；选取 DTM14 基准平面为草绘平面，选取 ASM_FRONT 基准平面为草绘参照，方向为左；绘制图 10.11.3 所示的旋转轴（DOWN_COVER 中的轴 A_3）和截面草图；选取旋转类型（“定值”），输入旋转角度值 360.0。

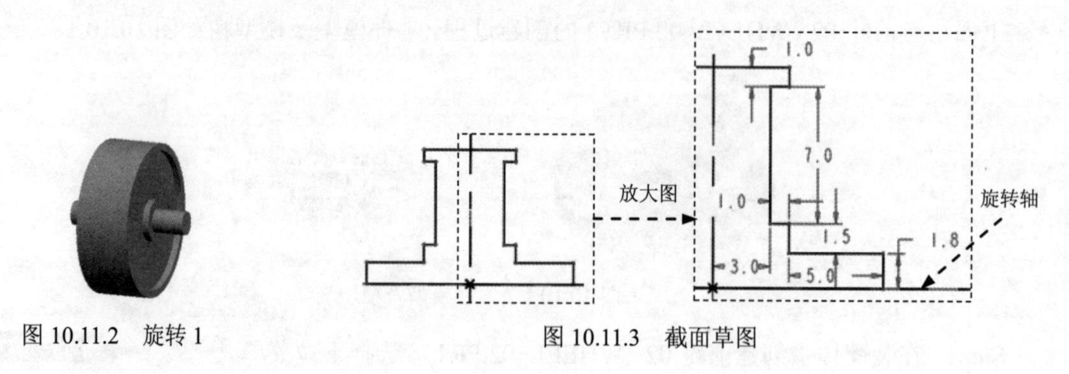

图 10.11.2 旋转 1　　图 10.11.3 截面草图

Step4. 激活总装配保存模型文件。

10.12 编辑总装配模型的显示

Step1. 隐藏控件。在模型树中选取 FIRST.PRT 然后右击，在系统弹出的下拉列表中单击隐藏命令。

Step2. 隐藏草图、基准、曲线和曲面。单击 → 层树(L),然后在“层树”列表中按住<Ctrl>键，依次选取 AXIS、CURVE、DATUM、POINT 和 QUILT；右击，在系统弹出的下拉列表中单击隐藏命令；在“层树”列表中选取 DATUM 并右击，在系统弹出的下拉列表中单击保存状态命令，然后单击 → 模型树(M)。

Step3. 保存装配体模型文件。

实例 11　毛衣去毛器

11.1　概　　述

本实例详细讲解了一款毛衣去毛器的设计过程。同样，本实例也采用了自顶向下的设计方法。在开始设计之前要仔细分析模型的设计过程，考虑每一个单独的结构如何创建，如何从整体结构中分割出单独的零部件，并且要保持关联。本例中毛衣去毛器的设计过程清晰明了，每创建一个控件都会分割出一个零部件，最后骨架模型分割出两个零部件，共同组成完整的装配体。毛衣去毛器模型如图 11.1.1 所示。

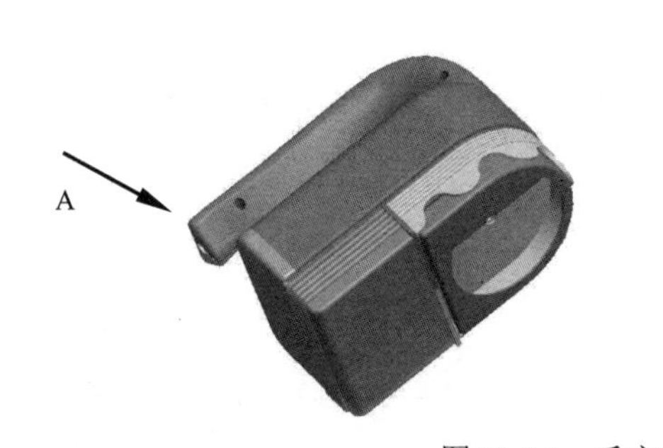

图 11.1.1　毛衣去毛器模型

设计流程图如图 11.1.2 所示。

11.2　骨 架 模 型

Task1．设置工作目录

将工作目录设置至 D:\ proewf5.9\work\ch11。

Task2．新建一个装配体文件

Step1. 选择下拉菜单 文件(F) → 新建(N)... 命令，在系统弹出的“新建”对话框中，进行下列操作：选中 类型 选项组中的 ◉ 组件 单选项；选中 子类型 选项组中的 ◉ 设计 单选项；在 名称 文本框中输入文件名 TRIM_PELUCOHI；取消选中 ☐ 使用缺省模板 复选框；单击该对话框中的 确定 按钮。

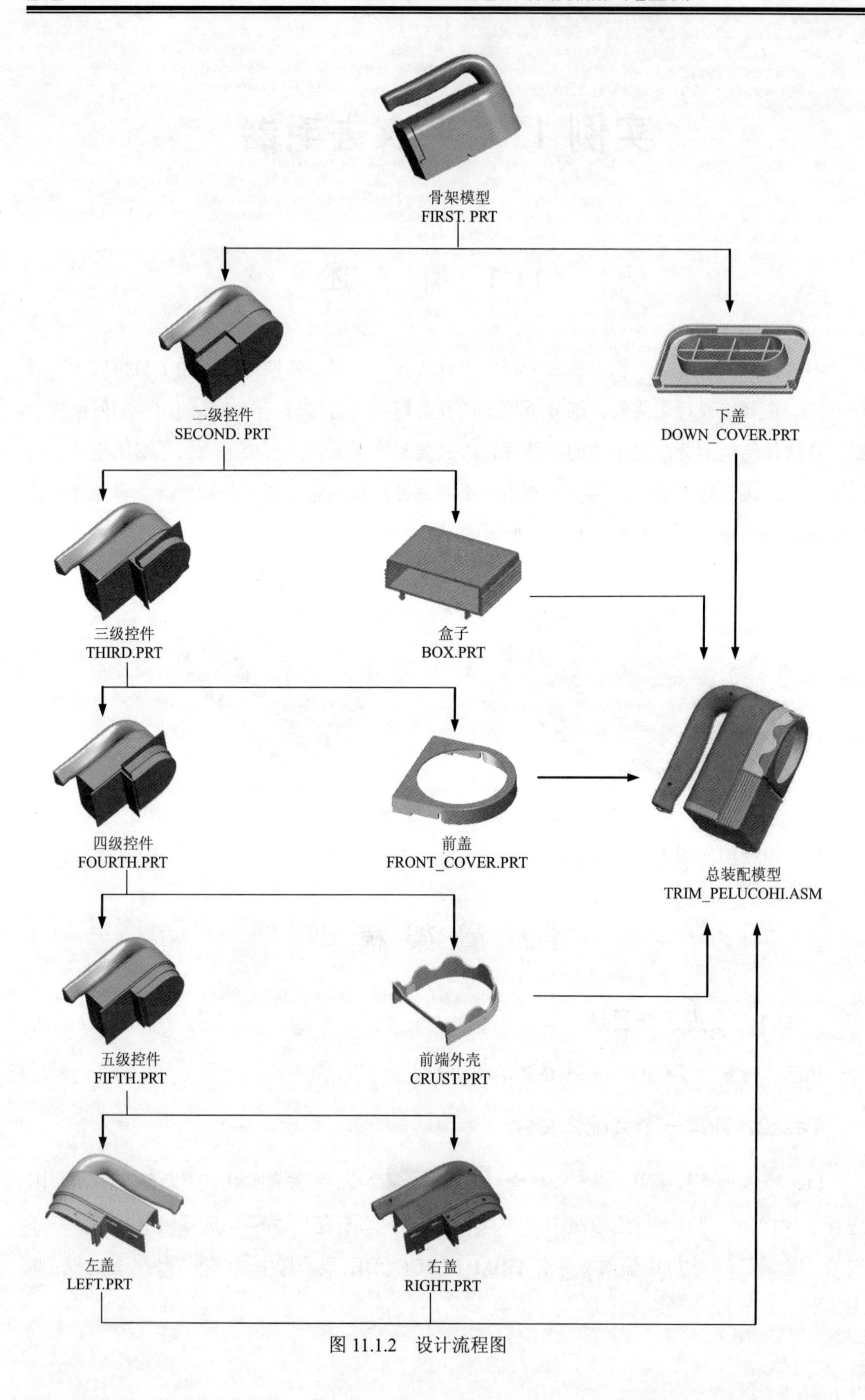

骨架模型
FIRST. PRT
二级控件
SECOND. PRT
下盖
DOWN_COVER.PRT
三级控件
THIRD.PRT
盒子
BOX.PRT
四级控件
FOURTH.PRT
前盖
FRONT_COVER.PRT
总装配模型
TRIM_PELUCOHI.ASM
五级控件
FIFTH.PRT
前端外壳
CRUST.PRT
左盖
LEFT.PRT
右盖
RIGHT.PRT

图 11.1.2 设计流程图

Step2. 选取适当的装配模板。系统弹出“新文件选项”对话框，在模板选项组中选择 mmns_asm_design 模板。

Step3. 设置模型树的显示。在模型树操作界面中选择 → 树过滤器(F)... 命令，然后在“模型树项目”对话框中选中 特征 复选框，并单击 确定 按钮。

Task3. 创建图 11.2.1 所示的骨架模型

在装配环境下，创建图 11.2.1 所示的骨架模型及模型树。

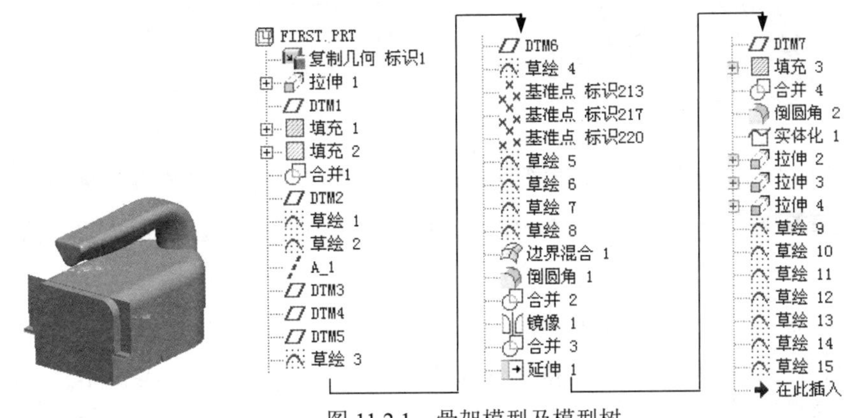

图 11.2.1　骨架模型及模型树

Step1. 在装配体中建立骨架模型（FIRST.PRT）。选择下拉菜单 插入(I) → 元件(C) → 创建(C)... 命令，系统弹出“元件创建”对话框；选中 类型 选项组中的 骨架模型 单选项，在 名称 文本框中输入文件名 FIRST，然后单击 确定 按钮；在系统弹出的“创建选项”对话框中选中 空 单选项，单击 确定 按钮。

Step2. 激活骨架模型。在模型树中选取 FIRST.PRT，然后右击，在系统弹出的快捷菜单中选择 激活 命令。

Step3. 选择下拉菜单 插入(I) → 共享数据(D) → 复制几何(G)... 命令，系统弹出“复制几何”操控板。在该操控板中进行下列操作：

① 在“复制几何”操控板中，先确认“将参照类型设置为组件上下文”按钮被按下，然后单击“仅限发布几何”按钮（使此按钮为弹起状态）。

② 复制几何。在“复制几何”操控板中单击 参照 按钮，系统弹出“参照模型”界面；单击 参照 区域中的 单击此处添加项目 字符；在“智能选取栏”的下拉列表中选择“基准平面”选项，按住<Ctrl>键，在绘图区依次选取装配文件中的三个基准平面。

③ 在“复制几何”操控板中单击 选项 按钮，选中 按原样复制所有曲面 单选项。

④ 在“复制几何”操控板中单击“完成”按钮。

⑤ 完成操作后，所选的基准平面被复制到 FIRST.PRT 中。

Step4. 在装配体中打开骨架模型 FIRST.PRT。在模型树中单击 FIRST.PRT 并右击，在系统弹出的快捷菜单中选择 打开 命令。

Step5. 创建图 11.2.2 所示的零件基础特征——拉伸 1。选择下拉菜单 插入(I) → 拉伸(E)... 命令，在操控板中应确认“曲面”按钮被按下；选取 ASM_FRONT 基准平面为草绘平面，选取 ASM_RIGHT 基准平面为参照平面，方向为 右；绘制图 11.2.3 所示的截面草图；在操控板中选取深度类型为，输入深度值 40.0，并单击按钮。

图 11.2.2　拉伸 1

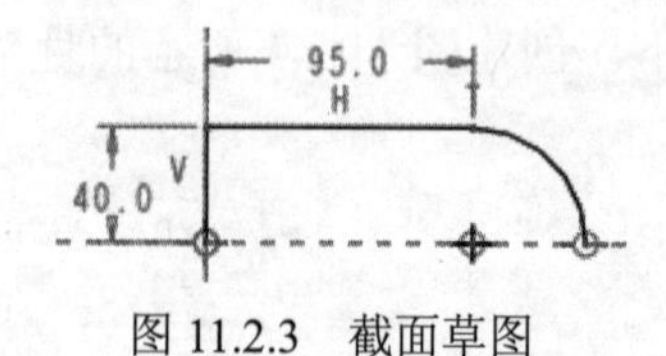

图 11.2.3　截面草图

Step6. 创建图 11.2.4 所示的基准平面——DTM1。选择下拉菜单 插入(I) → 模型基准(D) → 平面(L)... 命令；选取 ASM_FRONT 基准平面为参照，定义约束类型为 偏移，输入偏移距离值 40.0。

Step7. 创建图 11.2.5 所示的填充曲面——填充 1。选择下拉菜单 编辑(E) → 填充(L)... 命令；选取 DTM1 基准平面为草绘平面，选取 ASM_TOP 基准平面为参照平面，方向为 底部；绘制图 11.2.6 所示的截面草图（用“使用边”命令）；在操控板中单击“完成”按钮，完成填充 1 的创建。

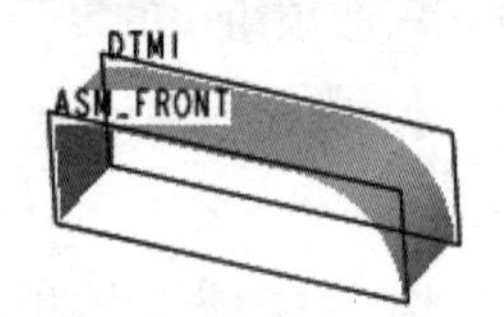

图 11.2.4　基准平面 DTM1

图 11.2.5　填充 1

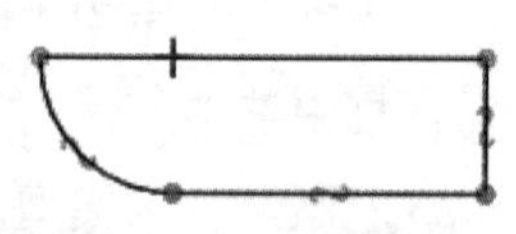

图 11.2.6　截面草图

Step8. 创建图 11.2.7 所示的填充曲面——填充 2。选择下拉菜单 编辑(E) → 填充(L)... 命令，选取 ASM_FRONT 基准平面为草绘平面，选取 ASM_TOP 基准平面为参照平面，方向为 顶；绘制图 11.2.8 所示的截面草图（用“使用边”命令），在操控板中单击“完成”按钮，完成填充 2 的创建。

图 11.2.7　填充 2

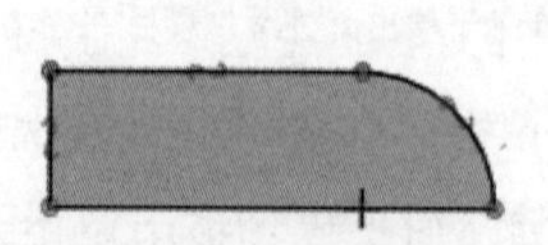

图 11.2.8　截面草图

Step9. 添加合并特征——合并 1。按住<Ctrl>键，在模型树中依次选取拉伸 1、填充 1 和填充 2 为合并对象，选择 编辑(E) → 合并(G)... 命令，在操控板中单击“完成”按钮

☑，完成合并特征的创建。

说明：在选取合并对象时，一定要按照相邻顺序选取，否则可能导致此特征无法生成。

Step10. 创建图 11.2.9 所示的基准平面——DTM2。选择下拉菜单 插入(I) → 模型基准(D) → 平面(L)... 命令；选取 ASM_RIGHT 基准平面为参照，定义约束类型为 偏移，输入偏移距离值 90.0。

Step11. 创建图 11.2.10 所示的草绘特征——草绘 1。单击工具栏中的“草绘”按钮；选取 ASM_TOP 基准平面为草绘平面，选取 DTM1 基准平面为参照平面，方向为 顶；绘制图 11.2.10 所示的草图。

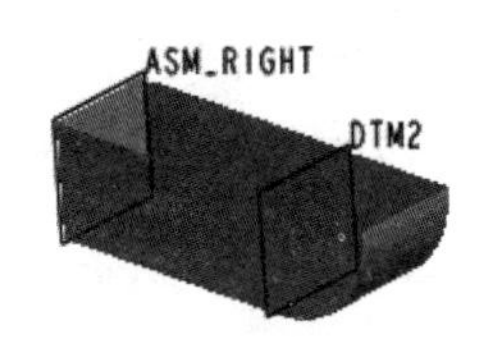

图 11.2.9　基准平面 DTM2

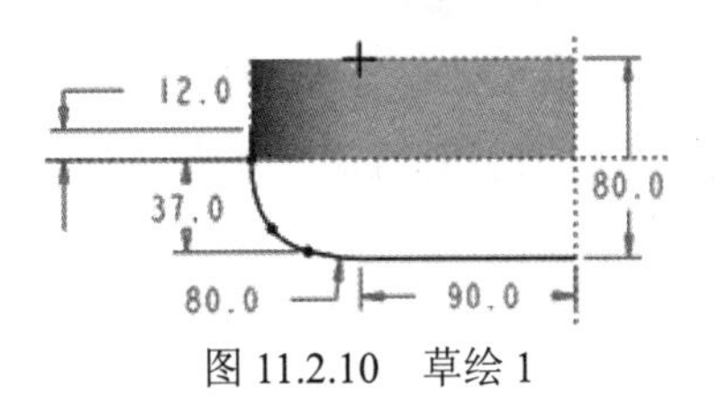

图 11.2.10　草绘 1

Step12. 创建图 11.2.11 所示的草绘特征——草绘 2。单击工具栏中的“草绘”按钮；选取 ASM_TOP 基准平面为草绘平面，选取 DTM1 基准平面为参照平面，方向为 顶；绘制图 11.2.11 所示的草图。

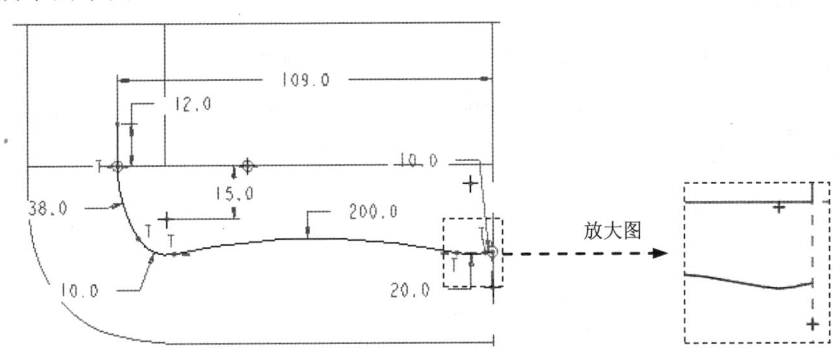

图 11.2.11　草绘 2

Step13. 创建图 11.2.12 所示的基准轴——A_1。单击工具栏中的“基准轴”按钮；按住<Ctrl>键，选取 DTM1 基准平面和 DTM2 基准平面为参照平面，并将其约束类型均设置为 穿过。

Step14. 创建图 11.2.13 所示的基准平面——DTM3。选择下拉菜单 插入(I) → 模型基准(D) → 平面(L)... 命令；选取 A_1 基准轴为参照，定义约束类型为 穿过；选取 DTM2 基准平面为参照，定义约束类型为 偏移，输入旋转角度值 30.0。

Step15. 创建图 11.2.14 所示的基准平面——DTM4。选择下拉菜单 插入(I) → 模型基准(D) → 平面(L)... 命令；选取 ASM_RIGHT 基准平面为参照，定义约束类型为偏移，输入偏移距离值 60.0。

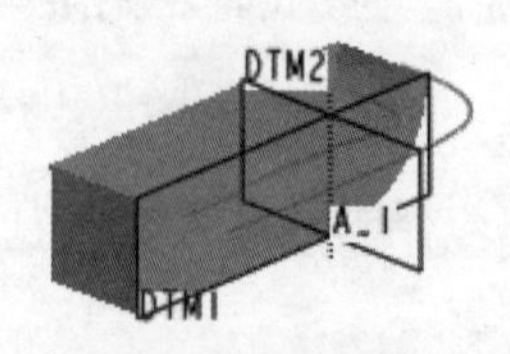

图 11.2.12 基准轴 A_1

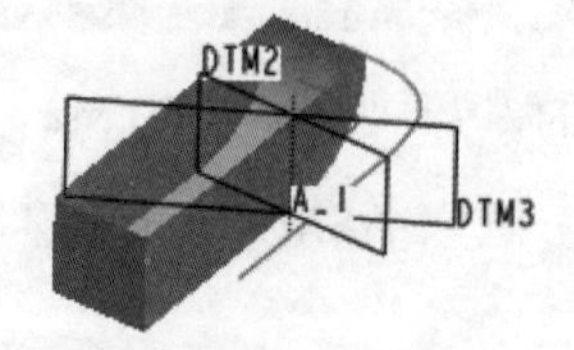

图 11.2.13 基准平面 DTM3

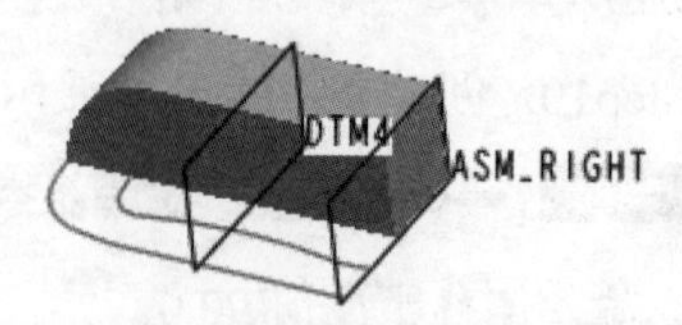

图 11.2.14 基准平面 DTM4

Step16. 创建图 11.2.15 所示的基准平面——DTM5。选择下拉菜单 插入(I) → 模型基准(D) → 平面(L)... 命令；选取 ASM_RIGHT 基准平面为参照，定义约束类型为 偏移，输入偏移距离值 20.0。

Step17. 创建图 11.2.16 所示的草绘特征——草绘 3。单击工具栏中的“草绘”按钮，选取图 11.2.17 所示的面为草绘平面，选取 ASM_TOP 基准平面为参照平面，方向为 顶；绘制图 11.2.16 所示的草图。

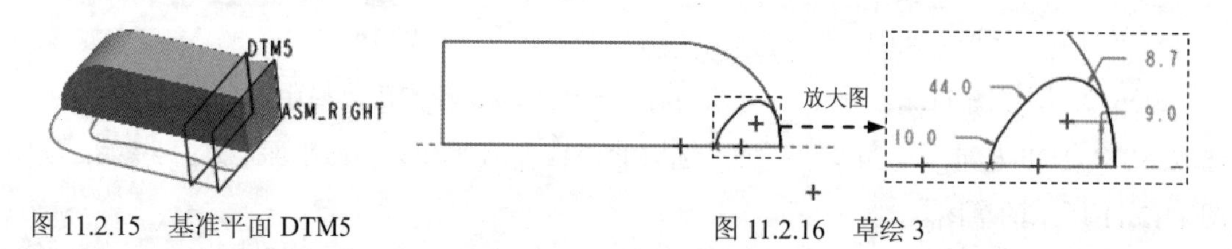

图 11.2.15 基准平面 DTM5　　图 11.2.16 草绘 3

说明：图 11.2.16 所示的草图经过草绘 2 所绘制的曲线。

Step18. 创建图 11.2.18 所示的基准平面——DTM6。选择下拉菜单 插入(I) → 模型基准(D) → 平面(L)... 命令；选取 DTM1 基准平面为参照，定义约束类型为 平行；选取图 11.2.18 所示的端点为基准平面为参照，定义约束类型为“穿过”；单击“基准平面”对话框中的 确定 按钮。

说明：图 11.2.18 所示的端点为草绘 2 所绘制的曲线的端点。

图 11.2.17 定义草绘平面　　图 11.2.18 基准平面 DTM6

Step19. 创建图 11.2.19 所示的草绘特征——草绘 4。单击工具栏中的“草绘”按钮；选取 DTM6 基准平面为草绘平面，选取 ASM_TOP 基准平面为参照平面，方向为 顶；在 草绘方向 区域中单击“草绘视图方向”按钮 反向，绘制图 11.2.19 所示的草图（用“使用边”命令）。

Step20. 创建图 11.2.20 所示的基准点——基准点（标识 213）。单击工具栏中的“点”按钮；按住<Ctrl>键，选取 DTM4 基准平面和图 11.2.21 所示的曲线 1 为点参照；单击对话框中的➧ 新点按钮，按住<Ctrl>键，选取 DTM4 基准平面和图 11.2.21 所示的曲线 2 为点参照。

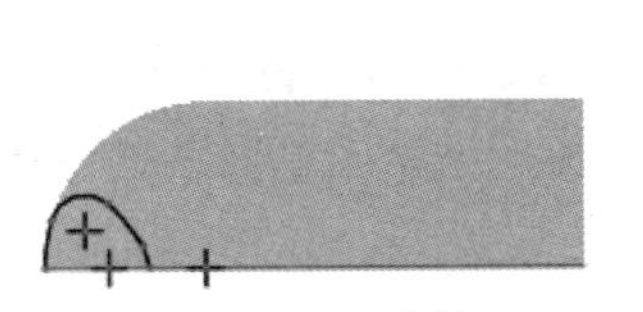
图 11.2.19 草绘 4

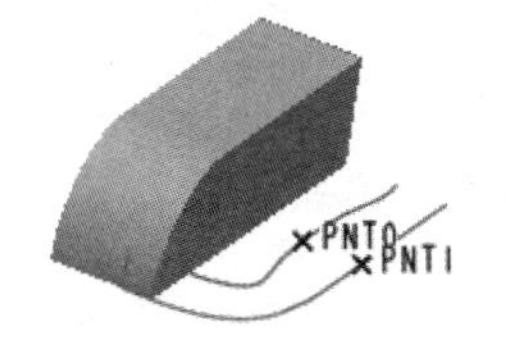

图 11.2.20 基准点（标识 213）

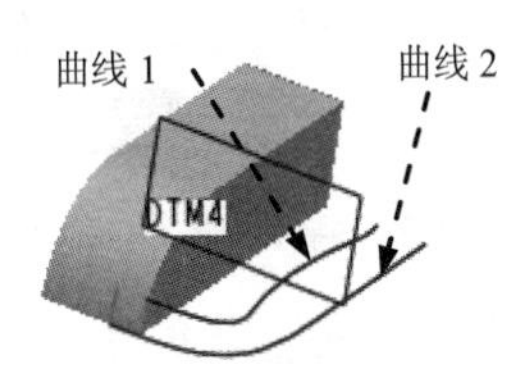

图 11.2.21 定义基准点参照

Step21. 创建图 11.2.22 所示的基准点——基准点（标识 217）。单击工具栏中的“点”按钮，按住<Ctrl>键，选取 DTM5 基准平面和图 11.2.21 所示的曲线 1 为点参照；选取对话框中的➧ 新点选项，按住<Ctrl>键，选取 DTM5 基准平面和图 11.2.21 所示的曲线 2 为点参照。

Step22. 创建图 11.2.23 所示的基准点——基准点（标识 220）。单击工具栏中的“点”按钮，按住<Ctrl>键，选取 DTM3 基准平面和图 11.2.21 所示的曲线 2 为点参照；选取对话框中的➧ 新点选项，按住<Ctrl>键，选取 DTM3 基准平面和图 11.2.21 所示的曲线 1 为点参照。

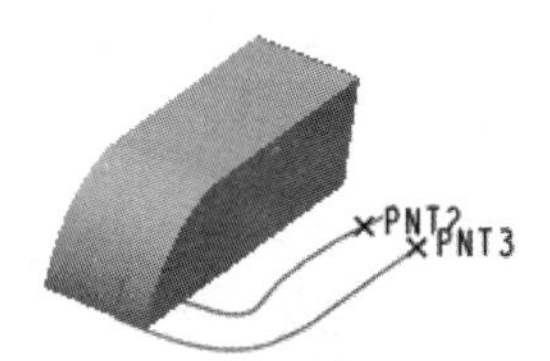

图 11.2.22 基准点（标识 217）

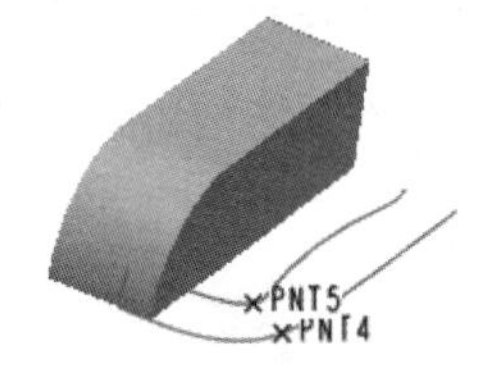

图 11.2.23 基准点（标识 220）

Step23. 创建图 11.2.24 所示的草绘特征——草绘 5。单击工具栏中的“草绘”按钮，选取 DTM3 基准平面为草绘平面，选取 ASM_TOP 基准平面为参照平面，方向为顶；单击此对话框中的草绘按钮，绘制图 11.2.24 所示的草图。

说明：草绘 5 所绘制的曲线的两个端点分别与基准点 PNT4 和基准点 PNT5 重合。

Step24. 创建图 11.2.25 所示的草绘特征——草绘 6（草绘 5 已隐藏）。单击工具栏中的“草绘”按钮，选取 DTM4 基准平面为草绘平面，选取 ASM_FRONT 基准平面为参照平面，方向为左；单击此对话框中的草绘按钮，绘制图 11.2.25 所示的草图。

说明：草绘 6 所绘制的曲线的两个端点分别与基准点 PNT0 和基准点 PNT1 重合。

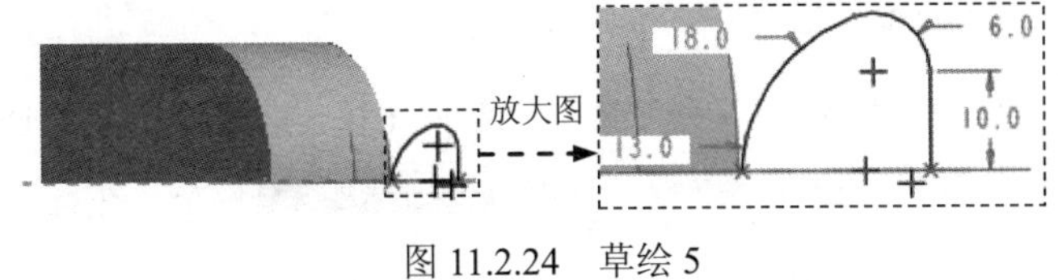

图 11.2.24 草绘 5

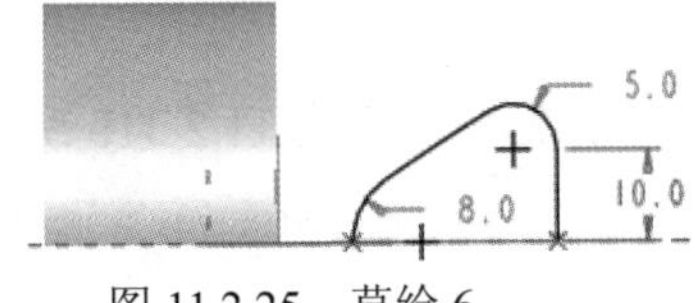

图 11.2.25 草绘 6

Step25. 创建图 11.2.26 所示的草绘特征——草绘 7（草绘 6 已隐藏）。单击工具栏中的“草绘”按钮，选取 DTM5 基准平面为草绘平面，选取 ASM_FRONT 基准平面为参照平面，方向为左；单击此对话框中的草绘按钮，绘制图 11.2.26 所示的草图。

说明：草绘 7 所绘制的曲线的两个端点分别与基准点 PNT2 和基准点 PNT3 重合。

Step26. 创建图 11.2.27 所示的草绘特征——草绘 8（草绘 7 已隐藏）。单击工具栏中的"草绘"按钮，选取 ASM_RIGHT 基准平面为草绘平面，选取 ASM_FRONT 基准平面为参照平面，方向为左；单击此对话框中的草绘按钮，绘制图 11.2.27 所示的草图。

说明：草绘 8 所绘制的曲线的两个端点分别与草绘 1 和草绘 2 所绘制的两条曲线的端点重合。

图 11.2.26 草绘 7　　图 11.2.27 草绘 8

Step27. 创建图 11.2.28 所示的边界曲面——边界混合 1。选择下拉菜单插入(I) → 边界混合(B)... 命令；按住<Ctrl>键，在绘图区依次选取图 11.2.29 所示的曲线为第一方向边界曲线；单击操控板中第二方向曲线操作栏，按住<Ctrl>键，从左向右依次选取图 11.2.29 所示的曲线为第二方向边界曲线；在操控板中单击约束按钮，在系统弹出的界面中将方向 1 中最后一条链的约束类型设置为自由，其余约束类型均设置为垂直。

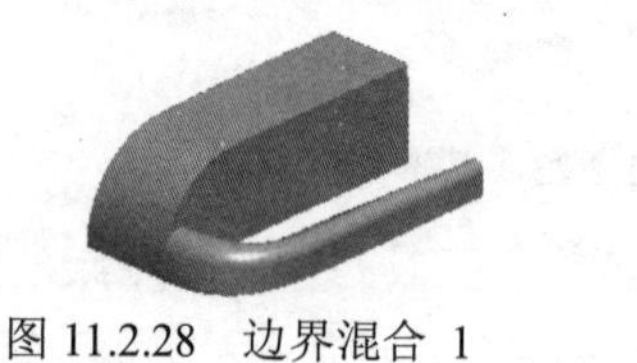

图 11.2.28 边界混合 1

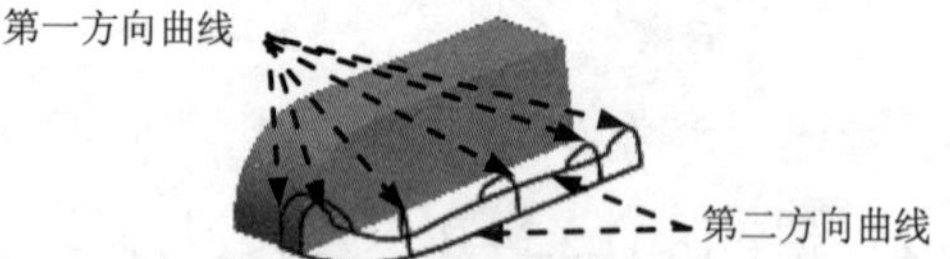

图 11.2.29 定义边界曲线

Step28. 创建图 11.2.30b 所示的圆角特征——倒圆角 1。选择插入(I) → 倒圆角(O)... 命令；选取图 11.2.30a 所示的边线为圆角放置参照，圆角半径值为 12.0。

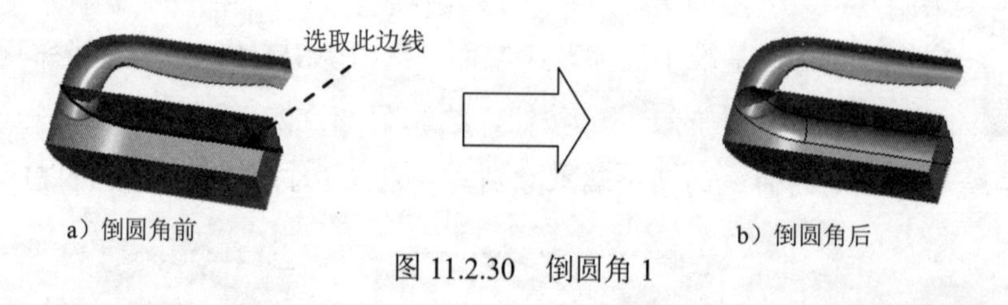

a）倒圆角前　　b）倒圆角后

图 11.2.30 倒圆角 1

Step29. 创建图 11.2.31b 所示的曲面合并特征——合并 2。按住<Ctrl>键，在绘图区选取图 11.2.31a 所示的面为合并对象；选择下拉菜单编辑(E) → 合并(G)... 命令，在操控板中单击按钮，调整合并方向，如图 11.2.31a 所示。

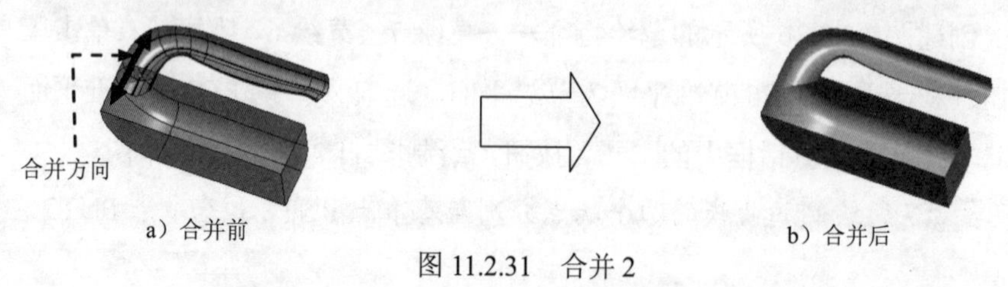

a）合并前　　b）合并后

图 11.2.31 合并 2

Step30. 创建图 11.2.32b 所示的镜像特征——镜像 1。在绘图区选取整个模型为镜像对象；选择下拉菜单 编辑(E) ➡ 镜像(I)... 命令；选取 ASM_TOP 基准平面为镜像中心平面。

a）镜像前　　b）镜像后

图 11.2.32　镜像 1

Step31. 添加曲面合并特征——合并 3。按住<Ctrl>键，在绘图区分别选取图 11.2.33 所示的特征 1 和特征 2 为合并对象；选择下拉菜单 编辑(E) ➡ 合并(G)... 命令，单击“完成”按钮✓，完成合并 3 的创建。

Step32. 创建图 11.2.34 所示曲面延伸特征——延伸 1。在绘图区选取图 11.2.35 所示边链，选择下拉菜单 编辑(E) ➡ 延伸(X)... 命令；在操控板中输入距离值 3.0；在操控板中单击 选项 按钮，在系统弹出的界面中 方法 下拉列表中选取 相切 选项。

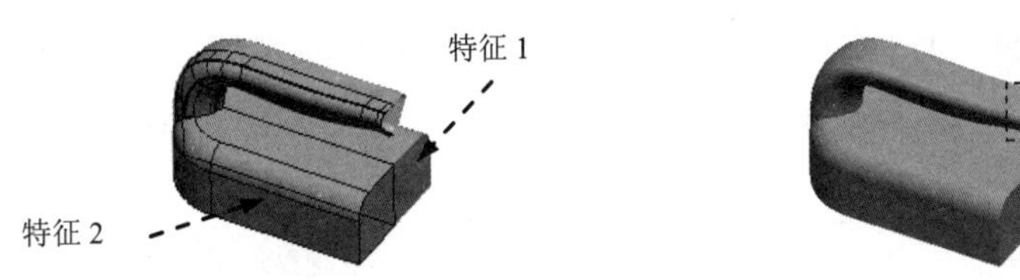

图 11.2.33　定义合并对象　　图 11.2.34　延伸 1

Step33. 创建图 11.2.36 所示的基准平面——DTM7。选择下拉菜单 插入(I) ➡ 模型基准(D) ➡ 平面(L)... 命令；选取 ASM_RIGHT 基准平面为参照，定义约束类型为 偏移，输入偏移距离值 3.0。

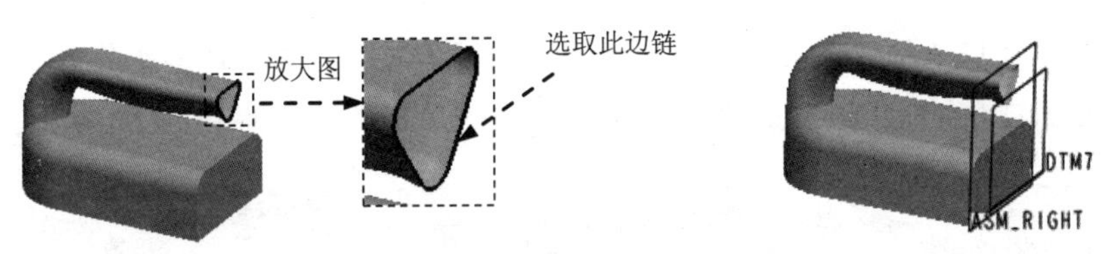

图 11.2.35　定义延伸边线　　图 11.2.36　基准平面 DTM7

Step34. 创建图 11.2.37 所示的填充曲面——填充 3。选择下拉菜单 编辑(E) ➡ 填充(L)... 命令；选取 DTM7 基准平面为草绘平面，选取 ASM_TOP 基准平面为参照平面，方向为 顶；单击 反向 按钮，绘制图 11.2.38 所示的截面草图（用“使用边”命令□）；在操控板中单击“完成”按钮✓，完成填充 3 的创建。

图 11.2.37　填充 3

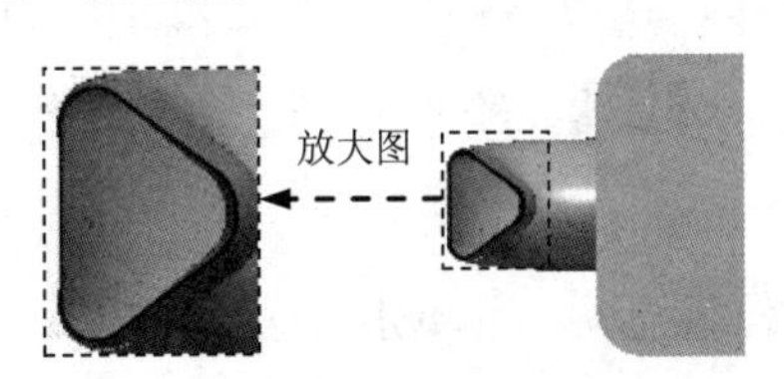

图 11.2.38　截面草图

Step35. 添加曲面合并特征——合并 4。按住<Ctrl>键，在模型树中选取合并 3 和填充 3 为合并对象，选择下拉菜单 编辑(E) → 合并(G)... 命令，单击“完成”按钮✓，完成合并 4 的创建。

Step36. 创建图 11.2.39b 所示的倒圆角特征——倒圆角 2。选择下拉菜单 插入(I) → 倒圆角(O)... 命令；选取图 11.2.39a 所示的边链为圆角放置参照，输入圆角半径值 2.5。

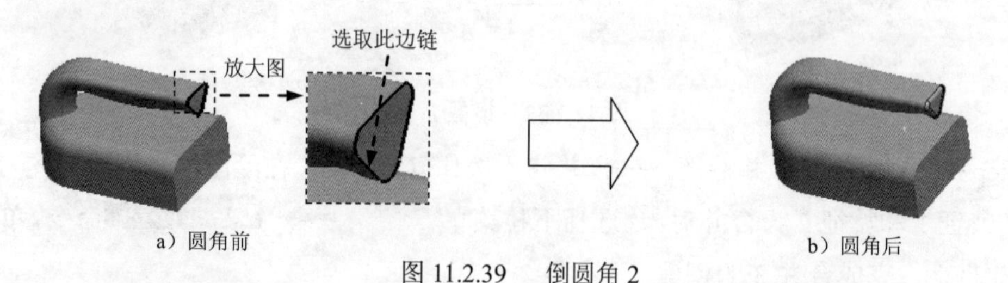

a）圆角前　　b）圆角后

图 11.2.39　倒圆角 2

Step37. 添加实体化特征——实体化 1。在绘图区选取整个模型，选择下拉菜单 编辑(E) → 实体化(Y)... 命令；在操控板中单击“完成”按钮✓，完成实体化 1 的创建。

Step38. 创建图 11.2.40 所示的拉伸特征——拉伸 2。选择下拉菜单 插入(I) → 拉伸(E)... 命令；选取图 11.2.41 所示的面为草绘平面，选取 ASM_TOP 基准平面为参照平面，方向为 顶；绘制图 11.2.42 所示的截面草图（用“偏移”命令）；在操控板中选取深度类型为，输入深度值 25.0。

图 11.2.40　拉伸 2

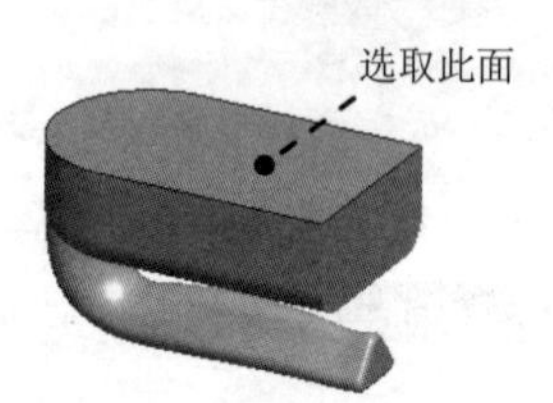

图 11.2.41　定义草绘平面

Step39. 创建图 11.2.43 所示的拉伸特征——拉伸 3（注：本步的详细操作过程请参见随书光盘中 video\ch11\ch11.02\reference\文件夹下的语音视频讲解文件 FIRST-r01.exe）。

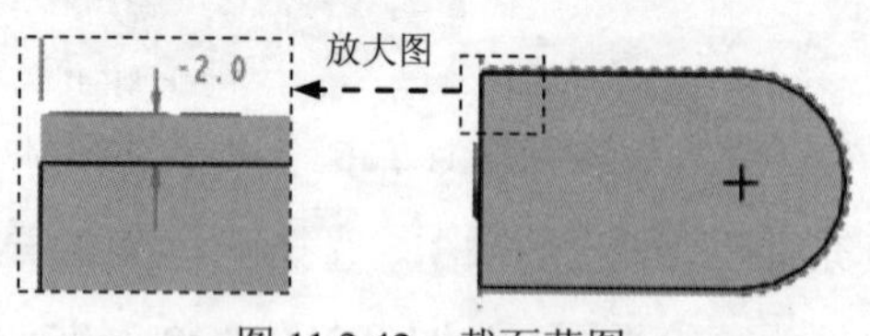

图 11.2.42　截面草图

图 11.2.43　拉伸 3

Step40. 创建图 11.2.44 所示的拉伸特征——拉伸 4。选择下拉菜单 插入(I) → 拉伸(E)... 命令；选取 ASM_TOP 基准平面为草绘平面，选取 ASM_FRONT 基准平面为参照平面，方向为 底部；绘制图 11.2.45 所示的截面草图；在操控板中单击 选项 按钮，系统弹出“深度”界面；在其界面 侧 1 的下拉列表中选择深度类型为 穿透，在 侧 2 的下拉列表中选取 穿透 选项，并单击“去除材料”按钮。

图 11.2.44　拉伸 4

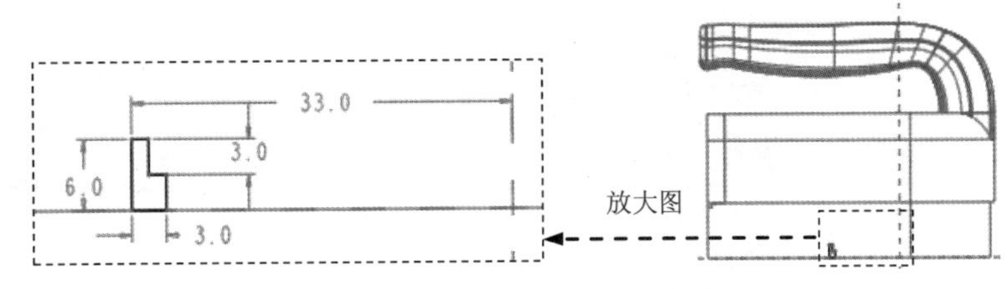

图 11.2.45　截面草图

Step41. 创建图 11.2.46 所示的草绘特征——草绘 9。单击工具栏中的“草绘”按钮，选取 ASM_TOP 基准平面为草绘平面，选取 ASM_FRONT 基准平面为参照平面，方向为底部；绘制图 11.2.46 所示的草图。

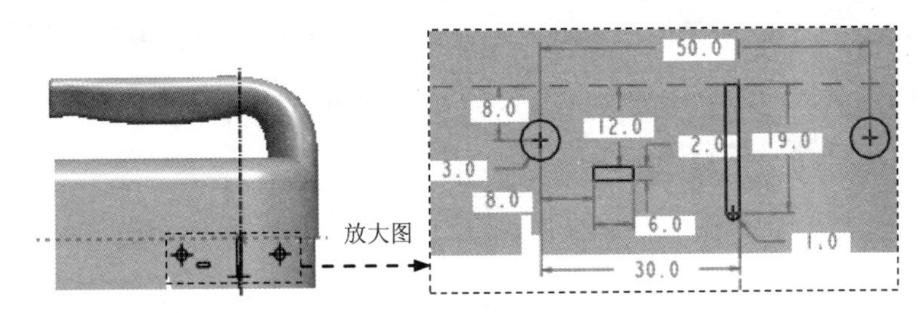

图 11.2.46　草绘 9

Step42. 创建图 11.2.47 所示的草绘特征——草绘 10。单击工具栏中的“草绘”按钮，选取 ASM_TOP 基准平面为草绘平面，选取 ASM_FRONT 基准平面为参照平面，方向为底部；绘制图 11.2.47 所示的草图。

Step43. 创建图 11.2.48 所示的草绘特征——草绘 11。单击工具栏中的“草绘”按钮，选取 ASM_FRONT 基准平面为草绘平面，选取 ASM_TOP 基准平面为参照平面，方向为顶；绘制图 11.2.48 所示的草图。

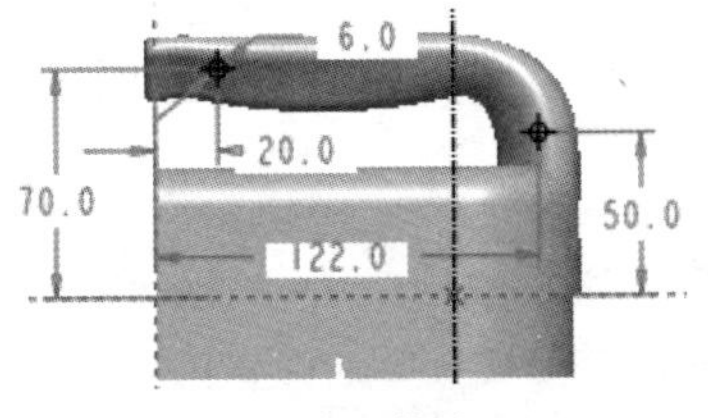

图 11.2.47　草绘 10

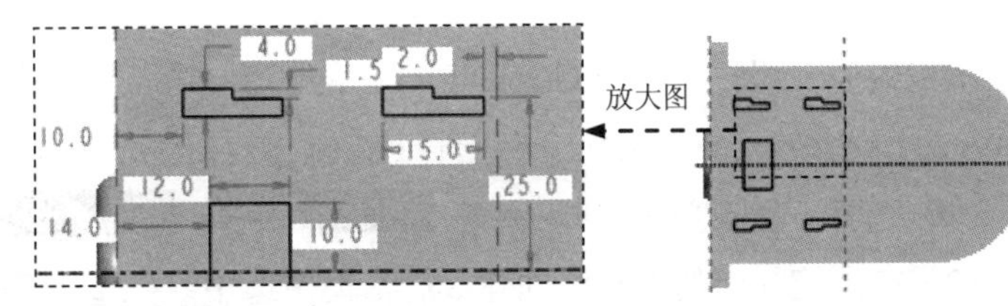

图 11.2.48　草绘 11

Step44. 创建图 11.2.49 所示的草绘特征——草绘 12。单击工具栏中的“草绘”按钮，选取 ASM_TOP 基准平面为草绘平面，选取 ASM_RIGHT 基准平面为参照平面，方向为左；绘制图 11.2.49 所示的草图。

Step45. 创建图 11.2.50 所示的草绘特征——草绘 13。单击工具栏中的“草绘”按钮，选取 ASM_RIGHT 基准平面为草绘平面，选取 ASM_TOP 基准平面为参照平面，方向为顶；绘制图 11.2.50 所示的草图。

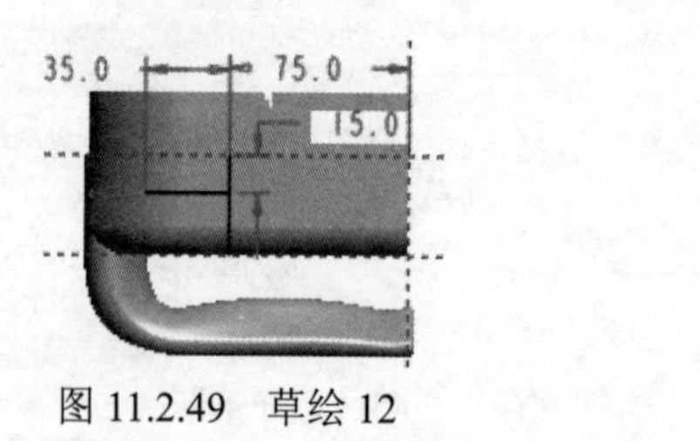

图 11.2.49　草绘 12　　图 11.2.50　草绘 13

Step46. 创建图 11.2.51 所示的草绘特征——草绘 14。单击工具栏中的“草绘”按钮，选取 ASM_FRONT 基准平面为草绘平面，选取 ASM_TOP 基准平面为参照平面，方向为顶；绘制图 11.2.51 所示的草图。

Step47. 创建图 11.2.52 所示的草绘特征——草绘 15。单击工具栏中的“草绘”按钮，选取 ASM_TOP 基准平面为草绘平面，选取 ASM_FRONT 基准平面为参照平面，方向为底部；绘制图 11.2.52 所示的草图。

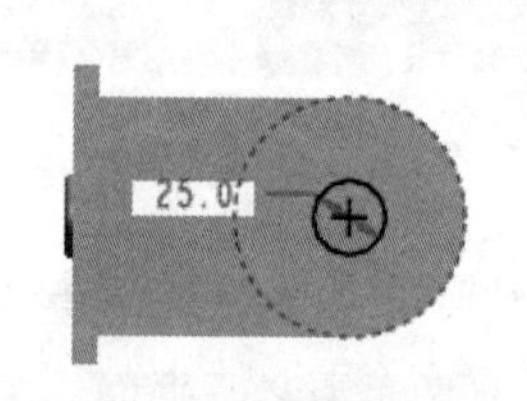

图 11.2.51　草绘 14

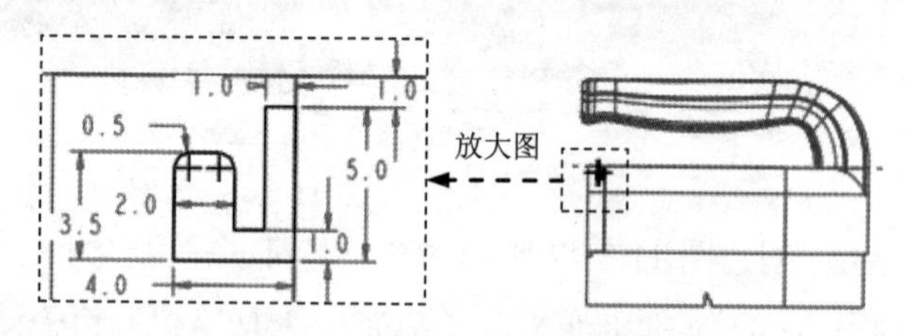

图 11.2.52　草绘 15

Step48. 保存模型文件。

11.3　二 级 控 件

下面讲解二级控件（SECOND.PRT）的创建过程。零件模型及模型树如图 11.3.1 所示。

Step1. 在装配体中创建二级控件（SECOND.PRT）。

（1）选择下拉菜单 插入(I) → 元件(C) → 创建(C)... 命令。

（2）在系统弹出的“元件创建”对话框中选中 类型 选项组的 零件 单选项；选中 子类型 选项组中的 实体 单选项；在 名称 文本框中输入文件名 SECOND，单击 确定 按钮。

（3）在系统弹出的“创建选项”对话框中选中 空 单选项，单击 确定 按钮。

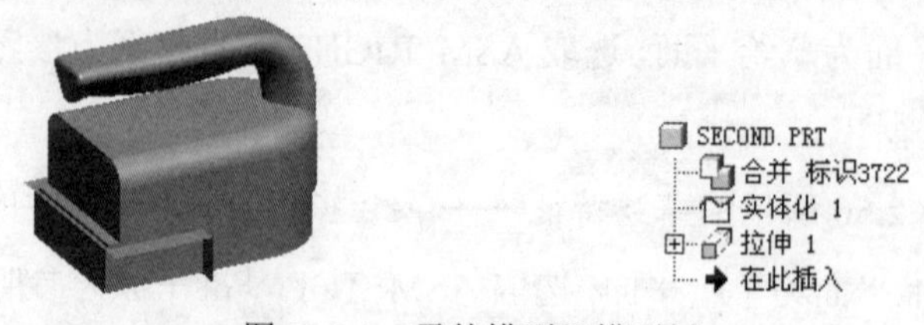

图 11.3.1　零件模型及模型树

Step2. 激活二级控件模型。

（1）在模型树中单击 SECOND.PRT，然后右击，在系统弹出的快捷菜单中选择 激活 命令。

（2）选择下拉菜单 插入(I) → 共享数据(D) ▸ → 合并/继承(M)... 命令，系统弹出“复制几何”操控板，在该操控板中进行下列操作：

① 在操控板中，先确认“将参照类型设置为组件上下文”按钮被按下。

② 复制几何。在操控板中单击 参照 按钮，系统弹出“参照”界面；选中 ☑ 复制基准 复选框，然后在绘图区选取骨架模型；单击“完成”按钮。

Step3. 在模型树中选择 SECOND.PRT，然后右击，在系统弹出的快捷菜单中选择 打开 命令。

Step4. 隐藏草图及曲线。在模型树区域选取下拉列表中的 层树(L) 选项，在系统弹出的层区域中右击 CURVE，从系统弹出的快捷菜单中选取 隐藏 选项，此时完成骨架模型中的所有曲线及草图的隐藏。

Step5. 添加图 11.3.2b 所示的实体化特征——实体化 1。选取图 11.3.2a 所示的曲面，选择下拉菜单 编辑(E) → 实体化(Y)... 命令；定义实体化方向如图 11.3.2a 所示，并在操控板中单击“去除材料”按钮。

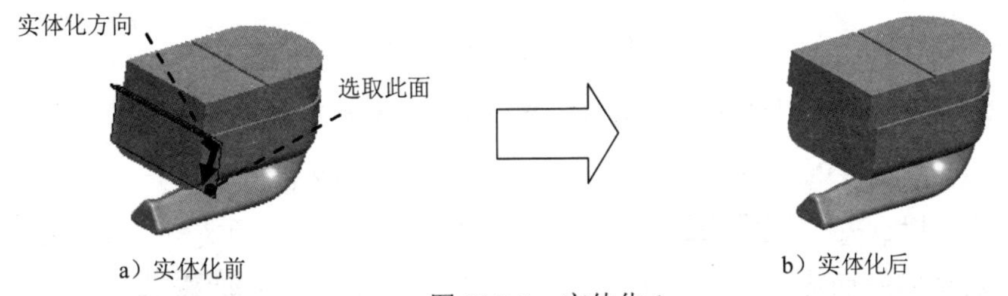

图 11.3.2　实体化 1

Step6. 创建图 11.3.3 所示的拉伸特征——拉伸 1。选择下拉菜单 插入(I) → 拉伸(E)... 命令，在操控板中应确认“曲面”按钮被按下；选取 ASM_TOP 基准平面为草绘平面，选取 ASM_FRONT 基准平面为参照平面，方向为 底部；单击对话框中的 草绘 按钮，绘制图 11.3.4 所示的截面草图；在操控板中选取深度类型为，输入深度值 100.0。

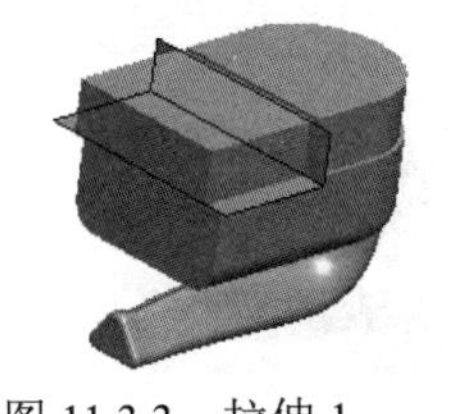

图 11.3.3　拉伸 1

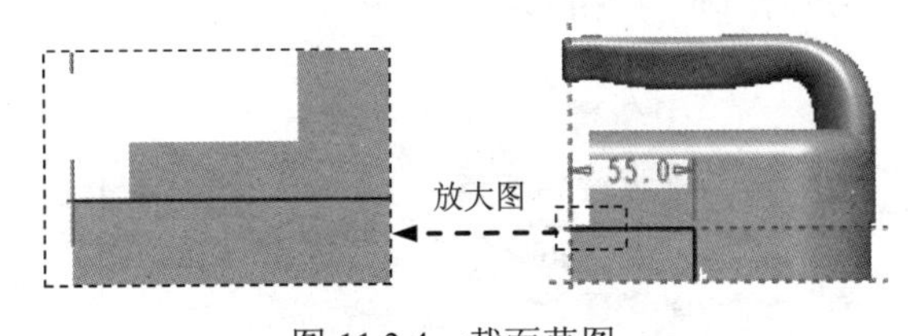

图 11.3.4　截面草图

Step7. 保存模型文件。

11.4　三级控件

下面讲解三级控件（THIRD.PRT）的创建过程。零件模型及模型树如图 11.4.1 所示。

图 11.4.1　零件模型及模型树

Step1. 在装配体中创建三级控件（THIRD.PRT）。选择下拉菜单 插入(I) → 元件(C) → 创建(C)... 命令；在系统弹出的“元件创建”对话框中选中 类型 选项组的 ◉ 零件 单选项；选中 子类型 选项组中的 ◉ 实体 单选项；在 名称 文本框中输入文件名 THIRD，单击 确定 按钮；在系统弹出的“创建选项”对话框中选中 ◉ 空 单选项，单击 确定 按钮。

Step2. 激活三级控件模型。

（1）在模型树中单击 THIRD.PRT，然后右击，在系统弹出的快捷菜单中选择 激活 命令。

（2）选择下拉菜单 插入(I) → 共享数据(D) → 合并/继承(M)... 命令，系统弹出“复制几何”操控板，在该操控板中进行下列操作：

① 在操控板中，先确认“将参照类型设置为组件上下文”按钮被按下。

② 复制几何。在操控板中单击 参照 按钮，系统弹出“参照”界面；选中 ☑ 复制基准 复选框，然后在模型树中选取 SECOND.PRT 为参照模型；单击“完成”按钮✔。

Step3. 在模型树中选择 THIRD.PRT，然后右击，在系统弹出的快捷菜单中选择 打开 命令。

Step4. 隐藏草图及曲线。在模型树区域选取下拉列表中的 层树(L) 选项，在系统弹出的层区域中右击 CURVE，从系统弹出的快捷菜单中选取 隐藏 选项，此时完成三级控件中的所有曲线及草图的隐藏。

Step5. 添加图 11.4.2b 所示的实体化特征——实体化 1。选取图 11.4.2a 所示的曲面，选择下拉菜单 编辑(E) → 实体化(Y)... 命令；定义实体化方向如图 11.4.2a 所示，并在操控板中单击“去除材料”按钮。

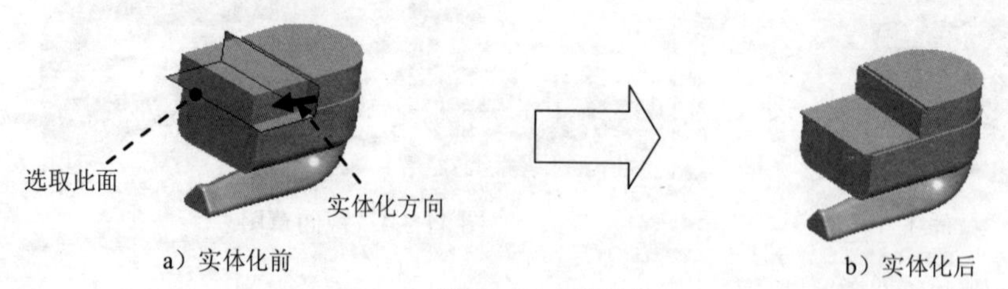

a）实体化前　　b）实体化后

图 11.4.2　实体化 1

Step6. 创建图 11.4.3 所示的拉伸特征——拉伸 1。选择下拉菜单 插入(I) → 拉伸(E)... 命令，在操控板中应确认“曲面”按钮被按下；选取 ASM_TOP 基准平面为草绘平面，选取 ASM_FRONT 基准平面为参照平面，方向为 底部；单击对话框中的 草绘 按钮，绘制图 11.4.4 所示的截面草图；在操控板中选取深度类型为，输入深度值 100.0。

图 11.4.3　拉伸 1

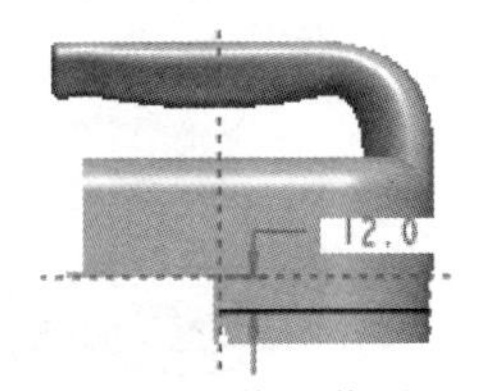

图 11.4.4　截面草图

Step7. 创建图 11.4.5 所示的拉伸特征——拉伸 2。选择下拉菜单 插入(I) → 拉伸(E)... 命令，在操控板中应确认“曲面”按钮被按下；选取图 11.4.6 所示的面为草绘平面，选取 ASM_TOP 基准平面为参照平面，方向为 底部；单击对话框中的 草绘 按钮，绘制图 11.4.7 所示的截面草图；在操控板中选取深度类型为，选取图 11.4.8 所示的面为拉伸终止面。

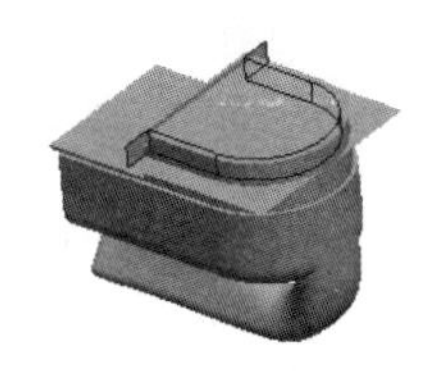

图 11.4.5　拉伸 2

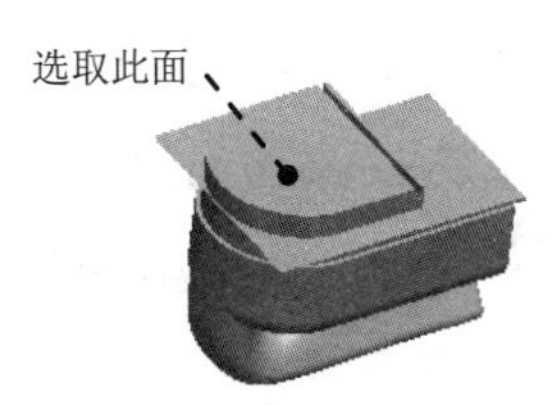

图 11.4.6　定义草绘平面

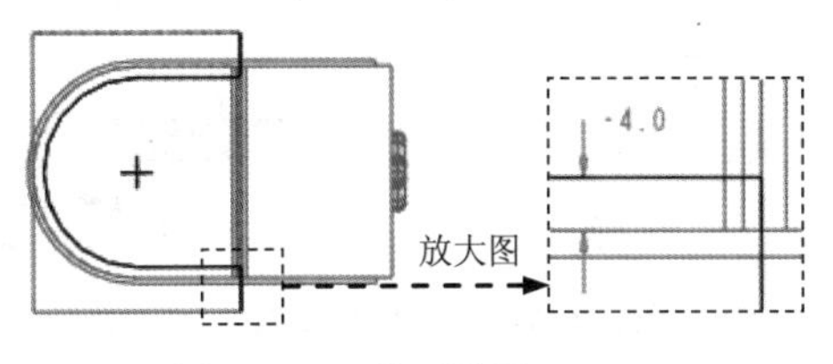

图 11.4.7　截面草图

Step8. 添加图 11.4.9 所示的修剪特征——修剪 1。在模型树中选取拉伸 1，选择下拉菜单 编辑(E) → 修剪(T)... 命令；在绘图区选取拉伸 2 作为修剪对象，定义修剪方向如图 11.4.9 所示。

Step9. 添加合并特征——合并 1。按住<Ctrl>键，在模型树中依次选取拉伸 1 和拉伸 2 为合并对象，选择 编辑(E) → 合并(G)... 命令；在操控板中单击“完成”按钮，完成合并 1 的创建。

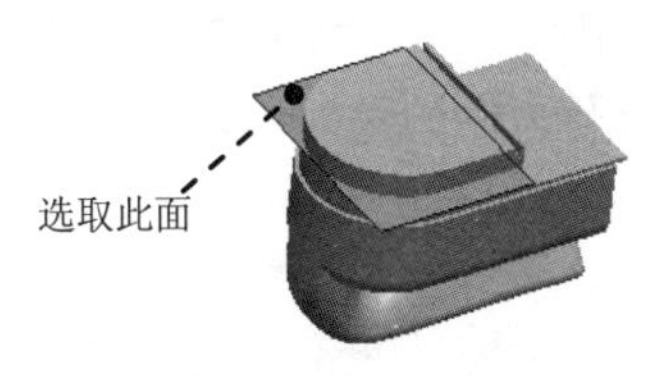

图 11.4.8　定义拉伸终止面

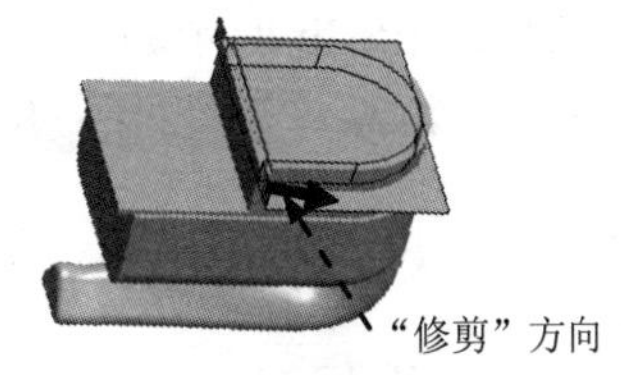

图 11.4.9　修剪 1

Step10. 保存模型文件。

11.5　四 级 控 件

下面讲解四级控件（FOURTH.PRT）的创建过程。零件模型及模型树如图 11.5.1 所示。

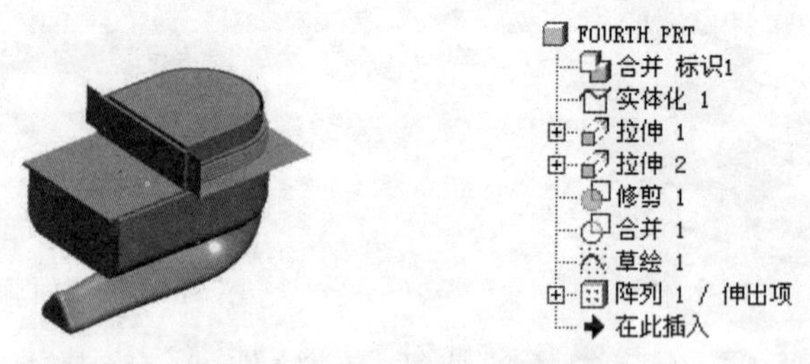

图 11.5.1　零件模型及模型树

Step1. 在装配体中创建四级控件（FOURTH.PRT）。选择下拉菜单 插入(I) → 元件(C) ▸ → 创建(C)... 命令；在系统弹出的“元件创建”对话框中选中 类型 选项组的 ◉ 零件 单选项；选中 子类型 选项组中的 ◉ 实体 单选项；在 名称 文本框中输入文件名 FOURTH，单击 确定 按钮；在系统弹出的“创建选项”对话框中选中 ◉ 空 单选项，单击 确定 按钮。

Step2. 激活四级控件模型。

（1）在模型树中单击 FOURTH.PRT，然后右击，在系统弹出的快捷菜单中选择 激活 命令。

（2）选择下拉菜单 插入(I) → 共享数据(D) ▸ → 合并/继承(M)... 命令，系统弹出“复制几何”操控板，在该操控板中进行下列操作：

① 在操控板中，先确认“将参照类型设置为组件上下文”按钮 被按下。

② 复制几何。在操控板中单击 参照 按钮，系统弹出“参照”界面；选中 ☑ 复制基准 复选框，然后在模型树中选取 THIRD.PRT 为参照模型；单击“完成”按钮 ✓。

Step3. 在模型树中选择 FOURTH.PRT，然后右击，在系统弹出的快捷菜单中选择 打开 命令。

Step4. 隐藏草图及曲线。在模型树区域选取 下拉列表中的 层树(L) 选项，在系统弹出的层区域中右击 CURVE，从系统弹出的快捷菜单中选取 隐藏 选项，此时完成四级控件中的所有曲线及草图的隐藏。

Step5. 添加图 11.5.2b 所示的实体化特征——实体化 1。选取图 11.5.2a 所示的曲面，选择下拉菜单 编辑(E) → 实体化(Y)... 命令；定义实体化方向如图 11.5.2a 所示，并在操控板中单击“去除材料”按钮 。

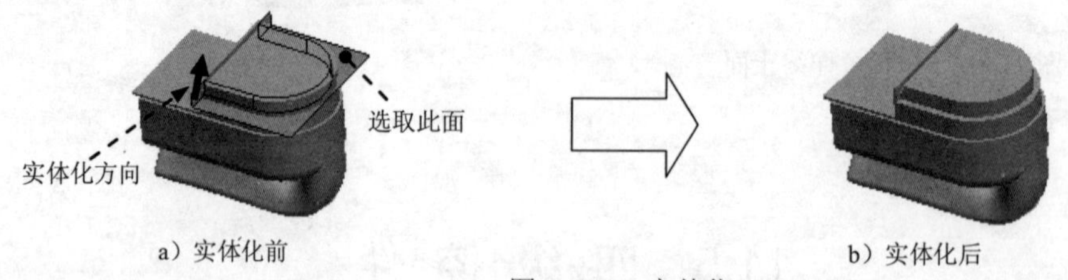

图 11.5.2　实体化 1

Step6. 创建图 11.5.3 所示的拉伸特征——拉伸 1。选择下拉菜单 插入(I) → 拉伸(E)... 命令，在操控板中应确认“曲面”按钮 被按下；选取 ASM_TOP 基准平面为草绘平面，选取 ASM_FRONT 基准平面为参照平面，方向为 底部；单击对话框中的 草绘按钮，绘制图 11.5.4 所示的截面草图；在操控板中选取深度类型为，输入深度值 100.0。

图 11.5.3　拉伸 1

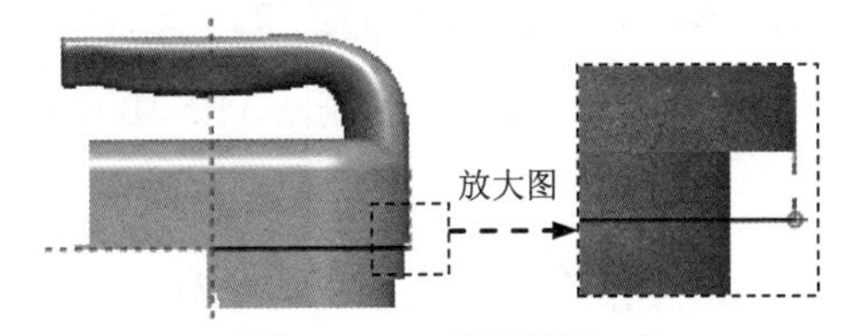

图 11.5.4　截面草图

Step7. 创建图 11.5.5 所示的拉伸特征——拉伸 2。选择下拉菜单 插入(I) ➡ 拉伸(E)... 命令，在操控板中应确认“曲面”按钮被按下；选取图 11.5.6 所示的面为草绘平面，选取 ASM_TOP 基准平面为参照平面，方向为 顶；单击对话框中的 草绘 按钮，绘制图 11.5.7 所示的截面草图；在操控板中选取深度类型为，选取图 11.5.8 所示的面为拉伸终止面。

图 11.5.5　拉伸 2

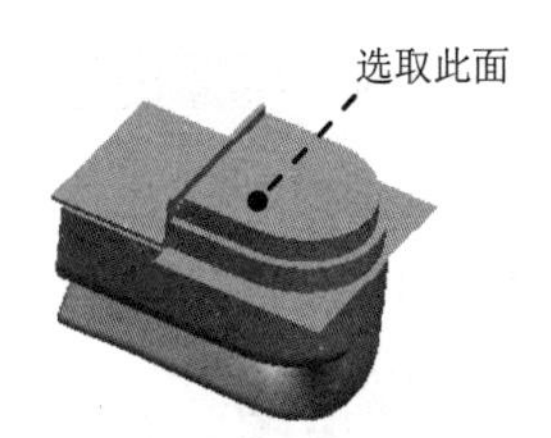

图 11.5.6　定义草绘平面

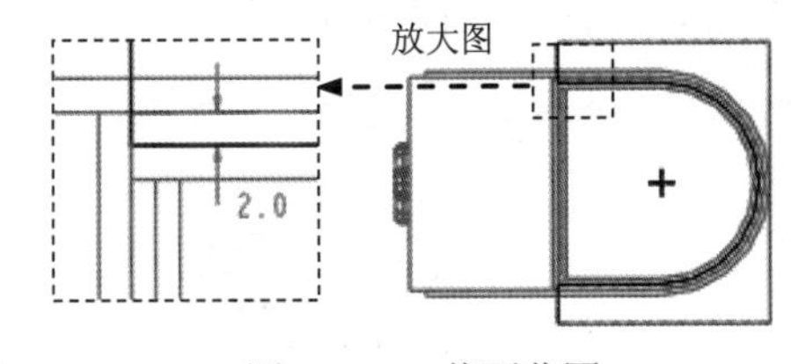

图 11.5.7　截面草图

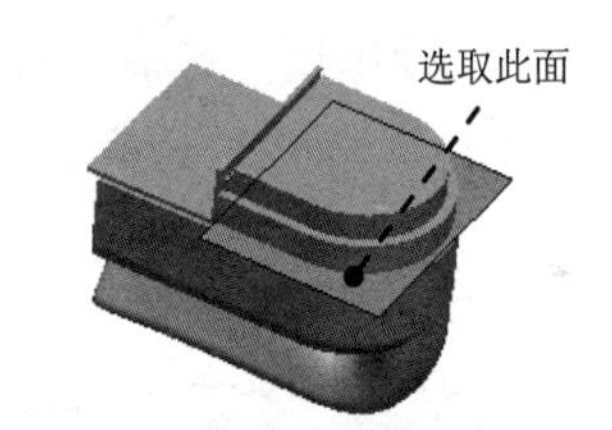

图 11.5.8　定义拉伸终止面

Step8. 添加图 11.5.9 所示的修剪特征——修剪 1。在模型树中选取拉伸 1，选择下拉菜单 编辑(E) ➡ 修剪(T)... 命令；在绘图区选取拉伸 2 作为修剪对象，定义修剪方向如图 11.5.9 所示。

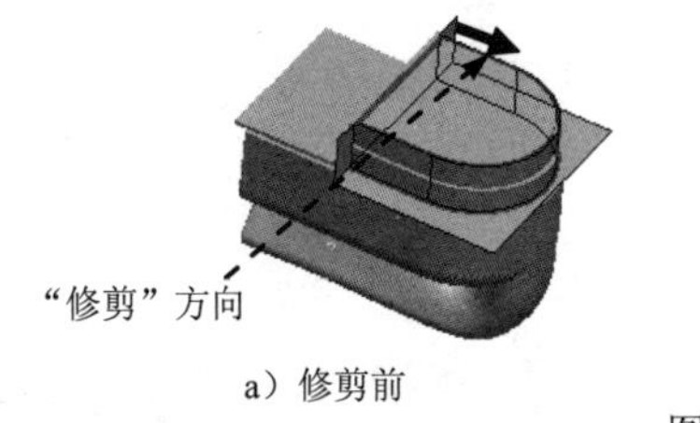

a）修剪前

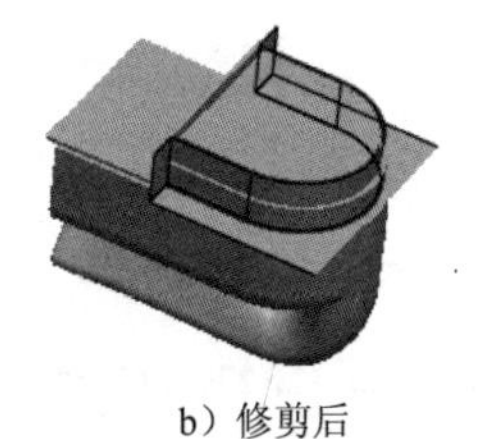
b）修剪后

图 11.5.9　修剪 1

Step9. 添加合并特征——合并 1。按住<Ctrl>键，在模型树中依次选取拉伸 1 和拉伸 2 为合并对象，选择 编辑(E) ➡ 合并(G)... 命令；在操控板中单击“完成”按钮，完成合并 1 的创建。

Step10. 创建图 11.5.10 所示的草绘特征——草绘 1。单击工具栏中的“草绘”按钮，选取图 11.5.11 所示的面为草绘平面，选取 ASM_TOP 基准平面为参照平面，方向为底部；单击此对话框中的草绘按钮，绘制图 11.5.10 所示的草图。

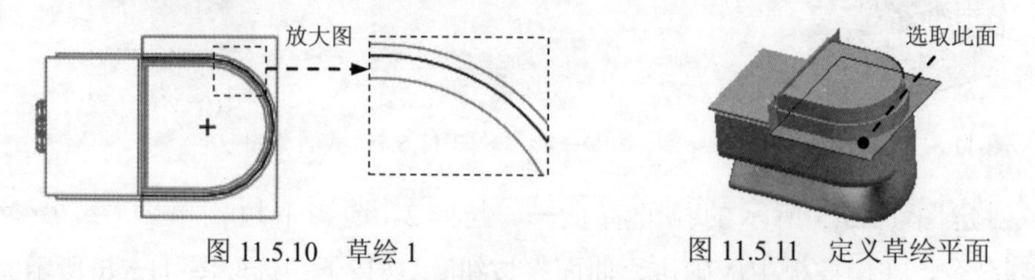

图 11.5.10　草绘 1　　　图 11.5.11　定义草绘平面

Step11. 创建图 11.5.12 所示的扫描特征——伸出项（标识 1424）。

（1）选择下拉菜单插入(I) → 扫描(S) → 伸出项(P)... 命令，系统弹出“伸出项：扫描”对话框。

（2）定义扫描轨迹。在▼ SWEEP TRAJ（扫描轨迹）菜单中选择Select Traj（选取轨迹）命令，在绘图区选取图 11.5.10 所示的草绘 1；单击“选取”对话框中的确定按钮，定义扫描轨迹的起始方向如图 11.5.13 所示；在菜单管理器中选择Done（完成）命令。

（3）系统进入截面草绘环境，绘制图 11.5.14 所示的截面草图，完成后单击✔按钮。

（4）在系统弹出的▼ DIRECTION（方向）菜单管理器中选择Okay（确定）命令。

（5）单击“伸出项：扫描”对话框中的确定按钮，完成伸出项（标识 1424）的创建。

说明：图 11.5.14 所示的截面草图必须是封闭的，否则此特征将无法生成。

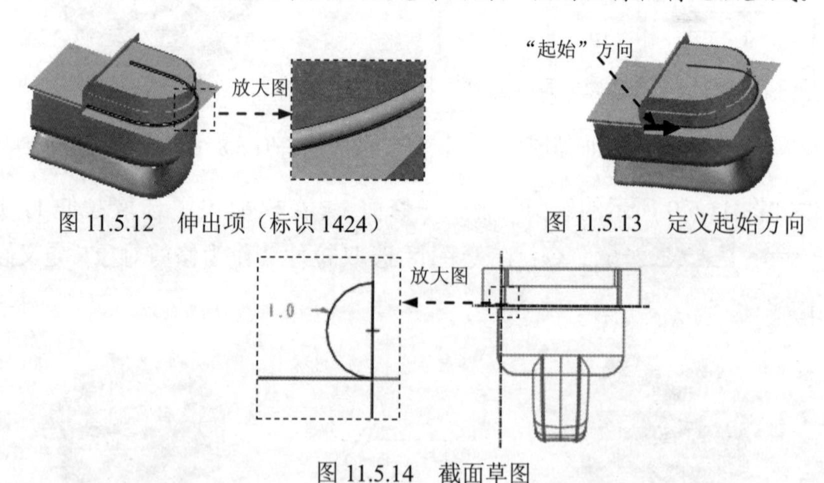

图 11.5.12　伸出项（标识 1424）　　　图 11.5.13　定义起始方向

图 11.5.14　截面草图

Step12. 添加图 11.5.15 所示的阵列特征——阵列 1/伸出项。

（1）在模型树中选取图 11.5.12 所示的伸出项，选择下拉菜单编辑(E) → 阵列(P)... 命令，系统弹出“阵列”操控板。

（2）选取阵列类型。在操控板的选项界面中选中一般单选项。

（3）选择阵列控制方式及参数。在操控板中单击方向按钮，在绘图区选取图 11.5.16 所示的边线，输入增量值 2.0，在操控板中输入阵列数目值 5，并按<Enter>键。

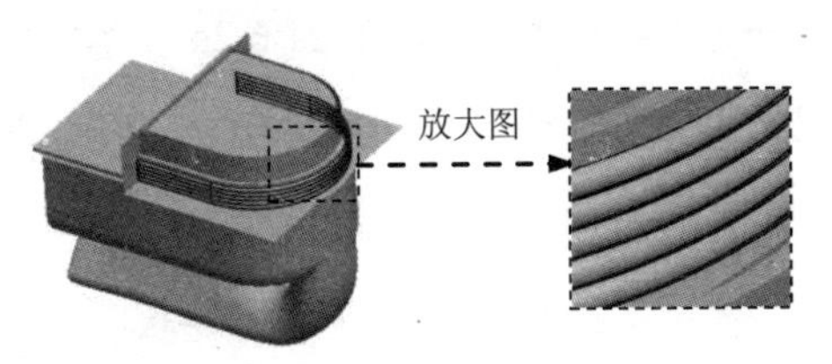

图 11.5.15　阵列 1/伸出项

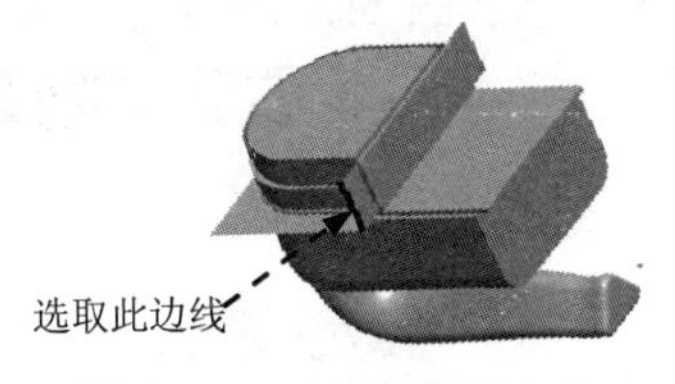

图 11.5.16　定义阵列方向

（4）单击✔按钮，完成阵列 1/伸出项的创建。

Step13. 保存模型文件。

11.6　五级控件

下面讲解五级控件（FIFTH.PRT）的创建过程。零件模型及模型树如图 11.6.1 所示。

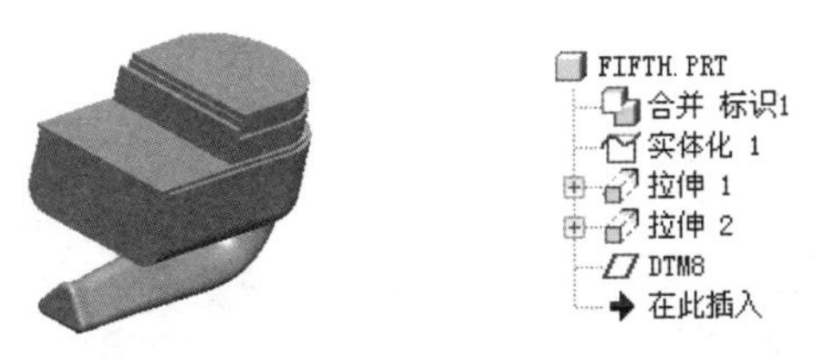

图 11.6.1　零件模型及模型树

Step1. 在装配体中创建五级控件（FIFTH.PRT）。选择下拉菜单 插入(I) ➡ 元件(C) ➡ 创建(C)... 命令；在系统弹出的“元件创建”对话框中选中 类型 选项组中的 ◉ 零件 单选项；选中 子类型 选项组中的 ◉ 实体 单选项；在 名称 文本框中输入文件名 FIFTH，单击 确定 按钮；在系统弹出的“创建选项”对话框中选中 ◉ 空 单选项，单击 确定 按钮。

Step2. 激活五级控件模型。

（1）在模型树中单击 FIFTH.PRT，然后右击，在系统弹出的快捷菜单中选择 激活 命令。

（2）选择下拉菜单 插入(I) ➡ 共享数据(D) ➡ 合并/继承(M)... 命令，系统弹出“复制几何”操控板。在该操控板中进行下列操作：

① 在操控板中，先确认“将参照类型设置为组件上下文”按钮被按下。

② 复制几何。在操控板中单击 参照 按钮，系统弹出“参照”界面；选中 ☑ 复制基准 复选框，然后在模型树中选取 FOURTH.PRT 为参照模型；单击“完成”按钮✔。

Step3. 在模型树中选择 FIFTH.PRT，然后右击，在系统弹出的快捷菜单中选择 打开 命令。

Step4. 隐藏草图及曲线。在模型树区域选取下拉列表中的 层树(L) 选项，在系统弹出的层区域中右击 CURVE，从系统弹出的快捷菜单中选取 隐藏 选项，此时完成四级控件中的所有曲线及草图的隐藏。

Step5. 添加图 11.6.2b 所示的实体化特征——实体化 1。选取图 11.6.2a 所示的面，选择下拉菜单 编辑(E) → 实体化(Y)... 命令；定义实体化方向如图 11.6.2a 所示，并在操控板中单击“去除材料”按钮。

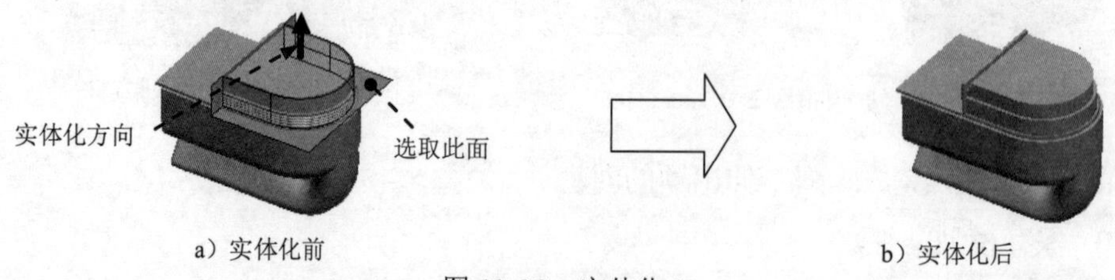

a）实体化前　　b）实体化后

图 11.6.2　实体化 1

Step6. 创建图 11.6.3 所示的拉伸特征——拉伸 1。选择下拉菜单 插入(I) → 拉伸(E)... 命令，选取图 11.6.4 所示的面为草绘平面，选取 ASM_TOP 基准平面为参照平面，方向为 顶；绘制图 11.6.5 所示的截面草图；在操控板中选取深度类型为，选取图 11.6.6 所示的面为拉伸终止面，并单击“去除材料”按钮。

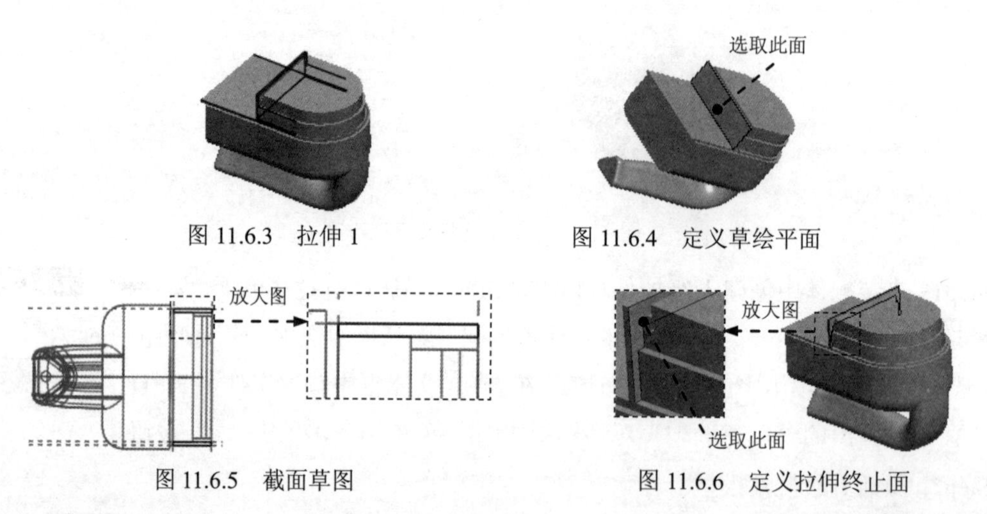

图 11.6.3　拉伸 1　　图 11.6.4　定义草绘平面

图 11.6.5　截面草图　　图 11.6.6　定义拉伸终止面

Step7. 创建图 11.6.7 所示的拉伸特征——拉伸 2。选择下拉菜单 插入(I) → 拉伸(E)... 命令，选取图 11.6.4 所示的面为草绘平面，选取 ASM_TOP 基准平面为参照平面，方向为 顶；绘制图 11.6.8 所示的截面草图；在操控板中选取深度类型为，输入深度值 2.0，并单击“去除材料”按钮。

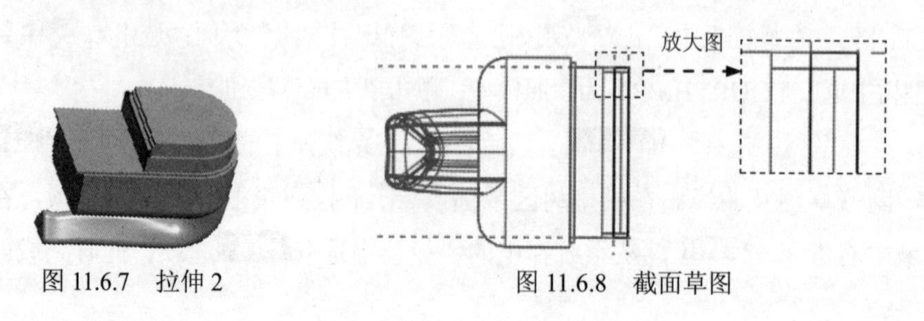

图 11.6.7　拉伸 2　　图 11.6.8　截面草图

Step8. 创建图 11.6.9 所示的基准平面——DTM8。选择下拉菜单 插入(I) → 模型基准(D) ▸ → 平面(L)... 命令；选取 ASM_TOP 基准平面为参照，定义约束类型为 偏移，输入偏移距离值 25.0。

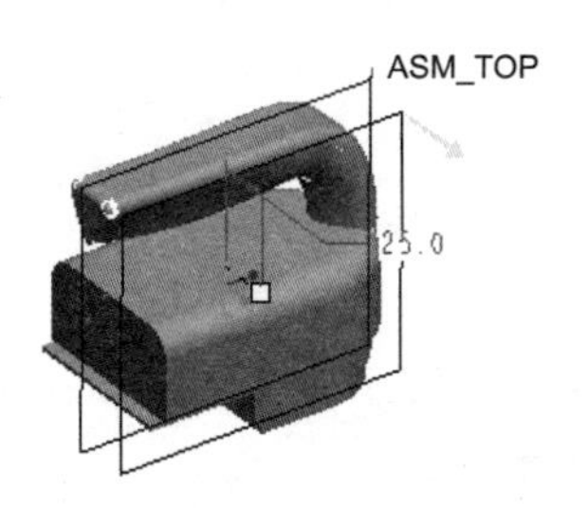

图 11.6.9　基准平面 DTM8

Step9. 保存模型文件。

11.7　下　盖

下面讲解下盖（DOWN_COVER.PRT）的创建过程。零件模型及模型树如图 11.7.1 所示。

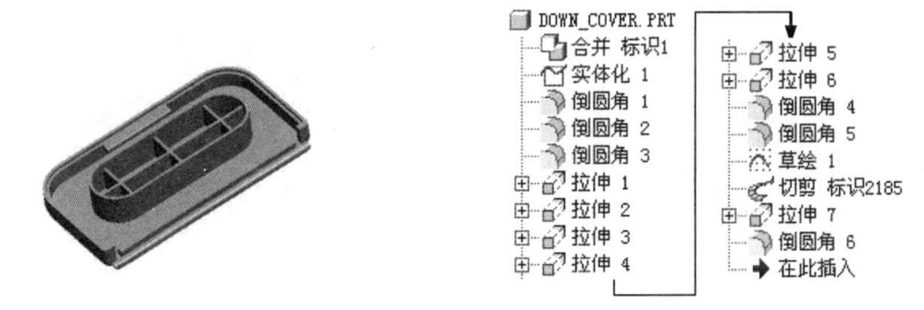

图 11.7.1　零件模型及模型树

Step1. 在装配体中创建下盖（DOWN_COVER.PRT）。选择下拉菜单 插入(I) → 元件(C) ▸ → 创建(C)... 命令；在系统弹出的“元件创建”对话框中选中 类型 选项组的 ◉ 零件 单选项；选中 子类型 选项组中的 ◉ 实体 单选项；在 名称 文本框中输入文件名 DOWN_COVER，单击 确定 按钮；在系统弹出的“创建选项”对话框中选中 ◉ 空 单选项，单击 确定 按钮。

Step2. 激活下盖模型。

(1) 在模型树中单击 DOWN_COVER.PRT，然后右击，在系统弹出的快捷菜单中选择 激活 命令。

(2) 选择下拉菜单 插入(I) → 共享数据(D) ▸ → 合并/继承(M)... 命令，系统弹出“复制几何”操控板。在该操控板中进行下列操作：

① 在操控板中，先确认“将参照类型设置为组件上下文”按钮被按下。

② 复制几何。在操控板中单击 参照 按钮，系统弹出“参照”界面；选中 ☑ 复制基准 复选框，然后在模型树中选取骨架模型为参照模型；单击“完成”按钮 ✓。

Step3. 在模型树中选择 DOWN_COVER.PRT，然后右击，在系统弹出的快捷菜单中选择 打开 命令。

Step4. 隐藏草图及曲线。在模型树区域选取 下拉列表中的 层树(L) 选项，在系统弹出的层区域中右击 CURVE，在系统弹出的快捷菜单中选取 隐藏 选项，此时完成骨架模型中的所有曲线及草图的隐藏。

Step5. 添加图 11.7.2b 所示的实体化特征——实体化 1。选取图 11.7.2a 所示的曲面，选择下拉菜单 编辑(E) → 实体化(Y)... 命令；定义实体化方向如图 11.7.2a 所示，并在操控板中单击“去除材料”按钮 。

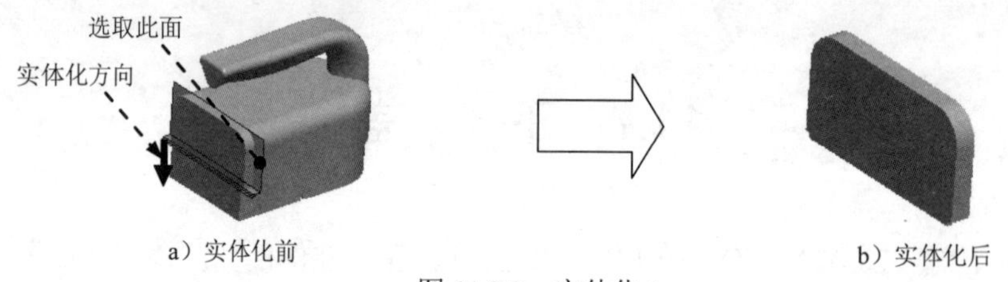

a）实体化前　b）实体化后

图 11.7.2　实体化 1

Step6. 创建图 11.7.3b 所示的圆角特征——倒圆角 1。选择 插入(I) → 倒圆角(O)... 命令；选取图 11.7.3a 所示的边链为圆角放置参照，圆角半径值为 3.0。

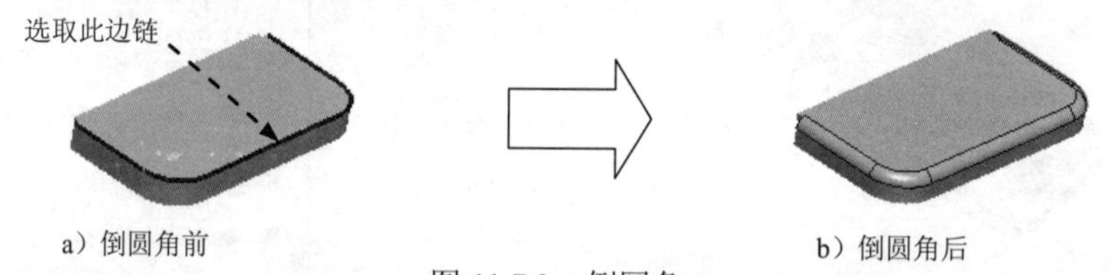

a）倒圆角前　b）倒圆角后

图 11.7.3　倒圆角 1

Step7. 添加图 11.7.4b 所示的倒圆角特征——倒圆角 2。选择下拉菜单 插入(I) → 倒圆角(O)... 命令；选取图 11.7.4a 所示的边链为圆角放置参照，圆角半径值为 1.5。

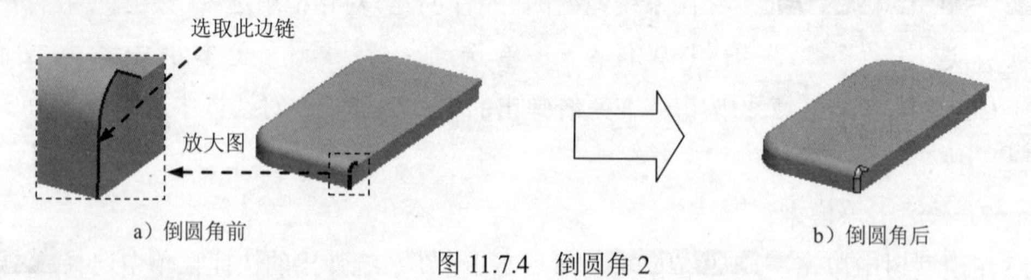

a）倒圆角前　b）倒圆角后

图 11.7.4　倒圆角 2

Step8. 添加图 11.7.5b 所示的倒圆角特征——倒圆角 3。选择下拉菜单 插入(I) → 倒圆角(O)... 命令；选取图 11.7.5a 所示的边链为圆角放置参照，圆角半径值为 1.5。

Step9. 创建图 11.7.6 所示的拉伸特征——拉伸 1。选择下拉菜单 插入(I) → 拉伸(E)... 命令；选取图 11.7.7 所示的面为草绘平面，选取 ASM_TOP 基准平面为参照平面，方向为 右；单击对话框中的 草绘 按钮，绘制图 11.7.8 所示的截面草图（用“偏移”命令 ）；在操控板中选取深度类型为 ，输入深度值 6.0，并单击“去除材料”按钮 。

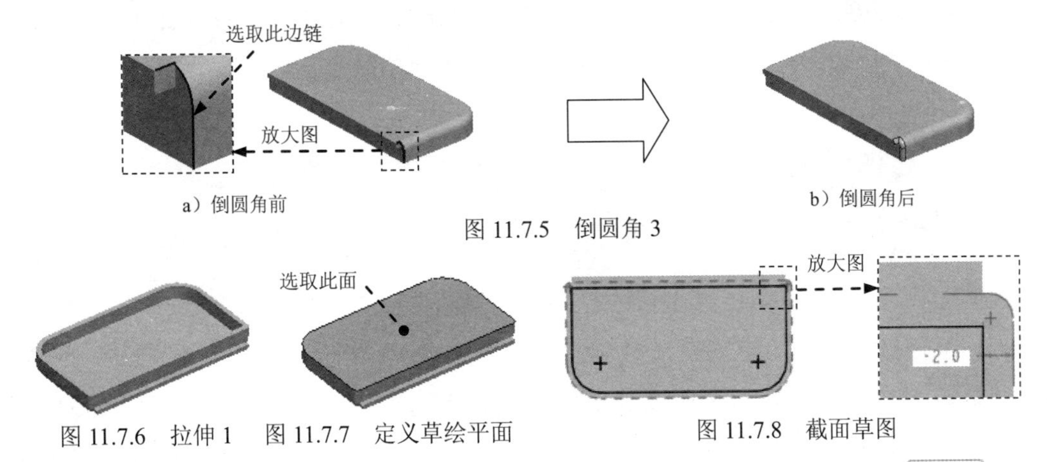

a）倒圆角前　　b）倒圆角后

图 11.7.5　倒圆角 3

图 11.7.6　拉伸 1　图 11.7.7　定义草绘平面　图 11.7.8　截面草图

Step10. 创建图 11.7.9 所示的拉伸特征——拉伸 2。选择下拉菜单 插入(I) → 拉伸(E)... 命令；选取图 11.7.10 所示的面为草绘平面，选取 ASM_TOP 基准平面为参照平面，方向为 左；单击对话框中的 草绘 按钮，绘制图 11.7.11 所示的截面草图；在操控板中选取深度类型为 ，输入深度值 2.0，并单击“去除材料”按钮 。

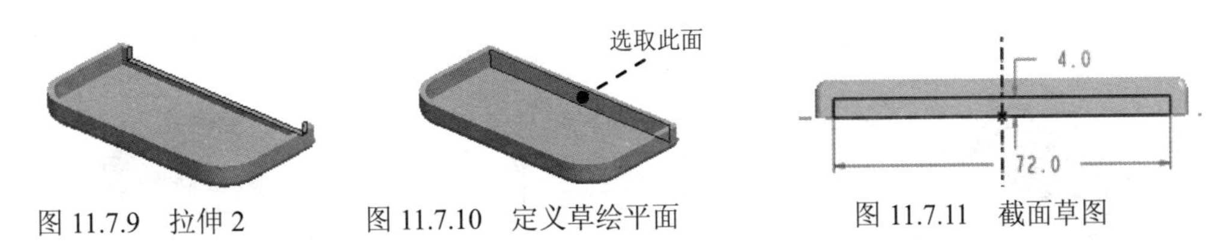

图 11.7.9　拉伸 2　图 11.7.10　定义草绘平面　图 11.7.11　截面草图

Step11. 创建图 11.7.12 所示的拉伸特征——拉伸 3。选择下拉菜单 插入(I) → 拉伸(E)... 命令；选取图 11.7.13 所示的面为草绘平面，选取 ASM_TOP 基准平面为参照平面，方向为 左；单击对话框中的 草绘 按钮，绘制图 11.7.14 所示的截面草图；在操控板中选取深度类型为 ，输入深度值 2.0，并单击“去除材料”按钮 。

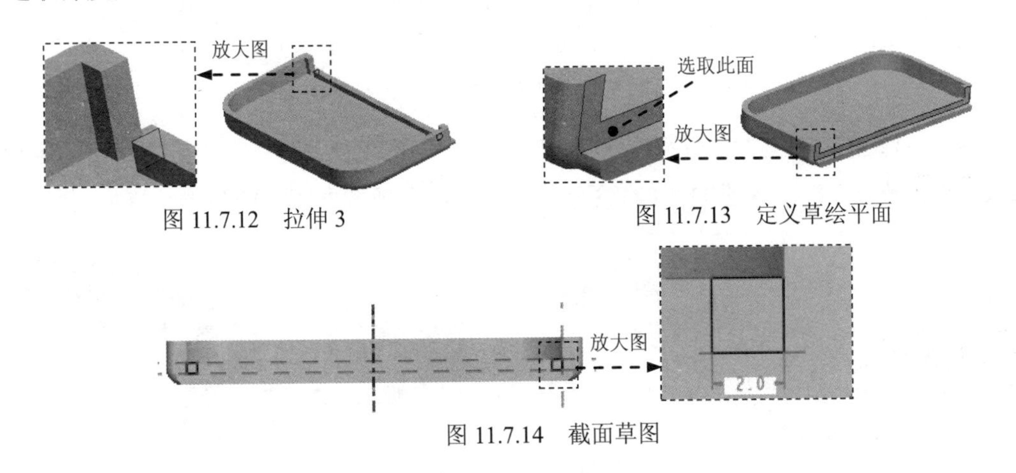

图 11.7.12　拉伸 3　图 11.7.13　定义草绘平面

图 11.7.14　截面草图

Step12. 创建图 11.7.15 所示的拉伸特征——拉伸 4。选择下拉菜单 插入(I) → 拉伸(E)... 命令；选取图 11.7.16 所示的面为草绘平面，选取 ASM_FRONT 基准平面为参照平面，方向为 顶；单击对话框中的 草绘 按钮，绘制图 11.7.17 所示的截面草图；在操控板中选取深度类型为，输入深度值 10.0；按下“加厚草图”按钮，输入值 1.0。

图 11.7.15　拉伸 4

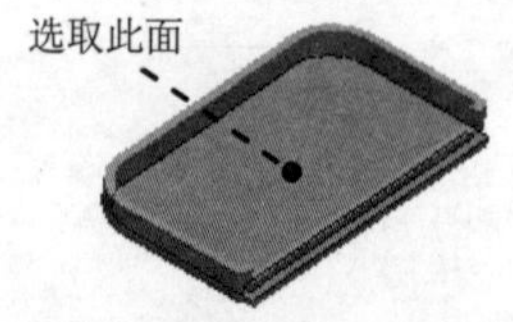

图 11.7.16　定义草绘平面

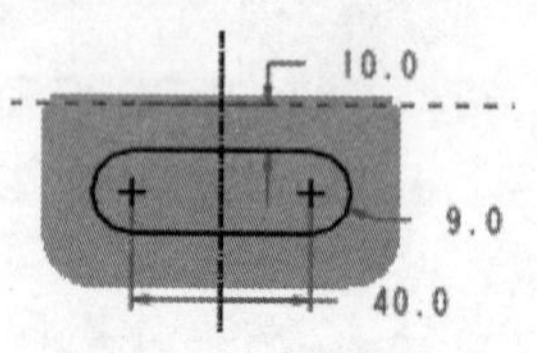

图 11.7.17　截面草图

Step13. 创建图 11.7.18 所示的拉伸特征——拉伸 5。选择下拉菜单 插入(I) → 拉伸(E)... 命令；选取图 11.7.16 所示的面为草绘平面，选取 ASM_TOP 基准平面为参照平面，方向为 右，单击对话框中的 草绘 按钮，绘制图 11.7.19 所示的截面草图；在操控板中选取深度类型为，输入深度值 8.0；按下“加厚草图”按钮，输入值 1.0。

Step14. 创建图 11.7.20 所示的拉伸特征——拉伸 6。选择下拉菜单 插入(I) → 拉伸(E)... 命令；选取图 11.7.16 所示的面为草绘平面，选取 ASM_TOP 基准平面为参照平面，方向为 右；单击对话框中的 草绘 按钮，绘制图 11.7.21 所示的截面草图；在操控板中选取深度类型为，输入深度值 8.0。

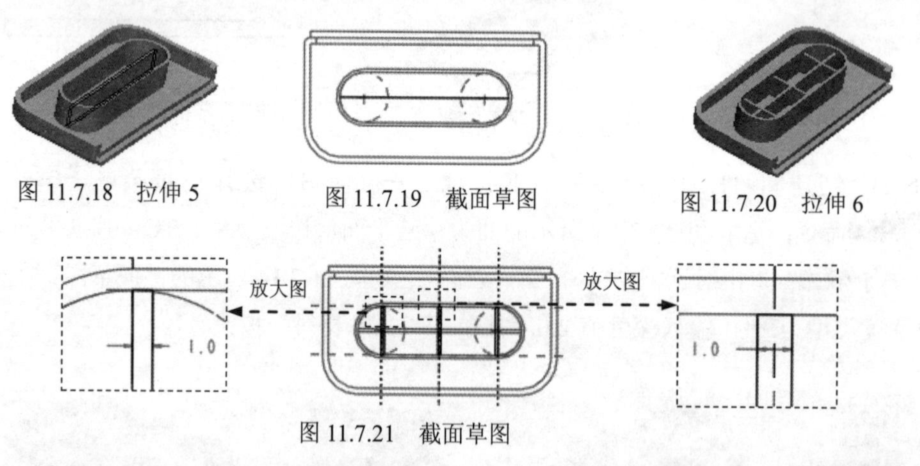

图 11.7.18　拉伸 5

图 11.7.19　截面草图

图 11.7.20　拉伸 6

图 11.7.21　截面草图

Step15. 添加图 11.7.22b 所示的倒圆角特征——倒圆角 4。选择下拉菜单 插入(I) → 倒圆角(O)... 命令；选取图 11.7.22a 所示的边线为圆角放置参照，圆角半径值为 1.0。

a）倒圆角前

b）倒圆角后

图 11.7.22　倒圆角 4

Step16. 添加图 11.7.23b 所示的倒圆角特征——倒圆角 5。选择下拉菜单 插入(I) → 倒圆角(O)... 命令。选取图 11.7.23a 所示的两条边线为圆角放置参照，圆角半径值为 0.5。

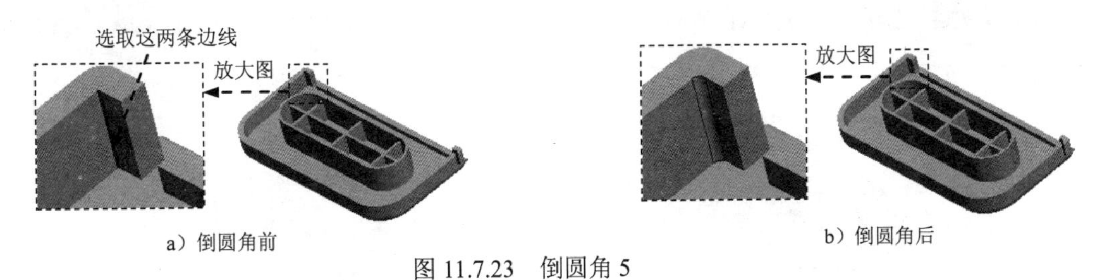

a）倒圆角前　　b）倒圆角后

图 11.7.23　倒圆角 5

Step17. 创建图 11.7.24 所示的草绘特征——草绘 1。单击工具栏中的“草绘”按钮，选取图 11.7.25 所示的面为草绘平面，选取 ASM_FRONT 基准平面为参照平面，方向为 底部；绘制图 11.7.24 所示的草图。

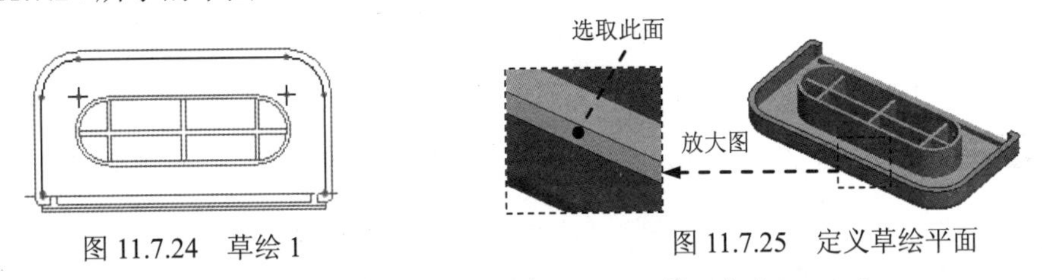

图 11.7.24　草绘 1　　图 11.7.25　定义草绘平面

Step18. 创建图 11.7.26 所示的扫描剪切特征——切剪（标识 2185）。

（1）选择下拉菜单 插入(I) → 扫描(S) → 切口(C)... 命令，系统弹出“切剪：扫描”对话框。

（2）定义扫描轨迹。在 ▼ SWEEP TRAJ (扫描轨迹) 菜单中选择 Select Traj (选取轨迹) → One By One (依次) → Select (选取) 命令；选取图 11.7.27 所示的扫描轨迹，定义起始方向如图 11.7.27 所示；选择 Done (完成) 命令。

（3）在系统弹出的菜单管理器中选择 Free Ends (自由端点) → Done (完成) 命令。

（4）系统进入截面草绘环境，绘制图 11.7.28 所示的截面草图，完成后单击✔按钮。

（5）在系统弹出的 ▼ DIRECTION (方向) 菜单管理器中选择 Okay (确定) 命令。

（6）单击扫描特征信息对话框下部的 确定 按钮，完成切剪（标识 2185）的创建。

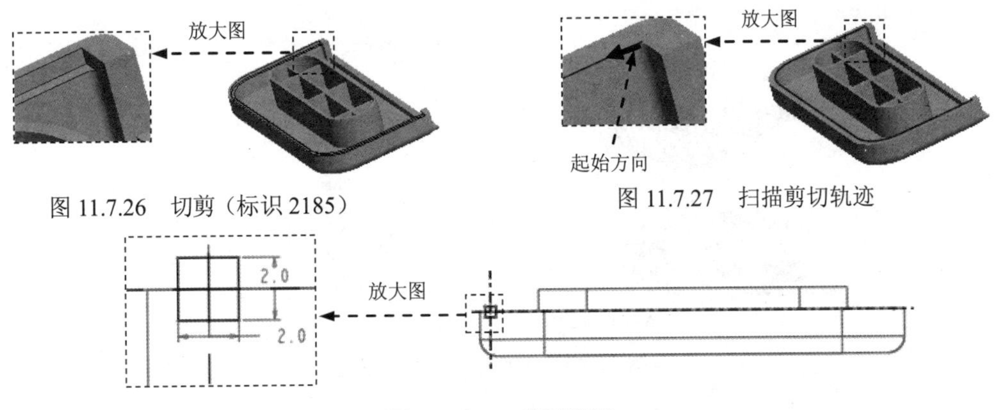

图 11.7.26　切剪（标识 2185）　　图 11.7.27　扫描剪切轨迹

图 11.7.28　截面草图

Step19. 创建图 11.7.29 所示的拉伸特征——拉伸 7。选择下拉菜单 插入(I) ➡ 拉伸(E)... 命令；选取图 11.7.30 所示的面为草绘平面，选取图 11.7.30 所示的面为参照平面，方向为 顶；绘制图 11.7.31 所示的截面草图；在操控板中选取深度类型为 ![]，输入深度值 3.0。

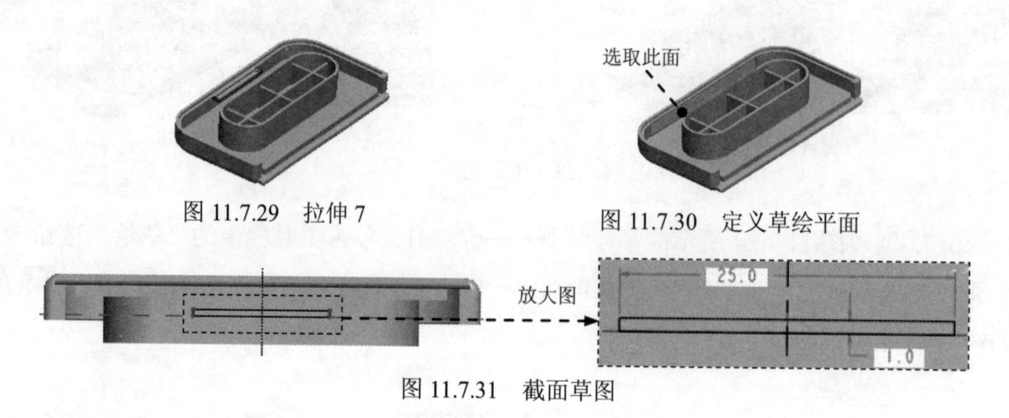

图 11.7.29　拉伸 7

图 11.7.30　定义草绘平面

图 11.7.31　截面草图

Step20. 添加图 11.7.32b 所示的倒圆角特征——倒圆角 6。选择下拉菜单 插入(I) ➡ 倒圆角(O)... 命令；选取图 11.7.32a 所示的边线为圆角放置参照，圆角半径值为 0.5。

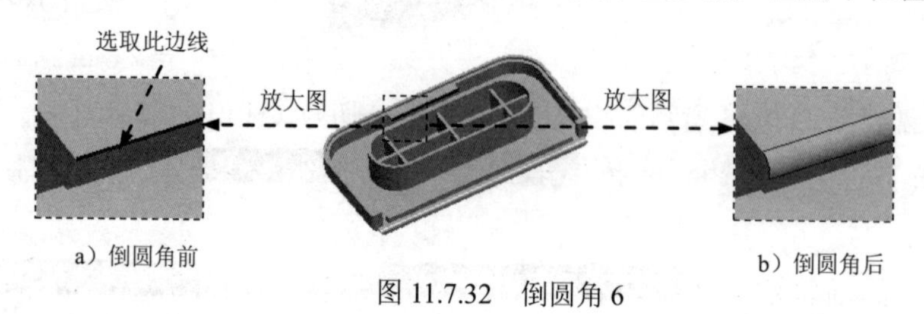

a）倒圆角前　　b）倒圆角后

图 11.7.32　倒圆角 6

Step21. 保存模型文件。

11.8　盒　　子

下面讲解盒子（BOX.PRT）的过程。零件模型及模型树如图 11.8.1 所示。

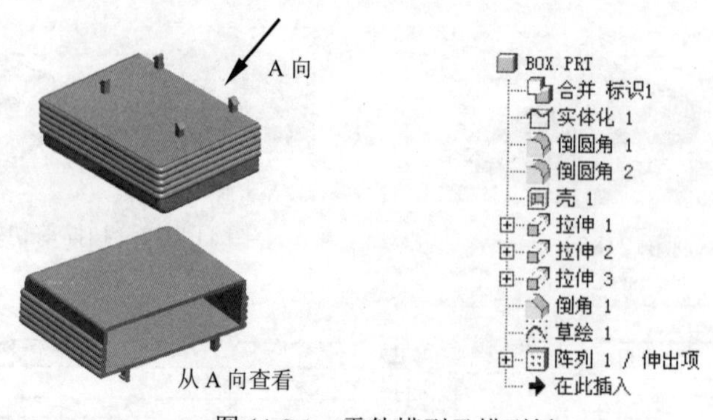

图 11.8.1　零件模型及模型树

Step1. 在装配体中创建盒子（BOX.PRT）。选择下拉菜单 插入(I) → 元件(C) → 创建(C)... 命令；在系统弹出的“元件创建”对话框中，选中 类型 选项组的 零件 单选项；选中 子类型 选项组中的 实体 单选项；在 名称 文本框中输入文件名 BOX，单击 确定 按钮；在系统弹出的“创建选项”对话框中选中 空 单选项，单击 确定 按钮。

Step2. 激活盒子模型。

（1）在模型树中单击 BOX.PRT，然后右击，在系统弹出的快捷菜单中选择 激活 命令。

（2）选择下拉菜单 插入(I) → 共享数据(D) → 合并/继承(M)... 命令，系统弹出“复制几何”操控板，在该操控板中进行下列操作：

① 在操控板中，先确认“将参照类型设置为组件上下文”按钮被按下。

② 复制几何。在操控板中单击 参照 按钮，系统弹出“参照”界面；选中 复制基准 复选框，然后在模型树中选取 SECOND.PRT 为参照模型；单击“完成”按钮。

Step3. 在模型树中选择 BOX.PRT，然后右击，在系统弹出的快捷菜单中选择 打开 命令。

Step4. 隐藏草图及曲线。在模型树区域选取下拉列表中的 层树(L) 选项，在系统弹出的层区域中右击 CURVE，从系统弹出的快捷菜单中选取 隐藏 选项，此时完成骨架模型中的所有曲线及草图的隐藏。

Step5. 添加图 11.8.2b 所示的实体化特征——实体化 1。选取图 11.8.2a 所示的曲面，选择下拉菜单 编辑(E) → 实体化(Y)... 命令；定义实体化方向如图 11.8.2a 所示，并在操控板中单击“去除材料”按钮。

Step6. 添加图 11.8.3b 所示的倒圆角特征——倒圆角 1（将视图调整到系统默认方向）。选择下拉菜单 插入(I) → 倒圆角(O)... 命令，选取图 11.8.3a 所示的边线为圆角放置参照，圆角半径值为 5.0。

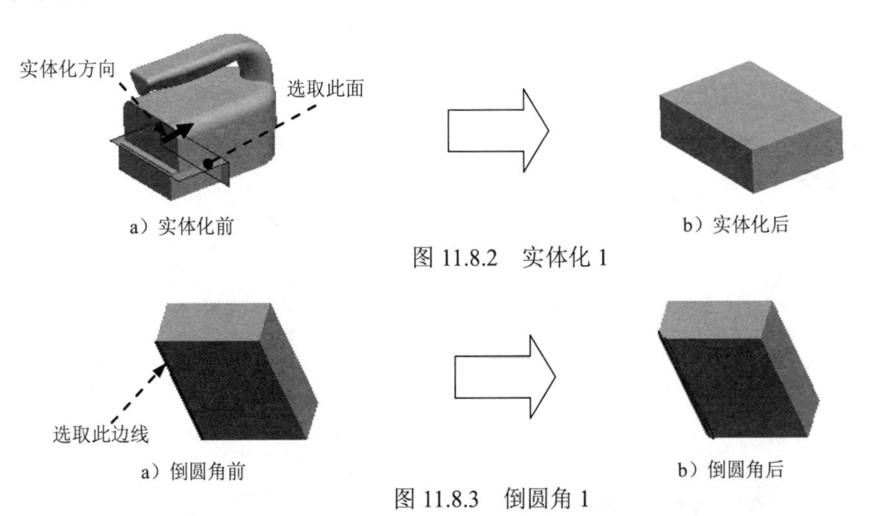

图 11.8.2　实体化 1

图 11.8.3　倒圆角 1

Step7. 添加图 11.8.4b 所示的倒圆角特征——倒圆角 2。选择下拉菜单 插入(I) → 倒圆角(O)... 命令；选取图 11.8.4a 所示的两条边链为圆角放置参照，圆角半径值为 2.0。

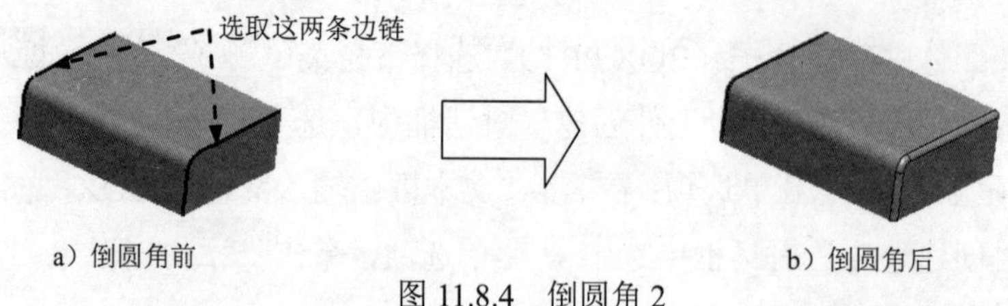

图 11.8.4　倒圆角 2

Step8. 创建图 11.8.5b 所示的抽壳特征——壳 1。选择下拉菜单 插入(I) → 壳(L)... 命令；在绘图区选取图 11.8.5a 所示的面为移除面，输入厚度值 2.0。

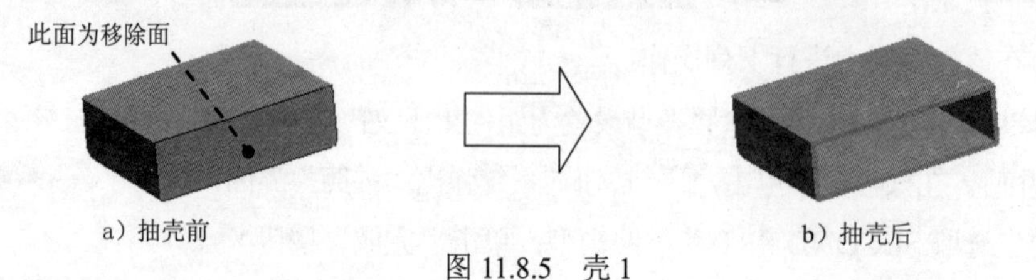

图 11.8.5　壳 1

Step9. 创建图 11.8.6 所示的拉伸特征——拉伸 1。选择下拉菜单 插入(I) → 拉伸(E)... 命令；选取图 11.8.7 所示的面为草绘平面，选取 ASM_TOP 基准平面为参照平面，方向为 左；绘制图 11.8.8 所示的截面草图；在操控板中选取深度类型为 ，输入深度值 6.0。

说明：为了保证设计零件的可装配性，图 11.8.8 所示的截面草图是基于骨架模型中的草图而创建的，以下类似情况不再重述。

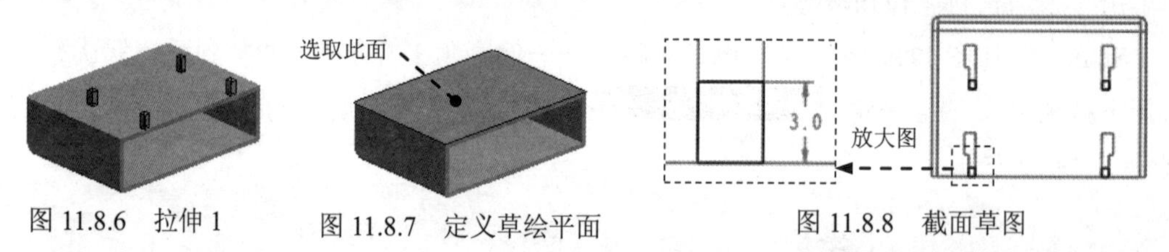

图 11.8.6　拉伸 1　　图 11.8.7　定义草绘平面　　图 11.8.8　截面草图

Step10. 创建图 11.8.9 所示的拉伸特征——拉伸 2。选择下拉菜单 插入(I) → 拉伸(E)... 命令；选取图 11.8.10 所示的面为草绘平面，选取 ASM_TOP 基准平面为参照平面，方向为 左；绘制图 11.8.11 所示的截面草图；在操控板中选取深度类型为 ，输入深度值 3.0。

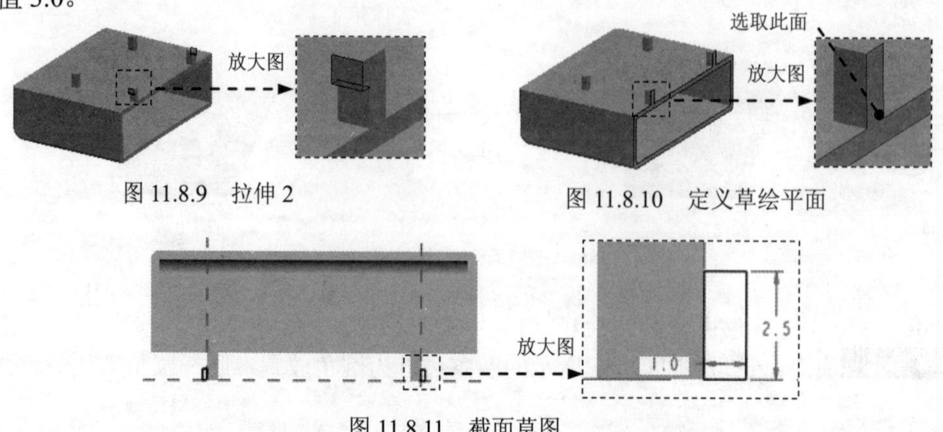

图 11.8.9　拉伸 2　　图 11.8.10　定义草绘平面

图 11.8.11　截面草图

Step11. 创建图 11.8.12 所示的拉伸特征——拉伸 3。选择下拉菜单 插入(I) → 拉伸(E)... 命令；选取图 11.8.13 所示的面为草绘平面，方向为 顶，单击对话框中的 草绘 按钮，绘制图 11.8.14 所示的截面草图（用“使用边”命令）；在操控板中选取深度类型为，输入深度值 3.0。

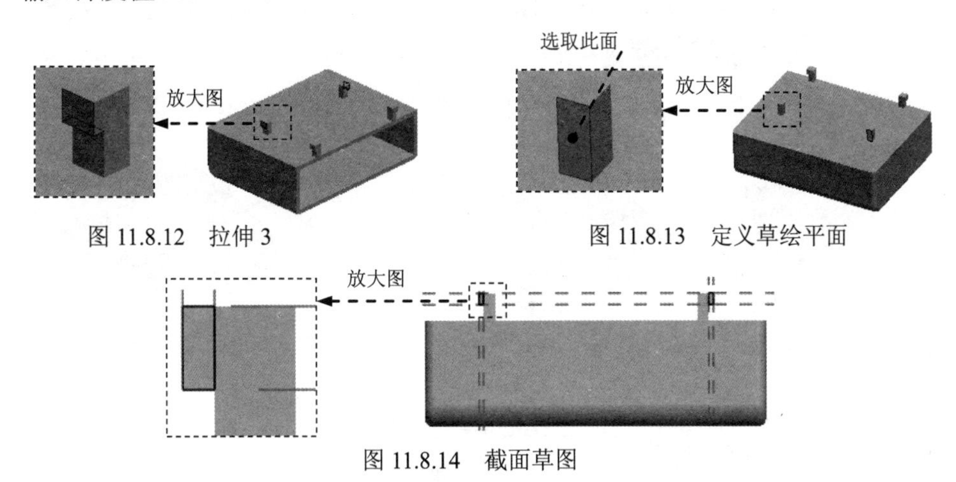

图 11.8.12　拉伸 3

图 11.8.13　定义草绘平面

图 11.8.14　截面草图

Step12. 创建图 11.8.15b 所示的倒角特征——倒角 1。选择下拉菜单 插入(I) → 倒角(M) ▸ → 边倒角(E)... 命令；选取图 11.8.15a 所示的四条边线为倒角参照，选取倒角方案为 D x D，输入 D 值 2.0。

Step13. 创建图 11.8.16 所示的草绘特征——草绘 1。单击工具栏中的“草绘”按钮，选取图 11.8.17 所示的面为草绘平面，选取 ASM_TOP 基准平面为参照平面，方向为 左；绘制图 11.8.16 所示的草图。

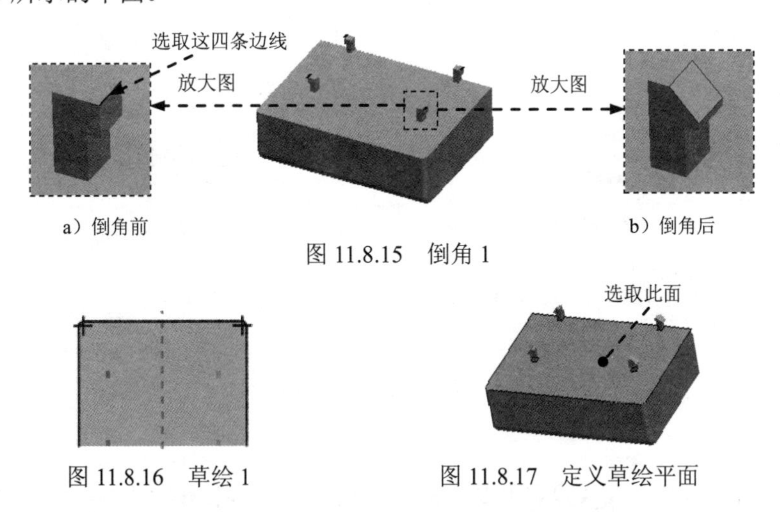

a）倒角前　　b）倒角后

图 11.8.15　倒角 1

图 11.8.16　草绘 1

图 11.8.17　定义草绘平面

Step14. 创建图 11.8.18 所示的扫描特征——伸出项（标识 2341）。

（1）选择下拉菜单 插入(I) → 扫描(S) ▸ → 伸出项(P)... 命令，系统弹出“伸出项：扫描”对话框。

（2）定义扫描轨迹。在▼ SWEEP TRAJ（扫描轨迹）菜单中选择 Select Traj（选取轨迹）命令，在绘图区选取图 11.8.16 所示的草绘 1，单击“选取”对话框中的确定按钮，定义扫描轨迹的起始方向如图 11.8.19 所示；在菜单管理器中选择 Done（完成）命令。

（3）系统进入截面草绘环境，绘制图 11.8.20 所示的截面草图，完成后单击✓按钮。

（4）在弹出的▼ DIRECTION（方向）菜单管理器中选择 Okay（确定）命令。

（5）单击“伸出项：扫描”对话框中的确定按钮，完成伸出项（标识 2341）的创建。

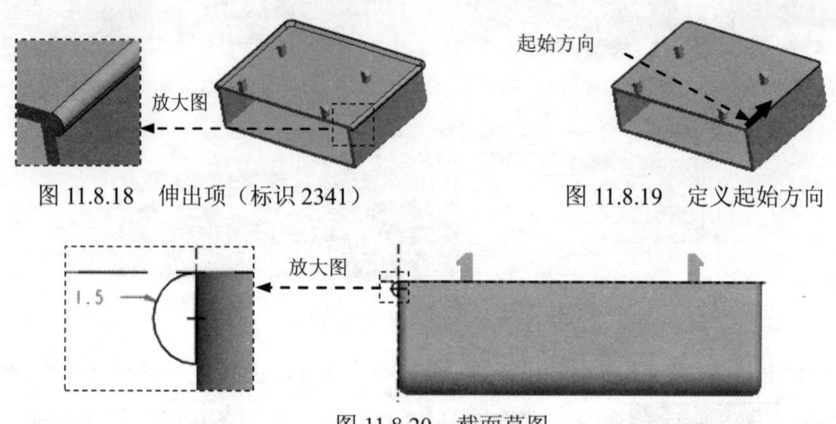

图 11.8.18　伸出项（标识 2341）

图 11.8.19　定义起始方向

图 11.8.20　截面草图

Step15. 添加图 11.8.21 所示的阵列特征——阵列 1/伸出项。在模型树中选取图 11.8.18 所示的伸出项，选择下拉菜单 编辑(E) ➡ 阵列(P)... 命令；在操控板的 选项 界面中选中 一般 单选项；在操控板中单击 方向 按钮，在绘图区选取图 11.8.22 所示的边线，输入增量值 3.0，在操控板中输入阵列数目值 5，并按<Enter>键。

图 11.8.21　阵列 1/伸出项

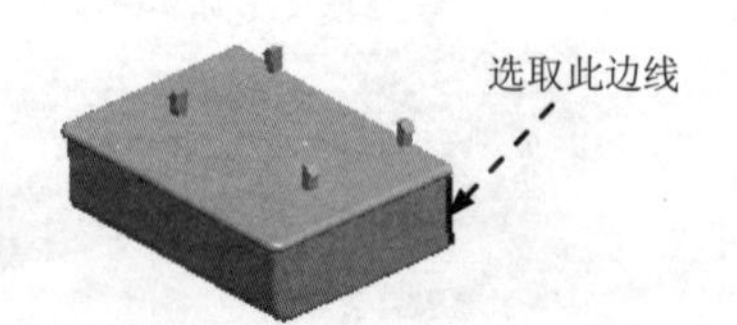

图 11.8.22　定义阵列方向

Step16. 保存模型文件。

11.9　前　盖

下面讲解前盖（FRONT_COVER.PRT）的创建过程。零件模型及模型树如图 11.9.1 所示。

Step1. 在装配体中创建前盖（FRONT_COVER.PRT）。选择下拉菜单 插入(I) ➡ 元件(C) ▸ ➡ 创建(C)... 命令；在系统弹出的“元件创建”对话框中选中 类型 选项组的零件单选项；选中子类型选项组中的实体单选项；在名称文本框中输入文件名FRONT_COVER，单击确定按钮；在系统弹出的“创建选项”对话框中选中空单选项，单击确定按钮。

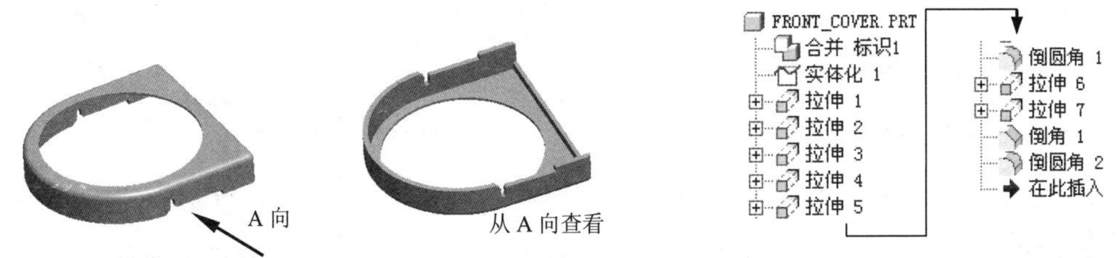

图 11.9.1　零件模型及模型树

Step2. 激活前盖模型。

（1）在模型树中单击FRONT_COVER.PRT，然后右击，在系统弹出的快捷菜单中选择激活命令。

（2）选择下拉菜单插入(I) → 共享数据(D) → 合并/继承(M)...命令，系统弹出“复制几何”操控板，在该操控板中进行下列操作：

① 在操控板中，先确认“将参照类型设置为组件上下文”按钮被按下。

② 复制几何。在操控板中单击参照按钮，系统弹出“参照”界面；选中复制基准复选框，然后在模型树中选取 THIRD.PRT 为参照模型；单击“完成”按钮。

Step3. 在模型树中选择FRONT_COVER.PRT，然后右击，在系统弹出的快捷菜单中选择打开命令。

Step4. 隐藏草图及曲线。在模型树区域选取下拉列表中的层树(L)选项，在弹出的层区域中右击CURVE，从系统弹出的快捷菜单中选取隐藏选项，此时完成骨架模型中的所有曲线及草图。

Step5. 添加图 11.9.2b 所示的实体化特征——实体化 1。选取图 11.9.2a 所示的曲面，选择下拉菜单编辑(E) → 实体化(Y)...命令；定义实体化方向如图 11.9.2a 所示，并在操控板中单击“去除材料”按钮。

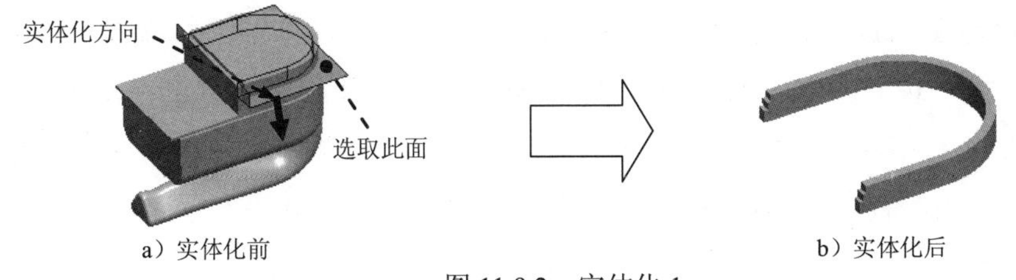

图 11.9.2　实体化 1

Step6. 创建图 11.9.3 所示的拉伸特征——拉伸 1。选择下拉菜单插入(I) → 拉伸(E)...命令；选取 ASM_FRONT 基准平面为草绘平面，选取 ASM_TOP 基准平面为参照平面，方向为顶；绘制图 11.9.4 所示的截面草图（用“偏移”命令和“使用边”命令）；在操控板中选取深度类型为，并单击“去除材料”按钮。

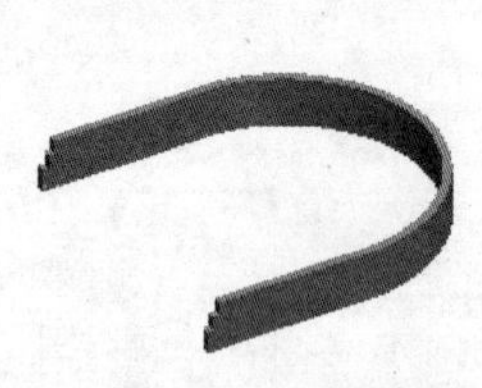
图 11.9.3 拉伸 1

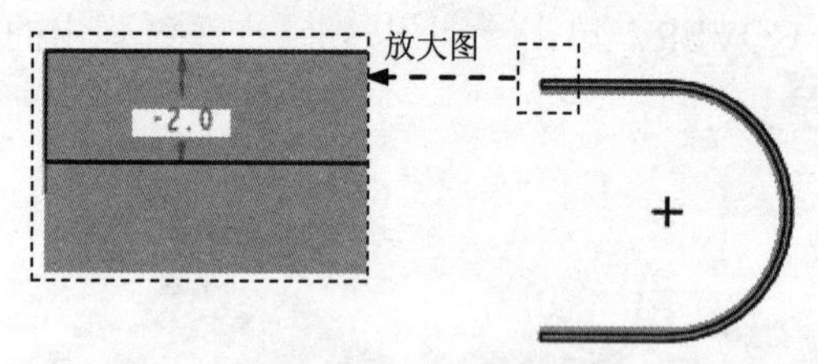

图 11.9.4 截面草图

Step7. 创建图 11.9.5 所示的拉伸特征——拉伸 2。选择下拉菜单 插入(I) ➡ 拉伸(E)... 命令；选取图 11.9.6 所示的面为草绘平面，选取 ASM_TOP 基准平面为参照平面，方向为 顶；单击对话框中的 草绘 按钮，绘制图 11.9.7 所示的截面草图（用“使用边”命令）；在操控板中选取深度类型为，输入深度值 3.0。

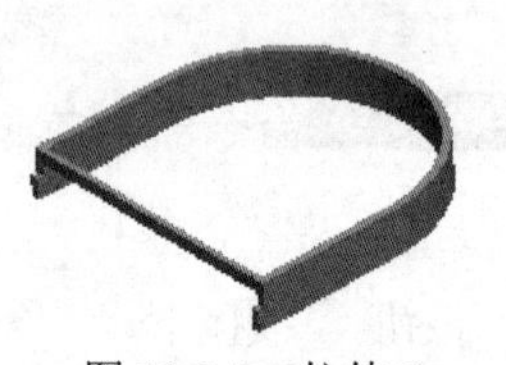
图 11.9.5 拉伸 2

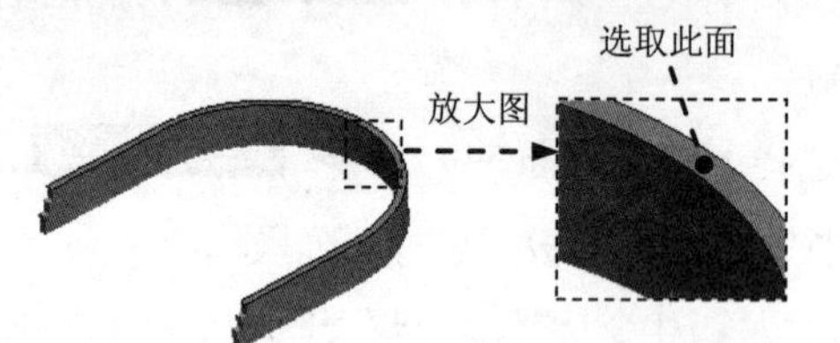

图 11.9.6 定义草绘平面

Step8. 创建图 11.9.8 所示的拉伸特征——拉伸 3。选择下拉菜单 插入(I) ➡ 拉伸(E)... 命令；选取 ASM_FRONT 基准平面为草绘平面，选取 ASM_TOP 基准平面为参照平面，方向为 顶；单击对话框中的 草绘 按钮，绘制图 11.9.9 所示的截面草图；在操控板中选取深度类型为，并单击“去除材料”按钮。

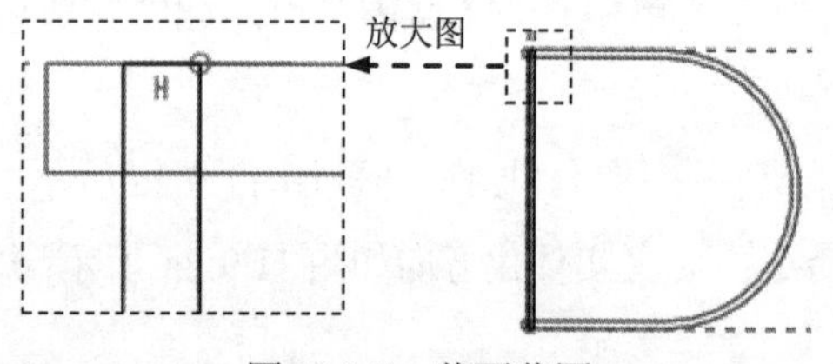

图 11.9.7 截面草图

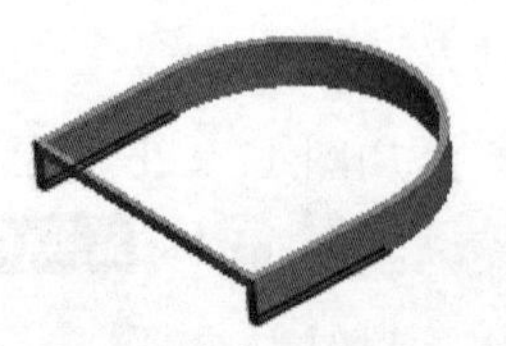
图 11.9.8 拉伸 3

Step9. 创建图 11.9.10 所示的拉伸特征——拉伸 4。选择下拉菜单 插入(I) ➡ 拉伸(E)... 命令；选取图 11.9.11 所示的面为草绘平面，选取 ASM_TOP 基准平面为参照平面，方向为 顶；单击对话框中的 草绘 按钮，绘制图 11.9.12 所示的截面草图（用 “使用边”命令）；在操控板中选取深度类型为，输入深度值 1.0。

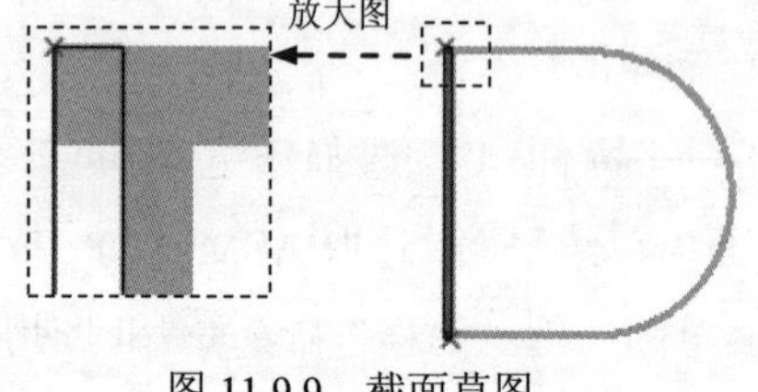

图 11.9.9 截面草图

图 11.9.10 拉伸 4

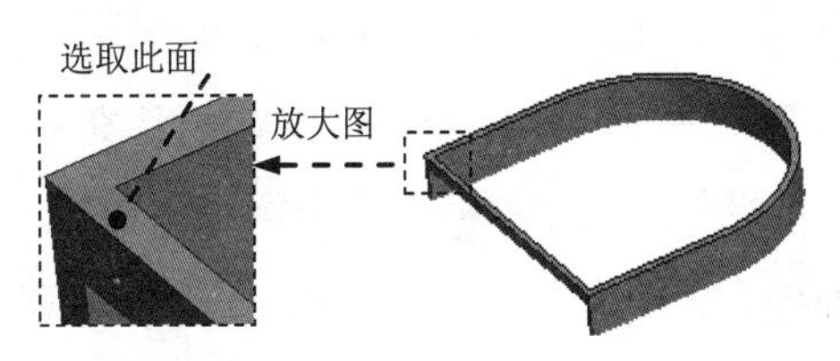

图 11.9.11　定义草绘平面

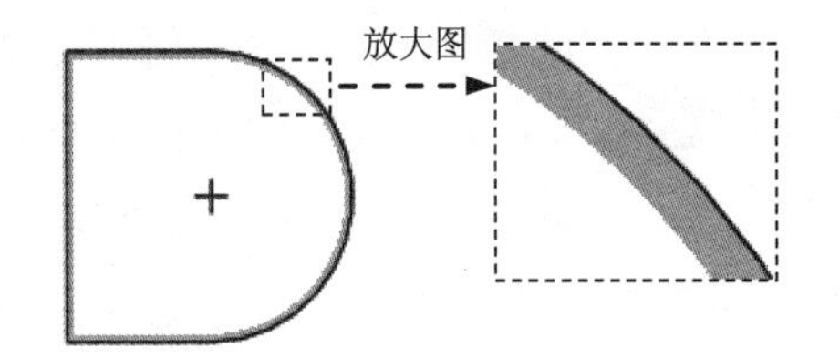

图 11.9.12　截面草图

Step10. 创建图 11.9.13 所示的拉伸特征——拉伸 5。选择下拉菜单 插入(I) ➡ 拉伸(E)... 命令；选取图 11.9.14 所示的面为草绘平面，选取 ASM_TOP 基准平面为参照平面，方向为 顶；单击对话框中的 草绘 按钮，绘制图 11.9.15 所示的截面草图；在操控板中选取深度类型为 ，并单击“去除材料”按钮 。

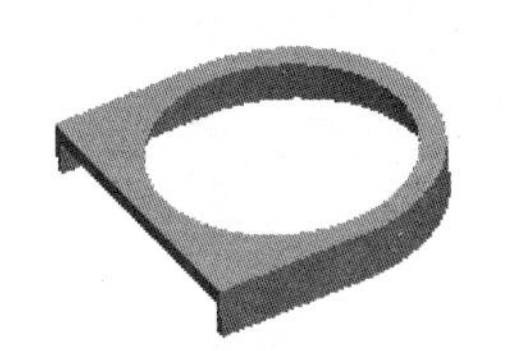
图 11.9.13　拉伸 5

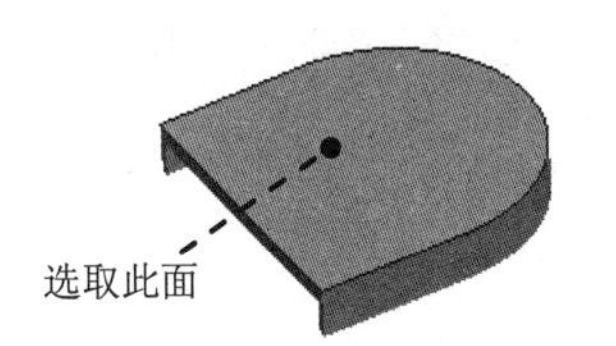

图 11.9.14　定义草绘平面

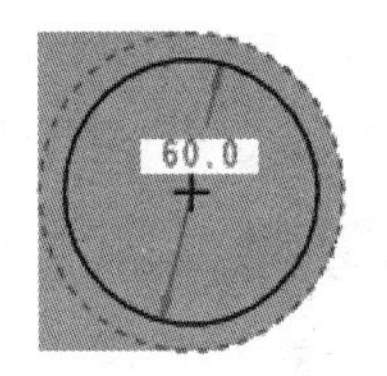

图 11.9.15　截面草图

Step11. 创建图 11.9.16b 所示的圆角特征——倒圆角 1。选择 插入(I) ➡ 倒圆角(O)... 命令；选取图 11.9.16a 所示的边链为圆角放置参照，圆角半径值为 2.0。

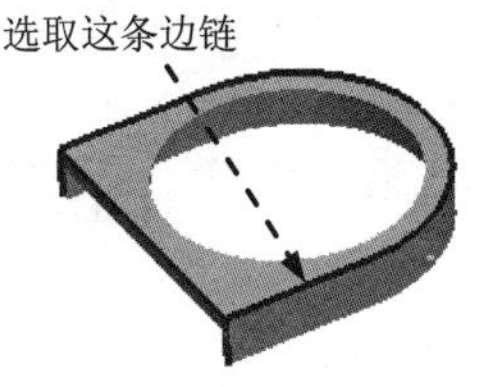

a）倒圆角前

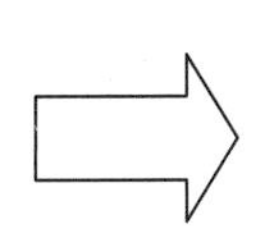

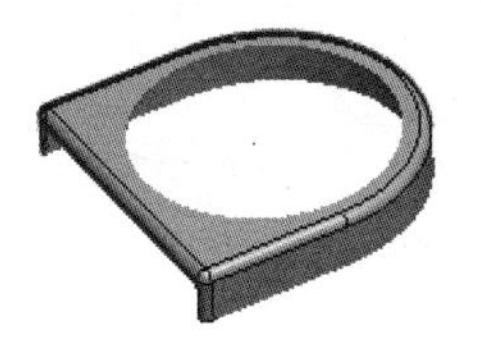
b）倒圆角后

图 11.9.16　倒圆角 1

Step12. 创建图 11.9.17 所示的拉伸特征——拉伸 6。选择下拉菜单 插入(I) ➡ 拉伸(E)... 命令；选取 ASM_TOP 基准平面为草绘平面，选取 ASM_RIGHT 基准平面为参照平面，方向为 右；绘制图 11.9.18 所示的截面草图（用“使用边”命令 ）；在操控板中单击 选项 按钮，在系统弹出的 深度 界面中 侧 1 的下拉列表中选择 穿透 选项；在 侧 2 的下拉列表中选择 穿透 选项，并单击“去除材料”按钮 。

说明：为了保证设计零件的可装配性，图 11.9.18 所示的截面草图是基于三级控件中的部分草图而创建的，以下类似情况不再重述。

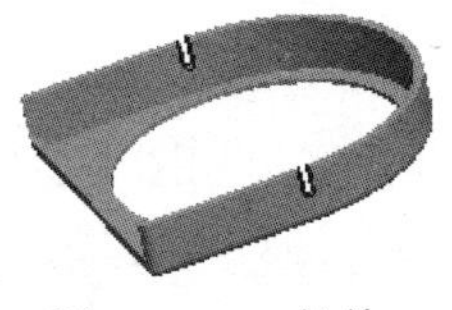
图 11.9.17　拉伸 6

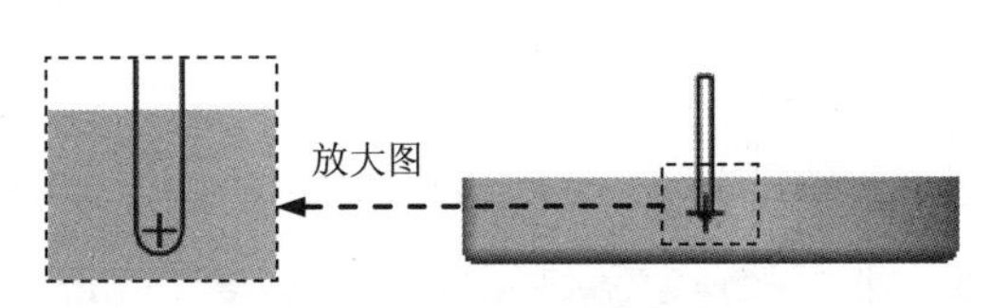

图 11.9.18　截面草图

Step13. 创建图 11.9.19 所示的拉伸特征——拉伸 7。选择下拉菜单 插入(I) → 拉伸(E)... 命令；选取 ASM_TOP 基准平面为草绘平面，选取 ASM_RIGHT 基准平面为参照平面，方向为 右；绘制图 11.9.20 所示的截面草图；在操控板中单击 选项 按钮，在系统弹出的 深度 界面中 侧 1 的下拉列表中选择 穿透 选项；在 侧 2 的下拉列表中选择 穿透 选项，并单击“去除材料”按钮。

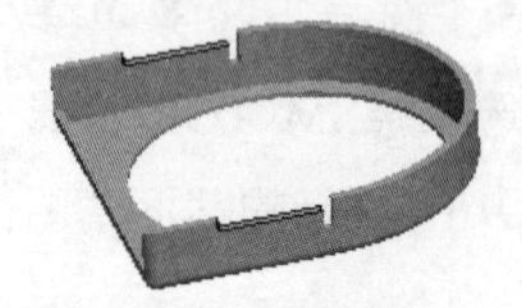

图 11.9.19 拉伸 7

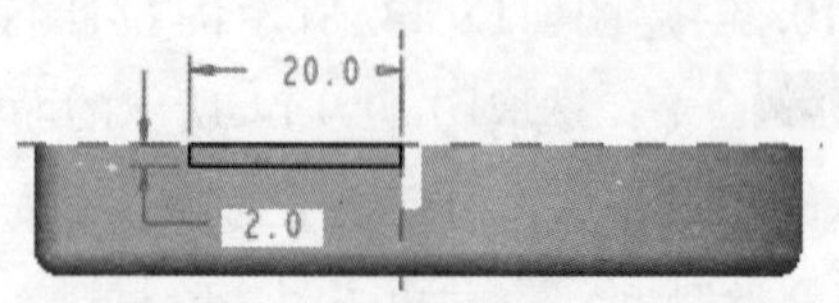

图 11.9.20 截面草图

Step14. 创建图 11.9.21b 所示的倒角特征——倒角 1。选择下拉菜单 插入(I) → 倒角(M) → 边倒角(E)... 命令；选取图 11.9.21a 所示的两条边线为倒角参照，选取倒角方案为 D x D，输入 D 值 2.0。

Step15. 添加图 11.9.22b 所示的倒圆角特征——倒圆角 2。选择下拉菜单 插入(I) → 倒圆角(O)... 命令；选取图 11.9.22a 所示的两条边线为圆角放置参照，圆角半径值为 1.5。

a）倒角前 b）倒角后

图 11.9.21 倒角 1

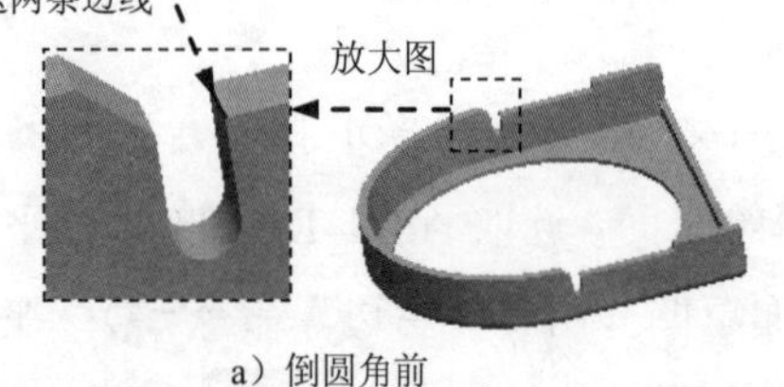

a）倒圆角前

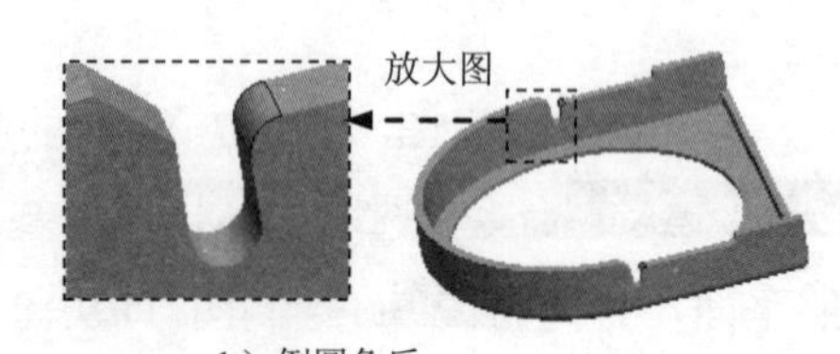

b）倒圆角后

图 11.9.22 倒圆角 2

Step16. 保存模型文件。

11.10 前端外壳

下面讲解前端外壳（CRUST.PRT）的创建过程。零件模型及模型树如图 11.10.1 所示。

Step1. 在装配体中创建前端外壳（CRUST.PRT）。选择下拉菜单 插入(I) → 元件(C) → 创建(C)... 命令；在系统弹出的“元件创建”对话框中选中 类型 选项组的 ◉ 零件 单选项；选中 子类型 选项组中的 ◉ 实体 单选项；在 名称 文本框中输入文件名 CRUST，单击 确定 按钮；在系统弹出的“创建选项”对话框中选中 ◉ 空 单选项，单击 确定 按钮。

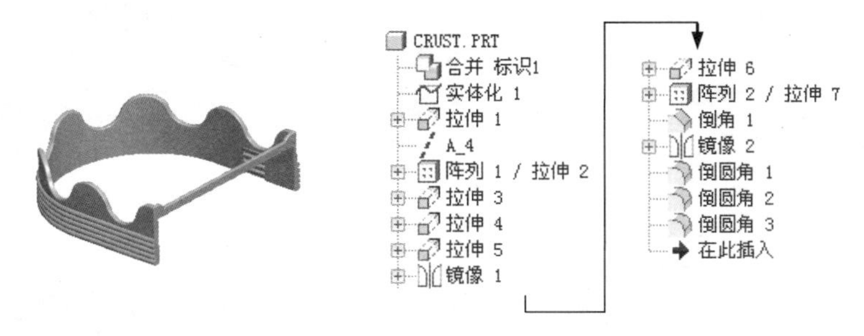

图 11.10.1 零件模型及模型树

Step2. 激活前端外壳模型。

（1）在模型树中单击 CRUST.PRT，然后右击，在系统弹出的快捷菜单中选择 激活 命令。

（2）选择下拉菜单 插入(I) → 共享数据(D) ▸ → 合并/继承(M)... 命令，系统弹出“复制几何”操控板，在该操控板中进行下列操作：

① 在操控板中，先确认“将参照类型设置为组件上下文”按钮被按下。

② 复制几何。在操控板中单击 参照 按钮，系统弹出“参照”界面；选中 ☑ 复制基准 复选框，然后在模型树中选取 FOURTH.PRT 为参照模型；单击“完成”按钮✔。

Step3. 在模型树中选择 CRUST.PRT，然后右击，在系统弹出的快捷菜单中选择 打开 命令。

Step4. 隐藏草图及曲线。在模型树区域选取下拉列表中的 层树(L) 选项，在系统弹出的层区域中右击 CURVE，从系统弹出的快捷菜单中选取 隐藏 选项，此时完成骨架模型中的所有曲线及草图。

Step5. 添加图 11.10.2b 所示的实体化特征——实体化 1。选取图 11.10.2a 所示的面，选择下拉菜单 编辑(E) → 实体化(Y)... 命令；定义实体化方向如图 11.10.2a 所示，并在操控板中单击“去除材料”按钮。

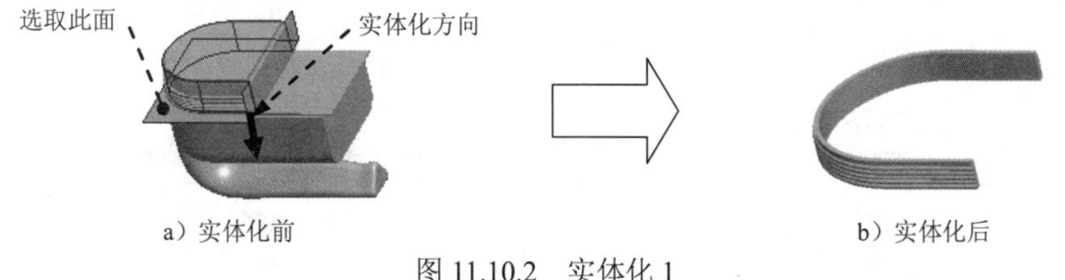

a）实体化前　　b）实体化后

图 11.10.2 实体化 1

Step6. 创建图 11.10.3 所示的拉伸特征——拉伸 1。选择下拉菜单 插入(I) → 拉伸(E)... 命令；选取图 11.10.4 所示的面为草绘平面，选取 ASM_TOP 基准平面为参照平面，方向为 顶；单击对话框中的 草绘 按钮，绘制图 11.10.5 所示的截面草图（用“使用边”命令）；在操控板中选取深度类型为，输入深度值 10.0。

Step7. 创建图 11.10.6 所示的基准轴——A_4。单击工具栏中的“基准轴”按钮，系统弹出“基准轴”对话框；选取图 11.10.6 所示的面，将其约束类型设置为穿过。

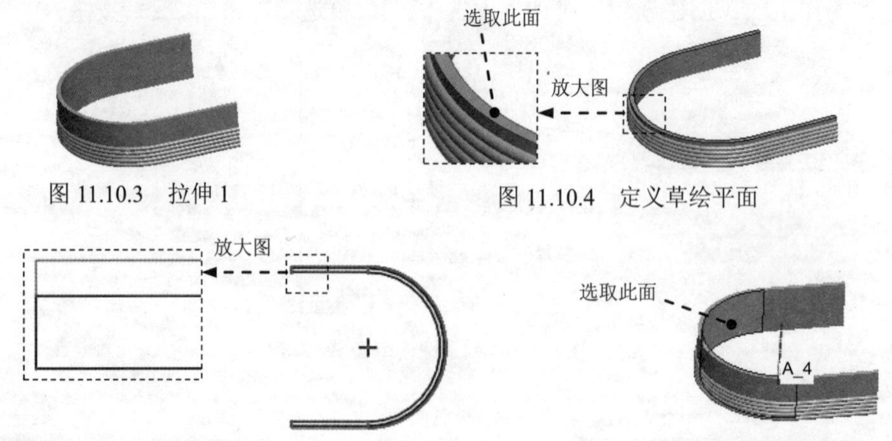

图 11.10.3　拉伸 1

图 11.10.4　定义草绘平面

图 11.10.5　截面草图

图 11.10.6　基准轴 A_4

Step8. 创建图 11.10.7 所示的拉伸特征——拉伸 2。选择下拉菜单 插入(I) → 拉伸(E)... 命令；选取图 11.10.8 所示的面为草绘平面，选取 ASM_FRONT 基准平面为参照平面，方向为顶；绘制图 11.10.9 所示的截面草图；在操控板中单击 选项 按钮，在弹出的 深度 界面 侧 1 的下拉列表中选择 穿透 选项；在 侧 2 的下拉列表中选择 盲孔 选项，并在其后的文本框中输入 10.0，并单击“去除材料”按钮。

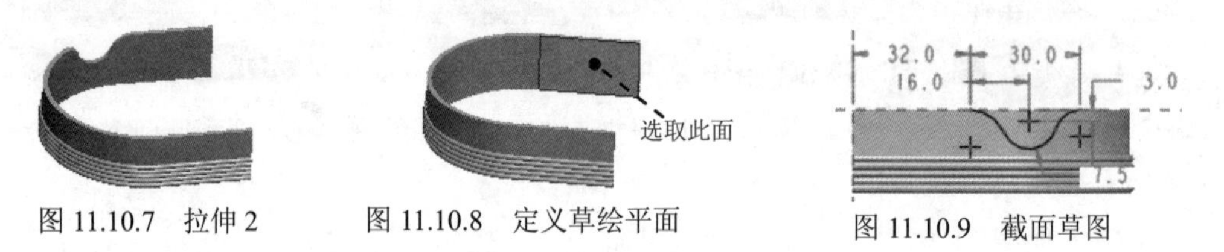

图 11.10.7　拉伸 2

图 11.10.8　定义草绘平面

图 11.10.9　截面草图

Step9. 创建图 11.10.10b 所示的阵列特征——阵列 1/拉伸 2。在模型树中选择拉伸 2，然后右击，在系统弹出的快捷菜单中选择 阵列... 命令；在“阵列”操控板的下拉列表中选择 轴 选项；选择图 11.10.6 所创建的基准轴 A_4 为阵列中心轴；在阵列操控板中输入阵列个数值为 4，成员之间的角度值为 50.0。

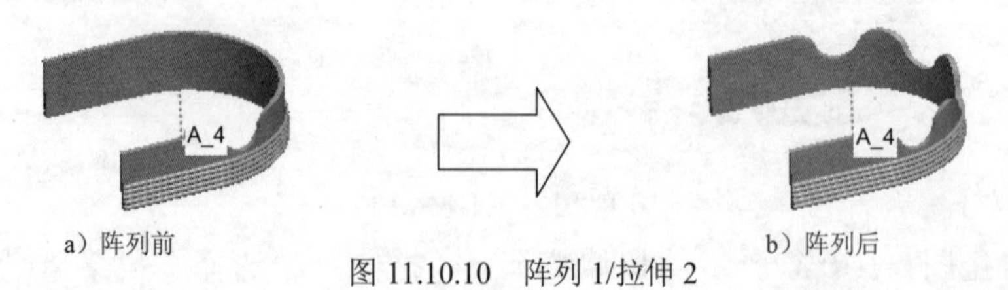

a）阵列前

b）阵列后

图 11.10.10　阵列 1/拉伸 2

Step10. 创建图 11.10.11 所示的拉伸特征——拉伸 3。选择下拉菜单 插入(I) → 拉伸(E)... 命令；选取 ASM_TOP 基准平面为草绘平面，选取 ASM_FRONT 基准平面为参照平面，方向为顶；绘制图 11.10.12 所示的截面草图；在操控板中单击 选项 按钮，在弹出的 深度 界面 侧 1 的下拉列表中选择 穿透 选项；在 侧 2 的下拉列表中选择 穿透 选项，并单击“去除材料”按钮。

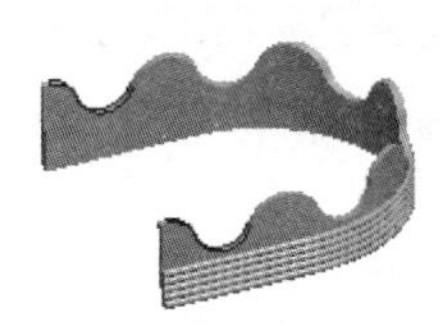

图 11.10.11　拉伸 3

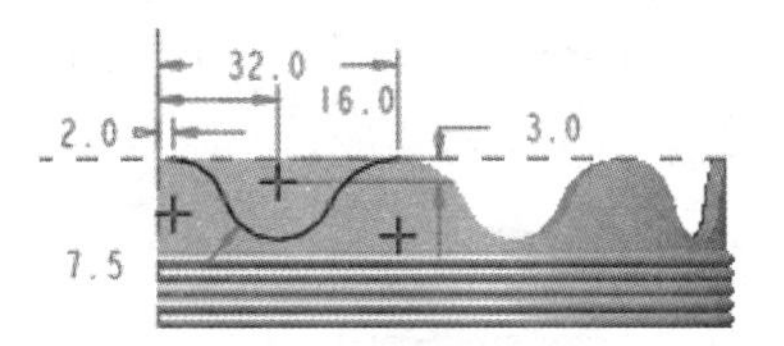

图 11.10.12　截面草图

Step11. 创建图 11.10.13 所示的拉伸特征——拉伸 4。将窗口切换至装配体窗口，并激活 CRUST.PRT 零部件；选择下拉菜单 插入(I) → 拉伸(E)... 命令；选取图 11.10.14 所示的面为草绘平面，选取 ASM_FRONT 基准平面为参照平面，方向为 顶；单击对话框中的 草绘 按钮，绘制图 11.10.15 所示的截面草图；在操控板中选取深度类型为。

说明：在创建此特征时，为了能够更加方便地绘制图 11.10.15 所示的截面草图，在装配体窗口中可将除 FIFTH 之外的其他零件模型隐藏。

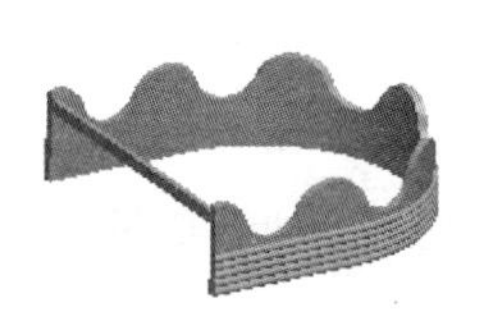

图 11.10.13　拉伸 4

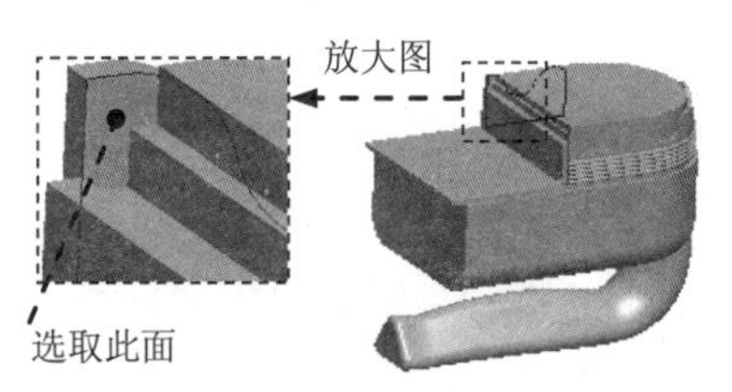

图 11.10.14　定义草绘平面

Step12. 创建图 11.10.16 所示的拉伸特征——拉伸 5。将窗口切换至零件窗口。选择下拉菜单 插入(I) → 拉伸(E)... 命令；选取图 11.10.17 所示的面为草绘平面，选取 ASM_FRONT 基准平面为参照平面，方向为 顶；绘制图 11.10.18 所示的截面草图；在操控板中选取深度类型为，输入深度值 1.6。

Step13. 创建图 11.10.19 所示的镜像特征——镜像 1。选取拉伸 5 为镜像对象，选择下拉菜单 编辑(E) → 镜像(I)... 命令，选取 ASM_TOP 基准平面为镜像中心平面。

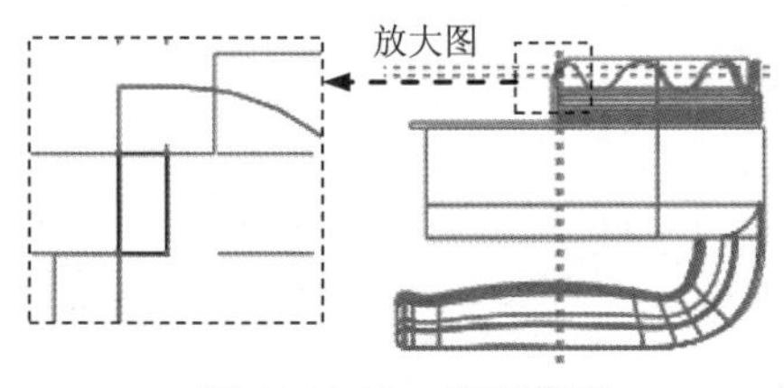

图 11.10.15　截面草图

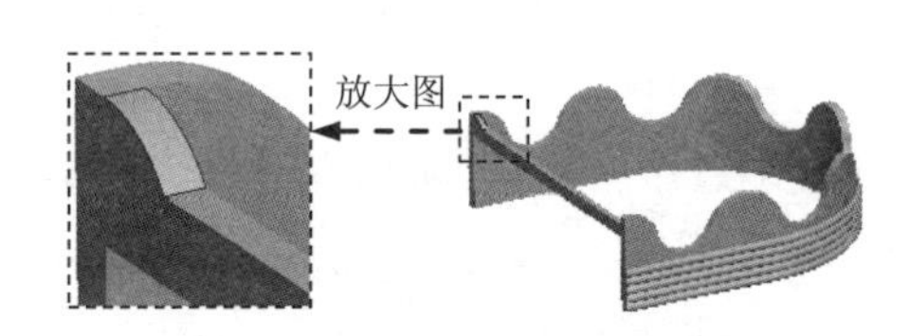

图 11.10.16　拉伸 5

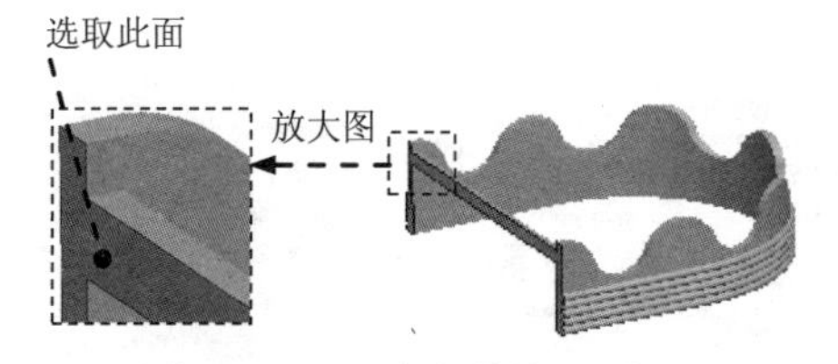

图 11.10.17　定义草绘平面

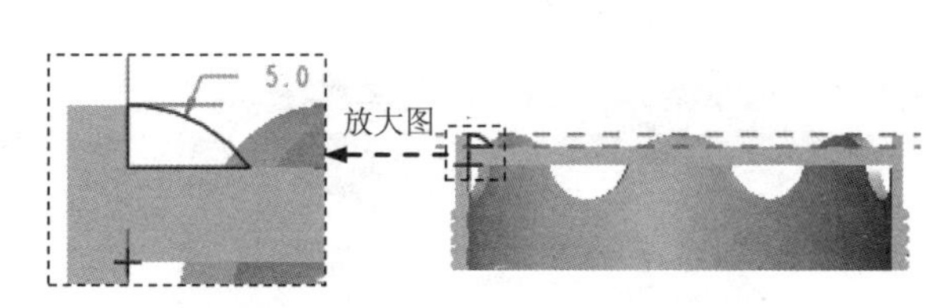

图 11.10.18　截面草图

Step14. 创建图 11.10.20 所示的拉伸特征——拉伸 6。选择下拉菜单 插入(I) → 拉伸(E)... 命令；选取图 11.10.21 所示的面为草绘平面，选取 ASM_FRONT 基准平面为参照平面，方向为 顶；绘制图 11.10.22 所示的截面草图；在操控板中选取深度类型为，输入深度值 1.0，并单击“去除材料”按钮。

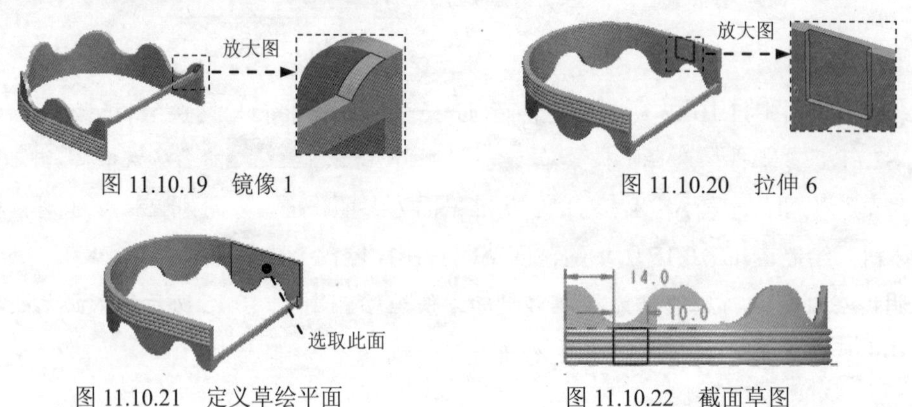

图 11.10.19　镜像 1　　图 11.10.20　拉伸 6

图 11.10.21　定义草绘平面　　图 11.10.22　截面草图

Step15. 创建图 11.10.23 所示的拉伸特征——拉伸 7。选择下拉菜单 插入(I) → 拉伸(E)... 命令；选取图 11.10.24 所示的面为草绘平面，选取 ASM_FRONT 基准平面为参照平面，方向为 顶；绘制图 11.10.25 所示的截面草图；在操控板中选取深度类型为，输入深度值 1.5。

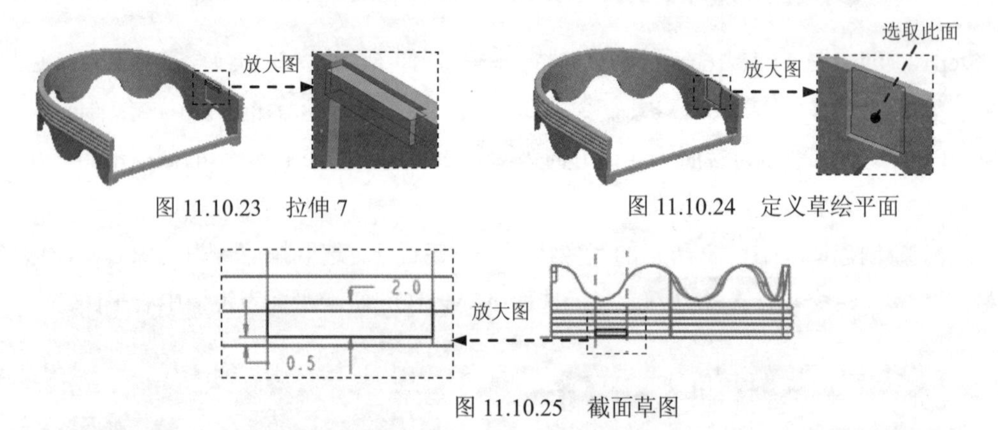

图 11.10.23　拉伸 7　　图 11.10.24　定义草绘平面

图 11.10.25　截面草图

Step16. 添加图 11.10.26 所示的阵列特征——阵列 2/拉伸 7。在模型树中选取拉伸 7，选择下拉菜单 编辑(E) → 阵列(P)... 命令；在操控板的 选项 界面中选中 一般 单选项；在操控板中单击 方向 按钮，在绘图区选取图 11.10.27 所示的边线，输入增量值 2.5，在操控板中输入阵列数目值 4，并按<Enter>键。

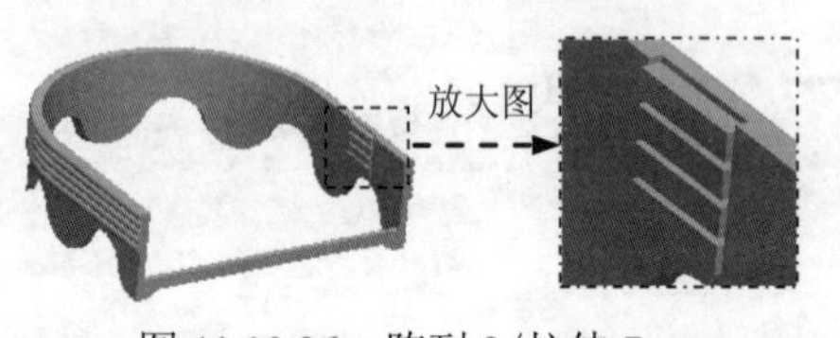

图 11.10.26　阵列 2/拉伸 7

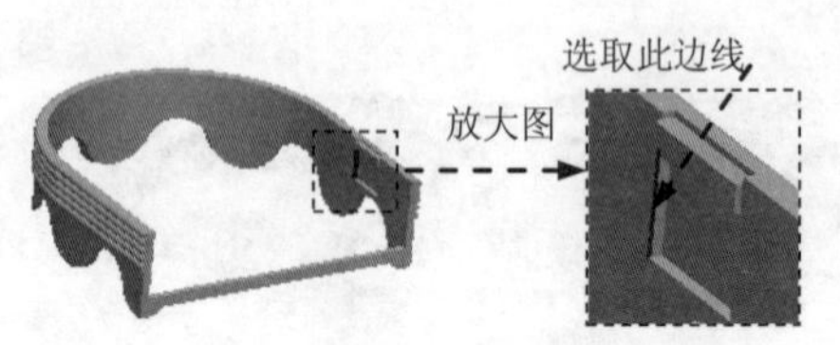

图 11.10.27　定义阵列方向

Step17. 创建图 11.10.28b 所示的倒角特征——倒角 1。选择下拉菜单 插入(I) → 倒角(M) ▸ → 边倒角(E)... 命令；选取图 11.10.28a 所示的四条边线为倒角参照，选取倒角方案为 D1 x D2，在 D1 文本框中输入值 1.5，在 D2 文本框中输入值 1.3。

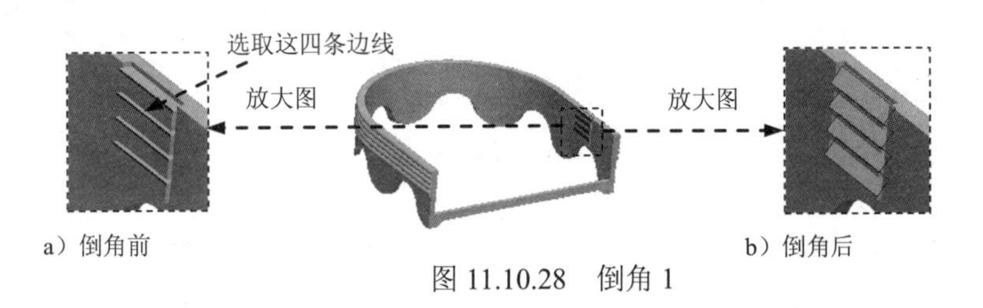

a）倒角前　　b）倒角后

图 11.10.28　倒角 1

Step18. 创建图 11.10.29 所示的镜像特征——镜像 2。选取拉伸 6、阵列 2/拉伸 7 和倒角 1 为镜像对象，选择下拉菜单 编辑(E) → 镜像(I)... 命令，选取 ASM_TOP 基准平面为镜像中心平面，单击操控板中的 ✔ 按钮，再右击 阵列 2 (2) / 拉伸 7 (2)，在系统弹出的快捷菜单中选择 编辑定义 选项，在操控板中单击 按钮，完成镜像 2 的创建。

Step19. 添加图 11.10.30 所示的倒圆角特征——倒圆角 1。选择下拉菜单 插入(I) → 倒圆角(O)... 命令；选取图 11.10.30 所示的两条边线为圆角放置参照，圆角半径值为 0.5。

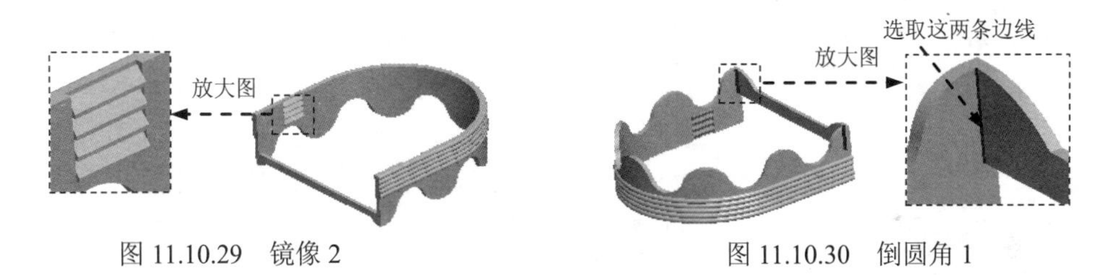

图 11.10.29　镜像 2　　图 11.10.30　倒圆角 1

Step20. 添加图 11.10.31b 所示的倒圆角特征——倒圆角 2。选择下拉菜单 插入(I) → 倒圆角(O)... 命令；选取图 11.10.31a 所示的边链为圆角放置参照，圆角半径值为 0.5。

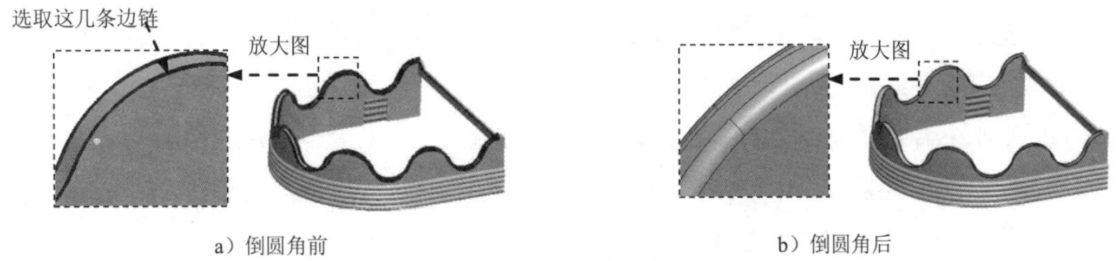

a）倒圆角前　　b）倒圆角后

图 11.10.31　倒圆角 2

Step21. 添加图 11.10.32b 所示的倒圆角特征——倒圆角 3。选择下拉菜单 插入(I) → 倒圆角(O)... 命令；选取图 11.10.32a 所示的边链为圆角放置参照，圆角半径值为 0.5。

Step22. 保存模型文件。

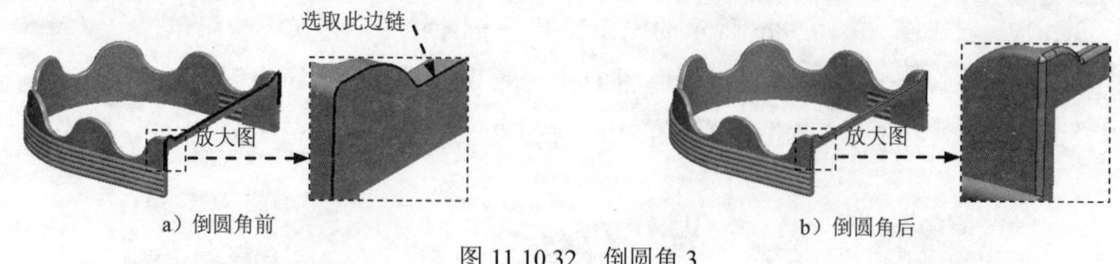

图 11.10.32 倒圆角 3

11.11 左 盖

下面讲解左盖（LEFT.PRT）的创建过程。零件模型及模型树如图 11.11.1 所示。

Step1. 在装配体中创建左盖（LEFT.PRT）。选择下拉菜单 插入(I) → 元件(C) → 创建(C)... 命令；在系统弹出的“元件创建”对话框中选中 类型 选项组中的 ◉ 零件 单选项；选中 子类型 选项组中的 ◉ 实体 单选项；在 名称 文本框中输入文件名 LEFT，单击 确定 按钮；在系统弹出的“创建选项”对话框中选中 ◉ 空 单选项，单击 确定 按钮。

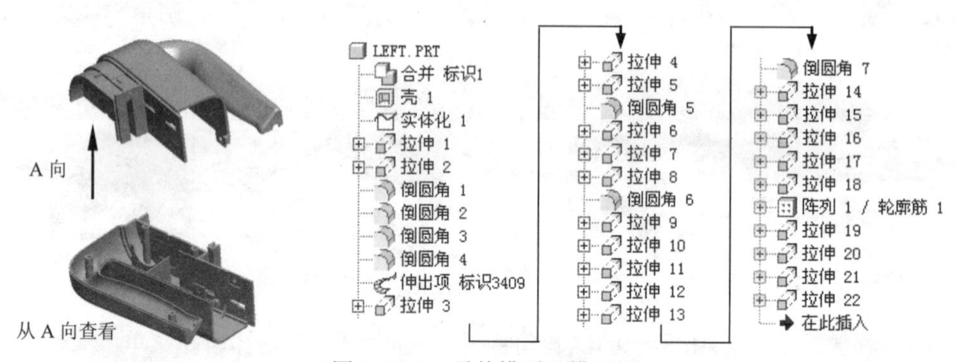

图 11.11.1 零件模型及模型树

Step2. 激活左盖模型。

（1）在模型树中单击 LEFT.PRT，然后右击，在系统弹出的快捷菜单中选择 激活 命令。

（2）选择下拉菜单 插入(I) → 共享数据(D) → 合并/继承(M)... 命令，系统弹出“复制几何”操控板。在该操控板中进行下列操作：

① 在操控板中，先确认“将参照类型设置为组件上下文”按钮被按下。

② 复制几何。在操控板中单击 参照 按钮，系统弹出“参照”界面；选中 ☑ 复制基准 复选框，然后在模型树中选取 FIFTH.PRT 为参照模型；单击“完成”按钮✔。

Step3. 在模型树中选择 LEFT.PRT，然后右击，在系统弹出的快捷菜单中选择 打开 命令。

Step4. 隐藏草图及曲线。在模型树区域选取 下拉列表中的 层树(L) 选项，在系统弹出的层区域中右击 CURVE，在快捷菜单中选取 隐藏 选项，此时完成五级控件中的所有曲线及草图的隐藏。

Step5. 创建图 11.11.2b 所示的抽壳特征——壳 1。选择下拉菜单 插入(I) → 壳(L)... 命令；在绘图区选取图 11.11.2a 所示的面为移除面，输入厚度值 2.2。

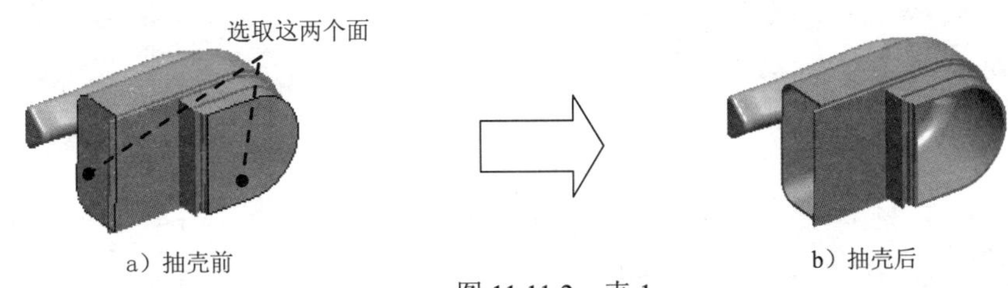

图 11.11.2　壳 1

Step6. 添加图 11.11.3b 所示的实体化特征——实体化 1。选取图 11.11.3a 所示的 TOP 基准平面，选择下拉菜单 编辑(E) → 实体化(Y)... 命令；定义实体化方向如图 11.11.3a 所示，并在操控板中单击“去除材料”按钮。

Step7. 创建图 11.11.4 所示的拉伸特征——拉伸 1。选择下拉菜单 插入(I) → 拉伸(E)... 命令；选取图 11.11.5 所示的面为草绘平面，选取 ASM_RIGHT 基准平面为参照平面，方向为 右；绘制图 11.11.6 所示的截面草图；在操控板中选取深度类型为，输入深度值 4.0。

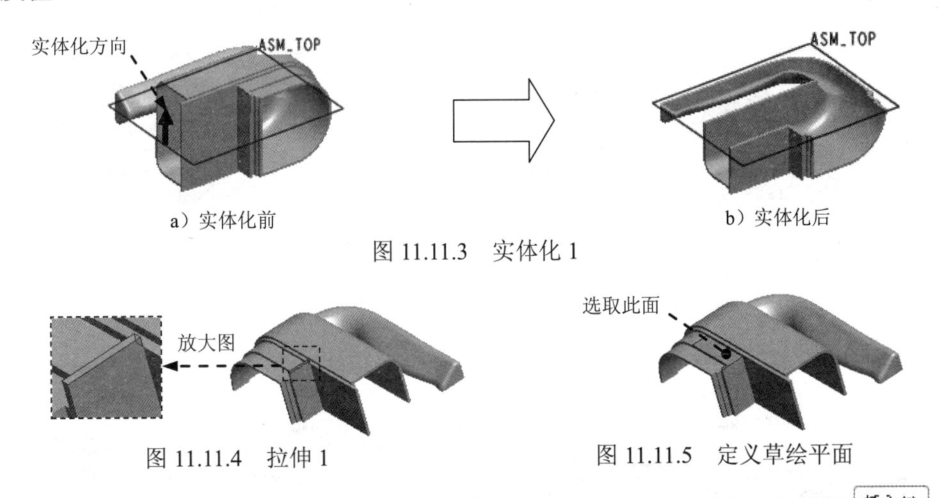

图 11.11.3　实体化 1

图 11.11.4　拉伸 1　　图 11.11.5　定义草绘平面

Step8. 创建图 11.11.7 所示的拉伸特征——拉伸 2。选择下拉菜单 插入(I) → 拉伸(E)... 命令；选取图 11.11.8 所示的面为草绘平面，选取 ASM_TOP 基准平面为参照平面，方向为 顶；绘制图 11.11.9 所示的截面草图；在操控板中选取深度类型为，输入深度值 6.0。

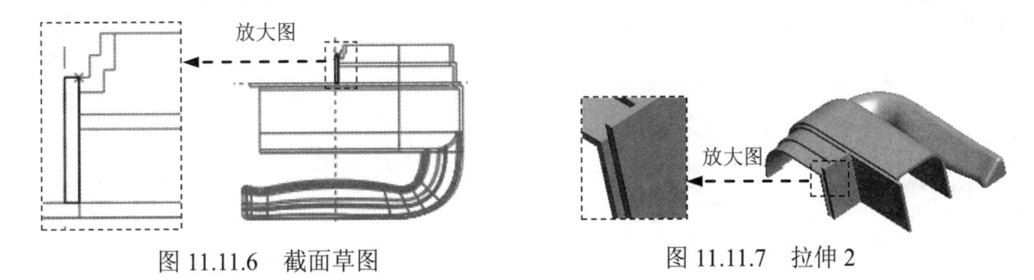

图 11.11.6　截面草图　　图 11.11.7　拉伸 2

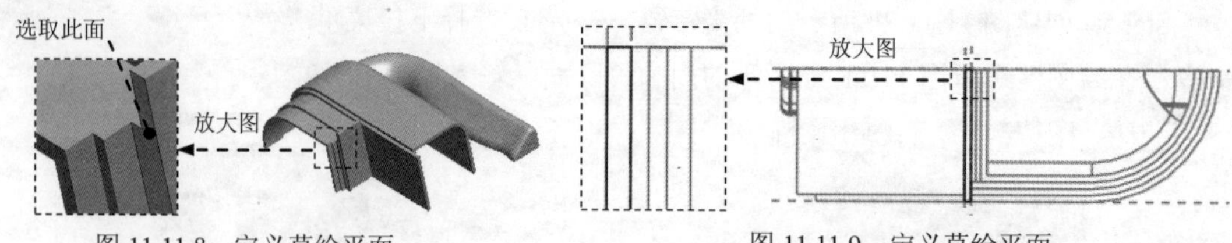

图 11.11.8　定义草绘平面　　图 11.11.9　定义草绘平面

Step9. 创建图 11.11.10b 所示的倒圆角特征——倒圆角 1。选择下拉菜单 插入(I) → 倒圆角(O)... 命令；选取图 11.11.10a 所示的边链为圆角放置参照，输入圆角半径值 3.0。

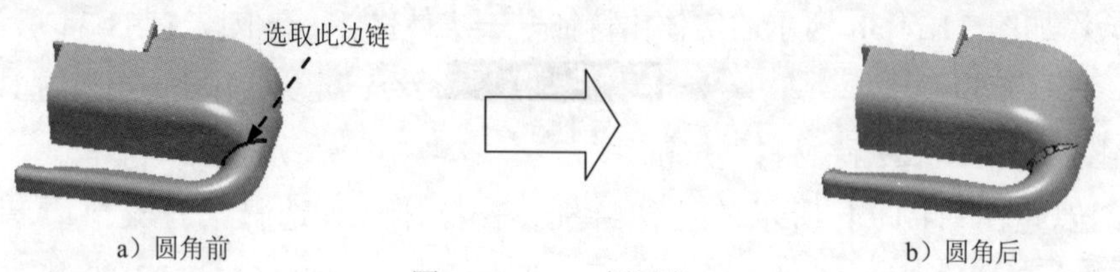

a）圆角前　　b）圆角后

图 11.11.10　倒圆角 1

Step10. 创建图 11.11.11b 所示的倒圆角特征——倒圆角 2。选择下拉菜单 插入(I) → 倒圆角(O)... 命令；选取图 11.11.11a 所示的边链为圆角放置参照，输入圆角半径值 5.5。

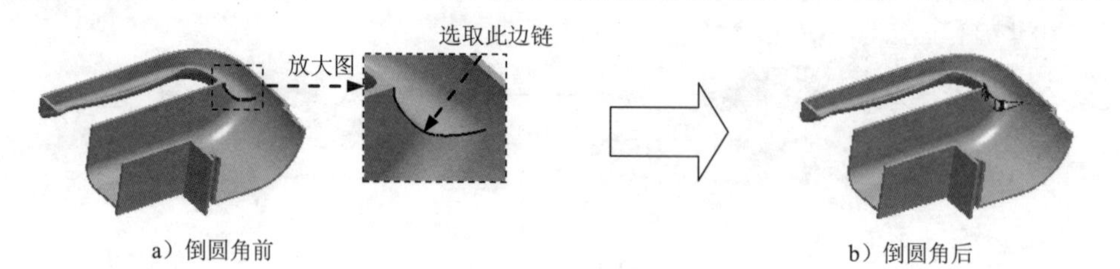

a）倒圆角前　　b）倒圆角后

图 11.11.11　倒圆角 2

Step11. 创建图 11.11.12b 所示的倒圆角特征——倒圆角 3。选择下拉菜单 插入(I) → 倒圆角(O)... 命令；选取图 11.11.12a 所示的边链为圆角放置参照，输入圆角半径值 1.5。

a）倒圆角前　　b）倒圆角后

图 11.11.12　倒圆角 3

Step12. 创建图 11.11.13b 所示的倒圆角特征——倒圆角 4。选择下拉菜单 插入(I) → 倒圆角(O)... 命令；选取图 11.11.13a 所示的三条边链为圆角放置参照，输入圆角半径值 0.5。

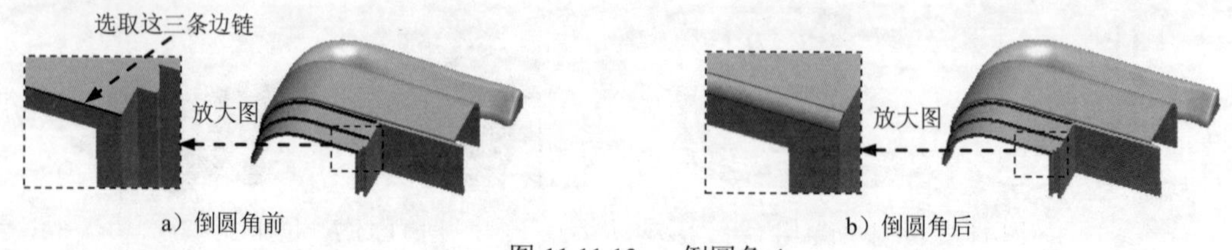

a）倒圆角前　　b）倒圆角后

图 11.11.13　倒圆角 4

Step13. 创建图 11.11.14 所示的扫描特征——伸出项（标识 3409）。

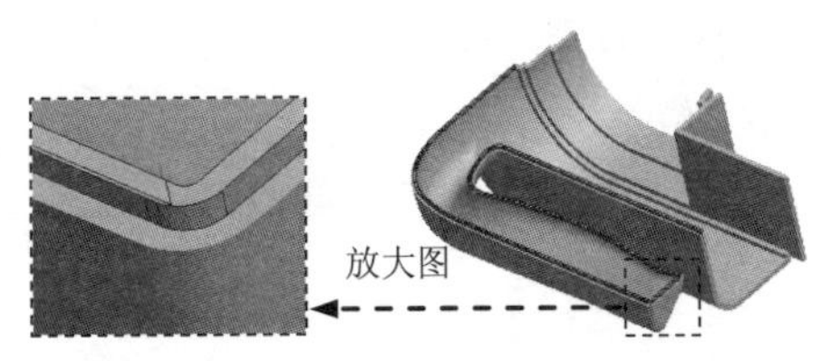

图 11.11.14 伸出项（标识 3409）

（1）选择下拉菜单 插入(I) → 扫描(S) ▸ → 伸出项(P)... 命令，系统弹出 “伸出项：扫描” 对话框。

（2）定义扫描轨迹。在 ▼ SWEEP TRAJ (扫描轨迹) 菜单中选择 Sketch Traj (草绘轨迹) 命令，在绘图区选取图 11.11.15 所示的面为草绘平面，选择 Okay (确定) → 项 命令，选取 ASM_FRONT 基准平面为参照平面，绘制图 11.11.16 所示的截面草图，定义扫描轨迹的起始方向如图 11.11.16 所示；完成后单击 ✓ 按钮，在菜单管理器中选择 Done (完成) 命令。

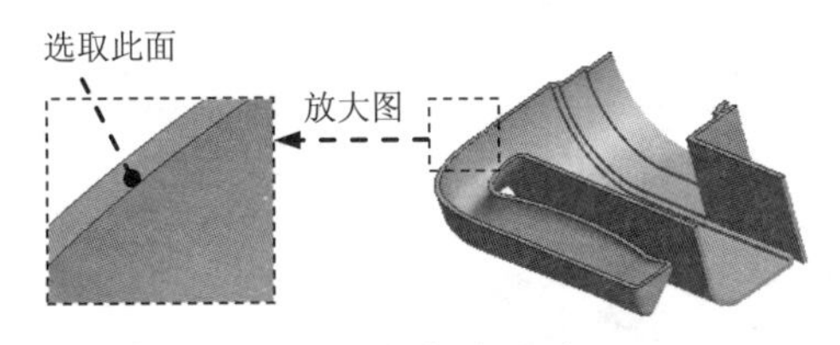

图 11.11.15 定义草绘平面

说明：起点一定要在图 11.11.16 所示的位置，否则就会出现截面不完整。首先选择一个点确定为起始点，然后右击，选择 起点(S)，即可以确定起始点的位置。

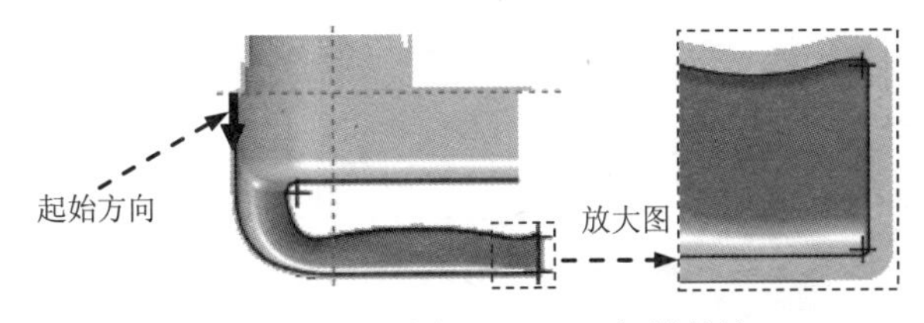

图 11.11.16 扫描轨迹

（3）系统进入截面草绘环境，绘制图 11.11.17 所示的截面草图，完成后单击 ✓ 按钮。

（4）在系统弹出的 ▼ DIRECTION (方向) 菜单管理器中选择 Okay (确定) 命令。

（5）单击 “伸出项：扫描” 对话框中的 确定 按钮，完成伸出项（标识 3409）的创建。

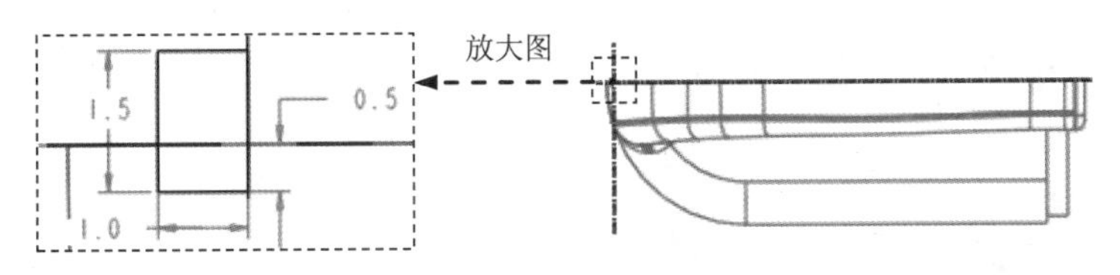

图 11.11.17 截面草图

Step14. 创建图 11.11.18 所示的拉伸特征——拉伸 3。选择下拉菜单 插入(I) →

拉伸(E)... 命令；选取 ASM_TOP 基准平面为草绘平面，选取 ASM_RIGHT 基准平面为参照平面，方向为左；绘制图 11.11.19 所示的截面草图；在操控板中选取深度类型为；按下“加厚草图”按钮，输入值 2.0。

注意：由于系统的原因有时候要选择加厚方向，单击按钮选择加厚的方向和模型中的一致。

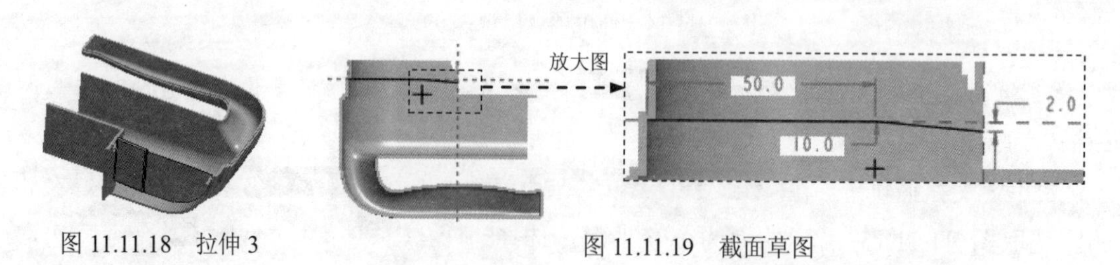

图 11.11.18　拉伸 3　　　　图 11.11.19　截面草图

Step15. 创建图 11.11.20 所示的拉伸特征——拉伸 4。选择下拉菜单 插入(I) → 拉伸(E)... 命令；选取图 11.11.21 所示的面为草绘平面，选取 ASM_RIGHT 基准平面为参照平面，方向为左；绘制图 11.11.22 所示的截面草图；在操控板中选取深度类型为，输入深度值 0.5；单击“去除材料”按钮。

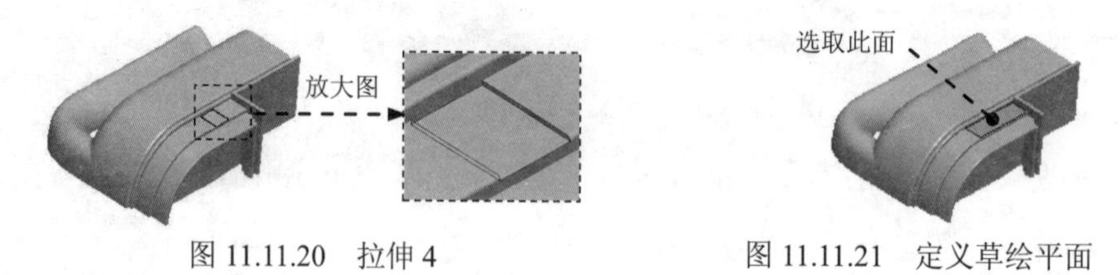

图 11.11.20　拉伸 4　　　　图 11.11.21　定义草绘平面

Step16. 创建图 11.11.23 所示的拉伸特征——拉伸 5。选择下拉菜单 插入(I) → 拉伸(E)... 命令；选取图 11.11.24 所示的面为草绘平面，选取 ASM_RIGHT 基准平面为参照平面，方向为左；绘制图 11.11.25 所示的截面草图；在操控板中选取深度类型为，输入深度值 2.5。

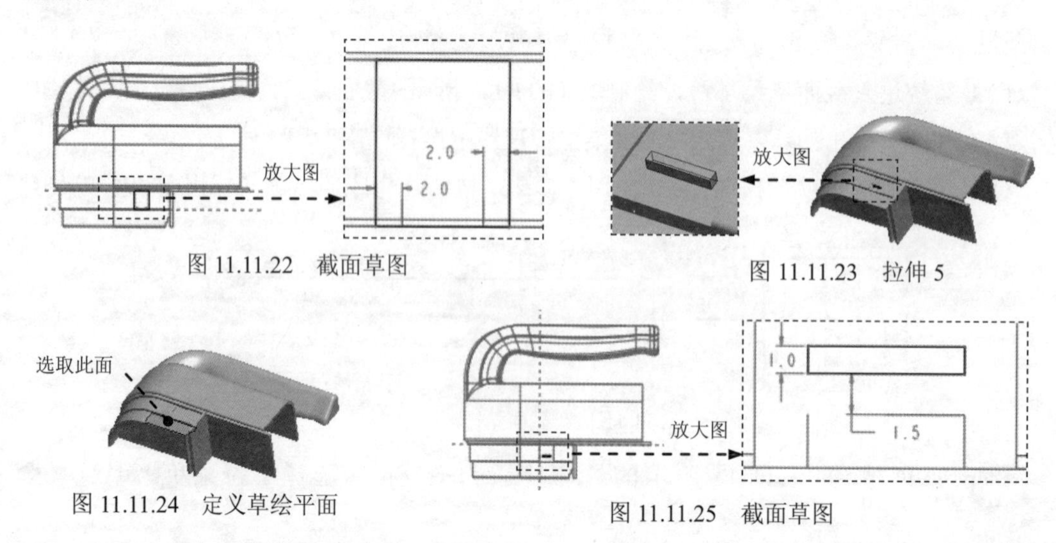

图 11.11.22　截面草图　　　　图 11.11.23　拉伸 5

图 11.11.24　定义草绘平面　　　　图 11.11.25　截面草图

Step17. 创建图 11.11.26b 所示的倒圆角特征——倒圆角 5。选择下拉菜单 插入(I) → 倒圆角(O)... 命令；选取图 11.11.26a 所示的两条边线为圆角放置参照，输入圆角半径值 0.5。

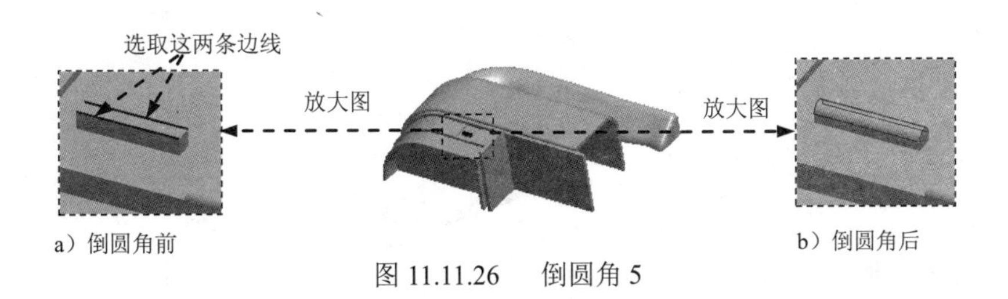

a）倒圆角前　　b）倒圆角后

图 11.11.26　倒圆角 5

Step18. 创建图 11.11.27 所示的拉伸特征——拉伸 6。选择下拉菜单 插入(I) → 拉伸(E)... 命令；选取图 11.11.28 所示的面为草绘平面，选取 ASM_RIGHT 基准平面为参照平面，方向为 左；绘制图 11.11.29 所示的截面草图；在操控板中选取深度类型为 ，输入深度值 1.0。

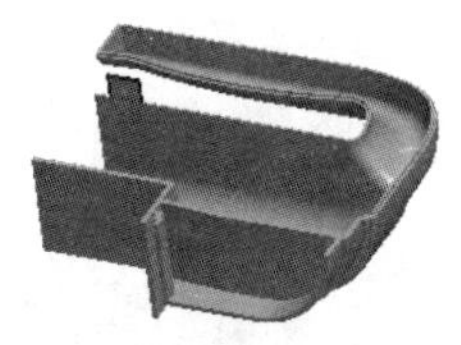

图 11.11.27　拉伸 6

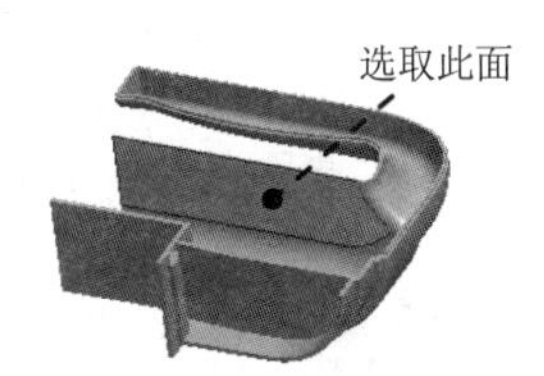

图 11.11.28　定义草绘平面

说明：为了保证设计零件的可装配性，图 11.11.29 所示的截面草图是基于五级控件中的草图而创建的。

Step19. 创建图 11.11.30 所示的拉伸特征——拉伸 7。选择下拉菜单 插入(I) → 拉伸(E)... 命令；选取图 11.11.31 所示的面为草绘平面，选取 ASM_RIGHT 基准平面为参照平面，方向为 右；绘制图 11.11.32 所示的截面草图；在操控板中选取深度类型为 ，输入深度值 1.0，并单击“去除材料”按钮 。

图 11.11.29　截面草图　　图 11.11.30　拉伸 7

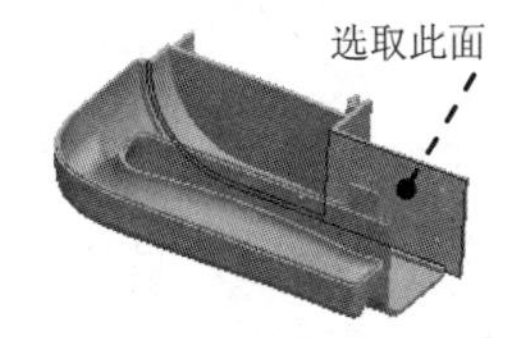

图 11.11.31　定义草绘平面

Step20. 创建图 11.11.33 所示的拉伸特征——拉伸 8。选择下拉菜单 插入(I) →

拉伸(E)... 命令；选取 DTM5 基准平面为草绘平面，选取 ASM_FRONT 基准平面为参照平面，方向为 右；绘制图 11.11.34 所示的截面草图；在操控板中选取深度类型为，输入深度值 3.0。

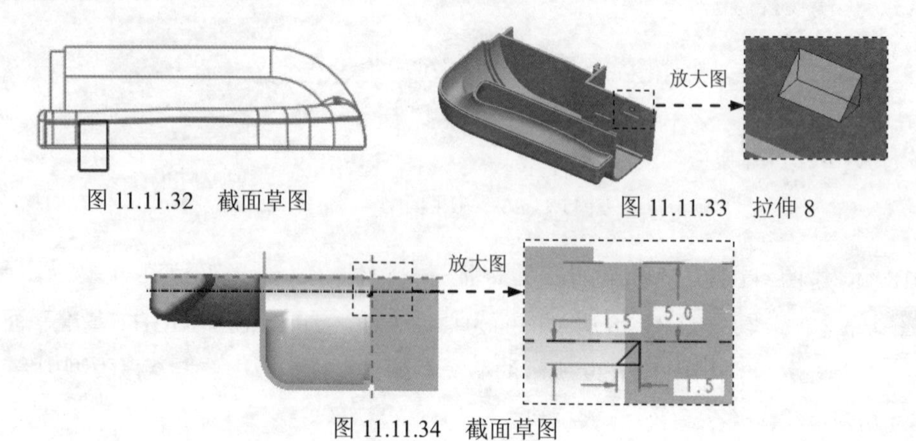

图 11.11.32　截面草图　　图 11.11.33　拉伸 8

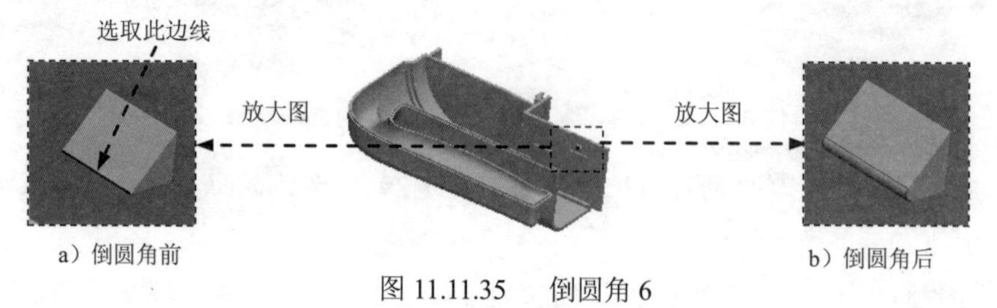

图 11.11.34　截面草图

Step21. 创建图 11.11.35b 所示的倒圆角特征——倒圆角 6。选择下拉菜单 插入(I) → 倒圆角(O)... 命令；选取图 11.11.35a 所示的边线为圆角放置参照，输入圆角半径值 0.2。

选取此边线　放大图　放大图

a）倒圆角前　b）倒圆角后

图 11.11.35　倒圆角 6

Step22. 创建图 11.11.36 所示的拉伸特征——拉伸 9。选择下拉菜单 插入(I) → 拉伸(E)... 命令；选取图 11.11.37 所示的面为草绘平面，选取 ASM_RIGHT 基准平面为参照平面，方向为左；绘制图 11.11.38 所示的截面草图；在操控板中选取深度类型为，并单击“去除材料”按钮。

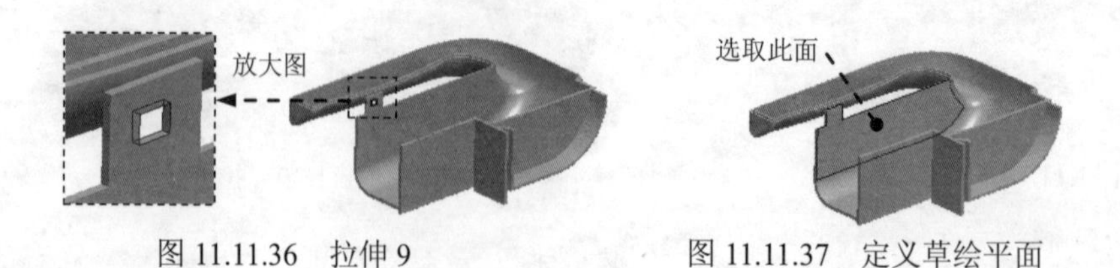

图 11.11.36　拉伸 9　　图 11.11.37　定义草绘平面

Step23. 创建图 11.11.39 所示的拉伸特征——拉伸 10。选择下拉菜单 插入(I) → 拉伸(E)... 命令；选取 ASM_TOP 基准平面为草绘平面，选取 ASM_RIGHT 基准平面为参照平面，方向为左；绘制图 11.11.40 所示的截面草图；在操控板中选取深度类型为；按下“加厚草图”按钮，输入值 1.0。

说明：为了保证设计零件的可装配性，图 11.11.40 所示的截面草图是基于五级控件中的草图而创建的。

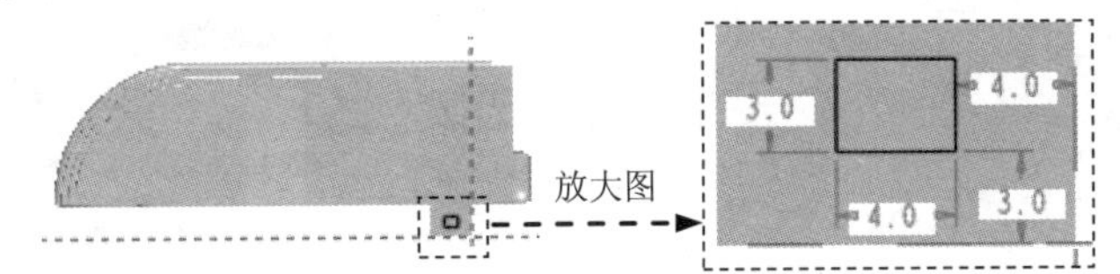

图 11.11.38　截面草图

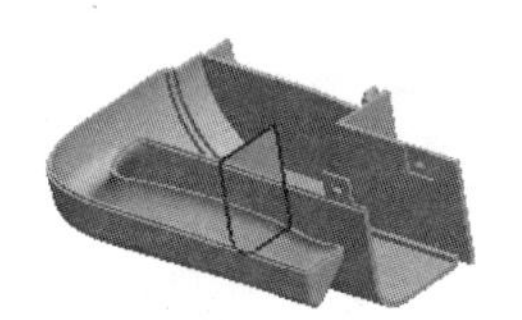

图 11.11.39　拉伸 10

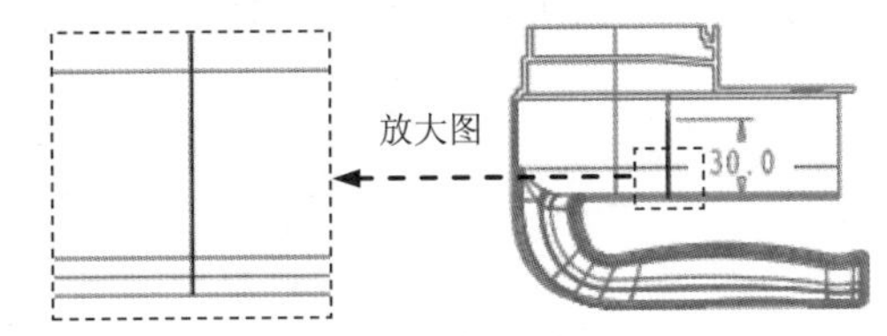

图 11.11.40　截面草图

Step24. 创建图 11.11.41 所示的拉伸特征——拉伸 11。选择下拉菜单 插入(I) → 拉伸(E)... 命令；选取 ASM_TOP 基准平面为草绘平面，选取 ASM_RIGHT 基准平面为参照平面，方向为 左；绘制图 11.11.42 所示的截面草图；在操控板中选取深度类型为 ；按下“加厚草图”按钮 ，输入值 1.0。

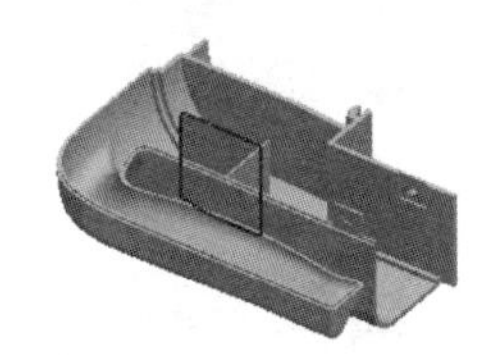

图 11.11.41　拉伸 11

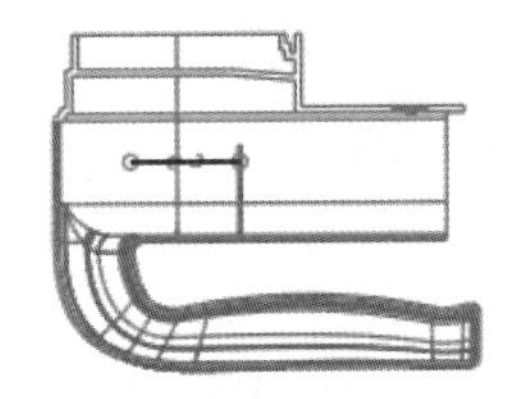

图 11.11.42　截面草图

说明：图 11.11.42 所示的截面草图是基于五级控件中的草图而创建的。

Step25. 创建图 11.11.43 所示的拉伸特征——拉伸 12。选择下拉菜单 插入(I) → 拉伸(E)... 命令；选取 ASM_TOP 基准平面为草绘平面，选取 ASM_RIGHT 基准平面为参照平面，方向为 左；绘制图 11.11.44 所示的截面草图；在操控板中选取深度类型为 ；按下“加厚草图”按钮 ，输入值 1.0。

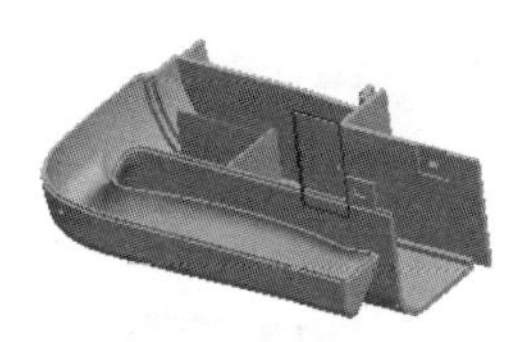

图 11.11.43　拉伸 12

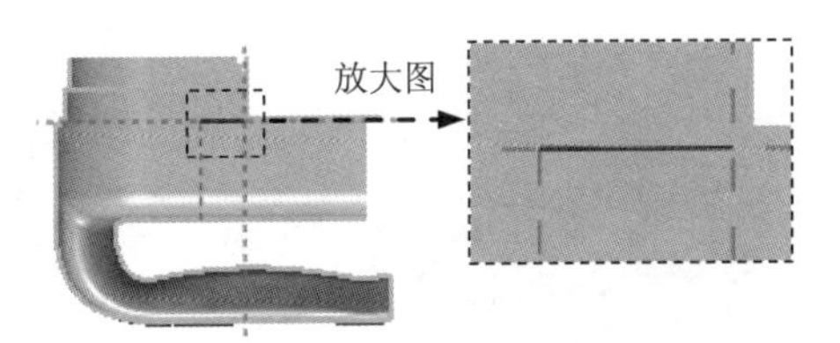

图 11.11.44　截面草图

Step26. 创建图 11.11.45 所示的拉伸特征——拉伸 13。选择下拉菜单 插入(I) → 拉伸(E)... 命令；选取图 11.11.46 所示的面为草绘平面，选取 ASM_TOP 基准平面为参照平面，方向为 顶；绘制图 11.11.47 所示的截面草图；在操控板中选取深度类型为 ，并单击“去除材料”按钮 。

图 11.11.45　拉伸 13

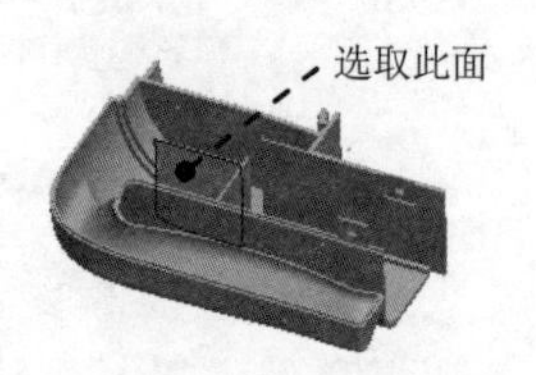

图 11.11.46　定义草绘平面

说明：图 11.11.47 所示的截面草图是基于五级控件中的草图而创建的。

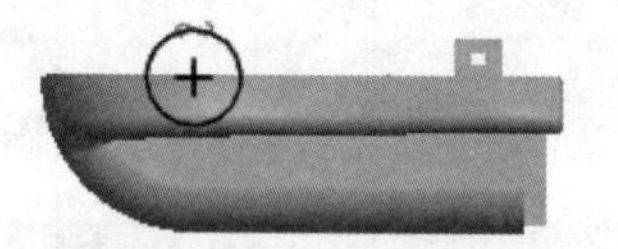

图 11.11.47　截面草图

Step27. 创建图 11.11.48b 所示的倒圆角特征——倒圆角 7。选择下拉菜单 插入(I) → 倒圆角(O)... 命令；选取图 11.11.48a 所示的两条边线为圆角放置参照，输入圆角半径值 1.0。

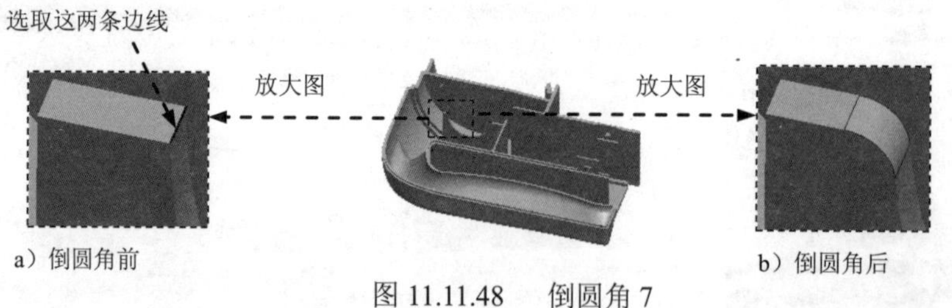

图 11.11.48　倒圆角 7

Step28. 创建图 11.11.49 所示的拉伸特征——拉伸 14。选择下拉菜单 插入(I) → 拉伸(E)... 命令；选取 ASM_TOP 基准平面为草绘平面，选取 ASM_RIGHT 基准平面为参照平面，方向为 左；绘制图 11.11.50 所示的截面草图；在操控板中单击 选项 按钮，在系统弹出的 深度 界面 侧 1 的下拉列表中选择 盲孔 选项，并在其后的文本框中输入 2.0；在 侧 2 的下拉列表中选择 到下一个 选项。

说明：图 11.11.50 所示的截面草图中所绘制的四个圆是基于五级控件中的草图而创建的。

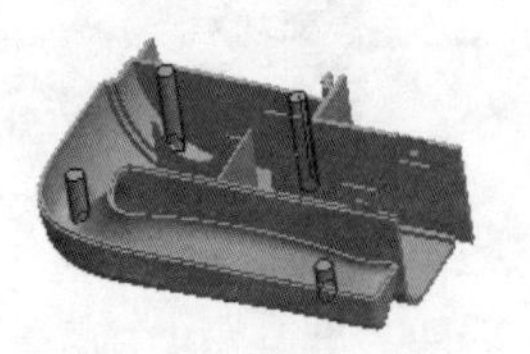

图 11.11.49　拉伸 14

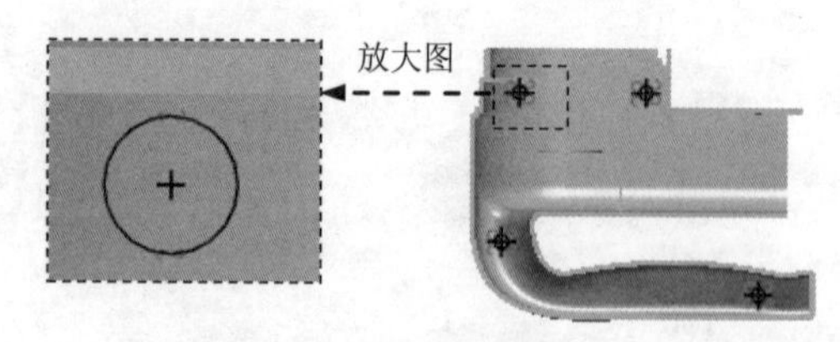

图 11.11.50　截面草图

Step29. 创建图 11.11.51 所示的拉伸特征——拉伸 15。选择下拉菜单 插入(I) → 拉伸(E)... 命令；选取图 11.11.52 所示的面为草绘平面，选取 ASM_RIGHT 基准平面为参照平面，方向为 左；绘制图 11.11.53 所示的截面草图；在操控板中选取深度类型为 ，输入深度值 5.0，并单击“去除材料”按钮。

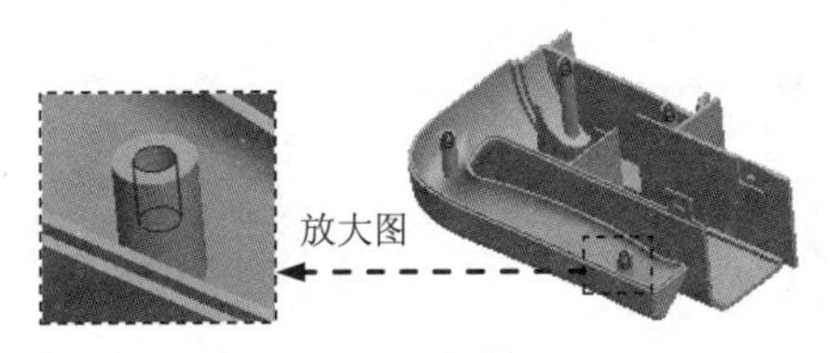

图 11.11.51　拉伸 15

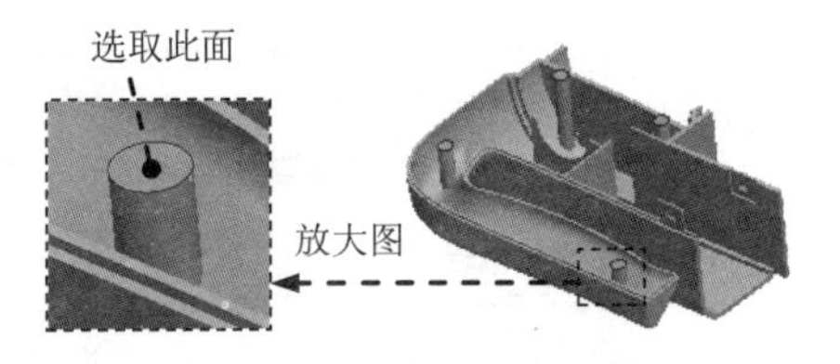

图 11.11.52　定义草绘平面

Step30. 创建图 11.11.54 所示的拉伸特征——拉伸 16。选择下拉菜单 插入(I) → 拉伸(E)... 命令；选取图 11.11.55 所示的面为草绘平面，选取 ASM_FRONT 基准平面为参照平面，方向为 左；绘制图 11.11.56 所示的截面草图；在操控板中选取深度类型为，并单击“去除材料”按钮。

说明：图 11.11.56 所示的截面草图中所绘制的圆是基于五级控件中的草图而创建的。

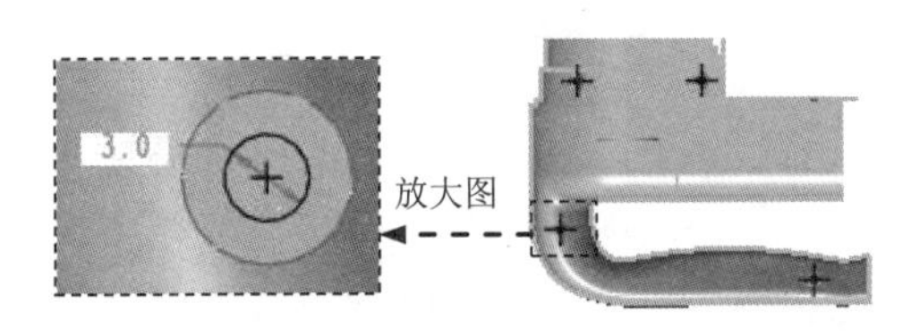

图 11.11.53　截面草图

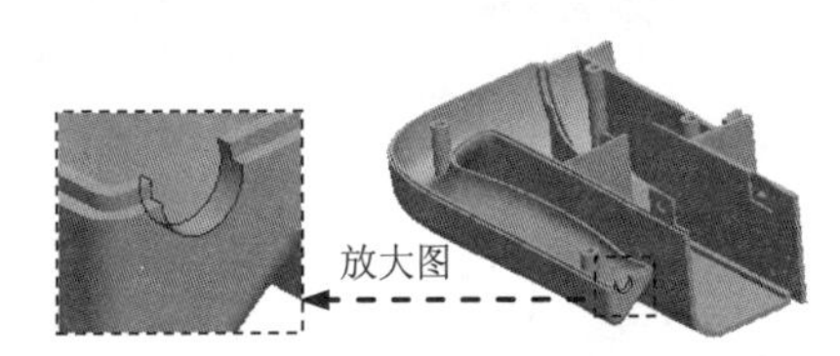

图 11.11.54　拉伸 16

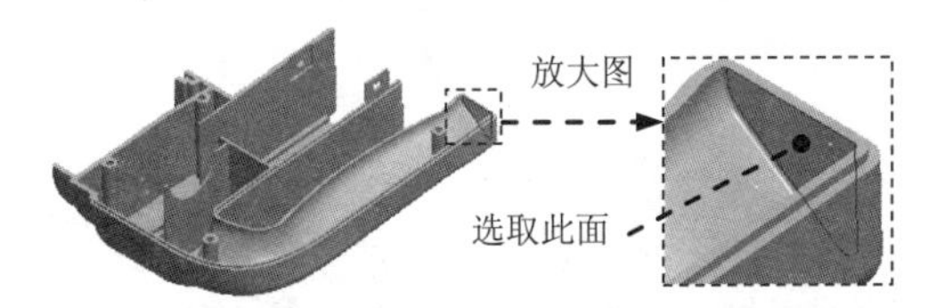

图 11.11.55　定义草绘平面

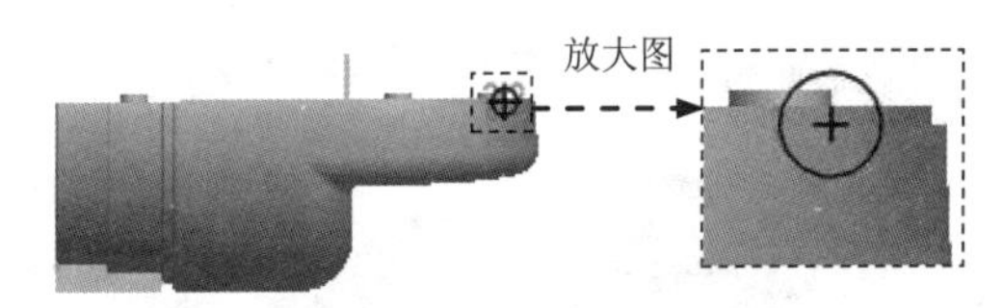

图 11.11.56　截面草图

Step31. 创建图 11.11.57 所示的拉伸特征——拉伸 17。选择下拉菜单 插入(I) → 拉伸(E)... 命令；选取图 11.11.58 所示的面为草绘平面，选取 ASM_RIGHT 基准平面为参照平面，方向为 左；绘制图 11.11.59 所示的截面草图；在操控板中选取深度类型为，并单击“去除材料”按钮。

说明：图 11.11.59 所示的截面草图是基于五级控件中的草图而创建的。

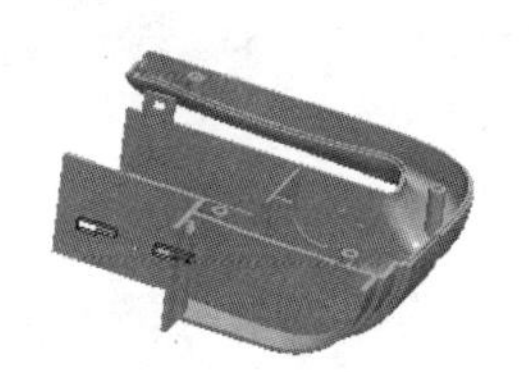
图 11.11.57　拉伸 17

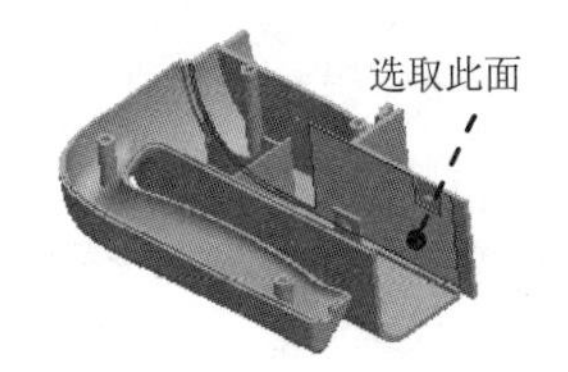

图 11.11.58　定义草绘平面

Step32. 创建图 11.11.60 所示的拉伸特征——拉伸 18。选择下拉菜单 插入(I) → 拉伸(E)... 命令；选取图 11.11.61 所示的面为草绘平面，选取 ASM_TOP 基准平面为参照平面，方向为 顶；绘制图 11.11.62 所示的截面草图；在操控板中选取深度类型为，并单击“去除材料”按钮。

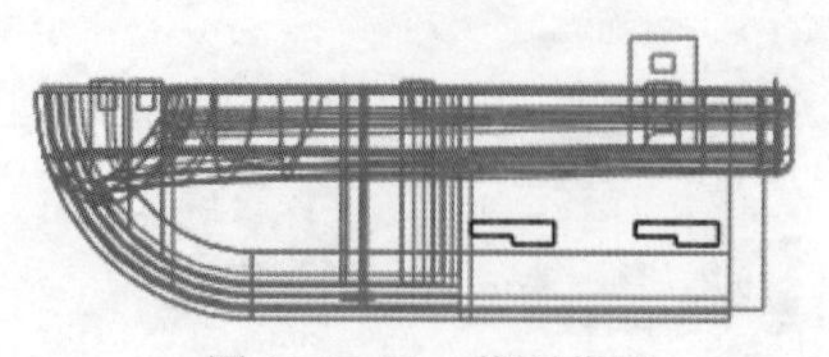
图 11.11.59 截面草图

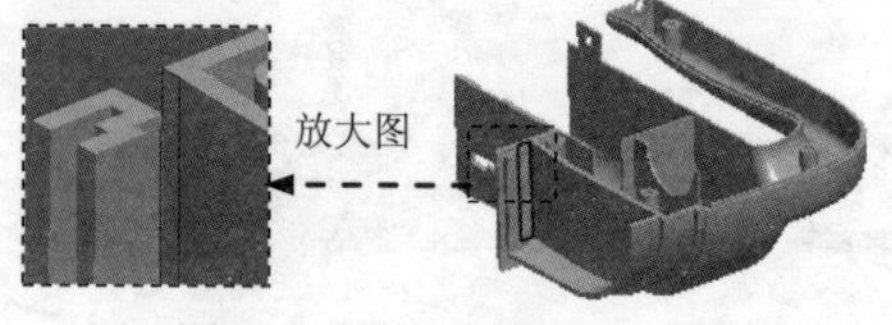

图 11.11.60 拉伸 18

说明：图 11.11.62 所示的截面草图是用“使用边”命令绘制而成的，如图 11.11.63 所示。

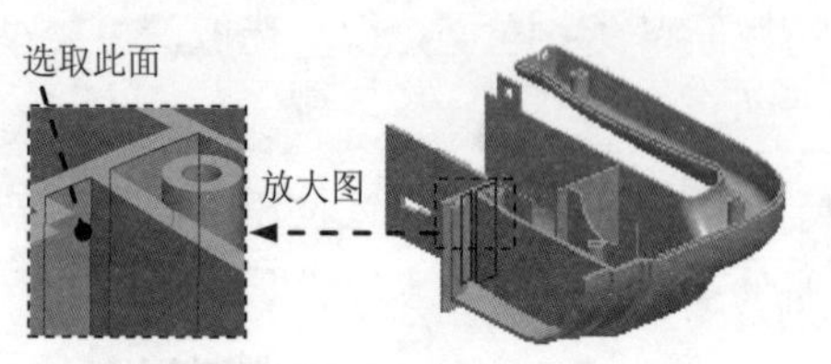

图 11.11.61 定义草绘平面

图 11.11.62 截面草图（草绘环境）

Step33. 添加图 11.11.64 所示的筋特征——轮廓筋 1。选择下拉菜单 插入(I) → 筋(I) → 轮廓筋(P)... 命令；单击操控板中的 参照 按钮，系统弹出草绘界面，单击此界面中 定义... 按钮；选取 DTM4 基准平面为草绘平面，选取 ASM_TOP 基准平面为参照平面，方向为 顶；绘制图 11.11.65 所示的截面草图；在文本框中输入值 2.0。

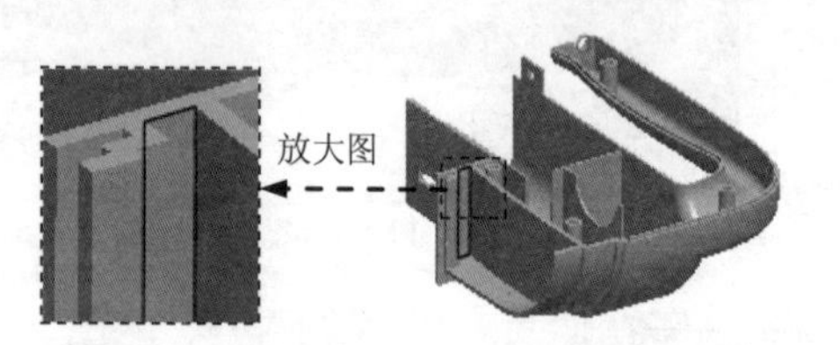

图 11.11.63 截面草图（建模环境）

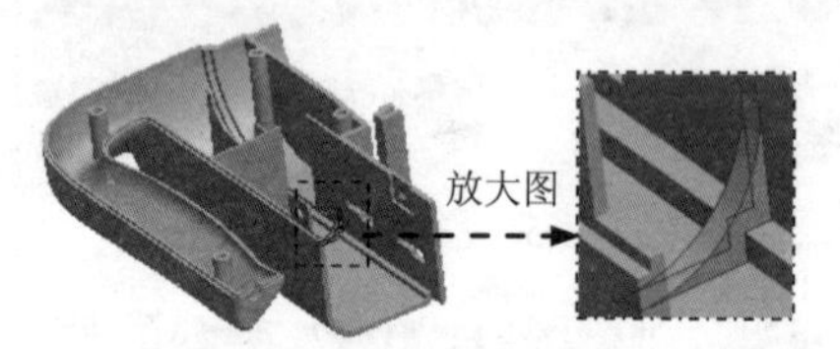

图 11.11.64 轮廓筋 1

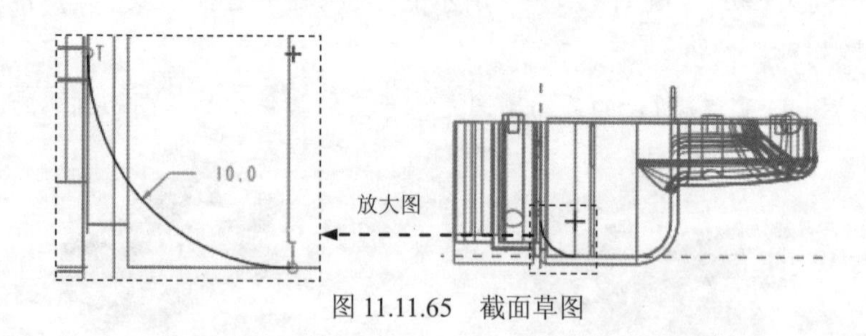

图 11.11.65 截面草图

Step34. 创建图 11.11.66 所示的阵列特征——阵列 1/筋 1。在模型树中选取筋 1，选择下拉菜单 编辑(E) → 阵列(P)... 命令；在操控板的 选项 界面中选中 一般 单选项；在操控板中单击 方向 按钮，在绘图区选取图 11.11.67 所示的边线，输入增量值 30.0，在操控板中输入阵列数目值 2，并按<Enter>键。

图 11.11.66　阵列 1/筋 1

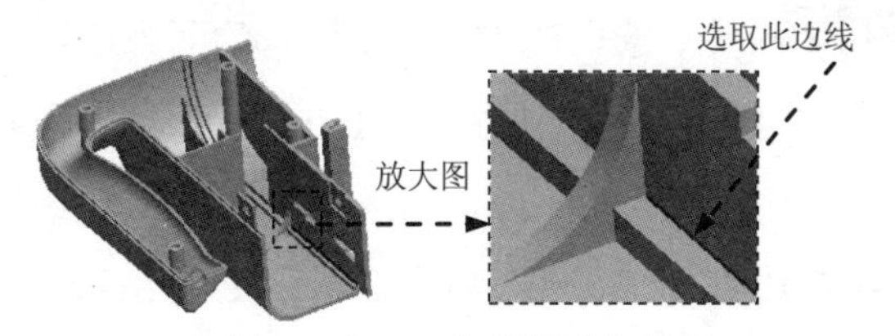

图 11.11.67　定义阵列方向

Step35. 创建图 11.11.68 所示的拉伸特征——拉伸 19。选择下拉菜单 插入(I) → 拉伸(E)... 命令；选取图 11.11.69 所示的面为草绘平面，选取 ASM_TOP 基准平面为参照平面，方向为 底部；绘制图 11.11.70 所示的截面草图；在操控板中选取深度类型为 ，并单击“去除材料”按钮 。

说明： 图 11.11.70 所示的截面草图是以五级控件中的草图为参照而创建的。

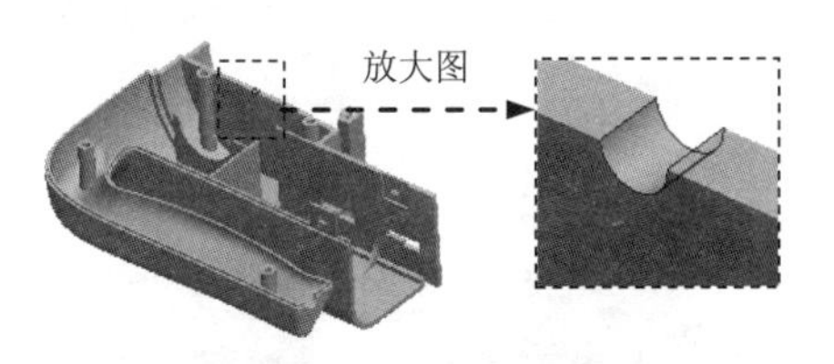

图 11.11.68　拉伸 19

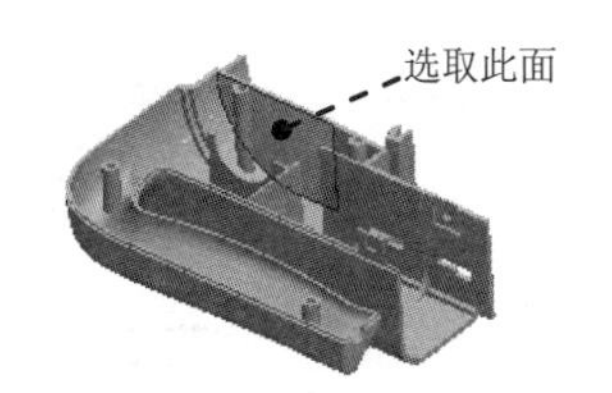

图 11.11.69　定义草绘平面

Step36. 创建图 11.11.71 所示的拉伸特征——拉伸 20。选择下拉菜单 插入(I) → 拉伸(E)... 命令；选取图 11.11.72 所示的面为草绘平面，选取 ASM_TOP 基准平面为参照平面，方向为 顶；绘制图 11.11.73 所示的截面草图；在操控板中选取深度类型为 ，输入深度值 1.0，并单击“去除材料”按钮 。

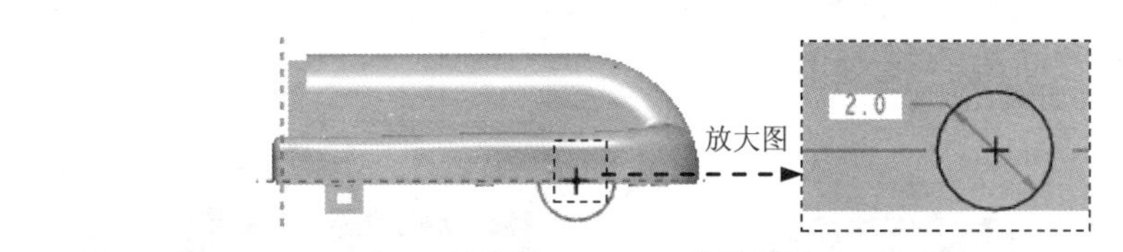

图 11.11.70　截面草图

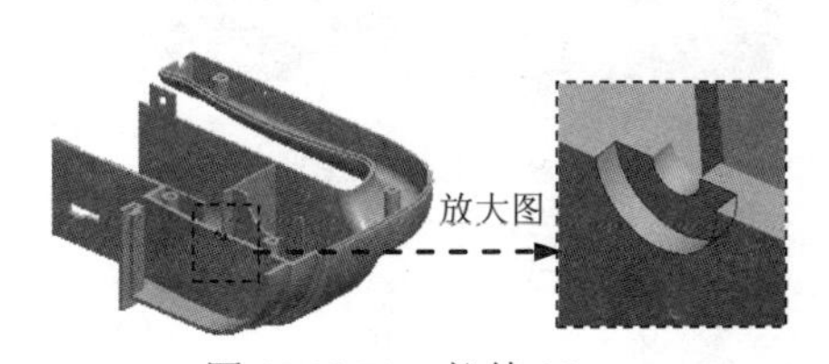

图 11.11.71　拉伸 20

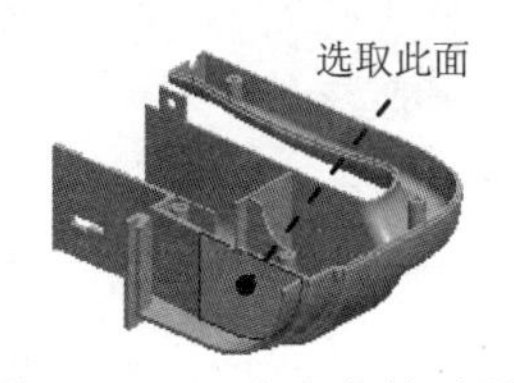

图 11.11.72　定义草绘平面

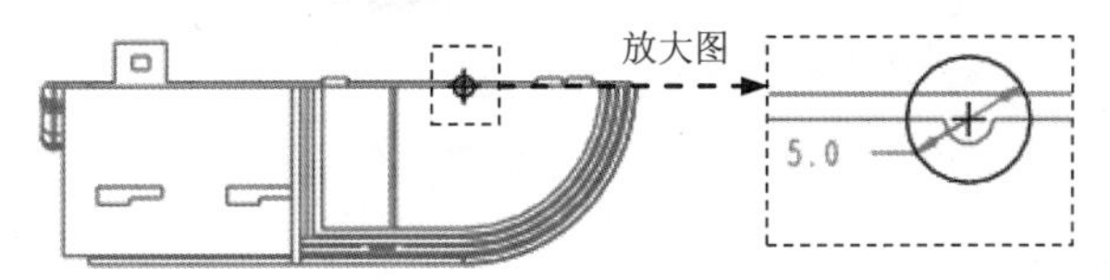

图 11.11.73　截面草图

Step37. 创建图 11.11.74 所示的拉伸特征——拉伸 21。选择下拉菜单 插入(I) →

拉伸(E)... 命令；选取图 11.11.75 所示的面为草绘平面，选取 ASM_FRONT 基准平面为参照平面，方向为 顶；绘制图 11.11.76 所示的截面草图；在操控板中选取深度类型为 ，选取图 11.11.77 所示的面为拉伸终止面。

说明：图 11.11.76 所示的截面草图是基于五级控件中的草图而创建的。

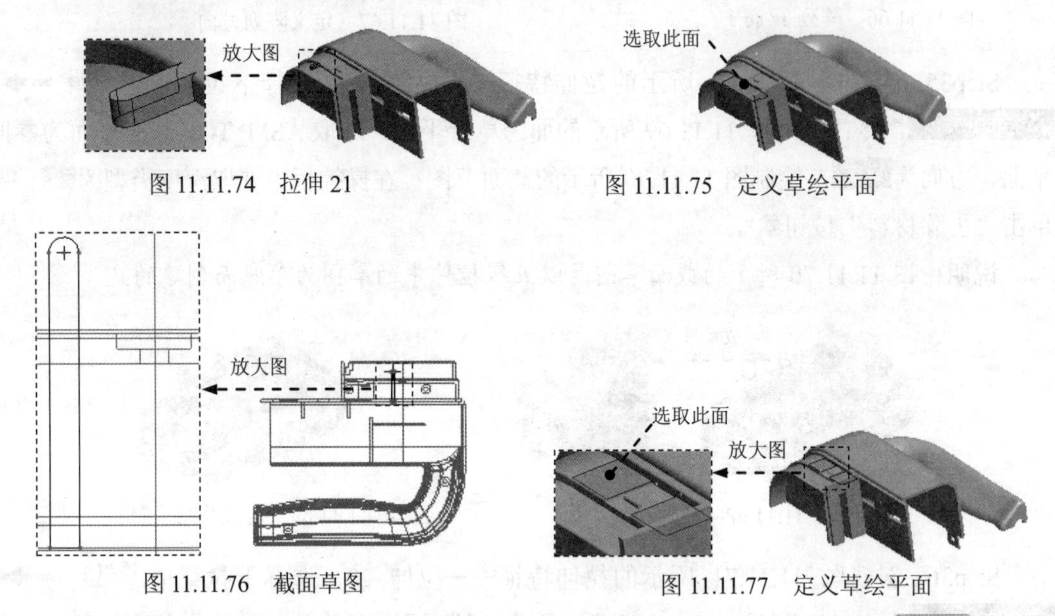

图 11.11.74　拉伸 21　　图 11.11.75　定义草绘平面

图 11.11.76　截面草图　　图 11.11.77　定义草绘平面

Step38. 创建图 11.11.78 所示的拉伸特征——拉伸 22。选择下拉菜单 插入(I) → 拉伸(E)... 命令；选取图 11.11.79 所示的面为草绘平面，选取 ASM_RIGHT 基准平面为参照平面，方向为 左；绘制图 11.11.80 所示的截面草图；在操控板中选取深度类型为 ，输入深度值 5.0。

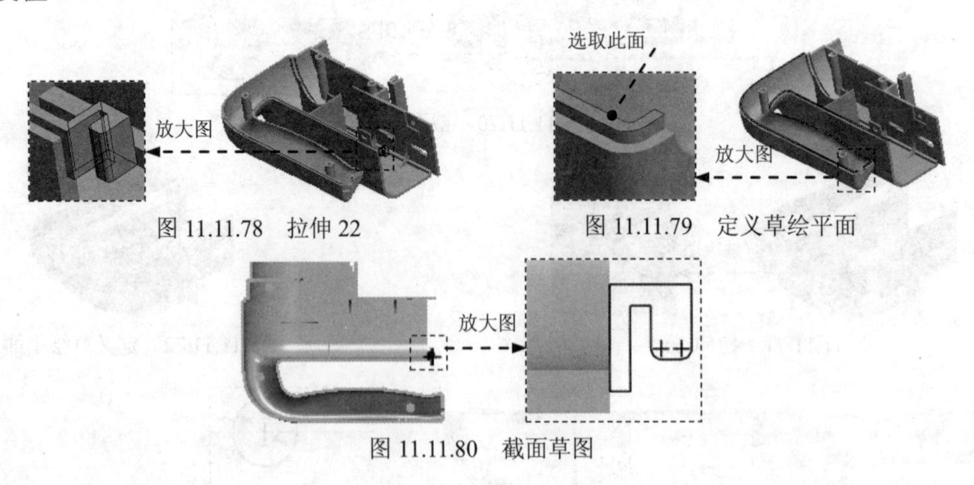

图 11.11.78　拉伸 22　　图 11.11.79　定义草绘平面

图 11.11.80　截面草图

Step39. 保存模型文件。

11.12　右　　盖

下面讲解右盖（RIGHT.PRT）的创建过程。零件模型及模型树如图 11.12.1 所示。

Step1. 在装配体中创建右盖（RIGHT.PRT）。选择下拉菜单 插入(I) → 元件(C) → 创建(C)... 命令；在系统弹出的“元件创建”对话框中选中 类型 选项组中的 ◉ 零件 单选项；选中 子类型 选项组中的 ◉ 实体 单选项；在 名称 文本框中输入文件名 RIGHT，单击 确定 按钮；在系统弹出的“创建选项”对话框中选中 ◉ 空 单选项，单击 确定 按钮。

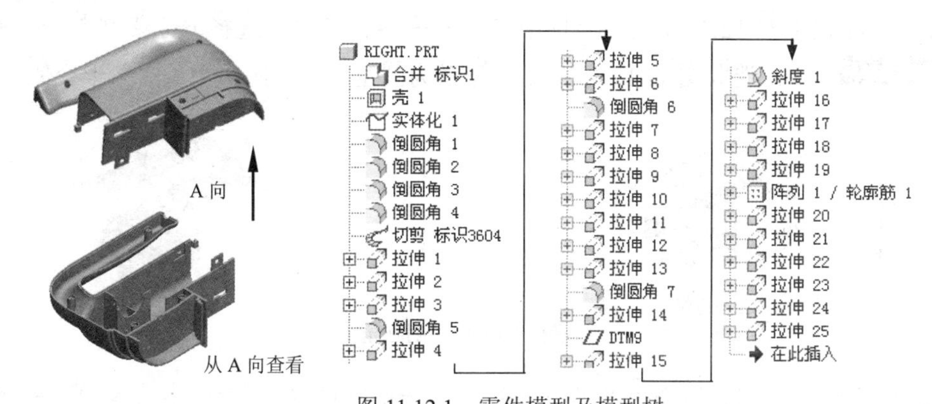

图 11.12.1　零件模型及模型树

Step2. 激活右盖模型。

（1）在模型树中单击 RIGHT.PRT，然后右击，在系统弹出的快捷菜单中选择 激活 命令。

（2）选择下拉菜单 插入(I) → 共享数据(D) → 合并/继承(M)... 命令，系统弹出“复制几何”操控板，在该操控板中进行下列操作：

① 在操控板中，先确认“将参照类型设置为组件上下文”按钮 被按下。

② 复制几何。在操控板中单击 参照 按钮，系统弹出“参照”界面；选中 ☑ 复制基准 复选框，然后在模型树中选取 FIFTH.PRT 为参照模型；单击“完成”按钮 ✔。

Step3. 在模型树中选择 RIGHT.PRT，然后右击，在系统弹出的快捷菜单中选择 打开 命令。

Step4. 创建图 11.12.2b 所示的抽壳特征——壳 1。选择下拉菜单 插入(I) → 壳(L)... 命令；在绘图区选取图 11.12.2a 所示的面为移除面，输入厚度值 2.2。

图 11.12.2　壳 1

Step5. 添加图 11.12.3b 所示的实体化特征——实体化 1。选取图 11.12.3a 所示的 ASM_TOP

基准平面，选择下拉菜单 编辑(E) → 实体化(Y)... 命令；定义实体化方向如图 11.12.3a 所示，并在操控板中单击“去除材料”按钮。

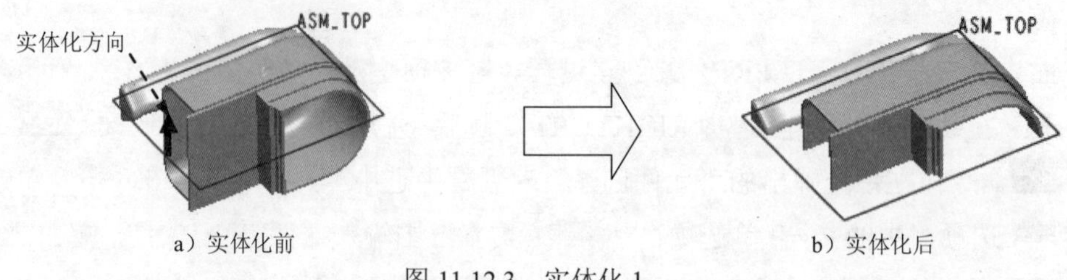

图 11.12.3 实体化 1

Step6. 创建图 11.12.4b 所示的倒圆角特征——倒圆角 1。选择下拉菜单 插入(I) → 倒圆角(O)... 命令；选取图 11.12.4a 所示的边链为圆角放置参照，输入圆角半径值 5.5。

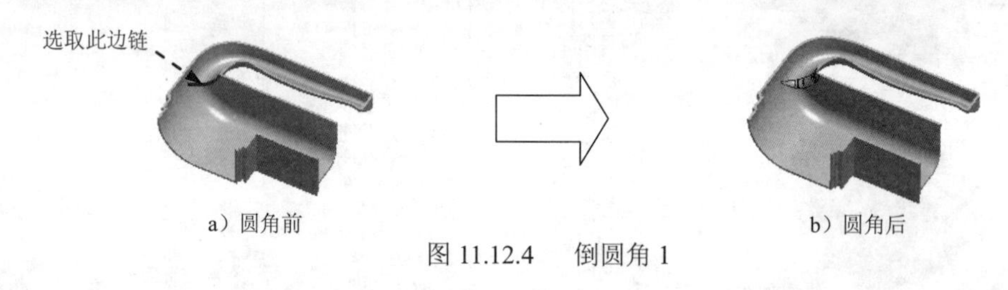

图 11.12.4 倒圆角 1

Step7. 创建图 11.12.5b 所示的倒圆角特征——倒圆角 2。选择下拉菜单 插入(I) → 倒圆角(O)... 命令；选取图 11.12.5a 所示的边链为圆角放置参照，输入圆角半径值 3.0。

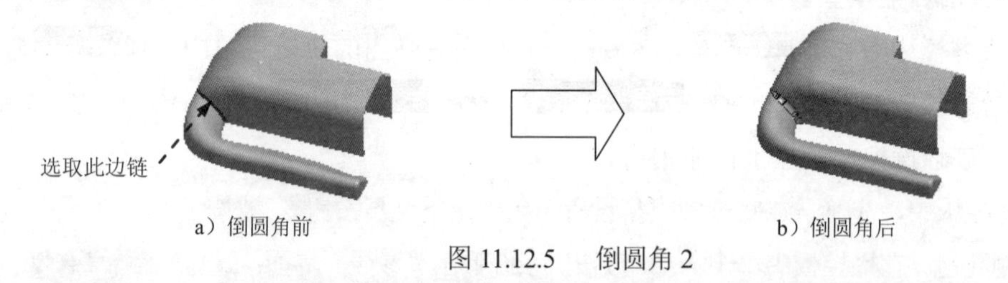

图 11.12.5 倒圆角 2

Step8. 创建图 11.12.6b 所示的倒圆角特征——倒圆角 3。选择下拉菜单 插入(I) → 倒圆角(O)... 命令；选取图 11.12.6a 所示的边链为圆角放置参照，输入圆角半径值 2.0。

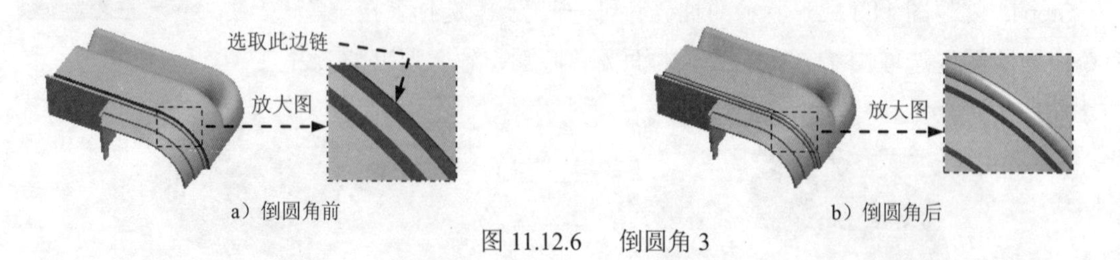

图 11.12.6 倒圆角 3

Step9. 创建图 11.12.7b 所示的倒圆角特征——倒圆角 4。选择下拉菜单 插入(I) → 倒圆角(O)... 命令；选取图 11.12.7a 所示的边链为圆角放置参照，输入圆角半径值 0.5。

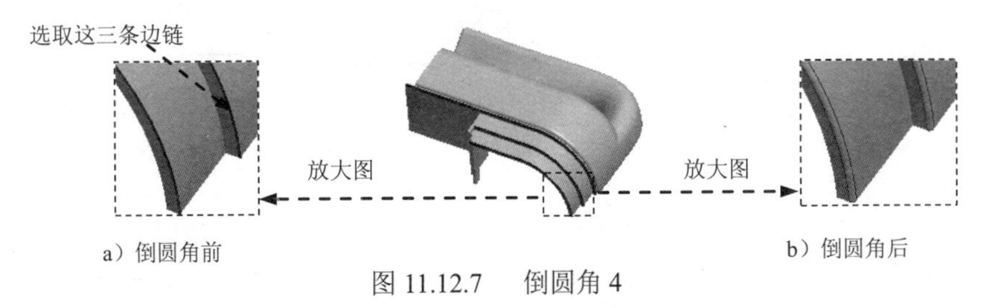

图 11.12.7　倒圆角 4

Step10. 创建图 11.12.8 所示的扫描切剪特征——切剪（标识 3604）。

（1）选择下拉菜单 插入(I) → 扫描(S) → 切口(C)... 命令，系统弹出“切剪：扫描”对话框。

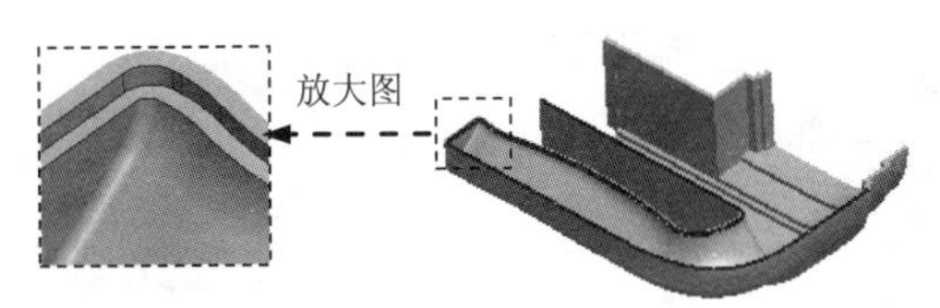

图 11.12.8　切剪（标识 3604）

（2）定义扫描轨迹。在 ▼ SWEEP TRAJ (扫描轨迹) 菜单中选择 Sketch Traj (草绘轨迹) 命令，在绘图区选取图 11.12.9 所示的面为草绘平面，选择 Okay (确定) → 底部 命令，选取 ASM_FRONT 基准平面为参照平面，绘制图 11.12.10 所示的截面草图，定义扫描轨迹的起始方向如图 11.12.10 所示；完成后单击 ✓ 按钮，在菜单管理器中选择 Done (完成) → Free Ends (自由端点) → Done (完成) 命令。

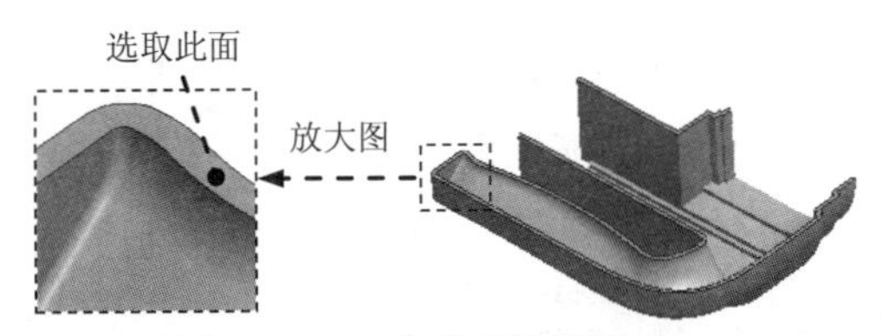

图 11.12.9　定义草绘平面

（3）系统进入截面草绘环境，绘制图 11.12.11 所示的截面草图，完成后单击 ✓ 按钮。

（4）在系统弹出的 ▼ DIRECTION (方向) 菜单管理器中选择 Okay (确定) 命令。

（5）单击“切剪：扫描”对话框中的 确定 按钮，完成切剪（标识 3604）的创建。

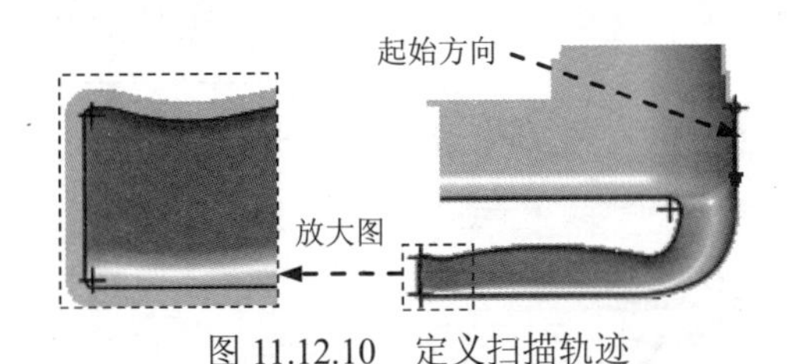

图 11.12.10　定义扫描轨迹

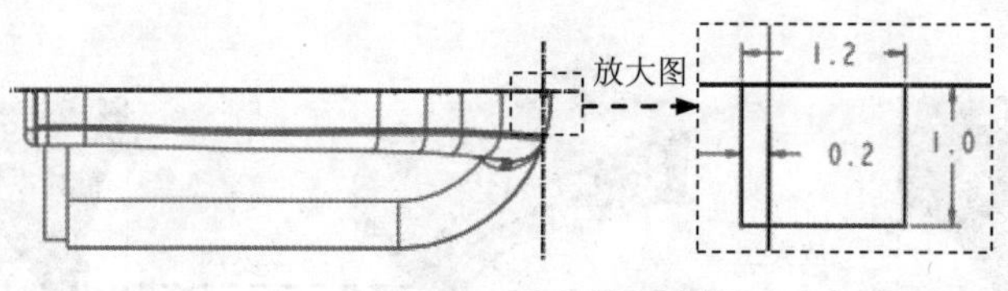

图 11.12.11　截面草图

Step11. 创建图 11.12.12 所示的拉伸特征——拉伸 1。选择下拉菜单 插入(I) → 拉伸(E)... 命令；选取图 11.12.13 所示的面为草绘平面，选取 ASM_RIGHT 基准平面为参照平面，方向为 左；在操控板中选取深度类型为，按下“加厚草图”按钮，输入值 2.0；绘制图 11.12.14 所示的截面草图；完成后单击按钮，然后在操控板中单击按钮。

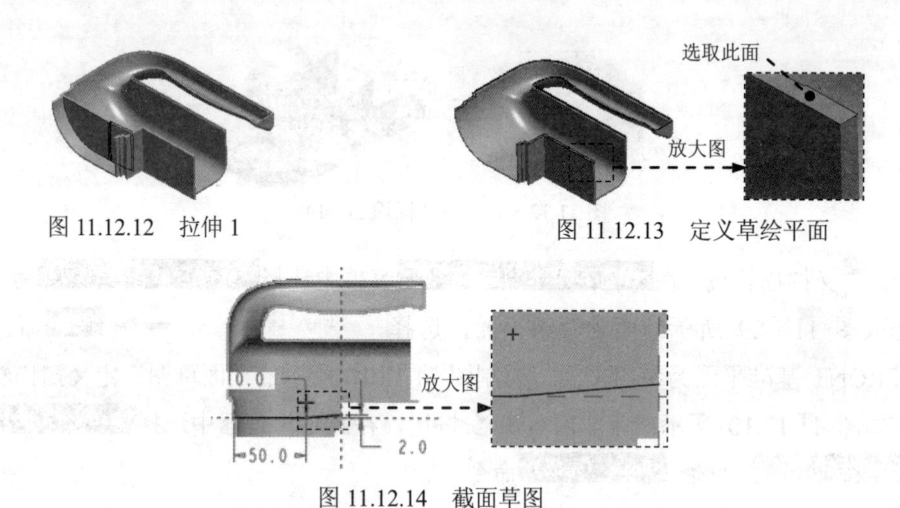

图 11.12.12　拉伸 1

图 11.12.13　定义草绘平面

图 11.12.14　截面草图

Step12. 创建图 11.12.15 所示的拉伸特征——拉伸 2。选择下拉菜单 插入(I) → 拉伸(E)... 命令；选取图 11.12.16 所示的面为草绘平面，选取 DTM2 基准平面为参照平面，方向为 右；绘制图 11.12.17 所示的截面草图；在操控板中选取深度类型为，输入深度值 0.5，并单击“去除材料”按钮。

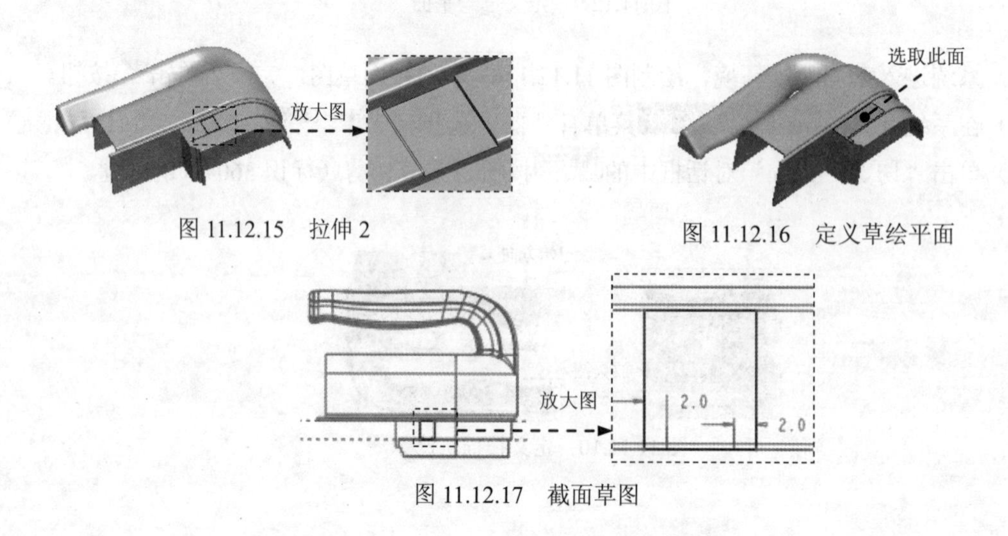

图 11.12.15　拉伸 2

图 11.12.16　定义草绘平面

图 11.12.17　截面草图

Step13. 创建图 11.12.18 所示的拉伸特征——拉伸 3。选择下拉菜单 插入(I) → 拉伸(E)... 命令；选取图 11.12.19 所示的面为草绘平面，选取 ASM_RIGHT 基准平面为参照平面，方向为 左；绘制图 11.12.20 所示的截面草图；在操控板中选取深度类型为 ⊥，输入深度值 1.0。

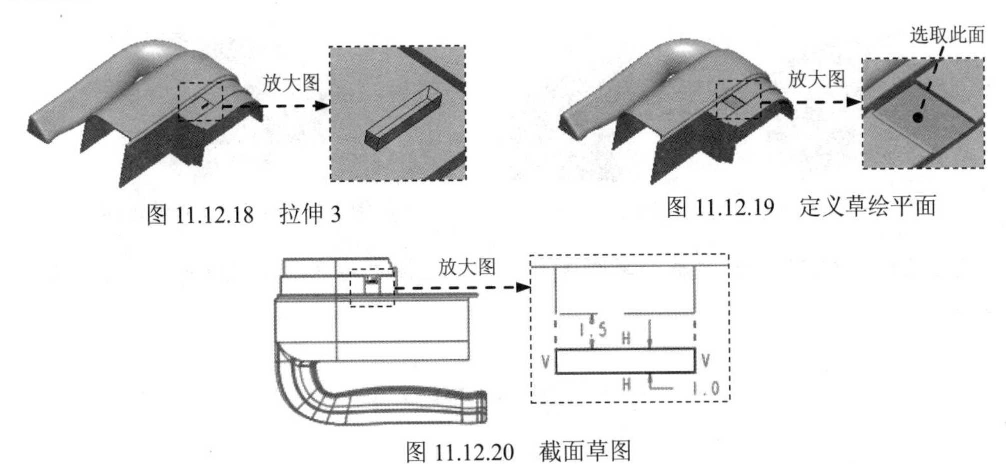

图 11.12.18 拉伸 3

图 11.12.19 定义草绘平面

图 11.12.20 截面草图

Step14. 创建图 11.12.21b 所示的倒圆角特征——倒圆角 5。选择下拉菜单 插入(I) → 倒圆角(O)... 命令；选取图 11.12.21a 所示的边线为圆角放置参照，输入圆角半径值 0.5。

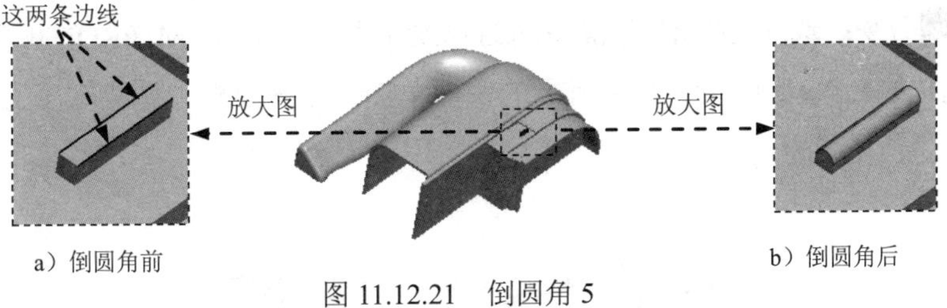

a）倒圆角前

b）倒圆角后

图 11.12.21 倒圆角 5

Step15. 创建图 11.12.22 所示的拉伸特征——拉伸 4。选择下拉菜单 插入(I) → 拉伸(E)... 命令；选取图 11.12.23 所示的面为草绘平面，选取 ASM_RIGHT 基准平面为参照平面，方向为 左；绘制图 11.12.24 所示的截面草图（用“使用边”命令）；在操控板中选取深度类型为 ⊥，输入深度值 1.0。

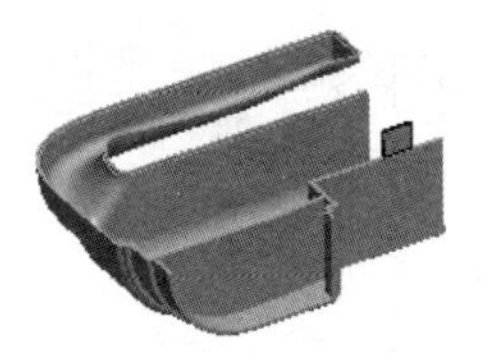

图 11.12.22 拉伸 4

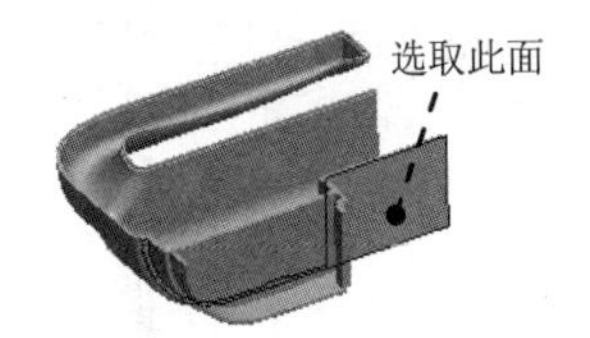

图 11.12.23 定义草绘平面

说明： 图 11.12.24 所示的截面草图是基于五级控件中的草图而创建的。

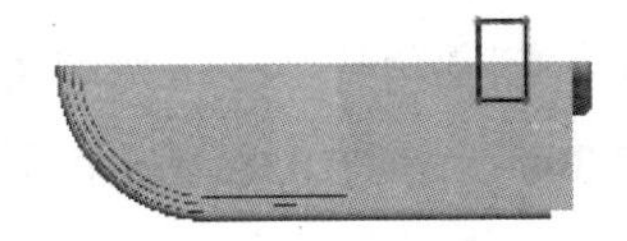

图 11.12.24 截面草图

Step16. 创建图 11.12.25 所示的拉伸特征——拉伸 5。选择下拉菜单 插入(I) → 拉伸(E)... 命令；选取图 11.12.26 所示的面为草绘平面，选取 ASM_RIGHT 基准平面为参照平面，方向为 左；绘制图 11.12.27 所示的截面草图（用“使用边”命令）；在操控板中选取深度类型为，输入深度值 1.0，并单击“去除材料”按钮。

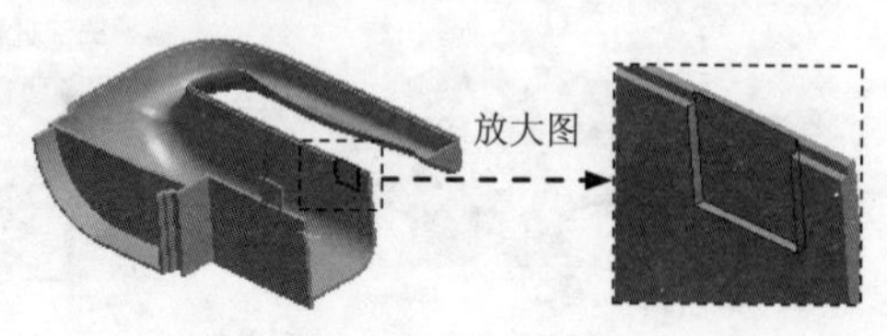

图 11.12.25　拉伸 5

图 11.12.26　定义草绘平面

说明：图 11.12.27 所示的截面草图是基于五级控件中的草图而创建的，以下类似情况不再重述。

图 11.12.27　截面草图

Step17. 创建图 11.12.28 所示的拉伸特征——拉伸 6。选择下拉菜单 插入(I) → 拉伸(E)... 命令；选取 DTM5 基准平面为草绘平面，选取 ASM_FRONT 基准平面为参照平面，方向为 左；绘制图 11.12.29 所示的截面草图；在操控板中选取深度类型为，输入深度值 3.0。

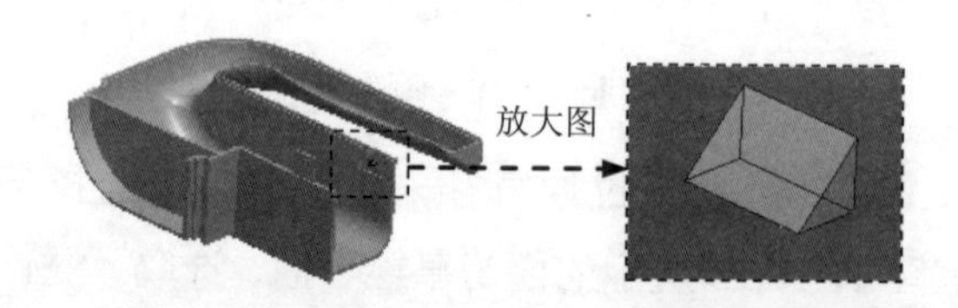

图 11.12.28　拉伸 6

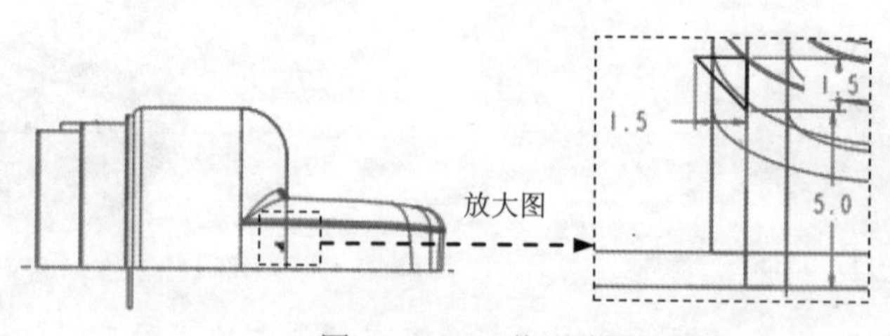

图 11.12.29　截面草图

Step18. 创建图 11.12.30b 所示的倒圆角特征——倒圆角 6。选择下拉菜单 插入(I) → 倒圆角(O)... 命令；选取图 11.12.30a 所示的边线为圆角放置参照，输入圆角半径值 0.2。

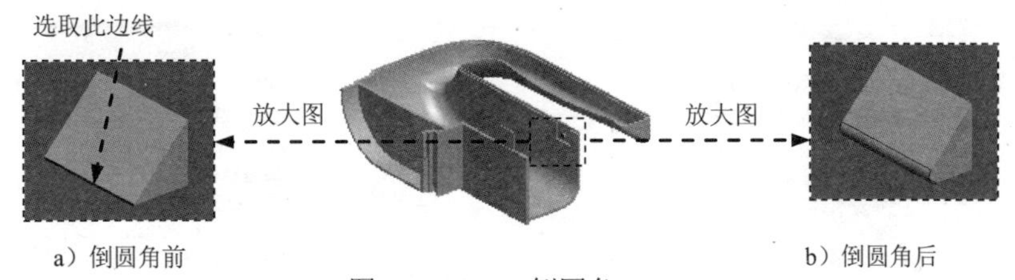

图 11.12.30　倒圆角 6

Step19. 创建图 11.12.31 所示的拉伸特征——拉伸 7。选择下拉菜单 插入(I) ➡ 拉伸(E)... 命令；选取图 11.12.32 所示的面为草绘平面，选取 ASM_TOP 基准平面为参照平面，方向为 顶；绘制图 11.12.33 所示的截面草图；在操控板中选取深度类型为，并单击“去除材料”按钮。

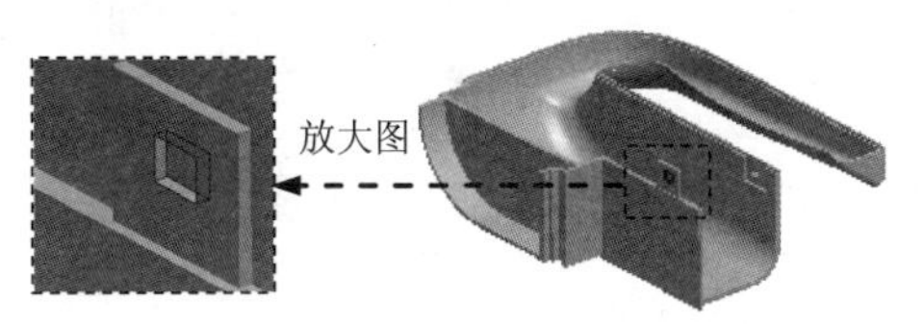

图 11.12.31　拉伸 7

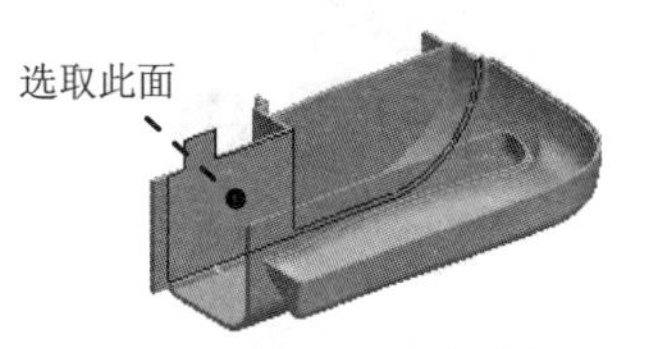

图 11.12.32　定义草绘平面

Step20. 创建图 11.12.34 所示的拉伸特征——拉伸 8。选择下拉菜单 插入(I) ➡ 拉伸(E)... 命令；选取 DTM8 基准平面为草绘平面，选取 ASM_RIGHT 基准平面为参照平面，方向为 左；单击 反向 按钮；绘制图 11.12.35 所示的截面草图，在操控板中选取深度类型为，按下“加厚草图”按钮，输入值 1.0。

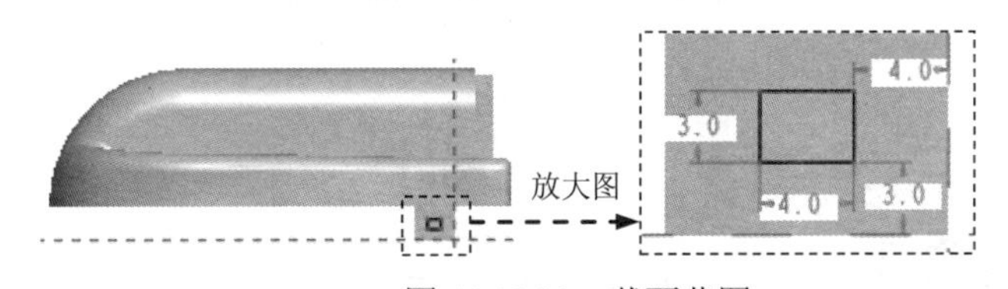

图 11.12.33　截面草图

Step21. 创建图 11.12.36 所示的拉伸特征——拉伸 9。选择下拉菜单 插入(I) ➡ 拉伸(E)... 命令；选取 ASM_TOP 基准平面为草绘平面，选取 ASM_RIGHT 基准平面为参照平面，方向为 左，单击 反向 按钮；绘制图 11.12.37 所示的截面草图（用“使用边”命令）；在操控板中选取深度类型为，按下“加厚草图”按钮，输入值 1.0，并单击其后的按钮。

图 11.12.34　拉伸 8

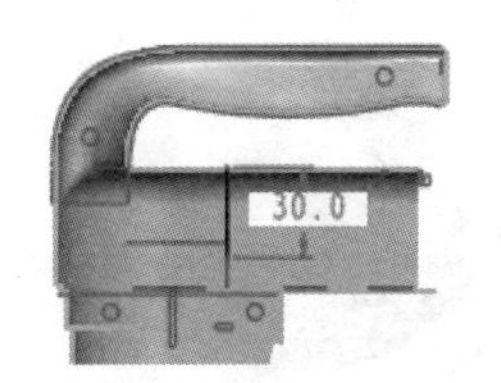

图 11.12.35　截面草图

图 11.12.36 拉伸 9

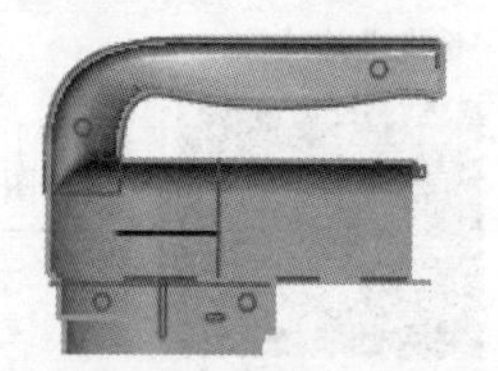
图 11.12.37 截面草图

Step22. 创建图 11.12.38 所示的拉伸特征——拉伸 10。选择下拉菜单 插入(I) ➡ 拉伸(E)... 命令；选取 ASM_TOP 基准平面为草绘平面，选取 ASM_RIGHT 基准平面为参照平面，方向为 左；单击 反向 按钮；绘制图 11.12.39 所示的截面草图；在操控板中选取深度类型为 ，按下“加厚草图”按钮 ，输入值 1.0。

图 11.12.38 拉伸 10

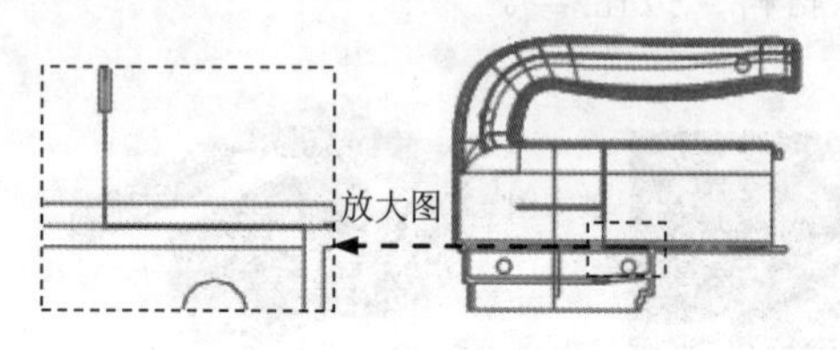

图 11.12.39 截面草图

Step23. 创建图 11.12.40 所示的拉伸特征——拉伸 11。选择下拉菜单 插入(I) ➡ 拉伸(E)... 命令；选取 ASM_TOP 基准平面为草绘平面，选取 ASM_RIGHT 基准平面为参照平面，方向为 右；绘制图 11.12.41 所示的截面草图；在操控板中选取深度类型为 ，按下“加厚草图”按钮 ，输入值 1.0。

注意：绘制图 11. 12.41 所示的草图时将基准特征全部隐藏。

图 11.12.40 拉伸 11

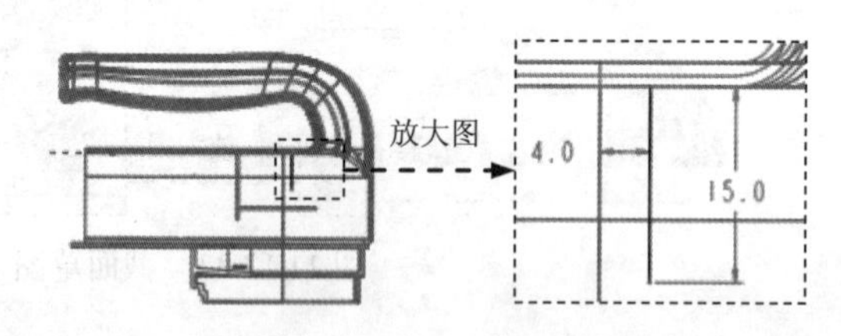

图 11.12.41 截面草图

Step24. 创建图 11.12.42 所示的拉伸特征——拉伸 12。选择下拉菜单 插入(I) ➡ 拉伸(E)... 命令；选取图 11.12.43 所示的面为草绘平面，选取 ASM_TOP 基准平面为参照平面，方向为 顶；绘制图 11.12.44 所示的截面草图；在操控板中选取深度类型为 ，并单击“去除材料”按钮 。

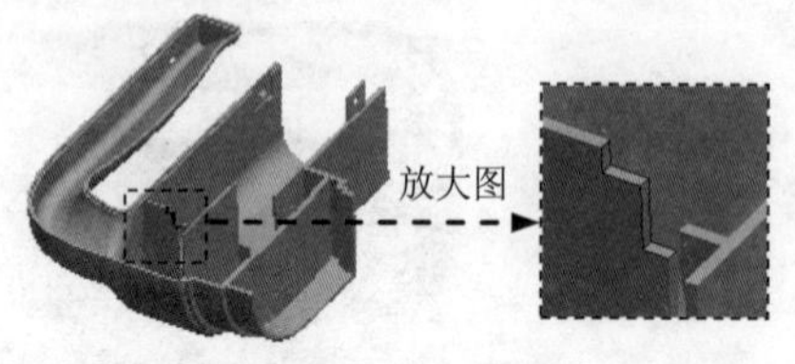

图 11.12.42 拉伸 12

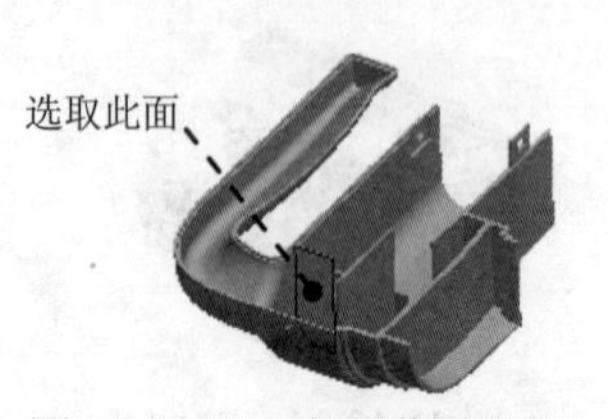

图 11.12.43 定义草绘平面

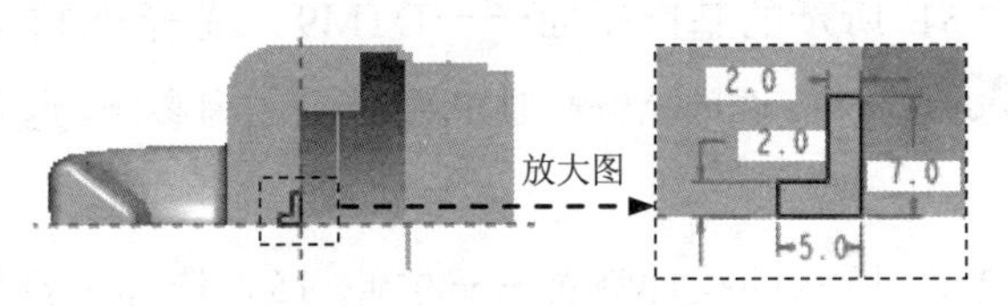

图 11.12.44 截面草图

Step25. 创建图 11.12.45 所示的拉伸特征——拉伸 13。选择下拉菜单 插入(I) ➡ 拉伸(E)... 命令；选取图 11.12.46 所示的面为草绘平面，选取 ASM_TOP 基准平面为参照平面，方向为 顶；绘制图 11.12.47 所示的截面草图；在操控板中选取深度类型为 ，并单击“去除材料”按钮 。

图 11.12.45 拉伸 13

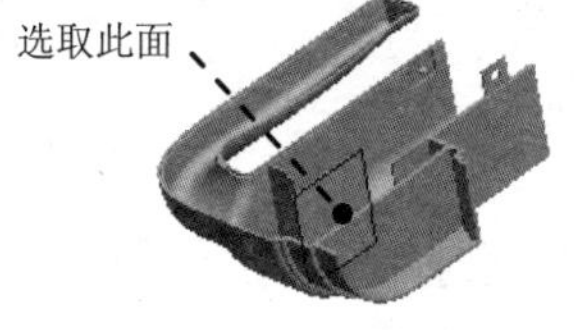

图 11.12.46 定义草绘平面

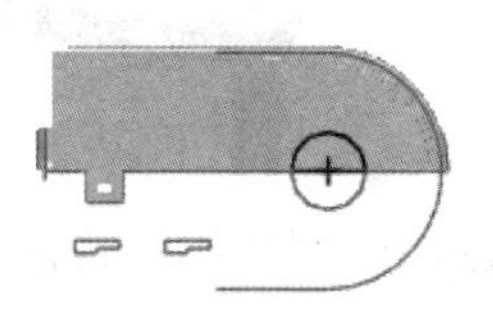

图 11.12.47 截面草图

Step26. 创建图 11.12.48b 所示的倒圆角特征——倒圆角 7。选择下拉菜单 插入(I) ➡ 倒圆角(O)... 命令；选取图 11.12.48a 所示的边线为圆角放置参照，输入圆角半径值 1.0。

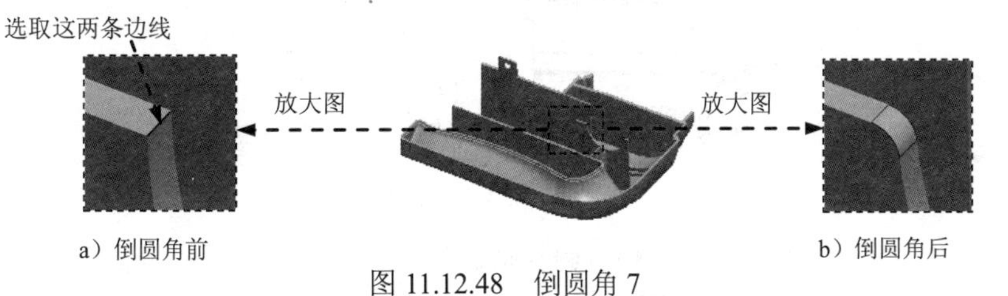

a）倒圆角前　　b）倒圆角后

图 11.12.48 倒圆角 7

Step27. 创建图 11.12.49 所示的拉伸特征——拉伸 14。选择下拉菜单 插入(I) ➡ 拉伸(E)... 命令；选取 ASM_TOP 基准平面为草绘平面，选取 ASM_RIGHT 基准平面为参照平面，方向为 左；绘制图 11.12.50 所示的截面草图（用“使用边”命令 ）；在操控板中选取深度类型为 。

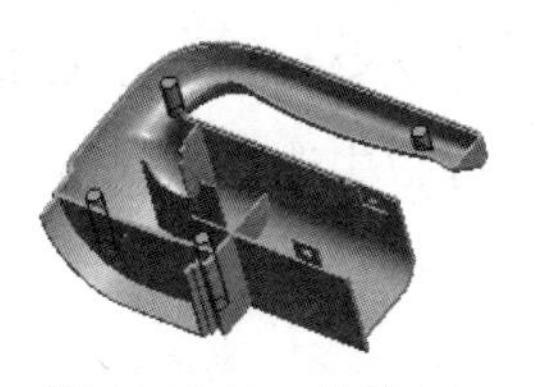

图 11.12.49 拉伸 14

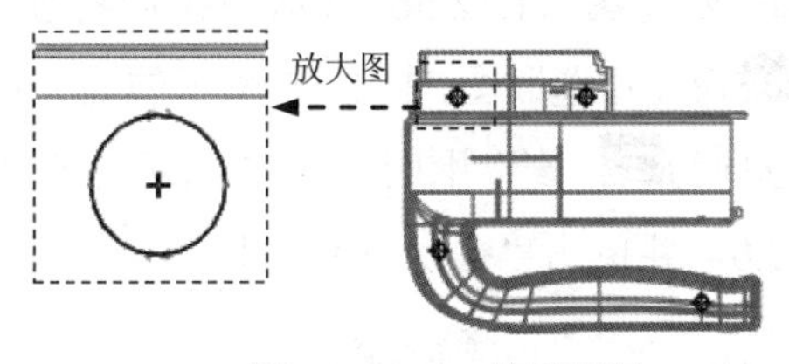

图 11.12.50 截面草图

说明：为了保证零件的可装配性，图 11.12.50 所示的截面草图是基于 FIFTH 中的草图绘制而成的。

Step28. 创建图 11.12.51 所示的基准平面——DTM9。选择下拉菜单 插入(I) ➡ 模型基准(D) ➡ 平面(L)... 命令；选取 ASM_TOP 基准平面为参照，定义约束类型为 偏移，输入偏移距离值 4.0。

Step29. 创建图 11.12.52 所示的拉伸特征——拉伸 15。选择下拉菜单 插入(I) ➡ 拉伸(E)... 命令；选取 DTM9 基准平面为草绘平面，选取 ASM_RIGHT 基准平面为参照平面，方向为 左；绘制图 11.12.53 所示的截面草图；在操控板中选取深度类型为 ，并单击"去除材料"按钮 。

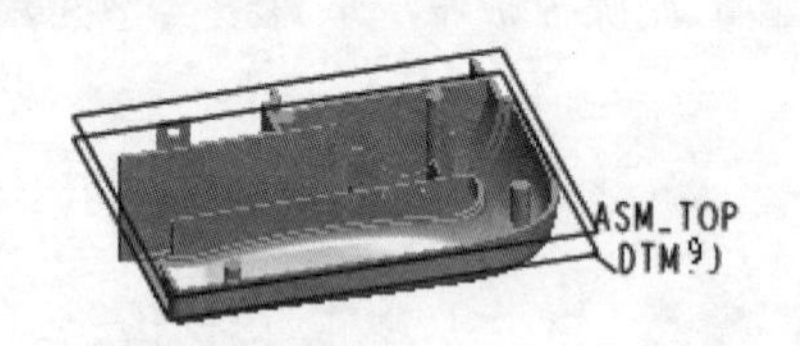

图 11.12.51 基准平面 DTM9

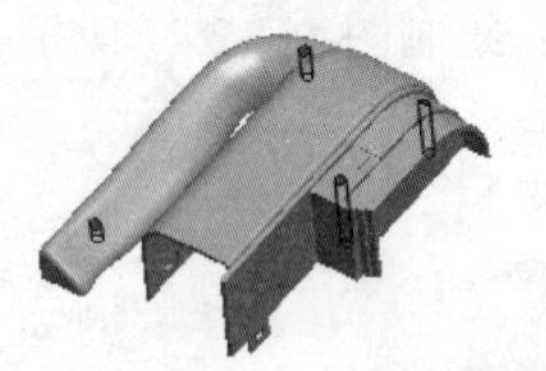
图 11.12.52 拉伸 15

Step30. 创建拔模特征——斜度 1。选择下拉菜单 插入(I) ➡ 斜度(F)... 命令；按住 <Ctrl>键，选取图 11.12.54 所示的四个圆柱体的侧面为要拔模的面；选取图 11.12.55 所示的面为拔模枢轴平面，在操控板中输入拔模角度值 1.0。

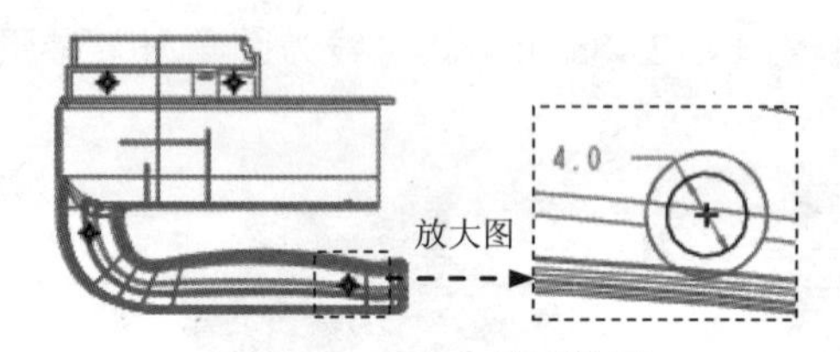

图 11.12.53 截面草图

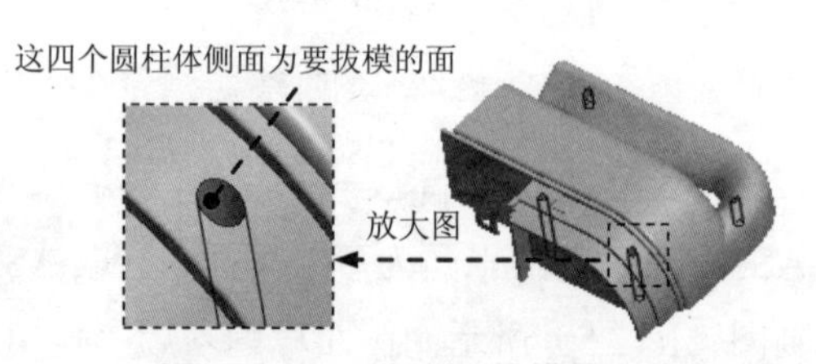

图 11.12.54 定义要拔模的面

Step31. 创建图 11.12.56 所示的拉伸特征——拉伸 16。选择下拉菜单 插入(I) ➡ 拉伸(E)... 命令；选取图 11.12.55 所示的面为草绘平面，选取 ASM_RIGHT 基准平面为参照平面，方向为 左；绘制图 11.12.57 所示的截面草图；在操控板中选取深度类型为 ，输入深度值 2.0，并单击"去除材料"按钮 。

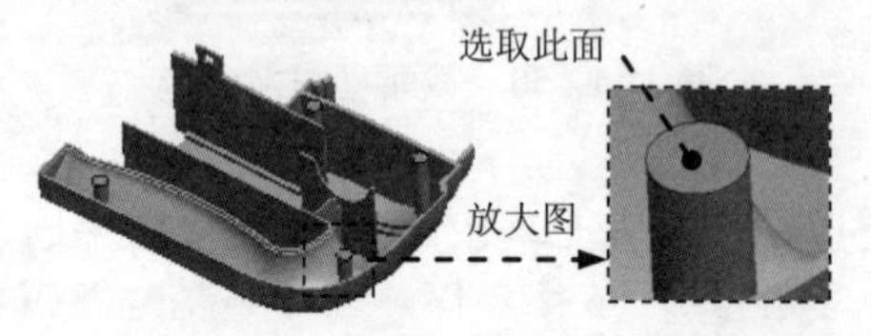

图 11.12.55 定义拔模枢轴平面

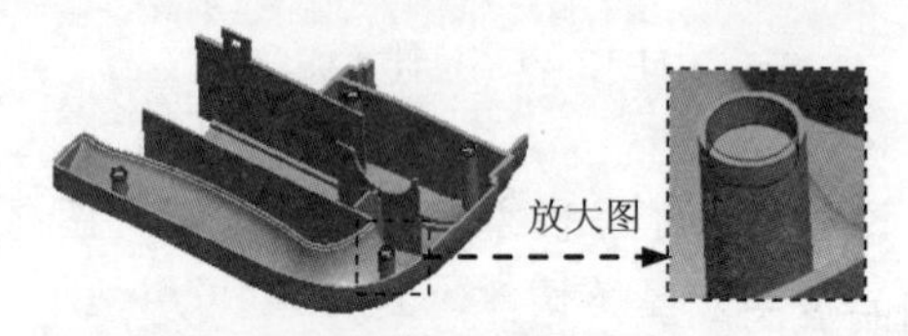

图 11.12.56 拉伸 16

Step32. 创建图 11.12.58 所示的拉伸特征——拉伸 17。选择下拉菜单 插入(I) → 拉伸(E)... 命令；选取图 11.12.55 所示的面为草绘平面，选取 ASM_RIGHT 基准平面为参照平面，方向为 左；绘制图 11.12.59 所示的截面草图；在操控板中选取深度类型为，并单击“去除材料”按钮。

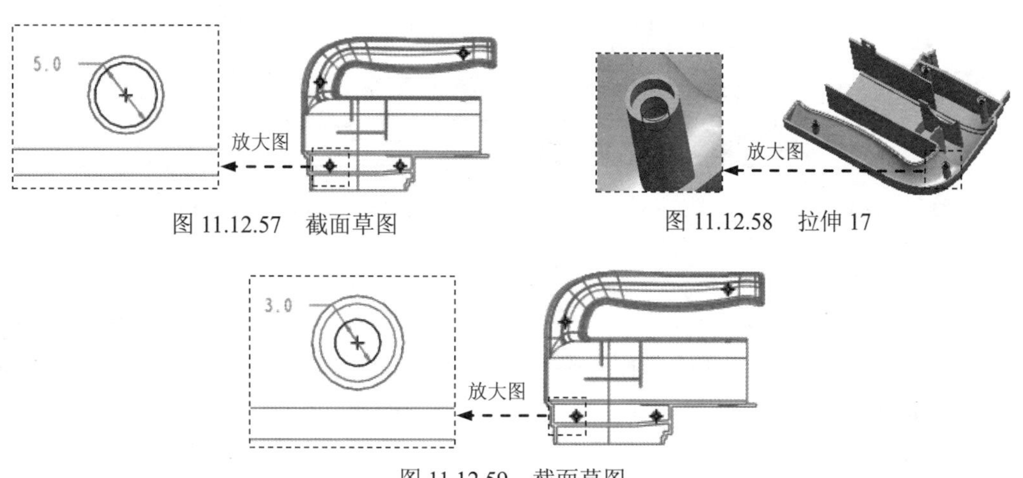

图 11.12.57　截面草图

图 11.12.58　拉伸 17

图 11.12.59　截面草图

Step33. 创建图 11.12.60 所示的拉伸特征——拉伸 18。选择下拉菜单 插入(I) → 拉伸(E)... 命令；选取图 11.12.61 所示的面为草绘平面，选取 ASM_FRONT 基准平面为参照平面，方向为 左；绘制图 11.12.62 所示的截面草图；在操控板中选取深度类型为，并单击“去除材料”按钮

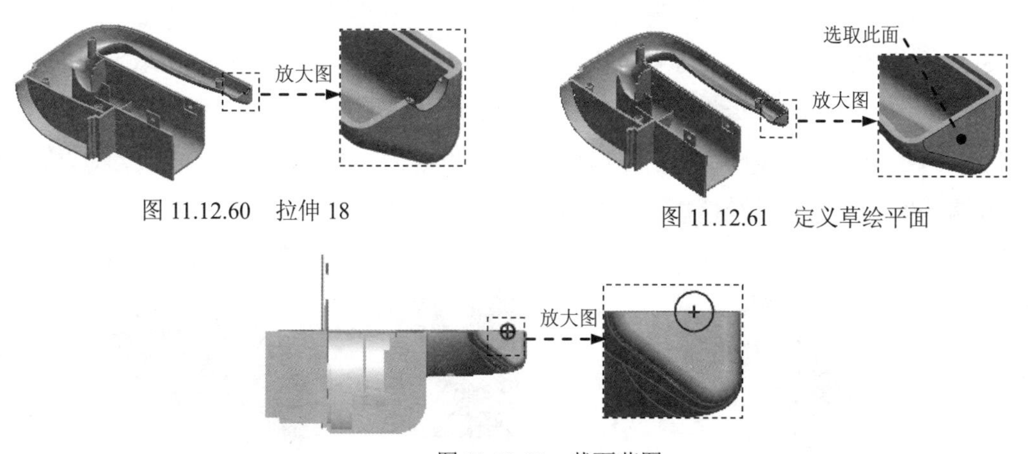

图 11.12.60　拉伸 18

图 11.12.61　定义草绘平面

图 11.12.62　截面草图

Step34. 创建图 11.12.63 所示的拉伸特征——拉伸 19。选择下拉菜单 插入(I) → 拉伸(E)... 命令；选取图 11.12.64 所示的面为草绘平面，选取 ASM_TOP 基准平面为参照平面，方向为 顶；绘制图 11.12.65 所示的截面草图（用“使用边”命令）；在操控板中选取深度类型为，并单击“去除材料”按钮

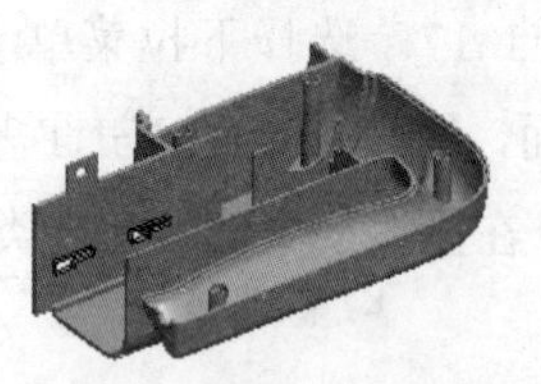

图 11.12.63 拉伸 19

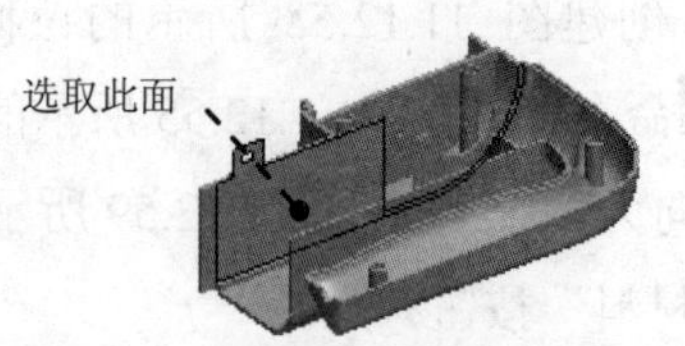

图 11.12.64 定义草绘平面

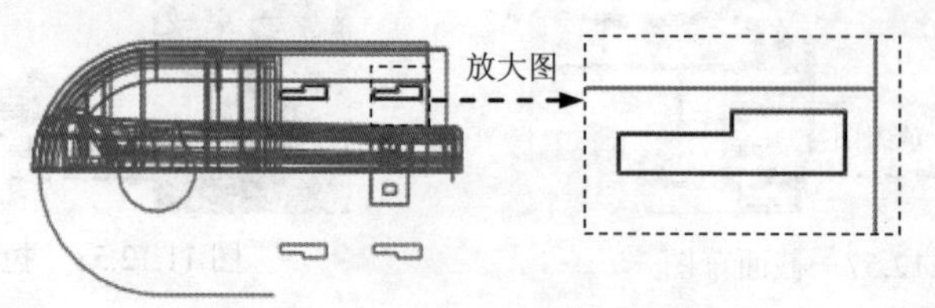

图 11.12.65 截面草图

Step35. 添加图 11.12.66 所示的筋特征——筋 1。选择下拉菜单 插入(I) ➡ 筋(I) ➡ 轮廓筋(P)... 命令；单击操控板中的 参照 按钮，系统弹出草绘界面；单击此界面中 定义... 按钮；选取 DTM4 基准平面为草绘平面，选取 ASM_TOP 基准平面为参照平面，方向为 顶；绘制图 11.12.67 所示的截面草图；在 文本框中输入值 2.0。

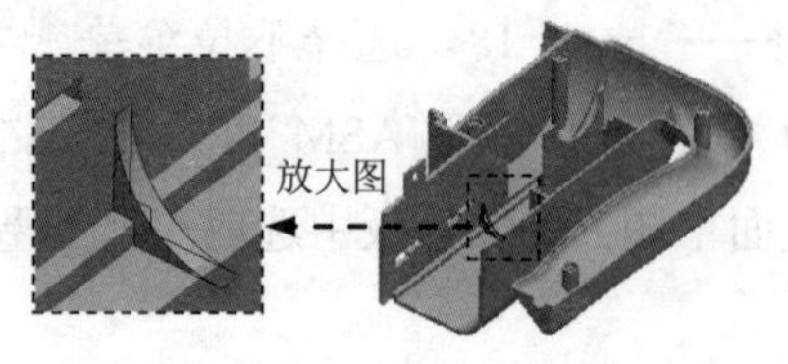

图 11.12.66 筋 1

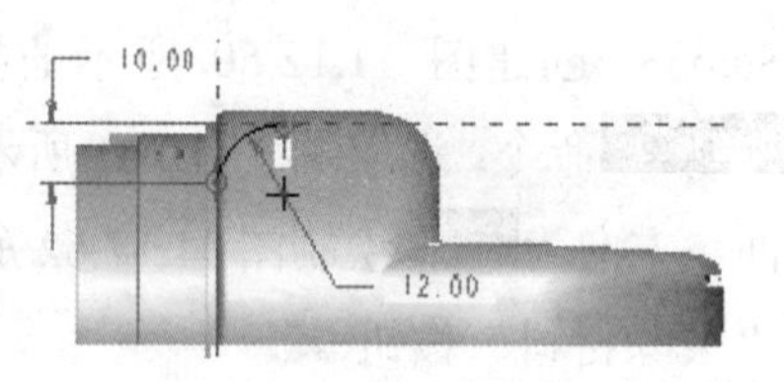

图 11.12.67 截面草图

Step36. 创建图 11.12.68 所示的阵列特征——阵列 1/筋 1。在模型树中选取筋 1，选择下拉菜单 编辑(E) ➡ 阵列(P)... 命令；在操控板的 选项 界面中选中 一般 单选项；在操控板中单击 方向 按钮，在绘图区选取图 11.12.69 所示的边线，输入增量值 30.0，并单击其后的 按钮；在操控板中输入阵列数目值 2，并按<Enter>键。

图 11.12.68 阵列 1/筋 1

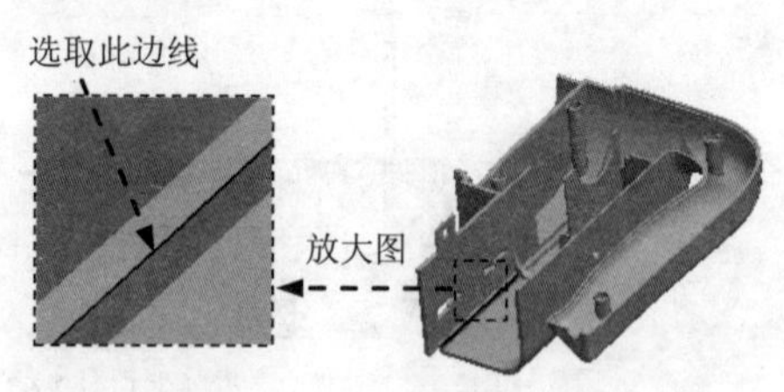

图 11.12.69 定义阵列方向

Step37. 创建图 11.12.70 所示的拉伸特征——拉伸 20。选择下拉菜单 插入(I) ➡ 拉伸(E)... 命令；选取 ASM_FRONT 基准平面为草绘平面，选取 ASM_RIGHT 基准平面为参照平面，方向为 左，绘制图 11.12.71 所示的截面草图；在操控板中选取深度类型为 ，并单击“去除材料”按钮 。

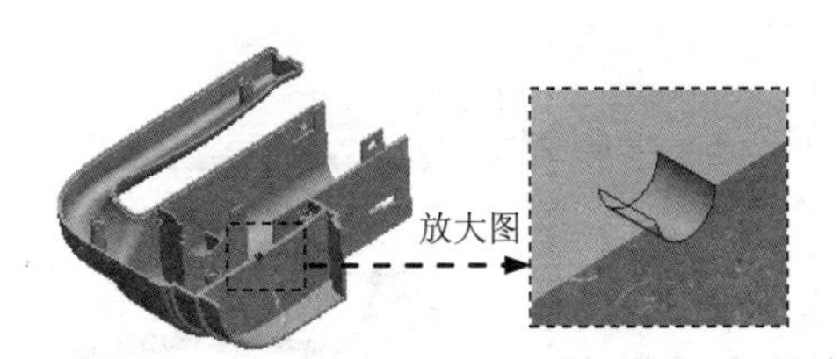

图 11.12.70　拉伸 20

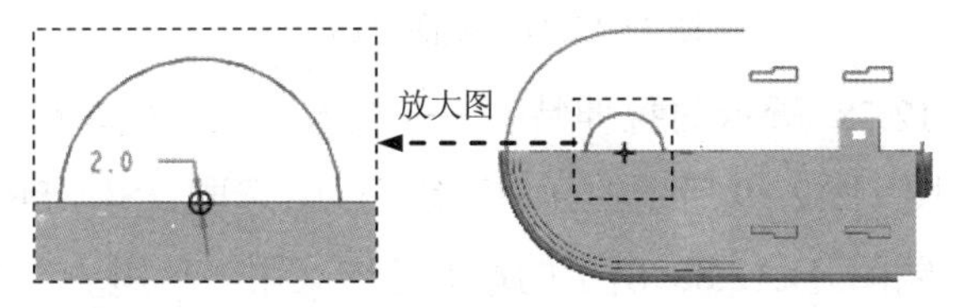

图 11.12.71　截面草图

Step38. 创建图 11.12.72 所示的拉伸特征——拉伸 21。选择下拉菜单 插入(I) → 拉伸(E)... 命令；选取图 11.12.73 所示的面为草绘平面，方向为 顶；绘制图 11.12.74 所示的截面草图；在操控板中选取深度类型为 ，输入深度值 1.0，并单击“去除材料”按钮 。

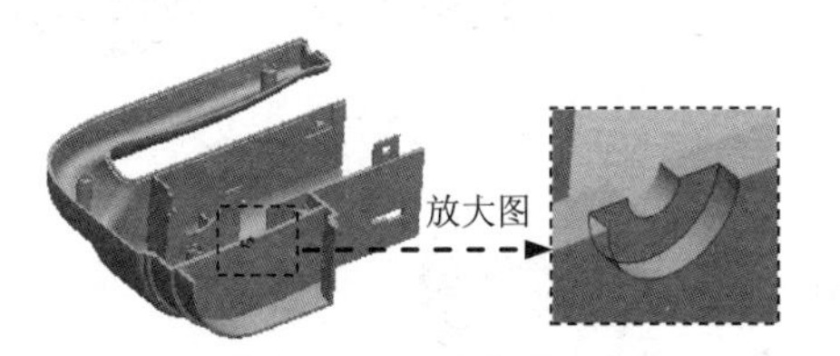

图 11.12.72　拉伸 21

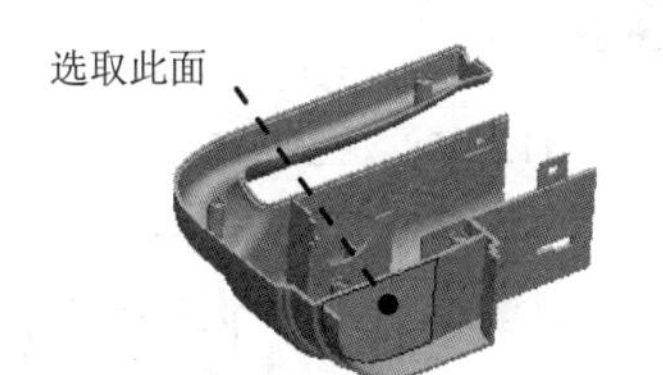

图 11.12.73　定义草绘平面

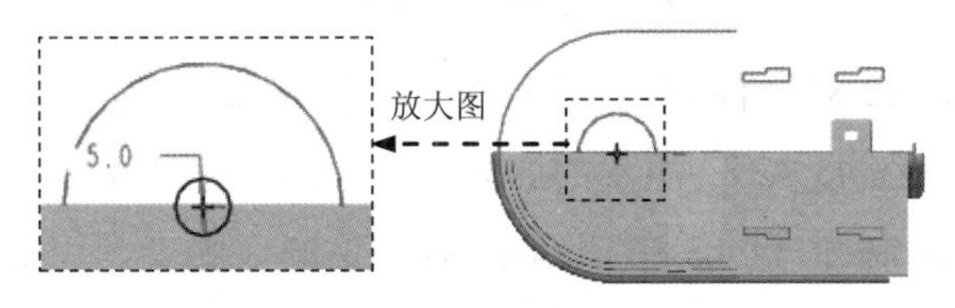

图 11.12.74　截面草图

Step39. 创建图 11.12.75 所示的拉伸特征——拉伸 22。选择下拉菜单 插入(I) → 拉伸(E)... 命令；选取图 11.12.76 所示的面 1 为草绘平面，选取 ASM_FRONT 基准平面为参照平面，方向为 顶；绘制图 11.12.77 所示的截面草图；在操控板中选取深度类型为 ，选取图 11.12.76 所示的面 2 为拉伸终止面。

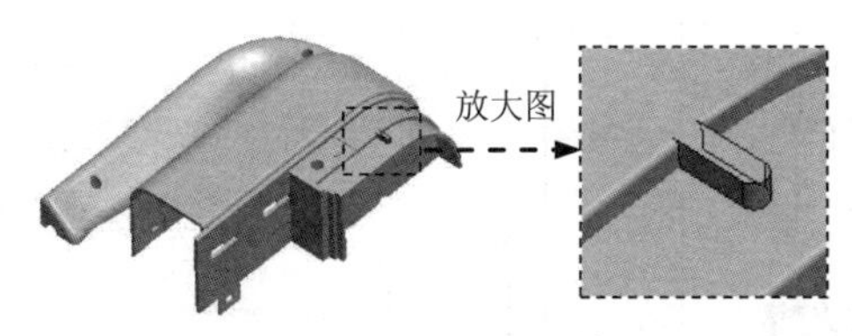

图 11.12.75　拉伸 22

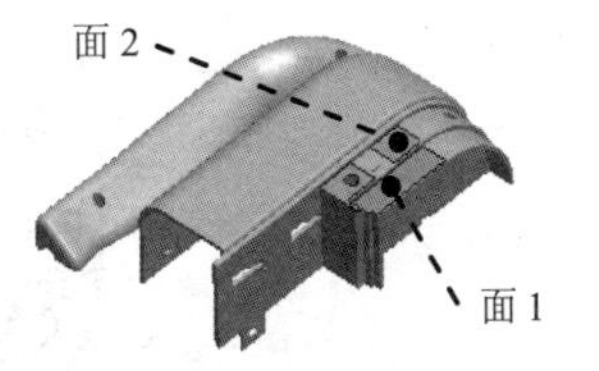

图 11.12.76　定义草绘平面

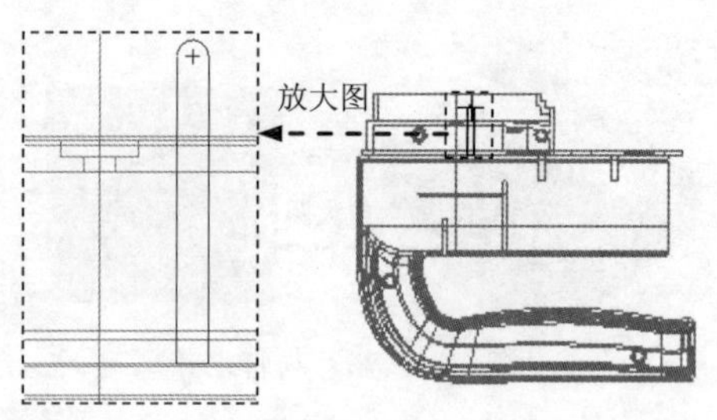

图 11.12.77 截面草图

Step40. 创建图 11.12.78 所示的拉伸特征——拉伸 23。选择下拉菜单 插入(I) → 拉伸(E)... 命令；选取图 11.12.79 所示的面为草绘平面，选取 ASM_FRONT 基准平面为参照平面，方向为 顶；绘制图 11.12.80 所示的截面草图（用“使用边”命令）；在操控板中选取深度类型为，输入深度值 5.0。

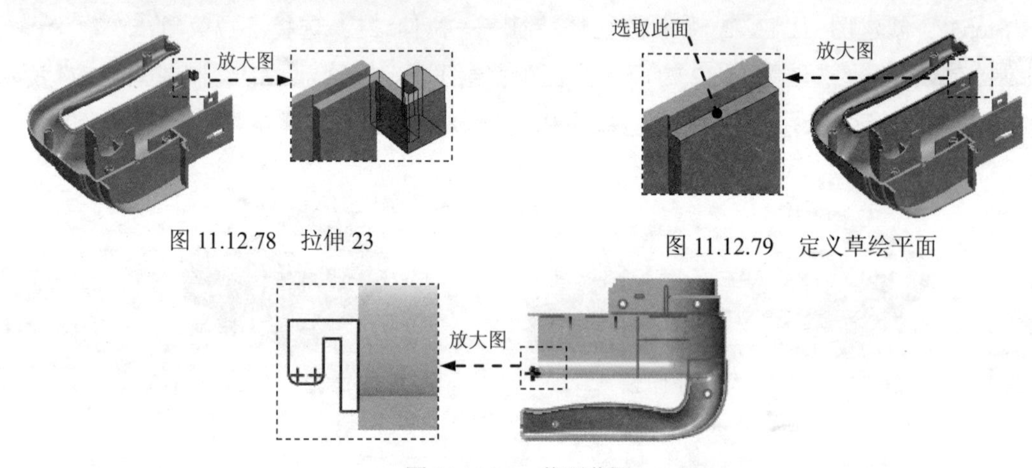

图 11.12.78 拉伸 23

图 11.12.79 定义草绘平面

图 11.12.80 截面草图

Step41. 创建图 11.12.81 所示的拉伸特征——拉伸 24。选择下拉菜单 插入(I) → 拉伸(E)... 命令；选取图 11.12.82 所示的面为草绘平面，选取 ASM_RIGHT 基准平面为参照平面，方向为 左；绘制图 11.12.83 所示的截面草图（用“使用边”命令）；在操控板中选取深度类型为，输入深度值 4.0。

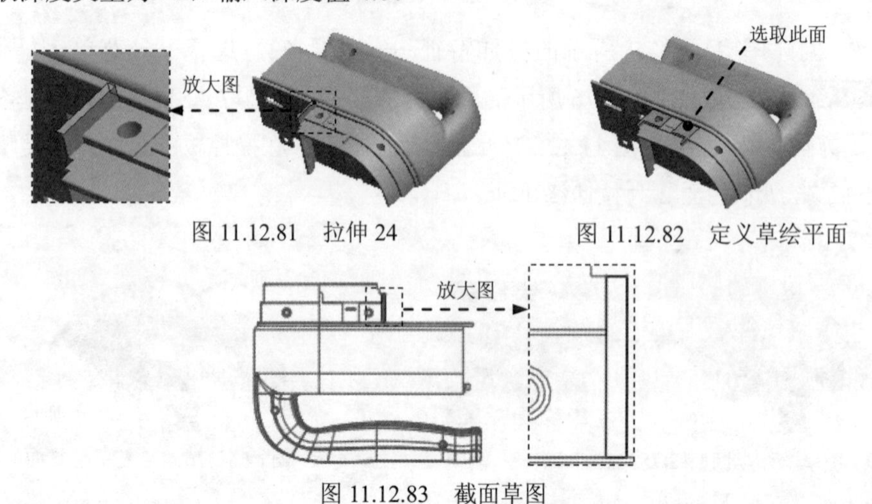

图 11.12.81 拉伸 24

图 11.12.82 定义草绘平面

图 11.12.83 截面草图

Step42. 创建图 11.12.84 所示的拉伸特征——拉伸 25。选择下拉菜单 插入(I) → 拉伸(E)... 命令；选取图 11.12.85 所示的面为草绘平面，选取 ASM_TOP 基准平面为参照平面，方向为 顶；单击对话框中的 草绘 按钮，绘制图 11.12.86 所示的截面草图（用“使用边”命令）；在操控板中选取深度类型为，输入深度值 6.0。

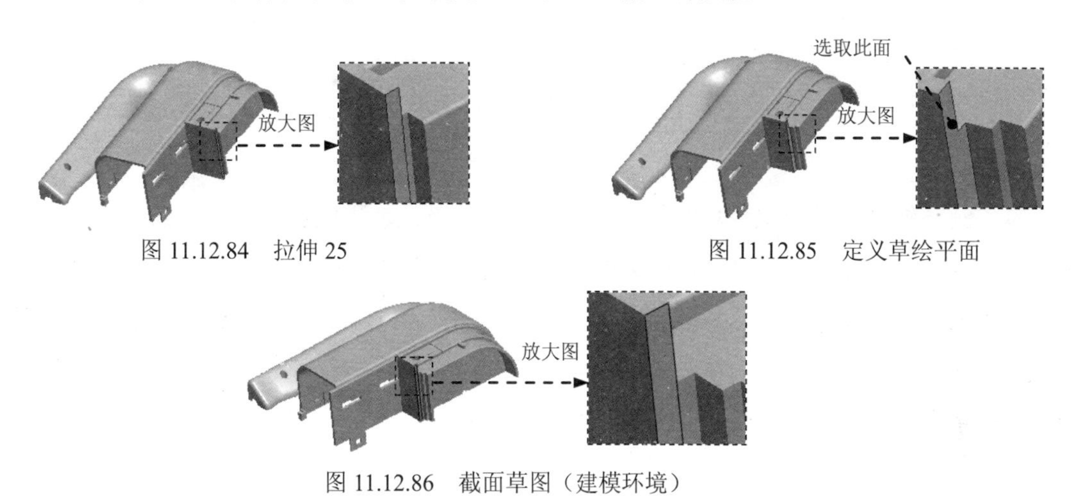

图 11.12.84　拉伸 25

图 11.12.85　定义草绘平面

图 11.12.86　截面草图（建模环境）

Step43. 保存模型文件。

11.13　编辑总装配模型的显示

Step1. 隐藏控件。按住<Ctrl>键，在模型树中选取 FIRST.PRT、SECOND.PRT、THIRD.PRT、FOURTH.PRT 和 FIFTH.PRT，然后右击，在系统弹出的下拉列表中单击 隐藏 命令。

Step2. 隐藏草图、基准、曲线和曲面。单击 → 层树(L)，在“层树”列表中按住<Ctrl>键，依次选取 AXIS、CURVE、DATUM、POINT 和 QUILT，然后右击，在系统弹出的下拉列表中单击 隐藏 命令；在“层树”列表中选取 DATUM 并右击，在系统弹出的下拉列表中选择 保存状态 命令，然后单击 → 模型树(M) 命令。

Step3. 保存装配体模型文件。

实例12　台 灯 设 计

12.1　概　　述

本实例详细讲解了一款台灯的整个设计过程。在设计过程中将整体台灯分为三大部分来设计。其中，底座部分和灯罩部分为两个子装配体，可以分别用自顶向下的方法设计。当然，本实例也可以采用在总装配体中插入子装配体的方法来创建整体台灯模型，从而保证底座、连接管和灯罩之间的关联性。因为在装配体中插入组件和插入零部件的方法基本一致，所以在此不再赘述。台灯模型如图 12.1.1 所示。

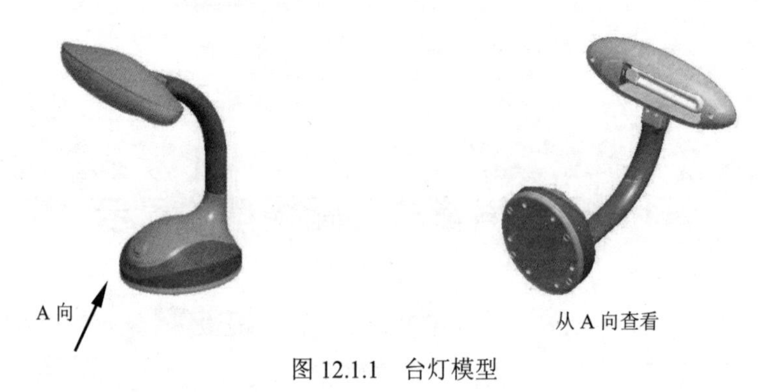

图 12.1.1　台灯模型

设计流程图如图 12.1.2 所示。

12.2　底座骨架模型

Task1．设置工作目录

将工作目录设置至 D:\ proewf5.9\work\ch12。

Task2．新建一个装配体文件

Step1. 选择下拉菜单 文件(F) → 新建(N)... 命令，在系统弹出的“新建”对话框中进行下列操作：选中 类型 选项组中的 ◉ 组件 单选项；选中 子类型 选项组中的 ◉ 设计 单选项；在 名称 文本框中输入文件名 BASE_FIRST；取消选中 □ 使用缺省模板 复选框中的“√”号；单击该对话框中的 确定 按钮。

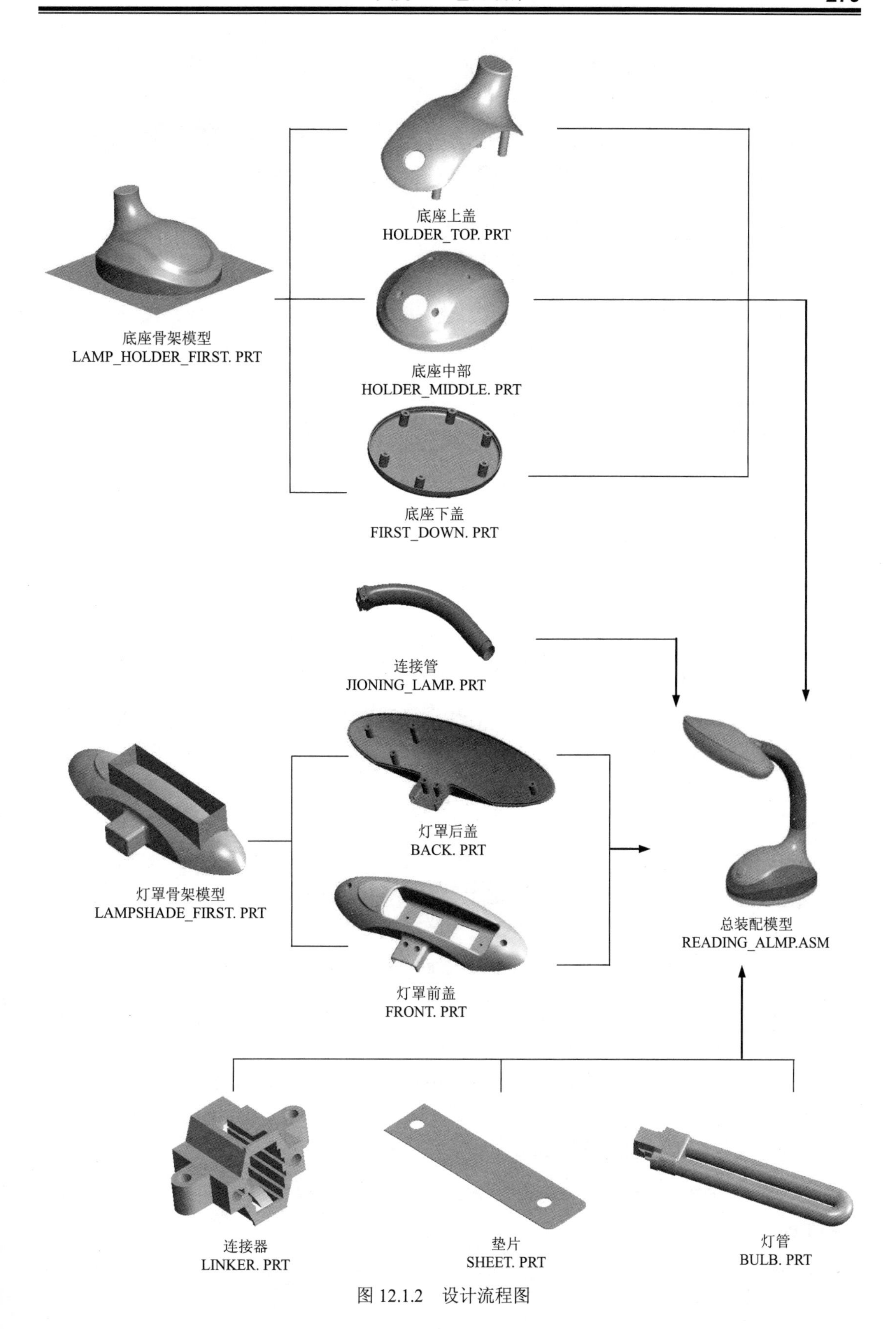
底座上盖
HOLDER_TOP. PRT
底座骨架模型
LAMP_HOLDER_FIRST. PRT
底座中部
HOLDER_MIDDLE. PRT
底座下盖
FIRST_DOWN. PRT
连接管
JIONING_LAMP. PRT
灯罩后盖
BACK. PRT
灯罩骨架模型
LAMPSHADE_FIRST. PRT
总装配模型
READING_ALMP.ASM
灯罩前盖
FRONT. PRT
连接器
LINKER. PRT
垫片
SHEET. PRT
灯管
BULB. PRT

图 12.1.2　设计流程图

Step2. 选取适当的装配模板。系统弹出“新文件选项”对话框，在模板选项组中选择 mmns_asm_design 模板。

Step3. 设置模型树的显示。在模型树操作界面中，选择 → 树过滤器(F)... 命令，然后在“模型树项目”对话框中选中 ☑ 特征 复选框，并单击 确定 按钮。

Task3. 创建图 12.2.1 所示的底座骨架模型

在装配环境下，创建图 12.2.1 所示的底座骨架模型及模型树。

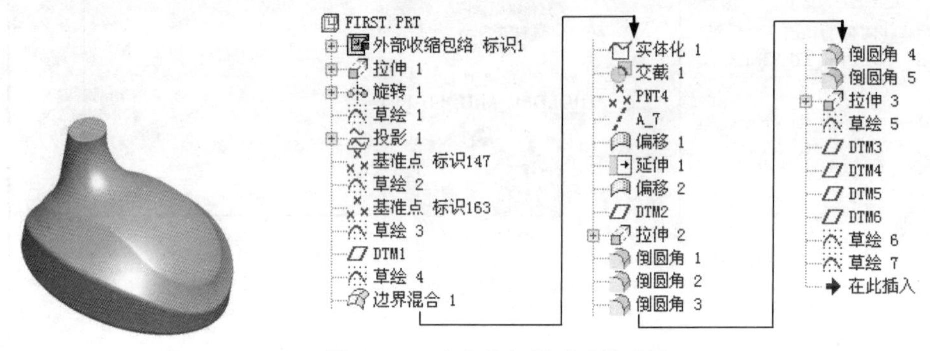

图 12.2.1　底座骨架模型及模型树

Step1. 在装配体中建立骨架模型（FIRST.PRT）。

（1）选择下拉菜单 插入(I) → 元件(C) ▸ → 创建(C)... 命令。

（2）系统弹出“元件创建”对话框，选中 类型 选项组的 ◉ 骨架模型 单选项，在 名称 文本框中输入文件名 FIRST，然后单击 确定 按钮。

（3）在系统弹出的“创建选项”对话框中选中 ◉ 空 单选项，单击 确定 按钮。

Step2. 激活骨架模型并复制几何特征。

（1）在模型树中单击 FIRST.PRT，然后右击，在系统弹出的快捷菜单中选择 激活 命令。

（2）选择下拉菜单 插入(I) → 共享数据(D) ▸ → 收缩包络(S)... 命令，系统弹出“收缩包络”操控板。在该操控板中进行下列操作：

① 在“收缩包络”操控板中，先确认“将参照类型设置为组件上下文”按钮被按下，然后单击“将对照模型设为外部”按钮（使此按钮为按下状态），在系统弹出的“警告”对话框中单击 是(Y) 按钮，此时系统弹出“放置”对话框。

② 定义外部参照。在“放置”对话框中选中 ◉ 缺省 复选项，单击 确定 按钮。

③ 在“收缩包络”操控板中单击 参照 按钮，在 包括基准 区域单击，按住<Ctrl>键，在图形区中选取 ASM_TOP、ASM_RIGHT 和 ASM_FRONT 基准平面。

④ 在“收缩包络”操控板中单击“完成”按钮，此时所选的基准平面已被复制到 FIRST.PRT 中。

Step3. 在装配体中打开骨架模型（FIRST.PRT），在模型树中单击 FIRST.PRT 并右击，在弹出的快捷菜单中选择 打开 命令。

Step4. 创建图 12.2.2 所示的零件特征——拉伸 1。选择下拉菜单 插入(I) → 拉伸(E)... 命令；选取 ASM_FRONT 基准平面为草绘平面，选取 ASM_RIGHT 基准平面为参照平面，方向为 右；绘制图 12.2.3 所示的截面草图；在操控板中选取深度类型为 (即“定值”)，输入深度值 80.0。

图 12.2.2　拉伸 1

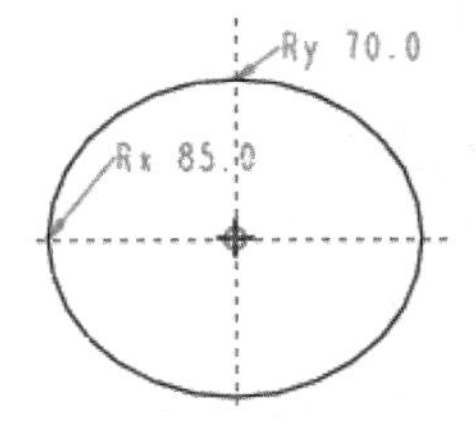

图 12.2.3　截面草图

Step5. 创建图 12.2.4 所示的实体旋转特征——旋转 1。选择下拉菜单 插入(I) → 旋转(R)... 命令；在绘图区选取 ASM_RIGHT 基准平面为草绘平面，选取 ASM_TOP 基准平面为草绘参照，方向为 顶；绘制图 12.2.5 所示的旋转中心线和截面草图；在操控板中选取旋转类型 (即“定值”)，输入旋转角度值 360.0，并单击“去除材料”按钮 。

说明：图 12.2.5 所示的截面草图中尺寸 110.0 是圆心与边线的距离，旋转中心线与边线的距离为 28.0。

图 12.2.4　旋转 1

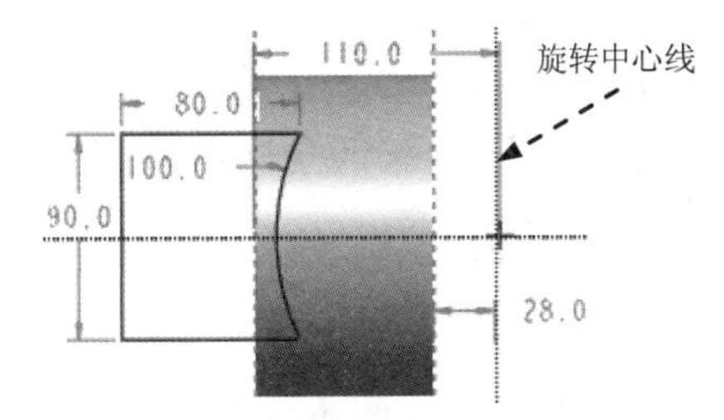

图 12.2.5　截面草图

Step6. 创建图 12.2.6 所示的草绘特征——草绘 1。单击工具栏中的“草绘”按钮 ；选取 ASM_FRONT 基准平面为草绘平面，选取 ASM_RIGHT 基准平面为参照平面，方向为 顶；绘制图 12.2.6 所示的草图。

Step7. 创建图 12.2.7 所示的投影曲线——投影 1。在模型树中选取上步创建的草绘 1，选择下拉菜单 编辑(E) → 投影(J)... 命令；选取图 12.2.8 所示的面为投影面，接受系统默认的投影方向。

Step8. 创建图 12.2.9 所示的基准点——基准点（标识 147）。单击工具栏中的“点”按钮 ；按住<Ctrl>键，选取图 12.2.10 所示的 ASM_TOP 基准平面和圆弧 1 为点参照；选取对话框中的 新点 选项，按住<Ctrl>键，选取图 12.2.10 所示的 ASM_TOP 基准平面和圆弧 2 为点参照。

说明：图 12.2.10 所示的圆弧 1 和圆弧 2 分别为图 12.2.7 所示的投影曲线上的两段圆弧。

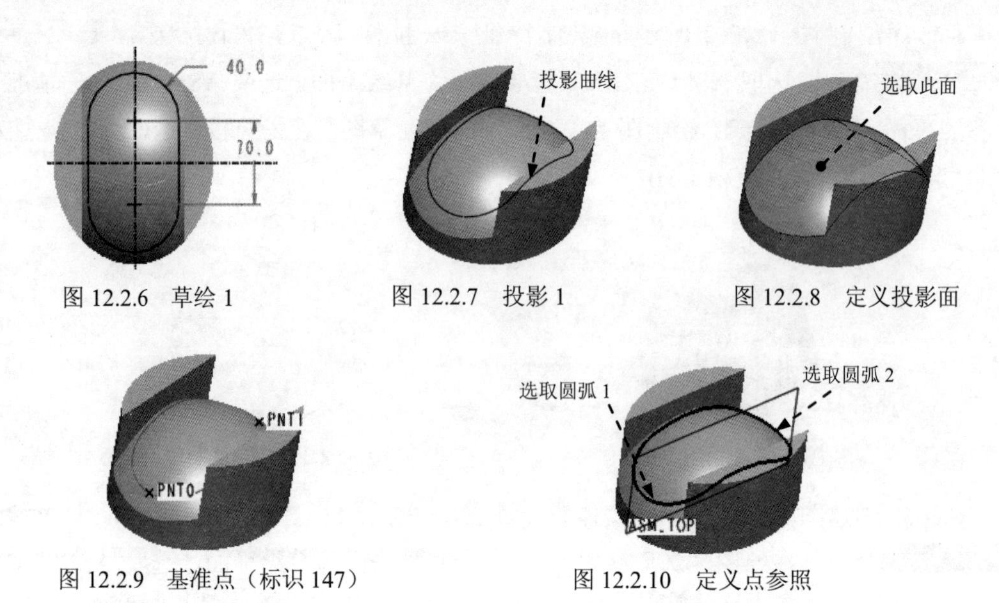

图 12.2.6　草绘 1　　图 12.2.7　投影 1　　图 12.2.8　定义投影面

图 12.2.9　基准点（标识 147）　　图 12.2.10　定义点参照

Step9. 创建图 12.2.11 所示的草绘特征——草绘 2。单击工具栏中的“草绘”按钮，选取 ASM_TOP 基准平面为草绘平面，选取 ASM_RIGHT 基准平面为参照平面，方向为左，绘制图 12.2.11 所示的草图。

说明：图 12.2.11 所示的两段圆弧的端点分别与基准点 PNT1 和 PNT0 重合。

Step10. 创建图 12.2.12 所示的基准点——基准点（标识 163）。单击工具栏中的“点”按钮；按住<Ctrl>键，选取 ASM_RIGHT 基准平面和图 12.2.13 所示的曲线 1 为点参照；选取对话框中的新点选项，按住<Ctrl>键，选取 ASM_RIGHT 基准平面和图 12.2.13 所示的曲线 2 为点参照。

说明：图 12.2.13 所示的曲线 1 和曲线 2 分别在图 12.2.7 所示的投影曲线上。

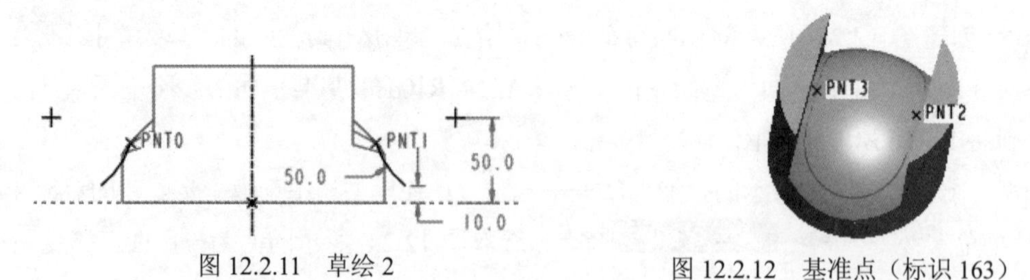

图 12.2.11　草绘 2　　图 12.2.12　基准点（标识 163）

Step11. 创建图 12.2.14 所示的草绘特征——草绘 3。单击工具栏中的“草绘”按钮，选取 ASM_RIGHT 基准平面为草绘平面，选取 ASM_TOP 基准平面为参照平面，方向为右；单击对话框中的草绘按钮，绘制图 12.2.14 所示的草图。

说明：图 12.2.14 所示的两个圆弧的端点分别与基准点 PNT2 和 PNT3 重合。

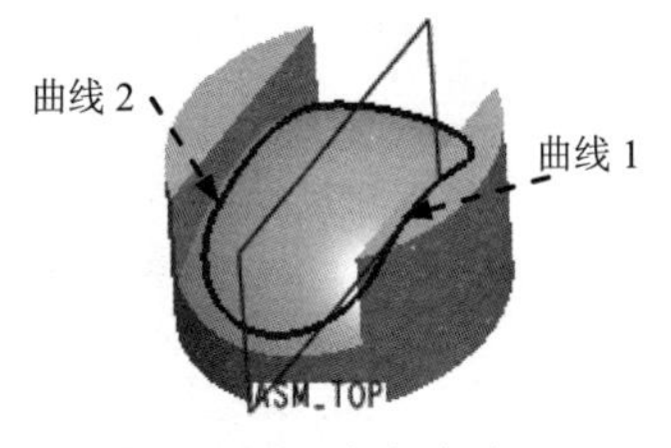

图 12.2.13　定义点参照

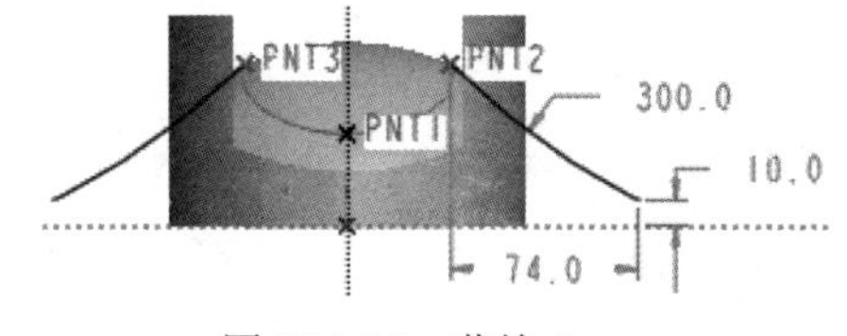

图 12.2.14　草绘 3

Step12. 创建图 12.2.15 所示的基准平面——DTM1。选择下拉菜单 插入(I) ➡ 模型基准(D) ➡ 平面(L)... 命令，选取 ASM_FRONT 基准平面，在对话框中选择约束类型为 平行，按住<Ctrl>键，选取图 12.2.15 所示的点（此点为草绘 2 圆弧的端点），选择约束类型为 穿过。

Step13. 创建图 12.2.16 所示的草绘特征——草绘 4。单击工具栏中的“草绘”按钮，选取 DTM1 基准平面为草绘平面，选取 ASM_RIGHT 基准平面为参照平面，方向为 顶；绘制图 12.2.16 所示的草图。

说明：图 12.2.16 所示的草图 4 是使用椭圆命令绘制而成的，且椭圆的四个端点分别与草图 2 和草图 3 所绘制的圆弧的端点重合。

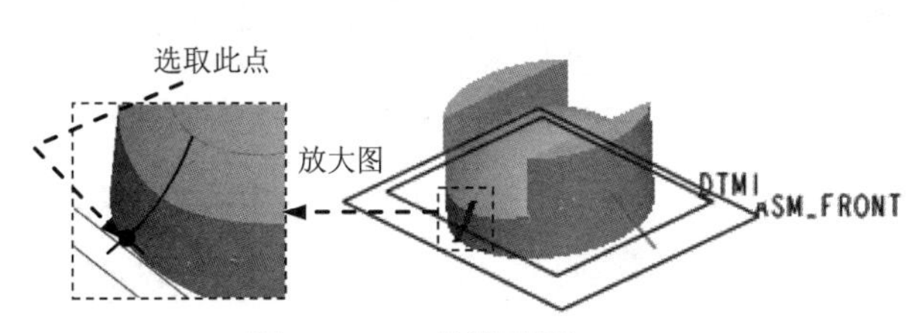

图 12.2.15　基准平面 DTM1

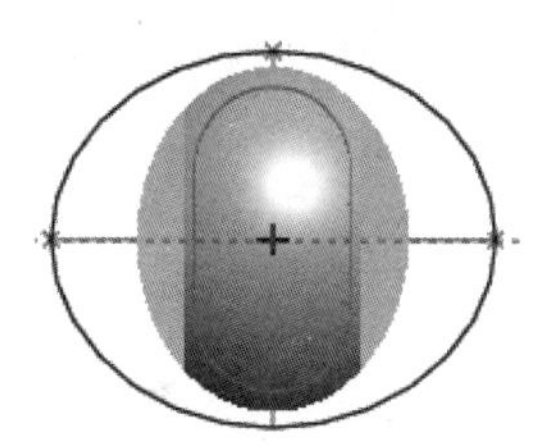
图 12.2.16　草绘 4

Step14. 创建图 12.2.17 所示的边界曲面——边界混合 1。选择下拉菜单 插入(I) ➡ 边界混合(B)... 命令；单击边界混合操控板中的 曲线 按钮，在系统弹出的“第一方向”区域中单击，按住<Ctrl>键，在绘图区依次选取图 12.2.18 所示的四条曲线；在“第二方向”区域中单击，在绘图区选取图 12.2.19 所示的曲线 1 和曲线 2。

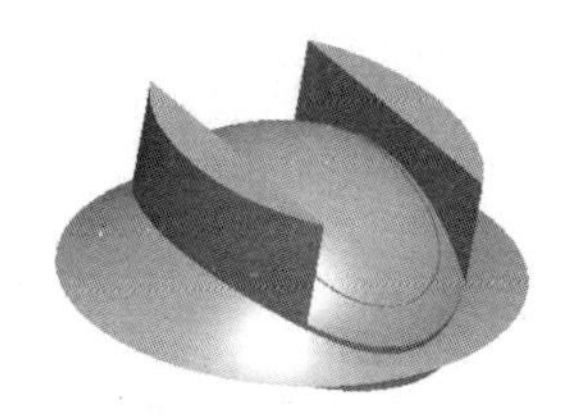
图 12.2.17　边界混合 1

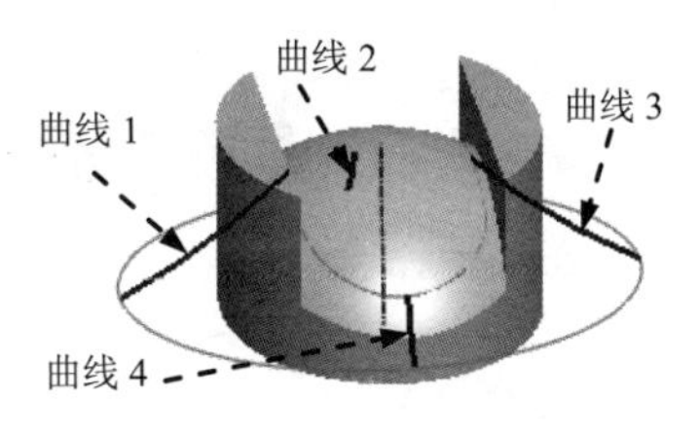

图 12.2.18　定义边界曲线

Step15. 创建图 12.2.20b 所示的实体化特征——实体化 1。在绘图区选取图 12.2.20a 所示的面，选择下拉菜单 编辑(E) ➡ 实体化(Y)... 命令；在操控板中按下“去除材料”按钮，定义实体化方向如图 12.2.20a 所示。

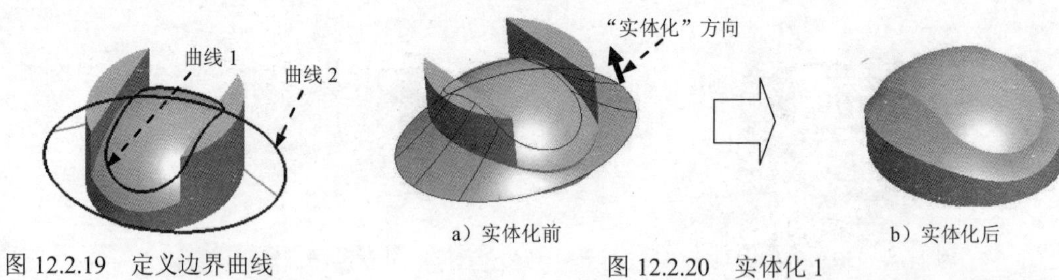

图 12.2.19　定义边界曲线　　　　图 12.2.20　实体化 1

Step16. 创建图 12.2.21 所示的交截特征——交截 1。按住<Ctrl>键，选取 ASM_TOP 基准平面和图 12.2.22 所示的曲面为交截对象；选择下拉菜单 编辑(E) ➡ 相交(I)... 命令，按住<Ctrl>键，在绘图区选取图 12.2.22 所示的面；在操控板中单击“完成”按钮，完成交截 1 的创建。

Step17. 创建图 12.2.23 所示的基准点——PNT4。单击工具栏中的“点”按钮；选取图 12.2.23 所示的曲线，将其约束类型设置为 在其上，在 偏移 文本框中输入值 0.1。

图 12.2.21　交截 1

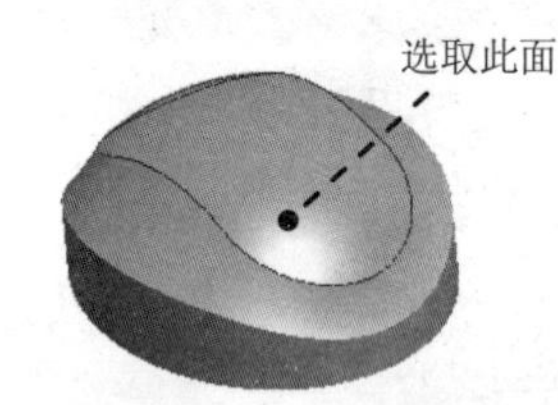

图 12.2.22　定义交截面

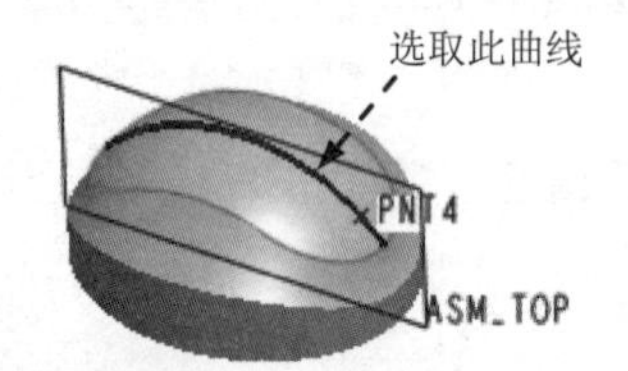

图 12.2.23　基准点 PNT4

Step18. 创建图 12.2.24 所示的基准轴——A_2。单击工具栏中的“基准轴”按钮；选取 PNT4 基准点为参照，将其约束类型设置为 穿过；按住<Ctrl>键，在绘图区选取图 12.2.25 所示的面，将其约束类型设置为 法向。

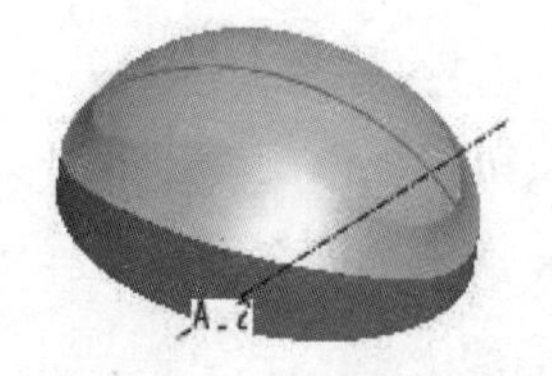

图 12.2.24　基准轴 A_2

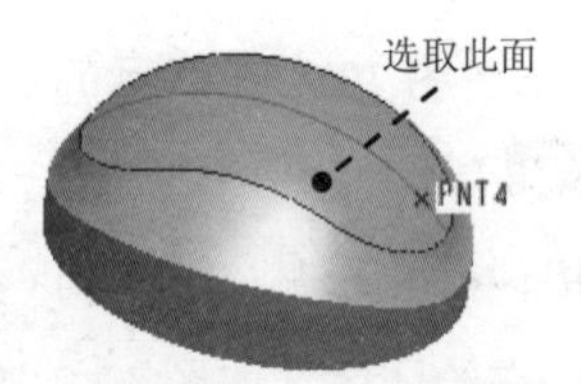

图 12.2.25　定义基准轴对照

Step19. 创建图 12.2.26b 所示的偏移特征——偏移 1。在绘图区选取图 12.2.26a 所示的面，选择下拉菜单 编辑(E) ➡ 偏移(O)... 命令；在操控板中距离文本框中输入值 2.0，定义偏移方向如图 12.2.26a 所示。

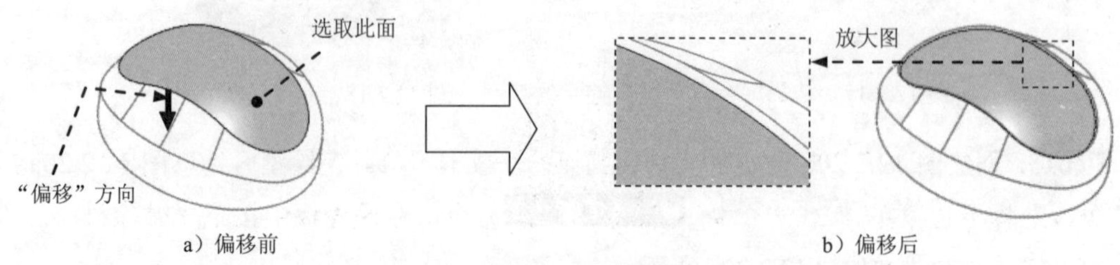

图 12.2.26　偏移 1

Step20. 创建图 12.2.27b 所示的曲面延伸特征——延伸 1。选取图 12.2.27a 所示的边链，选择下拉菜单 编辑(E) → 延伸(X)... 命令；在操控板中单击 选项 按钮，在 方式 的下拉列表中选择 相切 选项，并输入延伸值 20.0。

说明：图 12.2.27 所示的边链为图 12.2.26 所示创建的偏置曲面的外边线。

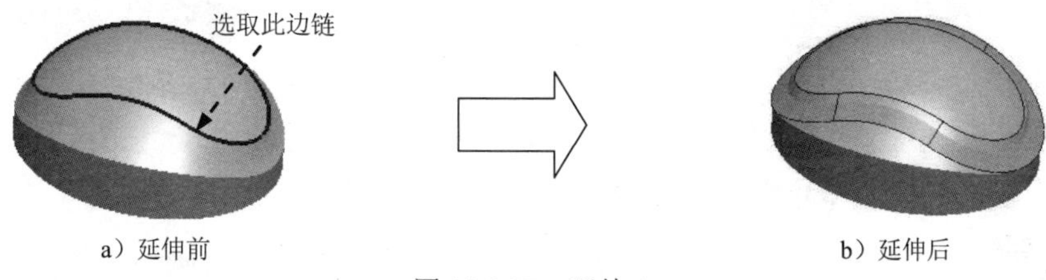

a）延伸前　　b）延伸后

图 12.2.27　延伸 1

Step21. 添加偏移特征——偏移 2。在绘图区选取图 12.2.28 所示的面，选择下拉菜单 编辑(E) → 偏移(O)... 命令；在操控板中距离文本框中输入值 2.0，定义偏移方向如图 12.2.28 所示。

Step22. 创建图 12.2.29 所示的基准平面——DTM2。选择下拉菜单 插入(I) → 模型基准(D) → 平面(L)... 命令；选取 ASM_FRONT 基准平面为参照，定义约束类型为 偏移，输入偏移距离值 100.0。

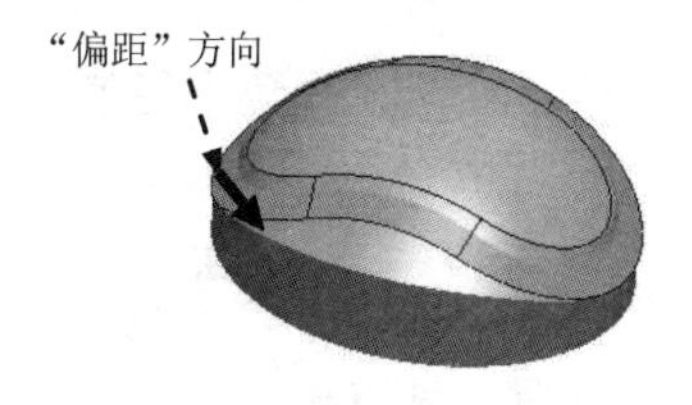

图 12.2.28　偏移 2

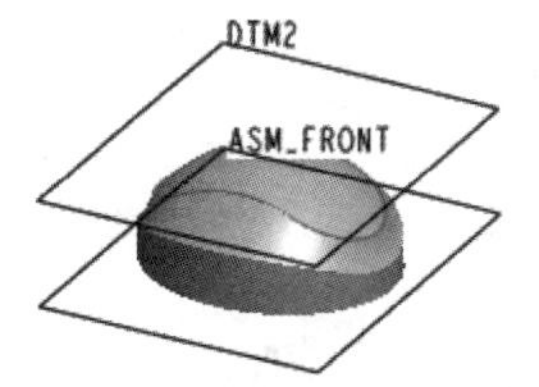

图 12.2.29　基准平面 DTM2

Step23. 创建图 12.2.30 所示的拉伸特征——拉伸 2（曲面已隐藏）。选择下拉菜单 插入(I) → 拉伸(E)... 命令；选取 DTM2 基准平面为草绘平面，选取 ASM_TOP 基准平面为参照平面，方向为 顶；绘制图 12.2.31 所示的截面草图；选取深度类型为 选项，单击“反向”按钮。

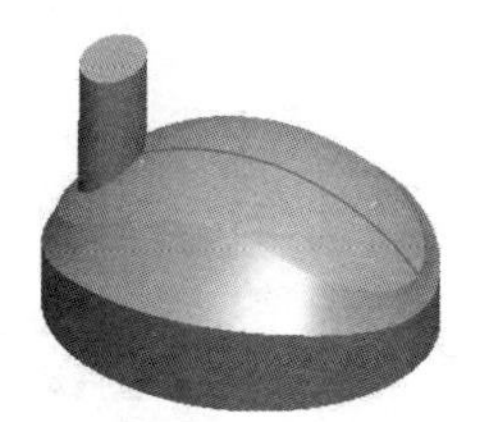

图 12.2.30　拉伸 2

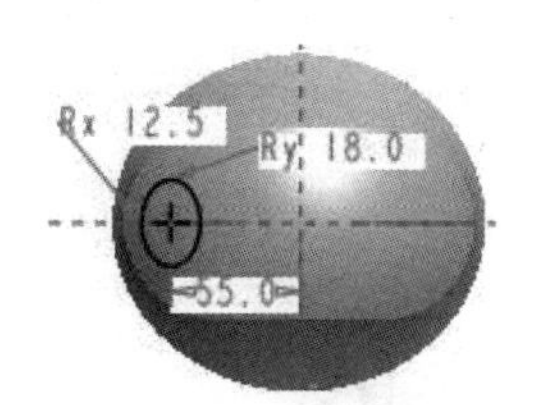

图 12.2.31　截面草图

Step24. 创建图 12.2.32b 所示圆角特征——倒圆角 1。选择 插入(I) → 倒圆角(O)... 命令；选取图 12.2.32a 所示的边链为圆角放置参照，在操控板的圆角尺寸框中输入圆角半径值

35.0。

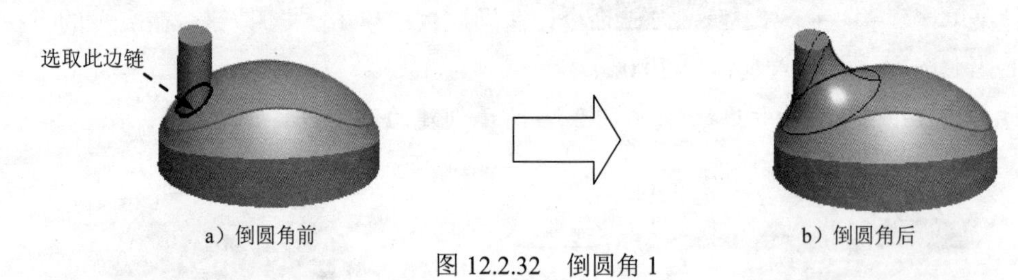

图 12.2.32　倒圆角 1

Step25. 创建图 12.2.33b 所示的倒圆角特征——倒圆角 2。选择下拉菜单 插入(I) → 倒圆角(O)... 命令；选取图 12.2.33a 所示的边链为圆角放置参照，圆角半径值为 5.0。

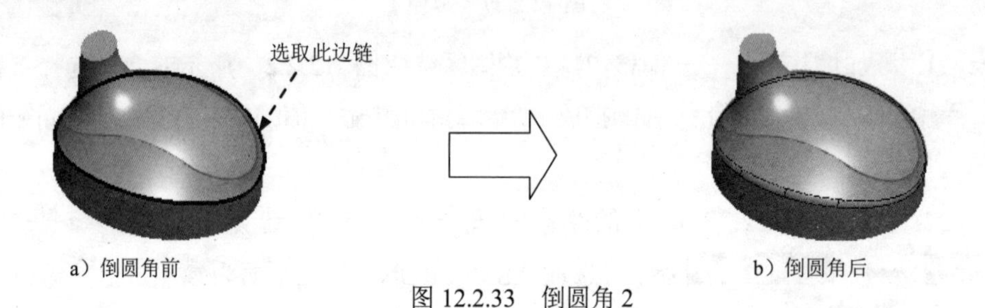

图 12.2.33　倒圆角 2

Step26. 创建图 12.2.34b 所示的倒圆角特征——倒圆角 3。选择下拉菜单 插入(I) → 倒圆角(O)... 命令；选取图 12.2.34a 所示的边链为圆角放置参照，圆角半径值为 10.0。

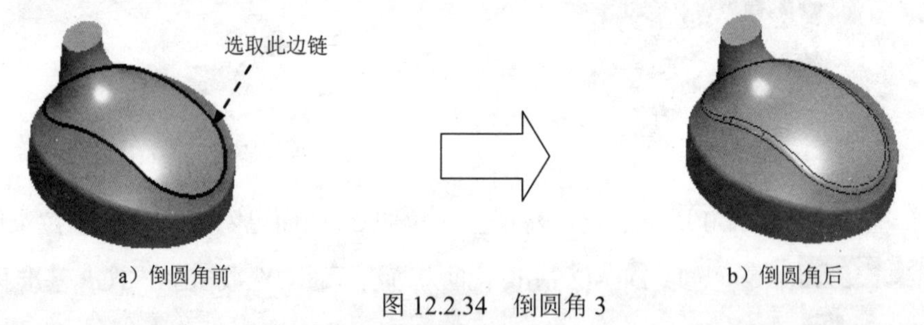

图 12.2.34　倒圆角 3

Step27. 创建图 12.2.35b 所示的倒圆角特征——倒圆角 4。选择下拉菜单 插入(I) → 倒圆角(O)... 命令；选取图 12.2.35a 所示的边链为圆角放置参照，圆角半径值为 5.0。

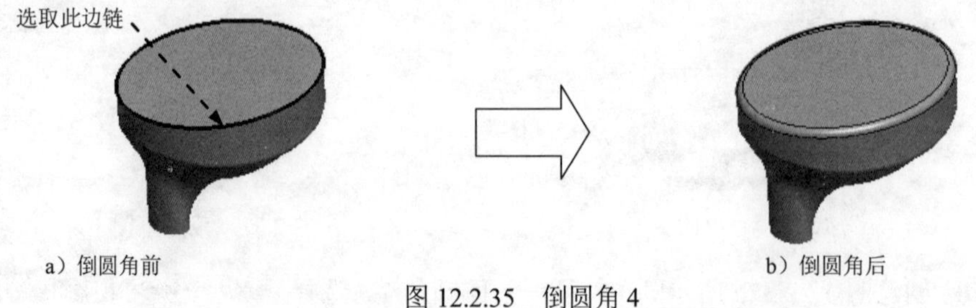

图 12.2.35　倒圆角 4

Step28. 创建图 12.2.36b 所示的倒圆角特征——倒圆角 5。选择下拉菜单 插入(I) →

倒圆角(O)... 命令；选取图 12.2.36a 所示的边链为圆角放置参照，圆角半径值为 1.0。

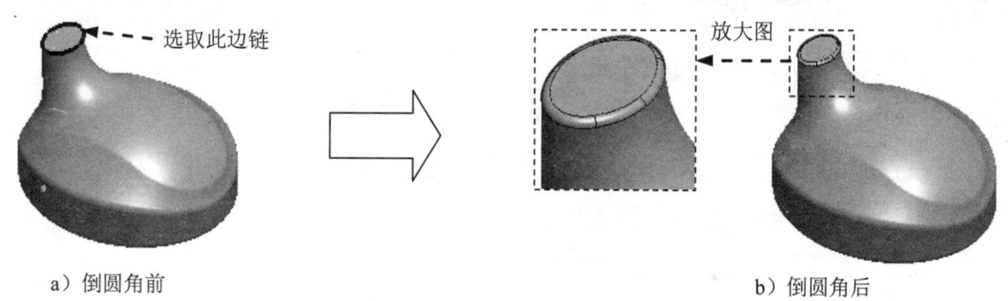

a）倒圆角前　　b）倒圆角后

图 12.2.36　倒圆角 5

Step29. 创建图 12.2.37 所示的拉伸特征——拉伸 3（注：本步的详细操作过程请参见随书光盘中 video\ch12.02\reference\文件夹下的语音视频讲解文件 FIRST-r01.exe）。

Step30. 创建图 12.2.38 所示的草绘特征——草绘 5（拉伸 3 已隐藏）。单击工具栏中的“草绘”按钮，选取 ASM_FRONT 基准平面为草绘平面，选取 ASM_TOP 基准平面为参照平面，方向为 顶；绘制图 12.2.38 所示的草图。

Step31. 创建图 12.2.39 所示的基准平面——DTM3。选择下拉菜单 插入(I) → 模型基准(D) ▸ → 平面(L)... 命令；选取基准轴 A_2 为参照，选择约束类型为 法向；按住<Ctrl>键，选取 PNT4 基准点为参照；选择约束类型为 穿过。

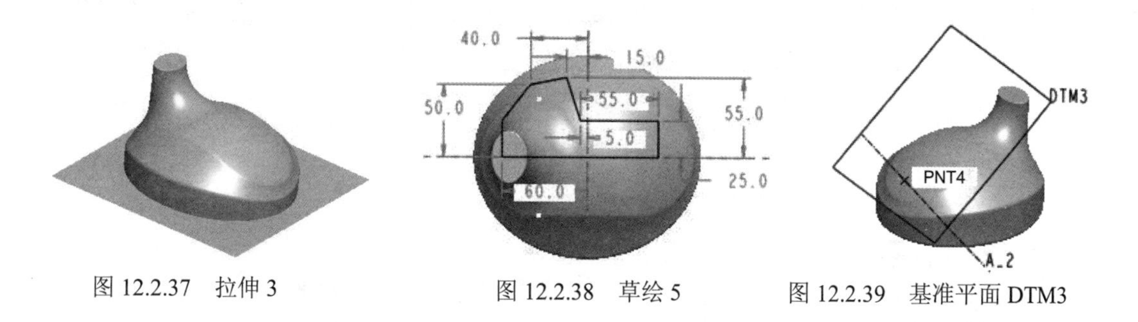

图 12.2.37　拉伸 3　　图 12.2.38　草绘 5　　图 12.2.39　基准平面 DTM3

Step32. 创建图 12.2.40 所示的基准平面——DTM4。选择下拉菜单 插入(I) → 模型基准(D) ▸ → 平面(L)... 命令，选择 ASM_FRONT 基准平面为参照平面，在对话框中选择约束类型为 偏移，输入偏移值 45.0。

Step33. 创建图 12.2.41 所示的基准平面——DTM5。选择下拉菜单 插入(I) → 模型基准(D) ▸ → 平面(L)... 命令，选择 ASM_FRONT 基准平面为参照平面，在对话框中选择约束类型为 偏移，输入偏移值 25.0。

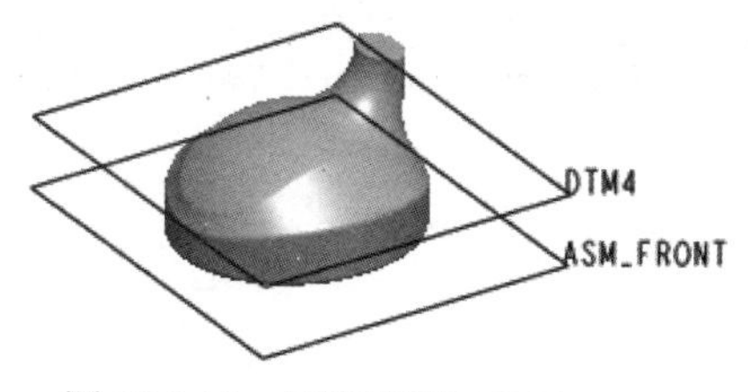

图 12.2.40　基准平面 DTM4

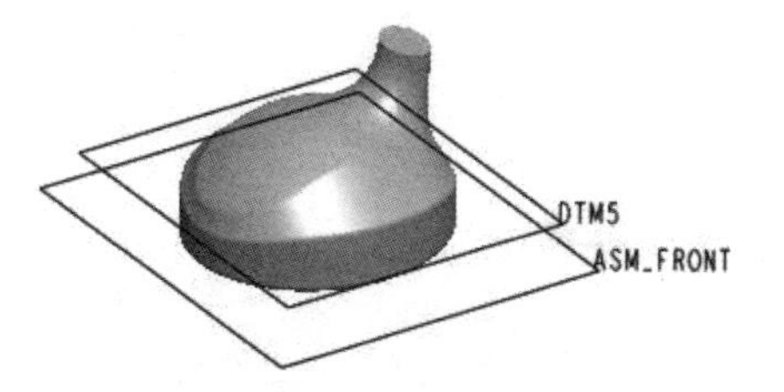

图 12.2.41　基准平面 DTM5

Step34. 创建图 12.2.42 所示的基准平面——DTM6。选择下拉菜单 插入(I) → 模型基准(D) ▸ → 平面(L)... 命令，选择 ASM_FRONT 基准平面为参照平面，在对话框中选择约束类型为偏移，输入偏移值 50.0。

Step35. 创建图 12.2.43 所示的草绘基准点 PNT5——草绘 6。单击工具栏中的“草绘”按钮，选取图 12.2.44 所示的面为草绘平面，选取 ASM_TOP 基准平面为参照平面，定义方向为顶；单击“几何点”按钮，绘制图 12.2.45 所示的草图（1 个几何点），单击工具栏的✓按钮，完成草绘基准点 PNT5 的创建。

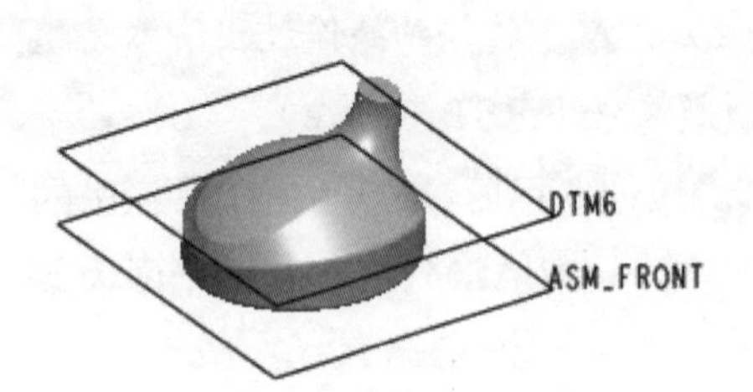

图 12.2.42　基准平面 DTM6

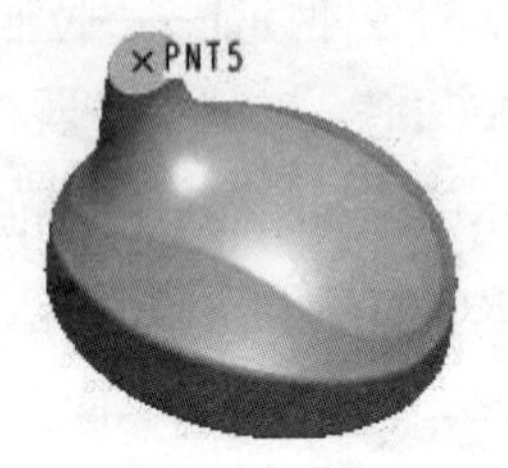

图 12.2.43　PNT5（建模环境）

图 12.2.44　定义草绘平面

Step36. 创建图 12.2.46 所示的草绘基准点 PNT6——草绘 7。单击工具栏中的“草绘”按钮，选取 ASM_RIGHT 为草绘平面，选取 ASM_TOP 基准平面为参照平面，定义方向为右；单击“几何点”按钮，绘制图 12.2.47 所示的草图（1 个几何点），单击工具栏的✓按钮，完成草绘基准点 PNT6 的创建。

图 12.2.45　PNT5（草绘环境）

图 12.2.46　PNT6（建模环境）

图 12.2.47　PNT6（草绘环境）

Step37. 保存模型文件。

说明：因后面所创建的台灯底座等模型要用到此文件中的曲面和草绘特征，所以在保存此模型文件时，建议将所有曲面特征和草绘 5 显示。

12.3　底 座 下 盖

下面讲解底座下盖（FIRST_DOWN.PRT）的创建过程。零件模型及模型树如图 12.3.1 所示。

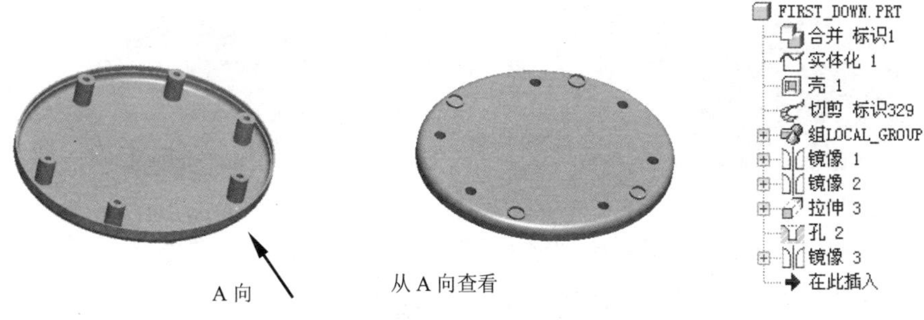

图 12.3.1　零件模型及模型树

Step1. 在装配体中创建底座下盖（FIRST_DOWN.PRT）。选择下拉菜单 插入(I) → 元件(C) ▸ → 创建(C)... 命令；在系统弹出的“元件创建”对话框中选中 类型 选项组的 ◉ 零件 单选项；选中 子类型 选项组中的 ◉ 实体 单选项；在 名称 文本框中输入文件名 FIRST_DOWN，单击 确定 按钮；在系统弹出的“创建选项”对话框中选中 ◉ 空 单选项，单击 确定 按钮。

Step2. 激活底座下盖模型。

（1）在模型树中单击 FIRST_DOWN.PRT，然后右击，在系统弹出的快捷菜单中选择 激活 命令。

（2）选择下拉菜单 插入(I) → 共享数据(D) ▸ → 合并/继承(M)... 命令，系统弹出“复制几何”操控板。在该操控板中进行下列操作：

① 在操控板中，先确认“将参照类型设置为组件上下文”按钮 被按下。

② 复制几何。在操控板中单击 参照 按钮，系统弹出“参照”界面；选中 ☑ 复制基准 复选框，然后在绘图区选取骨架模型；单击“完成”按钮 ✔。

Step3. 在模型树中选择 FIRST_DOWN.PRT，然后右击，在系统弹出的快捷菜单中选择 打开 命令。

Step4. 创建图 12.3.2b 所示的实体化特征——实体化 1（曲面特征已隐藏）。选取图 12.3.2a 所示的面，选择下拉菜单 编辑(E) → 实体化(Y)... 命令，定义实体化方向如图 12.3.2a 所示。

Step5. 创建图 12.3.3b 所示的抽壳特征——壳 1。选择下拉菜单 插入(I) → 壳(L)... 命令；在绘图区选取图 12.3.3a 所示的面为移除面，输入厚度值 2.0。

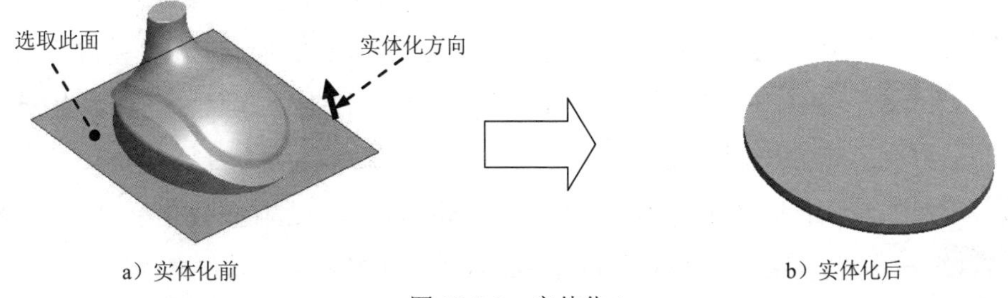

图 12.3.2　实体化 1

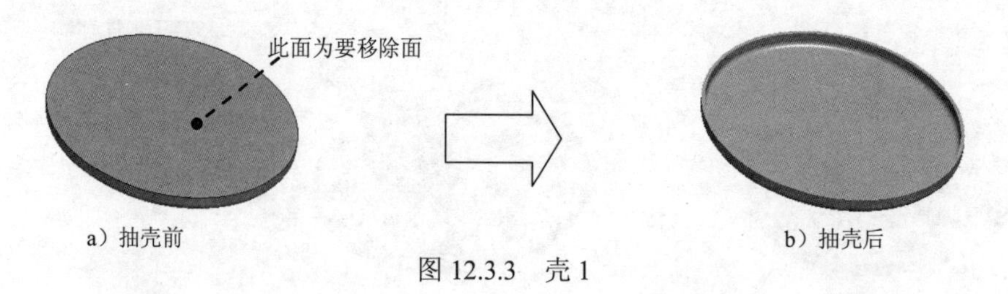

a）抽壳前　　　　b）抽壳后

图 12.3.3　壳 1

Step6. 创建图 12.3.4 所示的扫描切剪特征——切剪（标识 329）。

（1）选择下拉菜单 插入(I) → 扫描(S) ▸ → 切口(C)... 命令，系统弹出“切剪：扫描”对话框。

（2）定义扫描轨迹。在 ▼ SWEEP TRAJ (扫描轨迹) 菜单中选择 Select Traj (选取轨迹) 命令，按住<Ctrl>键，选取图 12.3.5 所示的边线，单击“选取”对话框中的 确定 按钮；定义起始方向如图 12.3.5 所示；在菜单管理器中选择 Done (完成) → Accept (接受) → Flip (反向) → Okay (确定) 命令。

（3）系统进入截面草绘环境，绘制图 12.3.6 所示的截面草图，完成后单击 ✓ 按钮。

（4）在系统弹出的 ▼ DIRECTION (方向) 菜单管理器中选择 Okay (确定) 命令。

（5）单击 确定 按钮，完成切剪（标识 329）的创建。

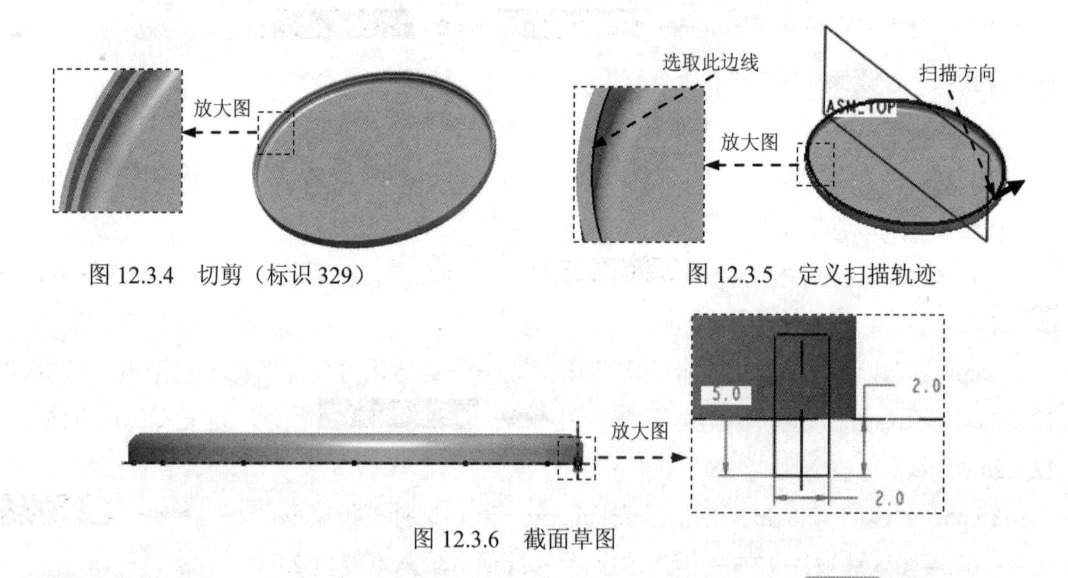

图 12.3.4　切剪（标识 329）　　图 12.3.5　定义扫描轨迹

图 12.3.6　截面草图

Step7. 创建图 12.3.7 所示的零件特征——拉伸 1。选择下拉菜单 插入(I) → 拉伸(E)... 命令；选取图 12.3.8 所示的面为草绘平面，选取 ASM_RIGHT 基准平面为参照平面，方向为 顶；绘制图 12.3.9 所示的截面草图；在操控板中选取深度类型为 ⊔，输入深度值 2.0，按下“加厚草图”按钮 □，输入值 1.0（加厚方向为内侧）。

Step8. 创建图 12.3.10b 所示的倒圆角特征——倒圆角 1。选择下拉菜单 插入(I) → 倒圆角(O)... 命令；选取图 12.3.10a 所示的边线为圆角放置参照，圆角半径值为 0.5。

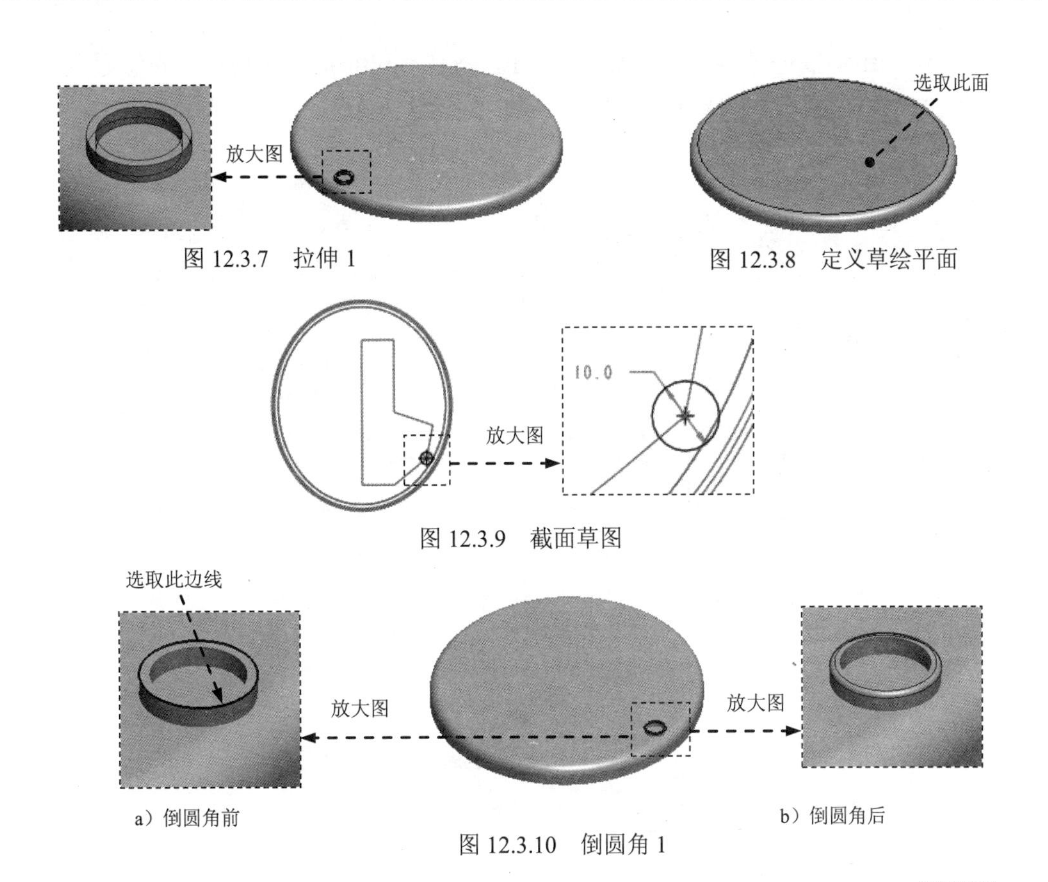

图 12.3.7　拉伸 1

图 12.3.8　定义草绘平面

图 12.3.9　截面草图

a）倒圆角前

b）倒圆角后

图 12.3.10　倒圆角 1

Step9. 创建图 12.3.11 所示的拉伸特征——拉伸 2。选择下拉菜单 插入(I) → 拉伸(E)... 命令；选取图 12.3.12 所示的面为草绘平面，选取 ASM_RIGHT 基准平面为参照平面，方向为 左；绘制图 12.3.13 所示的截面草图；选取深度类型为，输入深度值 15.0。

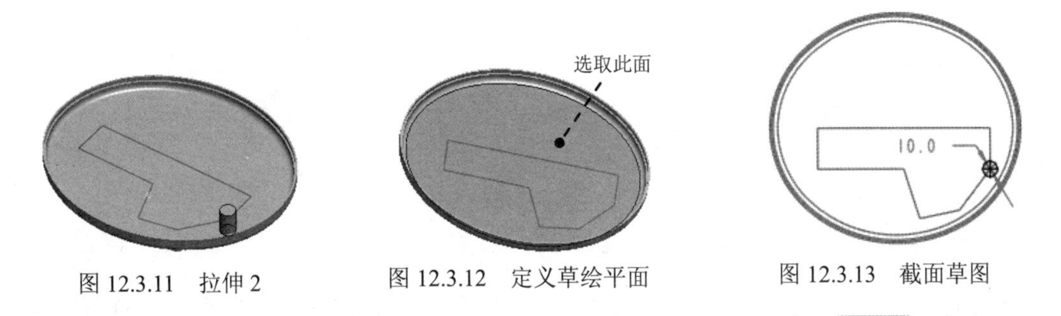

图 12.3.11　拉伸 2

图 12.3.12　定义草绘平面

图 12.3.13　截面草图

Step10. 创建图 12.3.14 所示的螺纹孔特征——孔 1。选择下拉菜单 插入(I) → 孔(H)... 命令；采用系统默认的孔类型，按住<Ctrl>键，选取图 12.3.15 所示的面及轴线 A_5 为孔的放置参照；在操控板中选择孔深度类型为；在操控板中单击按钮，单击“沉孔”按钮；在操控板中单击 形状 按钮，按照图 12.3.16 所示的“形状”界面中的参数设置来定义孔的形状。

说明：图 12.3.15 所示的轴线 A_5 为拉伸 2 特征所生成的轴线。

Step11. 添加组特征——组 LOCAL_GROUP。按住<Shift>键，在模型树中选取拉伸 1 至孔 1 所创建的特征，选择下拉菜单 编辑(E) → 组 命令。

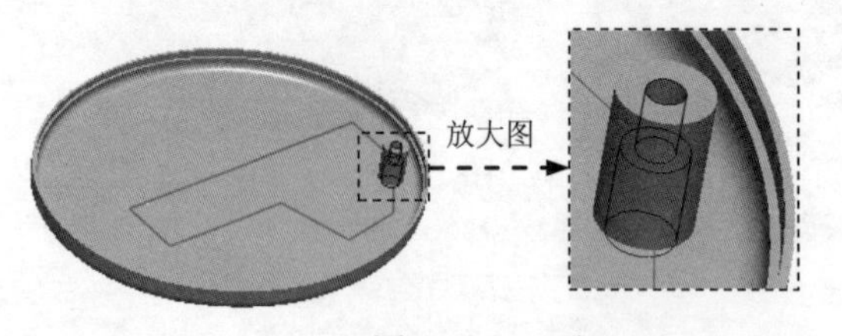

图 12.3.14　孔 1

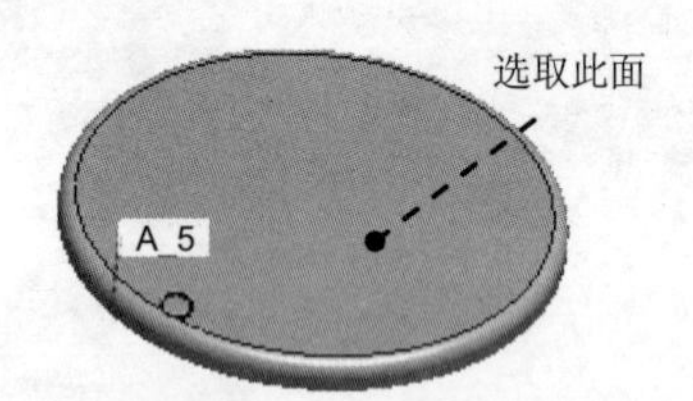

图 12.3.15　定义孔的放置

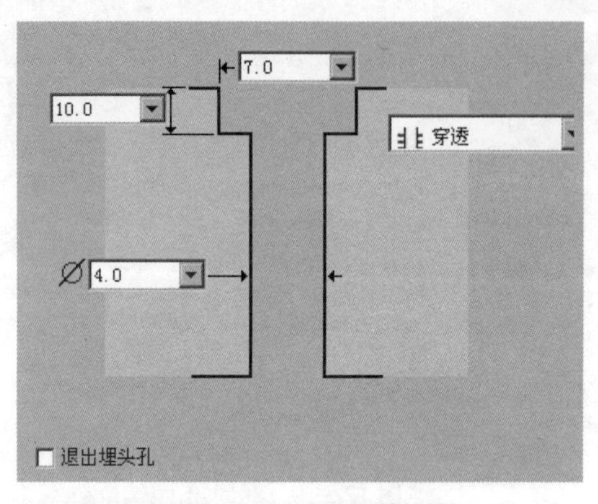

图 12.3.16　孔参数设置

Step12. 创建图 12.3.17b 所示的镜像特征——镜像 1。在模型树中选取组 LOCAL_GROUP 为镜像对象；选择下拉菜单 编辑(E) → 镜像(I)... 命令；选取 ASM_RIGHT 基准平面为镜像中心平面。

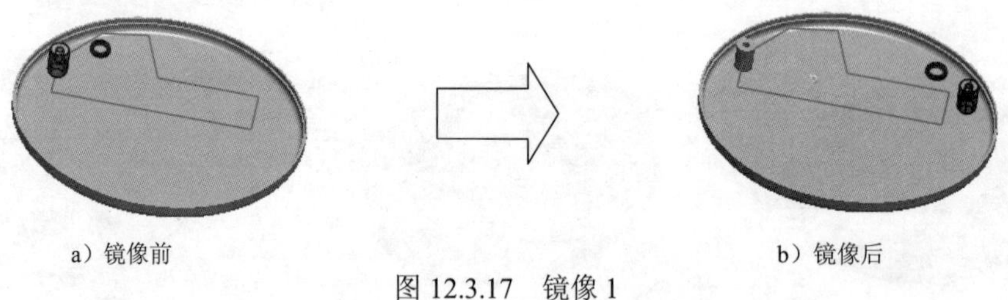

图 12.3.17　镜像 1

Step13. 创建图 12.3.18b 所示的镜像特征——镜像 2。在模型树中选取组 LOCAL_GROUP 和镜像 1 为镜像对象；选择下拉菜单 编辑(E) → 镜像(I)... 命令；选取 ASM_TOP 基准平面为镜像中心平面。

Step14. 创建图 12.3.19 所示的拉伸特征——拉伸 3。选择下拉菜单 插入(I) → 拉伸(E)... 命令；选取图 12.3.12 所示的面为草绘平面，选取 ASM_TOP 基准平面为参照平面，方向为 顶；绘制图 12.3.20 所示的截面草图；选取深度类型为 ，输入深度值 15.0。

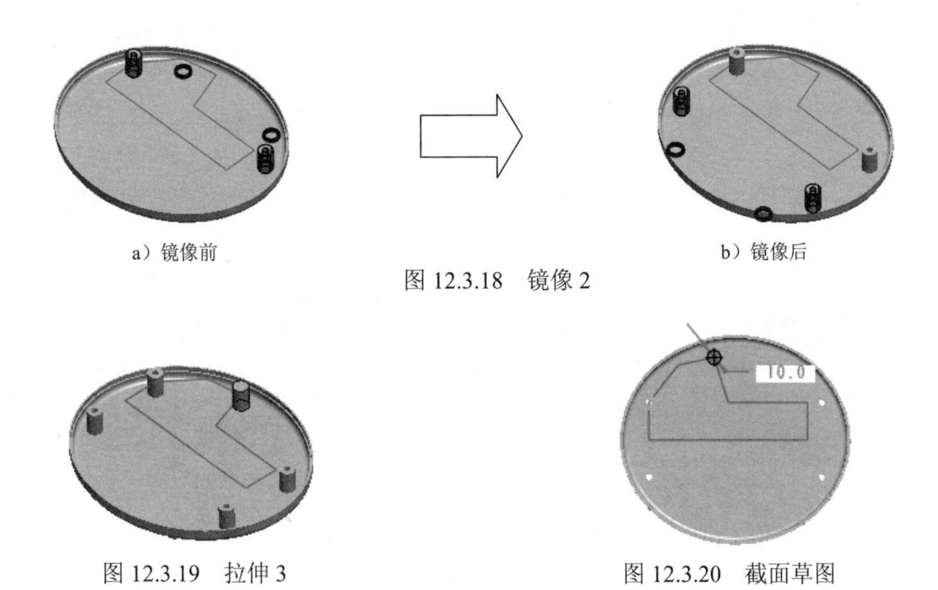

a）镜像前　　b）镜像后

图 12.3.18　镜像 2

图 12.3.19　拉伸 3　　图 12.3.20　截面草图

Step15. 创建图 12.3.21 所示的螺纹孔特征——孔 2。选择下拉菜单 插入(I) → 孔(H)... 命令；采用系统默认的孔类型，按住<Ctrl>键，选取图 12.3.22 所示的面及轴线 A_19 为孔的放置参照；在操控板中单击按钮，单击“沉孔”按钮，在操控板中单击 形状 按钮，按照图 12.3.16 所示的“形状”界面中的参数设置来定义孔的形状。

说明：图 12.3.22 所示的轴线 A_19 为拉伸 3 特征所生成的轴线。

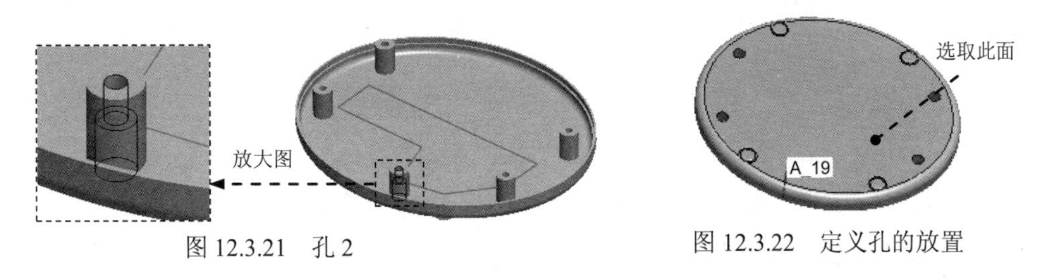

图 12.3.21　孔 2　　图 12.3.22　定义孔的放置

Step16. 创建图 12.3.23b 所示的镜像特征——镜像 3。在模型树中选取拉伸 3 和孔 2 为镜像对象；选择下拉菜单 编辑(E) → 镜像(I)... 命令；选取 ASM_TOP 基准平面为镜像中心平面。

a）镜像前　　b）镜像后

图 12.3.23　镜像 3

Step17. 保存模型文件。

12.4 底座中部

下面讲解底座中部（FIRST_MIDDLE.PRT）的创建过程。零件模型及模型树如图 12.4.1 所示。

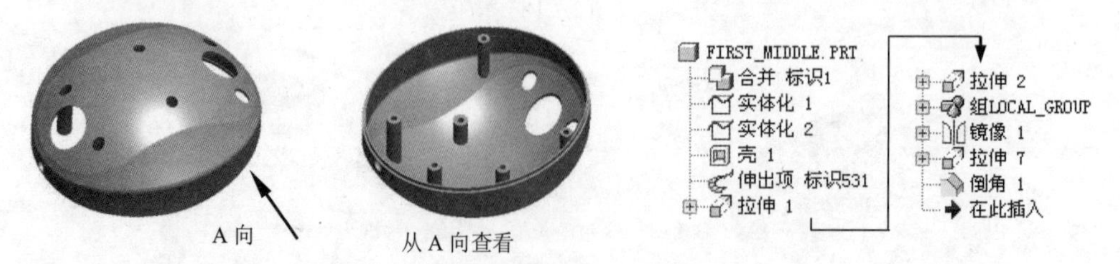

图 12.4.1 零件模型及模型树

Step1. 在装配体中创建底座中部（FIRST_MIDDLE.PRT）。选择下拉菜单 插入(I) → 元件(C) ▸ → 创建(C)... 命令；在系统弹出的“元件创建”对话框中，选中 类型 选项组的 ◉ 零件 单选项；选中 子类型 选项组中的 ◉ 实体 单选项；在 名称 文本框中输入文件名 FIRST_MIDDLE，单击 确定 按钮；在系统弹出的“创建选项”对话框中选中 ◉ 空 单选项，单击 确定 按钮。

Step2. 激活底座中部模型。

（1）在模型树中选择 FIRST_MIDDLE.PRT 节点，然后右击，在系统弹出的快捷菜单中选择 激活 命令。

（2）选择下拉菜单 插入(I) → 共享数据(D) ▸ → 合并/继承(M)... 命令，系统弹出“复制几何”操控板。在该操控板中进行下列操作：

① 在操控板中，先确认“将参照类型设置为组件上下文”按钮被按下。

② 复制几何。在操控板中单击 参照 按钮，系统弹出“参照”界面；选中 ☑ 复制基准 复选框，然后在绘图区选取骨架模型特征；单击“完成”按钮。

Step3. 在模型树中选择 FIRST_MIDDLE.PRT，然后右击，在系统弹出的快捷菜单中选择 打开 命令。

Step4. 创建图 12.4.2b 所示的实体化特征——实体化 1。选取图 12.4.2a 所示的面，选择下拉菜单 编辑(E) → 实体化(Y)... 命令；在操控板中单击按钮，定义方向如图 12.4.2a 所示。

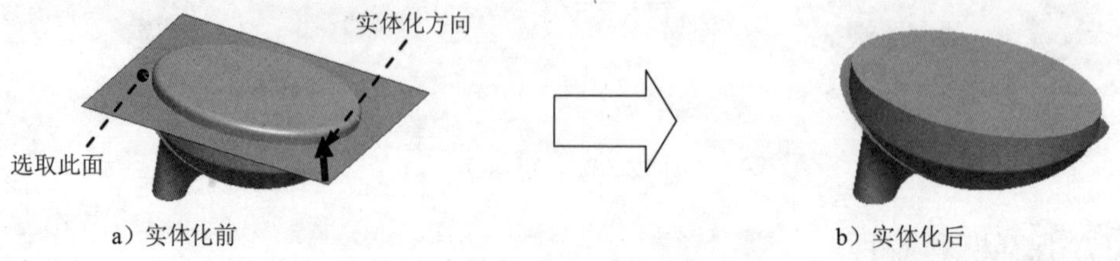

图 12.4.2 实体化 1

Step5. 创建图 12.4.3b 所示的实体化特征——实体化 2。选取图 12.4.3a 所示的面，选择下拉菜单 编辑(E) → 实体化(Y)... 命令；在操控板中单击 按钮，定义方向如图 12.4.3a 所示。

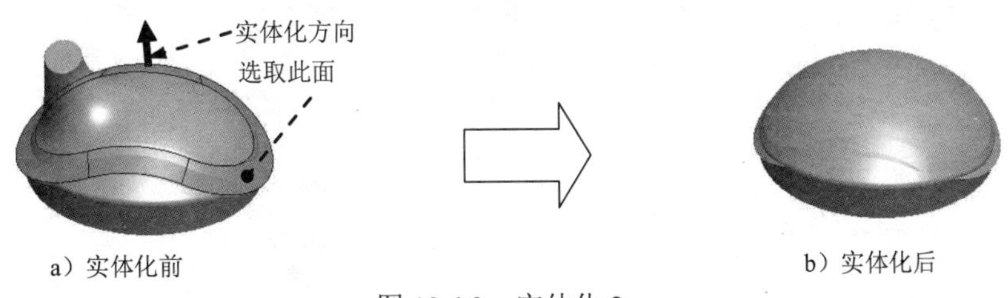

a）实体化前　b）实体化后

图 12.4.3　实体化 2

Step6. 创建图 12.4.4b 所示的抽壳特征——壳 1。选择下拉菜单 插入(I) → 壳(L)... 命令；在绘图区选取图 12.4.4a 所示的面为移除面，输入厚度值 2.0。

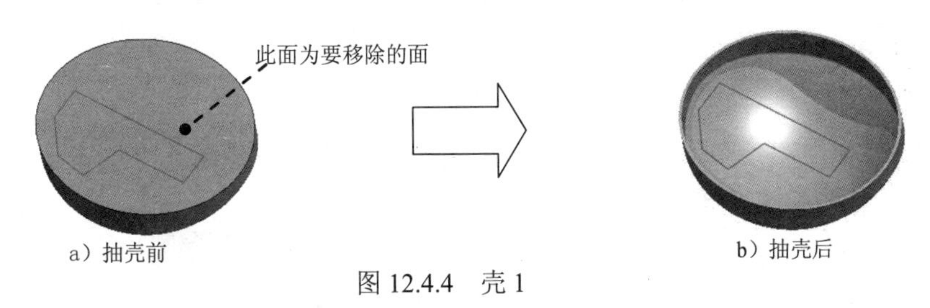

a）抽壳前　b）抽壳后

图 12.4.4　壳 1

Step7. 创建图 12.4.5 所示的扫描特征——伸出项（标识 531）。

（1）选择下拉菜单 插入(I) → 扫描(S) → 伸出项(P)... 命令，系统弹出“伸出项：扫描”对话框。

（2）定义扫描轨迹。在 SWEEP TRAJ（扫描轨迹）菜单中选择 Select Traj（选取轨迹）命令，在绘图区选取图 12.4.6 所示的边线，单击“选取”对话框中的 确定 按钮；选择 起点(S) 命令，定义起始方向如图 12.4.6 所示，在菜单管理器中选择 Accept (接受) → Done（完成）→ Accept (接受) → Flip (反向) → Okay（确定）命令，定义扫描水平线方向如图 12.4.6 所示。

（3）系统进入截面草绘环境，绘制图 12.4.7 所示的截面草图，完成后单击 ✓ 按钮。

（4）在系统弹出的 DIRECTION (方向) 菜单管理器中选择 Okay（确定）命令。

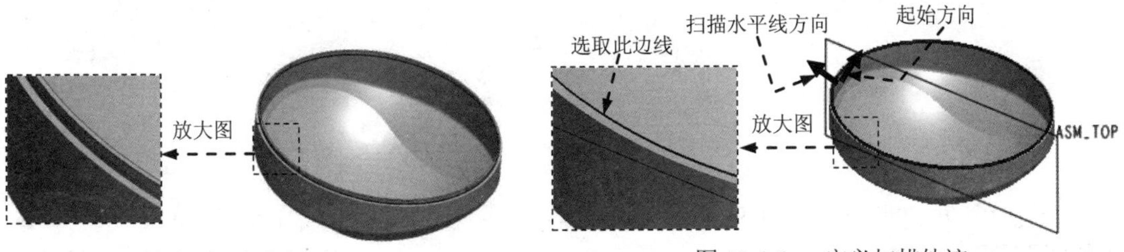

图 12.4.5　伸出项（标识 531）　图 12.4.6　定义扫描轨迹

（5）单击“切剪：扫描”对话框中的确定按钮，完成伸出项（标识 531）特征的创建。

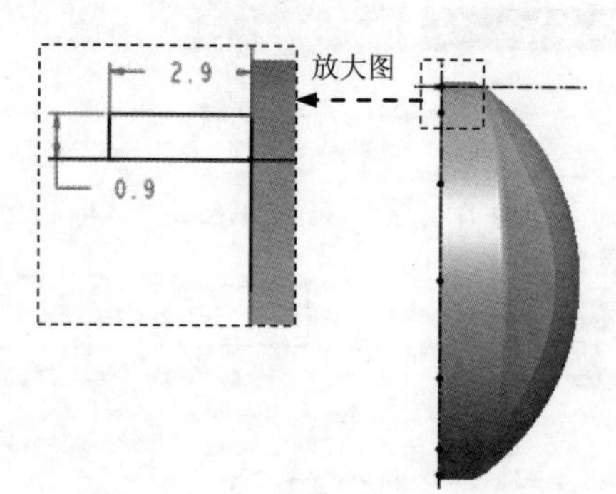

图 12.4.7　截面草图

Step8. 创建图 12.4.8 所示的零件特征——拉伸 1。选择下拉菜单插入(I) → 拉伸(E)...命令；选取 DTM3 基准平面为草绘平面，选取 ASM_TOP 基准平面为参照平面，方向为顶；绘制图 12.4.9 所示的截面草图；在操控板中选取深度类型为，并单击“去除材料”按钮，然后单击按钮。

说明：图 12.4.9 所示的截面草图中所绘制的圆的圆心与基准点 PNT4 重合。

图 12.4.8　拉伸 1

图 12.4.9　截面草图

Step9. 创建图 12.4.10 所示的拉伸特征——拉伸 2。选择下拉菜单插入(I) → 拉伸(E)...命令；选取 ASM_RIGHT 基准平面为草绘平面，选取 ASM_TOP 基准平面为参照平面，方向为右；绘制图 12.4.11 所示的截面草图；选取深度类型为，并单击其后的按钮，单击“去除材料”按钮。

说明：图 12.4.11 所示的截面草图中所绘制的圆的圆心与基准点 PNT6 重合。

图 12.4.10　拉伸 2

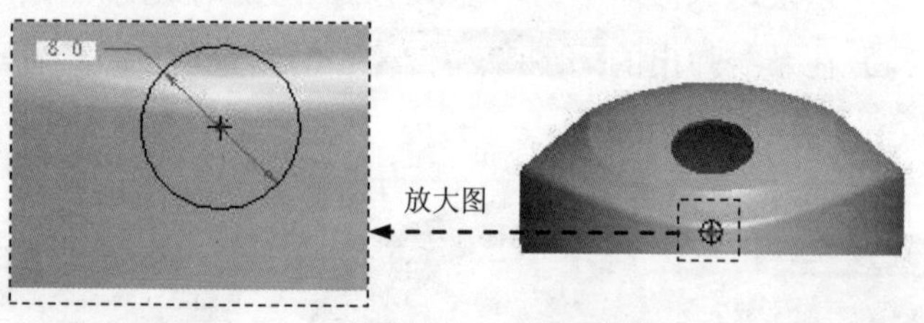

图 12.4.11　截面草图

Step10. 创建图 12.4.12 所示的拉伸特征——拉伸 3。选择下拉菜单插入(I) → 拉伸(E)...命令；选取 ASM_FRONT 基准平面为草绘平面，选取 ASM_RIGHT 基准平面为参照平面，方向为 右 ；绘制图 12.4.13 所示的截面草图；选取深度类型为 ，并单击“去除材料”按钮 。

图 12.4.12　拉伸 3

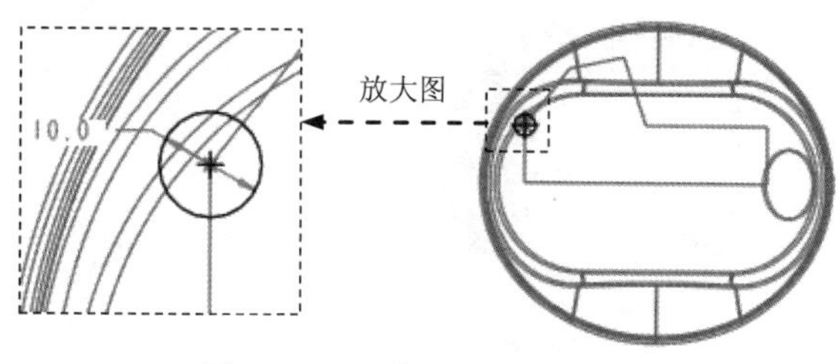

图 12.4.13　截面草图

Step11. 创建图 12.4.14 所示的拉伸特征——拉伸 4。选择下拉菜单 插入(I) → 拉伸(E)... 命令；选取 DTM1 基准平面为草绘平面，选取 ASM_RIGHT 基准平面为参照平面，方向为 底部 ；绘制图 12.4.15 所示的截面草图；选取深度类型为 。

图 12.4.14　拉伸 4

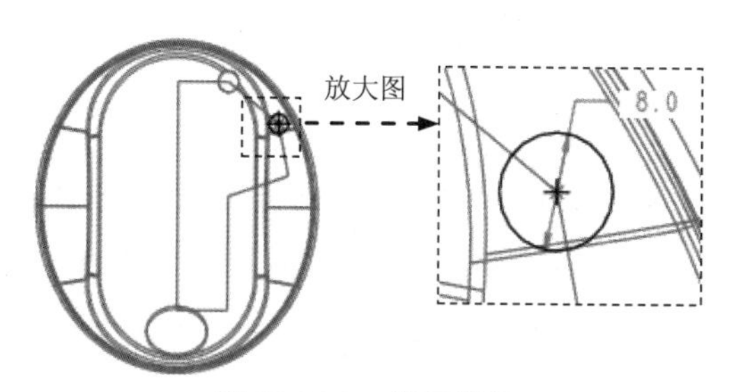

图 12.4.15　截面草图

Step12. 创建图 12.4.16 所示的孔特征——孔 1。选择下拉菜单 插入(I) → 孔(H)... 命令；按住<Ctrl>键，选取图 12.4.17 所示的面及此面所在的圆柱体的轴线 A_6 为孔的放置参照；采用系统默认的孔类型 ，输入直径值 4.0，选取深度类型为 ，输入深度值 5.0。

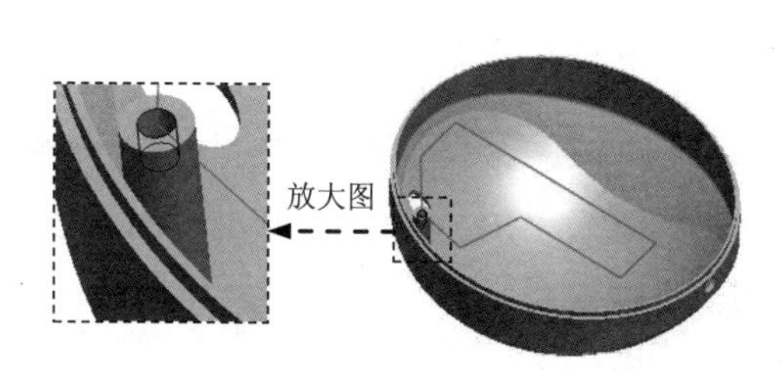

图 12.4.16　孔 1

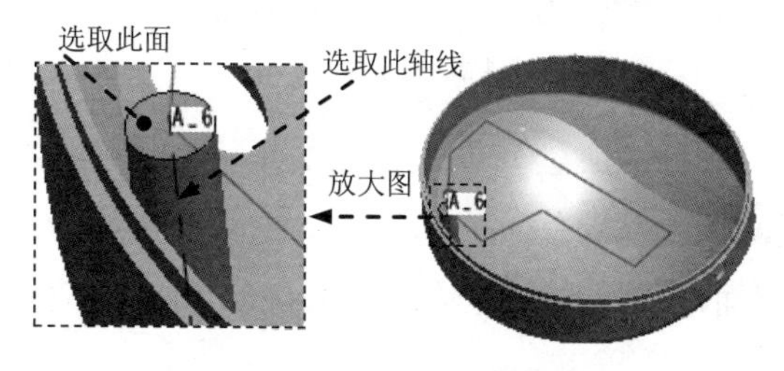

图 12.4.17　定义孔放置参照

Step13. 创建图 12.4.18 所示的拉伸特征——拉伸 5。选择下拉菜单 插入(I) → 拉伸(E)... 命令；选取 DTM4 基准平面为草绘平面，选取 ASM_TOP 基准平面为参照平面，方向为 顶 ；绘制图 12.4.19 所示的截面草图；选取深度类型为 。

Step14. 创建图 12.4.20 所示的孔特征——孔 2。选择下拉菜单 插入(I) → 孔(H)... 命令，按住<Ctrl>键，选取 DTM6 基准平面和图 12.4.21 所示的轴线 A_8 为孔的放置参照；采用系统默认的孔类型 ，输入直径值 8.0，选取深度类型为 。

说明：孔的方向可以通过放置位置窗口里面的 反向 按钮调节。

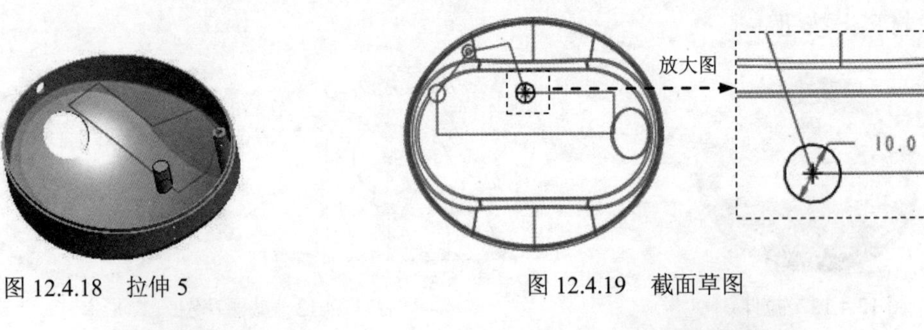

图 12.4.18　拉伸 5　　　　图 12.4.19　截面草图

图 12.4.20　孔 2

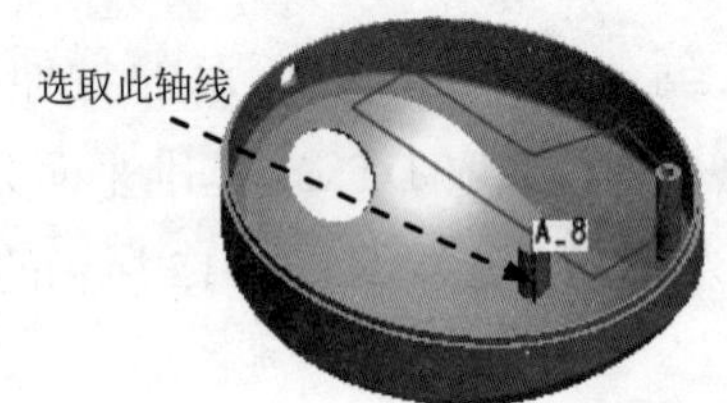

图 12.4.21　定义孔放置参照

Step15. 创建图 12.4.22 所示的孔特征——孔 3。选择下拉菜单 插入(I) ➡ 孔(H)... 命令，按住<Ctrl>键，选取图 12.4.23 所示的面和轴线 A_8 为孔的放置参照；采用系统默认的孔类型，输入直径值 4.0，选取深度类型为。

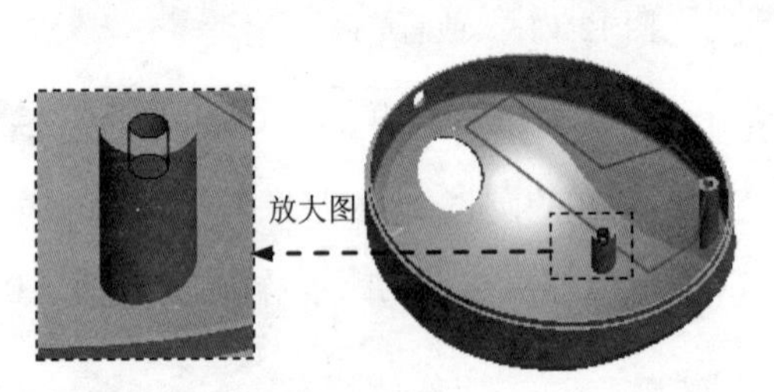

图 12.4.22　孔 3

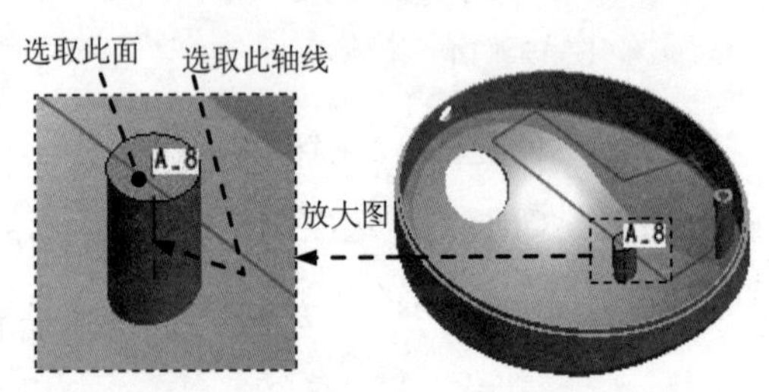

图 12.4.23　定义孔放置参照

Step16. 创建图 12.4.24 所示的拉伸特征——拉伸 6。选择下拉菜单 插入(I) ➡ 拉伸(E)... 命令；选取 DTM1 基准平面为草绘平面，选取 ASM_RIGHT 基准平面为参照平面，方向为 左；绘制图 12.4.25 所示的截面草图；选取深度类型为。

图 12.4.24　拉伸 6

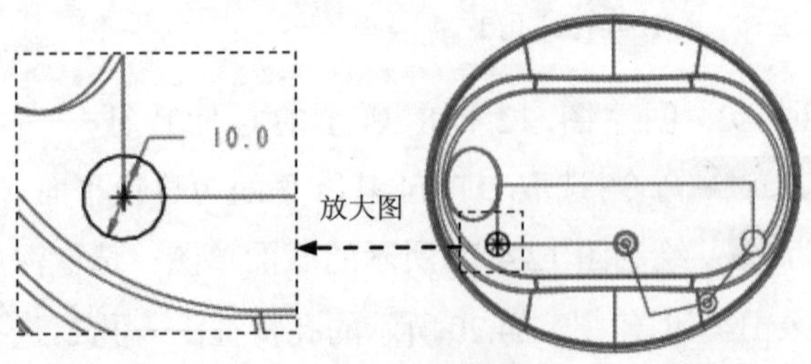

图 12.4.25　截面草图

Step17. 创建图 12.4.26 所示的孔特征——孔 4。选择下拉菜单 插入(I) → 孔(H)... 命令，按住<Ctrl>键，选取 DTM5 基准平面和图 12.4.27 所示的轴线 A_11 为孔的放置参照；采用系统默认的孔类型，输入直径值 8.0，选取深度类型为。

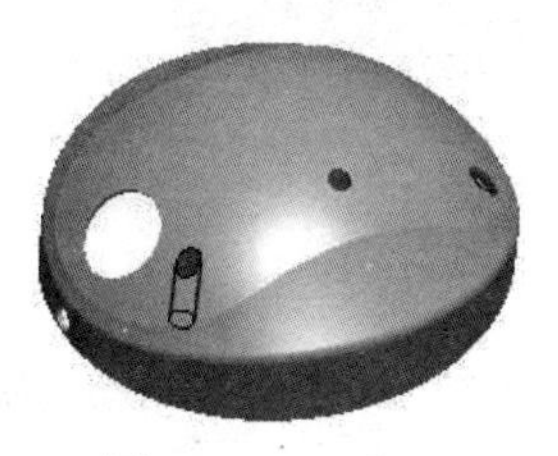

图 12.4.26　孔 4

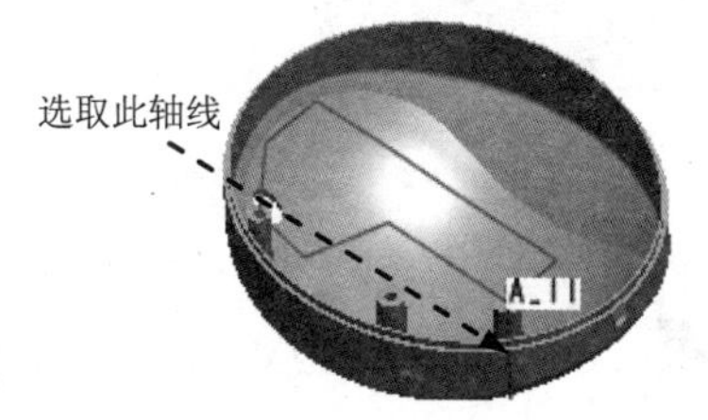

图 12.4.27　定义孔放置参照

Step18. 创建图 12.4.28 所示的孔特征——孔 5。选择下拉菜单 插入(I) → 孔(H)... 命令，按住<Ctrl>键，选取图 12.4.29 所示的面和轴线 A_11 为孔的放置参照；采用系统默认的孔类型，输入直径值 4.0，选取深度类型为。

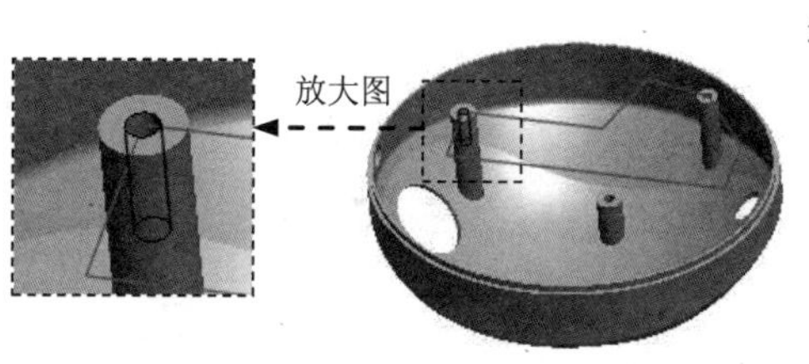

图 12.4.28　孔 5

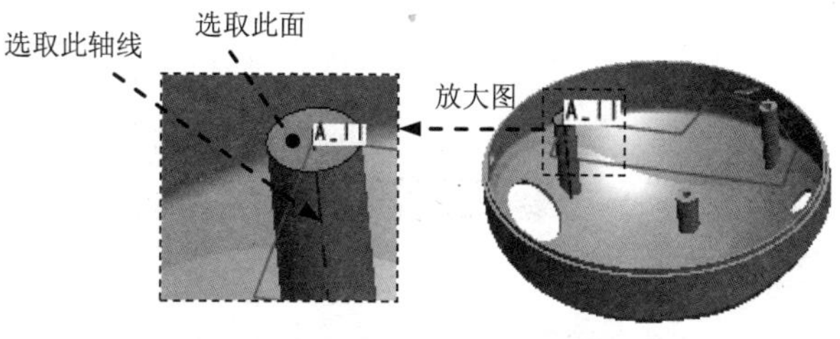

图 12.4.29　定义孔放置参照

Step19. 添加组特征——组 LOCAL_GROUP。按住<Shift>键，在模型树中拉伸 3 至孔 5 所创建的特征，在 编辑(E) 下拉菜单中选择 组 命令。

Step20. 创建图 12.4.30b 所示的镜像特征——镜像 1。在模型树中选取 Step19 所创建的组 LOCAL_GROUP 为镜像对象；选择下拉菜单 编辑(E) → 镜像(I)... 命令；选取 ASM_TOP 基准平面为镜像中心平面。

Step21. 创建图 12.4.31 所示的拉伸特征——拉伸 7。选择下拉菜单 插入(I) → 拉伸(E)... 命令；选取 ASM_FRONT 基准平面为草绘平面，选取 ASM_RIGHT 基准平面为参照平面，方向为 左；绘制图 12.4.32 所示的截面草图；选取深度类型为，并单击“去除材料”按钮。

说明：图 12.4.32 所示的截面草图中所绘制的圆的圆心与基准点 PNT5 重合。

a）镜像前

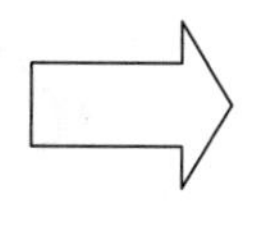

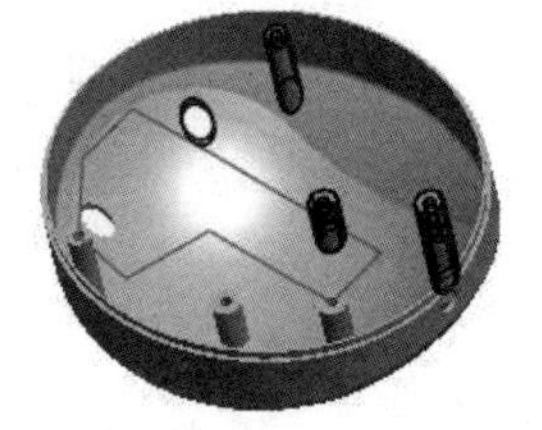

b）镜像后

图 12.4.30　镜像 1

图 12.4.31　拉伸 7

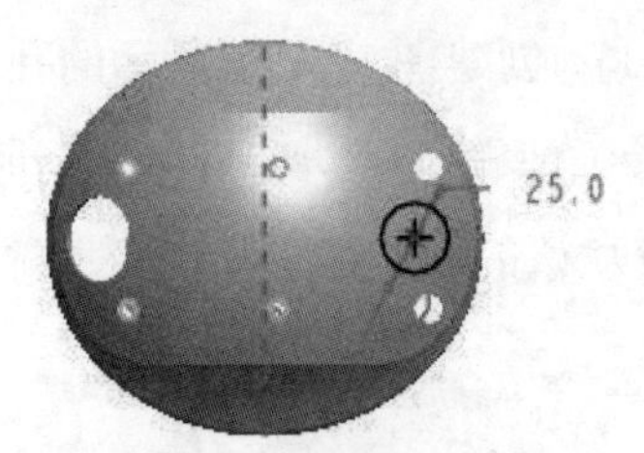

图 12.4.32　截面草图

Step22. 创建图 12.4.33b 所示的倒圆角特征——倒圆角 1。选择下拉菜单 插入(I) → 倒圆角(O)... 命令；选取图 12.4.33a 所示的边链为圆角放置参照，圆角半径值为 5.0。

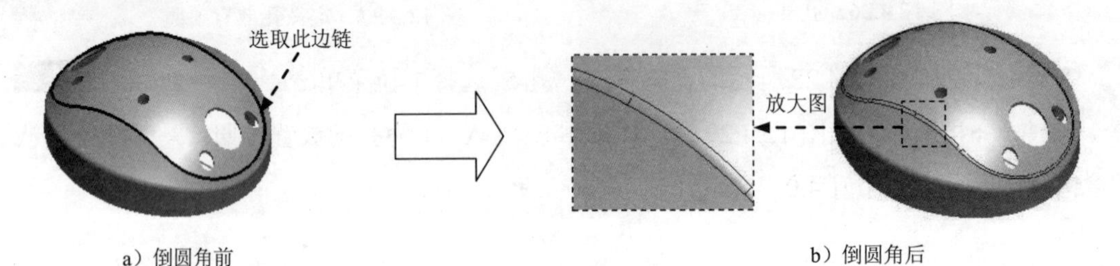

a）倒圆角前　　b）倒圆角后

图 12.4.33　倒圆角 1

Step23. 创建图 12.4.34b 所示的倒角特征——倒角 1。选择下拉菜单 插入(I) → 倒角(M) → 边倒角(E)... 命令；选取图 12.4.34a 所示的边线，在操控板中选取倒角方案 D x D，输入 D 值 0.2。

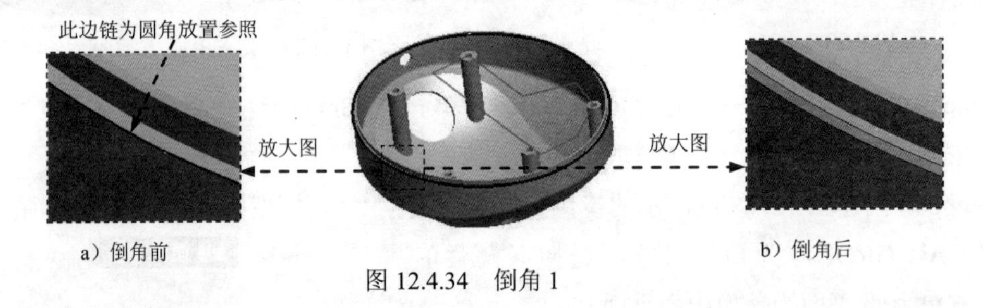

a）倒角前　　b）倒角后

图 12.4.34　倒角 1

Step24. 保存模型文件。

12.5 底座上盖

创建底座上盖（FIRST_TOP.PRT），零件模型如图 12.5.1 所示。

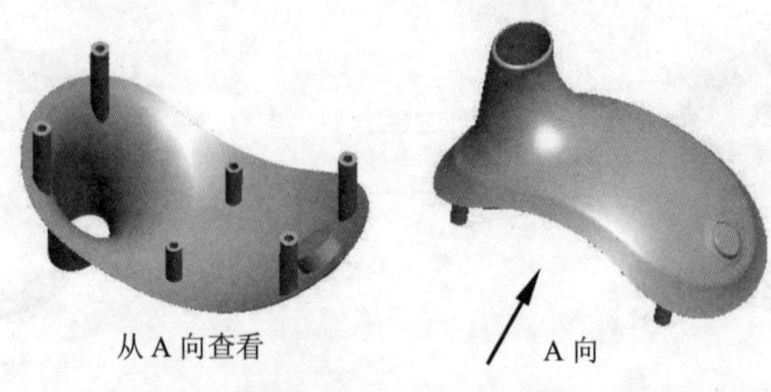

图 12.5.1　零件模型

说明：本节的详细操作过程请参见随书光盘中 video\ch12.05\文件夹下的语音视频讲解文件 D:\proewf5.9\work\ch12\FIRST_TOP。

12.6　灯罩骨架模型

在装配环境下，创建如图 12.6.1 所示的骨架模型。

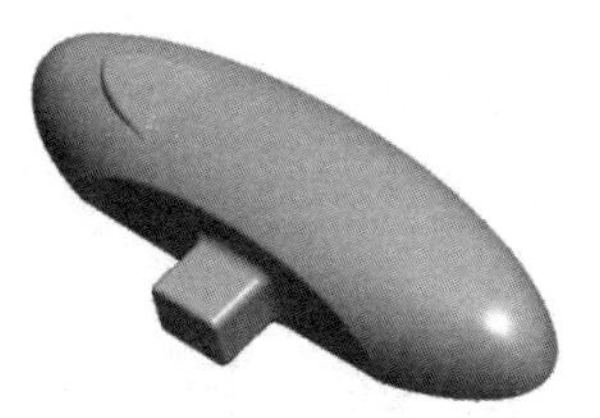

图 12.6.1　骨架模型

说明：本节的详细操作过程请参见随书光盘中 video\ch12.06\文件夹下的语音视频讲解文件 D:\proewf5.9\work\ch12\LAMP_CAPUT。

12.7　灯 罩 后 盖

创建灯罩后盖（BACK.PRT），零件模型如图 12.7.1 所示。

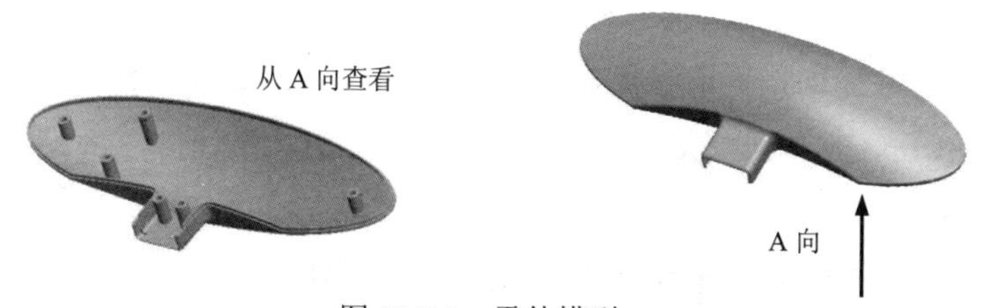

图 12.7.1　零件模型

说明：本节的详细操作过程请参见随书光盘中 video\ch12.07\文件夹下的语音视频讲解文件 D:\proewf5.9\work\ch12\BACK。

12.8　灯 罩 前 盖

创建灯罩前盖（FRONT.PRT），零件模型如图 12.8.1 所示。

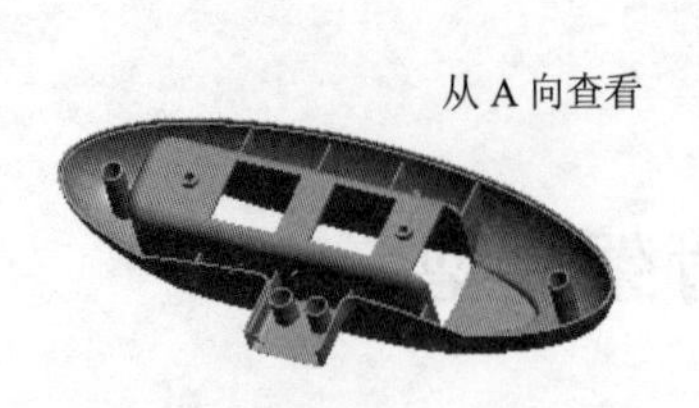

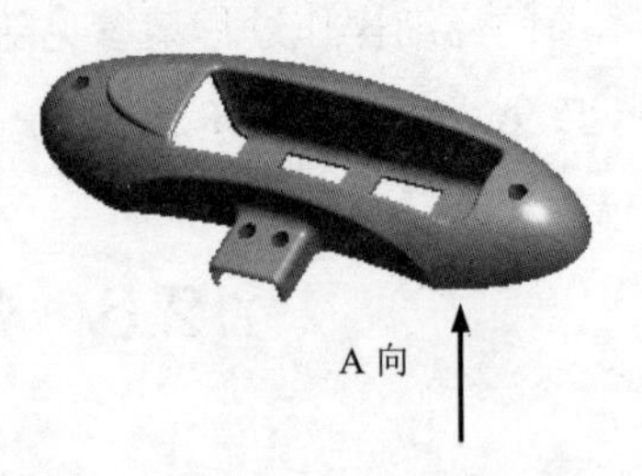

图 12.8.1　零件模型

说明：本节的详细操作过程请参见随书光盘中 video\ch12.08\文件夹下的语音视频讲解文件 D:\proewf5.9\work\ch12\FRONT。

12.9　连　接　器

创建连接器（LINKER.PRT），零件模型如图 12.9.1 所示。

图 12.9.1　零件模型

说明：本节的详细操作过程请参见随书光盘中 video\ch12.09\文件夹下的语音视频讲解文件 D:\proewf5.9\work\ch12\LINKER。

12.10　垫　　片

创建垫片（SHEET.PRT），零件模型如图 12.10.1 所示。

说明：本节的详细操作过程请参见随书光盘中 video\ch12.10\文件夹下的语音视频讲解文件 D:\proewf5.9\work\ch12\SHEET。

图 12.10.1　零件模型

12.11　灯　　管

创建灯管（BULB.PRT），零件模型如图 12.11.1 所示。

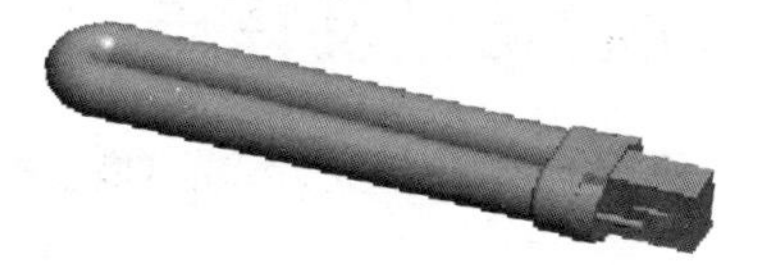

图 12.11.1　零件模型

说明：本节的详细操作过程请参见随书光盘中 video\ch12.11\文件夹下的语音视频讲解文件 D:\proewf5.9\work\ch12\BULB。

12.12　台灯总装配

台灯总装配（READING_LAMP.ASM）的模型文件如图 12.12.1 所示。

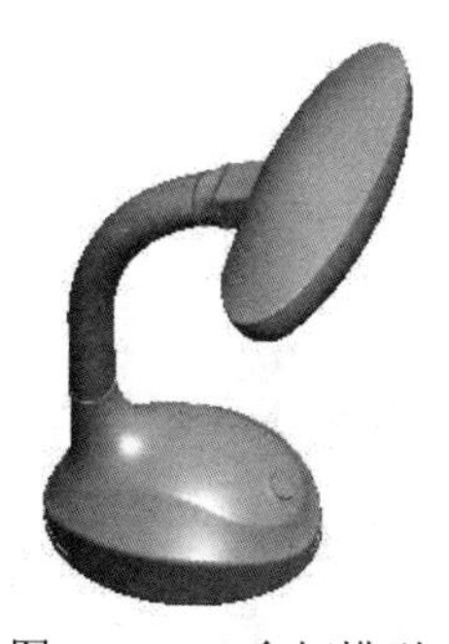

图 12.12.1　台灯模型

说明：本节的详细操作过程请参见随书光盘中 video\ch12.12\文件夹下的语音视频讲解文件 D:\proewf5.9\work\ch12\READING_LAMP。

读者意见反馈卡

书名：《Pro/ENGINEER 中文野火版 5.0 曲面设计实例精解（增值版）》

1. 读者个人资料：

姓名：________性别：___年龄：____职业：________职务：________学历：______

专业：_______单位名称：____________________办公电话：___________手机：______

QQ：__________________________微信：____________E-mail：______________

2. 影响您购买本书的因素（可以选择多项）：

□内容　□作者　□价格

□朋友推荐　□出版社品牌　□书评广告

□工作单位（就读学校）指定　□内容提要、前言或目录　□封面封底

□购买了本书所属丛书中的其他图书　□其他____________

3. 您对本书的总体感觉：

□很好　□一般　□不好

4. 您认为本书的语言文字水平：

□很好　□一般　□不好

5. 您认为本书的版式编排：

□很好　□一般　□不好

6. 您认为 Pro/E 其他哪些方面的内容是您所迫切需要的？

____

7. 其他哪些 CAD/CAM/CAE 方面的图书是您所需要的？

____

8. 您认为我们的图书在叙述方式、内容选择等方面还有哪些需要改进的？

____

读者购书回馈活动：

活动一：本书“随书光盘”中含有该“读者意见反馈卡”的电子文档，请认真填写本反馈卡，并 E-mail 给我们。E-mail: 兆迪科技 zhanygjames@163.com，丁锋 fengfener@qq.com。

活动二：扫一扫右侧二维码，关注兆迪科技官方公众微信（或搜索公众号 zhaodikeji），参与互动，也可进行答疑。

凡参加以上活动，即可获得兆迪科技免费奉送的价值 48 元的在线课程一门，同时有机会获得价值 780 元的精品在线课程。